Annekathrin S. Krieger
Globales Wissen im Kaiserreich

Wissenschafts- und Technikgeschichte | Band 8

Editorial

Die Wissenschafts- und Technikgeschichte gehört schon lange zum klassischen Kanon der Geschichtswissenschaften, zeichnet sich jedoch dank ihrer Interdisziplinarität durch innovative Forschung und neuartige Herangehensweisen aus. Die Reihe **Wissenschafts- und Technikgeschichte** bietet der Forschungsdiskussion zur Geschichte der Wissenschaft(en) im Verhältnis zu Macht und Gesellschaft, zur Geschichte des Wissens, des wissenschaftlichen Fortschritts und der Wissensvermittlung sowie der Geschichte der Technologie und technologischen Innovation eine gemeinsame Plattform.

Annekathrin S. Krieger, geb. 1987, promovierte 2023 mit dem Förderprogramm Pro*Niedersachsen des Niedersächsischen Ministeriums für Wissenschaft und Kultur. Sie studierte Geschichte und Religionswissenschaft an der Georg-August-Universität Göttingen. Ihre Forschungsschwerpunkte umfassen Wissens- und Globalgeschichte, Tiergeschichte sowie die Materialität und Praxeologie von Wissen.

Annekathrin S. Krieger

Globales Wissen im Kaiserreich

Wie der Gorilla ins Naturkundemuseum kam

[transcript]

Gefördert mit Mitteln aus zukunft.niedersachsen, dem gemeinsamen Wissenschaftsförderprogramm des Niedersächsischen Ministeriums für Wissenschaft und Kultur und der VolkswagenStiftung.

zukunft.
niedersachsen

Bibliografische Information der Deutschen Nationalbibliothek
Die Deutsche Nationalbibliothek verzeichnet diese Publikation in der Deutschen Nationalbibliografie; detaillierte bibliografische Daten sind im Internet über https://dnb.dnb.de/ abrufbar.

transcript Verlag | Hermannstraße 26 | D-33602 Bielefeld | live@transcript-verlag.de

Umschlaggestaltung: Jan Gerbach, Bielefeld
Umschlagabbildung: »Führer durch die Zoologische Schausammlung des Museums für Naturkunde in Berlin«, Berlin 1910, Abbildung 4, MfN, HBSB, Museumsführer 1910_1, NURI: coll.mfn-berlin.de_u_abb4d1, Fig. 4
Druck: Elanders Waiblingen GmbH, Waiblingen
https://doi.org/10.14361/9783839474396
Print-ISBN: 978-3-8376-7439-2
PDF-ISBN: 978-3-8394-7439-6
Buchreihen-ISSN: 2702-9719
Buchreihen-eISSN: 2749-2052

Gedruckt auf alterungsbeständigem Papier mit chlorfrei gebleichtem Zellstoff.

Für Albert, Mathilde, Gustav, Florentine und Rico

Inhalt

Danksagung 9

1 Einleitung 11
1.1 Inhalt und Fragen 11
1.2 Thema, Betrachtungszeitraum und Orte 18
1.3 Methodische Überlegungen 20
1.3.1 Naturkundemuseen und ihre Präparate als Forschungsfelder des Material, Spatial und Animal Turns 20
1.3.2 Methode und Quellen 44

2 Die Anfänge der Entdeckung und Erforschung von Menschenaffen in Europa 47

3 Das Unbekannte ausstellen – die europäische Aneignung des Gorillas ab 1850 65
3.1 Europa entdeckt den Gorilla 65
3.2 Gorilla-leere Schränke in deutschen Naturkundemuseen 69
3.3 Die ersten Gorillapräparate in Lübeck 73
3.3.1 Das Unbekannte präparieren 77
3.3.2 Das Unbekannte darstellen 82
3.3.3 Das Unbekannte zwischen Nähe und Distanz 99
3.4 Das Unbekannte zwischen Wissensding und Erinnerungsobjekt 109

4 Lebendig oder tot – Menschenaffen zwischen Zoos und Museen ab den 1860ern 113
4.1 Ein lebendiges Museum – Die Verbreitung zoologischer Gärten in Europa 113
4.1.1 Die Bedeutung der Reformbewegung am Beispiel des Dresdner Zoologischen Gartens 119
4.1.2 Die Haltung und Betrachtung von Menschenaffen im Zoo 126
4.1.3 Das Gorillafieber der 1870er Jahre im Deutschen Kaiserreich 136
4.2 Ein lebender Gorilla in Dresden? – Der Artenstreit um Mafuka 142
4.2.1 Die Visualisierung Mafukas im Artenstreit 156
4.2.2 Der Streit um die sterblichen Überreste Mafukas 176
4.2.3 Die Visualisierung Mafukas als Schimpansin 181

4.2.4 Mafuka als museale Schimpansin ... 191
4.3 Zwischen Sensation und Kontinuität – M'Pungu im Berliner Aquarium ... 207
4.4 Die Faszination der Lebendigkeit ... 220

5 Gorillas zwischen Kunst und Kolonialismus um 1900 ... 227
5.1 Vom afrikanischen Wildtier zum kolonialen Zootier ... 227
5.2 Das ›koloniale‹ Sammeln für das Berliner Naturkundemuseum ... 234
5.2.1 Paul Matschies Anleitung zum Sammeln ... 236
5.2.2 Sammeln, Jagen und Bewahren durch das Objektiv der Fotografie ... 242
5.3 Die Gorillasammler des Berliner Museums ... 252
5.3.1 Der gesammelte Gorilla als Wissenschafts- und Handelsobjekt ... 261
5.3.2 Der erlegte koloniale Gorilla ... 275
5.3.3 Der lebendige koloniale Gorilla ... 294
5.4 Vom Handwerk zur Kunst – Die Entwicklung der Präparation um 1900 ... 305
5.4.1 Die Präparation als Ausdruck der Natur ... 307
5.4.2 Die Präparation als Kunstform ... 313
5.4.3 Ein Riesengorilla der Präparationswerkstatt Umlauff in Berlin ... 325

6 Fazit ... 339

Quellen und Literatur ... 355
Archivalien ... 355
Gedruckte Quellen ... 357
Literatur ... 369

Danksagung

Das vorliegende Buch und die diesem zugrundeliegende Dissertation, die im Mai 2023 an der Philosophischen Fakultät der Georg-August-Universität im Fach Geschichte eingereicht und im November desselben Jahres mit dem Titel »Wissen global im Kaiserreich: Wie der Gorilla ins Naturkundemuseum kam« verteidigt wurde, entstanden im Rahmen des Projektes »Wissen global im Kaiserreich: Affen, Präparate und die Ausdifferenzierung in der Zoologie«, dass von der Förderrichtlinie Pro*Niedersachsen des Niedersächsischen Ministeriums für Wissenschaft und Kultur (MWK) von 2016 bis 2024 finanziert wurde. Mein Dank gilt deshalb an erster Stelle dem Land Niedersachsen und den stets kompetenten und, vor allem während der Corona-Pandemie, jederzeit unterstützenden Mitarbeiter*innen von Pro*Niedersachsen.

Diese Arbeit entstand in stetem Austausch mit zahlreichen Museen, Archiven, Wissenschaftler*innen, Kolleg*innen, Unterstützer*innen und Freunden.

An erster Stelle möchte ich an Prof. Dr. Rebekka Habermas erinnern, die bereits meine Masterarbeit betreute und mich anschließend mit viel Humor, Energie, Verständnis und stets produktiv-kritischen Nachfragen von der Antragsstellung bis zur Finalisierung der Dissertation begleitete. Ihr Tod nach langer schwerer Krankheit im Dezember 2023 hinterlässt eine große emotionale wie wissenschaftliche Lücke.

Für die jahrelange Begleitung des Projekts, die fruchtbaren Diskussionen und sofortige Bereitschaft die Position des Erstgutachters zu übernehmen, danke ich PD Dr. Richard Hölzl. Auch Prof. Dr. Margarete Vöhringer war ebenfalls sogleich bereit, die Dissertation als Zweitgutachterin zu prüfen. Ohne dieses rasche Handeln und sich anschließenden unterstützenden Austausch wäre die Umsetzung des vorliegenden Buchprojektes nicht in dieser Form möglich gewesen.

Ein solches Projekt entsteht immer im Dialog. Großen Einfluss hatte hier der stets konstruktive Austausch im Rahmen des Forschungskolloquiums Neuere Geschichte am Lehrstuhl von Frau Prof. Habermas an der Universität Göttingen. Außerdem gaben meine Kollegin Charlotte Hoes mit ihrem profunden Wissen über aktuelle Debatten der Wissenschaftsgeschichte und Human-Animal-Studies sowie Hannah Kressig von der ETH Zürich zu den kolonialen Verflechtungen von Menschenaffensammlern lehrreiche Einsichten. PD Dr. Carolin Kosuch danke ich für die Eröffnung von Möglichkeiten und Perspektiven in der universitären Forschungslandschaft über die Dissertation hinaus.

Die Mitarbeiter*innen des Museums für Natur und Umwelt Lübeck, der Senckenberg Naturhistorischen Sammlungen Dresden, des Naturkundemuseums Leipzig, des Naturkundemuseums Stuttgart, des Museums für Naturkunde Berlin, des Naturhistorischen Museums Wien, des Archivs des Zoologischen Gartens Dresden und der Zentralen Kustodie der Georg-August-Universität Göttingen öffneten stets bereitwillig ihre Türen und Archive oder standen jederzeit für einen Austausch von Wissen zur Verfügung.

Zudem bot die Universität Göttingen mit einem breiten Serviceangebot ein Umfeld, welches meine Forschungsarbeit überhaupt erst ermöglichte. Diese Arbeit wäre ohne eine verlässliche Kinderbetreuung, die durch die engagierten Mitarbeiter*innen der Kindertagesstätte des Studierendenwerkes der Universität Göttingen stets gewährleistet wurde, nicht realisierbar gewesen. Die Graduiertenschule für Geisteswissenschaften Göttingen (GSGG) und dort besonders Dr. Sabine Heerwart, die meinen akademischen Werdegang von Beginn an begleitet und gefördert hat und nicht nur Mentorin, sondern vor allem Freundin ist, half stets beratend bei der Fertigstellung der Dissertation.

Am Ende sind es vor allem die zahlreichen Freundschaften, die mich in unterschiedlichen Lebenslagen und Stadien der Dissertation humorvoll begleitet, aufgebaut und motiviert haben, darunter Nele Malec, Dr. Sabina Fazli, Dr. Inga Mölder und Dr. Andreas Mölder mit Familie sowie meine Eltern und mein Bruder. Ohne die Unterstützung meiner vier Kinder und meines Mannes, die stets mein Anker waren und sind, würde es dieses Buch nicht geben.

Göttingen, Juni 2024
Annekathrin S. Krieger

1 Einleitung

1.1 Inhalt und Fragen

In der Silvesternacht 2019/20 starben bei dem Brand des Krefelder Affenhauses über fünfzig Affen, unter ihnen acht Menschenaffen. Der Tod der Tiere löste große Anteilnahme in der Bevölkerung aus, vor den Zoomauern wurden Blumen, Bilder und Präsente niedergelegt. Die *Zeit* titelte: »*Der Mensch im Affen*« und urteilte: »*Der Mensch ist ein hoffnungsloser Anthropozentriker, er versucht alles in Bezug zu sich selbst zu setzen.*«[1]

Tierschutzorganisationen nutzten die mediale Präsenz, um auf das Schicksal von Menschenaffen in Gefangenschaft und die Zerstörung der Lebensräume freilebender Affen aufmerksam zu machen. Seit den 1990ern setzt sich PETA (People for the Ethical Treatment of Animals)[2] mit den problematischen Verhältnissen zwischen Menschen und Menschenaffen auseinander. Das Great Ape Project[3] erhebt die Belange von Menschenaffen zum alleinigen Gegenstand der Tierschutzorganisation und fordert Menschenrechte für Menschenaffen. Beide Organisationen fokussieren sich auf die Befreiung von Menschenaffen aus allein dem Menschen zur Unterhaltung dienenden Einrichtungen und einem Verbot von Tierversuchen an Menschenaffen. Keine der beiden Verbände kommt ohne die mediale Inszenierung und Verbreitung von Bildern über Werbefilme, Plakate, Printmedien, Homepages oder soziale Medien aus. Die Bilder zeigen von Experimenten gezeichnete, sich in Gefangenschaft befindende Tiere oder vom Menschen zugerichtete Tierkörper. Sie sprechen die emotionale Verbundenheit zwischen Mensch und Tier an. Menschenaffen scheinen in unserem Alltag omnipräsent. Sie begegnen uns auf Film- und Zooplakaten, in Dokumentationen, auf Buchtiteln, in Spielwarenläden, auf Lebensmittelverpackungen, als Maskottchen oder Dekorationsfiguren. Die Allgegenwärtigkeit

1 Florian Werner zit.n.: Judith Luig, Der Mensch im Affen, in: Die Zeit online, https://www.zeit.de/gesellschaft/2020-01/krefelder-zoo-affenhaus-brand-feuer-silvester-brandschutz vom 18.04.2024.

2 Weiterführende Informationen finden sich auf der Homepage der Tierschutzorganisation PETA, https://www.peta.de/vom 07.01.2022.

3 Ausgangspunkt des internationalen Projekts war das 1993 veröffentlichte Buch *The Great Ape Project. Equality Beyond Humanity* der Philosophen Paola Cavalieri und Peter Singer; vgl. https://www.greatapeproject.de/vom 01.07.2021; Paola Cavalieri; Peter Singer, The Great Ape Project. Equality Beyond Humanity, New York 1996.

und Beliebtheit beruhen auf einem historisch gewachsenen und kulturell verankerten Wissen über die Nähe zu den Tieren.

Zur emotionalen kommt im Fall der Menschenaffen die biologische Nähe hinzu. Die Bezeichnung ›Menschenaffe‹ leitet sich von der anatomischen Beschreibung der Affen als menschenähnlich ab. Der Begriff ist nicht näher gefasst. Innerhalb der zoologischen Systematik bilden Menschen, Schimpansen, Gorillas und Orang-Utans die Familie der Hominidae. Menschenaffen wurden im 19. Jahrhundert häufig als Anthropomorphe bezeichnet, was auf ihre Menschenähnlichkeit verwies und von der Übertragung menschlicher Eigenschaften zeugte.[4] Zu Beginn des 21. Jahrhunderts belegte die Entschlüsselung der Genome die Artverwandtschaft, Menschen und Schimpansen teilen bis zu 99 Prozent ihres Erbguts.[5]

Das Interesse an Menschenaffen ist kein Phänomen des 20. und 21. Jahrhunderts. Mitte des 19. Jahrhunderts führten mehrere Ereignisse dazu, dass Menschenaffen in den Fokus der Öffentlichkeit rückten. Die Faszination für die Tiere beruhte neben ihrer Menschenähnlichkeit auf der aus europäischer Sicht (Wieder-)Entdeckung des Gorillas als eigener Spezies im Jahr 1847, der Veröffentlichung von Charles Darwins (1809–1882) Evolutionstheorie 1859, der Ankunft erster lebender Exemplare in Europa und Gründung Zoologischer Gärten ab den 1840ern in Deutschland. Der Auseinandersetzung mit Menschenaffen konnte sich kaum ein Europäer entziehen.

Die Forschung der letzten dreißig Jahre hat das Verhältnis des Menschen mit anderen Primaten seit der Antike kulturhistorisch aufgearbeitet. Dabei handelt es sich um einen europäisch-nordamerikanischen Blick auf die Beziehung zwischen Mensch und Tier, eine afrikanische Perspektive fehlt in den Auseinandersetzungen des Globalen Nordens mit Menschenaffen. Eine der ersten Veröffentlichungen entstand unter der Mitherausgeberschaft des Leidener Philosophen und Anthropologen Raymond Corbey und geht auf den 1993 veranstalteten Kongress Human Evolution in Its Ecological Context unter der Beteiligung von Archäologen, Paläontologen, Verhaltensforschern und Historikern zurück. In *Ape, Man, Apeman: Changing views since 1600*[6] wurde die europäische Geschichte mit Menschenaffen, die Betrachtung erster menschlicher Fossilienfunde und deren Einfluss auf die Bewertung des Mensch-Tier-Verhältnisses untersucht. Darüber hinaus veröffentlichte Corbey mit *The Metaphysics of Apes*[7] im Jahr 2005 eine eigenständige Kulturgeschichte über die Betrachtung bedeutender Stationen des Verhältnisses zwischen Europäern und Affen seit dem 17. Jahrhundert. Ab den 1990ern beschrieb der Wissenschaftshistoriker Hans Werner Ingensiep den Menschenaffen aus philosophisch-natur-

---

4 Zum Begriff Anthropomorphismus, vgl. Kai Artinger, Von der Tierbude zum Turm der blauen Pferde. Die künstlerische Wahrnehmung der wilden Tiere im Zeitalter der zoologischen Gärten, Berlin 1995, S. 35.

5 Vgl. Holger Dambeck, Genvergleich. Schimpanse und Mensch fast identisch, https://www.spiegel.de/wissenschaft/natur/genvergleich-schimpanse-und-mensch-fast-identisch-a-372341.html vom 18.04.2024; Unterschied zwischen Mensch und Schimpanse größer als gedacht, https://www.mpg.de/487200/pressemitteilung20040527 vom 18.04.2024.

6 Raymond Corbey; Bert Theunissen (Hg.), Ape, Man, Apeman. Changing Views since 1600, Leiden 1995.

7 Raymond Corbey, The Metaphysics of Apes. Negotiating the Animal-Human Boundary, Cambridge 2005.

historischer Perspektive im Zuge der Aufklärung und deren Einfluss auf das heutige Bild der Tiere in Europa.[8] In seinem 2013 erschienenem Grundlagenwerk *Der kultivierte Affe*[9] verwies er in einer Gesamtschau und unter Verwendung zahlreicher Quellenbelege auf Zuschreibungen von Affen, die seit der Antike und dem Mittelalter existierten und in Europa zirkulierten. Dabei handelte es sich zunächst nicht um Menschenaffen, sondern andere bekannte Affenarten, wie Paviane oder Berberaffen, die ebenfalls in Bezug zum Menschen gesetzt wurden.

Die australischen Autoren Ted Gott und Kathryn Weir legten eine Arbeit über Gorillas mit dem Fokus auf der Rezeption der Tiere in Film, Literatur und Kunst in den USA, England und Frankreich vor. »*The social history of the gorilla reflects how quickly scientific study and debate can be drawn into popular culture.*«[10], so die Autoren. Es ist besonders das Bild des Gorillas und dessen filmischer und literarischer Umsetzung als Verführer, Vergewaltiger und Mörder,[11] etwa in *King Kong und die weiße Frau* von Merian C. Cooper (1893–1973) aus dem Jahr 1933[12] oder *Tarzan bei den Affen* von Edgar Rice Burroughs (1875–1950) von 1912,[13] das bis heute das Bild des Globalen Nordens über die Tiere prägt und in regelmäßigen Abständen für die Kinoleinwand neu interpretiert wird. Einen weiteren Höhepunkt fand die Auseinandersetzung mit Menschenaffen in Pierre Boulles Roman *Planet der Affen* von 1963.[14] Der Präsenz von Menschenaffen zwischen Wissenschaft und medialer Inszenie-

8 Hans Werner Ingensiep, Mensch- und Menschenaffe. Die besondere Beziehung, in: Paul Münch (Hg.), Tiere und Menschen. Geschichte und Aktualität eines prekären Verhältnisses, Paderborn u.a. 1999, S. 429–446; Ders., Kultur- und Zoogeschichte des Gorillas. Beobachtungen zur Humanisierung von Menschenaffen, in: Lothar Dittrich; Dietrich von Engelhardt; Annelore Rieke-Müller (Hg.), Die Kulturgeschichte des Zoos, Berlin 2001, S. 151–170; Ders., Warum essen wir keine Gorillas? Eine kulturanthropologische Annäherung, in: Hartmut Böhme; Franz-Theo Gottwald; Christian Holtorf; Thomas Macho; Ludger Schwarte; Christoph Wulf (Hg.), Tiere. Eine andere Anthropologie, Köln u.a. 2004, S. 187–198; Ders., Der Orang-Outang des Herr Vosmaer. Ein aufgeklärter Menschenaffe, in: Gesine Krüger (Hg.), »Ich Tarzan«. Affenmenschen und Menschenaffen zwischen Science und Fiction, Bielefeld 2008, S. 225–238.

9 Hans Werner Ingensiep, Der kultivierte Affe. Philosophie, Geschichte und Gegenwart, Stuttgart 2013.

10 Ted Gott; Kathryn Weir, Gorilla, London 2013, S. 8.

11 1841 tauchte ein Orang-Utan als Mörder in der Kurzgeschichte *Der Doppelmord in der Rue Morgue* von Edgar Allen Poe (1809–1849) auf; vgl. Edgar Allan Poe, Die Abenteuer des Detektivs Dupin. Der Mord in der Rue Morgue, Band 1, Original 1841, hier Hannover 1922.

12 Merian C. Cooper, King Kong und die weiße Frau, 1933; vgl. Ray Morton, King Kong. The History of a Movie Icon from Wray to Peter Jackson, New York, NY 2005.

13 Edgar Rice Burroughs, Tarzan bei den Affen, Original 1912, hier München 1999; Verfilmungen: Tarzan bei den Affen, 1918; Tarzan und der goldene Löwe, 1927; Greystoke – Die Legende von Tarzan, Herr der Affen, 1984; Tarzan, Herr des Dschungels (Fernsehserie, Original 1976–1984); Disney Zeichentrick-Adaption Tarzan, 1999; Tarzan 3D, 2013; Legend of Tarzan, 2016.

14 Pierre Boulle, Planet der Affen, Original 1963, hier Ludwigsburg 2019; Der Roman wurde zahlreich verfilmt und entwickelte sich zu einem Teil filmischer Popkultur; vgl. Planet der Affen, Planet of the Apes, 1968; Rückkehr zum Planet der Affen, Beneath the Planet of the Apes, 1970; Flucht vom Planet der Affen, Escape from the Planet of the Apes, 1971; Eroberung vom Planet der Affen, Conquest of the Planet of the Apes, 1972; Die Schlacht um den Planet der Affen, Battle for the Planet of the Apes, 1973; Planet der Affen, Planet of the Apes, 2001; Planet der Affen. Prevolution, Rise of the Planet of the Apes, 2011; Planet der Affen. Revolution, Dawn of the Planet of the Apes, 2014;

rung widmete sich der Sammelband *Ich Tarzan*[15] aus dem Jahr 2008. Die Literaturwissenschaftlerin Julika Griem nahm sich dezidiert der Rolle von Menschenaffen in der Literatur an.[16] Weiterhin existieren Arbeiten über die Entdeckung und Erforschung von Menschenaffen.[17] Im Zuge der bekannten und medial vermarkteten Freilandforschung an Primaten in den 1960ern durch Dian Fossey (1932–1985) oder Jane Goodall (geb. 1934) wurde das Interesse der Öffentlichkeit dauerhaft wachgehalten. Die Historikerin Chris Herzfeld legte in ihrer 2017 erschienenen Arbeit *The Great Apes*[18] ihr Augenmerk auf die Geschichte der Primatologie als weibliches Forschungsfeld nach dem 2. Weltkrieg.

Die anhaltende Faszination für Menschenaffen belegen drei Ausstellungen der jüngsten Vergangenheit, darunter *Ape Culture/Kultur der Affen* im Berliner Haus der Kulturen der Welt im Jahr 2015, die mithilfe künstlerischer Installationen und Filmen Affen als Grenzgänger zwischen Mensch und Tier in den Blick nahm und das Konzept von ›Kulturhaftigkeit‹ hinterfragte. Die Staatlichen Kunstsammlungen Dresden zeigten 2016 die Ausstellung *Die Vermessung des Urmenschen* und setzten sich mit der Inszenierung von Rassismus auseinander, in denen Menschenaffen eine Schlüsselrolle bei der Darstellung und Bewertung von Menschen Außereuropas einnahmen. Der Autor Mustafa Haikal konzipierte 2016 die Ausstellung *Unheimliche Nähe* in Zusammenarbeit mit der Leipziger Universitätsbibliothek und dem Zoo Leipzig. Er zeigte lithografische Abbildungen, Zeichnungen und Fotografien von Menschenaffen, darunter Aufnahmen von Museumspräparaten, Zeitungsartikeln, Reiseberichten und wissenschaftlichen Beiträgen aus den Jahren 1500 bis 1900. In diesem Zusammenhang erschien ein gleichnamiger Ausstellungskatalog.[19] Im Vorfeld befasste sich Haikal mit der Geschichte von Menschenaffen in europäischen Zoologischen Gärten des 19. Jahrhunderts. Er verfasste eine Tierbiografie über den ersten lebenden Gorilla in Europa[20] und eine Arbeit über die Haltung von Menschenaffen im Dresdner Zoologischen Garten, gemeinsam mit dem früheren Archivar des Dresdner Zoos Winfried Gensch.[21] Neben Haikal hat

---

Planet der Affen. Survival, War of the Planet of the Apes, 2017; Planet der Affen 4. New Kingdom, 2024; Planet der Affen (Fernsehserie), 1974.

15 Gesine Krüger (Hg.), »Ich Tarzan«. Affenmenschen und Menschenaffen zwischen Science und Fiction, Bielefeld 2008.

16 Vgl. Julika Griem, Fremde Verwandte. Affen als kulturelle Projektionsfiguren in der Literatur des 19. und 20. Jahrhunderts, in: Leipziger Universitätsreden (98, 2004), S. 77–95; Dies., PeepShow mit Gorilla. Affen-Figuren mit narrativen und visuellen Inszenierungen zwischen 1830 und 1930, in: Susanne Scholz, Susanne; Felix Holtschoppen (Hg.), MenschenFormen. Visualisierungen des Humanen in der Neuzeit, Frankfurt a.M. 2007, S. 166–185; Dies., Monkey Business. Affen als Figuren anthropologischer und ästhetischer Reflexion 1800–2000, Berlin 2010.

17 Vgl. Alan F. Dixson, The Natural History of the Gorilla, London 1981; Robert Wokler, Enlightening Apes. Eighteenth-Century Speculation and Current Experiments on Linguistic Competence, in: Raymond Corbey; Bert Theunissen (Hg.), Ape, Man, Apeman. Changing Views since 1600, Leiden 1995, S. 87–100.

18 Chris Herzfeld, The Great Apes. A Short History, New Haven, London 2017.

19 Mustafa Haikal, Unheimliche Nähe. Menschenaffen als europäische Sensation, Leipzig 2016.

20 Mustafa Haikal, Master Pongo. Ein Gorilla erobert Europa, Berlin 2013.

21 Mustafa Haikal; Winfried Gensch, Der Gesang des Orang-Utans. 150 Jahre Zoo Dresden, Dresden 2011.

sich der Wissenschaftshistoriker Oliver Hochadel mit der Zurschaustellung von Menschenaffen in Zoologischen Gärten des 19. Jahrhunderts und dem Zoo als Medium der Wissensverbreitung auseinandergesetzt.[22] Die Tierbiografien Haikals und Hochadels verdeutlichen die Popularität der Tiere, sowie das zirkulierende Wissen über die Nähe zwischen Mensch und Tier, die im Zoo seit der Mitte des 19. Jahrhunderts unter dem Eindruck der Evolutionstheorie für ein europäisches Publikum inszeniert wurde.

Andere Forschungen befassten sich mit der historischen und philosophischen Dimension des Mensch-Menschenaffen-Verhältnisses und zeigten, dass die Beziehung Europas zum Affen nicht allein durch die Herstellung von Nähe gekennzeichnet, sondern im gleichen Maße durch eine bewusst inszenierte Distanz geprägt war. Der Fokus lag auf den Tieren im Zoo, in der Kunst und Literatur. Menschenaffen galten bis in die erste Hälfte des 20. Jahrhunderts als Raritäten in Zoologischen Gärten. Meist gelangten sie als Jungtiere nach Europa und überlebten ihre Zurschaustellung im Zoo oder in Menagieren nur wenige Monate.

Durch das öffentliche Interesse an den Tieren und der Neuentdeckung des Gorillas bemühten sich Naturkundemuseen intensiv um deren Präparate. In Anlehnung an die Definition des *Lexikons der Biologie*, nachdem Präparate als »*aus Lebewesen für Lehr- und Forschungszwecke hergestellte Demonstrationsobjekte*«[23] zu verstehen sind, werden im Folgenden von europäischen und afrikanischen Präparatoren geschaffene Schau- und Studienobjekte innerhalb naturkundlicher Museen und Sammlungen als solche bezeichnet.

Ausgestellte Menschenaffen in naturkundlichen Sammlungen boten seit der Mitte des 19. Jahrhunderts einen dauerhaften und prägenden Blick auf die Tiere. Naturkundemuseen verstanden sich als »*cathedrals of science*«,[24] als Orte der aktiven Wissensproduktion. Durch die zunehmende Öffnung für eine breite Bevölkerung bildeten sie Räume der Wissensvermittlung. Um 1900 befanden sich in zahlreichen zoologischen Sammlungen Europas und Nordamerikas Präparate von Menschenaffen, darunter ausgestopfte Tierkörper, Skelette und Schädel. Durch den Mangel an lebenden Exemplaren bildeten Naturkundemuseen die Orte, an denen das Wissen über die Tiere ausgehandelt und den

---

22 Oliver Hochadel, Science in the 19th-Century Zoo, in: Endeavour 29 (1, 2005), S. 38–42; Ders., Unter Menschen. Die Schimpansin Mafuka im Dresdner Zoologischen Garten (1873–75), in: Gesine Krüger (Hg.), »Ich Tarzan«. Affenmenschen und Menschenaffen zwischen Science und Fiction, Bielefeld 2008, S. 147–177; Ders., Darwin im Affenkäfig. Der Tiergarten als Medium der Evolutionstheorie, in: Dorothee Brantz; Christof Mauch (Hg.), Tierische Geschichte. Die Beziehung von Mensch und Tier in der Kultur der Moderne, Paderborn 2010, S. 245–267; Ders., Darwin in the Monkey Cage. The Zoological Garden as a Medium of Evolutionary Theory, in: Dorothee Brantz (Hg.), Beastly Natures. Animals, Humans, and the Study of History, Charlottesville, VA 2010, S. 81–107; Ders., Watching Exotic Animals Next Door. »Scientific« Observations at the Zoo (ca. 1870–1910), in: Science in Context (24, 2011), S. 183–214; Ders., A Chimpanzee Skull in the Devil's Cave, in: Endeavour (37,1), 2012, S. 56–60; Ders., Im Angesicht des Affen. Die Besucher des Tiergartens im 19. Jahrhundert, in: Sabine Nessel; Heide Schlüpmann (Hg.), Zoo und Kino. Mit Beiträgen zu Bernhard und Michael Grzimeks Film- und Fernseharbeit, Frankfurt a.M. u.a. 2012, S. 29–48.

23 Lexikon der Biologie. Präparate, https://www.spektrum.de/lexikon/biologie/praeparate/53508 vom 18.04.2024.

24 Karen Wonders, The Habitat Diorama Phenomenon, in: Alexander Gall; Helmuth Trischler (Hg.), Szenerien und Illusion. Geschichte, Varianten und Potenziale von Museumsdioramen, Göttingen 2016, S. 288.

Besuchern präsentiert wurde. An der Produktion und den Praktiken des Wissens waren zahlreiche Akteure, auch unfreiwillig, beteiligt.

Im Unterschied zu der umfangreichen Forschung über Menschenaffen im Zoo liegen für die Zurschaustellung von Menschenaffen im Museum kaum Arbeiten vor, obwohl der entscheidende Anstoß für die kulturhistorische Erforschung von Menschenaffen von der Betrachtung von Präparaten ausging. Donna Haraway analysierte in *Primate Visions*[25] und *Teddy Bear Patriarchy*[26] eine Gruppenszene von Gorillas, die als Diorama der Akeley Hall im American Museum of Natural History in New York bis heute zu sehen ist. Dioramen dienten und dienen der Visualisierung von Natur. Sie zeigen vom Menschen scheinbar unberührte Lebensräume und sollen die breite Bevölkerung über diese unterrichten und belehren. Die Zurschaustellung inszeniert geografische Räume. Hintergrundgemälde, Pflanzenmodelle und künstliche Landschaftsformationen erzeugen einen spezifischen und zugleich unvergänglichen Lebensraum. Die Tiere, meist Großsäuger, erscheinen als Teil der Landschaft, sie prägen die Szenerie und sind gleichzeitig mit dieser verflochten. Dioramen sollen Emotionen bei den Betrachtenden hervorrufen.[27] Haraway zeigte, wie der Taxidermist, Naturforscher und Erfinder Carl Akeley (1864–1926) eine Gruppenszene von Gorillas entwarf, die er zwischen 1921 und 1926 erlegte. Haraway interpretierte seine Arbeit als den Versuch, die Natur und deren Lebendigkeit für immer festzuhalten. Akeleys Ziel bestand darin, den Besucher über die Verbindung von Kunst und Wissenschaft im Diorama für die Schönheit der Natur und deren Bewahrung zu sensibilisieren. Im Fokus stand die Rekonstruktion einer größtmöglichen Naturtreue der ausgestellten Tiere und ihres Lebensraums. Den Begriff der Naturtreue deutete Haraway als die Inszenierung eines vom Menschen unberührten Garten Eden hinter musealem Vitrinenglas.[28] Haraway zeigte anhand der an der Ausstellung Beteiligten, vom Jäger über den Präparator bis hin zum Zeichner und Modellierer der Dioramakulissen, wie diese ihre sozio-kulturellen, religiösen und geschlechtlichen Prägungen in die Ausstellung einschrieben. Mit dem Anspruch auf wissenschaftliche Wahrhaftigkeit verbanden sich zu Beginn des 20. Jahrhunderts die imperialen Vorstellungen einer weißen, männlich dominierten Gesellschaft, die das Bild von Natur prägten. Gorillas galten als Großwild, zu dem Haraway diejenigen Tiere zählte, in denen Jäger einen adäquaten Gegner und Verkörperung eigener Tugenden der Stärke und Überlegenheit erkannten und sich über deren Erlegung inszenierten.[29]

In Anlehnung an Haraways Thesen, geht die vorliegende Arbeit davon aus, dass die Ausstellung von Affen in europäischen und nordamerikanischen Naturkundemuseen in erster Linie nicht die Tiere als Objekte präsentierte, sondern der Mensch sich durch die

25 Donna Haraway, Primate Visions. Gender, Race, and Nature in the World of Modern Science, New York u.a. 1989.

26 Donna Haraway, Teddy Bear Patriachry. Taxidermy in the Garden of Eden, New York City, 1908–1936, in: Social Text (11, 1984/85), S. 20–64.

27 Vgl. Wonders, The Habitat Diorama Phenomenon, S. 286.

28 Vgl. Haraway, Primate Visions, S. 9; Der Garten Eden, als biblisches Paradies illusioniert, wurde in allen Teilen der Welt vermutet und gesucht; vgl. Richard H. Grove, Green Imperialism. Colonial Expansion, Tropical Island and the Origins of Environmentalism, 1600–1800, Cambridge u.a. 1997, S. 4–5.

29 Vgl. Haraway, Primate Visions, S. 26–31.

Tiere ausstellte, sich in Abgrenzung zu ihnen erfand. Akeley inszenierte seine Visionen von Tieren, die historischen, technischen, kulturellen und sozialen Veränderungen unterlagen und verortete sich über deren Ausstellung in der Natur, lange bevor genetische Laboranalysen möglich waren und erste Ergebnisse der Freilandforschung vorlagen. In der sich an Haraway anschließenden Forschung haben sich Britta Lange,[30] Susanne Köstering,[31] Carsten Kretschmann,[32] Lynn Nyhart,[33] Kristin Becker[34] und Marissa H. Petrou[35] mit Menschenaffenpräparaten in musealen Kontexten um 1900 beschäftigt. Alan Ross untersuchte die Rolle von Tierkörpern als Medien des 19. Jahrhunderts am Beispiel von Menschenaffenpräparaten der Leverian Sammlung in London und deren Überstellung an das Wiener Naturkundemuseum.[36] Sein Fokus lag auf der Wirkung von Präparaten auf Kunst und Öffentlichkeit.

Im Hinblick auf die existierende Forschungsliteratur und das vorliegende Projekt ist es von zentraler Bedeutung, dass die untersuchten Tiere gerade nicht in Europa lebten und dadurch eine Faszination ausübten, die den Umgang mit Menschenaffen bestimmte. Ein afrikanischer Blick auf Menschenaffen kann in dieser Arbeit nicht eingenommen oder repräsentiert werden. Vielmehr behandelt die Arbeit das Verhältnis Europas zu afrikanischen Primaten. Die wissenschaftlichen und öffentlichen Debatten des 19. und beginnenden 20. Jahrhunderts müssen vor dem Hintergrund der Fremdheit der Tiere in Europa verstanden werden, durch die diese eine andere Rolle einnahmen als in Afrika.

Eine umfassende und vergleichende Arbeit über die Ausstellung von Menschenaffen in naturkundlichen Sammlungen des Deutschen Kaiserreichs seit der zweiten Hälfte des 19. Jahrhunderts existiert bisher nicht. Hier setzt die vorliegende Arbeit mit der zentralen Frage an: Wie wurden Menschenaffenpräparate durch Europäer generiert und mit ihnen Wissen produziert?

Erstens soll nach den **beteiligten Akteuren und deren Handlungen** am Tierkörper gefragt werden: Wer orderte in Europa Menschenaffen und aus welchen Gründen? Wer bestimmte vor Ort, welche Tiere ausgesucht, gefangen oder erlegt und mit welchen Techniken sie konserviert und abgebildet wurden? Welche Akteure (lokale Bevölkerung, Missionare, Naturforscher, Seeleute, Expeditionsteilnehmer, Kolonialbeamte, Militärs, professionelle Tierhändler) waren an der Auswahl und den Prozessen, die die Tiere und de-

30 Britta Lange, Die Allianz von Naturwissenschaft, Kunst und Kommerz in Inszenierungen des Gorillas nach 1900, in: Anja Zimmermann (Hg.), Sichtbarkeit und Medium. Austausch, Sichtbarkeit und Differenz naturwissenschaftlicher und ästhetischer Bildstrategien, Hamburg 2005, S. 183–210; Dies., Echt. Unecht. Lebensecht. Menschenbilder im Umlauf, Berlin 2006.

31 Susanne Köstering, Natur zum Anschauen. Das Naturkundemuseum des Deutschen Kaiserreichs 1871–1914, Köln 2003.

32 Carsten Kretschmann, Räume öffnen sich. Naturhistorische Museen im Deutschland des 19. Jahrhunderts, Berlin 2006.

33 Lynn Nyhart, Life after Death. The Gorilla Family of the Senckenberg Museum (Frankfurt a.M.), in: Endeavour 37 (4), 2013, S. 235–238.

34 Kristin Becker, Affe, Mond und Meer. Inszenierungen von Wissen und Wissenschaft im 19. und frühen 20. Jahrhundert, Berlin 2014.

35 Marissa H. Petrou, Apes, Skulls and Drums. Using Images to Make Ethnographic Knowledge in Imperial Germany, in: The British Journal for the History of Science 51 (2018), S. 69–68.

36 Alan Ross, The Animal Body as Medium. Taxidermy and European Expansion, 1775–1865, in: Past & Present 249 (1, November 2020), S. 85–119.

ren Präparate zwischen ›Naturding‹ und ›Erkenntnisobjekt‹ bei der Überführung in das Museum durchliefen, beteiligt?

Zweitens steht die Inszenierung der toten Tiere und die **Technik der Präparation** als zentrale **Praxis** der Konservierung im Fokus: Welche Modi und Darstellungsformen der Konservierung existierten und gelangten in den Besitz europäischer Sammlungen? In welchem Rahmen wurden diese inszeniert, aufbewahrt und in einen größeren Forschungskontext eingebunden? Wer verfügte über das Wissen, Menschenaffen präparieren zu können? Welchen Einflüssen unterlag die Technik der Präparation? Und welches Bild des Menschenaffen vermittelte die Präparation in Europa?

Drittens wird es um die Bedeutung gehen, die die Formen des Sammelns, Katalogisierens, Verteilens, Präparierens und Inszenierens für das **Wissen** über Menschenaffen innerhalb der europäischen **Wissenschaft und Öffentlichkeit** spielten: Wie prägten diese Praktiken die Forschung an und über Affen, die ab der Mitte des 19. Jahrhundert signifikant anwuchs, mit? Inwiefern beeinflussten zeitgenössische naturwissenschaftliche Debatten die Ausstellung von Menschenaffen und wie bestimmten die aufgefundenen Tiere die Naturkunde? Welches Wissen stellten Museen mithilfe von Präparaten aus und welche Erwartungen trugen die Besucher über die viel diskutierten Tiere an die Museen heran? Welche Bedeutung besaßen Präparate für die Bedingtheit wissenschaftlichen Wissens zwischen Wissenschaft und Öffentlichkeit und wie prägten sie die bis heute existierenden Bilder der Tiere? Wie, unter welchen Umständen und über welche Wege wurden Wissensbestände und -objekte ausgehandelt? Wie zeigte sich der Anthropomorphismus des Europäers, der durch den Einfluss Darwins noch verstärkt wurde, im ausgestellten zoologischen Objekt? Was erfuhr der europäische Betrachter bei dem Besuch eines naturkundlichen Museums über die ausgestellten Tiere?

1.2 Thema, Betrachtungszeitraum und Orte

Der Fokus der Arbeit liegt auf der Entdeckung des Gorillas in Europa und dessen Erforschung und Ausstellung in naturkundlichen Sammlungen. Im Gegensatz zu Orang-Utans und Schimpansen, die bereits im 18. Jahrhundert, teilweise lebend nach Europa gelangten, galt der Gorilla hier als vollkommen unbekannt. Durch ihr Überleben von mehreren Monaten in Europa waren erste Beobachtungen an Orang-Utans und Schimpansen und detaillierte Zeichnungen möglich. Orang-Utans wurden im Zuge einer aufklärerischen Auseinandersetzung als »*gute*[...] *Wilde*[...]«[37] stilisiert und nahmen eine Sonderstellung hinsichtlich der Zuschreibungsmuster ein, die sich in der Forschungsliteratur niederschlug.[38] Schimpansen, die ebenfalls im 18. Jahrhundert nach Europa gelangten, überlebten nur kurze Zeit und konnten lebend nicht näher erforscht werden. In naturkundlichen Sammlungen existierten Bälge, Skelette und Schädel. Ab der Mitte des 18. Jahrhunderts waren sie vermehrt in Zoologischen Gärten anzutreffen. Von Gorillas lagen bis in die 1850er Jahre keine Beschreibungen lebender Exemplare in Europa vor, wobei die Unterscheidung von Gorillas und Schimpansen Unsicherheiten barg. Nur

37 Ingensiep, Der kultivierte Affe, S. 79.

38 Vgl. Ebd., Kapitel 4.

wenige Europäer gelangten in die bewohnten Ökosysteme der Tiere in Afrika. Schimpansen und Gorillas bildeten wegen ihrer sich teilweise überlagernden Lebensräume Überschneidungen hinsichtlich der Beobachtung, dem Fangen und Sammeln und der sich mit ihnen befassenden Akteure. Die europäische Entdeckung des Gorillas führte zu einer intensiven Auseinandersetzung mit den Tieren und der Suche nach weiteren Menschenaffen in Afrika.

Heute existieren, ausgehend von den Freilandforschungen der 1960er Jahre, umfangreiche Kenntnisse über das Verhalten und den Lebensraum von Gorillas. So leben sie in größeren familiären Gruppen und werden von mindestens einem ausgewachsenen Männchen angeführt. Alle Menschenaffen gelten als äußerst intelligent und sozial. Gorillas ernähren sich ausschließlich vegetarisch und streifen wandernd auf der Suche nach Nahrung in Wäldern umher. Die zwei bekannten Gattungen der Östlichen und Westlichen Gorillas unterteilen sich in vier Unterarten und leben in Kamerun, Gabun, der Republik Kongo, der Demokratischen Republik Kongo sowie Ruanda und Uganda.[39]

Eine umfassende Darstellung über Ausstellungskonzepte von Menschenaffen in deutschen Naturkundemuseen existiert bisher nicht. Der Fokus des Projektes auf naturkundlichen Präparaten eröffnet mit der Betrachtung toter, präparierter Tiere andere Fragen und Geschichten mit bisher unbekannten Akteuren als die bislang überwiegend auf lebende Zootiere, Bilder und Berichte ausgerichtete Forschung, so das Anliegen der vorliegenden Arbeit.

Der Betrachtungszeitraum erstreckt sich von 1860 bis 1910 und beginnt mit dem Eintreffen erster Gorillapräparate in Deutschland. Die Zeitspanne umfasst den Erwerb der deutschen Kolonien und die Hochzeit des deutschen Kolonialismus.

Die Popularität der Tiere im Zuge der Entdeckung des Gorillas und der damit einhergehenden, kaum überschaubaren Menge an Präparaten machte eine Auswahl an zoologischen Sammlungen notwendig, die das Spektrum adeliger, städtischer, ländlicher und universitärer Institutionen abbildet.

Ab der Mitte der 1860er Jahre wurden erstmals alle drei bekannten Menschenaffenarten und damit erste Präparate von Gorillas im Lübecker Naturkundemuseum, das aus einer bürgerlichen Privat- und Vereinssammlung um 1800 entstand, gezeigt. Die Lübecker Sammlung wurde in Folge von zahlreichen Besuchern, darunter Wissenschaftlern, Tiermalern, Fotografen und der allgemeinen Öffentlichkeit aufgesucht und verfügte durch den Austausch von Objekten und Bildern von Menschenaffen über ein breites Netzwerk zu anderen Museen. Nach Lübeck gelang dem Dresdner Königlich Zoologischen und Anthropologisch-Ethnographischen Museum die Ansammlung zahlreicher Objekte von Menschenaffen seit den 1870er Jahren und der Aufbau einer vielbeachteten Sammlung. Das Museum ging auf eine fürstliche Sammlung in der Tradition von Raritätenkabinetten und Wunderkammern der Frühen Neuzeit zurück.[40] Das Berliner Naturkundemuseum ist die dritte hier betrachtete Sammlung, die seit dem Neubau des

---

39 Vgl. https://www.wwf.de/themen-projekte/bedrohte-tier.und-pflanzenarten/gorillas am 23.03.2024.

40 Vgl. W. von Seidlitz, Geschichte der Sammlungen, in: Führer durch die Königlichen Sammlungen zu Dresden, Dresden 1889, S. XI, https://digital.slub-dresden.de/data/kitodo/fuhrdudik_383382823/fuhrdudik_383382823_tif/jpegs/fuhrdudik_383382823.pdf vom 27.02.2023.

Hauses 1889 und der damit vollzogenen Trennung von Schau- und Lehrsammlung erstmals eine explizite Ausstellung für eine interessierte Öffentlichkeit schuf. Seine Sammlungsursprünge hatte das Museum in fürstlichen und privaten Sammlungen. Die Gründung stand in direkter Verbindung mit der Stiftung der Berliner Universität 1810 und der Nutzbarmachung für Forschung und Lehre bei gleichzeitiger Öffnung für eine breitere Öffentlichkeit. Gegen Ende des 19. Jahrhunderts kennzeichnete die Sammlung ein rasches Anwachsen der Bestände. Dieses war dem kolonialen Ausgreifen und dem Beschluss des Bundesrates vom 21. Februar 1889, dass alle natur- und völkerkundlichen Objekte, die im Rahmen einer durch das Reich finanzierten Expedition erworben wurden, an das Berliner Museum überstellt werden mussten,[41] geschuldet. Berlin avancierte zur zentralen Sammelstelle kolonialer Objekte und stellte die Kolonien über diese in der Schausammlung aus. Ergänzend wird das Zoologische Museum der Georg-August-Universität Göttingen betrachtet. In der zweiten Hälfte des 19. Jahrhunderts leitete der Zoologe Ernst Ehlers (1835–1925) die Göttinger Sammlung. Seine umfangreiche Korrespondenz mit Kollegen bietet vertiefende Einblicke in Museumspolitiken und -ökonomien und erlaubt Rückschlüsse über das Verhältnis von Peripherien und Zentren innerhalb der deutschen Museumslandschaft um 1900. Die Göttinger Sammlung als reine Universitätssammlung dient zudem der Erweiterung des Sammlungsspektrums. Die vier ausgewählten Museen verweisen auf die föderale Organisation naturkundlicher Sammlungen in Deutschland. Die Institutionen wurden von zahlreichen privaten und staatlichen Initiativen getragen, durch eine breite Vereinstätigkeit befördert und standen teilweise in engem Austausch mit weiteren nationalen und internationalen Sammlungsinitiativen.

1.3 Methodische Überlegungen

1.3.1 Naturkundemuseen und ihre Präparate als Forschungsfelder des Material, Spatial und Animal Turns

Die unter Abschnitt 1.1 aufgestellten Fragestellungen der vorliegenden Arbeit beziehen sich auf die in der aktuellen Forschung diskutierten Kategorien Akteure, Praktiken und Wissen. Mit ihnen eröffnen sich vielschichtige Untersuchungsebenen, darunter Raum und Ding, Geschlecht und Rasse, die über Menschenaffen kommuniziert, repräsentiert, ausgehandelt und visuell inszeniert wurden. Der Erwerb von Präparaten war, insbesondere ab der zweiten Hälfte des 19. Jahrhunderts, in koloniale Kontexte eingebunden.

Damit stehen nicht nur soziale und machtpolitische Fragen, sondern auch (post-)koloniale Zusammenhänge im Fokus der Untersuchung. Als sozialisierte Lebewesen schrieben die beteiligten Akteure ihre kulturellen, wissenschaftlichen, rassistischen und emotionalen Vorstellungen in die Objekte ein.[42] Um diese Mechanismen nach-

41 Vgl. Köstering, Natur zum Anschauen, S. 198.

42 Vgl. Tobias L. Kienlin; Anne Widura, Dinge als Zeichen, in: Stefanie Samida; Manfred K. H. Eggert; Hans Peter Hahn (Hg.), Handbuch Materielle Kultur. Bedeutungen, Konzepte, Disziplinen, Stuttgart u.a. 2014, S. 31.

zuzeichnen, umfasst die Arbeit mehrere inhaltliche Themenkomplexe: Menschenaffen – Darwinismus – Zoologie – Präparate – naturkundliche Sammlungen – Kolonialismus. Sie knüpft damit an theoretische Debatten und Turns an, die die Kultur- und Geschichtswissenschaften in den letzten Jahren prägten: Wissenschaftsgeschichte – Material Turn – Spatial Turn – Human-Animal Studies.

Die Untersuchungskategorien sind Raum, Ding, Mobilität und Netzwerk. Diese Kategorien sind wiederum eng mit den oben genannten Themenfeldern verwoben. Das Naturkundemuseum eignet sich gut, um die mit ihm verbundenen Kategorien und Themenfelder genauer zu untersuchen. Naturkundemuseen werden hier als Wissen ansammelnde, schaffende und ausstellende Institutionen in spezifischen historisch-kulturellen Kontexten verstanden, darauf verwiesen Studien über die vielgestaltigen Dimensionen des Phänomens Museum.[43] Die Breite der Fragestellungen und Thematik erfordern die Auseinandersetzung mit zahlreichen Forschungsfeldern. Die Termini ›Wissen‹ und ›Wissenschaft‹ sowie deren Transfer können nicht auf eine allumfassende Definition heruntergebrochen werden. Der Begriff ›Wissen‹ wird vielfältig definiert.[44] Ein Wissenschaftstransfer ist zugleich ein Wissenstransfer, das gilt aber nicht umgekehrt.[45] Damit erfolgt eine Annäherung über die Unterscheidung von wissenschaftlichem und nichtwissenschaftlichem Wissen, was wiederum Fragen nach den Gründen und Problemen dieser Trennung aufwirft.[46] Carsten Kretschmann verwies auf die Multidimensionalität von Wissensbeständen in Naturkundemuseen, darunter »*Kultur- und Bildungswissen, sowie Wertungswissen,* [und] *Handlungswissen*«.[47] Eingrenzungen des Wissensbegriffes führen zur Ausgrenzung von Wissensbeständen, etwa außereuropäischen Wissens in Europa im Zuge des Kolonialismus. Wissen ist an historische Kontexte, Motive und Eigenschaften gebunden, die es zu reflektieren gilt. Die Vielzahl an Akteuren und deren Präsenz in unterschiedlichen Räumen verlangt eine begriffliche Weite, um alle Wissensbestände innerhalb von Naturkundemuseen in den Blick nehmen zu können. Deshalb wird Wissen als »*jede Form von Sinngebung, mit der Individuen und Gruppen sich ihre Umwelt erklären und zu eigen machen*«[48] verstanden. Wichtig ist die Berücksichtigung der historischen Verortung von Wissen als Abbild der jeweiligen gesellschaftlichen Bedeutung von Wissen und dessen Inszenierung und Aufbereitung.[49]

---

43 Vgl. Anke te Heesen, Theorien des Museums zur Einführung, Hamburg 2015, S. 14.

44 Vgl. Veronika Lipphardt; David Ludwig, Wissens- und Wissenschaftstransfer, https://www.diss.fu-berlin.de/docs/servlets/MCRFileNodeServlet/FUDOCS_derivate_000000002549/lipphardtv-ludwigd-2011-de.pdf vom 18.04.2024; George Levine, Defining Knowledge. An Introduction, in: Bernard Ligthman (Hg.), Victorian Science in Context, Chicago 1997, S. 15–23.

45 Vgl. Mitchell Ash, Wissens- und Wissenschaftstransfer. Einführende Bemerkungen, in: Berichte zur Wissenschaftsgeschichte 29 (2006), S. 182.

46 Vgl. Lipphardt, Wissens- und Wissenschaftstransfer.

47 Carsten Kretschmann, Wissenskanonisierung und -popularisierung in Museen des 19. Jahrhunderts. Das Beispiel des Senckenberg-Museums in Frankfurt a.M., in: Lothar Gall; Andreas Schulz (Hg.), Wissenskommunikation im 19. Jahrhundert, Stuttgart 2003, S. 175.

48 Christiane Reichart-Burikukiye, Erinnerungsräume und Wissenstransfer. Die Erfindung Afrikas, in: Winfried Speitkamp (Hg.), Erinnerungsräume und Wissenstransfer. Beiträge zur afrikanischen Geschichte, Göttingen 2008, S. 23.

49 Vgl. Stefanie Kohl, Der repräsentative Zusammenhang der Dinge. Formen des Wissens und die Modi ihrer Inszenierung in musealen Kontexten, Rostock 2018, S. 9.

Die Hinwendung der traditionell auf schriftlichen Quellen fokussierten Geschichtswissenschaft zu der Erforschung von Prozessen, Praktiken und Objekten der Wissensgenerierung erfolgte allmählich in den 1970er und 1980er Jahren im Zuge des Social Constructionist Turn.[50] Wissen wird seitdem als sich stetig im Wandel befindende, kulturell produzierte Kategorie verstanden, es ist demnach kontingent und historisch gewachsen, es wird in Diskursen ausgehandelt und ist nicht objektiv. Lorraine Daston und Peter Galison zeigten, dass sich das epistemische Konzept von wissenschaftlicher Objektivität nach unserem heutigen Verständnis erst in der Mitte des 19. Jahrhunderts entwickelte. Demnach ist Objektivität keine der Naturwissenschaft genuin zugrundeliegende Eigenschaft, sondern eine historisch gewachsene Annahme, die im 19. Jahrhundert so wirkmächtig war, dass die Methoden naturwissenschaftlichen Arbeitens nicht in Frage gestellt wurden.[51]

Clifford Geertz versuchte mithilfe seines Ansatzes der »*Dichte*[n] *Beschreibung*«[52] Kulturen und damit den Menschen und dessen individuelles, lokales Wissen zu entschlüsseln.[53] Lokales Wissen versteht er als »*constructive of social life not reflective*«[54] und verweist auf die Herausforderungen bei der Beschreibung der komplexen Welt und der Verortung der eigenen Person mit ihren spezifischen kulturellen, sozialen, religiösen Prägungen gegenüber anderen.[55]

Wie wirkmächtig und nachhaltig diskursive Wissensbestände sein können, zeigte Edward Saids einflussreiche Studie *Orientalism* aus dem Jahr 1978.[56] Darin deckte er das Denken ›des Okzidents‹ über ›den Orient‹ als einen solchen Wissensdiskurs auf. ›Der Westen‹ schuf ›den Orient‹ als Wissenssystem, als Raum, und grenzte sich von diesem ab. Durch den Abgrenzungsprozess des ›Okzidents‹ vom ›Orient‹ entstand eine Dichotomie zwischen ›dem Westen‹ und ›den Anderen‹, die sich in der Folge in Machtansprüchen manifestierte und als Grundlage imperialistischer Ansprüche fungierte.[57] In diesem ungleichen Machtgefüge kam ›der Orient‹ im Denken ›des Okzidents‹ nicht als Ort der Wissensgenerierung in Frage. Eine Vorstellung, die Modelle des Wissensaustausches bis weit in das 20. Jahrhundert beeinflusste. So verwies George Basalla in *The Spread of Western Science* von 1967 zwar auf die globalen Dimensionen von Wissensprozessen,[58] doch seine Vorstellung eines linear verlaufenden Transfers westlichen Wissens in den Rest der Welt und der Adaption durch eine abhängige Peripherie zeigten sich durch Said

---

50 Vgl. Lynn Nyhart, Historiography of the History of Science. in: Bernard Ligthman (Hg.), A Companion on the History of Science, Chichester u.a. 2016, S. 7–22.

51 Lorraine Daston; Peter Galison, Objektivität, Frankfurt a.M. 2007.

52 Clifford Geertz, Dichte Beschreibung. Bemerkungen zu einer deutenden Theorie von Kultur, in: Ders. (Hg.), Dichte Beschreibung. Beiträge zum Verstehen kultureller Systeme, Frankfurt a.M. 1987, S. 9.

53 Vgl. Clifford Geertz, Local Knowledge. Further Essays in Interpretive Anthropology, London 1993, Kapitel 8.

54 Ebd., S. 218.

55 Ebd., S. 234.

56 Edward W. Said, Orientalismus, Frankfurt a.M. 2014.

57 Vgl. Ebd., S. 11–12.

58 George Basalla, The Spread of Western Science, in: Science 156 (3775, 1967), S. 611.

als nicht haltbar. Zudem nahm Basalla allein durch wissenschaftliche Einrichtungen produziertes Wissen in den Blick und klammerte weitere Akteure und die Wechselseitigkeiten von wissenschaftlichem und nicht-wissenschaftlichem Wissen aus. Saids Orientalismus stand am Beginn einer komplexen und längst nicht abgeschlossenen postkolonialen Debatte, die zeigt, dass das Monopol des Globalen Nordens an Prozessen der Wissensproduktion nicht länger aufrechterhalten werden kann.[59]

Said bezog seine Überlegungen überwiegend auf schriftliche Quellen. Seit den 1980er Jahren erweiterten materielle Objekte als Träger von Wissen und Kultur zunehmend den Blick.[60] Demnach sammeln Objekte im Verlauf ihrer Existenz Bedeutungen an, die über ihre Materialität hinausweisen. Vielfach diskutiert werden bis heute die Arbeiten Bruno Latours, der Dingen eine eigene Agency, also Handlungsmacht, zusprach, die sie in Akteurs-Netzwerken entfalteten, und die so mit der Akteurschaft von Menschen in Verbindung standen, beziehungswiese deren Akteurschaft teilweise erst befähigten.[61] Er lieferte den entscheidenden Anstoß, Dinge innerhalb von Diskursen, Bedeutungszusammenhängen und auch Praktiken zu verstehen und deren zentrale Bedeutung für die Generierung von Wissen in den Blick zu nehmen. Handlungen der Dinge versteht er als Vermittlungs- und Übersetzungsleistungen.[62] Die Bedeutung, der Umfang und die Macht der Agency von nichtmenschlichen Entitäten innerhalb dieser Netzwerke ist bis heute ein Streitpunkt bei der Beurteilung seiner Theorie. Latours Ausführungen wurden vielfach so gedeutet, dass er menschliche und nicht-menschliche Akteure in ihrer Wirkmacht gleichsetzte, was als zu radikal abgelehnt wurde.[63] Im Kontext der Wissensproduktion beschrieb er die Bedeutung von wissenschaftlichen Apparaten, experimentellen Praktiken und Orten, in denen Menschen mit Objekten in Beziehungen und Abhängigkeiten treten.[64] Nicht-menschliche Wesen werden als

---

59 Timothy Mitchell zeigte beispielsweise, wie die Einbeziehung außereuropäischer Quellen den Blick auf Europa selbst erweitern und Vorstellungen und Praktiken des Globalen Nordens grundlegend in Frage stellen kann; vgl. Timothy Mitchell, Die Welt als Ausstellung, in: Sebastian Conrad; Shalini Randeria (Hg.), Jenseits des Eurozentrismus. Postkoloniale Perspektiven in den Geschichts- und Kulturwissenschaften, Frankfurt a.M. 2002, S. 148–176.

60 Vgl. Arjun Appadurai (Hg.), The Social Life of Things. Commodities in Cultural Perspective, Cambridge 2003; Daniel Miller (Hg.), Materiality, Durham 2005; Igor Kopytoff, The Cultural Biography of Things. Commoditization as Process, in: Arjun Appadurai (Hg.), The Social Life of Things. Commodities in Cultural Perspective, Cambridge u.a. 2003, S. 64–91.

61 Vgl. Bruno Latour, Science in Action, Cambridge u.a. 1987; Ders., Wir sind nie modern gewesen. Versuch einer symmetrischen Anthropologie, Berlin 1995; Ders., Der Berliner Schlüssel. Erkundungen eines Liebhabers der Wissenschaften, Berlin 1996; Ders., Eine neue Soziologie für eine neue Gesellschaft, Frankfurt a.M. 2007.

62 Vgl. Markus Kurth; Katharina Dornenzweig; Sven Wirth, Handeln nichtmenschliche Tiere? Eine Einführung in die Forschung zu tierlicher Agency, in: Sven Wirth; Anett Laue; Markus Kurth; Katharina Dornenzweig; Leonie Bossert; Karsten Balgar (Hg.), Das Handeln der Tiere. Tierliche Agency im Fokus der Human-Animal Studies, Bielefeld 2016, S. 26.

63 Vgl. James A. Secord, Knowledge in Transit, in: Isis 95 (4, 2004), S. 664; Anke te Heesen; Petra Lutz, Einleitung, in: Dies. (Hg.), Dingwelten. Das Museum als Erkenntnisort, Köln 2005, S. 18.

64 Vgl. Bruno Latour, Laboratory Life. The Construction of Scientific Facts, Princeton u.a. 1986.

Aktanten oder Hybride in detaillierten Mikrostudien mitgedacht und deren Einfluss auf die Produktion von Wissen aufgezeigt, darunter etwa Labortiere.[65]

Karin Knorr Cetina gilt neben Latour als einflussreiche Autorin der Laboratory Studies. Sie untersuchte in *Die Fabrikation von Erkenntnis* mithilfe empirisch-anthropologischer Studien konkrete Laborsituationen der 1970er Jahre. Darin vertrat sie den Standpunkt, dass die »*Konstruktion von Wissen* [...] *ein grundsätzlich analysierbarer und spezifizierbarer Handlungsprozeß*«[66] ist. Sie nahm sowohl die zur Generierung von Wissen notwendigen Geräte als auch wissenschaftliche Papiere als Ergebnisse dieses Prozesses in den Blick. Dabei kam sie zu dem Schluss, dass weder die Dinge noch die Sprache neutral sind, sondern innerhalb wissenschaftlicher Aneignungskontexte »*gezähmt*«[67] werden.

Mit seinem Begriff der »*immutable mobiles*«[68] verwies Latour auf die Bedeutung zweidimensionaler Wissensbestände, wie wissenschaftliche Schriften, Diagramme, Tabellen, Fotografien und Grafiken, mit deren Hilfe dreidimensionale Objekte in eine transportable und konstante Form gebracht werden. Er beschreibt das Ansammeln von Wissen als einen stetigen Akkumulationskreislauf, bei dem in Zentren immer mehr Wissen angesammelt wird, wodurch ein Ungleichgewicht zwischen den Zentren und den Peripherien, in denen das Wissen gesammelt wurde, entsteht. Um gesammeltes Wissen im Zentrum nutzen zu können, muss dieses nach Latour »*transportabel* [Herv. i.O.]«, »*stabil* [Herv. i.O.]« und »*kombinierbar* [Herv. i.O.]« sein.[69] Demnach unterliegen Objekte während ihres Transports ständigen Transformationsprozessen.[70] Susan Leigh Star und James R. Griesemer prägten in Anlehnung an Latour den Begriff der »*boundary objects*«,[71] also standardisierten Vermittlungsobjekten zwischen sammelnden Laien und Wissenschaftlern. Auch Präparate von Menschenaffen unterlagen Transformationsprozessen, sie wurden vermessen, gewogen, gezeichnet und fotografiert, somit transferiert, verstetigt und vergleichbar gemacht. Präparate sowie deren schriftlichen und bildlichen Fixierungen transportierten und sicherten Daten über große Distanzen hinweg und richteten sich an spezifische Akteure.[72] Die Entwicklung vom lebenden Tier hin zu empirischem Wissen, also den Mechanismen der Wissensproduktion, bildet den zentralen Aspekt dieser Arbeit.

---

65 Vgl. Matthias Wieser, Inmitten der Dinge. Zum Verhältnis von sozialen Praktiken und Artefakten, in: Karl H. Hörning; Julia Reuter (Hg.), Doing Culture. Neue Positionen zum Verhältnis von Kultur und sozialer Praxis, Bielefeld 2004, S. 94.

66 Karin Knorr-Cetina, Die Fabrikation von Erkenntnis. Zur Anthropologie der Naturwissenschaft, Frankfurt a.M. 2002, S. 22.

67 Ebd., S. 176.

68 Bruno Latour, Die Logistik der immutable mobiles, in: Jörg Döring; Tristan Thielmann (Hg.), Mediengeographie. Theorie – Analyse – Diskussion, Bielefeld 2009, S. 111.

69 Zitate in: Ebd., S. 124, S. 120 und 123.

70 Vgl. Debora Gerstenberger; Joël Glasman, Globalgeschichte nach Maß. Was Globalhistoriker von der Akteur-Netzwerk-Theorie lernen können, in: Dies. (Hg.), Techniken der Globalisierung. Globalgeschichte meets Akteur-Netzwerk-Theorie, Bielefeld 2016, S. 25.

71 Susan Leigh Star; James R. Griesemer, Institutional Ecology, ›Translations‹ and Boundary Objects. Amateurs and Professionals in Berkeley's Museum of Vertebrate Zoology, 1907–39, in: Social Studies of Science (1, 1989), S. 388.

72 Vgl. Ina Heumann; Axel C. Hüntelmann, Einleitung: Bildtatsachen. Visuelle Praktiken der Wissenschaften, in: Themenheft Berichte zur Wissenschaftsgeschichte 36 (4, 2013), S. 284.

Saids Überlegungen zum Denken in Dichotomien in der Geschichtsforschung, die immer ein Ausschließen und Abgrenzen mit sich bringen und Hierarchisierungen begünstigen, übertrug Donna Haraway auf das Begriffspaar Kultur und Natur.[73] Damit nahm sie Natur als konstruiertes Gegenstück zur Kultur in den Blick und stellte diese bis dato übliche Dichotomisierung in Frage. Mit der Erfindung dieser Gegenüberstellung positionierte sich der europäische Mensch als überlegenes, handlungsfähiges Subjekt in Abgrenzung zu einer als statisch, unterlegen und zugleich vollkommen wissenschaftlich erfassbar geltenden Natur. Durch die Transformation von Natur in Wissen wird diese scheinbar rational erklärbar. Mit dem Begriff »*natureculture*s«[74] wurde Haraways Ansatz, diese Dichotomie und Natur als durch den Menschen konstruiert aufzudecken, beschrieben. ›Natur‹ kann nicht unabhängig von ›Kultur‹ betrachtet werden, das Verhältnis ist von Machtstrukturen geprägt.[75] Sie näherte sich den ›naturcultures‹ über weitere Gegenpaare an, wie Cyborgs, die sich zwischen Mensch und Maschine, oder Menschenaffen, die sich zwischen Mensch und Tier, bewegen. Der Mensch wird durch die Existenz von Menschenaffen dazu provoziert, über seinen Standpunkt nachzudenken. Neben der Ausstellung von Menschenaffen im Museum setzte sich Haraway mit der Primatologie, nach ihr eine Disziplin zwischen Anthropologie und Biologie, Menschen und Nicht-Menschen, Kultur und Natur, auseinander. Sie verwies auf die Rolle von Frauen in der frühen Freilandforschung von Menschenaffen der 1960er und 1970er Jahre und deren Einfluss auf die Disziplin, Methodik, Studienergebnisse und unser heutiges Bild von nicht-menschlichen Primaten.[76] In Anlehnung an Said bezeichnet Haraway die Definition des Menschen in Abgrenzung zu Affen und Menschenaffen als »*Simian Orientalism*«.[77] Damit muss Natur als kulturelles Konstrukt, das einem historischen Wandel unterliegt, verstanden werden. Wissenschaftliche Fakten versteht Haraway als fiktionale Erzählungen, deren Muster und Rhetoriken sie aufzubrechen sucht: »*Wissenschaftliches Wissen hat den Status von hergestelltem Wissen* […]. *So etwas wie wissenschaftliches Wissen an*

73 Neben den selbstständigen Arbeiten Haraways existieren zahlreiche Beiträge, Sammelbände sowie Interviews mit ihr, die sich mit ihren Theorien auseinandersetzen, darunter: Joseph Schneider, Donna Haraway. Live Theory, New York u.a. 2005; Sven Wirth, »Laborratte« oder »worker« im Vivisektionslabor? Zur Kontroverse um Donna Haraways Konzeptionen von Agency und ihrer Kritik an Tierrechten, in: Sven Wirth; Anett Laue; Markus Kurth; Katharina Dornenzweig; Leonie Bossert; Karsten Balgar (Hg.), Das Handeln der Tiere. Tierliche Agency im Fokus der Human-Animal Studies, Bielefeld 2016, S. 115–135; Karin Harrasser, Donna Haraway. Natur-Kulturen und die Faktizität der Figuration, in: Stephan Moebius; Dirk Quadflieg (Hg.), Kultur. Theorien der Gegenwart, Wiesbaden 2011, S. 580–594; Margret Grebowicz; Helen Merrick, Beyond the Cyborg. Adventures with Donna Haraway, New York 2013; Donna Haraway; Carmen Hammer; Anne Scheidhauer, »Wir sind immer mittendrin«. Ein Interview mit Donna Haraway, in: Carmen Hammer; Immanuel Stieß (Hg.), Die Neuerfindung der Natur. Primaten, Cyborgs und Frauen, Frankfurt a.M. 1995, S. 98–122.

74 Grebowicz; Merrick, Beyond the Cyborg, S. 34.

75 Vgl. Ebd., S. 36.

76 Vgl. Donna Haraway, Im Streit um die Natur der Primaten. Auftritt der Töchter im Feld des Jägers 1960–1980, in: Carmen Hammer; Immanuel Stieß (Hg.), Die Neuerfindung der Natur. Primaten, Cyborgs und Frauen, Frankfurt a.M. 1995, S. 123–159.

77 Ivy Roberts, Simian Orientalism, https://ivyroseroberts.wordpress.com/2014/10/08/simian-orientalism/# vom 06.04.2024.

sich gibt es nicht.«[78] Diese Überlegungen sind von zentraler Bedeutung für diese Arbeit, die nach den Umständen und Herstellungsweisen von Menschenaffenpräparaten fragt. Mit ihrem Konzept des »*situated knowledges*«[79] geht sie über eine sprachlich gebundene Diskursanalyse hinaus: »*Ich benutze den Begriff der diskursiven Konstruktion und verschiebe seine Bedeutungen auf nicht-linguistische Objekte und Praktiken.«*[80] Damit verlagerte Haraway das Forschungsinteresse von rein schriftlichen Quellen auf die Bedeutung von Körper, Dingen und nicht-menschlichen Akteuren und deren Interaktionen im Prozess der Wissensgenerierung.

Im Anschluss an die aufgezeigten Studien und dem in Fragestellen eines wissenschaftlichen Fortschrittsoptimismus und Glaubens an eine vollkommene Objektivität der (Natur-)Wissenschaften, die nur einen geringen Teil der bereits geleisteten Forschungsarbeit im Zuge des Social Constructionist Turn ausmachen, nahmen andere Arbeiten die Dinge, Akteure und den Transfer wissenschaftlichen Wissens in den Blick. Ziel der Wissenschaftsgeschichte ist es, diese Prozesse im Detail nachzuzeichnen, um die Produktion von Wissen greifbar zu machen. Aus dem Bereich der Wissenschaftsgeschichte liegt eine Bandbreite an Arbeiten zu den angerissenen Kategorien vor. In *Things That Talk* untersuchte Lorraine Daston wissenschaftliche Objekte, insbesondere »*chimeras, composites of different species*«.[81] James A. Secord beschrieb die Entstehung von Wissen innerhalb von Kommunikations-, Bewegungs- und Austauschprozessen, einem »*knowledge as practice*«.[82] Karin Knorr-Cetina untersuchte Wissen »*als Prozess in bestimmten Produktionskontexten.«*[83]

Die Debatten über Wissen, Praktiken, Akteure und Dinge nahmen in den letzten zwanzig Jahren verstärkt Museen in den Blick. James Clifford[84] übertrug den Begriff der »*Contact Zones*«[85] von Mary Louise Pratt auf das (ethnografische) Museum. Unter Kontaktzonen versteht Pratt: »*the space of colonial encounters, the space in which peoples geographically and historically seperated come into contact with each other and establish ongoing relations, usually involving conditions of coercion, radical inequality, and intractable conflict.«*[86] An diese Annahme anschließend müssen Museen als Orte intensiver Kontakte und Versammlungen verstanden werden, die durch unterschiedliche Akteure, Dinge, Kommunikationen, Politiken und Finanzen beeinflusst und verändert werden und nicht frei von Konflikten

---

78 Donna Haraway zit.n.: Haraway; Hammer; Scheidhauer, »Wir sind immer mittendrin«, S. 105.

79 Donna Haraway, Situated Knowledges. The Science Question in Feminism and the Privilege of Partial Perspective, in: Mario Biagiolo (Hg.), The Science Studies Reader, New York u.a. 1999, S. 172–188.

80 Donna Haraway zit.n.: Haraway; Hammer; Scheidhauer, »Wir sind immer mittendrin«, S. 108.

81 Lorraine Daston, Things That Talk, in: Dies. (Hg.), Things That Talk. Object Lessons from Art and Science, New York, NY 2004, S. 21.

82 Secord, Knowledge in Transit, S. 657.

83 Karin Knorr-Cetina, Wissenskulturen. Ein Vergleich naturwissenschaftlicher Wissensformen, Frankfurt a.M. 2002, S. 17.

84 Vgl. James Clifford, Routes. Travel and Translation in the Late Twentieth Century, Cambridge, Mass. 1997, Kapitel 7. Museums as Contact Zones.

85 Mary Louise Pratt, Imperial Eyes. Travel Writing and Transculturation, London u.a. 1992, S. 6.

86 Ebd., S. 6.

und Hierarchien sind. Sie können nicht losgelöst von der sie umgebenden Umwelt betrachtet werden und stehen in komplexen Wechselverhältnissen mit den Besuchern.

Der in der historischen Forschung lange vernachlässigte Bereich der öffentlichen Auseinandersetzung mit Natur und Naturwissenschaften im Verlauf des 19. Jahrhunderts, erfuhr in Deutschland seit den letzten zwanzig Jahren, besonders im Hinblick auf die Erforschung naturkundlichen Sammelns, vermehrt Aufmerksamkeit. Museen des 19. Jahrhunderts waren komplexe Kontaktzonen, in denen Wissen über soziale Praktiken ausgehandelt wurde. Die Besucher müssen als heterogene Akteursgruppe, die sich im Verlauf des 19. Jahrhunderts zunehmend ausdifferenzierte und mit ganz unterschiedlichen Erwartungen Naturkundemuseen besuchte, verstanden werden. Ihre Interessen reichten von der Teilhabe an naturwissenschaftlichem Wissen, über den Wunsch zur Unterhaltung bis hin zu emotionalen Gründen. Kiersten F. Latham schrieb: »*Experience is the organic intertwining of living human beings and their natural and artificial environment. It is not static, involves both the past and the future, and is always historically situated.*«[87] Konkrete Erfahrungen von Besuchern in Naturkundemuseen sichtbar zu machen, erwies sich für diese Arbeit als nicht möglich. Für den gewählten Betrachtungszeitraum und die ausgewählten Museen liegen keine Besucherumfragen vor und nur wenige Zeitungsartikel, als öffentliches Medium, befassten sich mit der musealen Ausstellung von Menschenaffen. Die Frage nach der Dauerhaftigkeit und Nachhaltigkeit eines Museumsbesuchs lässt sich zudem kaum messen.[88]

Die bisherige Forschung nahm Akteure im Kontext der Wissensproduktion in den Blick, die im Naturkundemuseum eine Rolle spielten, darunter Wissenschaftler, Amateure, Vereine, Künstler, und sogenannte »*Invisible Technicians*«.[89] Die Vielzahl von Akteuren wirft die Frage auf, wie die komplexen Abhängigkeitsverhältnisse im Prozess der Wissensproduktion verteilt waren und verweist auf mögliche Widerstände, den Kon-

---

87 Kiersten F. Latham, The Poetry of the Museum. A Holistic Model of Numinous Museum Experiences, in: Museum Management and Curatorship 22 (3, 2007), S. 253.

88 Vgl. Bent Jorgensen, The Museum as a Mass Medium, in: Kjell Engström; Alf G. Johnels, (Hg.), Natural History Museums and the Community. Symposium held in October 1969 at the Swedish Museum of Natural History, Oslo 1973, S. 69.

89 Iwan Rhys Morus, Invisible Technicians, Instrument-Makers and Artisans, in: Bernard Lightman (Hg.), A Companion on the History of Science, Chichester, Malden, Mass. u.a. 2016, S. 97; vgl. Paul White, The Man of Science, in: Bernard Lightman (Hg.), A Companion on the History of Science, S. 153–163; Cyrus C. M. Mody, The Professional Scientist, in: Bernard Lightman (Hg.), A Companion on the History of Science, Chichester, Malden, Mass. u.a. 2016, S. 164–177; Katherine Pandora, Amateurs, in: Bernard Lightman (Hg.), A Companion on the History of Science, Chichester, Malden, Mass. u.a. 2016, S. 139–152; Anke te Heesen nahm unter anderem die soziale Zusammensetzung von Mitgliedern wissenschaftlicher Vereine in den Blick; vgl. Anke te Heesen, Vom naturgeschichtlichen Investor zum Staatsdiener. Sammler und Sammlungen der Gesellschaft Naturforschender Freunde zu Berlin um 1800, in: Anke te Heesen; Emma C. Spary (Hg.), Sammeln als Wissen. Das Sammeln und seine wissenschaftsgeschichtliche Bedeutung, Göttingen 2001, S. 62–84; Denise Phillips, Academies and Societies, in: Bernard Lightman (Hg.), A Companion on the History of Science, Chichester, Malden, Mass. u.a. 2016, S. 224–237; Valérie Chansigaud, Scientific Illustrators, in: Bernard Lightman (Hg.), A Companion on the History of Science, Chichester, Malden, Mass. u.a. 2016, S. 111–125.

trollverlust und das Scheitern europäischer Akteure in einer globalen Welt.[90] Lynn Nyhart schrieb, dass die Produktion von Wissen »*the historical product of many different people who themselves contributed, not always voluntarily, to a culture that valued things, their description, and the making of scientific meaning around them*«[91] ist. Dabei dürfen Akteure außerhalb Europas nicht ausgeklammert werden. Afrikanische Jäger, Dolmetscher, Soldaten, Händler, Präparatoren oder Träger nahmen wichtige Funktionen bei dem Finden, Erwerb, der Herstellung und dem Transport von Präparaten auf dem Weg von Afrika in europäische Naturkundemuseen ein. In den europäischen Quellen werden diese Akteure oft nicht oder nur am Rande erwähnt und so zum Verschwinden gebracht. Ihre Bedeutung für den Erwerb europäischen Wissens war hingegen immens. Sie kannten die ihnen vertraute afrikanische Tierwelt und brachten sie den Europäern näher. Damit gelangten afrikanische Wissensbestände in europäische Naturkundemuseen, wurden jedoch bewusst verschwiegen.[92]

Neben den Produktionsweisen und Akteuren wissenschaftlichen Wissens rückten in Anlehnung an Latour, Haraway, und andere seit den frühen 1990ern die Dinge im Zuge des Material Turn in den Fokus der Forschung. Die Bedeutung des Turns zeigte sich in der Gründung von Lehrstühlen mit dem Schwerpunkt Material Culture,[93] der Herausgabe des *Journal of Material Culture* oder dem *Handbuch Materielle Kultur*[94] und der zunehmenden Selbstreflexion des Forschungsansatzes.[95] Mittlerweile existiert eine umfangreiche Forschungsliteratur zu Dingen, etwa von Karl Hörning, der auf die interkulturelle Vermittlungsfunktion von Dingen verweist.[96] Bill Brown fasste die anhaltende Beschäftigung mit den Dingen zu einer *Thing Theory* zusammen.[97] Hans Peter Hahn verwies auf den *Eigensinn der Dinge*.[98] Latours Verständnis von handelnden Dingen und deren Einbindung in Netzwerke setzt Hahn den Begriff der »*Assemblagen*«[99] entgegen. Damit versucht er, die enge Verbundenheit für ein Nebeneinander mit den Dingen aufzubrechen. Das Museum spielt für ihn dabei »*als kulturell definierte*[r] *Ort* […] *der Verwahrung*

90 Johannes Fabian, Im Tropenfieber. Wissenschaft und Wahn in der Erforschung Zentralafrikas, München 2001.

91 Nyhart, Historiography of the History of Science, S. 15.

92 Vgl. Tanja Hammel, Shaping Natural History and Settler Society. Mary Elizabeth Barber and the Nineteenth-Century Cape, Cham 2019, S. 82, https://link.springer.com/book/10.1007/978-3-030-22639-8 vom 18.04.2024.

93 Etwa Prof. Dr. Margarete Vöhringer an der Georg-August-Universität Göttingen mit der Professur für die Materialität des Wissens.

94 Samida; Eggert; Hahn (Hg.), Handbuch Materielle Kultur; Hans Peter Hahn, Materielle Kultur. Eine Einführung, Berlin 2005.

95 Vgl. Harvey Green, Cultural History and the Material(s) Turn, in: Cultural History 1 (1, 2012), S. 61–82.

96 Vgl. Karl H. Hörning, Was fremde Dinge tun. Sozialtheoretische Herausforderungen, Hahn, Hans Peter Hahn (Hg.), Vom Eigensinn der Dinge. Für eine neue Perspektive auf die Welt des Materiellen, Berlin 2015, S. 165.

97 Bill Brown, Thing Theory, in: Critical Inquiry 28 (1, 2001), S. 1–22.

98 Hans Peter Hahn, Der Eigensinn der Dinge. Einleitung, in: Hans Peter Hahn (Hg.), Vom Eigensinn der Dinge. Für eine neue Perspektive auf die Welt des Materiellen, Berlin 2015, S. 9–56.

99 Ebd., S. 34.

und des Umschlags von Dingen«[100] eine zentrale Rolle. Anke te Heesen nutzte den Begriff der Verkehrsformen, um die Eigenständigkeit, Funktionalität und Mobilität von Objekten zu betonen und sich gleichzeitig von der Latourschen Handlungsmacht der Dinge abzugrenzen.[101] Vielmehr stehen bei ihr dichte Beschreibungen der Produktions- und Austauschwege von Objekten und der Einbindung verschiedener Akteure in diese Prozesse im Fokus. Für die Übertragung des Material Turn auf Museen waren Studien aus traditionell gegenständlich arbeitenden Disziplinen, wie etwa der Anthropologie, Ethnologie, Archäologie und Kunstgeschichte einflussreich.[102] Krzysztof Pomian definierte Museumsobjekte in *Der Ursprung des Museums* als »*Semiophoren, Gegenstände ohne Nützlichkeit* [...] *Gegenstände, die das Unsichtbare repräsentieren, das heißt die mit einer Bedeutung versehen sind.*«[103] Nach Pomians Verständnis wurden Dinge im Museum aus dem ökonomischen Kreislauf herausgenommen. Er betonte die »*Permanenz*«[104] von Museen und den darin verwahrten Objekten. Dieser Ansicht widersprechen Hahn[105] und Staffan Müller-Wille,[106] letzterer zeigte anhand von Carl von Linnés (1707–1778) Systematisierung und Katalogisierung und dem Versuch, jedem Objekt seinen Platz in der Natur zuzuweisen, dass dieser kontinuierlich mit seiner Sammlung arbeitete. Die Definition einer Art geschah über das beständige in Beziehung setzen zu immer neu eintreffenden Arten. Die Sammlung unterlag einer beständigen Dynamik durch Ergänzungen, Neuanordnungen und den Austausch mit anderen Sammlern, sie war niemals statisch. Philipp Balsiger verwies auf die Bedeutung von Aufbewahrungsmöbeln für eine Sammlung, die ein stetiges Neuausrichten mit sich brachte und einen aktiven Teil der Wissensgenerierung bildeten.[107] Auch Menschenaffen wurden in Vitrinen zur Schau gestellt. Sammlungen und Museumsobjekte müssen im Rahmen ihrer Betrachtung immer wieder in neue Kontexte und Wertungen gesetzt werden, die einem historischen, kulturellen und niemals abgeschlossenen Wandel unterliegen. Ausgestellte Menschenaffen sind in und mit je unterschiedlichen Kontexten und Zuschreibungen, zu verschiedenen Orten und Zeiten, in enger Verbindung mit ihrer Produktion zu analysieren.

---

100 Ebd., S. 22.

101 Vgl. Anke te Heesen, Verkehrsformen der Objekte, in: Dies.; Petra Lutz (Hg.), Dingwelten. Das Museum als Erkenntnisort, Köln u.a. 2005, S. 60.

102 Vgl. Susan Pearce (Hg.), Interpreting Objects and Collections, London 1994; Dies., Museums, Objects and Collections. A Cultural Study, Leicester 1992; Dies., Objects of Knowledge, Athlone u.a. 1990; Dies. (Hg.), Museum Studies in Material Culture. Conference, London u.a. 1989; Dies., Thinking about Things, in: Dies. (Hg.), Interpreting Objects and Collections, London 1994, S. 126; Kopytoff, The Cultural Biography of Things, 2002, S. 64–91; Peter Braun, Objektbiographie. Ein Arbeitsbuch, Weimar 2015.

103 Krzysztof Pomian, Der Ursprung des Museums. Vom Sammeln, Berlin 1998, S. 50.

104 Vgl. Ebd., S. 67.

105 Vgl. Hahn, Der Eigensinn der Dinge, S. 48.

106 Vgl. Staffan Müller-Wille, Carl von Linnés Herbarschrank. Zur epistemischen Funktion eines Sammlungsmöbels, in: Anke te Heesen; Emma C. Spary (Hg.), Sammeln als Wissen. Das Sammeln und seine wissenschaftliche Bedeutung, Göttingen 2001, S. 22–38.

107 Philipp W. Balsiger, Schubladendenken. Zum Verhältnis von Sammeln und Ordnen, in: Udo Andraschke (Hg.), Ausgepackt. Die Sammlungen der Universität Erlangen-Nürnberg; 20. Mai bis 29. Juli 2007, Stadtmuseum Erlangen. Dokumentation zur Ausstellung, Erlangen 2007, S. 34.

Neben den Objekten unterlagen die Museen selbst räumlichen und konzeptionellen Veränderungen. Zum einen wurden die Gebäude und Ausstellungsräume als Gestaltungs- und soziale Orte kontinuierlich umstrukturiert. Dabei reicht die Spanne der Veränderungen von einem neuen Etikett bis zu einem kompletten Museumsneubau. Zum anderen müssen Museen im Zuge des Spatial Turn als vielschichtige Räume untersucht werden. Saids Studie über den ›Orient‹ als imaginierten Raum des Westens bildete den Ausgangspunkt bei der Übertragung auf weitere Raumvorstellungen. Er zeigte, wie über Wissensaushandlungsprozesse Räume geschaffen werden, die kulturell aufgeladen sind. Christiane Reichart-Burikukiye definierte Räume wie folgt: »*Raumkonstruktionen sind also Ausdruck von Identitätsentwürfen, sie entstehen im Wechselspiel von Selbst- und Fremdbildern, im Versuch, die Welt zu ordnen, das Selbst und das Gegenüber zu lokalisieren und zu definieren.*«[108] Damit umriss sie Räume als nicht objektive Konstrukte, in denen soziale Handlungen verhandelt werden, die von Machtansprüchen gekennzeichnet, im Sinne Aleida Assmanns[109] mit Erinnerungen behaftet sind und einem stetigen Wandel unterliegen. Imaginierte Räume können real existierende Orte überdauern.

Naturkundemuseen sind als konkrete und imaginierte Räume zugleich zu verstehen. Es sind begeh- und erfahrbare Orte mit einer materiellen Beschaffenheit, in dem Wissen ver- und ausgehandelt wird. Als konkrete Orte können sie mit unterschiedlichen Bedeutungen aufgeladen sein und Raum für unterschiedliche Praktiken bieten. So wird etwa der Kontinent ›Afrika‹ im Museum als Herkunftsgebiet von Menschenaffen, als in sich geschlossener (Natur)Raum vor den Augen der Besucher inszeniert.

Die Verortung Afrikas unterlag seit der Antike einem andauernden Wandel. Grenzziehungen, so haben es Studien aus dem Bereich des Mental Mappings gezeigt,[110] waren niemals eindeutig, sondern durch Zuschreibungen des Westens imaginiert. Vergangene Ansichten über Afrika prägten das Denken und Handeln, den imperialen Blick[111] der Kolonialmächte, die wiederum neue und bis heute präsente Bilder Afrikas entwarfen. Menschenaffen bildeten einen Teil dieser Bildwelt. Die Sammelbände unter der Herausgeberschaft von Winfried Speitkamp *Erinnerungsräume und Wissenstransfer*[112] und *Afrikanische Tierräume*[113] zeigen die enge Verbindung von Wissen und Imaginationen. Wie im Hinblick auf den ›Orient‹ gezeigt, verraten Vorstellungen über die ›Anderen‹ dabei mehr über das ›Selbst‹, dass sich in Abgrenzung zum ›Anderen‹ definiert. Afrika wurde in Kontrast zu einem ›aufgeklärten‹ Europa als dunkler, rückständiger, schrift- und kulturloser Kontinent umrissen, den es durch Forschungsreisen zu erkunden galt. Die zu erforschenden Gebiete bildeten bereits vor Antritt der Reise hochaufgeladene Räume euro-

108 Reichart-Burikukiye, Erinnerungsräume und Wissenstransfer, S. 14.

109 Vgl. Aleida Assmann, Erinnerungsräume. Formen und Wandlungen des kulturellen Gedächtnisses, München 1999, S. 206.

110 Vgl. Sabine Damir-Geilsdorf (Hg.), Mental Maps – Raum – Erinnerung. Kulturwissenschaftliche Zugänge zum Verhältnis von Raum und Erinnerung, Münster 2005.

111 Vgl. Pratt, Imperial Eyes.

112 Winfried Speitkamp, Kommunikations- und Erinnerungsräume in Afrika. Ein Problemaufriss, in: Ders. (Hg.), Kommunikationsräume – Erinnerungsräume. Beiträge zur transkulturellen Begegnung in Afrika, München 2005, S. 7–33.

113 Winfried Speitkamp; Stephanie Zehnle (Hg.), Afrikanische Tierräume. Historische Verortungen, Köln 2014.

päischer Forschungssehnsüchte.[114] Die Imaginationen von Afrikanern, die sich ebenso zu Europa in Bezug setzten, wurden nicht abgebildet. Das bedeutet nicht, dass es keinen Austausch zwischen Europäern und Afrikanern gab. Ganz im Gegenteil verwies Michael Pesek auf den Umstand, dass sich: »*Reisende* [...] *durch einen temporären Raum* [bewegen], *in dem sich unterschiedliche Kulturen durch Interaktion von Akteuren überlappen.*«[115]

Naturkundemuseen und die in ihnen aufbewahrten Objekte sind seit den 1990ern in den Fokus des Material und Spatial Turn als wissensschaffende und ausstellende Institutionen gerückt und erlebten eine regelrechte Konjunktur.[116] In ihren Arbeiten[117] verweist Anke te Heesen auf die Bedeutung von Museen als »*zentrale Orte der Forschung*«.[118] Sie versteht das Museum in Anlehnung an Donna Haraway »*als eine sich durch die Zeit entwickelnde Institution* [...], *die mit Bedeutung aufgeladen ist und die mehr über die Gesellschaft aussagt, als über das, was in ihr aufbewahrt und gezeigt wird.*«[119] Museen unterscheiden sich durch die Praxen des Sammelns und Zeigens und der damit einhergehenden Offenheit grundlegend zu anderen Wissen produzierenden Institutionen. Sie werden als »*hybrid spaces*«[120] verstanden. Das Sammeln, als erster Schritt wissenschaftlichen Arbeitens, ermöglichte das Beschreiben, Systematisieren, Katalogisieren, Präparieren und Ausstellen von Objekten. Te Heesen und Emma Spary betonen, dass Sammeln nicht mit Wissen gleichgesetzt werden kann, sondern »*Sammeln als Wissen* [...] *Teil der wissenschaftshistorischen Skala*«[121] ist und die Sammlungsgeschichte wichtige Erkenntnisse für Prozesse der Wissensgenerierung liefert. Andreas Ludwig fragte, ob es noch eine Geschichte ohne Dinge geben könnte und verneinte dies mit einem Verweis auf die Bedeutung für die Erforschung von Sammlungen der letzten Jahre.[122] Ausgehend von der Erforschung frühneuzeitlicher Kunst- und Wunderkammern, die den Anspruch verfolgten, durch Ordnungsstrategien, die Welt im Kleinen abzubilden, rückten deren Objekte in den Fokus. Anhand

---

114 Vgl. Robert E. Kohler; Jeremy Vetter, The Field, in: Bernard Lightman (Hg.), A Companion on the History of Science, Chichester, Malden, Mass. u.a. 2016, S. 282–295.

115 Michael Pesek, Koloniale Herrschaft in Deutsch-Ostafrika. Expeditionen. Militär und Verwaltung seit 1880, Frankfurt a.M. u.a. 2005, S. 31.

116 Vgl. Hans-Jörg Rheinberger; Michael Hagner; Bettina Wahrig-Schmidt (Hg.), Räume des Wissens. Repräsentation, Codierung, Spur, Berlin 1997; Georg-August-Universität Göttingen (Hg.), Dinge des Wissens. Die Sammlungen, Museen und Gärten der Universität Göttingen, Göttingen 2015; Udo Andrascke (Hg.), Ausgepackt. Die Sammlungen der Universität Erlangen-Nürnberg; 20. Mai bis 29. Juli 2007, Stadtmuseum Erlangen. Dokumentation zur Ausstellung, Erlangen 2007; Anita Hermannstädter; Ina Heumann; Kerstin Pannhorst (Hg.), Wissensdinge. Geschichten aus dem Naturkundemuseum, Berlin 2015.

117 te Heesen; Lutz, Dingwelten; te Heesen; Spary, Sammeln als Wissen; Anke te Heesen; Margarete Vöhringer (Hg.), Wissenschaft im Museum – Ausstellung im Labor, Berlin 2014.

118 Anke te Heesen, Ein Raum voller Gläser. Die Nasspräparatesammlung im Berliner Naturkundemuseum, in: Anke te Heesen; Margarete Vöhringer (Hg.), Wissenschaft im Museum – Ausstellung im Labor, 2014, S. 216.

119 Ebd., S. 228.

120 Lukas Rieppel, Museums and Botanical Gardens, in: Bernard Lightman (Hg.), A Companion on the History of Science, Chichester, Malden, Mass. u.a. 2016, S. 248.

121 Anke te Heesen; Emma C. Spary, Sammeln als Wissen, in: Dies. (Hg.), Sammeln als Wissen, Göttingen 2002, S. 21.

122 Vgl. Andreas Ludwig, Geschichte ohne Dinge? Materielle Kultur zwischen Beiläufigkeit und Quelle, in: Historische Anthropologie 23 (2015), S. 443.

dieser zeigten unter anderem Paula Findlen oder Hannah Paddon, dass bereits frühneuzeitliche Wunderkammern als Orte verstanden werden müssen, in denen naturwissenschaftliches Wissen produziert wurde.[123] Die Auseinandersetzungen mit universitären Sammlungen des 18. Jahrhunderts, die in den Kontext der Lehre und Wissensproduktion eingebunden waren, verdeutlichten, dass durch das Betrachten und Vergleichen des Materials neue Wissensbestände gewonnen wurden.[124] Anke te Heesen verwies auf die Historizität denen Objekte und ihre Bewertungen unterliegen.[125] Bereits die Präparation von Objekten kann als Prozess der Wissensgenerierung verstanden werden, als eine Wissenspraxis. Museen sind Orte an denen Objekte geschaffen werden und weiteren Veränderungen unterliegen. Museumsobjekte werden zu Trägern von Wissen. Durch das Zeigen und ihre Verwendung in Publikationen werden sie nutzbar und zugänglich gemacht und immer wieder hervorgeholt.[126] Das Sammeln von Dingen verändert die Dinge und den Ort, in dem sie zusammengetragen und zueinander in Beziehung gesetzt werden. Gottfried Korff sprach von einer *»Aura der Dinge«*,[127] die Erinnerungen trägt und Faszination ausübt. Allein die gegenständliche, dreidimensionale Form von Objekten erzeugt ein besonderes Erleben und Betrachten dieser. Der Ausstellungsraum bildet den Rahmen der Präsentation. Im Museum werden Dinge zueinander in Beziehung gesetzt, die aus unterschiedlichen Orten und Kontexten stammen.

Im 17. Jahrhundert galten naturkundliche Objekte als Wunder der göttlichen Schöpfung und ihr exklusiver Charakter stand im Vordergrund.[128] Demgegenüber war das Ordnen und in Beziehung stellen der Dinge, der anatomische Vergleich, im 18. Jahrhundert zentral. Frühneuzeitliche Kunst- und Wunderkammern avancierten in diesem Kontext zu Begegnungs- und Austauschzentren. Die Objekte wurden bewusst in Szene gesetzt. Die Ausstellungsräume zeichneten sich durch das Aufreihen zahlloser Objekte,

---

123 Vgl. Paula Findlen (Hg.), Early Modern Things. Objects and their Histories, 1500 – 1800, London u.a. 2013; Dies., Possessing Nature. Museums, Collecting, and Scientific Culture, Berkeley, Cal. u.a. 1994; Dominik Collet, Die Welt in der Stube. Begegnungen mit Außereuropa in Kunstkammern der Frühen Neuzeit, Göttingen 2007; Hannah Paddon, Redisplaying Museum Collections. Contemporary Display and Interpretation in British Museums, Farnham 2014.

124 Vgl. Dominik Collet, Universitäre Sammlungen als »contact zone«. Gesellige und gelehrte Sammlungspraktiken im Akademischen Museum der Universität Göttingen (1773–1840), in: Traverse 19 (3, 2012), https://www.e-periodica.ch/cntmng?pid=tra-001:2012:19::816 vom 08.04.2024; Christine Nawara, Sammeln für die Wissenschaft? Das Academische Museum Göttingen (1773–1840), Göttingen 2010, https://ediss.uni-goettingen.de/bitstream/handle/11858/00-1735-0000-000D-F1CC-C/nawa.pdf?sequence=1&isAllowed=y vom 08.04.2024; Cornelia Weber, Universitätssammlungen, 2012, http://ieg-ego.eu/de/threads/crossroads/wissensraeume/cornelia-weber-universitaets sammlungen vom 08.04.2024.

125 Vgl. te Heesen; Spary, Sammeln als Wissen, S. 14–19.

126 Vgl. te Heesen; Lutz, Einleitung, S. 14.

127 Gottfried Korff, Dimensionen der Dingbetrachtung. Versuch einer museumskundlichen Sichtung, in: Andreas Hartmann; Peter Höher; Christiane Cantauw; Uwe Meiners; Silke Meyer (Hg.), Die Macht der Dinge. Symbolische Kommunikation und kulturelles Handeln, Münster u.a. 2011, S. 14.

128 Vgl. Anne-Charlott Trepp, Zwischen Inspiration und Isolation. Naturerkundung als Frömmigkeitspraxis in der ersten Hälfte des 18. Jahrhunderts, in: zeitenblicke 5 (2006), Nr. 1, https://www.zeitenblicke.de/2006/1/Trepp/index_html, URN: urn:nbn:de:0009-9-2811vom 18.04.2024.

in speziell angefertigten Sammelschränken verwahrt, aus. Die Tätigkeit des Sammelns transformiert den räumlichen und zeitlichen Zustand der zusammengetragenen Dinge.

> »›Sammlung‹ bezeichnet ja beides: die Tätigkeit (colligere) [Herv. i.O.], zuvor Verstreutes an einem gemeinsamen Ort zusammenzutragen, und das Resultat dieses Tuns (collectio) [Herv. i.O.]: das simultane und dauerhafte Zusammensein des derart Zusammengetragenen (collecta) [Herv. i.O.].«[129]

Neben dem Sammeln, Ordnen und Aufbewahren ist die Erhaltung der zusammengetragenen Objekte integraler Bestandteil der Museumsarbeit.[130] Die Praktiken des Sammelns, Systematisierens und Ausstellens kennzeichneten die naturkundlichen Disziplinen und ihre Sammlungen über die frühneuzeitlichen Wunderkammern hinaus und vernetzten und mobilisierten ganz unterschiedliche Akteure. Afrikaner und Europäer jagten und sammelten gleichermaßen, die Jagd und damit die Tötung eines Tiers bildete die Voraussetzung des naturkundlichen Sammelns.

Für das 19. Jahrhundert untersuchte Susanne Köstering Naturkundemuseen als Orte populär-wissenschaftlicher Wissensvermittlung. In ihrer Dissertation betrachtete sie die Entwicklung mehrerer deutscher Naturkundemuseen, darunter die für diese Arbeit relevanten Standorte Lübeck, Dresden und Berlin, unter museumshistorischen und -theoretischen Ansätzen. Sie kam zu dem Schluss, dass gegen Ende des 19. Jahrhunderts zahlreiche Institutionen einen Neubau erhielten, was als Ausdruck der verstärkten Übernahme eines Bildungsauftrages für eine breite Bevölkerungsschicht durch die Museen im Zuge einer Reformbewegung verstanden werden kann. Neben ihrer klassischen Funktion für Wissenschaft und Forschung öffneten sich die Sammlungsbestände zunehmend der Öffentlichkeit und die Ausstellungen passten sich dieser neuen Aufgabe an. Museen entwickelten sich zu Orten der Forschung und Unterhaltung, die in ihnen versammelten Objekte unterlagen ab der Mitte des 19. Jahrhunderts zunehmend diesem Dualismus.

Carsten Kretschmann verwies in seiner Dissertation *Räume öffnen sich* auf die Spezifik naturkundlicher Museen des 19. Jahrhunderts und deren Wandel zu Räumen »*öffentliche*[r] *Kommunikation*«,[131] wobei jedes Museum durch unterschiedliche Akteure geprägt wurde. Durch die Teilhabe verschiedener Akteure und die zunehmende Öffnung der Einrichtungen verbanden sich die aufklärerischen Bildungsideale des Bürgertums mit der Unterhaltungssehnsucht eines breiten Publikums. Gleichzeitig führte die Partizipation von ›Laien‹ in den Naturwissenschaften, mit der zunehmenden Ausdifferenzierung naturkundlicher Spezialdisziplinen zu einem zunehmenden Expertendruck auf die Museumsmitarbeiter.[132] Der Einfluss Darwins zeigte sich im Museum durch neue Ausstellungskonzepte, wie der Interaktion von Tieren mit ihrer Umwelt. Dennoch blieb die Hauptarbeit und Ziel der Ausstellung das Zeigen der Klassifikation und Systematik

129 Manfred Sommer, Sammeln, in: Stefanie Samida; Manfred K.H. Eggert; Hans Peter Hahn (Hg.), Handbuch Materielle Kultur. Bedeutungen, Konzepte, Disziplinen, Stuttgart u.a. 2014, S. 110f.

130 Nicole C. Karafyllis, Natur sammeln – ein philosophischer Blick, in: Natur im Museum (12, 2022), S. 67.

131 Kretschmann, Räume öffnen sich, S. 15.

132 Vgl. Ebd., S. 7.

nach Linné, nach dessen Vorbild auch Darwin seine Sammlung zusammentrug.[133] Der beständige Zugewinn von Objekten dauerte an und nahm durch das Ausgreifen nach Außereuropa im Zuge des Imperialismus und dem Erwerb von Kolonien ab den 1880ern bisher unbekannte Ausmaße an.[134] Durch eine Trennung in Schau- und Lehrsammlung sollte die Übersichtlichkeit für Besucher bewahrt werden, gleichzeitig fand dadurch eine Gewichtung der Dinge in Schau- und Lehrobjekte statt. Das Depot entwickelte sich zunehmend zu einem Ort der Forschung und einem Archiv zur Verwahrung seltener Objekte.[135] Sammlungen verfolgten das Ideal von jeder bekannten Tierart ein Exemplar, noch besser eine Gruppe von Männchen, Weibchen und Jungtier, zu besitzen. Durch paläontologische Ausgrabungen, wie im Rahmen der Tendaguru Expedition (1909–1913), zogen Fossilien von bis dahin unbekannten Ausmaßen in die Naturkundemuseen ein und besetzten großen Raum.[136]

Margit Berner verwies auf das bewusste Suchen nach dem ›Anderen‹, dem Außergewöhnlichen während des Sammelns und der Ausstellung des inszenierten ›Anderen‹.[137] Objekte gelangen demnach in Ausstellungen, weil sie ganz besonders auf das ›Andere‹ verweisen und damit die Blicke der Besucher bannen. Die ›Anderen‹ können sowohl Tiere als auch Menschen sein.

Im Hinblick auf Menschen ist es von zentraler Bedeutung, im Rahmen postkolonialer Debatten alle beteiligten Akteure in den Blick zu nehmen. Angeregt durch die Frage und das gleichnamige Werk der Literaturwissenschaftlerin Gayatri Chakravorty Spivak *Can the Subaltern Speak* von 1988 rückten eben jene Akteure und Akteurinnen in den Blick, die in den europäischen Quellen meist unerwähnt blieben und dadurch bis heute schweigen.[138] Spivak kam zu dem Schluss, dass Subalterne, in ihrem Beispiel indische Frauen, in ihrer Position innerhalb indischer und europäisch-kolonialer Machtstrukturen doppelt zum Schweigen gebracht werden. Denn selbst, wenn die Subalternen sprechen, ist es dem Westen nicht möglich sie zu verstehen. »*Ihnen ins Auge zu sehen heißt nicht, sie zu repräsentieren* […], *sondern zu lernen, uns selbst zu repräsentieren* […].«[139] Die Subaltern Studies lieferten entscheidende Impulse, den eigenen kulturellen Hintergrund zu reflektieren.

133 Vgl. Mary E. Sunderland, Specimens and Collections, in: Bernard Lightman (Hg.), A Companion on the History of Science, Chichester, Malden, Mass. u.a. 2016, S. 490.

134 Vgl. Anja Laukötter, Kultur in Vitrinen. Zur Bedeutung der Völkerkundemuseen im beginnenden 20. Jahrhundert, in: Ursel Berger; Georg-Kolbe-Museum (Hg.), Wilde Welten. Aneignung des Fremden in der Moderne, Leipzig 2010, S. 115.

135 Vgl. te Heesen; Spary, Sammeln als Wissen, S. 19.

136 Vgl. Mareike Vennen, Dinosaurier in Berlin. Transformationen im Berliner Museum für Naturkunde, 1909–1937, in: Dies., Ina Heumann; Holger Stoecker; Marco Tamborini (Hg.), Dinosaurier Fragmente. Zur Geschichte der Tendaguru-Expedition und ihrer Objekte: 1906–2018, Göttingen 2018, S. 167–191.

137 Vgl. Margit Berner, Schauen und Wissen. Erste museale Präsentationen der physischen Anthropologie, in: Dies.; Anette Hoffmann; Britta Lange (Hg.), Sensible Sammlungen. Aus dem anthropologischen Depot, Hamburg 2011, S. 42.

138 Vgl. Gayatri Chakravorty Spivak, Can the Subaltern Speak?, in: Dies., Can the Subaltern Speak? Postkolonialität und subalterne Artikulation, Wien 2011, S. 106.

139 Ebd., S. 60.

Auf eine Übermacht der europäischen Geschichtsschreibung verwies Dipesh Chakrabarty, der von dem »*Problem der asymmetrischen Unkenntnis*«[140] spricht, wenn in Europa entworfene Kategorien auf die Geschichte anderer Weltteile übertragen werden und fordert »*Europa* [zu] *provinzialisieren*«.[141]

Ann Laura Stoler plädiert dafür, europäische Diskurse nicht isoliert zu betrachten, vielmehr entstanden diese in Abgrenzung oder Verbindung zu außereuropäischen Prozessen.[142] Sie untersuchte, wie und welche Kategorien Europa mithilfe welchen Wissens produzierte, um seine Machtansprüche in der Welt durchzusetzen.[143] Stoler interessiert sich für die Entstehungs- und Transformationsprozesse imperialer Gebilde, die sie als »*polities of dislocation, processes of dispersion, appropriation, and displacement*«[144] versteht. Sie schaut nach den Brüchen, der Vielschichtigkeit und dem Scheitern kolonialer Projekte.[145]

Aufgrund der zeitlichen Rahmung des Projekts handelt es sich bei den erworbenen Menschenaffenpräparaten um koloniale Objekte und Wissen, das in kolonialen Kontexten gewonnen und innerhalb asymmetrischer Machtverhältnisse angewendet wurde.[146] Der Erwerb von Kolonien führte zum beschleunigten Ansammeln einer großen Anzahl an Objekten in einem Prozess der zunehmenden Verdichtung. So zeigte etwa Bernard Cohn am Beispiel des britischen Empire in Indien, dass die Errichtung der Herrschaft nur über die Generierung von Wissen und dessen Anwendung möglich war.[147] Für die Verflechtung von kolonialen Machtstrukturen und die Generierung von Wissen liegen Arbeiten im Hinblick auf die Ansammlung ethnografischer Objekte vor. H. Glenn Penny verwies auf eine zunehmende Hierarchisierung der ausgestellten Welt in deutschen ethnografischen Museen um 1900 zu Ungunsten der Herkunftsgesellschaften.[148] Anja Laukötter bezeichnete Völkerkundemuseen des 19. und beginnenden 20. Jahrhunderts als «*Hybridraum*« [der] *die Möglichkeit* [bot], *wissenschaftlich legitimierte Erkenntnisse über die Welt in einer inszenierten dreidimensionalen Form darzustellen.*«[149] Völkerkundliche Ausstellungen erhoben den Anspruch auf der Basis wissenschaftlicher Legitimation Kulturen Außereuropas objektiv und vollständig abzubilden. Die ausgestellten Objekte wurden

---

140 Dipesh Chakrabarty, Europa provinzialisieren. Postkolonialität und die Kritik der Geschichte, in: Sebastian Conrad; Shalini Randeria (Hg.), Jenseits des Eurozentrismus. Postkoloniale Perspektiven in den Geschichts- und Kulturwissenschaften, Frankfurt a.M. 2002, S. 284.

141 Ebd.

142 Vgl. Ann Laura Stoler, Foucaults >>Geschichte der Sexualität<< und die koloniale Ordnung der Dinge, in: Sebastian Conrad; Shalini Randeria (Hg.), Jenseits des Eurozentrismus. Postkoloniale Perspektiven in den Geschichts- und Kulturwissenschaften, Frankfurt a.M. 2002, S. 319.

143 Vgl. Ann Laura Stoler; Frederick Cooper, Between Metropole and Colony. Rethinking a Research Agenda, in: Dies. (Hg.), Tensions of Empire. Colonial Cultures in a Bourgeois World, Berkeley u.a. 2009, S. 4.

144 Ann Laura Stolen; Carole McGranahan, Introduction. Refiguring Imperial Terrains, in: Dies.; Peter C. Perdue (Hg.), Imperial Formations, Santa Fe, NM u.a. 2007, S. 8.

145 Vgl. Stoler; Cooper, Between Metropole and Colony, S. 33.

146 Vgl. Toni Ballantyne, Colonial Knowledge, in: Sarah Stockwell (Hg.), The British Empire. Themes and Perspectives, Malden, Mass. u.a. 2008, S. 177–197.

147 Bernard S. Cohn, Colonialism and its Form of Knowledge. The British in India, Princeton 1996.

148 Vgl. H. Glenn Penny, Objects of Culture. Ethnology and Ethnographic Museums in Imperial Germany, Chapel Hill, London 2002, S. 215.

149 Laukötter, Kultur in Vitrinen, S. 111.

im Rahmen kolonialer Machtungleichheiten zusammengetragen, diese schrieben sich in die Objekte und deren museale Inszenierung ein.

> »Darüber hinaus drängte die Darbietung »anderer Lebensformen« zwangsläufig eine Auseinandersetzung mit der eigenen »Kultur« auf. So institutionalisierte das Museum die Begegnung mit dem »Anderen«. Es trainierte eine spezifische Form des Sehens, die auf der Unterscheidung zwischen »Eigenem« und »Fremdem« beruhte [...].«[150]

Auch zoologisches Wissen spielte bei der Errichtung kolonialer Herrschaft eine entscheidende Rolle. Tiere fungierten als Fleischlieferanten, als Zuchttiere zur Steigerung der heimischen Fleischproduktion, als Transporteure,[151] sie dienten der Unterhaltung[152] und als wissenschaftliche Belege. Naturkundemuseen und die darin aufbewahrten und ausgestellten Objekte waren in vermeintlich wissenschaftlich begründete Rassismusdiskurse eingebunden.[153] Gleichzeitig galten publikumswirksame Großsäuger im Zuge einer aufkommenden Naturschutzbewegung zunehmend als schützenswert.[154] Menschenaffen, besonders Gorillas waren Teil dieser Debatten. Deren Sammeln und Ausstellen war in koloniale Politiken eingebunden. Auch technische Errungenschaften beeinflussten das Sammeln und die Beschaffenheit der Kommunikationsnetzwerke.[155] Außereuropäische Objekte, insbesondere Objekte aus Afrika, wurden in kolonialen

150 Ebd., S. 122–123.

151 Vgl. Dittrich, Lothar; Rieke-Müller, Annelore, Carl Hagenbeck (1844–1913). Tierhandel und Schaustellungen im Deutschen Kaiserreich, Frankfurt a.M. 1998; Dokumentation »Als die wilden Tiere in den Norden kamen«, https://www.ndr.de/fernsehen/sendungen/unsere_geschichte/Als-die-wilden-Tiere-in-Norden-kamen,sendung872164.html vom 08.04.2022.

152 Vgl. Eric Ames, Carl Hagenbeck's Empire of Entertainments, Seattle u.a. 2008; Mitchell Ash (Hg.), Mensch, Tier und Zoo. Der Tiergarten Schönbrunn im internationalen Vergleich vom 18. Jahrhundert bis heute, Wien u.a. 2008; Wiebke Reinert, Applaus der Robbe. Arbeit und Vergnügen im Zoo, 1850–1970, Bielefeld 2020; Nigel Rothfels, Kiling Elephants. Pathos and Prestige in the Nineteenth Century, in: Deborah Denenholz Morse; Martin A. Danahay (Hg.), Victorian Animal Dreams. Representations of Animals in Victorian Literature and Culture, Aldershot u.a. 2007, S. 53–63; Ders., Savages and Beasts. The Birth of the Modern Zoo, Baltimore u.a. 2002; Bernhard Gissibl, Exotische »Naturkunden«. Tierfotografie im Kontext des deutschen Kolonialismus, in: Ute Eskildsen; Hans-Jürgen Lechtreck (Hg.), Nützlich, süß und museal. Das fotografierte Tier. Essays, Göttingen 2005, S. 60–69.

153 Vgl. Subhadra Das; Miranda Lowe, Nature Read in Black and White. Decolonial Approaches to Interpreting Natural History Collections, in: Journal of Natural Science Collections 6 (2018), S. 5.

154 Vgl. Jutta Buchner, Kultur mit Tieren. Zur Formierung des bürgerlichen Tierverständnisses im 19. Jahrhundert, Münster u.a. 1996; Bernhard Gissibl, Das kolonisierte Tier. Zur Ökologie der Kontaktzonen des deutschen Kolonialismus, in: WerkstattGeschichte (56, 2011), S. 7–28; Ingensiep, Kultur- und Zoogeschichte, S. 151–170; Thomas Potthast, Darwin, Ökologie, Naturschutz. Historische, wissenschaftstheoretische und ethische Dimensionen, in: Eve-Marie Engels (Hg.), Charles Darwin und seine Bedeutung für die Wissenschaften, Tübingen 2011, S. 121–144; Friedemann Schmoll, Erinnerung an die Natur. Die Geschichte des Naturschutzes im deutschen Kaiserreich, Frankfurt a.M. u.a. 2004.

155 Vgl. Brian Ogilvie, Correspondence Networks, in: Bernard Lightman (Hg.), A Companion on the History of Science, Chichester, Malden, Mass. u.a. 2016, S. 363.

Machtkontexten zusammengetragen.[156] Sie können als »*colonial bod*[ies]«[157] verstanden werden. Museen agierten in diesem Zusammenhang als globale Einrichtungen, die einen bedeutenden Anteil an einer Ökonomie des Sammelns im Verlauf des 19. Jahrhunderts ausmachten und ihre Kontakte nutzten, um ihre Sammlungen zu Ungunsten der Herkunftsländer stetig zu erweitern. Ausgehend von anthropologischen und ethnografischen Objekten in Sammlungen des Globalen Nordens,[158] die zu einer großen Zahl in kolonialen Räumen erworben wurden, werden naturkundliche Sammelbestände zunehmend mitgedacht.[159] Die Objekte werden somit zu politischen, zu sensiblen Objekten, zu kolonialer Beute. Die aktuellen Restitutionsdebatten zeigen sich in einer ganzen Reihe bundesweiter Projekte, wie etwa dem bis 2022 gelaufenen Verbundprojekt Provenienzforschung in außereuropäischen Sammlungen und der Ethnologie in Niedersachsen (PAESE).[160]

Von einer Wirtschaftlichkeit im Hinblick auf Sammlungsgegenstände zu sprechen, meint, dass bestimmte Objekte Konjunkturen und Moden unterliegen, die die Ausstellungen von Museen beeinflussen.[161] Demnach muss gefragt werden, wie Ausstellungen tatsächlich aussahen und aufgebaut waren? Für die hier betrachteten Sammlungen liegen zum Teil Museumsführer und fotografische Aufnahmen vor, die einen Eindruck über die räumliche Einteilung und Anordnung der Objekte geben. Ziel ist es, die Veränderungen, Umpositionierungen und das Entfernen von Objekten in den Blick zu nehmen. Gleichzeitig muss die Gesamtpräsentation, etwa Wandfarben, Vitrinen, Etiketten und weitere Erläuterungen, betrachtet werden. Nicht nur die Schaufläche eines Museums unterlag einem permanenten Wandel, das Depot mit seinen ganz eigenen Aufbewahrungs- und Ordnungsstrategien muss Teil des Museumsraumes verstanden werden. Demnach erlauben die Modifikationen einer Ausstellung, Rückschlüsse auf den Wandel in der Darstellung von Wissen, der Erziehung, Bildung und Unterhaltung und diese wiederrum auf die Ausstellungsmacher und das betrachtende Publikum. Museumsobjekte müssen als »*material knowledge in transit* [verstanden werden, die eine] *combination of anthropolgical attention to material culture and a geographical approach to place and networks*«[162] gestatten. Dabei geraten die Wege des Dazwischen in den Blick, den »*space of flows*«[163] und die Probleme beim Wissenstransport, etwa die Dauer, die in den

156 Vgl. Heumann; Stoecker; Tamborini; Vennen, Dinosaurier Fragmente, 2018.

157 Anja Laukötter, The ›Colonial Body‹ as Object of Knowledge in Ethnologiocal Museums, in: Sebastian Jobs; Gesa Mackenthun (Hg.), Embodiments of Cultural Encounters, Münster u.a. 2011, S. 181.

158 Vgl. Berner; Hoffmann; Lange (Hg.), Sensible Sammlungen, 2011; Larissa Förster; Holger Stoecker, Haut, Haar und Knochen. Koloniale Spuren in naturkundlichen Sammlungen der Universität Jena, Weimar 2016; Holger Stoecker; Thomas Schnalke; Andreas Winkelmann (Hg.), Sammeln, Erforschen, Zurückgeben? Menschliche Gebeine aus der Kolonialzeit in akademischen und musealen Sammlungen, Berlin 2013.

159 Vgl. Ina Heumann; Holger Stoecker; Mareike Vennen, Dinosaurier und Provenienz. Konjunkturen des Kolonialen, 1909–2018, in: Dies.; Marco Tamborini (Hg.), Dinosaurier Fragmente. Zur Geschichte der Tendaguru-Expedition und ihrer Objekte, 1906–2018, Göttingen 2018, S. 272–273.

160 https://www.postcolonial-provenance-research.com/vom 18.04.2024.

161 Vgl. Paddon, Redisplaying Museum Collections, S. 149.

162 Samuel J. M. M. Alberti, Museum Nature, in: Helen A. Curry; Nicholas Jardine; James A. Secord; Emma C. Spary (Hg.), Worlds of Natural History, Cambridge u.a. 2018, S. 360.

163 Ogilvie, Correspondence Networks, S. 359.

Quellen verschwiegenen Akteure und Akteurinnen, der Verlust, Aufbau und das Scheitern von Netzwerken und den vielfältigen Abhängigkeiten der Wissensvermittlung.

Die Präparate, die in der vorliegenden Arbeit im Mittelpunkt stehen, bilden eine ganz eigene Objektkategorie. Peter Braun verwies darauf, dass ausgestellte Dinge im Museum sich dadurch auszeichnen, dass sie ihrem ursprünglichen Existenzzweck entzogen wurden.[164] Das mag auf die Ausstellung von ehemaligen Alltagsdingen und Waren zutreffen. Doch zoologische Präparate wurden extra für Naturkundemuseen hergerichtet. Bei der Analyse naturkundlicher Präparate muss deren Hybridität und Herstellung zwischen Kultur und Natur, auf die Haraway verwies, mitgedacht werden. Zur Geschichte der Präparation existieren wenige Arbeiten, darunter die des Museologen und Schriftstellers Milan Ráček,[165] die leider ohne wissenschaftlichen Fußnotenapparat auskommt. Weitere Arbeiten geben Einblicke in die Techniken und Werke bekannter Präparatoren, wie dem Begründer der Dermoplastik, also der Modellierung eines Tierkörpers als Grundlage eines Präparats, Philipp Leopold Martin (1815–1885)[166] und dem Bildhauer und Präparator Herman H. Ter Meer (1871–1934),[167] der sich für die Anerkennung des Dermoplastikers als Beruf zwischen Kunst und Wissenschaft zu Beginn des 20. Jahrhunderts einsetzte. Obwohl Präparatoren zentrale Akteure der Museumspraxis waren, kommen sie in der wissenschaftlichen Betrachtung selten vor.[168] Der Aufsatz von Renate Seemann über den mecklenburgischen Hofkonservator Carl Knuth (Lebensdaten unbekannt), der 1905 eine Expedition nach Deutsch-Ostafrika begleitete,[169] setzte sich mit der Tätigkeit eines europäischen Präparators außerhalb Europas auseinander. Tanja Hammel verwies in ihrer Dissertation über die britische Botanikerin Mary Elizabeth Barber (1818–1899) auf deren Zusammenarbeit und Abhängigkeit von afrikanischen Präparatoren und Sammlern, die das europäische Wissen über Afrika und die Technik der Präparation nachhaltig beeinflussten. Mumifizierte Tiere als Beigaben ägyptischer Gräber müssen als früheste

164 Vgl. Braun, Objektbiographie, S. 17.

165 Milan Ráček, Mumia Viva. Kulturgeschichte der Human- und Animalpräparation, Graz 1990.

166 Uwe Albrecht, Bilder aus dem Tierleben. Phillip Leopold Martin (1815–1885) und die Popularisierung der Naturkunde im 19. Jahrhundert, Baden-Baden 2018.

167 Hans Völkel, Herman H. Ter Meer. Ein Leben als Dermoplastiker und Künstler, Leipzig 2004; Christine Becker, Wie ein zweites Leben. Der Tierbildner Herman H. ter Meer, Leipzig 2005.

168 Eine Ausnahme bildet das Ausstellungskonzept des Dioramas, das vor allem in Schweden und den USA um 1900 Anwendung fand und mit dem sich unter anderem Karen Wonders in ihrer Dissertation befasste; Karen Wonders, Habitat Dioramas. Illusions of Wilderness in Museums of Natural History, Uppsala 1993; Alexander Gall, Auf dem langen Weg ins Museum. Dioramen als kommerzielle Spektakel und Medien der Wissensvermittlung im langen 19. Jahrhundert, in: Alexander Gall; Hellmuth Trischler (Hg.), Szenerien und Illusion. Geschichte, Varianten und Potenziale von Museumsdioramen, Göttingen 2016, S. 27–106; Ders.; Helmuth Trischler, Museumsdioramen. Geschichte, Varianten und Potenziale im Überblick, in: Dies. (Hg.), Szenerien und Illusion. Geschichte, Varianten und Potenziale von Museumsdioramen, Göttingen 2016, S. 9–26; Sally Gregory Kohlstedt, Nature by Design. Masculinity and Animal Display in Nineteenth-Century America, in: Ann B. Shteir; Bernard Lightman (Hg.), Figuring it out. Science, Gender and Visual Culture, Hanover, NH u.a. 2006, S. 110–139.

169 Renate Seemann, Als Präparator in Ostafrika. Der Großherzoglich Mecklenburgische Hofkonservator Carl Knuth, in: Martin Guntau (Hg.), Mecklenburger im Ausland. Historische Skizzen zum Leben und Wirken von Mecklenburgern in ihrer Heimat und in der Ferne, Bremen 2001, S. 174–181.

Tierpräparationen verstanden werden, was der aus europäischer Sicht angenommenen eigenen (natur-)wissenschaftlichen Überlegenheit widerspricht.[170]

Vermutlich reicht die wissenschaftliche und formgebende Präparation von Tierkörpern in Europa bis in das 13. Jahrhundert zurück.[171] Erst mit der Einrichtung von Kunst- und Wunderkammern erhielt die dauerhafte Erhaltung von Tierkörpern eine Bedeutung. Durch die Erforschung neuer Weltteile im Zuge der Entdeckung Amerikas gelangte eine Vielzahl von Zoologika in die Kabinette, die es als Raritäten möglichst lange zu erhalten galt. Fehlende technische und chemische Verfahren ließen die Objekte bald Schädlingen und klimatischen Einflüssen zum Opfer fallen. Präparatoren des 17. und 18. Jahrhunderts waren überwiegend Apotheker und Mediziner.[172] Aus dieser Zeit stammen die ältesten, noch erhaltenen Tierkörper, die erstmals durch chemische Hilfsmittel und dem Einsatz von Alaun und Salz präpariert wurden. Das bloße Ausstopfen der Tiere war die Technik der Präparation bis in das 19. Jahrhundert. Nach dem Gerben der Haut zog der Präparator diese über ein zuvor angefertigtes Draht- oder Holzgestell, zum Teil bildete das Skelett die Grundlage, stopfte es mit Füllmaterial aus und brachte es in Form. Erst die technischen Voraussetzungen einer dauerhafteren Konservierung ermöglichten das Anlegen zoologischer Sammlungen in großem Stil. Ab der Mitte des 19. Jahrhunderts stand zunehmend der wissenschaftliche und belehrende Wert von Präparaten im Vordergrund naturkundlicher Sammlungen. Allegorische Bezüge, die das Beschreiben und Aufstellen von Tieren in den Jahrhunderten zuvor gekennzeichnet hatten, galten als überholt. Den sich ändernden Anforderungen unterlag die Technik der Aufstellung.[173]

Auf die Bedeutung von Präparaten als epistemische Objekte verweist Hans-Jörg Rheinberger,[174] er beschreibt »*Dinge* [...], *die im Zentrum des Forschungsprozesses, des Vorgangs wissenschaftlicher Erkenntnisgewinnung stehen.*«[175] Präparate definierte er als »*Eigenkonfigurationen von dauerhaft gemachten Spuren*«.[176] Anita Hermannstädter nutzte den Begriff der Wissensdinge als »*das Ergebnis wissenschaftlicher Arbeit,* [die] *aber auch jederzeit Ausgangspunkt für weitere Forschungen sein können.*«[177] Damit befinden sie sich ständig in potentiellem Gebrauch und können durch den Akt des Deponierens im Museum jederzeit reaktiviert werden, sollten sie nicht bereits Teil der Schausammlung sein. Sie sind über Generationen hinweg zugänglich.

---

170 Vgl. Hammel, Shaping Natural History, S. 89; Das; Lowe, Nature Read in Black and White, S. 8–11.

171 Vgl. Ráček, Mumia Viva, S. 51.

172 Vgl. Ebd., S. 69.

173 Alan Ross, Introduction. Preserving the Animal Body – Cultures of Scholarship and Display, 1660–1914, in: Journal of Social History 52 (4, 2019), S. 1029.

174 Hans-Jörg Rheinberger, Epistemische Dinge, in: Stefanie Samida; Manfred K. H. Eggert; Hans Peter Hahn (Hg.), Handbuch Materielle Kultur. Bedeutungen, Konzepte, Disziplinen, Stuttgart u.a. 2014, S. 193–197.

175 Hans-Jörg Rheinberger, Über den Eigensinn epistemischer Dinge, in: Hans Peter Hahn (Hg.), Vom Eigensinn der Dinge. Für eine neue Perspektive auf die Welt des Materiellen, Berlin 2015, S. 147.

176 Ebd., S. 149.

177 Anita Hermannstädter; Ina Heumann; Kerstin Pannhorst, Einführung. Fisch und Wissensding, in: Dies. (Hg.), Wissensdinge. Geschichten aus dem Naturkundemuseum, Berlin 2015, S. 17.

Im Anschluss an diese Überlegungen spürt die vorliegende Arbeit den Entstehungskontexten von Menschenaffenpräparaten nach und betrachtet sie im Sinne Rheinbergers als epistemische Objekte. Es geht um das Aufdecken der Wege von ›Naturdingen‹ zu ›Wissensdingen‹, den Prozessen der Erkenntnisgewinnung im Zusammenspiel mit allen involvierten Akteuren, Werkzeugen und Techniken. Wissenschaftliche Forschung wird im Sinn der neueren Wissenschaftsgeschichte als kulturelle Praxis verstanden. Neben den Objekten und Akteuren, stehen die Strategien der Zurschaustellung im Museum im Fokus. Diese sind nach Rheinberger als »*Experimentalsysteme*«[178] zu verstehen, in denen die Objekte präsentiert und inszeniert wurden und die es aufzuzeigen gilt.

Oberstes Ziel einer guten Präparation ist die Suggestion von Authentizität, die Spuren des Tötens und Herstellens zum Verschwinden zu bringen.[179] Im Gegensatz zu einem Modell werden für die Herstellung von Präparaten immer Teile der Tiere verwendet. Von Menschenaffen existieren darüber hinaus Gipsmodelle und Totenmasken. Diese konnten leichter zirkulieren und vervielfältigt werden, wodurch sie den Austausch von Wissen begünstigten. Für beide Verfahren musste das Präparat in ein anderes Material übertragen werden. Präparate befanden sich als hybride Objekte in einem ständigen Spannungsfeld zwischen Wissenschaft und Handwerk/Kunst, Natur und Kultur und machten das Museum zu einem Arbeitsort an und mit Objekten.

Die Sichtbarmachung des Transfers vom ›Naturding‹ zum ›Wissensding‹ und damit Erkenntnisobjekt ist Ziel der Arbeit. Dabei werden alle Formen von manipulierten, nicht mehr lebendigen Tierkörpern in den Blick genommen, wie technisch-künstlerisch hergerichtete Ausstellungsobjekte in Museen, konservierte Häute und andere Körperteile im Depot, aber auch von den Tierkörpern genommene Modelle, Abbildungen und Fotografien. Präparate unterlagen den Vorstellungen von Präparatoren, deren technischen Möglichkeiten und künstlerischen, wie handwerklichen Begabungen. Die Fertigkeiten eines Präparators bestimmten den Wert eines Präparats. Den Großteil der präparierten Tiere kannten die Präparatoren des 19. Jahrhunderts nicht lebend. Präparate sind niemals neutrale ›Naturdinge‹, sondern werden im Prozess ihrer Herstellung mit kultureller Bedeutung versehen.[180] Im Anschluss an Alan Ross soll das Nachleben von Präparaten in den Blick genommen und seiner Forderung, die Ausstellung von Tieremotionen in den Blick zu nehmen, nachgekommen werden.[181] Menschenaffen eignen sich für diese Betrachtungsweise besonders, da sie gewissermaßen einer doppelten Anthropomorphisierung unterlagen, wenn ihr Vorleben bekannt war. Sie wurden in Zoologischen Gärten ausgestellt, einer Institution, die bestimmte Erwartungen an das Verhalten eines Menschenaffen band. Nach ihrem Ableben wurden die Tiere erneut für die Betrachtung durch den Menschen hergerichtet, ihr Vorleben als Zootier konnte Teil der Darstellungsweise

178 Hans-Jörg Rheinberger; Manfred Hagner, Experimentalsysteme, in: Dies. (Hg.), Die Experimentalisierung des Lebens. Experimentalsysteme in den biologischen Wissenschaften 1850/1950, Berlin 1993, S. 9.

179 Vgl. Hans-Jörg Rheinberger, Epistemologica. Präparate, in: Anke te Heesen; Petra Lutz (Hg.), Dingwelten. Das Museum als Erkenntnisort, Köln u.a. 2005, S. 67.

180 Vgl. Bernhard Waldenfels, Die Mitwirkung der Dinge in der Erfahrung, in: Hans Peter Hahn (Hg.), Vom Eigensinn der Dinge. Für eine neue Perspektive auf die Welt des Materiellen, Berlin 2015, S. 74.

181 Vgl. Ross, Introduction, S. 1030.

werden. In diesen Fällen können zoologische Objekte zu Trägern von kollektiven und individuellen Erinnerungen werden. Ein aktuelles Beispiel ist Eisbär Knut, ein älteres der Gorilla Bobby, beide sind im Berliner Naturkundemuseum ausgestellt und lebten davor im Berliner Zoologischen Garten. Der Gorilla Schorsch in Erlangen stellt ein weiteres Exempel dar. An diesen lässt sich der Transfer vom Zootier, zum Museumstier und weiter zum Maskottchen nachvollziehen.[182] Bei Knut, Bobby und Schorsch handelt es sich um namentlich bekannte Großsäuger, die durch die Ausstellung in einer eigenen Vitrine einen Sonderstatus erhielten und Emotionen in Form von Erinnerungen wecken sollen.[183] Besucher treten mit den ausgestellten Tieren in Beziehung und lesen diese unterschiedlich.

Die Beschäftigung mit präparierten Menschenaffen bezieht den Umstand mit ein, dass es zuvor lebendige Tiere gewesen waren. Tiere als Gegenstand geistes- und kulturwissenschaftlicher Forschung sind spätestens mit dem Animal Turn seit den späten 1980er Jahren ernstzunehmende Akteure, die mit menschlichen Akteuren eine gemeinsame Geschichte teilen.[184] Bereits Darwins Evolutionstheorie bot die wissenschaftliche Grundlage für die Herabsenkung der Mensch-Tier-Grenze und die Möglichkeit, Tiere neu zu denken. In Anlehnung an Latours Akteurs-Netzwerk Theorie und seiner Forderung einer »*symmetrischen Anthropologie*«,[185] also dem Zusammenbringen von menschlichen und nicht-menschlichen Akteuren mit eigener Agency in Kollektiven, gerieten Tiere und ihre Subjekthaftigkeit zunehmend in den Blick. Latour äußerte sich begrenzt zu der Rolle von Tieren. Vielmehr griff Donna Haraway die Thematik mit Rückgriff auf das postkoloniale Umfeld der Subaltern Studies und deren Forderung nach dem Einbeziehen der ›Anderen‹ auf. Im Hinblick auf den menschlichen Umgang mit Tieren verwies sie auf die ungleichen Machtstrukturen und die beständigen Konstruktionsprozesse, denen Tiere durch den Menschen ausgesetzt sind. Allein die abstrakte Bezeichnung ›Tier‹ gilt als problematisch, da sie die Vielfalt animalen Lebens und Seins verallgemeinert. Der Begriff ist als Produkt menschlicher Zuschreibungen zu verstehen.[186] Wie bereits aufgezeigt, versteht Haraway Natur und Biologie als diskursiv hergestellt und verweist darauf, dass nicht-menschliche Akteure an deren Konstruktion beteiligt waren und sind. Latour und Haraway versuchen den Objektsstatus von Tieren aufzulösen und ihnen Handlungsmacht zu zuweisen. Hier setzen die Human-Animal Studies (HAS) an. Dabei kreisen die Diskussionen innerhalb der HAS um die Bewertung des tierischen Akteurstatus' zwischen Wirkungs- und Handlungsmacht[187] und der Frage, wie Tiere als Subjekte einer ge-

182 Vgl. Andraschke, Ausgepackt, S. 34; Dagmar Behrendt, Erinnerungen an Bobby, in: Anita Hermannstädter; Ina Heumann; Kerstin Pannhorst (Hg.), Wissensdinge. Geschichten aus dem Naturkundemuseum, Berlin 2015, S. 174–175.

183 Vgl. Hannah Paddon, Biological Objects and »Mascotism«. The Life and Times of Alfred the Gorilla, in: Samuel J. M. M. Alberti (Hg.), The Afterlives of Animals. A Museum Menagerie, Charlottesville, VA u.a. 2011, S. 137.

184 Vgl. Harriet Ritvo, The Animal Estate. The English and other Creatures in the Victorian Age, Cambridge, Mass. 1987.

185 Latour, Wir sind nie modern gewesen, Titel.

186 Vgl. Wirth, Laborratte, S. 117, Fußnote 1.

187 Vgl. Mieke Roscher, Zwischen Wirkungsmacht und Handlungsmacht. Sozialgeschichtliche Perspektiven auf tierliche Agency, in: Sven Wirth; Anett Laue; Markus Kurth; Katharina Dornenzweig;

teilten Geschichte greifbar werden, wie eine Handlungsmacht von Tieren aussieht, wie sie aufgezeigt werden kann und grundsätzlich, ob Tiere über eine solche verfügen.[188] Die Forschenden stehen vor zahlreichen Herausforderungen, da bereits die Interpretation tierischen Verhaltens vor dem Hintergrund menschlich vertrauter Verhaltensstrukturen geschieht und genau dieses Verhältnis aufgebrochen werden soll.[189] Ein Hineindenken oder eine Kommunikation mit Tieren ist (bisher) nicht möglich,[190] damit liegen keine Quellen aus einer tierischen Perspektive vor. Dass die Rolle von Tieren in den Sozial-, Kultur- und Geisteswissenschaften dennoch ernst genommen wird, zeigen zunehmende Institutionalisierungsprozesse der HAS im deutschsprachigen Raum.[191] Mieke Roscher sieht in den Versuchen, Gefühle von Tieren zu interpretieren und eine Geschichte aus der Tierperspektive zu schreiben, ein übergriffiges Verhalten gegenüber Tieren. Sie verwies außerdem darauf, dass überwiegend »*Angehörige der »Sympathischen Megafauna«*"[192] im Fokus der Forschung stehen, zu denen auch Menschenaffen zählen.

Die Geschichtswissenschaft hat sich in den letzten zwanzig Jahren eingehend mit Tieren beschäftigt. Gesine Krüger, Aline Steinbrecher und Clemens Wischermann beschrieben das Konzept einer Animate History, in der »*Tiere* [...] *als handlungsbefähigte Subjekte* [und nicht] *als am Menschen gemessene »Defizitwesen«*"[193] verstanden werden sollen. Dabei geht es gerade nicht darum, das Handeln von Tieren an menschlichem Handeln zu messen oder davon auszugehen, dass sie wie Menschen handeln.[194]

Neben der allgemeinen Frage nach der Greifbarkeit von Tieren für die Forschung haben sich weitere Arbeiten mit dem emotionalen Verhältnis des Menschen zu Tieren befasst. Jutta Buchner-Fuhs und Pascal Eitler widmeten sich den komplexen Emotionen,

Leonie Bossert; Karsten Balgar (Hg.), Das Handeln der Tiere. Tierliche Agency im Fokus der Human-Animal Studies, Bielefeld 2016, S. 43–66.

188 Vgl. Nik Taylor, Humans, Animals, and Society. An Introduction to Human-Animal Studies, New York 2013, S. 155.

189 Vgl. Susan Pearson; Mary Weismantel, Gibt es das Tier? Sozialtheoretische Reflexionen, in: Dorothee Brantz; Christof Mauch (Hg.), Tierische Geschichte. Die Beziehung von Mensch und Tier in der Kultur der Moderne, Paderborn u.a. 2010, S. 379–399.

190 Vgl. Katharina Dornenzweig, Sprachexperimente mit nichtmenschlichen Tieren als Ausdruck von und Herausforderung für problematische Konzeptionen tierlicher Agency, in: Sven Wirth; Anett Laue; Markus Kurth; Katharina Dornenzweig; Leonie Bossert; Karsten Balgar (Hg.), Das Handeln der Tiere. Tierliche Agency im Fokus der Human-Animal Studies, Bielefeld 2016, S. 149–178.

191 Vgl. Roscher, Zwischen Wirkungsmacht und Handlungsmacht, S. 43–66.

192 Mieke Roscher, Human-Animal Studies, 2012, S. 6, https://zeitgeschichte-digital.de/doks/frontdoor/deliver/index/docId/277/file/docupedia_roscher_human-animal_studies_v1_de_2012.pdf vom 13.04.2022.

193 Gesine Krüger; Aline Steinbrecher; Clemens Wischermann, Animate History. Zugänge und Konzepte einer Geschichte zwischen Menschen und Tieren, in: Dies. (Hg.), Tiere und Geschichte. Konturen einer Animate History, Stuttgart 2014, S. 11.

194 Vgl. Mary J. Henninger-Voss (Hg.), Animals in Human Histories. The Mirror of Nature and Culture, Rochester 2009; Brantz; Mauch (Hg.), Tierische Geschichte; Münch (Hg.), Tiere und Menschen; Wirth; Laue; Kurth; Dornenzweig; Bossert; Balgar, (Hg.), Das Handeln der Tiere; Böhme; Gottwald; Holtorf; Macho; Schwarte; Wulf (Hg.), Tiere; Pascal Eitler; Maren Möhring, Eine Tiergeschichte der Moderne. Theoretische Perspektiven, in: traverse 2 (2008), S. 91–105.

mit denen Menschen des 19. Jahrhunderts Tieren begegneten.[195] Emotionen verstehen sie als Praktiken, die einem historischen Wandel unterliegen und eingeübt werden.[196] Dabei zeigten sie, dass Tiere als »*Kulisse für die eigenen, die menschlichen Träume und Sehnsüchte*«[197] dienten und Emotionen, wie Gewalt, Angst und Freundschaft Teil dieses Spektrums waren. Besonders die Liebe und Verbundenheit mit Tieren war eine Emotion, die im 19. Jahrhundert zunehmend artikuliert wurde. Der Wunsch, Tiere vor menschlichen Übergriffen zu schützen, manifestierte sich gegen Ende des 19. Jahrhunderts in entstehenden Tierschutzbewegungen.[198] Das Töten von Tieren für Forschungszwecke und die Haltungsbedingungen von Tieren in Zoologischer Gärten wurden zunehmend hinterfragt und kritisiert. Die Gründung der Primatenstation auf Teneriffa 1911 mit ersten Verhaltensexperimenten an Schimpansen kann als Ausdruck dieses Umdenkens verstanden werden.[199] Dabei prägte die emotionale Beziehung zu Tieren nicht nur das Gefühl der Liebe und Verbundenheit, Tiere waren Projektionsflächen für das ›Fremde‹.[200] Neben dem Schwerpunkt der Emotionengeschichte mit Tieren befasst sich die Animal Geography mit Tieren innerhalb imaginierter Räume und real existierenden Orten.[201] Tiere teilten schon immer Räume mit Menschen, waren immer präsent im Leben von Menschen und damit Teil der menschlichen Geschichte.

In der vorliegenden Arbeit spielt das Verhältnis zu Tieren in wissenschaftlichen Kontexten die zentrale Rolle. Die ausgestellten Tiere in Naturkundemuseen brachten als vormals lebende Tiere ganz eigene Biografien mit. Es geht um die Sichtbarmachung von Tieren, um die Wege und Akteure, um die Zurichtung der Tierkörper für die zoologische Forschung und den Museumsbesucher. Wichtige Impulse für die Betrachtung von Tie-

---

195 Vgl. Jutta Buchner-Fuhs, Das Tier als Freund. Überlegungen zur Gefühlsgeschichte im 19. Jahrhundert, in: Paul Münch (Hg.), Tiere und Menschen. Geschichte und Aktualität eines prekären Verhältnisses, Paderborn u.a. 1999, S. 275–294.; Pascal Eitler, Tiere und Gefühle. Eine genealogische Perspektive auf das 19. und 20. Jahrhundert, in: Gesine Krüger; Aline Steinbrecher; Clemens Wischermann (Hg.), Tiere und Geschichte. Konturen einer Animate History, Stuttgart 2014, S. 59–77.

196 Vgl. Eitler, Tiere und Gefühle, S. 62.

197 Buchner-Fuhs, Das Tier als Freund, S. 276.

198 Vgl. Schmoll, Erinnerung an die Natur; Andreas Knaut, Zurück zur Natur! Die Wurzeln der Ökologiebewegung, Greven 1993; Thomas M. Lekan, Imagining the Nation in Nature. Landscape Preservation and German Identity, 1885–1945, Cambridge u.a. 2004; Kohlstedt, Nature by Desgin; H. Jürgen Wächter, Naturschutz in den deutschen Kolonien in Afrika (1884–1918), Münster u.a. 2008.

199 Vgl. Marianne Teuber, The Founding of the Primate Station, Tenerife, Canary Islands, in: The American Journal of Psycholagy 107 (4, 1994), S. 551–581; Ronald Ley, Köhler and Espionage on the Island of Tenerife. A Rejoinder to Teuber, in: The American Journal of Psychology 110 (2, 1997), S. 277–284; Regina Kressley-Mba, The History of Animal Psychology in Germany as an Antecedent to German Comparative Psychology and Ethology prior to 1940 with Special Emphasis on Nonhuman Primates, Passau 2002, S. 290–297.

200 Vgl. Rainer E. Wiedenmann, Die Fremdheit der Tiere. Zum Wandel der Ambivalenz von Mensch-Tier-Beziehungen, in: Paul Münch (Hg.), Tiere und Menschen. Zur Geschichte und Aktualität eines prekären Verhältnisses, Paderborn 1998, S. 351–381.

201 Vgl. Manuela Kirberg, Repräsentationen von Tier-Mensch-Raum in ostafrikanischen Oraturen, in: Winfried Speitkamp; Stephanie Zehnle (Hg.), Afrikanische Tierräume. Historische Verortungen, Köln 2014, S. 32.

ren im 19. Jahrhundert lieferten die Sammelbände *Animals on display* aus dem Jahr 2013[202] und *Gorgeous Beasts* aus dem Jahr 2012,[203] in welchen nach den Interaktionen, der Konstruktion von Authentizität und dem Bewahren von ausgestellten Tieren gefragt wurde. Erica Fudge verwies mit ihrem Konzept der »*animal-made-object*«[204] auf die Doppelfunktion von animalen Objekten. Es gilt diese, deren Geschichte und Entstehung in den Blick zu nehmen, »*animals should be read as having active presences in the world*«.[205] Es geht um die Rolle von Tieren innerhalb der menschlichen Sozialgeschichte und deren Funktion als das konstruierte ›Andere‹ über das sich der Mensch selbst definiert. Neben Fudge sind die Überlegungen Nigel Rothfels' über den Umgang des Menschen mit Tieren in kolonialen Kontexten, wie dem Fangen, Töten und Ausstellen, zentral für diese Arbeit.[206] Die Betrachtung von Tieren innerhalb von Museumskontexten sind ein aktuelles Thema der kulturhistorischen Forschung.[207]

Die Menschenaffen der vorliegenden Arbeit gelangten nach ihrem Tod in naturkundliche Sammlungen. Auf dem Weg dorthin durchliefen ihre Körper die Praktiken des Fangens, Tötens, Präparierens, Versendens und Ausstellens, an denen unterschiedliche Akteure beteiligt waren. Tiere als Teil der menschlichen Geschichte dienten der Imagination und Selbstverortung des Menschen. Über deren Präparate setzte sich der Mensch in Beziehung zu diesen im Naturkundemuseum. Präparate und deren Ausstellung unterlagen wissenschaftlichen, sozialen, politischen und kulturellen Diskursen und prägten Bilder der Tiere.

1.3.2 Methode und Quellen

Um die Frage nach der Produktion von Wissen anhand von Präparaten beantworten zu können, soll den Entstehungskontexten des Wissensdings Menschenaffe in Form einer mikrohistorisch dichten Beschreibung nachgespürt werden, um alle Formen der Interaktion, des Austausches, des Herstellens, Aushandelns, Ausstellens, aber auch des Nicht-Ankommens zu betrachten. Die Objekte sind ähnlich schriftlichen Quellen zu befragen

---

202 Adam Dodd; Karen A. Rader; Liv Emma Thorsen, Introduction. Making Animals Visible, in: Dies. (Hg.), Animals on Display. The Creaturely in Museums, Zoos, and Natural History, University Park, Pa. 2013, S. 1–11.

203 Joan B. Landes; Paula Young Lee; Paul Youngquist (Hg.), Gorgeous Beasts. Animal bodies in historical perspectives, University Park 2012.

204 Erica Fudge, Renaissance Animal Things, in: Joan B. Landes; Paula Young Lee; Paul Youngquist (Hg.), Gorgeous Beasts. Animal Bodies in Historical Perspective, University Park, Pa. 2012, S. 42; vgl. Dies., A Left-Handed Blow. Writing the History of Animals, in: Nigel Rotfels (Hg.), Representing Animals, Bloomington, Ind. u.a. 2002, S. 3–18.

205 Fudge, Renaissance Animal Things, S. 44.

206 Rothfels (Hg.), Representing Animals, Bloomington; Ders., Savages and Beasts; Ders., Killing Elephants, S. 53–63; Ders., Catching Animals, in: Mary J. Henniger-Voss (Hg.), Animals in Human Histories, Rochester, NY u.a. 2009, S. 182–228; Ders., Trophies and Taxidermy, in: Joan B. Landes; Paula Young Lee; Paul Youngquist (Hg.), Gorgeous Beasts. Animal Bodies in Historical Perspective, University Park, Pa. 2012, S. 117–136; Ders., Preserving History. Collecting and Displaying in Carl Akeley`s In Brightest Africa, in: Liv Emma Thorsen; Karen A. Rader; Adam Dodd (Hg.), Animals on Display. The Creaturely in Museums, Zoos, and Natural History, University Park, Pa. 2013, S. 58–73.

207 Vgl. https://www.museumfuernaturkunde.berlin/en/science/animals-objects vom 18.04.2024.

und deren kulturelle Bedeutung durch das Freilegen historischer Schichten zu analysieren. Oft existieren die Objekte selbst nur noch als schriftliche und bildliche Quellen.

Die Überführung der Menschenaffen geschah innerhalb globaler Dimensionen und sozio-politisch hoch aufgeladenen Räumen im Zuge imperialer Kontexte. Globale Verflechtungsgeschichten, »*entanglement*[s]«,[208] unternehmen den Versuch, alle am Wissensprozess beteiligten Akteure einzubeziehen. Im Fall von Menschenaffen schließt das afrikanische Jäger, Träger und andere lokale Akteure ein, über die aufgrund der schwierigen Quellenlage, oft nur ein begrenztes Wissen aus europäischer Perspektive zur Verfügung steht. Die Methodik, der Betrachtungszeitraum und die gewählten Orte bedingen sich gegenseitig.

Die Auswahl der naturkundlichen Sammlungen in Lübeck, Dresden, Berlin und Göttingen folgte der überlieferten Quellenlage. Die Museen bildeten zu je unterschiedlichen Zeiten Zentren der Menschenaffenforschung in Deutschland.

Nach einer Einführung in die Kulturgeschichte der Menschenaffen aus europäischer Perspektive und dem Stand der europäischen Forschung ab der zweiten Hälfte des 19. Jahrhunderts befasst sich das darauffolgende Kapitel mit der Anthropoidensammlung des Lübecker Naturkundemuseums in den 1860er Jahren. Das sich daran anschließende Kapitel thematisiert die Ansammlung von Menschenaffenobjekten in Dresden in den 1870er Jahren. Das Berliner Naturkundemuseum und dessen Sammlung von Menschenaffen wird im letzten Kapitel betrachtet. Die drei inhaltlichen Kapitel zu den untersuchten Sammlungen folgen zu großen Teilen einer zeitlichen und inhaltlichen Stringenz, wobei durch den Austausch einzelner Akteure Verbindungen zwischen den Sammlungen existierten und damit zeitliche Überlappungen und Differenzen unvermeidbar sind. Die Göttinger Sammlung und besonders die umfangreiche Korrespondenz von Ernst Ehlers sowie weitere Personalakten des Göttinger Universitätsarchivs werden ergänzend herangezogen, um den Fokus um den Austausch naturkundlicher Objekte, die Bedeutung von Netzwerken beim Erwerb dieser, Präparatorenlaufbahnen und Museumsökonomien und -politiken zu erweitern. Im Verlauf des 19. Jahrhunderts kam es im Zuge eines zunehmenden europäischen Ausgreifens nach Afrika zu einer Verdichtung der Räume, Akteure, Objekte und Netzwerke, was sich auf den Umfang des auswertbaren Archivmaterials auswirkte.

Die Präparate von Menschenaffen in den untersuchten naturkundlichen Sammlungen bilden als materielle Quellen den Ausgangspunkt der Arbeit. Auf der räumlichen Ebene verband die Überführung von Menschenaffenpräparaten Afrika mit Europa, den Zoo mit dem Museum, die Präparationswerkstatt mit der Ausstellungsfläche. Auf der visuellen Ebene wurden Präparate ausgestellt, auf Plakaten gezeigt oder als Vorlagen für Tierbilder verwendet. Auf der kommunikativen Ebene verband das Sprechen und Schreiben über Präparate verschiedene Akteure. Präparate bildeten einen bedeutenden Teil der visuellen Welt. Dadurch avancierten Präparate von Menschenaffen zum Teil der öffentlichen Massenkultur des 19. und 20. Jahrhunderts und müssen als ernstzunehmende

208 Sebastian Conrad; Shalini Randeria, Einleitung. Geteilte Geschichten – Europa in einer postkolonialen Welt, in: Dies. (Hg.), Jenseits des Eurozentrismus. Postkoloniale Perspektiven in den Geschichts- und Kulturwissenschaften, Frankfurt a.M. 2002, S. 17.

Quellen wahrgenommen werden. Über die Präparate werden Akteure in den Blick genommen, die erst seit kurzer Zeit Beachtung finden und deren Einfluss auf die Produktion und das Ausstellen von Wissen oft unklar ist – darunter private Sammler, Präparatoren und Jäger.

Ohne die gleichzeitige Betrachtung von schriftlichen und bildlichen Quellen wären Präparate wenig aussagekräftig. Museumsakten, Reiseberichte, Briefe, wissenschaftliche Aufsätze mit Tabellen und Diagrammen,[209] Zeitungsartikel, Zeichnungen, Fotografien und viele weitere Quellen rahmen die Objekte. Die schriftlichen Quellen erzählen ausschließlich aus männlicher Perspektive, da Quellen von Frauen schlichtweg fehlen oder sie in den Quellen unerwähnt blieben. Der umfangreiche Briefverkehr von hier betrachteten Akteuren zeigt dessen Bedeutung für die Kommunikation und Aufrechterhaltung von Netzwerken über weite Distanzen. Ein Teil der Objekte existiert nicht mehr als gegenständliche Quelle und wäre ohne Beschreibungen und Bilder nicht sichtbar und verloren. Auch Zeitschriften werden als Quellen herangezogen, wobei die Tagespresse meist nur dann über naturkundliche Ausstellungen berichtete, wenn diese einen Neuigkeitswert besaßen, etwa bei der Neueröffnung eines Museums oder der Neukonzeption einer Dauerausstellung. Überlieferte Fotografien sind für das 19. Jahrhundert eine besondere Quellengattung, da sie mit ihrer Erfindung gleichzeitig von der Wissenschaft entdeckt und genutzt wurden. In Fotografien gingen Wissenschaft, Kunst und Technologie eine einzigartige Verbindung ein.

Die Bandbreite der in den Blick genommenen Quellen ermöglicht eine Analyse der Praktiken und Akteure der Wissensgenerierung in Naturkundemuseen des 19. Jahrhunderts und fragt nach der Integration und Inszenierung des Menschen über den Menschenaffen in Naturkundemuseen, als erste Anlaufstellen und Begegnungsstätten der Mensch-Tier Betrachtung.

209 Aus dem Jahr 1938 existiert eine Übersicht von Menschenaffen-Präparaten in amerikanischen Sammlungen und eine Bibliografie von Literatur über Menschenaffen bis 1955; vgl. Wilton M. Krogman; Adolph H. Schultz, Anthropoid Ape Materials in American Collections, in: American Journal of Physical Anthropolgy 24 (1938), S. 199–234; Hermann Voss, Bibliographie der Menschenaffen (Schimpanse, Orang, Gorilla), Jena 1955.

2 Die Anfänge der Entdeckung und Erforschung von Menschenaffen in Europa

Das antike Europa kannte keine Menschenaffen. Zwar berichtete der Karthager Hanno (vor 480 v. Chr.-ca. 440 v. Chr.) von der Sichtung menschenähnlicher Wesen an der Küste Afrikas, die er als Gorillas bezeichnete,[1] doch seine Erwähnung sollte erst im 19. Jahrhundert für Aufmerksamkeit sorgen. Andere Affenarten dienten wegen ihrer anatomischen Nähe zum Menschen dem vergleichend-medizinischen Studium und schon Aristoteles bemerkte: »*Manche Tiere stehen zwischen Mensch und Vierfüßler in ihrem Wesen, wie Affen, Meerkatzen und Paviane.*«[2] Die Wahrnehmung der äußerlichen Ähnlichkeit wurde von Beginn an von der Übertragung menschlicher Charaktereigenschaften auf die Tiere begleitet. So variierte das Bild seit der Antike und im Mittelalter durch zahlreiche mythische und religiöse Zuschreibungen zwischen lustig, impulsiv, schrecklich und hässlich.[3] Die Verbindung zum antiken Satyr[4] betonte den Stand als Mischwesen zwischen Tier und Mensch. Im christlichen Motiv der »*figura diaboli*«[5] wurde der Affe zum Symbol von Begierde und Boshaftigkeit.[6] Verbreitet wurden diese allegorischen Vorstellungen in Bestiarien, oft reich bebilderten Tierdichtungen über reale und imaginierte Kreaturen, die der moralisch-christlichen Erziehung dienten. Affen fungierten als Projektionsflächen menschlicher Gefühle und der Definition des Menschen selbst. Debatten um die Sprachfähigkeit, einen aufrechten Gang und die Fähigkeit zur Herstellung von Kunst und Werkzeugen markierten die Grenze zwischen Mensch und Tier und dienten der Selbstversicherung eines Alleinstellungsmerkmals des Europäers in Abgrenzung zur Natur.[7] Die antiken und mittelalterlichen Zuschreibungen erwiesen sich als konstant und manifest. In diesem Kontext wurden neben Tieren auch Fabelwesen und Monstren

1 Vgl. Ingensiep, Mensch und Menschenaffe, S. 436.

2 Aristoteles zit.n.: Ebd.

3 Vgl. Raymond Corbey, Introduction. Missing Links, or the Ape`s Place in Nature, in: Ders.; Bert Theunissen (Hg.), Ape. Man, Apeman. Chaning Views since 1600, Leiden 1995, S. 3.

4 Vgl. Kressley-Mba, The History of Animal Psychology, S. 42.

5 Corbey, Introduction, S. 3.

6 Vgl. Ingensiep, Mensch und Menschenaffe, S. 436f.

7 Vgl. Ingensiep, Der kultivierte Affe, S. 278.

beschrieben, darunter stark behaarte Menschen mit Schwänzen,[8] die die Grenzziehung herausforderten, die europäischen Fantasien über Außereuropa noch im 19. Jahrhundert prägten und die Erforschung und Ausstellung der Tiere beeinflussten.

Erste belegte Begegnungen von Europäern mit Menschenaffen stammen aus dem 17. Jahrhundert. Der englische Soldat Andrew Battell (gest. 1614) geriet zwischen 1589 und 1607 in Angola in portugiesische Gefangenschaft. In der Zeit entstand sein Reisebericht, den der Engländer Samuel Purchas (ca. 1577–1626) erstmals 1613 publizierte. Darin berichtete Battell: »*Here also are two kinds of monsters, which are common in these woods, and very dangerous. The greatest of these two monsters is called Pongo [Mpungu]* [Herv. i.O.] *in their language, and the lesser is called Engeco* [Herv. i.O.].«[9] Bei der hier zitierten Ausgabe handelt sich um einen Nachdruck der Reisebeschreibung Battells durch Samuel Purchas. Das Nachspüren von Hinweisen nach ersten Begegnungen mit Gorillas verweist auf die Aktualität der Thematik um 1900. Die Ausgabe fügt auf der betreffenden Seite den Verweis »*Gorillas and Chimpanzis.* [Herv. i.O.]« ein und stellt den direkten Bezug zu den im 19. Jahrhundert bekannten afrikanischen Menschenaffenarten her. Die Textstelle wurde im 19. Jahrhundert als erster Hinweis für die Existenz von zwei afrikanischen Menschenaffen gedeutet.

Mit der Ankunft erster Menschenaffen in den Niederlanden und England bedienten sich europäische Wissenschaftler existierender Wissensvermittlungskonzepte des Mittelalters. Zugleich forderte deren Entdeckung die Wissenschaftler zu korrigierten Kategorisierungen heraus – der Mensch, konkret der Europäer, musste neu erdacht werden. 1635 gelangte ein erster lebender Menschenaffe, bis heute ist nicht klar, ob es sich um einen Schimpansen oder Orang-Utan handelte [**Abb. 1**], in die Niederlande.

Der Arzt und Anatom Nicolaes Tulp (1593–1674) beschrieb das Tier in seinen *Observationes Medicae* und bezeichnete es als »*Satyrus Indicus*«[10] aus Angola. Bei der Benennung verband Tulp zeitgenössische Wissenschaft mit antikem Mythos. Der mythische Bezug spiegelt sich bis heute in der Gattungsbezeichnung Pan des Schimpansen wider, in Anlehnung an den griechischen Gott mit menschlichem Oberkörper und Beinen eines Widders. Auf visueller Ebene zeigte sich in der abgebildeten Zeichnung des Tieres die Tradition mittelalterlicher Wissensvermittlung in Form allegorischer Darstellungen mit moralisch-christlichen Botschaften.[11] Der Affe scheint schamhaft auf den Boden zu blicken und sein Geschlecht zu verbergen. In der Forschung des 20. Jahrhunderts wurde die Zeichnung als Beleg herangezogen, dass mithilfe von Menschenaffen von Beginn an Geschlechterstereotypen produziert wurden. Der geschwollene Bauch des Tieres wurde als Zeichen von Trächtigkeit und die eingenommene Haltung als dem weiblichen Geschlecht zugeordnete Eigenschaften von Passivität und Sittlichkeit interpretiert.[12] Tulp

8 Vgl. Ebd., S. 28.

9 Andrew Battell zit.n.: Ernest George Ravenstein (Hg.), The Strange Adventures of Andrew Battell of Leigh, in Angola and the Adjoining Regions, London 1901, S. 54.

10 Nicolaes Tulp, Observationes Medicae, Amsterdam 1652, https://books.google.de/books?id=oAo5AAAAcAAJ&ots=5phUYMKAgv&dq=observationes+medicae&pg=PP1&redir_esc=y#v=onepage&q&f=false vom 18.04.2024, Titelbild und Tafel XIIII, S. 283.

11 Vgl. Ingensiep, Der kultivierte Affe, S. 26.

12 Vgl. Londa L. Schiebinger, Am Busen der Natur. Erkenntnis und Geschlecht in den Anfängen der Wissenschaft, Stuttgart 1995, S. 115.

maß dem Affen große Bedeutung bei, die Darstellung zierte gleichzeitig das Titelbild seines Werkes. In der Beschreibung des Tieres verwies er auf dessen Fähigkeit zum aufrechten Gang.

Abb. 1: Nicolaas Tulp, Observationes Medicae, Amsterdam 1652, Tafel XIIII.

Niedersächsische Staats- und Universitätsbibliothek Göttingen, Signatur: 8 MED PRACT 3848/1.

Abb. 2: Edward Tyson, Orang-Outang, sive Homo Sylvestris. Or, The Anatomy Of A Pygmie Compared with that of a Monkey, an Ape, and a Man. To which is added, A Philological Essay Concerning the Pigmies, the Cynocephali, the Satyrs, and Sphinges of the Ancients. Wherein it will appear that they are all either Apes or Monkeys, and not Men, as formerly pretended, London 1699, Abbildung 1.

Niedersächsische Staats- und Universitätsbibliothek Göttingen, Göttinger Digitalisierungszentrum, Signatur: 4 ZOOL X, 3865 RARA; PURL: http://resolver.sub.uni-goettingen.de/purl?PPN624713377 vom 15.02.2023.

Weitere Abhandlungen über einen Orang-Utan aus Borneo durch den niederländischen Mediziner Jakob Bontius (1592–1631) und über einen aus Angola stammenden Schimpansen [**Abb. 2**] von dem englischen Arzt Edward Tyson (1650–1708), den er weder Mensch noch Affe zuordnete, folgten. Tyson veröffentlichte seine anatomischen Untersuchungen in der Abhandlung *Orang-outang, sive homo sylvestris*, die erstmals 1699 und fünfzig Jahre später in einer zweiten Auflage mit dem Untertitel *The anatomy of a pygmie compared with that of a monkey, an ape, and a man*[13] erschien. Seine Studie wurde als der »*Beginn der vergleichenden Primatologie*«[14] bewertet, denn er sicherte die Grenze zwischen Menschen und Menschenaffen erstmals mithilfe der Gegenüberstellung anatomischer Merkmale. Eine Praxis, die die überwiegend vergleichend-anatomisch arbeitende Zoologie bis zum Beginn des 20. Jahrhunderts prägte. Dabei bestimmte er 48 Gemeinsamkeiten und 34 Unterschiede zwischen seinem Pygmie und dem Menschen. Als Stil prägend erwies sich die abgedruckte Abbildung des Schimpansen. Das Tier steht aufrecht und stützt sich auf einen Stock. Vermutlich entsprang die Darstellung dem wenig verfügbaren Wissen des Autors. Tyson konnte den Schimpansen nur für kurze Zeit lebend beobachten, durch den anatomischen Vergleich mit dem Menschen schlussfolgerte er, dass der Menschenaffe überwiegend aufrecht ging.[15]

Die Auseinandersetzungen mit Affen regten die europäischen Wissenschaftler an, den Platz des Menschen in der Natur zu überdenken. Dabei spielten Emotionen und Imaginationen eine ebenso entscheidende Rolle, wie immer neue Kriterien der Unterscheidung. Das begrenzte Wissen um die Tiere bestimmte den Rahmen der Spekulationen und befeuerte die Fantasien. Die Unsicherheiten in Bezug auf Herkunft und existierende Arten spiegelten sich in der undurchsichtigen Namensgebung wider.

Was sich in Tysons anatomischer Gegenüberstellung andeutete, prägte die Naturkunde des 18. Jahrhunderts. Die Systematisierung aller bekannter Lebewesen unternahm der schwedische Naturforscher Carl von Linné mit seiner *Systema Naturae*, die 1735 erstmals erschien. Hatte Tyson den Menschen anhand der Differenzen zum Schimpansen nicht im Tierreich verortet, fasste Linné Menschen und Affen zu der heute gültigen Ordnung der Primaten (Herrentiere) zusammen.[16] Er nahm eine hierarchische Untergliederung vor und ordnete Tiere und Pflanzen nach Klasse, Ordnung, Gattung, Art und Varietät. Jedes Lebewesen erhielt einen zweigliedrigen Namen ähnlich »*einer bürgerlichen Rechtsperson*«.[17] Der erste Name bezog sich auf die Gattung, der zweite auf die Unterart. Seine Zeitgenossen bezeichneten Linné als »*zweiten Adam*«,[18] da er allen bekannten Tieren und Pflanzen einen Platz in der Natur zuwies und versuchte, Ordnung in die göttliche Schöpfung zu bringen.[19] Bis heute bildet seine taxonomische Benen-

---

13 Edward Tyson, Orang-Outang, sive Homo Sylvestris. Or, The Anatomy of a Pygmie Compared with that of a Monkey, an Ape, and a Man, London 1699, https://archive.org/details/orangoutangsiveh ootyso vom 18.04.2024.

14 Ingensiep, Der kultivierte Affe, S. 49.

15 Vgl. Ebd., S. 50.

16 Vgl. Ingensiep, Mensch und Menschenaffe, S. 434.

17 Wolfgang Scheppe, Gorilla, Frau verschleppend. Der anthropologische Tiervergleich und das Skandalöse der Skulpturen des Bildhauers Emmanuel Frémiet, in: Die Vermessung des Urmenschen. Zur Ästhetik des Rassismus, Ausstellung Kunsthalle im Lipsiusbau, 13. Mai bis 07. August 2016, S. 2.

18 Georg Toepfer, »Und der Mensch gab Namen allem Vieh«, in: Anita Hermannstädter; Ina Heumann; Kerstin Pannhorst (Hg.), Wissensdinge. Geschichten aus dem Naturkundemuseum, Berlin 2015, S. 55.

19 Vgl. Anne Mariss, Globalisierung der Naturgeschichte im 18. Jahrhundert. Die Mobilität der Dinge und ihr materieller Eigensinn, in: Debora Gerstenberger; Joël Glasman (Hg.), Techniken der Globalisierung. Globalgeschichte meets Akteur-Netzwerk-Theorie, Bielefeld 2016, S. 70.

nung die Grundlage der biologischen Forschung. Der Begriff der Taxonomie umfasst demnach die Ordnung und Klassifizierung der Umwelt des Menschen durch eine in Europa erdachte Systematik.[20] Erst mit der Veröffentlichung eines Namens wird eine neue Art oder Unterart offiziell anerkannt. Die Namensgebung geschah bei Linné nicht beliebig, sondern erzeugte Bezüge zu Personen, Mythen oder Dingen. Linné erstellte eine systematische Klassifizierung der Botanik und Zoologie. Mit der zehnten Auflage der *Systema naturae* unterteilte er den Menschen in zwei Arten, den »*Homo sapiens*« und »*Homo troglodytes*«, den Höhlenmenschen.[21] Seine Unterteilung des Menschen in vier geografische Varietäten geschah anhand der Beschreibung äußerlicher Differenzen. Dabei verband Linné mit der Unterteilung nach Europäern, Amerikanern, Asiaten und Afrikanern bestimmte Charaktereigenschaften. Dieser Schritt wurde als Umbruch hin zu einer vermeintlich wissenschaftlich begründbaren, rassistischen Hierarchisierung innerhalb der Gattung Homo sapiens interpretiert:

> »In diesem so lakonisch wie grundlos unterstellten Zusammenschluss morphologischer [Herv. i.O.] Eigenschaften mit solchen sozialer [Herv. i.O.] Art, unter dem Hinblick, sie seien in biologischer Notwendigkeit verknüpft, liegt der Grundzug des Fehlschlusses einer jeden rassistischen Bestimmung, die hier in einem Gründungsdokument der Frühmoderne und des wissenschaftlichen Programms der Aufklärung erstmals vollzogen wird.«[22]

Linné verband mit der Beschreibung und Klassifizierung anatomischer, vermeintlich exakt wissenschaftlich bestimmbarer Merkmale, psychologische Eigenschaften und übertrug sie auf ganze Bevölkerungsgruppen.[23]

Seine Einteilung war bei Linnés Zeitgenossen nicht unumstritten. Der Göttinger Anatom und Anthropologe Johann Friedrich Blumenbach (1752–1840) löste mit seiner Einteilung des Menschen als Zweihänder und Affen als Vierhänder den Menschen aus dem Tierreich wieder heraus.[24] Seine Kategorisierung bestimmte den Bezug des Menschen zum Tierreich bis in die Mitte des 19. Jahrhunderts.[25] Anders als Linné betonte er die Einheit des Menschen als eine Art,[26] unterschied jedoch ebenfalls fünf Menschentypen und »*Caucasians* [...] *considered to be the most beautiful* [...]«.[27]

Im weiteren Prozess der Systematisierung herrschte im Hinblick auf die Herkunft, Namensgebung und Darstellung von Menschenaffen Uneinigkeit. Der französische Na-

---

20 Filippo Bertoni, Taxonomische Ordnungen. Die Kategorisierung der Natur ist politisch, https://animalsasobjects.org/de/theme.taxonomic-orders vom 29.06.2024.

21 Zitate in: Carl von Linné, Systema Naturae, 10. Auflage, 1758, S. 20 und S. 24, https://www.biodiversitylibrary.org/item/10277#page/31/mode/1up vom 28.03.2024.

22 Scheppe, Gorilla, S. 2.

23 Vgl. Das; Lowe, Nature Read in Black and White, S. 5.

24 Vgl. Johann Friedrich Blumenbach, Handbuch der Naturgeschichte, Göttingen 1779, S. 65, https://gdz.sub.uni-goettingen.de/id/PPN578154684 vom 18.04.2024.

25 Vgl. Ingensiep, Der kultivierte Affe, S. 122.

26 Vgl. Thomas Junker, Johann Friedrich Blumenbach, Stephen Jay Gould und die natürliche Einheit der Menschen, in: Michael Kaasch; Joachim Kaasch; Nicolaas A. Rupke (Hg.), Physische Anthropologie – Biologie des Menschen, Berlin 2007, S. 27.

27 Das; Lowe, Nature Read in Black and White, S. 5.

turforscher Georges-Louis Leclerc de Buffon (1707–1788) versuchte, durch die Nennung nur eines Menschenaffen in seiner umfangreichen *Histoire Naturelle*, die ab 1749 erschien und nach seinem Tod fortgeführt wurde, Übersicht zu schaffen.[28]

Abb. 3: Petrus Camper, Über den natürlichen Unterschied der Gesichtszüge in Menschen verschiedener Gegenden und verschiedenen Alters, Berlin 1792, Tabelle 1.

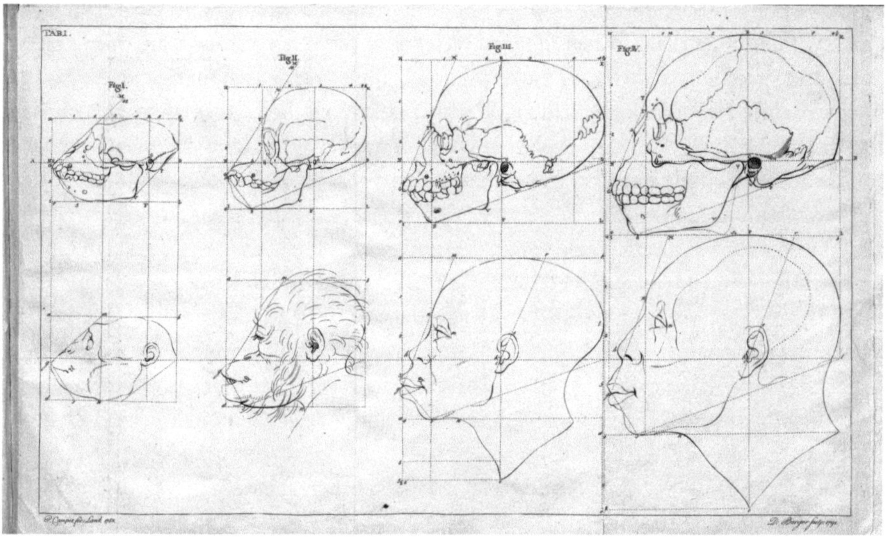

Niedersächsische Staats- und Universitätsbibliothek Göttingen, Göttinger Digitalisierungszentrum, Signatur: 4 ZOOL XI, 1923/a; PURL: http://resolver.sub.uni-goettingen.de/purl?PPN623867907 vom 13.01.2023.

In der zweiten Hälfte des 18. Jahrhunderts erschien das Werk *Über den natürlichen Unterschied der Gesichtszüge in Menschen verschiedener Gegenden und verschiedenen Alters*[29] des niederländischen Universalgelehrten Petrus Camper (1722–1789). Durch Zeichenstudien und anatomische Untersuchungen an Tieren und Menschen nutzte Camper in Ergänzung seine Schädelsammlung, die überwiegend aus europäischen und lediglich acht außereuropäischen Schädeln bestand,[30] um anhand dieser ein Schönheitsideal des Menschen abzuleiten.[31] Camper, der Gelegenheit hatte, mehrere Orang-Utans anatomisch zu untersuchen und 1791 in seiner *Naturgeschichte des Orang-Utang und einiger andern Affenar-*

28 Vgl. Gott; Weir, Gorilla, S. 25.

29 Petrus Camper, Über den natürlichen Unterschied der Gesichtszüge in Menschen verschiedener Gegenden und verschiedenen Alters, über das schöne antiker Bildsäulen und geschnittener Steine, Berlin 1792, https://www.digitale-sammlungen.de/de/view/bsb00075431?page=20,21 vom 12.07.2023.

30 Vgl. Ebd., S. XIV.

31 Vgl. Ebd., S. XV.

ten, des africanischen Nashorns und des Rennthiers[32] darüber berichtete, versuchte Schönheit mithilfe mathematischer Messungen zu erfassen und definieren. Camper zeichnete einen Menschenaffen, einen Afrikaner und den Apollo von Belvedere auf einer aufsteigenden Stufe, beginnend mit dem Affen [**Abb. 3**].

Kam Camper ohne abwertende Rasseurteile aus, wurde sein Ansatz als Ausdruck eines hierarchischen Entwicklungsschemas vielfältig rezipiert. Die Vermessung galt als mathematisch exakt erfassbare und damit objektive Wissenschaft und begründete die Obsession der Schädelvermessung. Abbildungen von Menschenaffen waren Teil der Darstellungen und rückten das ›höchste‹ Tier und die ›niedersten‹ Menschen aneinander und grenzten den weißen Europäer von beiden ab. Menschenaffen spielten eine entscheidende Differenzkategorie als Wesen des Dazwischen, Abstufung nach unten und Unterscheidung zum Tier. Das Herausarbeiten feinster anatomischer Unterschiede prägte die Naturkunde um 1800, da sie die einzige technische Möglichkeit darstellte, den Menschen zu erforschen und mit anderen Lebewesen in Beziehung zu setzen. Neben diesen und anderen naturwissenschaftlichen Auseinandersetzungen über das Verhältnis von Affen und Menschen befassten sich bekannte Aufklärer mit der Stellung des Menschen zu anderen Primaten.[33] Verstand Julien Offray de La Mettrie (1709–1751) Menschenaffen als mindere Lebewesen, aber grundsätzlich zu einem Menschen erziehbar,[34] betrachtete Jean-Jacques Rousseau (1712–1778) sie als Vertreter eines idealen Naturzustandes.[35] Bis ins 19. Jahrhundert blieb die Vorstellung René Descartes (1596–1650) von Tieren als mechanischen und demnach gefühllosen Automaten prägend, von der der Mensch seinen Überlegenheits- und Herrschaftsanspruch ableitete.[36]

Seit der Antike verortete sich der europäische Mensch durch den Vergleich mit Affen in der Natur. Die dargestellte Suche nach belegbaren Differenzkriterien verweist auf die Schwierigkeiten im Umgang mit Menschenaffen. Als scheinbar hybride Wesen standen sie zwischen Mensch und Tier. Als es um 1850 zu einem intensivierten Interesse an Menschenaffen kam, existierten zahlreiche Abbildungen und Auseinandersetzungen, die von einem dualistischen Vorstellungshorizont geprägt waren. Die Hybridität von Menschenaffen drückte sich in der Gegenüberstellung von Mensch – Tier, Kultur – Natur, sanft – wild, zwei- und vierhändig aus und verdeutlichte sich in der Art und Weise ihrer Darstellungen und Präparate.

Die Ausstellung von Menschenaffenpräparaten in deutschen Naturkundemuseen muss im historischen Entwicklungskontext der Museen ab den 1850ern betrachtet werden. Der zeitliche Rahmen der Untersuchung zwischen 1860 bis 1907, der zehn Jahre vor der Gründung des deutschen Kaiserreichs mit der Ankunft eines ersten Gorillaskeletts

32 Petrus Camper, Naturgeschichte des Orang-Utang und einiger andern Affenarten, des africanischen Nashorns und des Rennthiers, Düsseldorf 1791, https://www.digitale-sammlungen.de/de/view/bsb10911604?page=7 vom 12.07.23.

33 Für eine ausführliche Bestandsaufnahme aufklärerischer Gedanken zu Menschenaffen, vgl. Ingensiep, Der kultivierte Affe.

34 Vgl. Ingensiep, Mensch und Menschenaffe, S. 437.

35 Vgl. Ebd., S. 438.

36 Vgl. Paul Münch, Die Differenz zwischen Mensch und Tier. Ein Grundlagenproblem frühneuzeitlicher Anthropologie und Zoologie, in: Ders. (Hg.), Tiere und Menschen. Geschichte und Aktualität eines prekären Verhältnisses, Paderborn u.a. 1999, S. 328.

in Lübeck einsetzt und mit Beginn des 20. Jahrhunderts zur Hochzeit des Imperialismus schließt, umfasst eine Periode von über einem halben Jahrhundert. Innerhalb dieser Zeit durchliefen die Naturwissenschaften und das allgemeine Verständnis von Natur in Europa einen fundamentalen Wandel. Die Prozesse der Industrialisierung in stetig wachsenden städtischen Ballungszentren führten zu einem Rückgang von Kontakträumen mit der Natur, woraus sich eine Sehnsucht nach dem Erleben eben dieser entwickelte.[37] Die wahrgenommene ›Entzauberung‹ der heimischen Natur ging mit dem Prozess einer zunehmenden Kolonialisierung und Neuentdeckung scheinbar unberührter Landschaften außerhalb Europas einher. Die Entdeckung außereuropäischer Tiere weckte die Faszination an für in Europa unbekannten und daher ›exotischen‹ Arten und bot den Kontext für den Erwerb einer immer größeren Anzahl von Tieren. Gerade die ›Fremdheit‹ der Tiere erzeugte in Europa ein Bedürfnis für deren Aneignung und Ausstellung, ein Ausdruck war die Hochkonjunktur des globalen Tierhandels und Gründung Zoologischer Gärten als zunächst europäisches Phänomen.

Zwar existierten innerhalb der frühneuzeitlichen Naturgeschichtsschreibung Europas Bestrebungen, ein breiteres Publikum zu erreichen und als Wissensträger zu akquirieren,[38] doch der ›Boom‹ einer populärwissenschaftlichen Naturkunde setzte erst ab der Mitte des 19. Jahrhunderts in Deutschland ein und prägte das Verständnis über Tiere und Natur einer sich herausbildenden bürgerlichen Gesellschaft.[39] Die öffentliche Teilhabe an aktuellen naturkundlichen Debatten erhielt gesellschaftliche Relevanz und wurde in der Forschung als Ausdruck der ›Moderne‹ gedeutet.[40]

Politische Ereignisse, wie die Reichseinigung von 1871 oder der Einstieg in die Kolonialpolitik ab den 1880ern standen im Wechselspiel eines tiefgreifenden gesellschaftlichen Wandels. Die zunehmende Alphabetisierungsrate, die technische Mobilisierung, der Ausbau des Verlagswesens und weitere Neuerungen bedingten sich gegenseitig. Das in diesem Rahmen erstarkende Bürgertum zeigte zunehmendes Interesse an aktuellen wissenschaftlichen Debatten, was sich ab der zweiten Hälfte des 19. Jahrhunderts in einer stetig steigenden Anzahl populär-wissenschaftlicher Literatur niederschlug. Die Bezeichnung ›popularisieren‹ existierte bereits und meinte die verständliche Vermittlung von einem Sachverhalt an eine breite Bevölkerung.[41] Mit dem bürgerlichen Anspruch an

37 Vgl. Kathleen Chapman, Das Tier in der wilhelminischen Kunst, in: Philipp Demandt; Ilka Voermann (Hg.), König der Tiere. Wilhelm Kuhnert und das Bild von Afrika, München 2018, S. 105.

38 Vgl. Kaspar von Greyerz; Silvia Flubacher; Philipp Senn, Einführung. Schauplätze wissenschaftlicher Forschung, in: Dies. (Hg.), Wissenschaftsgeschichte und Geschichte des Wissens im Dialog. Connecting Science and Knowledge, Göttingen 2013, S. 9.

39 Vgl. Andreas Daum, Wissenschaftspopularisierung im 19. Jahrhundert. Bürgerliche Kultur, naturwissenschaftliche Bildung und die deutsche Öffentlichkeit 1848–1914, München 1998; Angela Schwarz, Der Schlüssel zur modernen Welt. Wissenschaftspopularisierung in Großbritannien und Deutschland im Übergang zur Moderne (ca. 1870–1914), Stuttgart 1999.

40 Zur Problematik des Begriffs der ›Moderne‹; vgl. Schwarz, Der Schlüssel zur modernen Welt, S. 26; Winfried Speitkamp, Deutsche Kolonialgeschichte, Stuttgart 2005, S. 14; Klaus Herding, Die Moderne. Begriff und Problem, in: Monika Wagner (Hg.), Moderne Kunst. Das Funkkolleg zum Verständnis der Gegenwartskunst, Band 1, Reinbek bei Hamburg 1991, S. 175.

41 Vgl. Daum, Wissenschaftspopularisierung, S. 37.

wissenschaftlicher Teilhabe ging eine verstärkte Trennung der universitären von der populären Wissenschaft einher, so kam gleichzeitig der Begriff ›Fachwissenschaft‹ auf,[42] was zu einer negativen Konnotation des Begriffes ›populär‹ führte. In der Realität gestalteten sich die Grenzen fließend und beide Pole als sich gegenseitig bedingend.[43] Der Bereich der Naturwissenschaften ließ sich nahtlos mit dem bestehenden bürgerlichen Anspruch der Erziehung eines breiteren Publikums, nach dem Ideal des Forschungsreisenden Alexander von Humboldts (1769–1859), verbinden.[44]

Die Forschung über naturkundliche Vereine und Zoologische Gärten des 19. Jahrhunderts zeigt,[45] dass nicht von einer homogenen Öffentlichkeit gesprochen werden kann. Es muss zwischen Akteuren verschiedener politischer, sozialer, kultureller und religiöser Herkunft unterschieden werden. Das partizipierende Publikum erforderte einen komplexen Austausch zwischen Wissenschaft und Öffentlichkeit. Einer der bekanntesten Vermittler einer populärwissenschaftlichen Naturkunde war Alfred Brehm (1829–1884). Der deutschlandweit bekannte Autor des populären Tierbandes *Brehms Thierleben* bediente den Wunsch der Öffentlichkeit an den neuesten Entdeckungen der Zoologie Teil zu haben. Begünstigt wurde der Wunsch durch technische Innovationen, wie der Erfindung der Rotationspresse und Petroleumlampe[46] und der damit einhergehenden Steigerung der Auflagenzahlen sowie Ausdehnung der Lese- beziehungsweise Vorlesezeiten. Die ersten vier Auflagen seines Werkes erschienen zwischen 1864 und 1911[47] und fielen in die Blütezeit der Tiermalerei.[48] Der Erfolg des *Thierlebens* begründete sich auch auf dessen umfang- und detailreichen Bebilderung.

Die gesamtgesellschaftlichen Prozesse des 19. Jahrhunderts betrafen die Universitäten, naturwissenschaftlichen Disziplinen und deren Sammlungen, die ab der zweiten Hälfte des 19. Jahrhunderts tiefgreifende Umwandlungsprozesse durchliefen. Die Wissenschaftshistorikerin Lynn Nyhart befasste sich mit der Geschichte der Biologie im 19. Jahrhundert in Deutschland.

> »The term »biology« was coined around 1800 to mean a general science of living things that would unite the study of botany and zoology over against the study of nonliving

---

42 Vgl. Ebd., S. 38.

43 Vgl. Albrecht, Bilder aus dem Tierleben, S. 21.

44 Vgl. Andrea Wulf, Alexander von Humboldt und die Erfindung der Natur, München 2018.

45 Vgl. te Heesen, Vom naturgeschichtlichen Investor zum Staatsdiener, S. 62–84; Ash, Mensch, Tier und Zoo; Ders., Zoological Gardens, in: Helen A. Curry; Nicholas Jardine; James A. Secord; Emma C. Spary (Hg.), Worlds of Natural History, Cambridge u.a. 2018, S. 418–432; Dittrich; Engelhardt; Rieke-Müller (Hg.), Die Kulturgeschichte des Zoos, 2001.

46 Vgl. Alfred Kelly, The Descent of Darwin. The Popularization of Darwin in Germany, Chapel Hill 1981, S. 15.

47 Alfred Brehm, Illustrirtes Thierleben. Eine allgemeine Kunde des Thierreichs, 6 Bände, Hildburghausen 1864–69; Ders., Brehms Thierleben. Allgemeine Kunde des Thierreichs. Zweite umgearbeitete und vermehrte Auflage, 10 Bände, Leipzig 1876–1878; Ders., Brehms Tierleben. Allgemeine Kunde des Tierreiches, 3. Auflage, 10 Bände, Leipzig u.a. 1893–1900; Otto zur Strassen (Hg.), Brehms Tierleben. Allgemeine Kunde des Tierreichs, 4. Auflage, Band 13, Leipzig u.a. 1911–1916.

48 Vgl. Friederike Hauffe; Heinz-Georg Klös, Das künstliche Paradies. Tiere im Zoo, in: Bongo 25 (1995), S. 8.

nature. However, it was never clear just what sorts of research would provide the key to understanding the ultimate nature of life.«[49]

In *Biology Takes Form*[50] erläuterte sie die zentrale Bedeutung der Morphologie, den Vergleich anatomischer Strukturen mit deren Funktionsweisen für den Organismus innerhalb eines Lebensraumes, für die Interpretation aller Lebewesen. In *Modern Nature*[51] zeigte sie den Wandel von der klassisch beschreibenden Naturgeschichte hin zu praktisch orientierten, dynamischen Konzepten einer biologischen Perspektive, etwa der Ökologie. Ein Begriff, der auf den Mediziner und Zoologen Ernst Haeckel (1834–1919) zurückgeht, und deren Einfluss auf Schule, Zoo und Museum. Zu Beginn des Jahrhunderts setzte sich die allgemeine Naturgeschichte aus verschiedenen Subdisziplinen zusammen, darunter der Zoologie, Morphologie und Botanik.

Der Mediziner Johann Friedrich Gottlieb Goldhagen (1742–1788) gilt als erster deutscher Vertreter des Faches der Zoologie an der Universität Halle.[52] Ein Lehrstuhl für Morphologie existierte an keiner deutschen Universität. Dennoch bildete die Auseinandersetzung mit den Bauplänen des Lebens die Grundlage der Zoologie. Wie in Halle ging der Lehrstuhl für Zoologie in Jena von der Gründung einer Zoologischen Sammlung gegen Ende des 18. Jahrhunderts aus. 1850 entstand in Jena ein selbstständiges Zoologisches Institut unter Friedrich Siegmund Voigt (1781–1850), als dieser zum Direktor der Zoologischen Sammlung berufen wurde. Ernst Haeckel erhielt 1862 die außerordentliche Professur für Zoologie in Jena.[53]

Ab der Mitte des 19. Jahrhunderts vollzog sich innerhalb der Naturwissenschaften ein fundamentaler Wandel. Zum einen öffneten sich die naturkundlichen Sammlungen einem breiten Publikum. Die Entwicklung skizzierte Susanne Köstering anhand der Endung ›-kunde‹, die im 18. Jahrhundert rein wissenschaftlich besetzt war, gegen Ende des 19. Jahrhunderts einen praktischen Bezug erhielt und als Schulfach an preußischen Schulen eingeführt wurde, um die heimische Natur als ›Heimatkunde‹ zu vermitteln.[54] Die Endung verwies auf die Praxis des ›Erkundens‹, auf die Teilhabe einer breiten Masse am Studium der Natur. Die Bezeichnung Naturkundemuseum setzte sich gegen Ende des 19. Jahrhundert durch. Zum anderen rückte neben den anatomisch-systematischen Schwerpunkt der Naturwissenschaften, das Studium der lebenden Tiere zunehmend in den Fokus, was sich um 1900 erstmals in zoologischen Ausstellungen widerspiegelte.

---

49 Lynn Nyhart, Modern Nature. The Rise of the Biological Perspective in Germany, Chicago 2009, S. 20f.

50 Lynn Nyhart, Biology Takes Form. Animal Morphology and the German Universities, 1800–1900, Chicago 1994.

51 Nyhart, Modern Nature.

52 vgl. Margarete Wein, Geschichte der Zoologie und der Zoologischen Sammlung an der Martin-Luther-Universität Halle-Wittenberg von 1769 bis 1990, https://idw-online.de/de/news141568 vom 18.04.2024.

53 vgl. Thüringer Universitäts- und Landesbibliothek – Zweigbibliothek Zoologie. Bestandsgeschichte, https://fabian.sub.uni-goettingen.de/fabian?Zoologie(ThULB) vom 18.04.2024; Lorke, Ariane; Walther, Helmut G. (Hg.), Schätze der Universität. Die wissenschaftlichen Sammlungen der Friedrich-Schiller-Universität Jena, Jena 2009, S. 17.

54 Vgl. Nyhart, Modern Nature, S. 256 und S. 314.

Durch die Bedeutung naturkundlichen Wissens für eine breite Bevölkerung und die Vermittlung von Wissen durch die Museen, verstanden sich diese als wissenschaftliche Sakralräume.[55]

Den entscheidenden Anstoß für einen veränderten Blick auf die Natur und die Rolle des Menschen in dieser, lieferte Charles Darwin mit seinem 1859 erschienenem Werk *On the Origin of Species by Means of Natural Selection, or the Preservation of Favoured Races in the Struggle for Life*, das ein Jahr später in deutscher Übersetzung vorlag.[56] Darwin, der sein Medizinstudium in Edinburgh abbrach und ab 1928 Theologie in Cambridge studierte, interessierte sich seit seiner Kindheit für naturkundliche Vorgänge. Als er 1831 das Angebot erhielt, an die südamerikanische Küste für Vermessungsarbeiten auf der HMS Beagle zu reisen, nahm er dieses an. Die Expedition dauerte fünf Jahre und Darwin nutzte die Zeit, um eine umfassende naturkundliche Sammlung anzulegen. Durch das Sammeln und Verpacken der Objekte setzte Darwin diese in Beziehung zueinander, zurück in England entwickelte er seine Theorie.[57] Seine Werke und umfangreichen Briefwechsel, die auf sein internationales Forschungsnetzwerk verweisen, wurden bis heute

55 Vgl. Angela Matyssek, Die Wissenschaft als Religion, das Präparat als Reliquie. Rudolf Virchow und das Pathologische Museum der Friedrich-Wilhelms-Universität zu Berlin, in: Anke te Heesen; Emma C. Spary (Hg.), Sammeln als Wissen, Göttingen 2002, S. 152–160.

56 Charles Darwin, Über die Entstehung der Arten im Thier- und Pflanzen-Reich durch natürliche Züchtung oder Erhaltung der vervollkommneten Rassen im Kamofe um's Daseyn, 2. Auflage, Übersetzung von Heinrich Georg Bronn, Stuttgart 1860, www.biolib.de/darwin/arten2/darwin_entstehung_der_arten_auflage_2.pdf vom 14.07.2023.

57 Über Charles Darwins Person und seine Theorien liegt eine umfangreiche Forschungsliteratur vor. Darunter die zweibändige Biografie von Janet Browne, Charles Darwin. The Power of Place, 2 Bände, Princeton u.a. 2002; Lance Workman, Charles Darwin. The Shaping of Evolutionary Thinking, Basingstoke 2014; Barry Barnes; Steven Shapin, Darwin and Social Darwinism. Purity and History, in: Dies. (Hg.), Natural Order. Historical Studies of Scientific Culture, Beverly Hills u.a. 1979, S. 125–142; Bodo-Michael Baumunk; Jürgen Riess, Darwin und Darwinismus. Eine Ausstellung zur Kultur- und Naturgeschichte, Berlin 1994; Christopher E. Cosans, Owen's Ape & Darwin's Bulldog. Beyond Darwinism and Creationism, Bloomington, Ind. u.a. 2009; Pamela Kort; Max Hollein (Hg.), Darwin. Kunst und die Suche nach den Ursprüngen, Köln 2009; Ilse Jahn (Hg.), Darwin & Co. Eine Geschichte der Biologie in Portraits, 2 Bände. München 2001; Curtis N. Johnson, Charles Darwin, Richard Owen, and Natural Selection. A Question of Priority, in: Journal of the History of Biology 52 (2019), S. 45–85; David Kohn (Hg.), The Darwinian Heritage, Princeton 1985; Volker Mueller; Arnher E. Lenz; Ortrun E. Lenz (Hg.), Der beständige Wandel. Charles Darwin und das Entwicklungsdenken, Neu-Isenburg 2009; Hans-Jörg Rheinberger, Darwin gestern – Darwin heute, in: Zeitschrift für Didaktik der Philosophie und Ethik (31, 2009), S. 82–83; P. Tort, Darwin and the Science of Evolution, New York 2001; Julia Voss, Charles Darwin. Zur Einführung, Hamburg 2008; Eve-Marie Engels (Hg.), Die Rezeption von Evolutionstheorien im 19. Jahrhundert, Frankfurt a.M. 1995; Dies., Darwins Popularität im Deutschland des 19. Jahrhunderts. Die Herausbildung der Biologie als Leitwissenschaft, in: Achim Barsch; Peter M. Hejl (Hg.), Menschenbilder. Zur Pluralisierung der Vorstellung v on der menschlichen Natur (1850-1914), Frankfurt a.M. 2000, S. 91–145; Dies. (Hg.), Charles Darwin und seine Wirkung, Frankfurt a.M. 2009; Dies. (Hg.), Charles Darwin und seine Bedeutung für die Wissenschaften, Tübingen 2011; Dies.; Thomas F. Glick, The Reception of Charles Darwin in Europa, 2 Bände, London 2008.

in zahlreichen Auflagen veröffentlicht.[58] Einigkeit herrscht bei der Beurteilung der Leistungen Darwins. Die »*Darwinsche Revolution*«[59] meint die

> »umfassende Einbindung des Menschen in den Naturkreislauf und seine vollständige Naturalisierung mit dem naturwissenschaftlichen Materialismus der nachachtundvierziger Epoche und wenig später aufgrund der Beweiskraft der Darwinschen Evolutionstheorie [die] radikale [...] Absenkung der Mensch-Tier-Grenze.«[60]

Darwin legte ein schlüssiges Erklärungsmodell für die Entstehung der Arten vor und bewies seine Theorie empirisch mit von ihm zusammengetragenen Material. Damit ging er über die bis dahin rein beschreibende und systematisierende Zoologie hinaus. Durch seine Arbeiten und Popularität entwickelte sich die Biologie zu einer prägenden Wissenschaft des 19. Jahrhunderts.[61] Die aktuelle Darwin-Forschung verweist auf die Kontinuitäten, in die seine Gedanken eingebunden waren. Erste Ansätze zur Erklärung der Anpassung und Veränderlichkeit der Arten hatte es vor Darwin gegeben, etwa von Jean-Baptiste de Lamarck (1744–1829) und dessen Überlegungen zur Vererbung erlernter Fähigkeiten im Lebenszyklus eines Individuums und der Annahme eines gemeinsamen Vorfahrens aller Arten.[62] Der Naturwissenschaftler Alfred Russell Wallace (1823–1913) legte Darwin 1858 ein Manuskript mit seinen Gedanken einer Evolutionstheorie vor. Darwins Überlegungen setzten sich am Ende durch, da er über einen größeren Bekanntheitsgrad verfügte und eine umfangreichere Begründung lieferte.[63] Die Frage nach der Abstammung des Menschen stand zu Beginn des 19. Jahrhunderts im Raum und wurde durch erste paläontologische Funde, wie 1829 im Neandertal,[64] drängend. Fossile Entdeckungen führten zu einer Neubewertung des tatsächlichen Erdzeitalters. Die biblische Zeitrechnung wurde hinterfragt. Fossilienfunde führten zur Gründung neuer Disziplinen, wie der Geologie oder Paläontologie. Die Verortung des Menschen im Tierreich geschah vor Darwin über die Beschreibung von Menschenaffen bei Tulp, Tyson, Linné oder Camper und dem Ansammeln und Vermessen von Schädeln und Skeletten. In diesen Theorien und Praxen muss eine Beständigkeit naturwissenschaftlicher Verfahren gesehen werden.[65]

---

58 Vgl. Frederick Burkhardt; James A. Secord; Samantha Evans; Shelley Innes; Francis Neary; Alison M. Pearn; Anne Secord; Paul White (Hg.), The Correspondence of Charles Darwin, Cambridge u.a. 2021.

59 Schwarz, Der Schlüssel zur modernen Welt, S. 54.

60 Christoph Kockerbeck, Biologische Kunsttheorien im 19. Jahrhundert. »Die Ästhetik der Tierwelt« von Karl Möbius, in: Biologisches Zentralblatt (112, 1993), S. XI.

61 Vgl. Engels, Darwins Popularität, S. 92.

62 Vgl. Rudolf Burckhardt, Geschichte der Zoologie und ihrer wissenschaftlichen Probleme, Berlin u.a. 1921, S. 9 und 10.

63 Vgl. Workman, Darwin, 2014, S. 25.

64 Vgl. Gesine Krüger; Ruth Mayer; Marianne Sommer, Figuren des Dazwischen. Menschenaffen und Affenmenschen als Grenzwesen. Eine Einführung, in: Gesine Krüger (Hg.), »Ich Tarzan«. Affenmenschen und Menschenaffen zwischen Science und Fiction, Bielefeld 2008, S. 11.

65 Vgl. Hanna Engelmeier, Der Mensch, der Affe. Anthropologie und Darwin-Rezeption in Deutschland 1850–1900, Köln u.a. 2016, S. 35.

Darwins Erklärung von den Mechanismen der Evolution ist für die Naturwissenschaften bis heute von zentraler Bedeutung. Er ging davon aus, dass über die Fortpflanzung Eigenschaften und äußerliche Merkmale vererbt werden. Veränderungen von Umwelteinflüssen erzwangen Anpassungen an den jeweiligen Lebensraum. Fähigkeiten, die sich als nützlich erwiesen, verhalfen einem Individuum zu überleben und sie an künftige Generationen weiterzuvererben. Der Prozess der Selektion führte zu allmählichen Veränderungen einer Art, der erblichen Variation und somit zur Entstehung neuer Arten. Durch die verbesserte Anpassung an einen bestimmten Lebensraum erfolgte eine Periode exponentiellen Wachstums, der anschließend zu einem Wettkampf um die knappen Ressourcen führte. Der ewige Prozess der natürlichen Zuchtwahl ist bis heute ein Grundgedanke der modernen Biologie. Mit seiner Theorie beschrieb Darwin die Mechanismen der Evolution.[66] Seine Theorie stellte sich gegen die Auffassung einer statischen Natur, in der Gott alle Arten durch die Schöpfung geschaffen hatte und diese seitdem unveränderlich bestanden.[67] Was eine Art ausmachte, definierte der Biologe Ernst Mayr (1904–2005) in den 1920ern als in sich geschlossene Fortpflanzungsgemeinschaft.[68]

Durch Darwin rückten Menschenaffen in den Fokus der naturwissenschaftlichen Forschung und Öffentlichkeit. Die Betrachtung von Menschenaffen in naturkundlichen Sammlungen kann nicht losgelöst von seinen Arbeiten untersucht werden. Zunächst stellten seine Anhänger den Bezug zwischen Mensch und Menschenaffe her, so der britische Biologe Thomas Henry Huxley (1825–1895) mit seiner Arbeit *Evidence as to Man's Place in Nature* von 1863,[69] in der er die These vertrat, dass der Menschenaffe dem Menschen näherstünde als anderen Primaten. Im Anschluss an sein Hauptwerk *Die Entstehung der Arten*, schaffte Darwin in weiteren Veröffentlichungen die Grenze zwischen Mensch und Tier und damit den Sonderstatus des Menschen schrittweise ab.[70] 1871 erschien die englische Erstausgabe von *The Descent of Man, and Selection in Relation to Sex*.[71] Darin erläuterte Darwin, dass Menschenaffen und Menschen einen gemeinsamen, bereits ausgestorbenen Vorfahren besaßen und hoffte, die These mit weiteren fossilen Funden, die er in Afrika vermutete, belegen zu können. Mit der Herausgabe von *Der Ausdruck der Gemütsbewegungen bei dem Menschen und den Tieren*[72] nur ein Jahr später, schrieb Darwin Tieren den Ausdruck von Emotionen zu, die bisher dem Menschen vorbehalten waren.

66 Vgl. Thomas Junker, Auf den Schultern von Riesen, Darwins Evolutionstheorie, in: Eve-Marie Engels; Oliver Betz; Heinz R. Köhler; Thomas Potthast (Hg.), Charles Darwin und seine Bedeutung für die Wissenschaft, Tübingen 2011, S. 27–42.

67 Vgl. Günther Altner, Charles Darwin und die Dynamik der Schöpfung, in: Eve-Marie Engels (Hg.), Charles Darwin und seine Bedeutung für die Wissenschaften, Tübingen 2011, S. 257.

68 Vgl. Oliver Betz, Artentstehung, natürliches Aussterben und anthropogene Krise der Biodiversität. Darwins Theorie aus heutiger evolutionsbiologischer Sicht, in: Eve-Marie Engels (Hg.), Charles Darwin und seine Bedeutung für die Wissenschaften, Tübingen 2011, S. 103.

69 Thomas Henry Huxley, Zeugnisse für die Stellung des Menschen in der Natur. Drei Abhandlungen, Braunschweig 1863.

70 Vgl. Mitchell Ash, Tiere und Wissenschaft. Versachlichung und Vermenschlichung im Widerstreit, in: Gesine Krüger; Aline Steinbrecher; Clemens Wischermann (Hg.), Tiere und Geschichte. Konturen einer Animate History, Stuttgart 2014, S. 282.

71 Charles Darwin, The Descent of Man, and Selection in Relation to Sex, 2 Bände, London 1871.

72 Charles Darwin, Der Ausdruck der Gemüthsbewegungen bei dem Menschen und den Tieren, Stuttgart 1877, www.biolib.de/darwin/werke07/darwin_werke_7.pdf vom 14.10.2023.

Darwins Werke und Theorien stießen im deutschsprachigen Raum auf ein breites wissenschaftliches und öffentliches Interesse und erfreuten sich großer Popularität.[73] Die Gründe dafür waren vielschichtig. Die Evolutionstheorie ließ sich kurz und verständlich zusammenfassen und vereinfacht als »*Affentheorie*«[74] mithilfe von Menschenaffen darstellen. Das Scheitern der 1848er Revolution bot einen idealen Nährboden, um sich dem Darwinismus zu widmen.[75] Das Bürgertum fand im Darwinismus eine Möglichkeit, um sich über den Umweg der Wissenschaft gegenüber religiösen und politischen Obrigkeiten zu positionieren. Zudem bot der Darwinismus, der sich auf die Praxis naturkundlichen Sammelns stützte, Anknüpfungspunkte mit dem vorherrschenden Materialismus und dessen rein auf mechanischen Vorgängen beruhender Weltanschauung, der sich von der Naturphilosophie zu Beginn des 19. Jahrhunderts abgrenzte.[76] Das Darwinismus-Verbot der 1870er an deutschen Schulen bewirkte eine Faszination und Beschäftigung im Privaten.[77] Für den deutschsprachigen Raum übernahm Ernst Haeckel die Aufgabe der Verbreitung des Darwinismus und ergänzte diesen durch eigene Ansichten. Haeckel hatte Medizin in Berlin und Würzburg studiert, nach der Dissertation hielt er sich für Studien in Neapel auf und habilitierte in Jena, wo er 1862 zum außerordentlichen Professor ernannt wurde. Bereits 1863, im selben Jahr der Veröffentlichung Huxleys, setzte sich Haeckel intensiv mit Darwin auseinander und hielt auf der Versammlung deutscher Naturforscher und Ärzte in Stettin einen Vortrag über die Thematik.[78] Wie Huxley übertrug er Darwins Theorie auf den Menschen. In seiner zweibändigen *Generellen Morphologie*[79] von 1866 setzte Haeckel sich mit dem Einfluss Darwins auf die Zoologie auseinander und schrieb über die Einheit der Natur und die Suche nach biologischen Gesetzmäßigkeiten. Seine komplexen Vorstellungen bereitete er in seiner *Natürlichen Schöpfungsgeschichte*,[80] die zwischen 1868 und 1909 in elf Auflagen erschien und deren Grundlage seine Darwin-Vorlesungen bildeten, für ein größeres Publikum auf. Er entwickelte die Idee eines genealogischen Stammbaums und formulierte sein Biogenetisches Grundgesetz. Haeckel ging davon aus, dass Organismen während ihrer Embryonalentwicklung, der sogenannten Ontogenese, die Phasen ihrer durchlaufenen Stammesentwicklung, die Phylogenese, stetig wiederholten.[81] Die Nebeneinanderstellung von menschlichen und tierischen Embryonalstadien sollte den Beweis für die tierische Abstammung des Menschen liefern und einer breiten Bevölkerung visuell vereinfacht vermitteln. Darwin hatte für die Darstellung seiner

73 Vgl. Kelly, The Descent of Darwin, S. 4f.

74 Vgl. Hochadel, Darwin im Affenkäfig, S. 252.

75 Vgl. Kelly, The Descent of Darwin, S. 6.

76 Vgl. Ebd., S. 18 bis 20.

77 Vgl. Ebd., S. 5.

78 Vgl. Engelmeier, Der Mensch, der Affe, S. 190.

79 Ernst Haeckel, Generelle Morphologie der Organismen. Allgemeine Grundzüge der organischen Formen-Wissenschaft, 2 Bände, Berlin 1866.

80 Ernst Haeckel, Natürliche Schöpfungsgeschichte. Gemeinverständliche wissenschaftliche Vorträge über die Entwicklungslehre im Allgemeinen und diejenigen von Darwin, Goethe und Lamarck im Besonderen, 4. Auflage, Berlin 1873.

81 Vgl. Ruth G. Rinard, The Problem of the Organic Individual. Ernst Haeckel and the Development of the Biogenetic Law, in: Journal of the History of Biology (14, 1981), Heft 2, S. 249–275.

Überlegungen Skizzen von in die Breite wachsenden Korallen angefertigt,[82] in *Origin of Species* finden sich ausschließlich Diagramme.[83] Haeckel griff für die Darstellung der Abstammungslehre auf eine Baumstruktur zurück [**Abb. 4**].

Abb. 4: Ernst Haeckel, Anthropogenie oder Entwickelungsgeschichte des Menschen. Gemeinverständliche wissenschaftliche Vorträge über die Grundzüge der menschlichen Keimes- und Stammes-Geschichte, Leipzig 1874, Tafel XI.

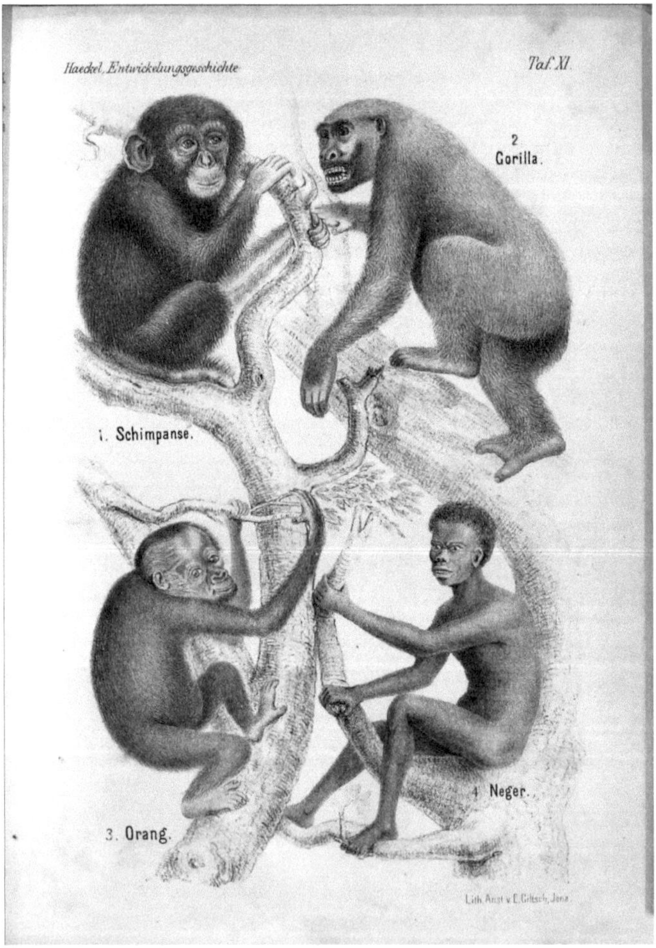

Münchener Digitalisierungszentrum, München, Bayerische Staatsbibliothek, Signatur: Anthr. 49 z, urn:nbn:de:bvb:12-bsb11181411-4.

82 Vgl. Horst Bredekamp, Darwins Korallen, in: Anke te Heesen; Petra Lutz (Hg.), Dingwelten. Das Museum als Erkenntnisort, Köln u.a. 2005, S. 77–87.

83 Vgl. Julia Voss, Darwins Diagramme. Bilder von der Entdeckung der Unordnung, Berlin 2003; Engelmeier, Der Mensch, der Affe, S. 195; Charlotte Bigg, Diagrams, in: Bernard Lightman (Hg.), A Companion on the History of Science, Chichester u.a. 2016, S. 557.

Hatte Darwin auf die Zufälligkeit von Evolutionsprozessen verwiesen,[84] suggerierte das Höhenwachstum des Baumes eine lineare Fortschrittsentwicklung und Vervollkommnung der Arten.[85] Zudem fehlte den Bäumen eine sie umgebende Umwelt, auf deren Bedeutung für Organismen Darwin stetig verwies.[86] Abbildungen in Haeckels Werken prägten das Bild der Evolution in der deutschen Öffentlichkeit. Affen und besonders Menschenaffen markierten bei Haeckel Übergangswesen auf dem Weg zur Menschwerdung. Haeckels vereinfachende Darstellungen evolutionärer Prozesse verbannten Afrikaner visuell in das Tierreich und begünstigten rassistische Überlegungen.[87] Rasse war im 19. Jahrhundert kein fest stehender Begriff, sondern wurde über »*geografische*[...], *religiöse*[...], *klassenorientierte*[...] *Gruppen*«[88] und zunehmend biologische Unterscheidungsmerkmale definiert.

Um seine Theorie wissenschaftlich belegen zu können, suchte Haeckel nach sogenannten ›Missing Links‹, noch lebenden oder fossilen Übergangsformen zwischen Mensch und Affe. 1894 fand Eugène Dubois (1858–1940), angeregt durch Haeckels Schriften, der die Vorfahren des Menschen in Asien vermutete, auf Java die ersten fossilen Hominiden außerhalb Europas. Haeckel sah sich bestätigt. In der Öffentlichkeit manifestierte sich die vereinfachte Vorstellung, dass der Mensch vom Affen abstammte, auch wenn Darwin und Haeckel betonten, dass keiner der lebenden Menschenaffen ein Vorfahre des Menschen sei.[89] Menschenaffen avancierten zu den Symboltieren des Darwinismus, ganz gleich, ob sie im Zoo, auf Abbildungen oder in Naturkundemuseen betrachtet wurden.

Die treibende Frage blieb: Was macht den Menschen aus? Durch die endgültige Einordnung des Menschen ins Tierreich verbanden sich zoologische mit anthropologischen Auseinandersetzungen. Die Disziplinen rangen um das wenig verfügbare Forschungsmaterial und dessen Deutungshoheit. Das zeigt sich besonders an der universitären Disziplin der Anthropologie, die erst im Entstehen begriffen war.[90] Durch seine zahlreichen Vortragsreisen und sein Auftreten »*als messianischer Hohepriester des Darwinismus*«[91] distanzierte Haeckel sich mit seinem Lehrstuhl in Jena und dem 1907 gegründeten und 1908 eröffneten Phyletischen Museum[92] von der restlichen zoologischen Forschungslandschaft. Hinzu führte der Streit mit dem einflussreichen Politiker und Anthropologen Rudolf Virchow (1821–1902),[93] der die Evolutionstheorie und besonders die Abstammungslehre Darwins aufgrund mangelnder Beweise als Spekulation

84 Vgl. Engelmeier, Der Mensch, der Affe, S. 196.

85 Vgl. Engels, Darwins Popularität, S. 99.

86 Vgl. Engelmeier, Der Mensch, der Affe, S. 198.

87 Vgl. Barnes; Shapin, Darwin and Social Darwinism, S. 125–142.

88 Anja Laukötter, Gefühle im Feld. Die »Sammelwut« der Anthropologen in Bezug auf Körperteile und das Konzept der »Rasse« um die Jahrhundertwende, in: Holger Stoecker; Thomas Schnalke; Andreas Winkelmann (Hg.), Sammeln, Erforschen, Zurückgeben? Menschliche Gebeine aus der Kolonialzeit in akademischen und musealen Sammlungen, Berlin 2013, S. 36–37.

89 Vgl. Artinger, Von der Tierbude, S. 76.

90 Vgl. Andrew Zimmerman, Anthropology and Antihumanism in Imperial Germany, Chicago 2001.

91 Daum, Wissenschaftspopularisierung, S. 307.

92 Vgl. Lorke; Walther, Schätze der Universität, S. 15.

93 Constantin Goschler, Rudolf Virchow. Mediziner – Anthropologe – Politiker, Köln 2002.

ablehnte, zu einer weiteren Absonderung Haeckels und dem Verbot von Darwins Lehren an deutschen Schulen.[94] Haeckels Jenaer Evolutionsmuseum findet deshalb innerhalb dieser Arbeit nur am Rand Beachtung. Eine weitere Sammlung, die sich ausschließlich mit Darwins Lehren befasste, existiert als Darwin-Museum bis heute in Moskau.[95]

Darwins Theorie etablierte sich ab 1875 in weiten Kreisen der Gesellschaft und Wissenschaft.[96] Der Einfluss auf die Biologie war enorm.[97] Zum einen umfasste die Biologie weiterhin alle Lebensstudien, wie die Zoologie und Botanik, die weiterhin klassisch systematisch arbeiteten. Zum anderen beschrieb die biologische Methodik einen neuen Zugang in den Naturwissenschaften, in dem sie über das beschreibende, morphologische Studium, das weiterhin prägend an deutschen Universitäten war, hinausging und nach der Einbindung und Interaktion von Lebewesen mit ihrer Umwelt fragte. Die klassisch-anatomisch, am Objekt arbeitende Zoologie wurde durch Fragen nach dem Einfluss der Umwelt auf die Entstehung neuer Arten, dem Zusammenspiel von Flora und Fauna und der Herkunft aller Lebewesen erweitert. Neue Disziplinen, wie die Ökologie, Tiergeografie, Paläontologie oder Tierpsychologie entstanden. Die Popularität der Evolutionstheorie zeigte sich in der steigenden Zahl an Studenten und ausgebildeten Zoologen ab den 1870ern.[98] Durch das begrenzte Stellenangebot im universitären Bereich suchten sie sich neue Tätigkeitsfelder, ab der Mitte des 19. Jahrhunderts zunehmend in Naturkundemuseen.

---

94 Vgl. Artinger, Von der Tierbude, S. 59; Daum, Wissenschaftspopularisierung, S. 74.

95 Vgl. Margarete Vöhringer, Sammlung, Ausstellung und Forschung am Darwin-Museum in Moskau, in: Dies., Anke te Heesen (Hg.), Wissenschaft im Museum – Ausstellung im Labor, Berlin 2014, S. 89–107.

96 Vgl. Kelly, The Descent of Darwin, S. 20.

97 Vgl. Nyhart, Modern Nature, S. 22.

98 Vgl. Ebd., S. 209.

3 Das Unbekannte ausstellen – die europäische Aneignung des Gorillas ab 1850

3.1 Europa entdeckt den Gorilla

Schimpansen und Orang-Utans waren seit der Frühen Neuzeit in Europa bekannt, durch Zoologen und Anatomen taxonomisch-anatomisch erforscht und dank Carl von Linné systematisch erfasst worden. Das objektbasierte Vergleichsmaterial, mit dessen Hilfe die Grenze zum Menschen gesichert wurde, blieb rar. Nur vereinzelt gelangten lebende Tiere nach Europa und deren Überreste in Naturkundemuseen.

Im April 1847 erhielt der einflussreiche britische Zoologe, Anatom und Paläontologe Richard Owen (1804–1892)[1] eine Nachricht, die in den folgenden Jahrzehnten dazu führte, dass sich der Handel mit Menschenaffenobjekten in kurzer Zeit intensivierte und die Tiere großes Interesse in Wissenschaft und Öffentlichkeit auslösten, noch bevor Darwin seine Evolutionstheorie veröffentlichte. Die zoologische Entdeckung verdeutlicht, auf welchen Wegen und mit welchen Methoden europäische Wissenschaftler versuchten, das Unbekannte greifbar zu machen.

Der Missionar Thomas Savage (1804–1880) berichtete Owen von einer portugiesischen Missionsstation in Westafrika am Ufer des Flusses Gabun über den Erwerb eines Menschenaffenschädels. Die Herkunft des Schädels war unklar und Savage konnte ihn anatomisch weder dem Schimpansen noch einer anderen, ihm bekannten Affenart zuordnen. Seinem Brief legte er die Zeichnung des Schädels bei, die die Frau des befreundeten Missionars und Arztes G. K. Prince (Lebensdaten unbekannt) angefertigt hatte und bat Owen um dessen Bestimmung.[2] Savage galt mit seinen früheren Veröffentlichungen

1 Vgl. Nicolaas A. Rupke, Richard Owen. Biology without Darwin, Chicago, Ill. u.a. 2009.

2 Vgl. Richard Owen, Osteological Contributions to the Natural History of the Chimpanzees (Troglodytes, Geoffroy), Including the Description of the Skull of a Large Species (Troglodytes Gorilla, Savage) Discovered by Thomas S. Savage, M.D., in the Gaboon Country, West Africa, in: Transactions of the Zoological Society of London 3 (1849), S. 381–422; Auf Seite 389 und 390 findet sich der Brief von Thomas S. Savage, https://www.biodiversitylibrary.org/item/46218#page/529/mode/1up vom 31.05.2023.

als Experte auf dem Gebiet der taxonomisch-anatomischen Schimpansenforschung.[3] Auf seinen umfangreichen Wissensstand verwies er in dem Brief an Owen. Das Interesse Savages an der Thematik sowie die Zeichnung zeigen den weltweiten Einfluss von Missionaren für naturkundliche Studien. Sie leisteten eine wichtige Transferleistung bei der Übermittlung von Wissen und Wissensobjekten seit der Frühen Neuzeit nach Europa.[4] Im Gegensatz zu den meisten europäischen Wissenschaftlern waren sie vor Ort und dank ihrer Reisen global vernetzt. Owen stellte durch seine Forschung, Bekanntheit und aufgebauten Netzwerke einen verdichteten Knotenpunkt eines weltweiten Wissensnetzwerkes dar, das ihn über aktuelle naturwissenschaftliche Erkenntnisse und Funde informierte. Seine Arbeit und Karriere profitierten von der personellen Nähe und globalen Weite seiner Verbindungen und machten eigene Reisen obsolet. Sein Netzwerk und die zunehmende Bedeutung Großbritanniens auf dem Gebiet der Naturwissenschaften müssen im Kontext des kolonialen Ausgreifens und dem Aufbau des britischen Empires verstanden werden.[5] Die Tatsache, dass ein so großes Tier wie der Gorilla für den Globalen Norden lange Zeit unentdeckt geblieben war, versprach weitere sensationelle Funde von wissenschaftlicher und öffentlicher Tragweite, was die Erforschung des afrikanischen Kontinents zusätzlich vorantrieb. Im Verlauf der 1850er und 60er Jahre gelangten immer wieder Objekte vom Gorilla nach Europa, neben weiteren Schädeln, auch Skelette und Felle. Die Funde bildeten die Grundlage für die präparatorische Aufstellung der Tiere in naturkundlichen Sammlungen, obwohl das exakte Aussehen, die Lebensweisen und das Verhalten unbekannt waren.

Erste eigene Objekte vom Gorilla erhielt Owen Ende des Jahres 1847. Dabei handelte es sich um zwei Schädel, die er der Londoner Zoological Society im Februar 1848 präsentierte.[6] Der Brief, die Zeichnung und die zur Verfügung stehenden Objekte veranlassten Owen, die Entdeckung Savages einem wissenschaftlichen Publikum zu präsentieren, obwohl die Objekte unvollständig waren. Der fehlende Unterkiefer wurde auf den veröffentlichten Tafeln als Umriss angedeutet [**Abb. 5**].

3 Thomas S. Savage, Jeffries Wyman, Observations on the External Characters and Habits of the Troglodytes Niger, Geoff., in: Boston Journal of Natural History 4 (1843–1844), S. 377–386.

4 Vgl. Ulrich van der Heyden; Andreas Feldtkeller, Missionsgeschichte als Geschichte der Globalisierung von Wissen. Transkulturelle Wissensaneignung und –vermittlung durch christliche Missionare in Afrika und Asien im 17., 18. und 19. Jahrhundert, Berlin 2010.

5 Vgl. Cohn, Colonialism and its Forms of Knowledge; Ballantyne, Colonial Knowledge, S. 177–197.

6 Owen, Osteological Contributions, 1848, Tafel LXII und LXIII.

Abb. 5: »Troglodytes Gorilla, mas. nat. Size.«, in: Richard Owen, Osteological Contributions to the Natural History of the Chimpanzees (Troglodytes, Geoffroy), Including the Description of the Skull of a Large Species (Troglodytes Gorilla, Savage) Discovered by Thomas S. Savage, M.D., in the Gaboon Country, West Africa, in: Transactions of the Zoological Society of London 3 (1849), S. 392, Tafel 61.

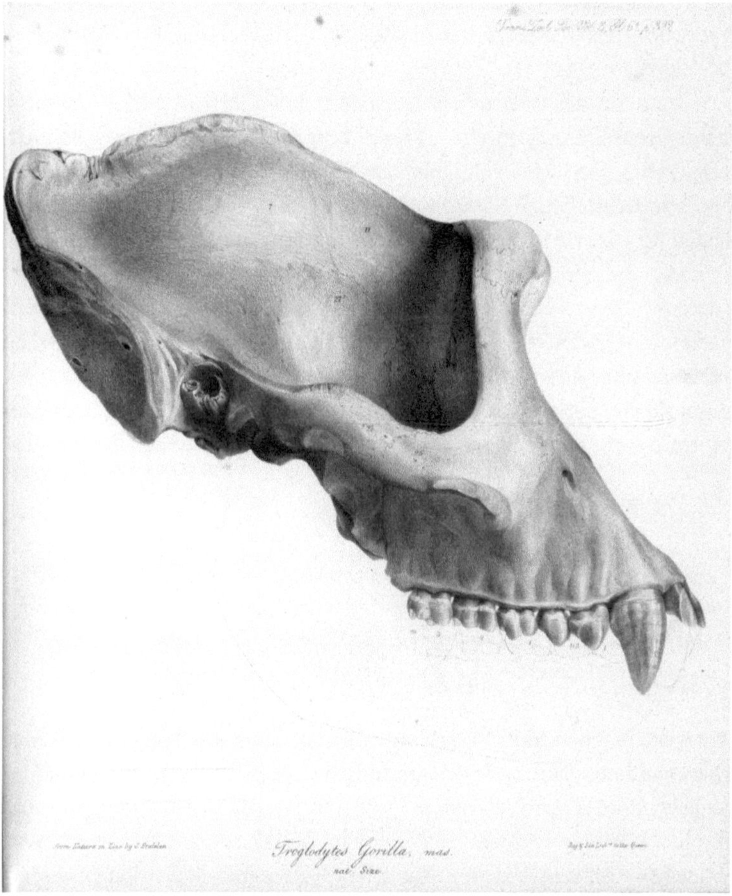

Niedersächsische Staats- und Universitätsbibliothek Göttingen, Signatur: 4 ZOOL I, 1610 RARA.

Owen galt als führender Morphologe Großbritanniens[7] und arbeitete klassisch taxonomisch-systematisch. Er verglich die Schädel mit denen von Schimpansen, Orang-Utans und dem eines Afrikaners.[8] Die Suche nach den Gesetzmäßigkeiten der Menschwerdung und die Verortung des Menschen im Tierreich stellte die Wiederentdeckung des Gorillas in Europa vor neue wissenschaftliche Fragen und Herausforderungen. In Anlehnung an die Studien Edward Tysons und Petrus Campers setzte Owen Menschenaf-

7 Vgl. Nyhart, Biology Takes Form, S. 7.
8 Vgl. Owen, Osteological Contributions, 1848, S. 404.

fen und Menschen in der Forschungstradition des 17. und 18. Jahrhunderts in Beziehung und festigte die bei Camper suggerierte Nähe zwischen Afrikanern und Menschenaffen.[9] Nach der Sichtung des Materials, Vermessungen und der Übertragung der Daten in Tabellen, fasste Owen dreißig Unterschiede zwischen dem Schädel des Gorillas und dem des Menschen zusammen.[10] Er kam zu dem Ergebnis, dass der Gorilla dem Menschen anatomisch näherstand als dem Schimpansen. Gleichzeitig verwies er auf die Einzigartigkeit des Menschen als zweihändigem Lebewesen und trennte ihn in Anlehnung an Blumenbach vom Tierreich ab. Menschenaffen wurden über den anatomischen Vergleich zum Menschen definiert.

Owen wusste um die Dürftigkeit der vorliegenden Objekte, denen er mit großem Aufwand jede greifbare Information abrang. Er nutzte seine Kontakte nach Afrika und suchte gleichzeitig nach weiteren Objekten von Gorillas, die sich möglicherweise unbemerkt in ihm zugänglichen Sammlungen befanden. Savage überführte seinen Gorillaschädel nach Boston, wo er ihn mithilfe des Anatomen Jeffries Wyman (1814–1874), der von 1841 bis 1842 in London bei Owen studiert und mit dem Savage schon über Schimpansen publiziert hatte,[11] beschrieb und als Troglodytes gorilla benannte.[12] Linné führte den Namen Homo troglodytes, Höhlenmensch in der zehnten Auflage der *Systema naturae* ein und Unterschied so die Menschenaffen vom Menschen, dem Homo sapiens.[13] Die Bezeichnung Gorilla entlehnten Wyman und Savage dem Bericht des Seefahrers Hanno und legitimierten ihren Fund unter Rückgriff auf antike Quellen. In Hannos Bericht heißt es:

> »Auf der Insel waren viele wilde Menschen, die Mehrzahl aber waren Weiber, dicht behaart am Körper, welche Weiber die Dolmetscher Gorilla's nannten. Wir verfolgten sie, konnten aber keine Männer fangen, sondern sie entwischten uns; drei Weiber aber gelang es uns zu fangen, welche ihre Führer bissen und zerfleischten und nicht folgen wollten. Endlich tödteten wir sie und brachten ihre Haut nach Karthago zurück.«[14]

Es ist nicht geklärt, ob es sich bei Hannos Beschreibung um Menschen, Schimpansen oder Gorillas handelte. Durch die Verwendung des Begriffs Gorilla für einen Menschenaffen verwischte die Grenze zwischen Mensch und Tier schon bei der Benennung der neu entdeckten Art. Mit der Bezeichnung Troglodytes unterstrichen Savage und Wyman die Nähe des Gorillas zum Schimpansen, der in der Systematik als Troglodytes niger geführt wurde. Im Zuge der europäischen (Erst-)Beschreibung und dem enormen Interesse an der neu- beziehungsweise wiederentdeckten Art, gelangten weitere Objekte nach Europa.

Die ersten körperlich vollständigen Gorillapräparate trafen am 16. Januar 1852 im 1793 eröffneten Muséum national d'histoire naturelle in Paris ein und nicht wie von Owen

9 Vgl. Ebd.

10 Vgl. Ebd., S. 413–414.

11 Vgl. Toby A. Appel, Jeffries Wyman, Philosophical Anatomy, and the Scientific Reception of Darwin in America, in: Journal of the History of Biology 21 (1, 1988), S. 69–94.

12 Vgl. Savage; Wyman, Notice, S. 417–443.

13 Vgl. Junker, Johann Friedrich Blumenbach, S. 20.

14 Hanno zit.n.: A. Riese, Der Namen des Gorillas, in: Der Zoologische Garten 22 (1881), S. 52.

erhofft in London.[15] Erst am 10. September 1858 erhielt Richard Owen nach zehnjährigen Bemühungen und der Untersuchung weiterer Gorillaskelette,[16] die im 1753 gegründeten British Museum präsentiert wurden, den kompletten Gorillakörper eines jungen Männchens.[17]

3.2 Gorilla-leere Schränke in deutschen Naturkundemuseen

Da Gorillas erst 1847 entdeckt wurden und die ersten Exemplare nach Paris, London und Boston gelangten, verfügte in den 1840er und 1850er Jahren keine naturkundliche Sammlung in Deutschland über entsprechende Präparate.

Große Naturkundemuseen entstanden in Deutschland im Verlauf des 19. Jahrhunderts und speisten ihre Bestände aus Sammlungen von Universitätsgelehrten, frühneuzeitlichen Kunst- und Wunderkammern und anderen privaten Initiativen. Vorbilder von deutschen Museumsgründungen waren das Muséum national d'histoire naturelle und das British Museum. Das Pariser Museum widmete sich, wie die Bezeichnung verdeutlicht, ausschließlich der Naturkunde. Das Natural History Museum in London war bis 1963 Teil des British Museum und trug offiziell diese Bezeichnung. Neben der Naturkunde lag der Sammlungsschwerpunkt des Hauses auf kulturhistorischen Objekten.[18] Paris und London galten in der ersten Hälfte des 19. Jahrhunderts als Zentren der naturwissenschaftlichen Forschung.

Die deutschen Sammlungen waren ausschließlich einem ausgewählten Besucherkreis zugänglich, wie den Mitgliedern fürstlicher Höfe, Universitätsangehörigen oder Vereinsmitgliedern.[19] Nur wenige Objekte vor 1800 blieben erhalten, technische und chemische Probleme bei der Konservierung großer Säugetierpräparate verhinderten deren dauerhafte Bewahrung. Rückschlüsse über die Bestände der Vereine, Universitäten und Wunderkammern lassen sich aus internen Veröffentlichungen, wie Zeitungen oder Jahresberichten, von Bildern, ersten Katalogen und brieflichen Korrespondenzen gewinnen. Es stellt sich die Frage, wann erste Menschenaffen in naturkundliche Sammlungen in Deutschland gelangten und welchen ausstellerischen Rahmen die Sammlungen boten?

---

15 Vgl. Isidore Geoffroy Saint-Hilaire, Description des Mammifères nouveaux ou imparfaitement connus de la collection du Muséum d'histoire naturelle et remarques sur la classification et les caratéres des mammifères, in: Archives Muséum d`histoire naturelle 10 (1858), S. 1–100, https://www.biodiversitylibrary.org/item/164221#page/13/mode/1up vom 01.06.2023.

16 Vgl. Richard Owen, On the Skeleton of Troglodytes Gorilla, in: Proceedings of the Zoological Society of London 19 (1851), S. 263, https://www.biodiversitylibrary.org/item/46212#page/725/mode/1up vom 01.06.2023.

17 Vgl. Richard Owen, Contributions to the Natural History of the Anthropoid Apes, No. VIII. On the External Characters of the Gorilla (Troglodytes Gorilla, Sav.), in: Transactions of the Zoological Society of London 5 (1851–1866), S. 244, https://www.biodiversitylibrary.org/page/30838255#page/342/mode/1up vom 04.04.2023.

18 Vgl. te Heesen, Ein Raum voller Gläser, S. 216.

19 Vgl. te Heesen, Vom naturgeschichtlichen Investor zum Staatsdiener, S. 62–84.

Das Beispiel des Berliner Naturkundemuseums[20] zeigt exemplarisch die Aufstellung und Entwicklung von naturkundlichen Sammlungen in der ersten Hälfte des 19. Jahrhunderts. Heute umfasst das Museum eine der größten zoologischen Bestände in Deutschland. Es ging aus dem Zoologischen Museum der Universität Berlin hervor, das im Jahr 1809 mit der Stiftung der Universität durch König Friedrich Wilhelm III. (1770–1840) gegründet wurde. Ziel war die Zentralisierung von Sammlungen, die zuvor in unterschiedlichen Gebäuden untergebracht waren, darunter anatomische Präparate und seltene Naturobjekte.[21] Botanische, zoologische und mineralogische Objekte aus privaten Sammlungen ergänzten das Museum, etwa die naturkundliche Sammlung des Grafen Johann Centurius von Hoffmansegg (1766–1849), der die Einrichtung des Museums anregte. Weitere Sammlungszugewinne erhielt das Zoologische Museum aus dem Umfeld der Gesellschaft naturforschender Freunde Berlin, die 1773 in ihrem Gründungsstatut jedes Mitglied zum Anlegen einer eigenen Sammlung verpflichtete.[22] Trotz der Unterstützung der Regierung und des Bürgertums konnte sich die Berliner Sammlung erst ab der zweiten Hälfte des 19. Jahrhunderts mit internationalen Sammlungen messen.[23]

Die zoologische Abteilung wurde im zweiten Stockwerk des Universitätsgebäudes untergebracht und im Sommer 1814 für Studenten und das Publikum geöffnet. Ein Hauptziel bestand darin *»die Jugend zu tieferem Studium der Naturgeschichte anzuregen.«*[24] Durch die Zentralisierung sollten die Objekte systematisch geordnet und den Studenten für den Unterricht gezielt zugänglich gemacht werden.[25] Im Jahr 1816 veröffentlichte Martin Hinrich Lichtenstein (1780–1857), der 1811 die erste Professur für Zoologie in Berlin erhielt, ab 1812 die Verwaltung des botanischen Gartens übernahm und seit 1813 die Direktion des Museums innehatte, den ersten Museumsführer. Zu diesem Zeitpunkt nahm die zoologische Sammlung elf Räume des zweiten Stockwerkes ein, von denen neun gefüllt waren und die beiden Verbliebenen Platz für Sammlungszuwächse ließen.[26] Nach Lichtensteins Idee erhielt jede Tierklasse einen Raum und entsprach dem taxonomischen Ordnungssystem, das Lichtensteins *»Heiligtum«*[27] darstellte. Die Prozesse des Sammelns, Beschreibens, Benennens, Klassifizierens und Einordnens machten das Museum zu einem Ort der aktiven Wissensproduktion.

Lichtensteins Ziel war eine allgemeinverständliche Aufstellung und Kennzeichnung der Objekte. Bei den beigefügten Etiketten übernahm Lichtenstein ein System, das Hoff-

---

20 Vgl. Köstering, Natur zum Anschauen; Kretschmann, Räume öffnen sich; Nyhart, Biology Takes Form; Nyhart, Modern Nature; Jutta Helbig, Das Berliner Museum für Naturkunde. Bauen und Ausstellen im Spiegel der Museumsreform – eine Konfliktgeschichte, Baden-Baden 2019.

21 Vgl. Martin Hinrich Lichtenstein, Das Zoologische Museum der Universität zu Berlin, Berlin 1816, S. 7.

22 Vgl. Ilse Jahn, Zoologische Gärten – Zoologische Museen. Parallelen ihrer Entstehung, in: Bongo 24 (1991), S. 18.

23 Vgl. Kretschmann, Räume öffnen sich, S. 35.

24 Lichtenstein, Das Zoologische Museum, S. 9.

25 Vgl. Ebd., S. 7.

26 Vgl. Ebd., S. 9.

27 Kretschmann, Räume öffnen sich, S. 90.

mansegg in seiner Privatsammlung angewendet hatte.[28] Unterschiedliche Farben kennzeichneten die Herkunftsregionen der Tiere, eine aufgehängte Weltkarte veranschaulichte die Farbverteilung und erlaubte eine Verortung der gezeigten Objekte. Neben dem Namen des Tieres gab das Etikett Auskunft über die Stifter oder Verkäufer.[29] Der Museumsführer sollte den Besuch der Sammlung ergänzen und die Aufstellung verdeutlichen:

> »In den höheren Thierklassen [...] gilt dann jeder Schrank [...] für ein Ganzes und die darin aufgestellten Gegenstände folgen einander unmittelbar und zwar so, daß sich die Reihe von oben nach unten, von der Linken zur Rechten verläuft, wie man eine Blattseite liesset.«[30]

Das Betrachten im Museum wurde mit dem Lesen eines Buches gleichgesetzt. Das Museum übernahm das Schauen in der Natur, besonders von seltenen und außereuropäischen Tieren und bot die Möglichkeit eines dauerhafteren Blickes für das Studium der Tierwelt. Die technischen Möglichkeiten der Präparation und die Fixierung auf die taxonomische Ordnung setzten den visuellen Effekten in naturkundlichen Sammlungen bis in die zweite Hälfte des 19. Jahrhunderts enge Grenzen. Dem Präparator des Museums standen Gehilfen und ein Arbeitszimmer zur Verfügung.[31] Das Herrichten der Tierhäute erfolgte über die Methodik des Ausstopfens.

Zu den Besuchern der Sammlung zählten Wissenschaftler, Studenten und das interessierte Publikum. Der Gedanke, die Sammlung für die Öffentlichkeit zugänglich zu machen, stammte von Humboldts Erfahrungen aus Paris, wo die Bildung von Laien im Zuge der Französischen Revolution ein zentrales Anliegen darstellte.[32] Für jede Besuchergruppe galten gesonderte Zutrittsbeschränkungen.[33] Die Nutzung zu wissenschaftlichen Zwecken musste beim Direktor angemeldet werden, die Tageszeit war wählbar. Es durfte nichts entliehen werden und Kerzen waren zum Schutz der Sammlung verboten. Studierende konnten das Museum jeden Mittwoch von 16 bis 18 Uhr, im Winter von 14 bis 16 Uhr nutzen. Allen anderen stand ein Besuch am Dienstag und Freitag zwischen 12 bis 14 Uhr frei. Eine soziale Begrenzung erfolgte über die Öffnungszeiten, der arbeitenden Bevölkerung blieb ein Besuch de facto verwehrt. Das Angebot der wissenschaftlichen Teilhabe und Bildung richtete sich zunächst an Angehörige des Bürgertums.

Für die Sammlung verfolgte Lichtenstein das Ziel, sie beständig zu erweitern und zu vervollständigen.[34] Das Museum etablierte sich zu einem Sammlungszentrum der Zoologie in Preußen. Bis 1842 verfügte das Museum über keinen eigenen Etat und Lichtenstein finanzierte die Einrichtung über den Verkauf von Dubletten, was laut dem späteren Direktor des Museums August Brauer (1863–1917) zu wirtschaftlichen Problemen und

---

28 Vgl. Karl August Möbius, Die Tiergebiete der Erde, ihre kartographische Abgrenzung und museologische Bezeichnung, in: Archiv für Naturgeschichte 57 (1, 1891), S. 277–291.

29 Vgl. Lichtenstein, Das Zoologische Museum, S. 14.

30 Ebd.

31 Vgl. Ebd., S. 10.

32 Vgl. Jahn, Zoologische Gärten – Zoologische Museen, S. 21.

33 Vgl. Lichtenstein, Das Zoologische Museum, S. 107f.

34 Vgl. Jahn, Zoologische Gärten – Zoologische Museen, S. 22.

dem Verlust wertvoller Objekte führte.[35] Nach Lichtensteins Tod übernahm 1857 der Zoologe Wilhelm Peters (1815–1883) das Amt des Direktors des Zoologischen Museums, den Lehrstuhl für Zoologie und bis 1869 die Leitung des Zoologischen Gartens. Peters hatte in Kopenhagen und Berlin Medizin und Naturwissenschaften studiert und erhielt 1838 den Doktor der Medizin. Im Anschluss unternahm er eine achtzehnmonatige Reise durch das Mittelmeer zu Forschungszwecken. Bei seiner Rückkehr nach Berlin arbeitete er als Assistent am Anatomischen Institut, ab 1843 als Prosector und ab 1849 als Dozent und schließlich Professor an der medizinischen Fakultät. Bereits 1856 wurde er zum zweiten Direktor des Zoologischen Museums ernannt und übernahm das Amt ein Jahr später vollständig. Sowohl Lichtenstein, der nach seinem Studium der Medizin in Jena und Helmstedt zwischen 1802 bis 1806 in Südafrika als Hausarzt und Erzieher der Familie des niederländischen Gouverneurs tätig war,[36] als auch Peters, der Afrika zwischen 1842 und 1847 zu Forschungszwecken bereiste und eine große zoologische Sammlung anlegte,[37] sammelten im Vorfeld ihrer Tätigkeit am Museum praktische Forschungserfahrungen im ›Feld‹.

Ab wann das Museum in den Besitz erster Menschenaffen kam, ist nicht nachzuvollziehen. 1816 erwähnte Lichtenstein keine relevanten Objekte. *»In allen Systemen eröffnet das Menschenähnliche Affengeschlecht die Reihe der Säugetiere«,*[38] so der Museumsführer.

Wie in Berlin waren weitere deutsche Naturkundemuseen im Entstehen. In Dresden existierte seit dem 16. Jahrhundert eine fürstliche Kunstkammer mit zahlreichen Raritäten, Naturalien und ethnografischen Objekten im Residenzschloss, deren Grundstock Kurfürst August von Sachsen (1526–1586) angelegt hatte. Kurfürst August der Starke (1670–1733) verlagerte die Sammlung 1728 in den Zwinger und teilte Kunst- und Naturaliensammlung auf.[39] Am 6. Mai 1849 brannte das Königlich Naturhistorische Museum im Zuge des Dresdner Maiaufstandes, von den Originalobjekten blieben nur wenige erhalten. Eine Wiedereröffnung fand 1857 statt und damit begann der langjährige Aufbau der Bestände unter dem Direktor Heinrich Gottlieb Ludwig Reichenbach (1793–1879).[40]

In Göttingen war der Aufbau der Universitätssammlung eng mit Blumenbachs Tätigkeit in der Universitätsstadt verbunden. Ein Jahr nach dem Wechsel seines Studienortes von Jena nach Göttingen übernahm er 1773 die Organisation des Academischen Mu-

---

35 Vgl. August Brauer, Das zoologische Museum, in: Max Lenz (Hg.), Geschichte der Königlichen Friedrich-Wilhelms-Universität zu Berlin, Band III, Halle a.d.S. 1910, S. 377.

36 Vgl. Herbert Scurla, Zwischen Kap und Kilimandscharo. Reisen deutscher Forscher des 19. Jahrhunderts durch Südostafrika, Berlin 1973, S. 46.

37 Vgl. Wilhelm Peters, Naturwissenschaftliche Reise nach Mosambique, Berlin 1862, https://ia800609.us.archive.org/5/items/naturwissenschaf03pete/naturwissenschaf03pete.pdf vom 18.06.2023.

38 Lichtenstein, Das Zoologische Museum, S. 17.

39 Vgl. Adolph Bernhard Meyer, Zoologisches und Anthropologisch-Ethnographisches Museum im südlichen Flügel des Zwingers, in: Generaldirektion der Königlichen Sammlungen (Hg.), Führer durch die Königlichen Sammlungen zu Dresden, Dresden 1889. S. 107, https://digital.slub-dresden.de/werkansicht?id=5363&tx_dlf %5Bid %5D=89083&tx_dlf %5Bpage %5D=135vom 18.04.2024; Robert Reichert, Über 200 Jahre Museumsgeschichte, in: Staatliches Museum für Tierkunde (Hg.), Dresdner Wissenschaftliche Museen, Beiträge zur 750-Jahr-Feier unserer Stadt, Dresden 1956, S. 1–2.

40 Vgl. Meyer, Zoologisches und Anthropologisch-Ethnographisches Museum, S. 108.

seums,[41] das unter seiner Leitung bedeutende Sammlungszugewinne verzeichnete. Er legte eine umfangreiche Sammlung von menschlichen Schädeln an, die bis heute Teil der Göttinger Universitätssammlung ist. Weitere Bestände des Museums generierten sich aus den Privatsammlungen angestellter Professoren, Nachlässen und Ankäufen.[42] Von 1776 bis zu seinem Ruhestand 1835 verwaltete Blumenbach das Museum als Direktor. 1793 zog die Sammlung in ein eigenes Gebäude. Der erhebliche Umfang der Sammlung führte zu einem Platzmangel und dem Zerfall in vier Abteilungen nach dem Tod Blumenbachs, darunter die zoologische Sammlung, die von Arnold Adolf Berthold (1803–1861) geleitet wurde.[43] Auf Berthold folgte ab 1861 Wilhelm Moritz Keferstein (1833–1870) als Leiter des Zoologischen Museums.[44] Unter ihm gelangten ebenfalls keine Menschenaffen in die Sammlung, sondern überwiegend australische Säugetiere, Fische, Vögel und Amphibien.[45] Ab 1877 wurden in dem Neubau des Naturhistorischen Museums in unmittelbarer Nähe des Bahnhofs die Sammlungen der Mineralogie, Paläontologie, Zoologie und Ethnologie gemeinsam untergebracht.

Ab der zweiten Hälfte des 19. Jahrhunderts ist eine Entwicklung zur Zentralisierung, Systematisierung, Spezialisierung und Zugänglichkeit zum Zweck der Bildung von naturkundlichen Sammlungen in Deutschland zu beobachten.

3.3 Die ersten Gorillapräparate in Lübeck

1861 gelangte das erste Skelett eines Gorillas nach Lübeck. Das Sammeln von Naturalien hatte in Lübeck innerhalb des städtischen Bürgertums Tradition und führte zu Beginn des 19. Jahrhunderts zur Gründung eines eigenen Museums.[46] Das spätere Lübecker Naturkundemuseum hatte seinen Ursprung in der Privatsammlung ausgestopfter Fische, Schildkröten und anderer Objekte des 1799 verstorbenen Arztes Johann Julius Walbaum (1724–1799), die seine Erben der Gesellschaft zur Beförderung gemeinnütziger Tätigkeit, bis heute als Die Gemeinnützige in Lübeck ansässig, überließen.[47] Die Ziele der exklusiv bürgerlichen Aufklärungsgesellschaft bestanden in der Verbesserung der Lebensverhältnisse, etwa der medizinischen Versorgung oder Einrichtung von Schulen für die Bewoh-

---

41 Vgl. Die Blumenbachsche Schädelsammlung im Zentrum Anatomie der Universitätsmedizin Göttingen, www.anatomie.uni-goettingen.de/de/blumenbach.html vom 07.11.2023.

42 Vgl. Academisches Museum der Universität Göttingen, https://sammlungen.uni-goettingen.de/sammlung/slg_1047/vom 09.06.2022.

43 Vgl. Ernst Ehlers, Göttinger Zoologen, Berlin 1901, S. 35.

44 Vgl. Rainer Willmann, Gegenwart, Geschichte und Zukunft des Zoologischen Museums der Universität Göttingen, https://wwwuser.gwdg.de/~sekzoomo/WWW_store/Geschichte.htm vom 10.09.2023.

45 Vgl. Niedersächsische Staats- und Universitätsbibliothek Göttingen, Universitätsarchiv Göttingen, Cod. Ms. E. Ehlers 1756.

46 Vgl. Heinrich Lenz, Geschichte des Naturhistorischen Museums zu Lübeck, in: August Sartori (Hg.), Mitteilungen der Geographischen Gesellschaft und des Naturhistorischen Museums in Lübeck, Lübeck 1890, S. 11–36.

47 Vgl. Heinrich Lenz, Das Naturhistorische Museum in Lübeck. Eine Skizze seiner Entwicklung und seines gegenwärtigen Zustandes, in: Festschrift den Teilnehmern der 67. Versammlung deutscher Naturforscher und Ärzte, Lübeck 1895, S. 329.

ner der Stadt.[48] Die Erweiterung einer naturkundlichen Sammlung und deren Öffnung für Lübecker Bürger war Teil des Programms.

Die Teilhabe an Gesellschaften und Vereinen steigerte das öffentliche Ansehen und die Bekanntheit des jeweiligen Mitglieds, das sich der Netzwerke der Institutionen bedienen konnte.[49] Der Vergleich mit der Berliner Gesellschaft Naturforschender Freunde zeigt, dass sich innerhalb von Vereinen bürgerliche Werte mit politischen Bestrebungen vor dem Hintergrund eines geselligen Zusammenseins verbanden, sich Mitglieder über ihre eingebrachten Sammlungsstücke definierten und Ansehen generierten.[50] Städte waren an einer pluralen Gesellschafts- und Vereinsstruktur interessiert, die das soziale, kulturelle und wissenschaftliche Kapital einer Stadt ausmachten. Einflussreiche Gesellschaften steigerten das Image einer Stadt und halfen beim Aufbau von bedeutenden Sammlungen, die sich zu einem Distinktionsmerkmal städtischen Lebens seit dem 18. Jahrhundert entwickelten.

Ab 1826 war die Lübecker Sammlung in einem eigenen Haus unter dem Namen Naturalien-Cabinett untergebracht. Um 1835/36 musste ein zweites Haus angekauft werden und die Sammlung wurde von nun an Kunst- und Naturalien-Cabinett genannt. Die räumliche Ausbreitung und inhaltliche Ausweitung der Sammlung wirkten sich auf den städtischen Raum aus. Das Stadtbild wandelte sich, die Größe der Sammlung verlieh der Stadt Prestige und verwies auf das finanzielle Potenzial seiner Bürger.

Naturaliensammlungen wurden mit den wissenschaftlichen Zielen des Sammelns, Ordnens und Forschens angelegt und für die Vermittlung, Bildung und Unterhaltung zugänglich gemacht.[51] Im Verlauf des 19. Jahrhunderts war es »*namentlich* [die] *Erziehung der Jugend*«,[52] die im Interesse des Museums stand. Die Sammlung bot einen Ort des Austauschs und der Begegnung innerhalb des städtischen Raumes, bildete eine »*contact zone*«[53] zwischen Besuchenden und Ausstellenden, Objekten aus aller Welt und der lokalen Flora und Fauna.

Jeden Sonntag öffnete die Sammlung für eine Stunde für die Öffentlichkeit mit entsprechend im Vorfeld erworbenen Eintrittskarten.[54] Von einem Massenpublikum kann bis zum Ende des 19. Jahrhunderts für Lübeck nicht gesprochen werden. Kurze Öffnungszeiten und die vorherige Ausgabe weniger Tickets schränkten die Anzahl der Besuchenden ein und schloss die arbeitende Bevölkerung de facto aus.[55]

Die Sammlungen hanseatischer Vereine hatten ihren Ursprung im Bürgertum, wodurch deren globale Handelsbeziehungen mit dem »*kosmopolitischen Streben nach*

---

48 Vgl. Franklin Kopitzsch, 200 Jahre Bürgertugend und gemeinnütziges Streben, in: Gesellschaft zur Beförderung Gemeinnütziger Tätigkeit (Hg.), 200 Jahre Gesellschaft zur Beförderung gemeinnütziger Tätigkeit in Lübeck, 1789–1989. Beständigkeit und Wandel bürgerlichen Gemeinsinns, Lübeck 1988, S. 10.

49 Vgl. Phillips, Academies and Societies, S. 227.

50 Vgl. te Heesen, Vom naturgeschichtlichen Investor zum Staatsdiener, S. 67 und 70.

51 Vgl. Köstering, Natur zum Anschauen, S. 19.

52 Ebd.

53 Pratt, Imperial Eyes, S. 6.

54 Vgl. Lenz, Das Naturhistorische Museum, S. 330.

55 Vgl. Rieppel, Museums and Botanical Gardens, S. 249.

Expansion und Bildung«[56] zum Ausdruck kam. Demnach verwundert die Aussage von Heinrich Lenz (1846–1912), einem Lehrer und späterem Direktor des Lübecker Museums, nicht: »*Die an Lübecker im Auslande zur Versendung gelangenden Aufforderungen, unsere Sammlungen durch Zusendungen zu unterstützen, fanden schnell Gehör und brachten reiche Früchte.«*[57] Das Museum forderte zur aktiven Partizipation auf. Zwei dieser im Ausland lebenden Lübecker standen im engen Zusammenhang mit dem Aufbau der Primatensammlung des Hauses, der Kaufmann Heinrich Brehmer (gest. 1866) und der Kapitän Hugo Storm (1850–1927).

Heinrich Brehmer entstammte einer bedeutenden Lübecker Familie, zu seinen Vorfahren gehörte der Begründer der Sammlung. Der Vater, ebenfalls Heinrich Brehmer (1800–1872) und Bruder Wilhelm (1828–1905) waren Bürgermeister der Stadt und naturwissenschaftlich interessiert. Wilhelm hatte zeitweise das Amt des Aufsehers über die Pflanzensammlung inne. Die familiären Zusammenhänge lassen sich dem Testament Heinrich Brehmers entnehmen, welches er 1860 vor seiner Abreise aufsetzte. Darin erwähnt er seine Geschwister Dr. Wilhelm Brehmer, Ernst Brehmer, Adolph Brehmer und Robert Brehmer.[58] Die Brüder Robert (Lebensdaten unbekannt) und Ernst Brehmer (Lebensdaten unbekannt)[59] schickten Objekte aus Messina und vom Kap der guten Hoffnung nach Lübeck. Heinrich Brehmer betätigte sich nicht wie sein Bruder Wilhelm in der Politik seiner Heimatstadt, sondern suchte sich ein eigenes Aufgabenfeld und half dem Hamburger Übersee-Kaufmann Carl Woermann (1813–1880) beim Aufbau seiner Geschäfte am Gabun. Woermann und seine Handelsniederlassungen in Afrika bescherten nicht allein Lübeck reiche Sammlungszugewinne, auch das Hamburger Naturkundemuseum und der Hamburger Zoologische Garten unter der Führung des ehemaligen Lehrers am Hamburger Johanneum und Zoologen Heinrich Bolau (1836–1920), erhielten eine Vielzahl von Objekten. Das Sammeln von Naturalien fand in der Mitte des 19. Jahrhunderts innerhalb bestehender Handelsnetzwerke statt. Ein Austausch von Waren zwischen Afrika, Europa und Ozeanien existierte seit Jahrhunderten. Die von europäischen Kaufhäusern errichteten Faktoreien bildeten »*Knotenpunkte eines komplexen Netzwerks von Produktion, Handel und Verbrauch, das bis tief ins Innere des Kontinents reichte.«*[60] Sie und die kontinental reisenden Dampfschiffe bildeten Orte des kulturellen Austauschs und der Kommunikation.[61]

56 Köstering, Natur zum Anschauen, S. 30.

57 Lenz, Geschichte des Naturhistorischen Museums zu Lübeck, S. 17.

58 Vgl. Testament von Heinrich Brehmer, Kaufmann, Signatur: 1860.03.09, Brehmer, Datierung: 1860 März 9., Archiv der Hansestadt Lübeck.

59 Vgl. Lenz, Geschichte des Naturhistorischen Museums in Lübeck, S. 21.

60 Dimitri van den Bersselaar, Palmöl, Elfenbein und europäische Waren. Faktoreien und Handelshäuser in West- und Zentralafrika, in: Museum der Kulturen, Basel; Jürg Schneider; Ute Röschenthaler; Bernhard Gardi (Hg.), Fotofieber. Bilder aus West- und Zentralafrika. Die Reisen von Carl Passavant, 1883–1885, Basel 2005, S. 153.

61 Vgl. Markus M. Haefliger, Vorwärts mit Wind und Dampf. Linienschiffe und Lokalverkehr an den Küsten West- und Zentralafrikas, in: Basel Museum der Kulturen; Jürg Schneider; Ute Röschenthaler; Bernhard Gardi (Hg.), Fotofieber. Bilder aus West- und Zentralafrika. Die Reisen von Carl Passavant 1883–1885, Basel 2005, S. 75 und 78.

Brehmer sandte 1861 ein erstes, unvollständiges Gorillaskelett nach Lübeck. 1862 erhielt das Museum die Bälge eines ausgewachsenen Gorillaweibchens und ein Jungtier, das Brehmer in der Faktorei am Gabun einige Zeit lebend gehalten hatte.[62] Ein Jahr später schickte er die Bälge und Skelette eines alten männlichen Tieres und eines weiteren ausgewachsenen Gorillaweibchens. Weitere Gorilla- und Schimpansenschädel trafen 1864 in Lübeck ein, einer der Schädel wurde nach Berlin weitergeleitet. Im Jahr 1866 erreichte Lübeck eine letzte Lieferung von Brehmer. Sie enthielt den Balg eines jungen Schimpansen, weitere Skelette und Schädel für Lübeck, sowie ein Skelett und einen Balg mit der Anweisung: »*für das Berliner Museum unter der Bedingung bestimmt, dass dem Lübecker Museum dafür eine Gegensendung wird.*«[63] In Berlin untersuchte Wilhelm Peters die Objekte und teilte den Lübecker Kollegen mit, dass Skelett und Balg von unterschiedlichen Tieren stammten.

1866 verstarb Brehmer, Lenz schrieb:

> »Das Klima hatte auch endlich ihn, nachdem er schon so manches Jahr demselben glücklich getrotzt und sich nun über alle Schwierigkeiten hinweggedünkt, mit unbarmherziger Hand hinweggerafft. Für uns war damit die Quelle versiegt und mancher gehegte und erörterte Wunsch musste unerfüllt bleiben.«[64]

Die Bedeutung der Gorillas und Schimpansen für das Lübecker Museum war immens, nach Lenz Einschätzung ließen die Objekte »*unser Museum unendlich an Werth gewinnen* [...], *um welches viele grosse Museen es beneideten.*«[65] In den 1860er Jahren war das Lübecker Museum neben London, Paris und Wien eine der ersten europäischen Sammlungen, die in den Besitz eines ausstellbaren Gorillabalges kam. Von den Zusendungen stellte das Museum vier Gorillas und zwei Schimpansen aus. Die Zusammenarbeit und der Austausch mit der Sammlung in Berlin und die Verwendung der Objekte in wissenschaftlichen Arbeiten, darunter bei Bolau,[66] dem Anatomen Theodor von Bischoff (1807–1882),[67] dem Naturforscher Robert Hartmann (1831–1893)[68] und späteren Kustos der Säugetierabteilung des Berliner Naturkundemuseums Paul Matschie (1861–1926)[69] verdeutlichen die Bedeutung der Präparate. Durch die Schenkungen Brehmers baute das Lübecker Museum eine Primatensammlung internationalen Rangs auf, vernetzte sich europaweit mit Wissenschaftlern und griff bei der Bestimmung auf deren Expertise zurück.

---

62 Vgl. Heinrich Lenz, Die anthropomorphen Affen des Lübecker Museums, Lübeck 1876, S. 5.

63 Ebd., S. 6.

64 Ebd.

65 Ebd., S. 5.

66 Vgl. Heinrich Bolau, Ueber die menschenähnlichen Affen des Hamburger Museums, in: Naturwissenschaftlicher Verein zu Hamburg Altona (Hg.), Abhandlungen aus dem Gebiete der Naturwissenschaften, Hamburg 1876.

67 Vgl. Theodor Ludwig Wilhelm Bischoff, Über die Verschiedenheit in der Schädelbildung des Gorilla, Chimpansé und Orang-Outang, vorzüglich nach Geschlecht und Alter. nebst einer Bemerkung über die Darwinsche Theorie, München 1867.

68 Vgl. Robert Hartmann, Die menschenähnlichen Affen, Berlin 1876.

69 Vgl. Paul Matschie, Neue Ergebnisse der Schimpansenforschung, in: Zeitschrift für Ethnologie, (51,1919), S. 69.

3.3.1 Das Unbekannte präparieren

Da in Deutschland keine vergleichbaren Präparate existierten, stand der Präparator der Lübecker Gorillas vor der Frage, wie er die von Brehmer übersandten Tiere aufstellen sollte? Welches Wissen und welche Techniken standen ihm zur Verfügung? Existierten Darstellungen der Präparate aus Paris und London in Deutschland?

Die Präparate der Lübecker Menschenaffen sind heute nicht mehr erhalten, sie gingen 1942 bei der Bombardierung der Stadt verloren.[70] Das Wissen über das Aussehen der Objekte blieb dank der Aufnahmen des Lübecker Fotografen Johannes Nöhring (1834–1913), der überwiegend Bau- und Kunstwerke der Stadt ablichtete, aus den Jahren 1867 und 1876 erhalten. Die Bilder wurden nicht für den Handel angefertigt, sondern auf Nachfrage ausgegeben oder entstanden im Rahmen einer Publikation Lenz'.

Das Aufstellen der Präparate erfolgte nicht in Lübeck, sondern zwischen 1862 und 1865 durch den Präparator Johann Balthasar Wilhelm Schmidt (1820–1899) in Offenbach.[71] Johann Balthasar Schmidt taucht in mehreren Adressbüchern und Melderegistern der Stadt Offenbach am Main auf. Aus diesen geht hervor, dass er dort 1820 geboren und 1899 in Darmstadt verstorben ist. Seine ursprüngliche Berufsbezeichnung lautete Portefeuiller, ein Feintäschner. Nachdem er 1843 das Bürgerrecht in Offenbach erhalten hatte, eröffnete er eine Präparationswerkstatt.[72]

Die 1866 eingetroffenen Schimpansenbälge wurden laut Lenz »*sogleich ausgestopft*«[73] und scheinen nicht durch Schmidt bearbeitet worden zu sein.

Über wenige Präparatoren um die Mitte des 19. Jahrhunderts existieren biografische Informationen oder Selbstzeugnisse,[74] so auch im Fall Schmidts, was die Rekonstruktion seiner Arbeit erschwert. Lenz äußerte sich 1876 ausführlich über die Qualität und Umstände der Präparation.[75] Die Lippen des Schimpansen beschrieb er im Vergleich zu einem lebenden Schimpansen des Hamburger Zoologischen Gartens als aufgequollen. Das betraf seiner Meinung nach auch das Aussehen der beiden Gorilla-Weibchen in Lübeck. Dem Präparator machte er keine Vorwürfe, da er laut Lenz keine Möglichkeit hatte, Vergleichsmaterial in Form von Abbildungen oder Gesichtsmasken zu nutzen. Lediglich die Schädel lagen Schmidt vor, deren Aussehen keine genauen Rückschlüsse auf die Physiognomie der Tiere zuließen. Wieso die Tiere nicht in Lübeck, sondern in Offenbach ausgestopft wurden, darüber äußerte sich Lenz nicht. Der Wert der Tiere legt nahe, dass sich die Lübecker um einen möglichst erfahrenen Präparator bemühten. Das Schmidt diese Anforderungen nicht erfüllte, lag am mangelnden Vergleichsmaterial, das ihm zur Verfügung stand, so das Urteil Lenz'. Der zu dem Zeitpunkt als Direktor des Naturhis-

70 Vgl. Ludwig Benick, Naturhistorisches Museum, in: 150 Jahre Lübecker Museen. Eine Festschrift, Lübeck 1950, S. 63.

71 Vgl. Lenz, Die anthropomorphen Affen, S. 5.

72 Vgl. Adressbücher der Stadt Offenbach 1870 und 1873; Signatur M 202, Haus der Stadtgeschichte Offenbach am Main. Museum und Archiv.

73 Lenz, Die anthropomorphen Affen, S. 6.

74 Vgl. Köstering, Natur zum Anschauen, S. 176.

75 Vgl. Lenz, Die anthropomorphen Affen, S. 10.

torischen Museums in Lübeck tätige Carl Julius Milde (1803–1875) sandte die Tiere nach Offenbach.[76]

Die Lübecker Präparate wurden klassisch taxonomisch aufgestellt, die Tierkörper wurden aus einem künstlichen Gestell modelliert und mit Füllmaterial ausgestopft. Über das Modell wurde die Tierhaut gezogen und vernäht.[77] Feinarbeiten wurden mit dem Aufbringen von Farbe und dem Einsetzen künstlicher Glasaugen ausgeführt. Schmidts genaues Vorgehen ist nicht dokumentiert. Neben fehlendem Vergleichsmaterial für die Aufstellung von Gorillas befand sich die Technik der Präparation am Beginn ihrer Entwicklung. Erst im ausgehenden 18. Jahrhundert war eine dauerhafte Erhaltung von Tierkörpern durch die Verwendung von Arsen und Alaun überhaupt möglich geworden. Im deutschsprachigen Raum lag ab 1815 eine erste Anleitung zur Taxidermie vor. Der Ornithologe und Präparator Johann Friedrich Naumann (1780–1857), dessen Vater der Amateurornithologe Johann Andreas Naumann (1744–1826) war, veröffentlichte mit seiner *Taxidermie oder die Lehre Thiere aller Klassen am einfachsten und zweckmässigsten für Naturaliensammlungen auszustopfen und aufzubewahren*[78] ein Standardwerk, welches erst 1869 durch den Tierpräparator Philipp Leopold Martin und dessen Lehrbuch abgelöst wurde. Naumanns Schwerpunkt lag auf der Präparation und Präsentation von Vögeln in Schaukästen. Der dauerhafte Erhalt der Tierkörper bereitete Probleme, Schimmel und Schädlinge zerstörten zahlreiche Bestände in privaten Sammlungen und Museen.[79] Seine eigene Sammlung präsentierte Naumann in zwei Räumen. Im ersten Raum zeigte er seine Technik der Präparation und legte Wert auf die exakte Aufstellung nach wissenschaftlicher Nomenklatur. In einem weiteren Raum stellte Naumann Schaukästen aus, deren Hintergründe bemalt und mit organischem Material ausgestaltet waren.[80] Naumann erkannte zu Beginn des 19. Jahrhunderts den Wert lebendiger Tierdarstellungen und verband Kunst, Technik und Wissenschaft in seiner privaten Sammlung.

Für große Säugetiere gestaltete sich das Aufstellen als herausfordernd. In Frankreich wandten Taxidermisten erstmalig den Aufbau eines Holzmodells als Grundstock für einen präparierten indischen Elefanten an. Ein Verfahren, das ab den 1830er Jahren von anderen Präparatoren übernommen wurde.[81] Die ersten Versuche zum Nachbau eines möglichst lebensechten Modells gingen von einzelnen Präparatoren aus, die mit verschiedenen Materialien und Chemikalien experimentierten. Ziel war die Nachahmung der Natur, die sich in der Stellung, der Präsentation des Körpers, und der Haltung, der Darstellung von Emotionen, der präparierten Tiere ausdrücken sollte.[82] Das Lübecker

---

76 Vgl. Rudolph Meyer, Der Gorilla. Mit Berücksichtigung des Unterschiedes zwischen Mensch und Affen und der neueren Umwandlungstheorie der Arten, in: Denkschrift des Offenbacher Vereins für Naturkunde, Offenbach 1863, S. 1.

77 Vgl. Köstering, Natur zum Anschauen, S. 160.

78 Johann Friedrich Naumann, Taxidermie oder die Lehre Thiere aller Klassen am einfachsten und zweckmässigsten für Naturaliensammlungen auszustopfen und aufzubewahren, 2. Auflage, Halle 1848.

79 Vgl. Ráček, Mumia Viva, S. 89.

80 Vgl. Wonders, Habitat Dioramas, S. 33.

81 Vgl. Herman ter Meer, Von der Taxidermie zur Dermoplastik, in: Arndt, W., Dermoplastik Einst und jetzt, in: Museumskunde 6 (1934), S. 20.

82 Vgl. Köstering, Natur zum Anschauen, S. 162–163.

Gorillamännchen präparierte Schmidt in aufrechter Stellung. Die linke Hand umgreift einen Baumstamm, die rechte Hand ist mit gespreizten Fingern nach vorn ausgestreckt, das Maul mit den markanten Zähnen weit aufgerissen [**Abb. 6**].

Abb. 6 (links): Fotografie von Johannes Nöhring, »TROGLODYTES GORILLA, mas adultus et juvenis. Ex Museo natur. Lubecensi.«

© Museum für Natur und Umwelt Lübeck, zur Verfügung gestellt von Dr. Susanne Füting, Direktorin.

Abb. 7 (rechts): Fotografie von Johannes Nöhring, »TROGLODYTES GORILLA, femina et juvenis. Ex Museo natur. Lubecensi.«

© Museum für Natur und Umwelt Lübeck, zur Verfügung gestellt von Dr. Susanne Füting, Direktorin.

Die Ausrichtung des Präparats auf der Fotografie lässt vermuten, dass der Gorilla frontal auf die Besucher blickte, die Hand nach ihnen greifend. Der Gorilla scheint zum Angriff aufgerichtet. Trotz der Menschenähnlichkeit, die der ausgestellte Schädel zwischen den Beinen des Tieres unterstrich, verzerrte die Gestik und Mimik den Eindruck. Die Aufstellung ließ das Tier ›fremd‹ und unberechenbar erscheinen. Neben dem Gorillamännchen hockte ein als Weibchen bezeichnetes Tier. Das Gorillaweibchen wurde in entspannter Stellung präpariert, die Beine auf dem Boden, die Arme neben dem Körper aufliegend. Dabei schaute es ebenfalls in Richtung der Besucher. Durch das geschlossene Maul machte es einen ruhigen Eindruck. Neben den beiden einzeln präparierten Tieren bildete ein präpariertes Weibchen mit Jungtier eine kleine Gruppe in Interaktion. Das Junge spielt auf einem Ast, die Mutter sucht seine Nähe, schützt es bei seinen ersten Kletterversuchen. Die Tiere waren in Interaktion miteinander verbunden [**Abb. 7**]. Nöhring fotografierte die Tiere seitlich, mit frontalem Blick auf das Jungtier und die zu den Füßen ausgestellten Schädel. Wie genau die vier Präparate in den Vitrinen präsentiert und zueinander ausgerichtet wurden, lässt sich nicht rekonstruieren. Die Fotografien von

1867 wurden nicht in den Ausstellungsräumen aufgenommen. Auf den Aufnahmen stehen die Präparate auf einer Bank, der Hintergrund ist notdürftig mit Tüchern verdeckt. Laut dem späteren Direktor Lenz besaß Schmidt keine schriftlichen oder bildlichen Vorlagen. Aus der Zeit ihrer ersten Ausstellung in Lübeck existieren keine Beschreibungen, in welchen Räumen oder neben welchen Objekten sich die Präparate befanden.

Eine weitere Abbildung des Gorillaweibchens mit Jungtier gibt Aufschluss über das Umfeld, in dem Schmidt arbeitete [**Abb. 8**]. Als die Tiere in Offenbach präpariert wurden, nutzte der anwesende Arzt und Naturkundler Rudolph Meyer (1810–1876) die Gelegenheit, die Tiere vor Ort zu beschreiben und das Bild des Weibchens mit Jungtier, es handelte sich um eine nachkolorierte Fotografie, in seiner Veröffentlichung *Der Gorilla, mit Berüksichtigung des Unterschiedes zwischen Mensch und Affen und der neueren Umwandlungstheorie der Arten* 1863 abzudrucken. Anders als die späteren Aufnahmen der Präparate durch Nöhring, der den Hintergrund mit Tüchern unkenntlich machte und auf eine wissenschaftliche Nüchternheit verwies, zeigte die Darstellung der Präparate in Offenbach die Tiere in einem vermeintlich natürlichen Lebensraum. Ein künstlich hybrides Bild in mehrfacher Hinsicht. Die ausgestopften Tiere wurden in eine imaginierte Tropenwaldlandschaft eingefügt.

Meyer war Sohn des Medizinal- und Hofrates Dr. Bernhard Meyer (1767–1836), der neben seiner Tätigkeit als Apotheker und Zahnarzt eine umfangreiche ornithologische Sammlung aufbaute, die über die Stadtgrenzen hinaus Bekanntheit erlangte und etwa von Goethe besucht wurde. Zudem war er einer der Gründer der Senkenbergischen Naturforschenden Gesellschaft in Frankfurt a.M.[83] Rudolph Meyer wurde aktives Mitglied des Offenbacher Vereins für Naturkunde, der von 1859 bis 2022 existierte und eine eigene Sammlung im Isenburger Schloss unterhielt.[84] Die Ziele des Vereins umfassten bei der Gründung regelmäßige Versammlungen, Vorträge, den Aufbau einer Sammlung und Bibliothek.[85] Offenbach zeigte sich in der Mitte des 19. Jahrhunderts im Zuge der industriellen Revolution als rege Wirtschaftsstadt in Konkurrenz und Austausch zu der freien Reichsstadt Frankfurt a.M.[86] und galt als bedeutender Standort der Lithografie,[87] dem Verfahren, das unter anderem bei der Vervielfältigung zoologischer Tierbilder angewandt wurde, und Zentrum der Lederverarbeitung. Aus diesem Umfeld stammte der Präparator Schmidt.

---

83 Vgl. Unbekannter Künstler: Bildnis Dr. Bernhard Mayer, https://www.offenbach.de/microsite/haus_der_stadtgeschichte/sammlungen/unbekannter-kuenstler-b-ldnis-dr.bernhard-mayer.php vom 03.09.2023.

84 Vgl. Offenbacher Verein für Naturkunde, https://www.ovfn.de/der-verein.html vom 15.11.2019.

85 Vgl. Georg Wittenberger, Der Offenbacher Verein für Naturkunde, Offenbach 1984, S. 10.

86 Jürgen Eichenauer, Offenbach entwickelt sich stürmisch. Von der Industrie- zur Designstadt, https://www.offenbach.de/gaeste/stadtgeschichte/geschichte-offenbach/offenbach-von-der-industrie-zur-designstadt.php vom 08.09.2023.

87 Vgl. Namensgeber Alois Senefeder, https://www.offenbach.de/buerger_innen/stadtteile-quartiersmanagement/senefelderquartier/namensgeber-alois-senefelder.php vom 08.09.2022.

Abb. 8: Rudolph Meyer, Der Gorilla. Mit Berücksichtigung des Unterschiedes zwischen Mensch und Affen und der neueren Umwandlungstheorie der Arten, in: Denkschrift des Offenbacher Vereins für Naturkunde, Offenbach 1863, Tafel I, Figur I.

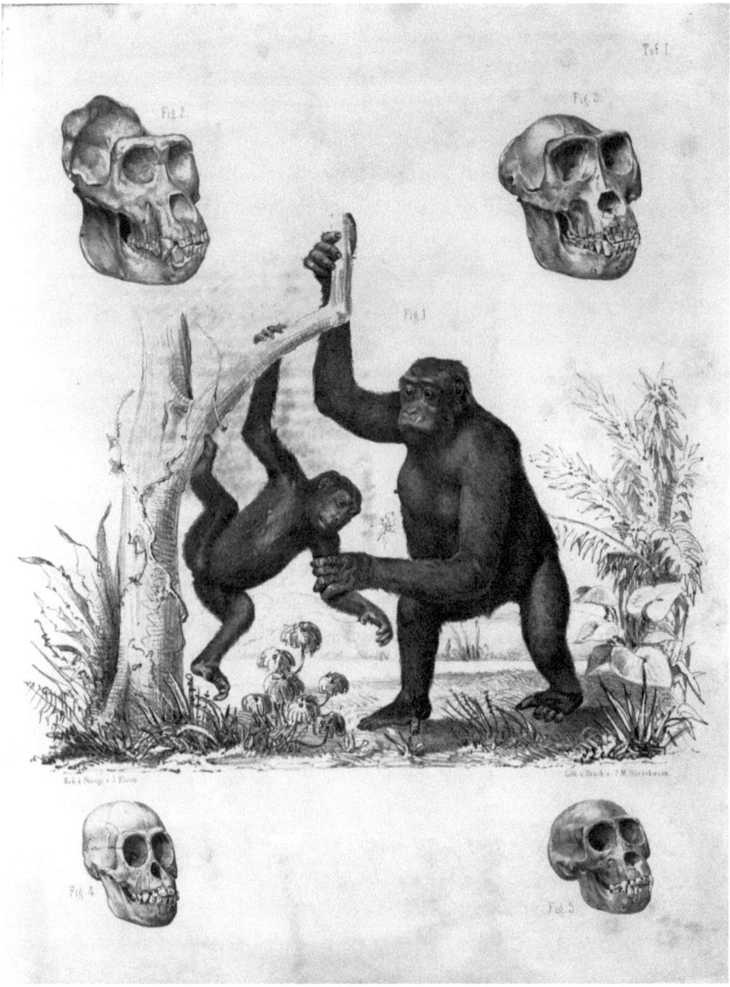

Münchener Digitalisierungszentrum, Staatliche Bibliothek Passau, Signatur: S 5/a Ynb 9, urn:nbn:de:bvb:12-bsb11339188-6.

Die ersten Gorillas in Deutschland wurden in einer Stadt präpariert und beschrieben, die von einer lebendigen, vermögenden und gebildeten Bürgerschaft geprägt war, deren Oberschicht aktiv an den neuesten naturwissenschaftlichen Diskursen teilnahm und im intensiven Austausch mit anderen naturwissenschaftlichen Vereinen stand. Das Hessische Landesmuseum Darmstadt, ganz in der Nähe Offenbachs gelegen und ab 1874 Wohn- und Arbeitsort Schmidts, besaß vor der Ankunft der Lübecker Präparate in Offenbach ein vollständiges Gorillaskelett, das die Pariser Naturalienhandlung Maison Verreaux dem Museum für 1800 Frances verkauft hatte[88] und eventuell weiteres Studienmaterial bot. Jules Verreaux (1807–1873) war der Leiter und Präparator der Naturalienhandlung und präparierte häufig dramatische Tierszenen. Zu seiner Arbeit zählte unter anderem der Angriff eines Löwen auf einen arabischen Reiter, die Darstellung wurde auf der Weltausstellung 1867 in Paris ausgezeichnet.[89] Die Partizipation am wissenschaftlichen Diskurs der Zeit galt als Selbstverständnis und Ausdruck eines bürgerlichen Lebensstils.[90]

Innerhalb des Offenbacher Vereins für Naturkunde richteten die Mitglieder unterschiedliche naturwissenschaftliche Sektionen ein, die zoologische übernahmen Rudolph Meyer und der Präparator Wilhelm Schmidt.[91] Meyer und Schmidt standen demnach in persönlichem Kontakt. Obwohl Lenz 1876 darauf verwies, dass Schmidt über keine Vorlagen für seine Präparate verfügte, schrieb Meyer 1863:

> »Ich selbst verschaffte mir aus London die ausgezeichnete Broschüre »On the Gorilla« von R. Owen, welche als Appendix dem Werke des berühmten Meisters »On the Classification and Geographical Distribution of the Mammalia« […] angeführt ist und in Deutschland fast ganz unbekannt zu sein scheint. Ich bekenne es auch, diesem Werke hauptsächlich gefolgt zu sein, und mich hierauf ganz besonders gestützt zu haben.«[92]

Zu der Zeit als Schmidt die Gorillas, die zwischen 1861 und 1865 von Gabun über Lübeck nach Offenbach und zurück nach Lübeck reisten, präparierte, informierte Meyer sich intensiv über den aktuellen Stand der Forschung. Es ist anzunehmen, dass Schmidt über den Kontakt mit Meyer an dem zirkulierenden Wissen über Gorillas partizipierte und es in seine Präparationen einfloss. Welche Beschreibungen, Darstellungen und Präparate existierten in London und Paris, nachdem in den 1850ern die ersten Gorillas angekommen waren? Mit welchen Methoden hatten sie die Wissenschaftler erfasst? Welches Wissen zirkulierte über die Tiere, auf das der Präparator Schmidt in Offenbach über Meyer hätte zurückgreifen können?

3.3.2 Das Unbekannte darstellen

Das ausgewachsene Gorillamännchen,[93] das Owen im Jahr 1858 erhielt, hatten afrikanische Jäger erlegt und weiter an die Küste transportiert, wo es in einem Fass mit Weingeist konserviert wurde. Das Exemplar befand sich bei seiner Ankunft in London durch die ungenügende Präparation in einem schlechten Zustand. Die obere Hautschicht samt Fell hatte sich gelöst und der sich zersetzende Körper verströmte einen Verwesungsgeruch. Ein ganzer Mitarbeiterstab war zur Bearbeitung und Erfassung des Kadavers nötig. Neben Owen waren der Zoologe, Präparator und spätere Direktor des Londoner

88 Vgl. Meyer, Der Gorilla, S. 8.

89 Vgl. Albrecht, Bilder aus dem Tierleben, S. 188.

90 Vgl. Rebekka Habermas, Frauen und Männer des Bürgertums. eine Familiengeschichte (1750 – 1850), Göttingen 2000, S. 331.

91 Vgl. Wittenberger, Der Offenbacher Verein, S. 14.

92 Meyer, Der Gorilla, S. 1.

93 Vgl. Owen, Contributions to the Natural History of the Anthropoid Apes, S. 243–284.

Zoos Abraham Dee Bartlett (1812–1897) und der deutschstämmige Tiermaler Joseph Wolf (1820–1899) unter den Anwesenden. Um das Äußere des Tieres exakt zu dokumentieren, wurde es fotografiert und gezeichnet.[94] Owen berichtete:

> »As the parts which were stripped of their natural covering were in a condition to afford an instructive comparison with the naked body of Man, I was glad to receive the aid of the graphic skill of Mr. Joseph Wolf in securing the characteristic outline –views given in Plate XLVI.«[95]

Wolf war 1848 nach London gekommen und trotz seiner nicht vorhandenen Kunstausbildung auf Empfehlung zum Hauptillustrator der *Transactions of the Zoological Society of London* berufen wurden.[96] Durch seine umfangreichen Kontakte, darunter Alfred R. Wallace und Darwin,[97] und den daraus resultierenden Aufträgen, galt er als erster Künstler des 19. Jahrhunderts, der sich ausschließlich über seine Tiermalerei finanzieren konnte.[98] Großbritannien und besonders London bildeten für Wolf ein spannendes Tätigkeitsumfeld als europäisches Zentrum der Naturwissenschaften, das nicht nur ihn, sondern weitere deutsche Naturwissenschaftler und Naturalienhändler anzog.[99] Er fertigte die ersten Skizzen kurz nach dem Öffnen des Fasses an [**Abb. 9**].

Da sich die britischen Gelehrten im Besitz von Skeletten und Schädeln befanden, legte Wolf in Abstimmung mit Owen seinen Fokus auf die nächste Schicht des Tierkörpers. Er erfasste die Muskeln und Sehnen und stellte mögliche Bewegungsabläufe nach. Dabei brachte er den Tierkörper mithilfe von Podesten und Stangen für seine Zeichenstudien in Position, die er auf den Skizzen andeutete, um Bewegungen zu simulieren. Das Zusammenspiel von Zeichnungen mit hohem wissenschaftlichem Anspruch und fotografischen Detailaufnahmen versprach eine exakte Erfassung der anatomischen Verhältnisse, den Charakteristika des Tieres, wie Owen sie bezeichnete.[100] Durch den fortgeschrittenen Verwesungsprozess war eine Untersuchung der inneren Organe nicht möglich. Auf Wunsch Owens präparierte Bartlett den Balg und stellte ihn im Crystal Palace, ein im Zuge der Weltausstellung 1851 in London errichtetes Ausstellungsgebäude, aus. Das Skelett setzte Owen persönlich zusammen.[101] In seinen wissenschaftlichen Ausführungen vor der Zoological Society of London nutzte Owen die Zeichnungen Wolfs, um die Frage zu klären, ob Schimpanse oder Gorilla dem Menschen näherstand.[102]

---

94 Vgl. Ebd., S. 282.

95 Ebd., S. 245.

96 Vgl. Karl Schulze-Hagen, Art versus science, in: Ders.; Armin Geus (Hg.), Joseph Wolf (1820–1899). Tiermaler, Marburg 2000, S. 219.

97 Vgl. Christine E. Jackson, Fünfzig Jahre in London, in: Karl Schulze-Hagen; Armin Geus (Hg.), Joseph Wolf (1820–1899). Tiermaler, Marburg 2000, S. 236.

98 Vgl. David M. Lank, Wolfs naturkundliche Illustrationen, in: Karl Schulze-Hagen; Armin Geus (Hg.), Joseph Wolf (1820–1899). Tiermaler, Marburg 2000, S. 146.

99 Vgl. Ulrike Kirchberger, German Overseas Interests in Mid-Nineteenth-Century Britain, in: John R. Davis (Hg.), Transnational Networks. German Migrants in the British Empire, 1670 – 1914, Leiden u.a. 2012, S. 59–78.

100 Vgl. Owen, Contributions to the Natural History of the Anthropoid Apes, S. 243.

101 Vgl. Meyer, Der Gorilla, S. 24.

102 Vgl. Owen, Contributions to the Natural History of the Anthropoid Apes, S. 244.

Abb. 9: »Troglodytes Gorilla«, in: Richard Owen, Contributions to the Natural History of the Anthropoid Apes, No. VIII. On the External Characters of the Gorilla (Troglodytes Gorilla, Sav.), in: Transactions of the Zoological Society of London 5 (1866), Tafel 46.

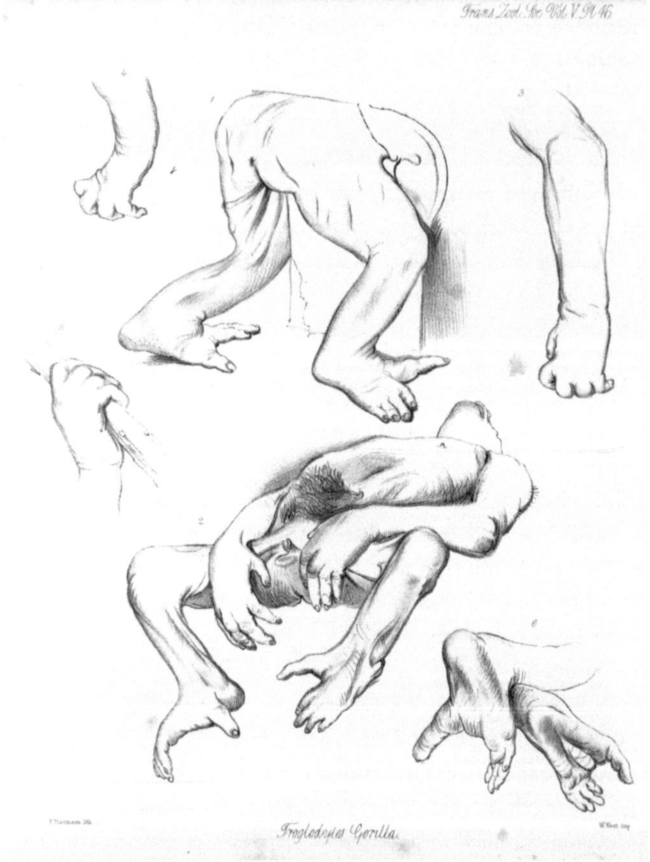

Niedersächsische Staats- und Universitätsbibliothek Göttingen, Signatur: 4 ZOOL I, 1610 RARA.

Die Frage nach dem Verhältnis von Menschenaffen und Menschen und damit der Stellung des Menschen im Tierreich war kurz vor Darwins Veröffentlichung der *Origins of Species* 1859 von zentralem Interesse für den Morphologen Owen. Das Verhältnis Owens zu den Theorien Darwins wird in der aktuellen Forschung unterschiedlich und als teilweise weniger abwertend bewertet.[103] Owen, der in seiner Arbeit *On the Nature of Limbs* aus dem Jahr 1849 morphologisch-vergleichende Überlegungen am Beispiel von Vordergliedmaßen verschiedener Wirbeltiere und deren Baupläne anstellte,[104] verwarf später

103 Vgl. Johnson, Charles Darwin, S. 45; Rupke, Richard Owen, S. 179.

104 Vgl. Cosans, Owen's Ape & Darwin's Bulldog, S. 39–42.

Darwins Gedanken der Abstammung des Menschen von einem animalischen Vorgänger.[105] Er suchte nach naturkundlichen Gesetzmäßigkeiten, die mit seinem Glauben an einen göttlichen Schöpfer zu vereinbaren waren. Neben den anatomischen Unterschieden sicherte die Entwicklung des Gehirns aus Owens Sicht dem Menschen ein Alleinstellungsmerkmal in der Natur zu. Über diese Annahme geriet Owen mit Thomas Henry Huxley in einen Disput. Während Huxley den Standpunkt vertrat, Menschenaffen stünden den Menschen in ihrer Entwicklung näher als anderen Affenarten, versuchte Owen, die Einzigartigkeit des Menschen durch die Beschreibung des Hippocampus minor, einer Gehirnwölbung, die seiner Überzeugung nach nur beim Menschen vorkam, zu belegen, und wies ihnen im biologischen System eine eigene Ordnung zu. Die Auseinandersetzung fand zwischen den Jahren 1860 bis 1862 statt, wobei Huxley den Streit durch die Entdeckung der Gehirnwölbung beim Menschenaffen für sich entscheiden konnte und 1863 seine Arbeit *Evidence as to Man's Place in Nature* veröffentlichte.[106] Darin verband er erstmals paläontologische Funde von Hominiden mit der Entwicklungsgeschichte des Menschen. Das Titelbild seiner Arbeit suggerierte eine Abstammungslinie und führte zu der vereinfachten Aussage, der Mensch stamme vom Affen ab [**Abb. 10**].

Abb. 10: Thomas Henry Huxley, Zeugnisse für die Stellung des Menschen in der Natur. Drei Abhandlungen, Braunschweig 1863, Abbildung 1.

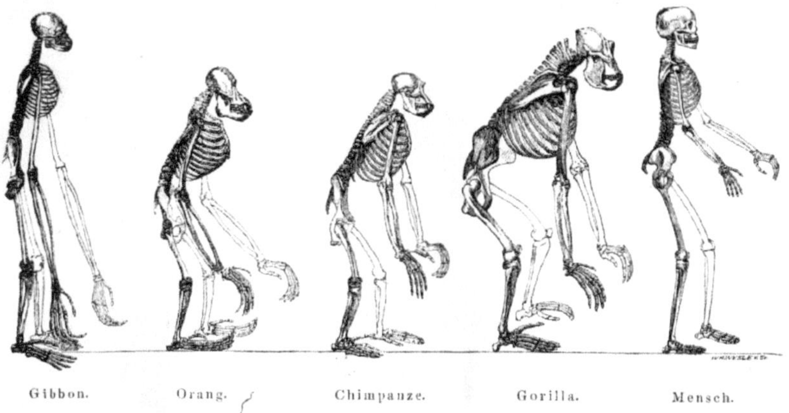

Photographisch nach Abbildungen in natürlicher Grösse reducirt (mit Ausnahme des Gibbonskelets, welches in doppelt natürlicher Grösse war), die Zeichnungen von Mr. Waterhouse Hawkins nach Exemplaren im Royal College of Surgeons.

Niedersächsische Staats- und Universitätsbibliothek Göttingen, Signatur: 8 ZOOL XI, 708.

Huxley betonte, dass es sich dabei nicht um einen noch lebenden Menschenaffen handelte, indem er sich intensiv mit den ihm bekannten menschlichen Fossilien ausein-

105 Vgl. Giovanni Camardi, Richard Owen, Morphology and Evolution, in: Journal of the History of Biology (34, 2001), S. 481–515.

106 Vgl. Huxley, Zeugnisse für die Stellung des Menschen in der Natur, S. 128–133; Hochadel, Darwin in the Monkey Cage, S. 87.

andersetzte.[107] Durch die öffentlich ausgetragene Debatte zwischen Huxley und Owen erlangten beide über wissenschaftliche Kreise hinaus Bekanntheit. An der Auseinandersetzung im Zuge der Evolutionstheorie Darwins partizipierten Wissenschaftler und naturkundlich Interessierte in ganz Europa. Darstellungen von Menschenaffen begleiteten die Diskussion visuell. Bis heute erfreut sich das Motiv aus Huxleys Schrift großer Beliebtheit. Die Schlagwortsuche »T-Shirt Evolution« liefert bei einem bekannten amerikanischen Versandhandel eine ganze Bandbreite von Oberbekleidung, die vielfältige Themen auf amüsante Art und Weise mit der Evolution und Huxleys ikonischer Darstellung verbinden.

Die Ankunft und Präparation der Lübecker Gorillas in Offenbach fiel in die Zeit der Debatte um die Stellung des Menschen zwischen Owen und Huxley. Meyer nutzte die Gelegenheit der Nähe zu den Präparaten, um in einer international für Aufsehen sorgenden, wissenschaftlichen Auseinandersetzung, Stellung zu beziehen, wobei er Owen zustimmte, und die Einzigartigkeit des Menschen betonte.[108]

Wie die genaue Verortung des Menschen ins Tierreich, die die Zoologie nicht erst seit Darwin beschäftigte, waren der Lebensraum und die Verhaltenswesen der afrikanischen Menschenaffen und besonders des Gorillas in Europa weitestgehend unklar. Owen bemühte sich, die verfügbaren Berichte in seine Beschreibungen einfließen zu lassen. Dabei war er auf die Hilfe des französischen Abenteurers, Afrikareisenden und bald schon als Gorillajäger bezeichneten Paul Belloni Du Chaillu (1835–1903) angewiesen. Du Chaillu wuchs als Sohn eines französischen Kaufmannes im Jugendalter bei dem Missionar Wilson, der Savage später über den Gorillaschädel informierte,[109] am Gabun auf. Er wurde von Missionaren unterrichtet und war mit der regionalen Bevölkerung und deren Sprachen nach eigener Aussage vertraut.[110] Ab 1851 unternahm er private Reisen in das Landesinnere und segelte 1855 mit den gesammelten Objekten nach Amerika.[111] Im Jahr 1855 erhielt er von der Academy of Natural Sciences in Philadelphia den Auftrag die »*terra incognita* [Herv. i.O.]«[112] Afrikas weiter zu erkunden und besonders nach »*fierce, untameable*«[113] Gorillas zu suchen. Über drei Jahre hielt er sich nördlich und südlich von Libreville (heute Hauptstadt von Gabun) auf und gelangte, nach eigenen Angaben, 500 km ins Landesinnere.[114] Er erwies sich als eifriger Jäger und Berichterstatter und versorgte London und weitere Museen ab der zweiten Hälfte der 1850er und in den 1860er Jahren

107 Vgl. Huxley, Zeugnisse, S. 135–157f.

108 Vgl. Meyer, Der Gorilla, S. 54.

109 Vgl. Gott; Weir, Gorilla, S. 41.

110 Vgl. Paul Belloni Du Chaillu, Explorations & Adventures in Equatorial Africa, London 1861, S. 2, https://archive.org/details/explorationsadv01chaigoog/page/n26 vom 18.04.2024; Hermann Wagner, Die neuesten Entdeckungsreisen an der Wetküste Afrika's. Mit besonderer Berücksichtigung der Reisen und Abenteuer, Handels- und Jagdzüge von Paul Belloni du Chaillu im äquatorialen Afrika, sowie von Ladislaus Magyar in Benguela und Bihe und C. Joh. Andersson am Okavango-Flusse, Leipzig 1863, S. 51.

111 Vgl. Wagner, Die neuesten Entdeckungsreisen an der Wetküste Afrika's, S. 51.

112 Du Chaillu, Explorations & Adventures, S. 1.

113 Ebd.

114 Vgl. Jürg Schneider, Bruder oder Bestie? Die »Entdeckung« des Gorillas im 19. Jahrhundert, in: Ders.; Basel Museum der Kulturen; Ute Röschenthaler; Bernhard Gardi (Hg.), Fotofieber. Bilder aus West- und Zentralafrika. Die Reisen von Carl Passavant 1883–1885, Basel 2005, S. 210.

regelmäßig mit Präparaten oder nutzte sie für eigene Vortragsreisen durch Europa und die USA.[115] Dank Du Chaillu konnte das Naturkundemuseum in Melbourne eine erste Gorillafamilie, bestehend aus Männchen, Weibchen und einem Jungtier, inszenieren. Ob die Tiere tatsächlich verwandt waren, ist zweifelhaft.[116] In Melbourne wurde eine Familiengruppe gezeigt, die bis heute unter der Inventarnummer 17754 der Museum Victoria Collection verwahrt wird. Ein männlicher Gorilla steht auf einem Hügel, das Weibchen schaut zu dem Männchen auf und streckt schützend ihren Arm zu dem Jungtier aus. Die in Melbourne ausgestellten Gorillas wurden in der Tagespresse abgedruckt, als es zu einer wissenschaftlichen Auseinandersetzung zwischen dem Mediziner der Universität Melbourne George Britton Halford (1824–1910) und Thomas Henry Huxley, um die Frage kam, ob Affen vier- oder zweihändig seien. Halford sah Affen als vierhändig und kritisierte Huxley, wichtige Beweise übersehen zu haben und damit das Verhältnis zwischen Mensch und Menschenaffe falsch bewertet zu haben. Die Frage stand seit Blumenbach im Raum. Eine Zweihändigkeit des Gorillas hätte das Alleinstellungsmerkmal des Menschen aufgehoben. Halford nutzte die Diskussion, um als Wissenschaftler in einer britischen Kolonie über deren Grenze hinaus, Beachtung zu finden.[117]

Ähnliche Motive verfolgte Du Chaillu und sprach auf seinen Reisen vor heterogenem Publikum, vor ›Laien‹ und Wissenschaftlern, und stellte eigene Überlegungen zu weiteren Arten von Anthropoiden in Afrika an. 1861 präsentierte er vor der Boston Society of Natural History eine vermeintlich durch ihn neu entdeckte Art und benannte sie Troglodytes calvus.[118] Du Chaillu, selbst kein studierter Zoologe, griff aktiv in die wissenschaftliche Nomenklatur ein. Sein praktisch erlangtes Wissen über Gorillas erhob ihn zu einem Experten über die führenden europäischen Zoologen der Zeit.

Owen gab Du Chaillus Jagdgebiete als typisches »*Gorilla Land*«[119] an, »*a richly or densely wooded extent of the western part of Africa, traversed by the tributaries of the rivers Gaboon, Muni or Danger, and Fernandes Vas, extending from the equator to from 10° to 15° northward and southward.*«[120]

Neben der kartografischen Angabe verband sich die Verortung der Tiere mit europäischen Raumvorstellungen von Afrika. Das Bild afrikanischer Tropenwälder, geprägt von populären Reisebeschreibungen eines Abenteurers, mit der Hoffnung auf Erkundung und vollständiger wissenschaftlicher Erfassung der Gebiete, fand weite Verbreitung und zeigte sich in der Einbindung der Lübecker Präparate in eine Waldszenerie.

Beim Öffnen der Mägen von getöteten Gorillas fand Du Chaillu vegetarische Nahrungsreste.[121] Das gewonnene Wissen relativierte er durch die geäußerte Annahme, Gorillas würden aufgrund ihrer Gebissanatomie und Angriffe auf Menschen Fleisch essen, die er medial verbreitete. Da Du Chaillu die Tiere nicht über einen längeren Zeitraum

115 Vgl. Wagner, Die neuesten Entdeckungsreisen, S. 52.

116 Vgl. Gott; Weir, Gorilla, S. 44; Ross, The Animal Body as Medium, S. 113.

117 Vgl. Barry W. Butcher, Gorilla Warfare in Melbourne. Halford, Huxley and ›Man's Place in Nature‹, in: Roderick W. Home (Hg.), Australian Science in the Making, Cambridge u.a. 1988, S. 153–169.

118 Vgl. Paul Belloni Du Chaillu, June 6, 1860. Troglodytes Calvus, in: Proceedings of the Boston Society of Natural History VII (1861), S. 297.

119 Owen, Contributions to the Natural History of the Anthropoid Apes, S. 263.

120 Ebd.

121 Vgl. Ebd., S. 248.

beobachtete, sondern direkt erlegte, blieben deren Lebens- und Verhaltensweisen unbekannt. Die Inszenierung Du Chaillus als Jäger verband sich mit der Annahme eines fleischfressenden Gorillas, der als ebenbürtiger und gefährlicher Gegner stilisiert wurde. In der Folge wurden Menschenaffen in Zoologischen Gärten während des gesamten 19. Jahrhunderts mit fleischlicher Kost ernährt. In Du Chaillus zeitgenössisch kritisierten[122] Reiseberichten[123] *Explorations and adventures in Equatorial Africa* und *A journey to Ashango-Land and further penetration into Equatorial Africa* sowie seinen Vorträgen zeichnete er das Bild einer stets zum Angriff bereiten, sich wie ein Bär aufrichtenden und auf die Brust schlagenden Bestie [**Abb. 11**]. Die berühmte Phrase »*Kampfe um's Daseyn*«[124] entsprach der deutschen Übersetzung des »*struggle for existense*«[125] von Darwins *Origins of Species* und bestimmte die Vorstellung des Selektionsvorgangs als Kampf. Der Gorilla wurde zu einem bedrohlichen Gegner im Überlebenswettstreit der Arten stilisiert.

Abb. 11: »My First Gorilla«, in: Paul Belloni Du Chaillu, Explorations & Adventures in Equatorial Africa, London 1861, Abbildung 6, S. 71.

Niedersächsische Staats- und Universitätsbibliothek Göttingen, Signatur: 8 ITIN I, 3680.

---

122 Vgl. Joel Mandelstam, Du Chaillu´s stuffed Gorillas and the Savants from the British Museum, in: Notes and Records of the Royal Society of London, (48, 1994), S. 227–245; Wagner, Die neuesten Entdeckungsreisen, S. 53.

123 Zu Reiseberichten im Allgemeinen: Johannes Görbert, Die Vertextung der Welt. Forschungsreisen als Literatur bei Georg Forster, Alexander von Humboldt und Adelbert von Chamisso, Berlin u.a. 2014.

124 Darwin, Über die Entstehung der Arten, Drittes Kapitel, S. 65.

125 Charles Darwin, Origin of species, London 1859, Überschrift des 3. Kapitels, https://www.gutenberg.org/files/1228/1228-h/1228-h.htm#chap03 vom 09.09.2023.

Du Chaillu reagierte auf die Kritik an seinen Berichten mit der Überführung immer neuer Objekte. Sie dienten, neben ihrem monetären Wert, als Belege für die Echtheit seiner Schilderungen. Auf seiner zweiten Reise führte er eine Kamera mit sich.[126]

Seine Reisebeschreibungen arbeitete er 1867 in *Stories from the Gorilla Country* explizit für ein junges Lesepublikum auf[127] und beschrieb Jagden auf Gorillas, Leoparden, Elefanten, Nilpferde und Schlangen, Besuche bei afrikanischen Königen und Kannibalen, ›Fetische‹, Tornados und den Kampf des eigenen Körpers mit Fieberkrämpfen, der Natur und ständigem Hunger. Die Bezeichnung des ›Fetisches‹ stammt aus dem 17. Jahrhundert und wurde erstmals von in Afrika tätigen portugiesischen Missionaren für sakral aufgeladene afrikanische Objekte verwendet, in späteren Jahrhunderten wurde die Bezeichnung auf religiöse Dinge anderer Kulturen ausgeweitet. Im Kontext des Imperialismus wurde der Begriff zur Abwertung afrikanischer Traditionen und Kultvorstellungen herangezogen. Die Vorwürfe des ›Fetischismus‹ und Kannibalismus wurden zu einer Beschreibung der ›Anderen‹, des ›Fremden‹ und Unbekannten. Er verdeutlicht, dass Europäer vollkommen andere Vorstellungen und Maßstäbe anlegten, was religiösen und kulturellen Wert besaß.[128]

Damit deckte er die Bandbreite an Themen zeitgenössischer Reiseberichte ab, die das Bild über Afrika in Europa prägten. Gorillas waren nicht das alleinige Thema der Berichte, aber sie verliehen ihnen Spannung und lockten die Leserschaft.

Du Chaillu hatte in den 1850er Jahren eine Monopolstellung als Hauptlieferant der Berichte und Präparate über und von Gorillas inne. Von Beginn an verbanden sich wissenschaftliche Ziele mit dem Wunsch nach Unterhaltung. Zu dem Unterhaltungsrepertoire gehörte bei Du Chaillu der Verweis auf eine afrikanische Legende – der ausgewachsene männliche Gorilla verschleppe und missbrauche Afrikanerinnen.[129] Bereits Johann Friedrich Blumenbach berichtete über Menschenentführende Affen[130] und 1841 verbanden sich in der Figur eines mordenden Orang-Utans, Motive der Gewalt mit denen der Erotik in Edgar Allan Poes Kriminalgeschichte *Murders in the Rue Morgue*, als der Gorilla in Europa noch unbekannt war.[131] Du Chaillu betonte, dass er die Erzählung hörte, als er seinen afrikanischen Begleitern vortäuschte, zu schlafen. Für ihn der Beleg, dass es sich um keinen, für europäische Ohren erdachten Mythos handelte. Durch den Vermerk verlieh er seiner Aussage Authentizität. Ein Beispiel, wie die Berichte Du Chaillus das Bild der Öffentlichkeit prägten, stellten die Statuen des französischen Bildhauers Emmanuel Frémiets (1824–1910) dar, der insgesamt zwei Gorillaplastiken schuf. Die Erste stammte aus dem Jahr 1859. Sie zeigt einen laufenden Gorilla, der eine bewusstlose Frau trägt. Ob-

126 Vgl. Gott; Weir, Gorilla, S. 44.

127 Vgl. Paul Belloni Du Chaillu, Stories of the Gorilla Country. Narrated for Young People, New York 1867.

128 Vgl. Stefan Eisenhofer, Fetisch, in: Stefanie Samida; Manfred K. H. Eggert; Hans Peter Hahn (Hg.), Handbuch Materielle Kultur. Bedeutungen, Konzepte, Disziplinen, Stuttgart u.a. 2014, S. 206 und 208.

129 Vgl. Du Chaillu, Explorations & Adventures, S. 59.

130 Vgl. Harriet Ritvo, Calling the Wild, in: Joan B. Landes; Paula Young Lee; Paul Youngquist (Hg.), Gorgeous Beasts. Animal Bodies in Historical Perspective, University Park, Pa. 2012, S. 112.

131 Vgl. Gott; Weir, Gorilla, S. 41.

wohl der Sockel den Gorilla als »*Gorille Femelle*«,[132] also weibliches Tier auswies, löste die Darstellung während der Ausstellung in Paris einen Skandal aus. Die mögliche Vergewaltigung einer Frau durch einen Menschenaffen warf Fragen über sexuelle Beziehungen zwischen Menschen und Tieren auf und stellte die Rolle des Menschen im Tierreich in Frage. Stammte der Mensch tatsächlich von menschenaffenähnlichen Vorfahren ab, verbargen sich tierische Triebe womöglich noch immer im Menschen, so gängige Überlegungen.[133]

Das Skandalon muss im Kontext der allgemeinen Diskussion um die zu diesem Zeitpunkt erschienene Evolutionstheorie Darwins betrachtet werden, der den Bezug zum Menschen vermied. Diese Lücke ermöglichte Raum für Spekulationen in Wissenschaft und Öffentlichkeit, um die Abgrenzung des Menschen zum Tier und der Frage, was den Menschen überhaupt ausmachte. In diesem Kontext wurden Menschenaffen und besonders Gorillas in den 1850er und 1860er Jahren untersucht und ausgestellt.

Die emotionale Bindung zum Gorilla drückte Du Chaillu wie folgt aus: »*I felt almost like a murderer when I saw the gorillas this first time.*«[134] Damit setzte er sich in Bezug zu seiner Beute und grenzte sich von den afrikanischen Jägern ab, die die Tiere laut ihm ohne Reue erlegten. Seine Versuche einen lebenden Gorilla zu erwerben und nach Europa zu überführen, scheiterten mehrfach. Zwar kam er in den Besitz eines lebenden Tieres, aber das Jungtier Joe erwies sich als unzähmbar, so dass es nur in einem Käfig gehalten werden konnte und kurze Zeit später verstarb.[135] Da weitere Bemühungen, einen lebenden Gorilla nach Europa zu transportieren, misslangen,[136] war die Einfuhr von Präparaten umso bedeutender. Sie bildeten neben den Reisebeschreibungen und Zeichnungen, die einzige Möglichkeit einen visuellen Eindruck der Tiere zu erhalten.

In Paris, wo 1852 die ersten vollständigen Gorillakörper in Weingeistfässern eintrafen, hatten sich die Gelehrten bemüht, die Tiere mit allen ihnen zur Verfügung stehenden Mitteln zu dokumentieren.[137] Die Körper erreichten an Bord der Fregatte Eldorado Europa.[138] Durch die ungenügende Präparation blickte den Wissenschaftlern des Muséum national d'histoire naturelle unter der Leitung des Zoologen Isidore Geoffroy Saint-Hilaire (1805–1861) der übelriechende, halb verweste Kadaver eines ausgewachsenen Gorillas entgegen, dessen Fell sich zum Großteil von der Epidermis gelöst hatte und das aufstehende, schlaff herunterhängende Maul die überdimensionalen Eckzähne freilegte. Für das Aufstellen eines Vollpräparates konnte der Kadaver nicht verwendet werden. Saint-Hilaire nutzte die Präparate, um eine ausführliche Beschreibung aller im Museum verfügbaren Menschenaffen und seinen aktuellen Wissensstand wiederzugeben.

---

132 Abbildung bei: Ted Gott, Stowed Away. Emmanuel Frémiet's Gorilla Carrying off a Woman, in: Art Journal, (45, 2014), https://www.ngv.vic.gov.au/essay/stowed-away-emmanuel-fremiets-gorilla-carrying-off-a-woman-2-2/vom 18.04.2024.

133 Vgl. Artinger, Von der Tierbude, S. 98.

134 Du Chaillu, Explorations & Adventures, S. 61.

135 Vgl. Ebd., S. 205–210.

136 Vgl. Wagner, Die neuesten Entdeckungsreisen, S. 89.

137 Vgl. Saint-Hilaire, Description des Mammifères, S. 1–100.

138 Vgl. Ebd., S. 2.

Abb. 12: »GORILLE GINA, MALE ADULTE, Fac-simile des Daguerréotypes du Muséum d'histoire naturelle«, in: Isidore Geoffroy Saint-Hilaire, Description des Mammifères nouveaux ou imparfaitement connus de la collection du Muséum d'histoire naturelle et remarques sur la classification et les caractères des mammifères, in: Archives Muséum d'Histoire Naturelle 10 (1858), Tafel VI.

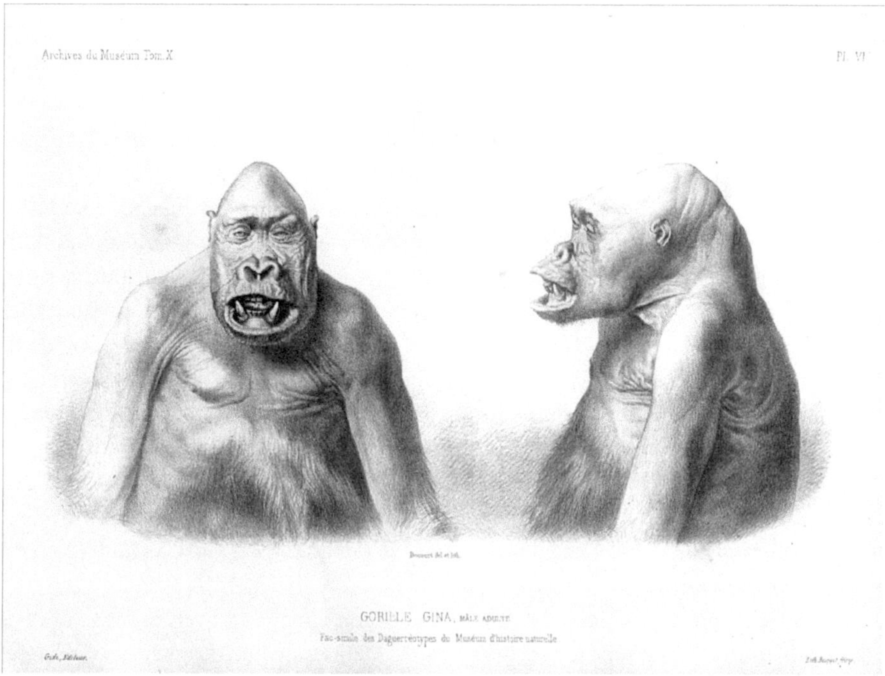

Niedersächsische Staats- und Universitätsbibliothek Göttingen, Signatur: 4 H NAT I, 3764.

Tafel VI [**Abb. 12**] zeigt Daguerreotypien, unter Verwendung von Metallplatten hergestellte Fotografien, aufgenommen durch den Museumspräparator Terreil (Lebensdaten unbekannt), die direkt nach der Ankunft des Affen aufgenommen wurden. Das Verfahren der Daguerreotypie wurde nach ihrem Erfinder, dem französischen Maler Louis Jacques Mandé Daguerre (1787–1851), benannt, der sie 1839 der Pariser Académie des sciences vorstellte.[139] Das wissenschaftliche Potenzial des Verfahrens wurde von Beginn an erkannt und genutzt. Da die französische Regierung die Rechte des Verfahrens unter Zahlung einer Leibrente erwarb, stand es jedem zur Verfügung[140] und gilt als »*Zäsur in der*

139 Vgl. Frank Heidtmann, Wie das Photo ins Buch kam. der Weg zum photographisch illustrierten Buch anhand einer bibliographischen Skizze der frühen deutschen Publikationen mit Original-Photographien, Photolithographien, Lichtdrucken, Photogravuren, Autotypien und mit Illustrationen in weiteren photomechanischen Reproduktionsverfahren. Eine Handreichung für Bibliothekare und Antiquare, Buch- und Photohistoriker, Bibliophile und Photographikasammler, Publizisten und Museumsleute. Berlin 1984, S. 11.

140 Vgl. Bernd Busch, Fotografie im 19. Jahrhundert. Kunst, Industrie, Wissenschaft, in: Wolfgang Hesse; Timm Starl (Hg.), Photographie und Apparatur. Der Photopionier Hermann Krone. Bildkultur und Phototechnik im 19. Jahrhundert, Marburg 1998, S. 11.

allgemeinen Mediengeschichte.«[141] Der einflussreiche deutsche Forschungsreisende Alexander von Humboldt, zu dieser Zeit in Paris tätig, berichtete Freunden und Kollegen von der technischen Möglichkeit und trug zur Verbreitung und Nutzung in Kunst und Wissenschaft bei.[142]

Die Aufnahmen des Gorillas zeigen, dass frühe fotografische Verfahren von Beginn an für wissenschaftliche Zwecke genutzt wurden. Zeichnungen, das traditionelle Wiedergabeverfahren innerhalb wissenschaftlicher Veröffentlichungen, ergänzten die Aufnahmen. Die Zeichnung von Tafel I [**Abb. 13**] zeigt einen aufrechtstehenden männlichen Gorilla, die von dem Zeichner Bocourt, es könnte sich dabei um Étienne-Gabriel Bocourt (1821–1913) handeln, anhand der genommenen Abgüsse des noch vollständigen Präparates angefertigt wurde.[143]

Die Ähnlichkeit zu den Daguerreotypien ist auffallend. Das aufstehende Maul des Präparates inspirierte Bocourt zur Darstellung des Tieres mit gefletschten Zähnen. Die aufrechte Stellung am Baum mit durchgestreckten Knien erinnert an die frühneuzeitlichen Zeichnungen von Orang-Utans und Schimpansen, gerade an Stöcken gehend. Die Darstellung einer lebendigen Umwelt täuschte über den Umstand hinweg, dass dem Künstler nur der Kadaver vorlag. Die Zeichnung des Gorillas war mehr von Unwissen geprägt als von der Wiedergabe wissenschaftlicher Fakten. Der tropische Regenwald, eigentlicher Lebensraum der Tiere, wurde durch eine weite, karge Landschaft ersetzt. Die Wiedergabe der Behaarung orientierte sich an dem schlecht erhaltenen Präparat, dessen Fell der Alkohol abgelöst hatte. Nicht das lebende Tier, sondern das tote bestimmte die bildliche Darstellung des Gorillas. Die Abbildung des Gorillas findet sich in Du Chaillus *Explorations & Adventures in Equatorial Africa* wieder. Auffallend ist, dass die Geschlechtsmerkmale des Tieres bei Du Chaillu hinter einem Blatt verborgen sind und der Gorilla in eine Waldszene eingebunden ist.[144] Die Darstellung erinnert an Gemälde im Stil der Garten Eden Ikonografie.

---

141 Thomas Kleinknecht, Die Fotografie. Ein neues Bildmedium im Wissenschaftspanorama des 19. Jahrhunderts, in: Berichte zur Wissenschaftsgeschichte 28 (2005), S. 106.

142 Vgl. Hans-Ulrich Lehmann, Fotografie in Dresden 1839–1917. Herman Krone in seinem Umfeld, in: Wolfgang Hesse; Timm Starl (Hg.), Photographie und Apparatur. Der Photopionier Hermann Krone. Bildkultur und Phototechnik im 19. Jahrhundert, Marburg 1998, S. 22; Albrecht, Bilder aus dem Tierleben, 2018, S. 67.

143 Vgl. Saint-Hilaire, Description des Mammifères, S. 98.

144 The Gorilla, in: Du Chaillu, Explorations & Adventures, Abbildung 1.

Abb. 13: »GORILLE GINA, GORILLA GINA, MALE ADULTE, 1/7e de grandeur naturelle«, in: Isidore Geoffroy Saint-Hilaire, Description des Mammifères nouveaux ou imparfaitement connus de la collection du Muséum d'histoire naturelle et remarques sur la classification et les caractères des mammifères, in: Archives Muséum d'Histoire Naturelle 10 (1858), Tafel I.

Niedersächsische Staats- und Universitätsbibliothek Göttingen, Signatur: 4 H NAT I, 3764.

Abb. 14: »Fig. 1 et 2. GORILLE GINA, JEUNE MALE, Fig. 3 et 4. CHIMPANZÉ, JEUNE MALE, d'après le vivant. Fac-simile des Daguerréotypes du Muséum d'Histoire naturelle«, in: Isidore Geoffroy Saint-Hilaire, Description des Mammifères nouveaux ou imparfaitement connus de la collection du Muséum d'histoire naturelle et remarques sur la classification et les caractères des mammifères, in: Archives Muséum d'Histoire Naturelle 10 (1858), Tafel VII.

Niedersächsische Staats- und Universitätsbibliothek Göttingen, Signatur: 4 H NAT I, 3764.

Saint-Hilaire arbeitete systematisch vergleichend, weitere Tafeln zeigten detaillierte Aufnahmen von frontalen und seitlichen Profilen ihm ebenfalls bekannter Menschenaffen. Auf Tafel VII handelt es sich bei Figur eins und zwei um einen jungen männlichen Gorilla, dessen Kadaver sich während der Überfahrt deutlich besser erhalten hatte [**Abb. 14**]. Diesem setzte Saint-Hilaire die Daguerreotypien eines jungen, männlichen Schimpansen, der zwischen 1848 und 1849 in der Menagerie des Museums gelebt hatte, gegenüber. Die Stellung des toten Gorillas wurde den Aufnahmen des lebenden Schimpansen angepasst. Saint-Hilaire verband die lebende Tiersammlung der Menagerie mit den zoologischen Überresten des Museums[145] und berichtete über die rasche Entwicklung der Fotografie. Der Schimpanse war im Zoo darauf dressiert wurden, für kurze Zeit still zu halten, damit qualitativ gute Aufnahmen gelangen. Gegenüber den Zeichnungen sah Saint-Hilaire deutliche Vorteile der Fotografie, da sie seiner Meinung nach, die Stellung und das Äußere lebender Tiere mehr der Realität entsprechend erfasste. Deshalb empfahl er das Verfahren zur wissenschaftlichen Dokumentation lebender Tiere.

Abb. 15: »CHIMPANZÉ, MALE ADULTE. Face, de grandeur naturelle«, in: Isidore Geoffroy Saint-Hilaire, Description des Mammifères nouveaux ou imparfaitement connus de la collection du Muséum d'histoire naturelle et remarques sur la classification et les caractères des mammifères, in: Archives Muséum d'Histoire Naturelle 10 (1858), Tafel VIII.

Niedersächsische Staats- und Universitätsbibliothek Göttingen, Signatur: 4 H NAT I, 3764.

145 Vgl. Saint-Hilaire, Description des Mammifères, S. 99.

Saint-Hilaire stellte die Aufnahmen des jungen Schimpansen im Oktober 1848 der Académie des sciences in Paris vor. Er beschrieb den Gorilla vergleichend zum Schimpansen, der dem Tier augenscheinlich nächst verwandten Art. Die Aufnahmen der beiden Jungtiere verdeutlichten seine Ergebnisse visuell. Mit seiner Beschreibung hielt er die Gemeinsamkeiten der Familie der Menschenaffen fest. Da sich das Pariser Museum im Besitz eines ausgewachsenen Männchens und eines Jungtiers befand, war es Saint-Hilaire möglich, auf die Variationen innerhalb einer Art zu verweisen.

Tafel VIII [**Abb. 15**] zeigt eine weitere Zeichnung Bocourts. Zu sehen ist ein etwa sechs Jahre alter Schimpanse, der von 1852 bis 1857 in der Pariser Menagerie lebte und das erste, annähernd ausgewachsene Tier in Europa zu diesem Zeitpunkt war.[146] Saint-Hilaire setzte die Zeichnung in Bezug zu dem ausgewachsenen männlichen Gorilla. Ähnelten sich die Jungtiere von Schimpanse und Gorilla in den Pariser Darstellungen durch das bewusste in Szene setzen der Tiere, waren die Unterschiede zwischen ausgewachsenem Gorilla und Schimpansen deutlich zu erkennen. Durch die Gegenüberstellungen versuchte Saint-Hilaire die anatomische Beziehung der Arten zueinander zu klären und die Position des Menschen zu verorten.

Die Fotografien, Zeichnungen, Abgüsse, präparierten Schädel, Skelette und Häute sowie Vermessungen wurden von Beginn an mit zugeschriebenen Verhaltensweisen ergänzt. Carl von Linné hatte ab der zehnten Auflage seiner *Systema Naturae* von 1758 dem Menschen je nach Herkunft bestimmte Charaktereigenschaften zu geschrieben. Der Asiate sei »*luridus, melancholicus, rigidus* [der Afrikaner galt ihm als] *niger, phlegmaticus, laxus*«.[147] Die Verbindung von Anatomie und Charaktereigenschaften wurde auf Menschenaffen übertragen. Noch innerhalb der Zootierhaltung gegen Ende des 19. Jahrhunderts galten Orang-Utans als Melancholiker, junge Gorillas als phlegmatisch und Schimpansen als verspielt.[148] Damit verbanden sich nicht nur im Hinblick auf den Menschen soziale mit morphologischen Eigenschaften. Bocourt nutzte seine künstlerische Freiheit und stellte dem furchteinflößenden Gorilla ein milde lächelndes Schimpansenporträt gegenüber. War die Zeichnung des Gorillas auf der Grundlage eines Präparates entstanden, hatte Bocourt im Fall des Schimpansen das lebende Tier vor Augen, dessen Verhalten über Jahre in der Menagerie beobachtet wurde und der Zeichnung eine lebendige Tiefe verlieh.

Saint-Hilaire setzte bei der wissenschaftlichen Erfassung von Menschenaffen durch neue visuelle Verfahren Maßstäbe, die in der Folgezeit europaweit nachgeahmt wurden. Dank eines breiten Kontaktnetzwerkes und der Menagerie verfügten die Pariser Zoologen über einen reichen Tierbestand lebender und toter Tiere.

Der Tiermaler Wolf verfolgte 1861 eine ähnliche Strategie wie der Naturgelehrte Saint-Hilaire und nutzte die ihm zugänglichen Präparate, deren fotografische Aufnahmen, seine existierenden Skizzen und die Beschreibungen Du Chaillus. Er fertigte zwei

---

146 Ebd.

147 Linné, Systema naturae, S. 21 und 22.

148 Vgl. Carl Nissle, Die menschenähnlichen Affen, in: Die Natur. Zeitung zur Verbreitung naturwissen-schaftlicher Kenntnis und Naturanschauung für Leser aller Stände 25 (2, 1876), S. 460.

Zeichnungen von Gorillas für Du Chaillu an, die die Treuhänder des British Museum 1866 erwarben und veröffentlichten.[149] Unklar ist, ob sie im Museum gezeigt wurden.

Abb. 16 (links): »Troglodytes Gorilla. mas adult«, in: Richard Owen, Contributions to the Natural History of the Anthropoid Apes, No. VIII. On the External Characters of the Gorilla (Troglodytes Gorilla, Sav.), in: Transactions of the Zoological Society of London 5 (1866), Tafel 43.

Niedersächsische Staats- und Universitätsbibliothek Göttingen, Signatur: 4 ZOOL I, 1610 RARA.

Abb. 17 (rechts): »Troglodytes Gorilla. fem et juv.«, in: Richard Owen, Contributions to the Natural History of the Anthropoid Apes, No. VIII. On the External Characters of the Gorilla (Troglodytes Gorilla, Sav.), in: Transactions of the Zoological Society of London 5 (1866), Tafel 44.

Niedersächsische Staats- und Universitätsbibliothek Göttingen, Signatur: 4 ZOOL I, 1610 RARA.

Das Bild auf Tafel XLIII [**Abb. 16**] zeigt einen ausgewachsenen männlichen Gorilla mit aufgerissenem Maul und frei liegenden Eckzähnen. Die Darstellung erinnert an die Zeichnung Bocourts aus Paris. Wolf wählte eine andere Stellung des Tieres, die den Gorilla lebendiger erscheinen ließ, was auf seine intensiven Bewegungsstudien zurückzuführen ist. Steht das Pariser Männchen aufrecht gestreckt, zeichnete Wolf den Gorilla in einer gebeugten Stellung, das Verhältnis zwischen Arm- und Beinlänge realistischer wiedergebend. Der fortgeschrittene Verwesungsstatus der Tiere in London und Paris machte eine wirklichkeitsnahe Darstellung unmöglich, daher ähnelte sich deren Optik, die nachlassende Elastizität der Gesichtsmuskulatur ließ Wolf einen männlichen Gorilla mit aufgerissenem Maul zeichnen. Die Beschreibungen Du Chaillus von angriffslustigen Gorillas dienten der Rückversicherung und Beglaubigung für die Darstellung der Tiere. Gefletschte Zähne erschienen als arttypischer charakteristischer Ausdruck des Gorillas. Der unbekannte Lebensraum der Tiere wurde lediglich angedeutet.

149 Vgl. Owen, Contributions to the Natural History of the Anthropoid Apes, S. 282.

Eine vollkommen andere Darstellung des Gorillas zeigt Tafel XLIV [**Abb. 17**]. Ein Weibchen sitzt auf der Erde, das Jungtier schützend im Schoß haltend und Obst fressend. Dabei handelte es sich um eine der Ananas ähnlichen Frucht, die Du Chaillu als Speise des Gorillas erwähnte.[150] Owen schilderte 1859 in Rückgriff auf die Berichte Du Chaillus eine Szene, in welcher ein Gorillaweibchen seine Jungtiere umsorgte und diese vor dem Menschen schützte.[151] Weibliche Tiere beschrieb Du Chaillu sehr viel positiver und im Hinblick auf ihre Mütterlichkeit menschlicher, was sich in den ersten Bildern und Präparaten der Tiere widerspiegelte.

Die Beschreibungen Du Chaillus von der vierhändigen Fortbewegung und vegetarischen Kost der Tiere überführte Wolf in eine idyllische Familienszenerie. Ähnlich wie andere Affenarten, die Wolf im von ihm häufig besuchten Londoner Zoo studierte,[152] zeichnete er den Gorilla nicht als bedrohlichen Einzelgänger, sondern als ein in familiärer Gemeinschaft lebendes Tier. Die Darstellung deckte sich mit den Berichten Du Chaillus, der zumeist auf kleinere Gruppen der Tiere stieß. Im Hintergrund entfernt sich ein weiteres Tier auf allen Vieren von der Gruppe. Wolf griff auf seine Bewegungsstudien am toten Tierkörper zurück. Trotz der Bemühungen, das Aussehen und die Lebensgewohnheiten so exakt wie möglich wiederzugeben, wird aus heutiger Sicht das fehlende Wissen um das Aussehen der Tiere deutlich. Die Zeichnung des Männchens auf Tafel XLIII weist Ähnlichkeiten mit einem aufgerichteten Bären auf und die niedrige Stirn des Gorillaweibchens auf Tafel XLIV erinnert an die Proportionen von Schimpansen.[153]

Du Chaillus Berichte gaben keine exakten Beschreibungen der Zusammensetzung der Gruppe wieder. Wolf zeichnete die Tiere vor dem Hintergrund seiner Sozialisierung und mit dem wissenschaftlichen Anspruch, die Bandbreite der Art durch die Darstellung der Geschlechter und des Alters zu zeigen. Die Szene verdeutlicht das stereotype bürgerliche Familien- beziehungsweise Geschlechterbild zur Mitte des 19. Jahrhunderts. Das Bild der Familie, in der die emotional geleitete Frau für das innerhäusliche und die Fürsorge der Kinder und der sachliche Mann für die Erwerbsarbeit und die außerhäusliche Repräsentation der Familie zuständig ist, wurde stetig in der Öffentlichkeit als Ideal reproduziert.[154] Das Weibchen hält das Jungtier schützend in seinem Schoß und füttert es mit Früchten. Das Männchen entfernt sich, vielleicht zur Nahrungsbeschaffung oder zum Schutz der Gruppe. Die Gegenüberstellung von Mensch und Tier funktionierte in beide Richtungen. Verband sich mit der beschriebenen Wildheit der Tiere die Frage nach der Animalität des Menschen, übertrug Wolf idealtypische Vorstellungen des bürgerlichen Sozial- und Familienlebens auf die Tiere. Dass Gorillas nicht dem Bild einer idealen Kleinfamilie entsprechen, sondern meist in größeren Gruppen von Weibchen mit einem dominanten Männchen zusammenleben, klärte die Freilandforschung um Diane Fossey

---

150 Vgl. Hartmann, Die menschenähnlichen Affen, S. 18.

151 Vgl. Richard Owen, On the Classification and Geographical Distribution of the Mammalia, Being a Lecture on Sir Robert Reade's Foundation, London 1859, S. 90.

152 Vgl. Karl Schulze-Hagen, Zoological Society, Zoo, zoologische Forschung, in: Ders.; Armin Geus (Hg.), Joseph Wolf (1820–1899). Tiermaler, Marburg 2000, S. 190.

153 Vgl. Julia Voss, Zoologische Gärten, Tiermaler und die Wissenschaft vom Tier im 19. Jahrhundert, in: Christiane Groeben (Hg.), Stätten biologischer Forschung, Berlin 2005, S. 238.

154 Vgl. Habermas, Frauen und Männer des Bürgertums, S. 316.

erst ab den 1960ern. Wolf bemühte sich anhand spärlicher Berichte und wenigen Materials, Realität zu erzeugen und das Unbekannte darzustellen. Er verstand sich als Künstler und Wissenschaftler und eröffnete mit seinen Bildern neue Perspektiven auf Tiere, die den anatomisch arbeitenden Zoologen bisher verborgen geblieben waren.[155]

Die Berichte und Bilder Du Chaillus, seine Vortragstätigkeit sowie die Beschreibungen und Darstellungen der Tiere aus Paris und London prägten den Blick von Wissenschaft und Öffentlichkeit auf die Tiere in den folgenden Jahrzehnten. Vorstellungen über Gorillas setzten sich aus Präparaten, Berichten, Zeichnungen und Fotografien zusammen, die von einem ›Laien‹ inspiriert und durch Owens wissenschaftlichen Einfluss verbreitet wurden.

An der erstmaligen Erfassung des Gorillas beteiligten sich zahlreiche Akteure. Die Zoologen in London und Paris standen in engem Austausch mit Schiffsbesatzungen, Missionaren und Afrikareisenden, deren Überleben und Sammeleifer ohne die Hilfe der afrikanischen Bevölkerung nicht möglich gewesen wäre. Die Überfahrt zoologischer Objekte gewährleistete die Besatzung von Kriegs- und Handelsschiffen und das Engagement einzelner Reisender. Gorillas überstanden die Fahrt nach Europa bis in die 1870er nicht lebend. Der Zoologie dienten präparierte Tierkörper, deren Bilder und nicht überprüfbare Reisebeschreibungen als Grundlage zur Definition einer neuen Art. Die Präparate, fotografischen Aufnahmen und Tiermalereien banden weitere Akteure in den Prozess der Wissensgenerierung ein. Kulturelle, soziale, geschlechtliche und politische Hintergründe sowie die Diskussion der Evolutionstheorie bestimmten die Darstellungen der Tiere und deren Lebensraum . Dieses widersprüchliche Konglomerat prägte das Bild des Gorillas in Wissenschaft und Öffentlichkeit, das in Museen, auf Weltausstellungen oder Vorträgen in Form von Präparaten und Bildern präsentiert wurde.

3.3.3 Das Unbekannte zwischen Nähe und Distanz

Die Beschreibungen und Darstellungen des Gorillas wurden von Beginn an in Verhältnis zum Menschen gesetzt. Wie verdeutlichte sich das in der Ausstellung der Lübecker Präparate und deren Verwendung in der deutschen Forschung?

Der Offenbacher Präparator Schmidt konnte im Austausch mit Rudolph Meyer auf das verfügbare Wissen über Gorillas zurückgreifen. Die Aufstellung der Tiere in Lübeck orientierte sich wie in London oder Melbourne an Szenen aus den Beschreibungen Du Chaillus. Das ›Wissensding‹ Menschenaffe in Lübeck bildete ein hybrides Objekt, das sich aus den Überresten mehrerer Objekte und Bilder generierte und auf Reisen, zwischen städtischen Räumen und Kontinenten unter dem Einfluss verschiedener Akteure, geschaffen wurde.

Rudolph Meyer nutzte die Ankunft der Gorillas in Offenbach für eine allgemeine Beschreibung der Tiere und um seinen Standpunkt in Bezug zu Darwins Evolutionstheorie darzulegen.

> »Der Gesichtswinkel des kleinen rothen Orang von Borneo, und des kleinen schwarzen Schimpanse von Afrika, ihr vorstehender Schädel, die kleinen Unterkiefer und die

155 Vgl. Schulze-Hagen, Art versus science, S. 219.

kleinen Zähne, stellten diese Affen den Menschen näher, als irgend ein anderes Säugethier, namentlich der niederen Race – den Negern.«[156]

Den Ausgangspunkt seiner Argumentation bildeten Überlegungen zum Camperschen Gesichtswinkel. Anhand der Beschreibungen und Darstellungen von Menschenaffen verband sich Mitte des 19. Jahrhunderts der evolutionäre Gedanke mit existierenden hierarchisierenden Modellen des 18. Jahrhunderts. Kam Camper ohne abwertende Rasseurteile aus, wurde sein Ansatz als Ausdruck einer Entwicklungsschematik des Menschen vielfältig rezipiert. Abbildungen von Menschenaffen waren Teil solcher Darstellungen und rückten das ›höchste‹ Tier und die ›niedersten‹ Menschen aneinander und grenzten den weißen Europäer von ihnen ab. Menschenaffen und deren Präparate wurden in der vergleichend anatomisch arbeitenden Zoologie des 19. Jahrhunderts so exakt wie möglich durch Tabellen und Zahlen erfasst und mit dem Menschen in Beziehung gesetzt. Die seitlichen und frontalen Darstellungen von Menschenaffenschädeln standen in der Tradition der Vermessung von menschlichen Schädeln. Der direkte Bezug auf Campers Gesichtswinkel verdeutlicht die Tradition dieser Vorstellung, die Meyer dazu veranlasste, den Europäer vom »*afrikanischen Mohren*«[157] abzugrenzen und an der Existenz erdachter Rassemerkmale festzuhalten. Der Affenkörper wurde zum Träger, zum scheinbar objektiv-wissenschaftlichen Beweis phaenotypischer Abgrenzungen. Afrikaner rückten dem Tier näher, was dem beginnenden Kolonialismus die nötige Begründung zur Unterwerfung lieferte.

Insgesamt zeichnete Meyer, dem Beispiel Du Chaillus folgend, das Bild eines Tieres mit »*sehr finstere*[m] *und sehr wilde*[m] *Aussehen*«[158], das den Kampf mit Löwen und Elefanten nicht scheute und »*in unbezwinglicher Feindschaft mit der ganzen Negerrace lebe*«[159]. Das Verhältnis zwischen afrikanischen Bevölkerungsgruppen und Gorillas wurde vielschichtig dargestellt. Neben dem Mythos des Frauenraubs existierten europäische Berichte über getrocknete Gorillaschädel, die als ›Fetische‹ vor Wohnhäusern hingen und dem Verzehr von Gorillafleisch.[160] Damit verbanden sich mit der Entdeckung der Tiere von Beginn an rassische, religiöse und sexuelle Abgrenzungsmuster Europas von Afrika.

Hinsichtlich Darwins Theorie schrieb Meyer, dass der Gorilla das dem Menschen nächste Tier sei,[161] aber:

»Gerade der erste Charakter, welcher der Menschengattung ihre hohe Stellung in der Reihe der Schöpfungen der Erde anweist, ist die Ausschliesslichkeit. Die Menschengattung schliesst alle Thiergattungen aus und ist davon ausgeschlossen; sie hat keine Verwandte, sie steht allein, und Alles das, was über eine vermeintliche Uebereinstimmung des Menschen mit den höheren Affen gesagt worden, ist durchaus falsch. [...] Buffon sagt: »Alles verkündet an dem Menschen den Herrn der Erde; Alles bezeichnet, selbst

156 Meyer, Der Gorilla, S. 3.
157 Ebd., S. 40.
158 Ebd., S. 11.
159 Ebd., S. 16.
160 Vgl. Ebd., S. 19.
161 Vgl. Ebd., S. 51.

im Aeusseren, seine Ueberlegenheit über alle lebenden Wesen; er hält sich gerade und aufrecht; seine Haltung ist befehlend.«[162]

Der Gedanke des Menschen als Tier hatte sich 1863 nicht durchgesetzt und es wurde weiterhin nach Alleinstellungsmerkmalen des Menschen gesucht. Die Grenzziehung zwischen Mensch und Tier, Kultur und Natur befand sich in einem sich stetig verschiebendem Spannungsverhältnis. Der Blick auf Gorillas wurde durch deren Nähe und Abgrenzung zum Menschen bestimmt.

Die Aufstellung des Lübecker Gorillamännchens erinnert an die Beschreibungen des aggressiven männlichen Gorillas durch Du Chaillu,[163] dessen Reiseberichte ab 1862 in deutscher Übersetzung vorlagen. Die Stellung der ausgestreckten Hand diente aus technischer Sicht vielleicht dazu, das Tier in Balance zu halten und lag im Rahmen der künstlerischen Freiheit Schmidts. Gleichzeitig erzeugte sie eine emotionale Verbindung zwischen Präparat und Betrachter, der Griff nach dem Menschen erzeugte Angst, Faszination und einen Moment des Erstaunens.

Die Idee, das Weibchen in hockender Stellung zu präparieren, entstammte dem Gemälde Wolfs, auf dem das Weibchen sein Jungtier schützend im Schoß hält. Laut Lenz kannte Schmidt die Abbildungen aus Owens Veröffentlichungen nicht, er konnte jedoch auf die zirkulierenden Beschreibungen Du Chaillus und über den Austausch mit Meyer auf den aktuellen Forschungsstand der Zeit zugreifen. Zudem hatte Nicolaes Tulps ›Satyrus Indicus‹ durch seine hockende Stellung, die als passiv-weiblich galt, die Darstellung weiblicher Tiere prototypisiert.[164] Die Daguerreotypien des lebenden Schimpansen und toten Gorillas aus Paris bestätigten das Bild. Das Lübecker Weibchen mit Jungtier griff den Aspekt der Fürsorge und Mütterlichkeit auf und verwies auf die Verspieltheit von Jungtieren im Kontrast mit dem angreifenden Männchen.

Die Zusammenstellung von Tieren unterschiedlichen Geschlechts und Alters entsprach der zoologischen Systematik und verwies auf die Variabilität und Entwicklung innerhalb einer Art. In der Aufstellung von Weibchen, Männchen und der Gruppe mit spielendem Jungtier vereinigte Schmidt die existierenden Darstellungen von Gorillas der 1850er und 1860er Jahre. Das Männchen kann darin als Verteidiger seiner Familie gedeutet werden, als Verteidiger seiner bürgerlichen Kleinfamilie, die Donna Haraway noch für die Darstellung der Berggorillas im American Museum of Natural History in den 1920ern ausmachte. Die bloße Existenz von Menschenaffen provozierte den bürgerlichen Mann, zum einen über sich selbst und seine tierische Natur nachzudenken, zum anderen eine Rolle gegenüber dem Tier einzunehmen, sei es als Jäger, Sammler, Wissenschaftler oder Besucher. Alle beteiligten Akteure in Lübeck waren Männer und erschufen eine ›männliche Ausstellung‹, einen männlichen Blick auf die Gorillas. Die deutsche Übersetzung des ›Kampfs ums Dasein‹ übertrug sich auf die Vorstellung vom Überlebenskampf der Tiere in und mit ihrer Umwelt, die eine Durchsetzungskraft

162 Ebd., S. 38–39.

163 Vgl. Jonathan Smith, Picturing Sexual Selection. Gender and the Evolution of Ornithological Illustration in Charles Darwin's Descent of Man, in: Ann B. Shteir; Bernard Lightman (Hg.), Figuring it out. Science, Gender and Visual Culture, Hanover, NH u.a. 2006, S. 85–109.

164 Vgl. Schiebinger, Am Busen der Natur, S. 147.

und Aggressivität erforderte. Der Menschenaffe zwischen Bestie und Familiengruppe, verspieltem Jungtier und schützender Mutter, Unzähmbarkeit und Ruhe diente der Belehrung und Unterhaltung des Publikums. Carsten Kretschmann urteilte: »*Naturhistorische Museen dienten* [Herv. i.O.] *nicht nur der allgemeinen Bildung, sondern sie waren zuallererst auch ihre Produkte, waren gleichsam ein Ausweis der bürgerlichen Welt und ihrer Gesittung.*«[165]

Durch das Betrachten ausgestopfter Präparate wurden unterschiedliche Perspektiven verfestigt und eingeübt. Das Museum etablierte sich im 19. Jahrhundert zunehmend zu einem Grundpfeiler des Blickes auf die Tierwelt im Allgemeinen und den Menschenaffen im Besonderen. Museen, wissenschaftliche Diskurse und Besucher standen in einem beständigen Wechselverhältnis zueinander. Das bürgerliche Publikum kannte die frühen Darstellungen von Orang-Utans und Schimpansen, die Erzählungen Du Chaillus und die aktuellen Debatten um die Abstammung des Menschen. Diese Erwartungen trugen Besucher an das Museum heran. Präparate fungierten als Verkörperungen von Bildern, Erzählungen und wissenschaftlichen Debatten, die sich in den erdachten Stellungen und Haltungen niederschlugen und charakteristische Merkmale der jeweiligen Art repräsentieren sollten.[166] Die Stellung und der Ausdruck der Tiere beeinflussten die Zurschaustellung. Im Fall der Gorillas war eine vermeintlich charakteristische Stellung und Haltung schwer umzusetzen, da das lebende Tier unbekannt blieb. Die künstlerische und literarische Berichterstattung über die Tiere bedingte deren Präparation und festigte das mühsam abgerungene Wissen um die Tiere.

Da keine Abbildungen der Präparate innerhalb der Ausstellung aus den 1860ern existieren, vermitteln die Museumsführer des Lübecker Naturkundemuseums, in dessen Neubau die Anthropomorphen seit 1892 untergebracht waren, einen Eindruck der Anordnung. Die Naturhistorische Abteilung befand sich im Obergeschoss des Gebäudes. In dem Führer von 1896 heißt es:

> »Im ersten Schranke links die grosse Gorillagruppe (gewaltiges, altes Männchen, zwei Weibchen und ein Junges), Geschenke Brehmers. Vor der Gruppe eine Anzahl von Gorillaschädeln verschiedenen Alters, gegenüber die zugehörigen Skelette. Im Schrank daneben eine prächtige Gruppe von Orang-Utans aus Borneo (altes Männchen, Weibchen und 2 Junge), Geschenke Storm. [...]. – Am Boden eine Anzahl Schädel. Gegenüber ein grosser und ein kleiner Schimpanse vom Gabun (Brehmer) und zwei niedliche Gibbon-Gruppen von Borneo und Sumatra (Storm).«[167]

Die Menschenaffen eröffneten beim Eintritt die zoologische Sammlung des Museums. Bildnisse von Brehmer und dem Sammler der Orang-Utans Hugo Storm[168] hingen an

165 Kretschmann, Räume öffnen sich, S. 44.

166 Vgl. Ebd., S. 102.

167 Führer durch das Museum zu Lübeck, Zweite Auflage, Preis 30 Pfg., Druck von Charles Coleman in Lübeck 1896, S. 47.

168 Zu Hugo Storm: Jahresbericht des Naturhistorischen Museums für das Jahr 1893, in: August Sartori (Hg.), Mitteilungen der Geographischen Gesellschaft und des Naturhistorischen Museums in Lübeck, Lübeck 1896, S. 145–155; Jahresbericht des Naturhistorischen Museums für das Jahr 1894, in: August Sartori (Hg.), Mitteilungen der Geographischen Gesellschaft und des Naturhistorischen

zwei Fensterpfeilern neben den Vitrinen[169] und verdeutlichten die Bedeutung von privaten Schenkungen für die Sammlung, verbunden mit der Hoffnung auf Nachahmer. Männer wie Brehmer und Storm waren für den Sammeleifer europäischer Wissenschaftler und Sammlungen unerlässlich. In Lübeck verhalf Storm zur »*Vervollständigung unserer anthropomorphen Affen.*«[170] Vollständigkeit bedeutete für Lenz, von Gorilla, Schimpanse und Orang-Utan mindestens ein Männchen, Weibchen und Jungtier, am besten mit Skelett und Schädel zu besitzen und den Besuchern die größtmögliche Bandbreite von Individuen einer Art präsentieren zu können.

Bei der Etikettierung achtete der Museumsleiter auf die Verwendung »*gut leserlicher deutscher Namen*«,[171] farbige Ränder kennzeichneten nach dem Vorbild Berlins die Herkunft der Tiere. Falls bekannt, wurde der in der Herkunftsregion gebräuchliche Name ergänzt. Bei der Hintergrundfarbe für die Ausstellungsstücke lag der Fokus auf dem Nutzen, es sollten lediglich Kontraste hergestellt werden, um die Präparate besser sichtbar zu machen.[172]

Der Sammlungsführer von 1899, der dem Besucher bestimmte Wege des Gehens und Sehens vorschlug, gibt einen Eindruck von den Exponaten, die in unmittelbarer Nähe der Menschenaffenpräparate standen und hingen. Gegenüber der Eingangstür befand sich eine Sammlung von Elefanten-, Nashorn- und Nilpferdschädeln, darüber an einer Säule ein Narwalzahn und Walrossschädel mit langen Eckzähnen. Links neben der Eingangstür wurde ein Mammutstoßzahn aus Sibirien gezeigt.[173] Die Zusammenstellung besonders beeindruckender und seltener Exponate erinnerte an frühneuzeitliche Naturalienkabinette, was die Kontinuität von Aufstellungskonzepten verdeutlicht. Nicht die stringente zoologische Systematik der Objekte stand im Vordergrund, sondern der Schauwert. Da das Lübecker Naturkundemuseum nicht an eine universitäre Sammlung angeschlossen oder aus einer solchen hervorgegangen war, besaß Lenz eine gewisse Freiheit beziehungsweise Verpflichtung gegenüber älteren Präsentationen bei der Anordnung der Objekte.

In einer weiteren Vitrine neben Menschenaffenskeletten wurde »*eine Anzahl menschlicher Schädel, sowie sehr saubere Wachsnachbildungen vom Gehirn eines Europäers, eines Negers und eines Schimpansen*«[174] aufgestellt. Bereits 1837 hatte der Anatom und Zoologe Friedrich Tiedemann (1781–1861) in seiner Arbeit *Das Hirn des Negers mit dem des Europäers und Orang-Outangs* den Bezug zwischen den Gehirnen von Menschen und Anthropoiden herausgearbeitet.[175] Zwar konnte er keine Gewichts- und Größenunterschiede zwischen europäi-

Museums in Lübeck, Lübeck 1896, S. 165–176; Haikal, Unheimliche Nähe, S. 161–166 und 173; Köstering, Natur zum Anschauen, S. 162; Lenz, Das Naturhistorische Museum, S. 10–12; E. A. Underhill, Captain Storm was colorful Settler on Toutle, https://de.findagrave.com/memorial/30036023/theodor-hugo-storm vom 18.04.2024; Benick, Naturhistorisches Museum, S. 60–67.

169 Vgl. Führer durch das Museum zu Lübeck, 1896, S. 47.

170 Lenz, Das Naturhistorische Museum, S. 332.

171 Ebd., S. 333.

172 Vgl. Ebd., S. 333

173 Vgl. Führer durch das Museum zu Lübeck, Fünfte Auflage, Lübeck 1905, S. 51.

174 Ebd., S. 52.

175 Vgl. Friedrich Tiedemann, Das Hirn des Negers mit dem des Europäers und Orang-Outangs, Heidelberg 1837.

schen und außereuropäischen Schädeln und Gehirnen ausmachen, dennoch verwies er auf eine verminderte Intelligenz von Afrikanern, die er auf klimatische und soziale Gegebenheiten zurückführte.[176]

Die Ursprünge der Anthropologie lagen in der vergleichenden Anatomie von Menschen- und Affenhirnen.[177] Die Grenzen von Zoologie und Anthropologie verschwammen bei der Zurschaustellung von Menschenaffen im Naturkundemuseum. Die bisherige Forschung verwies in diesem Zusammenhang auf das anthropologische Dreieck und das Aufzeigen von Verschiedenheiten an diesem, nach denen die Menschwerdung bemessen wurde.[178] Durch den Vergleich eines Menschenaffenschädels oder Gehirnabgusses aus Wachs wie in Lübeck mit dem eines Europäers wurden deren Unterschiede sichtbar ausgestellt. Die beiden Schädel wurden um den Schädel eines Afrikaners ergänzt. Zum einen verdeutlichte sich hier ein Unterschied zu dem Schädel des Tiers, zum anderen suggerierte die Zurschaustellung einen ebensolchen Unterschied zwischen afrikanischem und europäischem Schädel. Innerhalb des scheinbar wissenschaftlich objektiven Naturkundemuseums wurde eine Andersartigkeit von Afrikanern produziert und ausgestellt.[179] Der europäische, bürgerliche Betrachter konnte sich im Angesicht solcher Vergleiche verorten und vergewissern, dass zwischen ihm und dem Tier weitere Abstufungen existierten. Der Gedanke einer hierarchischen Weiterentwicklung vom Menschenaffen über den Afrikaner hin zum Europäer, der bei Petrus Camper seinen Anfang genommen hatte, wurde für den Betrachter inszeniert.

Die Präparate machten wissenschaftliche Theorien greifbar und lieferten das vermeintliche Beweismaterial. Die Auswahl der Objekte wurde bewusst getroffen und in Bezug zu anderen Objekten im Museum gesetzt. Sie täuschten im Hinblick auf die Grenzziehung zwischen Mensch und Tier eine Objektivität vor, die in der Realität nicht existierte. Der Museumsführer selbst erklärte das Konzept der Ausstellung nicht. Die Darstellungen schienen selbsterklärend.

Eine Zweiteilung in Schau- und Lehrsammlung fand in Lübeck nicht statt. Lenz begründete:

> »Auch eine völlige Scheidung von Schausammlung und wissenschaftlicher Sammlung wie sie für grössere Museen in neuerer Zeit als nothwendig beliebt worden, liess sich in den gegebenen Räumlichkeiten nicht durchführen. Gegen diese Massregel sprach ferner in unserem Lübecker Museum der Umstand, dass mindestens sieben Achtel sämmtlicher Gegenstände Geschenke im Auslande lebender Söhne unserer Vaterstadt sind, deren Wunsch, ihre mit vieler Mühe, meist sogar unter Aufbietung bedeutender Geldmittel zusammengebrachten Sachen bei der Rückkehre in ihre Vaterstadt auch in entsprechender Weise aufgestellt und allgemein sichtbar gemacht zu sehen.«[180]

---

176 Vgl. Ebd., S. 20 und 47f.

177 Vgl. Engelmeier, Der Mensch, der Affe, S. 36; Uwe Hoßfeld, Geschichte der biologischen Anthropologie. Von den Anfängen bis in die Nachkriegszeit, Stuttgart 2005, S. 171.

178 Vgl. Engelmeier, Der Mensch, der Affe, S. 38.

179 Vgl. Das; Lowe, Nature Read in Black and White, S. 6.

180 Lenz, Das Naturhistorische Museum, S. 333.

Die Beschreibung legt nahe, dass sich die Aufstellung in den 1890ern mit der Anordnung und Zusammenstellung der Objekte zum Zeitpunkt des Eintreffens der Gorillas vergleichen lässt. In Lübeck nahmen die Sammler einen prominenten Platz innerhalb des Museums ein. Der Stolz und das Prestige der Sammlung hingen von privaten Sammlern ab, die sich mit ihren Geschenken in die Geschichte der Stadt einschrieben. Die Wissensdinge des Museums waren städtische Identifikationsobjekte. Durch das Aufhängen der Bilder von Sammlern wurden die Ausstellungsräume zu Erinnerungsräumen. Die Menschenaffenpräparate verknüpften sich mit den Biografien ihrer Sammler, was deren Wert steigerte und unersetzbar machte. Aktuelle Arbeiten verweisen auf die prinzipielle Austauschbarkeit von Objekten in klassifizierenden Ausstellungen, da diese als Vertreter ihrer Art betrachtet werden.[181] Das Lübecker Beispiel zeigt, dass die Objekte von Menschenaffen hochgradig aufgeladene Schauobjekte darstellten. Die Objekte von Anthropoiden waren derart bedeutsam, dass Lübeck zu einem Zentrum der Menschenaffenforschung in den 1860er und 1870er Jahren avancierte, die ausschließlich auf der Arbeit mit Präparaten beruhte. Trotz der mangelhaften Präparation auf der Grundlage unbekannter Variablen blieben sie das zentrale Ausstellungsstück der Sammlung im Neubau des Museums ab 1892. Der britische Anthropologe Lawrence Duckworth (1870–1956) besuchte die Sammlung noch 1899 wegen ihrer Menschenaffen.[182] Als Dank für die Arbeit an den Lübecker Anthropoiden schenkte Duckworth dem Museum eine unbekannte Geldsumme, von der ein Nashornschädel angeschafft werden konnte.[183]

Die Lübecker Präparate verstetigten das Wissen um die Tiere für die Besucher des Museums und dienten der Verwissenschaftlichung der gewonnenen Erkenntnisse, indem sie als Abbildungen in Veröffentlichungen verwendet wurden. Die Berichte Du Chaillus bildeten trotz kritischer Stimmen, die zentrale Grundlage für wissenschaftliche Beschreibungen, Bilder und Präparate von Gorillas.

Unter den Kritikern Du Chaillus war der Berliner Zoologe und Anatom Robert Hartmann. Hartmann, der 1831 in Blankenburg (Harz) als Sohn eines Bergbeamten geboren wurde, galt als »*ein Vater der deutschen Ethnologie*«.[184] Während seines Studiums der Medizin und Naturwissenschaften in Berlin hörte er Vorlesungen bei Martin Hinrich Lichtenstein und dem Anthropologen Rudolf Virchow. Virchows Vorlesungen besuchte er mit Ernst Haeckel.[185] Von 1859 bis 60 unternahm er seine einzige Reise nach Afrika, die ihn entlang des Niloberlaufs führte. Seine Teilnahme fand in der Funktion als Arzt und Begleiter des Freiherrn Adalbert von Barnim (1841–1860) statt. Seine medizinisch-ethno-

181 Vgl. Kohl, Der repräsentative Zusammenhang der Dinge, S. 57.

182 Vgl. Jahresbericht des Naturhistorischen Museums über das Jahr 1898, in: Redaktions-Ausschuss (Hg.), Mitteilungen der Geographischen Gesellschaft und des Naturhistorischen Museums in Lübeck, Lübeck 1900, S. 95.

183 Jahresbericht des Naturhistorischen Museums über das Jahr 1900, in: Redaktions-Ausschuss (Hg.), Mitteilungen der Geographischen Gesellschaft und des Naturhistorischen Museums in Lübeck, Lübeck 1902, S. 101.

184 Gerd Biegel, Vorwort, in: Informationen und Berichte. Braunschweigisches Landesmuseum (1, 1997), S. 1; vgl. Karl Heinz Ciz, Robert Hartmann (1831–1893). Mitbegründer der deutschen Ethnologie, Gelsenkirchen 1984.

185 Vgl. Hartmut Wegner, Robert Hartmann. Zur Erinnerung an einen Afrikareisenden, in: Informationen und Berichte. Braunschweigischen Landesmuseums (1, 1997), S. 17.

grafische Reisemotivation verdeutlichte sich in seinen anschließenden Veröffentlichungen, darunter *Naturgeschichtlich-medicinische Skizze der Nilländer.*[186] Ab 1867 war er Professor am Berliner Anatomischen Institut und als Prosektor für die Überwachung der Leichensezierung zuständig.[187] Ab 1869 gab er gemeinsam mit dem Ethnologen Adolf Bastian (1826–1905) die *Zeitschrift für Ethnologie* heraus, die von 1870 an zum Organ der Berliner Gesellschaft für Anthropologie, Ethnologie und Urgeschichte wurde. Im Jahr 1873 war er Mitbegründer der Deutschen Gesellschaft zur Erforschung des Äquatorialen Afrikas.

Abb. 18: Robert Hartmann, Die menschenähnlichen Affen, Berlin 1876, S. 15, Fig. 5.

Niedersächsische Staats- und Universitätsbibliothek Göttingen, Bereichsbibliothek Forstwissenschaften, Signatur: IX, 129: 247.

186 Vgl. Robert Hartmann, Naturgeschichtlich-medicinische Skizze der Nilländer, Berlin 1865.

187 Vgl. Wegner, Robert Hartmann, S. 24.

Hartmann fertigte selbst Zeichnungen von Menschenaffen an und bezeichnete die Darstellungen und Abbildungen in Du Chaillus Werken als »*schwülstig geschriebene,* [...] *schlecht illustrierte,* [...] *haarsträubende*«[188] und den Sensationsberichten einheimischer Jäger erlegene Geschichten. Bei der Darstellung eines Gorillaweibchens in seinem Werk *Die menschenähnlichen Affen* von 1876 griff Hartmann auf das Präparat aus Lübeck zurück [**Abb. 18**].

Die Darstellungen Meyers und Hartmanns zeigten die weiblichen Gorillas in einer friedlichen, ›exotischen‹ und scheinbar unberührten Tropenwaldszene und suggerierten das Bild einer unverfälschten Beobachtung im Feld. Sie vermittelten Lebendigkeit. Hartmann verwies auf seine Korrekturen auf der Zeichnung: »*Nasen- und Kieferngegend, Finger und Zehen wurden gemäß in meinen Händen gewesenen Spiritusexemplaren verbessert. Die Nase könnte freilich noch etwas mehr birnförmig sein.*«[189] Er stützte seine wissenschaftliche Autorität auf den Vergleich zahlreicher Präparate und versuchte ein realistischeres Bild zu erzeugen. Zwar kritisierte Hartmann die Qualität der Lübecker Objekte und anderer Abbildungen,[190] so die von Du Chaillu als »*in mittelmäßigen londoner Holzschneiderateliers fabrizirten Schreckensillustrationen*«,[191] dennoch war er nicht in der Lage besseres Vergleichsmaterial vorzulegen. Er schien von seiner Expertenmeinung so überzeugt, dass er mithilfe des Lübecker Präparats und der dazugehörigen Fotografie eine Zeichnung anfertigte, um diese »*mehr der Natur entsprechend zu restaurieren*«.[192]

Die von Lenz und Hartmann geübte Kritik an den Präparaten wurde von dem Berliner Zoologen Carl Nissle (Lebensdaten unbekannt) geteilt, er schrieb noch 1876 in der *Zeitschrift für Ethnologie*:

> »Hüten wir uns aber besonders, den ausgestopften Exemplaren unserer zoologischen Museen eine zu grosse Bedeutung beizulegen. Niemand von denen, die Gorillas für die Museumssammlungen hergerichtet haben, hat je einen lebenden Gorilla gesehen gehabt; alle diese Museumsexemplare sind daher bei – wohl oder übel – mangelhafter Vorstellung hervorgegangen aus präparirten Bälgen und Cadavern, die stets schon lange Zeit in dem auf äussere Formen nun einmal zweifellos einwirkenden Zustand künstlicher Conservierung sich befanden. Man vergleiche nur die ausgestopften Gorillas des Lübecker, Hamburger, Berliner und Wiener Museums und man muss zugestehen, dass von diesen sieben Exemplaren keines dem anderen gleicht [...].«[193]

Das Erscheinungsbild von Gorillas wurde bis in die 1870er Jahre über schlecht erhaltene und unvollständige Präparate und Bilder vermittelt. Die Methoden und Konservierungsmöglichkeiten waren begrenzt, das zirkulierende Bildmaterial gründete auf schlecht erhaltenen Präparaten. Vom Lübecker Gorillaweibchen blieb in der Abbildung Hartmanns

188 Hartmann, Die menschenähnlichen Affen, S. 8.

189 Ebd., S. 54.

190 Vgl. Ebd., S. 15.

191 Ebd., S. 18.

192 Robert Hartmann, Anthropoiden Mafuca des Dresdener zoologischen Gartens. Sitzung vom 20. November 1875, in: Zeitschrift für Ethnologie 7 (1875), S. 252.

193 Carl Nissle, Beiträge zur Kenntniss der sogenannten anthropomorphen Affen. III. Die Dresdner Mafuka, in: Zeitschrift für Ethnologie (8, 1876), S. 50f.

nichts ›Natürliches‹ übrig – weder das Äußere des Tieres noch sein Verhalten oder den Lebensraum konnte Hartmann durch eigene Erfahrung wiedergeben.

Abb. 19: Fotografie von Johannes Nöhring, »TROGLODYTES NIGER, mas et juvenis. Ex Museo natur. Lubecensi.«

Neben den vielbeachteten Gorillas existieren fotografische Aufnahmen Nöhrings von den Schimpansen, die ebenfalls von Brehmer nach Lübeck geschickt wurden [**Abb. 19**]. Die Stellung des ausgewachsenen Männchens erinnert an die Zeichnung des aufgerichteten Gorillas von Bocourt. Das auf dem Boden stehende Bein ist durchgestreckt. 1876 bemerkte Hartmann dazu: »*Kein Affe, aber auch kein anderes Tier kann seine Knie vollkommen gerade strecken. Man kann also sagen, jede Kreatur erscheint vor dem Menschen mit gebogenem Knie.*«[194] Eine Aussage, die weiter an der Sonderstellung des Menschen festhielt. Auch wenn die Körperhaltung an die Darstellungen von Gorillas angepasst wurde, verlieh das geschlossene Maul dem Schimpansen friedlichere Züge. Im Gegensatz zu Gorillas waren Schimpansen dem europäischen Publikum lebend bekannt. Die Öffentlichkeit besaß seit der ersten Hälfte des 19. Jahrhunderts die Möglichkeit, in Menagerien zumeist geschwächte Jungtiere zu betrachten und hatte einen Eindruck vom Aussehen und den Bewegungen eines lebenden Tieres gewonnen.

3.4 Das Unbekannte zwischen Wissensding und Erinnerungsobjekt

Im Fall der Lübecker Menschenaffenpräparate spielte der Zufall die wichtigste Rolle beim Erwerb. Gorillas, Schimpansen und Orang-Utans eröffneten die Ausstellung als dem Menschen nächstverwandte Tierarten. Durch den Vergleich mit menschlichen Gehirnabgüssen rückte der anthropologische Aspekt in den Vordergrund. Der Bezug wurde durch die präparierten Gorillaweibchen und den ausgewachsenen Schimpansen verstärkt, durch das ausgewachsene Gorillamännchen zugleich aufgebrochen. Das Spiel von Nähe und Distanz bildete zu Beginn der Ausstellung von Menschenaffen und im Hinblick auf die Gorillapräparate den wichtigsten Topos des Lübecker Naturkundemuseums. Die Gorillagruppe vermittelte den Eindruck einer Familie, charakteristische Haltungen weckten Emotionen beim Betrachter und erinnerten zugleich an die Reiseschilderungen Du Chaillus.[195]

Lokale Museen wie Lübeck beanspruchten dank ihrer Sammlung von Menschenaffen eine bedeutende wissenschaftliche Expertise und profitierten von dem wissenschaftlichen und öffentlichen Interesse. Menschenaffen waren in Mode. Der Ruf und die wissenschaftliche Reputation des Museums griffen über regionale Grenzen hinaus – das Museum entwickelte sich zu einem Haus ersten Rangs im Hinblick auf die frühe Primatenforschung. Der wissenschaftliche Status eines Museums war eng an den Umfang und Inhalt seiner Sammlung gekoppelt. Das Lübecker Museum unternahm mit der Anfertigung von Fotografien, dem Austausch mit anderen Wissenschaftlern und baulichen Veränderungen große Anstrengungen, um diesen Umstand aufrechtzuerhalten. Die Lübecker Öffentlichkeit war aufgerufen, die Sammlung aktiv mitzugestalten.

Sammlungen und Museen sind künstliche Gebilde, in denen die Dichotomie zwischen Kultur und Natur erstellt, stetig verdeutlicht und der Blick auf die Fauna geprägt wurde und wird. Menschen trugen Objekte zusammen und stellten Bezüge zwischen diesen und sich selbst her. Die Zusammenstellung von Objekten folgte gleichzeitig dem Streben frühneuzeitlicher Wunderkammern, die Welt vollständig im Kleinen abzubilden. De facto war eine Sammlung niemals abgeschlossen.[196] Das zeigte sich in Lübeck

194 Hartmann, Die menschenähnlichen Affen, S. 46.

195 Vgl. Köstering, Natur zum Anschauen, S. 162.

196 Vgl. Sommer, Sammeln, S. 113.

und anderen Museen daran, dass die Sammlungen immer weiter anwuchsen.[197] Im Museum trafen Orang-Utans aus Südostasien ihre nahen Verwandten aus Afrika. In diesem Kontext wurde biologisches und anthropologisches Wissen produziert und veranschaulicht.

Für die Bürger Lübecks fungierten die Objekte als Erinnerungsobjekte. Die Aufstellung neben den Bildern der Schenker hielt die Erinnerung an deren Erwerbsgeschichte im Raum fest und verwies auf das globale Netzwerk der Stadt, deren Einfluss in der Welt. Die Menschenaffen als Wissensdinge verkörperten neben ihrer Bedeutung als Wissensträger weitere Attribute, wie Erinnerung, Stolz, Prestige und verankerten sie im kollektiven Gedächtnis der Stadtbewohner. Die Nähe zum Menschen, das seltene Vorkommen, die Wiederentdeckung des Gorillas und deren Herkunft aus als exotisch imaginierten Tropenwäldern verliehen den Tieren eine besondere Faszination und Aura.

Durch den Akt der Präparation fand ein Vermenschlichungs- und Vergesellschaftungsprozess statt, der durch die Haltung des Gorillamännchens gleichzeitig aufgebrochen wurde. Präparate fanden nicht nur in Museen Beachtung, sondern ebenso in wissenschaftlichen Publikationen und der Verarbeitung von Daten für Vergleichstabellen. Die Gewinnung von immer neuen Präparaten und Messungen an diesen und die Zirkulation von Gipsabgüssen und Fotografien war notwendig, um sie wissenschaftlich greifbar zu machen, sie zu verstetigen, präsent zu halten und zirkulieren zu lassen.[198] Die verfügbare Anzahl an Präparaten definierte Macht, Einfluss und Deutungshoheit innerhalb der Wissenschaft und Öffentlichkeit. Die Seltenheit der Präparate bestimmte ihren ökonomischen Wert. In diesem Ringen hatte die Lübecker Sammlung in den 1860er Jahren durch glückliche Umstände einen Vorsprung vor allen anderen deutschen Museen erzielen können. Eine umfangreiche wissenschaftliche Nutzung der Objekte fand durch deren Besuch, Entleihung und Zirkulation statt. Persönliche Korrespondenznetzwerke entstanden durch den Austausch über die Objekte.

Der Sammlungsbeginn von Gorillas in Lübeck zeigt, wie aus einer Hypothese eine Materialisierung von Wissen im Museum wurde. Das geschah im Rückgriff auf erste Kenntnisse der Tiere aus Paris und London und damit vermeintliche Expertise. Die Wahl des Präparators muss in diesem Kontext gesehen werden. Schmidt erfüllte die Erwartungen nicht, durch sein Nicht-Wissen(-›Können‹) blieben die Lübecker Gorillas unvollständig. Ihre Bedeutung als erste ausgestellte Gorillas in einem deutschen Naturkundemuseum verlieh der Institution und der Stadt internationales Prestige. Das ›Wissensding‹ wurde zum Erkenntnisobjekt. Gleichzeitig wandelte es das ›Wissensding‹ in ein wissenschaftliches Konsumgut, das andere Museen und Interessenten in Form von Abgüssen oder Fotografien erwerben konnten. Die Präparate in Lübeck und deren Nutzung in wissenschaftlichen Publikationen, führte zu einer visuellen Verbreitung und Verfestigung des Gorillabildes. Das Unbekannte wurde anhand von Berichten und Präparaten gezeichnet, präpariert, vervielfältigt und mithilfe von vermeintlich vertrautem Wissen in Beziehung gesetzt.

---

197 Vgl. Bericht des Naturhistorischen Museums über das Jahr 1907, in: Redaktions-Ausschuss (Hg.), Mitteilungen der Geographischen Gesellschaft und des Naturhistorischen Museums in Lübeck (22, 1908), S. 27–28.

198 Vgl. Rheinberger, Epistemische Dinge, S. 195.

Das Lübecker Beispiel verdeutlicht gleichzeitig die Fragilität von Sammlungsnetzwerken. Durch den Tod Brehmers endete die Lieferung von weiteren Menschenaffen abrupt. Nur wenige europäische Akteure gelangten zu dieser Zeit nach Afrika, um auf größere Gorillapopulationen zu stoßen. Zudem erwiesen sich lebende Gorillas als nicht transportfähig und widerständig.

Präparate von Menschenaffen waren in den 1860er Jahren einem viel größeren Publikum zugänglich als lebende Tiere. Im Fall des Gorillas waren es allein Präparate und vereinzelte Zeichnungen, die eine Vorstellung der Tiere vermittelten. Wissenschaftliche Erkenntnisse wurden mithilfe der Präparate generiert und verworfen. Präparate prägten den Blick von Wissenschaft und Öffentlichkeit. Die Suche nach weiteren Tieren glich einem regelrechten Wettlauf. Im Verlauf der 1870er Jahre wurden immer neue Versuche unternommen, den Bedarf an Präparaten zu stillen und endlich einen lebenden Gorilla oder ausgewachsenen Schimpansen in einem europäischen Zoo präsentieren zu können, da die verfügbaren chemischen und technischen Mittel der Präparation den Ansprüchen von den Vorstellungen einer lebendigen Natur nicht gerecht wurden. Das Farbspiel der Augen und des Fells, die natürlichen Bewegungsabläufe oder das Verhalten konnte nicht rekonstruiert werden.

4 Lebendig oder tot – Menschenaffen zwischen Zoos und Museen ab den 1860ern

4.1 Ein lebendiges Museum – Die Verbreitung zoologischer Gärten in Europa

Im Verlauf des 19. Jahrhunderts traten neben die Ausstellung von Tierpräparaten in naturkundlichen Sammlungen vermehrt Präsentationen lebender Tiere in Zoologischen Gärten. Die Bilder von lebenden Schimpansen der Pariser Menagerie und die Besuche des Tiermalers Joseph Wolf im Londoner Zoo verweisen auf die Entstehung zahlreicher Tiergärten ab 1800. Ab der Mitte des 19. Jahrhunderts prägten sie zunehmend das städtische Bild und gehörten gegen Ende des Jahrhunderts zur kanonisierten Ausstattung einer europäischen Großstadt. Doch was sagt die Gründung dieser Institutionen über das europäische Tierverständnis aus? Ab wann wurden lebende Menschenaffen und insbesondere Gorillas in deutschen Zoos ausgestellt? Wie gestaltete sich das Verhältnis zwischen Zoologischen Gärten und Naturkundemuseen?

Im Angesicht der Popularität und steigenden Präsenz von Zoologischen Gärten im Stadtbild zahlreicher deutscher Städte seit der Mitte des 19. Jahrhunderts verwundert es, dass sich bis in die 1960er und 1970er Jahre wenige Publikationen mit der Geschichte von Zoos beschäftigten.[1] Diese gaben Einblicke in die Gründungsdokumente und zoohistorischen Entwicklungen, eine kulturwissenschaftliche Erschließung fand im Zuge des Cultural Turns seit den 1990ern statt.[2] Zusätzliche Aufmerksamkeit erhielten Zoos durch die Hinwendung zu Mensch-Tier-Beziehungen in den Human-Animal-Studies.[3]

1 Vgl. Heinz Georg Klös, Von der Menagerie zum Tierparadies. 125 Jahre Zoo Berlin, Berlin 1996; Ursula Klös, Der Berliner Zoo. Über seine Geschichte, seine Tiere, seine Freunde, seine Besucher, Berlin 1977; Walter Fiedler, Tiergarten Schönbrunn, Wien, 1962.

2 Vgl. Doris Bachmann-Medick, Cultural turns. Neuorientierungen in den Kulturwissenschaften, Reinbek bei Hamburg 2014.

3 Vgl. Sophie Kempe, Das Tier in dir. Über ferne Welten im Dresdner Zoo, http://dresden-postkolonial.de/zoo/vom 18.04.2024; Rothfels, Savages and Beasts; Ders., Representing Animals; Ders., Zoos, the Academy, and Captivity, in: PMLA 124 (2, 2009), S. 480–486; Dittrich; Engelhardt; Rieke-Müller, Die Kulturgeschichte des Zoos; Annelore Rieke-Müller; Lothar Dittrich, Der Löwe brüllt nebenan. Die Gründung Zoologischer Gärten im deutschsprachigen Raum 1833–1866, Köln u.a. 1998; Ash, Zoological Gardens; Christina Wessely, Künstliche Tiere. Zoologische Tiere und urbane Mo-

Die neuere Forschung betont den hybriden Charakter Zoologischer Gärten als »*multifunctional institutions*«[4]. Zoos bildeten künstlich geschaffene Räume zur Imitation von Natur innerhalb der Stadt mit denen sich im Sinne der Begründer und Besucher mehrere Nutzungsmöglichkeiten zwischen Wissenschaft und Öffentlichkeit, Bildung und Unterhaltung, die wiederrum auf das Mensch-Tier-Verhältnis rückwirkten, verbanden.[5] Themenschwerpunkte aktueller Studien nehmen den Zoo als einen pluralen, kulturellen Ort zwischen Massenkultur,[6] Darwinismus,[7] wissenschaftlicher Forschung,[8] Exotismus und damit verbundenem Voyeurismus,[9] einzelnen Akteuren[10] und Zootierbiografien[11] in den Blick.

Das Halten ›exotischer‹ Tiere ist keine Erfindung des 19. Jahrhunderts. Schon in der Antike und verstärkt ab dem 15. Jahrhundert erreichten mit der zunehmenden Erschließung der außereuropäischen Welt vereinzelte Tiere Europa und wurden seit der zweiten Hälfte des 17. Jahrhunderts in fürstlichen Menagerien gehalten. Die für diesen Zweck angelegten Gärten boten einem exklusiven Personenkreis, bestehend aus der fürstlichen Familie, deren Hofstaat und Gästen, Unterhaltung[12] und dienten ähnlich wie fürstliche Naturalienkabinette der Statusrepräsentation. Die Unterhaltung einer Menagerie begünstigte die Entstehung und Erweiterung eigener Naturalienkabinette.[13] Eine dauerhaftere Präparation von zoologischen Objekten war erst gegen Ende des 17. Jahrhunderts durch neue Konservierungsverfahren möglich und so benötigten naturkundliche Sammlungen beständigen Nachschub an Objekten.[14]

Frankreich erwies sich bei der Gründung von Menagerien als Vorbild für ganz Europa. Die Menagerie von Versailles, im Jahr 1663/64 durch König Ludwig XIV. (1638–1715)

---

derne, Berlin 2008; Dies., Lesarten des Natürlichen. Tiergarten und urbaner Raum. Der Schönbrunner Tiergarten und der Berliner Zoo im Vergleich, in: Mitchell Ash (Hg.), Mensch, Tier und Zoo. Der Tiergarten Schönbrunn im internationalen Vergleich vom 18. Jahrhundert bis heute, Wien u.a. 2008, S. 133–150; Ritvo, The Animal Estate; Ritvo, Calling the Wild.

4 Ash, Zoological Gardens, S. 418.

5 Vgl. Wessely, Künstliche Tiere, S. 10.

6 Vgl. Christina Wessely, Künstliche Tiere etc. Zoologische Schaulust um 1900, in: NTM 16 (2, 2018), S. 153–185; Ames, Carl Hagenbeck's Empire.

7 Vgl. Hochadel, Darwin in the Monkey Cage.

8 Vgl. Jahn, Zoologische Gärten – Zoologische Museen; Dies., Zoologische Gärten in Stadtkultur und Wissenschaft im 19. Jahrhundert, in: Berichte zur Wissenschaftsgeschichte 15 (1992), S. 213–225; Eric Baratay; Elisabeth Hardouin-Fugier (Hg.), Zoo. Von der Menagerie zum Tierpark, Berlin 2000; Hans Frädrich; Harro Strehlow, Der Zoo und die Wissenschaft, in: Bongo 24 (1994), S. 161–180; Nigel Rothfels, Science in the Tierpark. Alexander Sokolowsky, Vortrag im Rahmen der History of Science Society Annual Conference, Milwaukee 2002; Hochadel, Science in the 19th Century Zoo.

9 Vgl. Rothfels, Savages and Beasts.

10 Vgl. Voss, Zoologische Gärten.

11 Vgl. Haikal, Master Pongo; Hochadel, Unter Menschen; John Sutherland, Jumbo. The Unauthorised Biography of a Victorian Sensation, London 2014.

12 Vgl. Annelore Rieke-Müller, Fürstliche Menagerien – Wandermenagerien – Zoologische Gärten. Schauausstellungen von lebenden exotischen Tieren im 18. und 19. Jahrhundert, in: Sabine Nessel; Heide Schlüpmann (Hg.), Zoo und Kino. Mit Beiträgen zu Bernhard und Michael Grzimeks Film- und Fernseharbeit, Frankfurt a.M. u.a. 2012, S. 13–14.

13 Vgl. Jahn, Zoologische Gärten – Zoologische Museen, S. 14.

14 Ebd.

in Auftrag gegeben, prägte die Blütezeit der Institution und wurde europaweit nachgeahmt.[15] In Versailles dienten die Tiere zur Unterhaltung und ersten wissenschaftlichen Beobachtungen. Nach ihrem Ableben wurden sie den Anatomen der Pariser Académie royal des sciences zur Verfügung gestellt.[16]

Der Zoologe Rudolf Burckhardt (1866–1908) eröffnete seine Disziplinengeschichte der Zoologie mit der Errichtung des Zoologischen Gartens in Paris, wodurch die Stadt laut ihm zu dem naturwissenschaftlichen Zentrum Europas um 1800 avancierte.[17] Der Schließung der Versailler Menagerie 1793 im Zuge der Aufklärung und Französischen Revolution, die Kritik an der elitären Zurschaustellung übte, folgte die Verstaatlichung. Die Tiere wurden nach Paris übersiedelt und ein Jahr später im Jardin des Plantes gezeigt.[18] Der Intendant des Jardin des Plantes Jacques-Henri Bernardin de Saint-Pierre (1737–1814) hatte das Vorgehen vorgeschlagen und strebte eine *»naturnahe Haltung vorwiegend exotischer Tiere unter Beachtung ihrer Lebensbedürfnisse, wissenschaftliche Leitung und öffentliche Zugänglichkeit zur naturkundlichen und sittlich-moralischen Belehrung der Nation«*[19] an. Er kam Plänen zuvor, die Tiere der Menagerie zu töten und nur die Skelette der Wissenschaft zur Verfügung zu stellen.[20]

Gleichzeitig war der Jardin des Plantes eng an das im selben Jahr gegründete Muséum d'histoire naturelle unter der Leitung Etienne Geoffroy Saint-Hilaires (1772–1844), den Lehrstuhlinhaber für Zoologie am Museum,[21] angebunden. Frédéric Cuvier (1773–1838), ab 1837 als Leiter des Lehrstuhls für vergleichende Physiologie am Museum tätig und gleichzeitig Leiter der Menagerie,[22] nutzte den Zoo für erste Verhaltensstudien an Tieren, darunter Orang-Utans und Schimpansen, und verband beide Institutionen. Unter Cuvier fanden zahlreiche Umbauten der Menagerie statt, die Tiere erhielten feste Gebäude und die Anlage wurde in eine Gartenanlage integriert, um den Eindruck eines Aufenthalts in der Natur zu imitieren.[23] Die Haltungsbedingungen machten die Beobachtung von natürlichen Verhaltensweisen der Tiere unmöglich. Der Besuch wurde ganztägig und unentgeltlich gewährleistet.[24] Der Anspruch auf Bildung und starke Bezug auf Erfahrungen in der Natur waren Ausdruck des Bürgertums, aus dessen Engagement ein Großteil der Gärten entstand.

---

15 Vgl. Rieke-Müller, Fürstliche Menagerien, S. 13.

16 Ilse Jahn, Frühe Forschung an Zootieren im 17. Jahrhundert in Paris, in: Lothar Dittrich, Lothar; Dietrich von Engelhardt; Annelore Rieke-Müller (Hg.), Die Kulturgeschichte des Zoos, Berlin 2001, S. 97.

17 Vgl. Burckhardt, Geschichte der Zoologie, S. 5.

18 Vgl. Rieke-Müller, Fürstliche Menagerien, S. 20.

19 Rieke-Müller; Dittrich, Der Löwe brüllt nebenan, S. 18.

20 Vgl. Heinrich Gottlieb Ludwig Reichenbach, Ueber Zoologische Gärten, in: Der Zoologische Garten 1 (1860), S. 194.

21 Vgl. Rieke-Müller; Dittrich, Der Löwe brüllt nebenan, S. 18.

22 Vgl. Richard W. Burkhardt, Jr., Constructing the Zoo. Science, Society, and Animal Nature at the Paris Menagerie, 1794–1838, in: Mary J. Henninger-Voss (Hg.), Animals in Human Histories. The Mirror of Nature and Culture, Rochester, NY u.a. 2009, S. 245.

23 Vgl. Baratay; Hardouin-Fugier, Zoo, S. 89.

24 Vgl. Jahn, Zoologische Gärten – Zoologische Museen, S. 21.

Abb. 20: »Der Mandrill als Träger der französischen Civilisation. Nach der Natur gezeichnet von H. Leutemann«, in: Heinrich Leutemann, Aus der gebildeten Affenwelt, in: Die Gartenlaube (45, 1871), S. 757.

Der Mandrill als Träger der französischen Civilisation.
Nach der Natur gezeichnet von H. Leutemann.

Niedersächsische Staats- und Universitätsbibliothek Göttingen, Signatur: 4 SVA II, 2058.

Neben den fürstlichen Menagerien existierten seit der Mitte des 18. Jahrhunderts umherfahrende Tierausstellungen, sogenannte Wandermenagerien.[25] Diese zogen durch Städte sowie über Land und stellten Tiere in sogenannten Tierbuden aus, darunter

25 Vgl. Annelore Rieke-Müller, Zum Vergnügen und zur Belehrung. Wandermenagerien vom Ende des 18. bis in die Mitte des 19. Jahrhunderts, in: Biologisches Zentralblatt (2, 1994), S. 269–274.

Elefanten, Raubkatzen und Menschenaffen.[26] Für die Besitzer der Wandermenagerien stand der Gelderwerb an erster Stelle.[27] Durch ihre lange Tradition, Mobilität, einen stetig wechselnden Tierbestand und publikumswirksame Dressuren bildeten sie eine wichtige Ergänzung zu den sich etablierenden Zoologischen Gärten, die sich wiederum durch Kritik an den Haltungsbedingungen ohne wissenschaftlichen Anspruch von diesen abzugrenzen suchten.[28] Die in Menagerien vermittelten Tierbilder waren von starken Anthropomorphismen geprägt und führten einem überwiegend analphabetischem Publikum in (klein-)städtischen Zentren ›exotische‹ Tiere vor.[29] Das Angebot ergänzten Affentheater, die umher zogen und dressierte Affen vorführten. Ein Herr Broekmann zeigte in den 1870ern einen »*Mandrill als Träger der französischen Civilisation*«[30] und verbreitete über das Tier allgemeinverständliche Karikaturen [**Abb. 20**].

Die Pariser Entwicklungen auf dem Gebiet der Naturkunde verfolgten Wissenschaftler in ganz Europa. Im Jahr 1828 folgte London dem Pariser Beispiel mit der Eröffnung des Zoological Garden im Regents Park auf Initiative der Zoological Society of London.[31] Der erste ›moderne‹ Zoo, eine Bezeichnung die für den Großteil der folgenden Tiergärten übernommen wurde,[32] stand durch die Anbindung an die Zoologische Gesellschaft von Beginn an als Forschungsstätte zur Verfügung, so durch Richard Owen und Charles Darwin.[33] Neben dem Zoological Garden besaß die Zoological Society eine Sammlung toter Tiere und vertrieb zwei Zeitschriften, die bis heute publizierten *Proceedings of the Zoological Society of London* und *Transactions of the Zoological Society of London*.[34] Kurz nach seiner Eröffnung galt der Londoner Zoo im Hinblick auf seinen Tierbestand (Orang-Utans und Schimpansen konnten zeitweise gezeigt werden),[35] die Anlagen, Gebäude, seinen wissenschaftlichen und unterhaltenden Charakter und die daraus resultierenden Publikationen als stilprägend.[36] London löste Paris als Hauptstadt der Naturwissenschaften im Verlauf des 19. Jahrhunderts zunehmend ab. Der Prozess wurde durch die globale Ausdehnung und Vormachtstellung des britischen Empire begünstigt und etablierte London zum Hauptumschlagsplatz für Naturalien.[37]

Verwahrten und erforschten Museen die getrockneten Skelette und Bälge von Tieren sowie gepresste Pflanzen in Form von Herbarien, sammelten Botanische Gärten lebende

---

26 Vgl. Rieke-Müller; Dittrich, Der Löwe brüllt nebenan, S. 15.

27 Vgl. Gerhild Kaselow, Die Schaulust am exotischen Tier. Studien zur Darstellung des zoologischen Gartens in der Malerei des 19. und 20. Jahrhunderts, Hildesheim u.a. 1999, S. 27f.

28 Vgl. Ebd., S. 28.

29 Vgl. Artinger, Von der Tierbude, S. 153–157.

30 Heinrich Leutemann, Aus der gebildeten Affenwelt, in: Die Gartenlaube, (45, 1871), S. 757.

31 Vgl. Hochadel, Science in the 19th-Century Zoo, S. 38.

32 Vgl. Adolf Schöpf, Gedenkblätter zum Fünfundzwanzigjährigen Stiftungsfest des zoologischen Gartens zu Dresden, Dresden 1886, S. 6.

33 Vgl. Hochadel, Science in the 19th-Century Zoo, S. 38.

34 Vgl. Voss, Zoologische Gärten, S. 229.

35 Vgl. Rieke-Müller; Dittrich, Der Löwe brüllt nebenan, S. 22; Ramona Morris; Desmond Morris, Der Mensch schuf sich den Affen, München 1968, S. 86. Demnach konnte 1835 ein erster Schimpanse, 1837 der erste Orang-Utan im Londoner Zoo gezeigt werden.

36 Vgl. Hermann Eberhard Richter, Die zoologischen Gärten, in: Die Gartenlaube (23, 1860), S. 359.

37 Vgl. Schulze-Hagen, Zoological Society, S. 189.

Pflanzen. Die Einrichtung Zoologischer Gärten folgte dieser Logik für das Studium lebender Tiere.[38] Der Zoo als Lebendabteilung des Museums versprach den Gewinn neuer wissenschaftlicher Aspekte. Das Tier galt im Zoo und im Museum als objektiv beobachtbar.[39] Zoos wurden als *»living natural history museums«*[40] konzipiert. Ähnlich wie im Naturkundemuseum legten die Initiatoren Wert auf die wissenschaftliche Benennung, Reihung nach taxonomischer Ordnung und Vervollständigung der Sammlung, denn der Artenreichtum eines Zoos bestimmte seine Reputation.[41] Eine Verbindung zu Naturkundemuseen bestand über persönliche Netzwerke und den Austausch von verstorbenen Tieren, aber Teil universitärer Einrichtungen waren Zoologische Gärten selten. Das lag zum einen an dem Aspekt der Vergnügung bei der Zurschaustellung lebender Tiere, der sich in den Augen der meisten Wissenschaftler nicht mit der universitären Zoologie in Einklang bringen ließ.[42] Zum anderen reichte der in Umfang und Lebensdauer begrenzte Tierbestand nicht an den Umfang musealer Sammlungen heran. Zoologische Gärten sollten *»eine lebendige Illustration der Naturgeschichte, eine notwendige Ergänzung des zoologischen Museums«*[43] sein. Das Gewicht der universitären Zoologie, die sich als eigenständige Disziplin an deutschen Universitäten parallel zu der verstärkten Gründung Zoologischer Gärten ab der zweiten Hälfte des 19. Jahrhunderts zu etablieren begann, lag weiterhin auf anatomischen Studien. In Abgrenzung dazu kam Zoologischen Gärten ab der zweiten Hälfte des 19. Jahrhunderts als *»wichtiger Motor der Reformbewegung«*[44] eine wesentliche Bedeutung zu. Die Reformbestrebungen bestanden in einem zunehmenden Bewusstsein für die Betrachtung und Erforschung lebender Tiere.

Viele der Initiatoren deutscher Zoologischer Gärten reisten im Vorfeld nach Paris und London, um Inspirationen und Erfahrungswerte zu sammeln.[45] Ähnlich wie naturkundliche Museen zahlreiche Privatsammlungen ablösten, beziehungsweise diese in größeren Sammlungen aufgingen, etablierten sich in der zweiten Hälfte des 19. Jahrhunderts europaweit Zoologische Gärten, die an die Stelle von Menagerien traten oder deren Tierbestand übernahmen.[46] In beiden Fällen kann nicht von homogen verlaufenden Prozessen gesprochen werden. Die ersten Zoogründungen in Deutschland fanden in Berlin (1844), Frankfurt a.M. (1858), Köln (1860) und Dresden (1861) statt. Das Beispiel des Dresdner Zoologischen Gartens verdeutlicht im Folgenden die Akteure und Ziele Zoologischer Gärten und deren Umsetzung in Deutschland in der zweiten Hälfte des 19. Jahrhunderts.

---

38 Vgl. Jahn, Zoologische Gärten – Zoologische Museen, S. 19.

39 Vgl. Kaselow, Die Schaulust am exotischen Tier, S. 30.

40 Ash, Zoological Gardens, S. 419.

41 Vgl. Kaselow, Die Schaulust am exotischen Tier, S. 32.

42 Vgl. Frädrich; Strehlow; Der Zoo und die Wissenschaft, S. 161; W. O., Leicht zu beseitigende Mängel einiger zoologischer Gärten, in: Der Zoologische Garten (1876), S. 297.

43 Der Zoologe David Friedrich Weinland (1829–1915) zit.n.: Jahn, Zoologische Gärten – Zoologische Museen, S. 21.

44 Vgl. Hochadel, Science in the 19th-Century Zoo, S. 39.

45 Vgl. Jahn, Zoologische Gärten – Zoologische Museen, S. 23.

46 Vgl. Ebd., S. 22.

4.1.1 Die Bedeutung der Reformbewegung am Beispiel des Dresdner Zoologischen Gartens

Der Dresdner Zoo gilt als exemplarische Zoogründung, bei der sich wissenschaftliche mit öffentlichen Zielen verbanden. Wer beteiligte sich an der Einrichtung? Welche Ziele und Interessen verfolgten die Gründer? Aus welchem Umfeld stammten ihre Ideen?

Wie in anderen Städten ging die Idee zur Errichtung aus dem naturkundlich engagierten und in Vereinen zusammenkommendem, städtischen Bildungsbürgertum hervor.[47] Die Gründung Zoologischer Gärten fiel in eine Hochphase naturkundlicher Vereine und Zusammenkünfte in den 1850er und 1860ern.[48] Zu Beginn des 19. Jahrhunderts, im Zuge der zunehmenden Industrialisierung und Verstädterung, beteiligte sich eine breite Bevölkerungsschicht, darunter Künstler, Richter, Ärzte, Lehrer, Kaufleute und Apotheker, an einem stilisierten Rückzug in die Natur, am Austausch und Sammeln naturkundlicher Objekte.[49] Die Vereine des 19. Jahrhunderts sind als Orte der Geselligkeit und Wissensproduktion und Herausbildung einer neuen, selbstbewussten bürgerlichen Gesellschaft seit den 1960ern intensiv in den Blick genommen worden.[50] Die Auseinandersetzung und Teilhabe an aktuellen wissenschaftlichen Themen, wie der Erforschung lebender Tiere, verband sich mit den bürgerlichen Idealen der Erziehung und des Lernens, die Charakterbildend wirken sollten.[51] In Dresden ersetzte eine rege naturwissenschaftliche Vereinstätigkeit *»das Fehlen einer Universität als Ort der Kultivierung naturwissenschaftlicher Interessen«*.[52] Der Verlust der fürstlichen naturkundlichen Sammlung durch einen Brand im Zwinger 1849 beförderte das private Engagement und die Suche nach Möglichkeiten der dauerhaften Betrachtung von Tieren zusätzlich.

Oft bestanden Mitgliedschaften in mehreren Vereinen, wodurch das einzelne Mitglied seine vielfältigen Interessen nach außen bekundete und seine Kontaktnetzwerke erweiterte. Das gesellige Zusammensein war ein wichtiger Aspekt der Vereinstreffen, die mit dem offiziellen Teil der Sitzungen nicht beendet waren und eine zeitraubende Angelegenheit darstellen konnten.[53] Mit der Übernahme von Vereinsämtern und Publikationen in den Vereinsorganen konnten Mitglieder gesellschaftliches Ansehen generieren und sich aktiv in die wissensschaffenden Prozesse der Vereine einschreiben. Die Tätigkeit in Vereinen kann als amateurwissenschaftlich bezeichnet werden, womit

---

47 Zum Bürgertum: vgl. Habermas, Frauen und Männer des Bürgertums; Winfried Müller, Bürgertum und Bürgerlichkeit in Dresden. Eine Einführung, in: Dresdner Geschichtsverein (Hg.), Bürgertum und Bürgerlichkeit in Dresden, Dresden 2008, S. 5–6; Ulrich Rosseaux, Die Entstehung des modernen Bürgertums in Dresden, in: Dresdner Geschichtsverein (Hg.), Bürgertum und Bürgerlichkeit in Dresden, Dresden 2008, S. 7–11.

48 Vgl. Daum, Wissenschaftspopularisierung; Engelmeier, Der Mensch, der Affe, S. 85.

49 Vgl. Denise Phillips, Friends of Nature. Urban Sociability and Regional Natural History in Dresden, 1800–1850, in: Osiris 18 (2003), S. 45.

50 Vgl. Habermas, Frauen und Männer des Bürgertums; te Heesen, Vom naturgeschichtlichen Investor zum Staatsdiener; Daum, Wissenschaftspopularisierung, S. 96.

51 Vgl. Rieppel, Museums and Botanical Gardens, S. 247.

52 Daum, Wissenschaftspopularisierung, S. 98.

53 Vgl. Phillips, Friends of Nature, S. 46.

»die nichtprofessionelle Beschäftigung mit wissenschaftlichen Fragen, die sich zumindest an Teilaspekten wissenschaftlicher Methodik oder Thematik orientiert«,[54] gemeint ist. Amateurwissenschaftler waren nicht per se Nicht-Akademiker, sie befassten sich als Fachfremde mit naturkundlichen Fragestellungen. Von den Netzwerken und Zusammenkünften profitierten Universitätsgelehrte und deren wissenschaftliche Veröffentlichungen, was eine Mitgliedschaft für Akademiker attraktiv machte. Im Fall der Zoologie war die Unterscheidung zwischen Fachwissenschaftlern und Amateuren oder ›Laien‹ schwer zu treffen und blieb bis in die 1880er Jahre verschwimmend. Erste Lehrstühle wurden ab der Mitte des 19. Jahrhunderts eingerichtet, aber schon seit dem 18. Jahrhundert existierten an vereinzelten deutschen Universitäten ausgewiesene zoologische Sammlungen.

In Dresden trieb der Naturforscher und Direktor des Zoologischen Museums und Botanischen Gartens Heinrich Gottlieb Ludwig Reichenbach, als Vorsitzender der Naturwissenschaftlichen Gesellschaft ISIS (1833 gegründet),[55] die Idee für einen Zoologischen Garten voran.[56] Die Mitglieder der ISIS versammelten sich monatlich und diskutierten neueste Entdeckungen, Publikationen und hörten Vorträge. Sie setzten sich im Gegensatz zu den meisten Naturvereinen aus mittelständischen Bereichen zusammen und waren *»selbst Ausdruck des bildungs- und sozialgeschichtlichen Wandels«.*[57] Reichenbach engagierte sich vielfältig am gesellschaftlichen und wissenschaftlichen Leben in Dresden. Neben seiner Anstellung als Professor für Naturgeschichte an der Dresdner Chirurgisch-Medizinischen Akademie, war er in die bedeutendsten naturwissenschaftlichen Vereine und Institutionen der Stadt eingebunden und bemühte sich, sie für jeden Bewohner der Stadt zugänglich zu machen. Auch Frauen sollten partizipieren können, da sie nach Reichenbach einen integralen Bestandteil des städtischen gesellschaftlichen Lebens darstellten.[58]

In seiner Arbeit *Die vollständigste Naturgeschichte der Affen* von 1863[59] befasste sich Reichenbach mit Menschenaffen und berichtete über einen Schimpansen, der im Juli 1858 in Dresden zu bestaunen war, sich jedoch in schlechter privater Haltung befand.[60] Die Abbildungen der Tiere in seiner Veröffentlichung entsprachen den bekannten Darstellungen aus Paris, London und Lübeck und verdeutlichen erneut, dass in den 1860ern ein

54 Daum, Wissenschaftspopularisierung, S. 104.

55 Vgl. www.snsd.de/isis-dresden/geschichte.htm vom 23.06.2024; Lydia Icke-Schwalbe, Auftakt. 175 Jahre Naturwissenschaftliche Gesellschaft Dresden, in: Vorstand der Naturwissenschaftlichen Gesellschaft ISIS Dresden e.V. (Hg.), Festschrift 175 Jahre Naturwissenschaftliche Gesellschaft ISIS Dresden. Sitzungsberichte und Abhandlungen. Sonderheft zur Festveranstaltung am 28. März 2009, Dresden 2009, S. 7.

56 Vgl. Winfried Gensch, Der Anteil Peter Joseph Lennés an der Gestaltung des Zoologischen Gartens in Verbindung mit den Bürgerwiesenanlagen in Dresden, in: Der Zoologische Garten 62 (1992), S. 137.

57 Daum, Wissenschaftspopularisierung, S. 102; vgl. Phillips, Friends of Nature, 2003, S. 52 und Icke-Schwalbe, Auftakt, S. 7 sprechen nicht von einer eher mittelständischen Zusammensetzung.

58 Reichenbach gab eine Botanik für Damen heraus und engagierte sich für einen naturkundlichen Schulunterricht in Sachsen; vgl. Rieke-Müller; Dittrich, Der Löwe brüllt nebenan, S. 129; Phillips, Friends of Nature, S. 51.

59 Heinrich Gottlieb Ludwig Reichenbach, Die vollständigste Naturgeschichte der Affen, Dresden 1863, https://www.biodiversitylibrary.org/bibliography/103149 vom 18.04.2024.

60 Vgl. Ebd., S. 193.

festes Bildprogramm für die Darstellung von Menschenaffen existierte. Die von ihm als mangelhaft empfundenen privaten Haltungsbedingungen des Schimpansen veranlassten Reichenbach unter anderem, sich mit der Planung eines Zoologischen Gartens in der Residenzstadt zu befassen.

Für die Umsetzung seines Ziels benötigte er Unterstützer und musste wegen der reaktionären Stimmung in Sachsen mit Vorsicht agieren. »*Dresden war, nach der Niederschlagung der 1848er Revolution, eine Residenzstadt mit einem nahezu erloschenen politischen Leben*«[61], allein Vereine, Gesellschaften und Salons boten ein Forum für aktuelle politische und wirtschaftliche Diskussionen.

1855 wurde der Verein für Hühnerzucht unter der Leitung Reichenbachs gegründet.[62] Der Verein diente mit Geflügelausstellungen und der Einrichtung eines Geflügelgartens im Jahr 1859 in der Nähe des Zwingers, in dem verschiedene Vogelarten und erste Säugetiere gezeigt wurden, als Probe für das eigentliche Zoovorhaben.[63]

Affen, wenn auch keine Menschenaffen, gehörten zu den ausgestellten Tieren.[64] Das Halten kleiner Affenarten erfreute sich seit der Frühen Neuzeit an Fürstenhöfen großer Beliebtheit,[65] sodass sich von Seiten der Besucher bestimmte Erwartungen an deren Verhalten knüpften und der Unterhaltungswert im Vordergrund stand.[66] Die Tiere sollten das Interesse und den Zuspruch der Bevölkerung für Reichenbachs Zooprojekt sichern.[67]

Die Ausstellung von internationalen Geflügelrassen unterlag gleichzeitig imperialen Machtansprüchen mit praktischen Zielen. Zoologische Gärten sollten, wie botanische Gärten die außereuropäische Flora, die Fauna Außereuropas für den europäischen Markt erschließen.[68] Durch die Erprobung von Haltungsformen, Kreuzungen und Züchtungen erhielten die Gärten Laborcharakter. Der Mensch griff aktiv in die Natur ein, veränderte und nutzte sie und demonstrierte seine Macht. Die Akklimatisierung außereuropäischer Tiere an die Lebensbedingungen und Ernährungsgewohnheiten in Europa, und Kreuzungen mit europäischen Nutztieren dienten der wirtschaftlichen Produktions- und Leistungssteigerung, um die stetig wachsende Bevölkerung versorgen zu können.[69] Bei der Haltung außereuropäischer Tiere verbanden sich von Beginn an unterhalterische mit wirtschaftlichen und wissenschaftlichen Zielen.

---

61 Lehmann, Fotografie in Dresden, S. 21.

62 Vgl. Haikal; Gensch, Der Gesang des Orang-Utans, S. 18.

63 Vgl. Eduard Opel, Correspondenzen und Nachrichten aus anderen Zoologischen Gärten. Dr. E. Opel in Dresden (d. 18. März 1860), über den dortigen zoologischen Versuchsgarten, in: Der Zoologische Garten (1860), 120–123, 134–136, 153–155.

64 Vgl. Ebd., S. 121–122.

65 Vgl. Alan Ross, Simians in Spectacles and as Chamber Animals in 16th-Century Germany, Tagung: Akteure, Tiere, Dinge. Verfahresnweisen der Naturgeschichte in der Frühen Neuzeit, Kassel, 11.-13.06.2015.

66 Vgl. Opel, Correspondenzen und Nachrichten, S. 122f.

67 Vgl. Gensch, Der Anteil Peter Joseph Lennés, S. 138.

68 Vgl. Donal P. McCracken, Gardens of Empire. Botanical Institutions of the Victorian British Empire, London u.a. 1997; Voss, Zoologische Gärten, S. 229; John Berger, Das Leben der Bilder oder die Kunst des Sehens, Berlin 1981, S. 20.

69 Vgl. Rieke-Müller; Dittrich, Der Löwe brüllt nebenan, Exkurs ab S. 115; Haikal; Gensch, Der Gesang des Orang-Utans, S. 20.

Die Mitgliederliste des Dresdner Geflügelvereins und die Zahl der Besucher in der Ostra-Allee verweisen auf ein großes Interesse an der Ausstellung von Tieren und der praktischen Zoologie.[70] Der Erfolg ermutigte Reichenbach für das weitere Vorgehen bei der Gründung eines Zoologischen Gartens. Als offizieller Ratgeber traf er bei Johann von Sachsen (1801–1873), dem die Reformierung und Modernisierung des Landes ein wichtiges Anliegen war, auf Zustimmung.[71] Die Unterstützung der Regierung und städtische Zusagen verhalfen ihm das Projekt umzusetzen. Der Verein für Hühnerzucht und die ISIS traten mit dem Plan eines Zoologischen Gartens auf dem Gelände des Großen Gartens an die Stadt heran.[72] Daraufhin wandte sich die Stadt an den preußischen General-Gartendirektor Peter Joseph Lenné (1789–1866), der durch die Gestaltung des Berliner Zoos als Experte auf dem Gebiet galt.[73] Der König stimmte der Nutzung des Großen Gartens, der sich in dessen Familienbesitz befand, zu.[74] Das Finanzministerium und der Stadtrat genehmigten die Pläne im September 1859. Die Initiative für einen Zoo ging vom städtischen Bürgertum aus und konnte in enger Abstimmung mit adligen und städtischen Interessen umgesetzt werden.

Die Finanzierung wurde über die Einrichtung einer Aktiengesellschaft realisiert.[75] Der Verkauf der Aktien sollte nach dem Vorbild früherer Zoogründungen in Deutschland ein Kapital von mindestens 50.000 Thalern erwirtschaften. Der Preis einer Aktie belief sich auf 50 Thaler.[76] Aktien boten die Möglichkeit einer breiten Beteiligung und Generierung eines ausreichenden Kapitals, bei gleichzeitiger Minimierung des finanziellen Risikos für den Einzelnen. Gleichzeitig sicherten sie bürgerlichen Stadtbewohnern einen exklusiven Zugang in den Zoologischen Garten. Reichenbach warb intensiv für den Verkauf der Aktien, etwa mit ausführlichen Artikeln im *Dresdner Journal* und *Zoologischen Garten*. Neben einer Skizzierung der Geschichte Zoologischer Gärten, verwies Reichenbach darin auf Aquarien, das Mikroskopieren und Zoos als Medien für die Vermittlung naturkundlichen Wissens, besonders für Kinder, nach englischem Vorbild.[77] Reichenbach zog die Verbindung zum Museum:

> »Wenn die Zooplastik die mühevoll und nicht ohne ein besonderes Talent für die Beobachtung des Naturlebens zu erlernende Kunst ist, die Thiere aller Klassen nach ihrem Tode in die Gestaltung ihres Lebens zurückzuversetzen, so ist es die Aufgabe der zoologischen Gärten, Thiere aller Klassen lebendig zu pflegen.«[78]

Das Museum zeigte einen dauerhaften, gleichzeitig künstlerisch verfälschten Blick auf die Natur, während der Zoo das echte, lebendige Tier präsentierte. Im Museum musste

70 Vgl. Haikal; Gensch, Der Gesang des Orang-Utans, S. 21.
71 Vgl. Rieke-Müller; Dittrich, Der Löwe brüllt nebenan, S. 131.
72 Vgl. Gensch, Der Anteil Peter Joseph Lennés, S. 138.
73 Vgl. Haikal; Gensch, Der Gesang des Orang-Utans, S. 23.
74 Vgl. Ebd., S. 24.
75 Vgl. Schöpf, Gedenkblätter, S. 7.
76 Vgl. Rieke-Müller; Dittrich, Der Löwe brüllt nebenan, S. 133.
77 Vgl. Reichenbach, Ueber Zoologische Gärten, S. 196f.
78 Ebd., S. 196.

die Lebendigkeit nach dem Vorbild der Natur wieder erschaffen werden und reichte nicht an das lebende Tier heran, so die Werbung Reichenbachs für seine Initiative.

Im April 1860 war ein Drittel der Aktien verkauft.[79] Der Verein erstand den Tierbestand und die Gehege des Geflügelvereins,[80] die den Grundstock des Zoos bildeten. Erste Gebäude wurden im November 1860 fertiggestellt.[81] Durch die Orientierung an existierenden Gärten entwickelte sich in den 1860er Jahren eine kanonisierte Form von Anlagen, deren Gestaltung sich zwischen den Polen Historismus, ›Exotismus‹ und praktischen Nutzungskonzepten bewegte und das disziplinierende und belehrende »*Bildprogramm der zeitgenössischen populären Naturkundebücher und -zeitschriften erzeugt*[e]«.[82] So ging das Konzept des Bärenzwingers auf die Tradition des Haltens von Bären in mittelalterlichen Burggräben zurück. Der Besucher schaute dabei auf die in einem engen Graben eingesperrten Tiere von oben herab. Eine Haltungsform, die von den Zeitgenossen keineswegs kritisiert wurde, sondern in zahlreichen Tiergärten Anwendung fand.[83]

Mit der ständigen Wiederholung ›exotischer‹ Baustile manifestierten sich europäische Imaginationen des ›Anderen‹ und der Lebensumwelten von Tieren.

> »Im Zoo erschienen die Tiere im Idealfall ganz nach den Wünschen ihrer Betrachter: Dynamisch und prächtig wie im Naturkundebuch, umgeben von spektakulären Kulissen ihrer exotischen Heimatländer, gut beobachtbar, vor neutralen Farben aufgestellt.«[84]

Die Anordnung der Käfige erfolgte zum Teil zoologisch-systematisch und erinnerte an die Aufstellungen naturkundlicher Sammlungen.[85] Gleichzeitig spiegelte sich das Streben nach bürgerlichem Vergnügen mit dem Ziel der wissenschaftlichen Belehrung von Kindern in der Aufstellung wider. Der Garten wurde nach dem Beispiel eines englischen Landschaftsgartens gestaltet, durch angelegte Wege, Felsen und Seen sollte für Besucher ein gefahrloses Naturerleben und Flanieren ermöglicht werden.[86] Die Gärten entsprachen den Bedürfnissen der menschlichen Besucher und nicht der tierischen Bewohner, über deren Lebensweisen aufgrund fehlender Feldstudien wenig bekannt war.

Die formulierten Ziele des Gartens lauteten:

> »den Sinn für die Naturwissenschaft (zu) verbreiten, wissenschaftliche Beobachtungen und Untersuchungen, sowie künstlerische Studien (zu) fördern und zugleich den Bewohnern der Stadt Dresden und den diese Stadt besuchenden Fremden eine angenehme Unterhaltung (zu) gewähren.«[87]

---

79 Vgl. Haikal; Gensch, Der Gesang des Orang-Utans, S. 25f.

80 Vgl. Schöpf, Gedenkblätter, S. 8.

81 Vgl. Haikal; Gensch, Der Gesang des Orang-Utans, 2011, S. 26.

82 Wessely, Künstliche Tiere, S. 18.

83 vgl. Hauffe; Klös, Das künstliche Paradies, S. 4.

84 Wessely, Künstliche Tiere, 114.

85 Vgl. Baratay; Hardouin-Fugier, Zoo, S. 136.

86 Vgl. Kaselow, Die Schaulust am exotischen Tier, S. 46.

87 Statuten von 1861 zit.n.: Rieke-Müller; Dittrich, Der Löwe brüllt nebenan, S. 136.

Der in Dresden tätige Arzt Hermann Eberhard Richter (1808–1876), der sich wie Reichenbach für den Unterricht von Naturwissenschaften an sächsischen Gymnasien einsetzte, fasste die Erwartungen an den Tiergarten zusammen:

> »Zunächst hatten wohl vorzugsweise die Gelehrten das begründete Verlangen, die Naturgeschichte der Thiere lieber an lebendigen Geschöpfen, als an ausgestopften (denen ja das Wesen des Thieres, die Anima fehlt) oder gar an Abbildungen zu studiren. Mit der neuerdings um sich greifenden Popularisirung der Naturwissenschaft mußte sich auch dieses Bedürfniß einer lebendigen Anschauung [Herv. i.O.] verbreiten, insbesondere wo auf Schulen, Real- und gelehrten Gymnasien, Kunst- und Wissenschafts-Akademien der naturwissenschaftliche Unterricht immer umfassender und tiefergehend, immer mehr von Sachverständigen [...] vorgetragen und so immer mehr des Selbstsehens bedürftig wurde. [...] Ein anderer Nutzen, den die zoologischen Gärten schon jetzt auszuüben beginnen, ist der, die Zahl der akklimatisirten Hausthiere [Herv. i.O.] zu vermehren. [...] Die Mehrzahl geht dahin, wie an andere Vergnügungsorte: zur Erholung, zur Zerstreuung, um etwas Neues zu sehen, um an einem anständigen Orte mit den Seinigen im Freien zu spazieren, Bekannte zu sprechen, Putz zu entfalten, zu kokettiren, oder um seine Kinder in einem gutbewachten Garten mit den Thieren zu unterhalten, damit sie nicht draußen im Feld und Wald zu Schaden kommen oder mit schlechter Gassenbrut Bekanntschaft machen!«[88]

Richters formulierte Ziele entsprachen den Statuten des Zoos. In den Augen der Befürworter verbanden sich Wissenschaft, praktischer Nutzen, Kunst, Unterhaltung und Erziehung an diesem hybriden Ort und machten den Zoo zu einem wichtigen Resonanzraum einer Reformbewegung. Die Reform bestand hinsichtlich Zoologischer Gärten darin, dass sich diese der Erforschung von lebenden, meist ›exotischen‹ Wildtieren und der Teilhabe eines bürgerlichen Publikums widmeten, anders als es die universitäre Zoologie mit ihrem Studium der Zootomie und Spezialdisziplinen, die nur wenige Experten verfolgen konnten, tat.[89] Bei Richter entsprach das Publikum dem städtischen Bildungsbürgertum und grenzte die Arbeiterschicht aus. Die Zoologischen Gärten boten die Bühne für eine aufsteigende, bürgerliche Stadtbevölkerung, um das Streben nach Belehrung mit kurzweiligem Zeitvertreib zu verbinden.[90] Der Zoologische Garten wurde zum Sinnbild der ›modernen‹ Naturwissenschaften, deren fortschreitende Erkenntnisse auf dem Gebiet einer entstehenden lebensnahen Zoologie für Jedermann greifbar wurden. Der Betrachtung und Erforschung lebender Tiere wurde erstmals Bedeutung beigemessen, die Einrichtung Zoologischer Gärten war Ausdruck dieses allmählichen Paradigmenwechsels.[91]

Am 9. Mai 1861 öffnete schließlich der Zoologische Garten in Dresden. Aufgrund von finanziellen Engpässen, da der weitere Verkauf der Aktien schleppend verlief, konnte der Zoo nur in leicht abgewandelter Form als von Lenné entworfen und mit geringem Tier-

---

88 Richter, Die Zoologischen Gärten, S. 379–380.

89 Vgl. Rieke-Müller; Dittrich, Der Löwe brüllt nebenan, S. 226.

90 Vgl. Hochadel, Science in the 19th-Century Zoo, S. 38.

91 Vgl. Nyhart, Biology Takes Form; Dies., Modern Nature; Hochadel, Science in the 19th-Century Zoo.

bestand eingeweiht werden.[92] Wie viele andere Zoologische Gärten litt der Dresdner Zoo in den Folgejahren unter anhaltenden Finanzierungsproblemen. Das konnte durch Tiergeschenke der königlichen Familie und dem Ankauf von Aktien durch die Stadt, die damit Schülern freien Eintritt ermöglichte, nicht behoben werden.[93] Eine endgültige Fertigstellung der bei der Zoogründung geplanten Bauten und die Festlegung der finalen Zoogrenze konnten erst 1866 realisiert werden.[94] Zur Verbesserung der finanziellen Situation setzte der Zoo ab den 1880ern auf ein zusätzliches Unterhaltungsprogramm, um möglichst viele Besucher zu gewinnen, darunter Ponyreiten, Dressuren von Affen und Raubtieren und Nachzuchten. Denn die »*Hauptanziehungspunkte für das Publikum bilden in einem Zoologischen Garten die im Garten geborenen Thiere* [...].«[95] Damit waren Zoos »*nicht nur Orte populärer Naturkunde, sondern auch und vor allem Räume des Spektakels.*«[96] Die Anforderungen des Publikums bestimmten das Programm der Zoos.

Der Dresdner Zoologische Garten entstand inmitten der Stadt durch den Anstoß Reichenbachs, aber in gemeinsamer Umsetzung durch eine bildungsbürgerliche Vereinskultur, die Stadtverwaltung und die königliche Regierung, die Einfluss auf die Institution ausübten.

Albin Schöpf (1823–1881), der in Jena Pharmazie studiert hatte, leitete den Zoo ab Dezember 1861.[97] Sein tiergärtnerisches Wissen hatte er durch die Besuche Zoologischer Gärten in ganz Europa erworben. Zoologische Gärten boten alternative Karrieremöglichkeiten abseits der universitären Zoologie.[98] Spezifische Berufsprofile existierten für die Leitung eines Zoologischen Gartens nicht. Schöpfs Aufgaben bestanden in der Erweiterung und Pflege des Tierbestandes, dem Management der Mitarbeiter und gesamten Anlage.[99]

Zoologische Gärten bildeten bis zum Ende des 19. Jahrhunderts dezidiert europäische beziehungsweise Phänomene des Globalen Nordens im Umgang mit Tieren.[100] Über die Zurschaustellung außereuropäischer Tiere wurden europäischen Fantasien über deren Herkunftsgebiete inszeniert und geprägt. Der Umgang mit den Tieren zum Nutzen, der Belehrung und Unterhaltung prägte das Verständnis Europas über seinen Platz in der Welt, das im Zuge seines imperialen Anspruchs von Unterwerfung, Ausbeutung und Unterdrückung geprägt war und die gesamte Natur der eroberten Gebiete umfasste.

Die Zurschaustellung von Menschenaffen galt in Zoologischen Gärten aufgrund ihrer Seltenheit als besondere Attraktion für Besucher. Schimpansen und Orang-Utans konnten um 1850 vereinzelt in Paris und London gezeigt werden. Gorillas existierten seit

---

92 Vgl. Gensch, Der Anteil Peter Joseph Lennés, S. 145.

93 Vgl. Rieke; Diettrich, Der Löwe brüllt nebenan, S. 138.

94 Vgl. Gensch, Der Anteil Peter Joseph Lennés, S. 147.

95 Schöpf, Gedenkblätter, S. 13.

96 Wessely, Künstliche Tiere, S. 94.

97 Vgl. Gensch, Der Anteil Peter Joseph Lennés, S. 146.

98 Vgl. Nyhart, Modern Nature, S. 80.

99 Vgl. Haikal; Gensch, Der Gesang des Orang-Utans, S. 32.

100 Die ersten außereuropäischen Zoogründungen fanden 1862 in Melbourne und 1864 in Indonesien statt; vgl. https://www.biologie-seite.de/Biologie/Liste_zoologischer_G%C3%A4rten_und_Aquarien_nach_Gr%C3%BCndungsjahr vom 18.04.2024.

ihrer Entdeckung für Europa 1847 ausschließlich in Form von Präparaten und Bildern für das europäische Publikum. Versuche Du Chaillus, lebende Gorillas nach Europa zu überführen, scheiterten.

4.1.2 Die Haltung und Betrachtung von Menschenaffen im Zoo

Der 1863 eröffnete Hamburger Zoologische Garten hielt im Jahr 1866 eine Schimpansin, der Berliner Zoologische Garten zeigte zu Beginn der 1870er Jahre Schimpansen und Orang-Utans,[101] 1873 lebte die erste Schimpansin im Zoologischen Garten von Dresden. Wie sahen die Haltungsbedingungen der Tiere aus? Wer versorgte und interagierte mit den Tieren? Welche Erwartungen stellte das Publikum an die Tiere und wie sahen die Reaktionen der Besucher auf Menschenaffen aus? Diesen Fragen soll im Folgenden am Beispiel der ersten Schimpansin im Dresdner Zoologischen Garten nachgegangen werden.

Als Albin Schöpf am 21. Juli 1873 von der Ankunft einer Schimpansin, die Mafuka genannt wurde,[102] zusammen mit einem Schnurrbartaffen und einem Ichneumon in Kirchberg (Sachsen) erfuhr, ahnte er nicht, welche Aufmerksamkeit der Erwerb des Menschenaffen dem Dresdner Zoo bereiten würde. Der aus Kirchberg in Sachsen stammende Kaufmann Bruno Jehn[103] (kurz nach seiner Rückkehr aus Afrika zwischen 1873 und 1875 verstorben) hatte Mafuka in Loango an der afrikanischen Westküste erworben, wo er sich geschäftlich längere Zeit in niederländischen Handelsniederlassungen aufhielt.[104] Die Schimpansin begleitete ihn zurück nach Kirchberg, wo er Schöpf das Tier verkaufte. Über ihre Herkunft ist wenig bekannt. Vermutlich stammte sie aus der Gegend von Mayombe (heute Maiombe).[105] Schöpf kaufte Jehn alle mitgebrachten Tiere vor Ort ab und zahlte für Mafuka 400 Thaler.[106] Jehn behauptete, dass er Mafuka zu dem Zeitpunkt drei

101 Carl Nissle, Beiträge zur Kenntnis der sogenannten anthropomorphen Affen. I. Molly, der Chimpanzee des Berliner Aquariums, in: Zeitschrift für Ethnologie 4 (1872), S. 201–211; Ders., Beiträge zur Kenntnis der sogenannten anthropomorphen Affen. II. Ein Orang-Utan, in: Zeitschrift für Ethnologie 5 (1873), S. 50–53; Robert Hartmann, Beiträge zur zoologischen und zootomischen Kenntnis der sogenannten anthropomorphen Affen, in: Archiv für Anatomie und Physiologie (1872), S. 107–152 und S. 474–502.

102 In den Quellen und der Sekundärliteratur auch Mafuca oder Mafoka geschrieben. Der Name geht auf die afrikanische Bezeichnung für einen höheren Würdenträger und männlichen Ehrentitel zurück. Außerdem findet sich der Name in den europäischen Quellen für eine afrikanische Bevölkerungsgruppe; vgl. Josef Chavanne, Reisen und Forschungen im alten und neuen Kongostaate, Jena 1887, S. 504; Ernst Friedel, Die drei Anthropomorphen des Berliner Aquariums, in: Der Zoologische Garten 17 (1876), S. 77, Anmerkung.

103 Bruno Jehn entstammte einer bereits seit dem 16. Jahrhundert in Kirchberg ansässigen Familie; Hauptstaatsarchiv Dresden, Sächsisches Staatsarchiv, Signatur: 12790, Personennachlass Karl Steinmüller, Nr. 744.

104 Vgl. Heinrich Leutemann, Mafuca, in: Die Gartenlaube (3, 1874), S. 66.

105 Vgl. Robert Hartmann, Anthropoiden-Affen Mafuca des zoologischen Gartens zu Dresden. Sitzung vom 16. Oktober 1875, in: Zeitschrift für Ethnologie 7 (1875), S. 230; Alwin Schöpf, Bericht über den Zoologischen Garten in Dresden, in: Der Zoologische Garten 15 (1874), S. 86.

106 Vgl. Heinrich Leutemann, Der Schimpanse Mafuca in Dresden, in: Über Land und Meer 18 (35, 1876), S. 95.

Jahre besaß, was Schöpf bezweifelte,[107] und bei der Bestimmung des Alters für Unsicherheiten sorgte.

Schöpf brachte Mafuka und den Schnurrbartaffen Membrole[108] in einem Raum des Winterhauses unter, »*dessen Wände von zwei Seiten von starkem Eisengitter gebildet wurden. Etwa einen halben Meter von diesem Gitter entfernt wurde der Käfig nochmals von einer Glaswand umschlossen.*«[109] Im Winterhaus befand sich in der oberen Etage die Direktorenwohnung der Familie Schöpf. Das Glas schützte Mafuka »*gegen die Ungezogenheiten des Publikums*«[110]. Die Sorge war nicht unbegründet, wie ein Vorfall im Dresdner Zoo zeigte, bei dem einem Affen eine brennende Zigarre gereicht und dieser dadurch verletzt wurde.[111] Das Glas bot zudem ein Mindestmaß an Schutz vor Krankheitserregern. Viele Tiere verstarben nach kurzer Zeit an Tuberkulose, »*der Mörderin fast aller gefangenen Affen*«[112] und anderen, durch Menschen übertragenen Krankheiten. Maximilian Schmidt (1834–1888), Tierarzt und ab 1859 Zoodirektor in Frankfurt a.M., befasste sich intensiv mit Erkrankungen von Zootieren, besonders von Affen.[113] Menschenaffen überlebten ihre Haltung nur wenige Monate, obwohl sie die nach zeitgenössischen Standards beste Pflege erhielten. Die Ursachen waren unklar, was auf das begrenzte Wissen der Zoologischen Gärten und Zoologen über die tatsächlichen Lebensverhältnisse der Tiere zurückzuführen ist. Kränkliche und zusammengesunkene Affen bedeuteten für die Zoos ein wirtschaftliches Verlustgeschäft und Imageproblem, da Besucher vitale Tiere erwarteten.

In der Beschreibung von Mafukas Unterkunft zeigten sich typische Haltungspraktiken der zweiten Hälfte des 19. Jahrhunderts. Menschenaffen waren eine solche Rarität, dass sie in separaten Räumen präsentiert wurden. Ein Ofen beheizte den Raum durch Wasserverdampfung und war wohnlich mit »*Stuhl, Tisch, Bettstelle, Kletterbaum, Schwungseile, Schwungstangen und Bretter*«[114] eingerichtet. Der Raum sollte klimatisch an die Temperaturen des Herkunftsgebietes angepasst werden und glich einem beheizten Wohnzimmer. Die Unsicherheiten im Umgang mit den Tieren waren groß. Feldstudien zu natürlichen Lebensbedingungen existierten nicht und nur vereinzelte Berichte und Mythen von europäischen und afrikanischen Jägern waren bekannt.

Die Mahlzeiten Mafukas wurden als Show inszeniert: »*Hier muss sie zum Ergötzen des Publikums erst den Thee mit dem Esslöffel nehmen, dann aus der Tasse trinken, die sie selbst vollschöpft, und endlich, was sie öfters kaum erwarten kann, gleich aus dem Blechtopf trinken.*«[115] Die Teezeremonie unterstrich ihren Status als Zwischenwesen. Mafuka zeigte ihr Geschick bei der Verwendung von Essgeschirr, aber am Ende siegte die Gier und sie trank direkt

107 Vgl. Schöpf, Bericht über den Zoologischen Garten, S. 89.

108 Vgl. Leutemann, Mafuca, S. 64.

109 Eduard Härter, Instinkt oder Überlegung?, in: Der Zoologische Garten 25 (1884), S. 185.

110 Schöpf, Bericht über den Zoologischen Garten, S. 87.

111 Vgl. Locales und Sächsisches, Dresdner Nachrichten, 29.6.1875, S. 2, https://digital.slub-dresden.de/werkansicht/dlf/249395/2 vom 18.04.2024.

112 Feuilleton, in: Dresdner Journal, 16.12.1875, S. 1.

113 Vgl. Maximilian Schmidt, Zoologische Klinik. Handbuch, 1.1. Die Krankheiten der Affen, Berlin 1870; Ders., Die Lebensdauer der Thiere in Gefangenschaft, in: Der Zoologische Garten 19 (1878), S. 41–55.

114 Schöpf, Bericht über den Zoologischen Garten, S. 87.

115 Ebd., S. 88.

aus dem Topf. Durch fehlendes Wissen und die anatomische Nähe zum Menschen orientierten sich Zoologische Gärten bei der Ernährung der Affen an ihnen bekannten europäisch-bürgerlichen Speisevorschriften. Wein und Bier als Getränke und deftige Hausmannskost zum Mittagessen bildeten die Grundlage der Versorgung. Der Zoo verfütterte der Schimpansin hochwertiges Essen und richtete einen Wohnraum ein, von dem viele Bewohner der Stadt nur träumen konnten.

> »Der »Mangel« an Kultur und Erziehung, die Animalität, drückt sich nirgendwo unverhüllter aus als in dem Bereich der Nahrungsaufnahme, der wie kein anderer in einem Höchstmaße vom Zivilisierungsprozeß geformt und durch allerlei Regelwerk und Konventionen bestimmt wird. Beim Menschen ist die Nahrungsaufnahme ein stilisierter, durch Kultur bestimmter Akt.«[116]

Mit den öffentlichen Fütterungen wurde die Kultivierbarkeit von Menschenaffen auf die Probe gestellt. Bereits ein Orang-Utan, der zwischen 1776 und 1777 in der Menagerie Wilhelms V. von Oranien (1748–1806) lebte, wurde mit europäischen Lebensmitteln ernährt und in Beschreibungen und Darstellungen zu einem ›guten Wilden‹ stilisiert.[117]

Über Alternativen zu europäischen Nahrungsmitteln, die zum physischen Verfall der Tiere führten, wurde nachgedacht:

> »Wären die Negerinnen und Dajakinnen ebenso thierfreundlich wie die Indianerinnern Südamerikas, welche jungen Thieren mit gleicher Mutterlust die Brust reichen wie ihren eigenen Kindern und umso stolzer sind, sich um so gehobener fühlen, je mehr junge Thiere sie neben ihren eigenen Kindern nähren können, so würden wir wahrscheinlich weit kräftigere und gesündere Menschenaffen für unsere Käfige erhalten, als dies bis jetzt leider der Fall ist.«[118]

In der Aussage verbanden sich Vorstellungen von der evolutionären Nähe von Afrikanern mit Menschenaffen, wie sie in Bezug auf Camper und verstärkt durch die Interpretation von Darwins Evolutionstheorie rezitiert und verfestigt wurden.

Darwins Evolutionstheorie und die sich daran anschließende Debatte in Europa über die Stellung des Menschen zum Tier und insbesondere zu Menschenaffen, spiegelte sich in der Einrichtung des Geheges und der Ernährung Mafukas wider. Die Ausstattung verdeutlichte ihre Stellung zwischen Mensch und Tier. Für das Publikum bildete die Schimpansin einen direkten Referenzrahmen zu Darwin, so Schöpf:

> »Auch hier wurde das Thier mit Freuden begrüßt, […], und wurden Darwin und Voigt ebenso oft vom Publikum erwähnt. […] Den grössten Theil der Einnahme von hiessigen Besuchern haben wir der Mafoka zu verdanken, denn immer ist der Raum umstellt, besonders wenn sie ihr Frühstück und Abendbrot bekommt, […].«[119]

116 Artinger, Von der Tierbude, S. 62.

117 Vgl. Ingensiep, Der Orang-Outang des Herrn Vosmaer, S. 225.

118 Alfred Brehm, Menschenaffen, in: Die Gartenlaube 12 (1876), S. 196.

119 Schöpf, Bericht über den Zoologischen Garten, S. 87.

Mafukas Überleben im Zoo galt als Verdienst der liebevollen Fürsorge Schöpfs.[120] Die Haltungsbedingungen der Tiere wurden in Fachblättern beschrieben und diskutiert, scheinbar bewährte Methoden für folgende Tiere übernommen. Das Zentralorgan deutscher Zoologischer Gärten war die Zeitschrift *Der Zoologische Garten*, die 1859 von der Zoologischen Gesellschaft Frankfurt a.M. gegründet und zu Beginn der 1860er Jahre mit einem jährlichen Umfang von bis zu 400 Seiten[121] herausgegeben wurde. Vorrangiges Ziel war der Austausch von Wissen im Umgang mit lebenden Tieren. Neben Direktor Schöpf, der häufig die Reinigung des Käfigs und Überbringung des Essens bei seinem Schützling übernahm,[122] spielten bei der Versorgung die Wärter eine zentrale Rolle:

> »Der Wärter geräth manchmal, wenn er das Entreißen der Peitsche zeitig genug bemerkt, in einen höchst komischen Kampf mit dem Affen, und hat bei dessen großer Kraft alle Noth, um seine Herrschaft zu behaupten. Die Haare mußte er sich bereits kurz schneiden lassen, weil ihn früher Mafuca rücksichtslos daran packte und herumriß.«[123]

Inszenierte Aufeinandertreffen zwischen dem Wärter und der Schimpansin ergänzten das Unterhaltungsprogramm der öffentlichen Fütterungen. Die Interaktion mit den Tieren und deren Reaktion auf Menschen standen im Vordergrund des Interesses. Der Wärter animierte das Tier zu Handlungen und unterhielt das Publikum. Das Verhältnis zwischen Wärter und Mafuka spielte sich zwischen den Polen der »*gewaltsame*[n] *Kontrolle und heitere*[n] *Fürsorge*«[124] ab. Über die Arbeit von Tierpflegern im 19. Jahrhundert ist wenig bekannt, weshalb die Beschreibungen bei Mafuka einen Einblick in den Alltag der ungelernten Arbeiter bieten. Zumeist übten die Tätigkeit Männer aus einfachen ländlichen Verhältnissen aus, aber auch Frauen arbeiteten im Zoo.[125] Der Arbeitstag von Zoowärtern und -wärterrinnen war lang und die Arbeit körperlich anstrengend, die Tiere mussten gefüttert und die Käfige gesäubert werden. Dafür beschäftigte der Dresdner Zoo in den 1860er Jahren circa zehn, nach 1900 zwanzig Angestellte.[126] Neben der Dauer der Arbeit, war der Umgang mit einzelnen Tieren, wie Elefanten, Raubkatzen und Bären gefährlich und der Verdienst sowie das soziale Ansehen der Beschäftigten gering.[127] Eine weitere Aufgabe bestand in der Überprüfung bei der Einhaltung der Umgangsregeln zwischen Besuchern und Tieren, um letztere vor Übergriffen zu schützen.[128] Als Wachposten hatte der Wärter eine Vermittlerposition inne. Darwin erkannte als einer der ersten das Potenzial der Pfleger durch ihren täglichen Umgang mit den Tieren und befragte sie regelmäßig nach den Gewohnheiten der Tiere.[129]

---

120 Vgl. Hochadel, Darwin in the Monkey Cage, S. 93.
121 Vgl. Jahn, Zoologische Gärten – Zoologische Museen, S. 27.
122 Vgl. Schöpf, Bericht über den Zoologischen Garten, S. 89.
123 Leutemann, Der Schimpanse Mafuca, S. 95.
124 Reinert, Applaus der Robbe, S. 18.
125 Vgl. Haikal; Gensch, Der Gesang des Orang-Utans, S. 58.
126 Vgl. Ebd., S. 30–31 und 61.
127 Vgl. Ebd., S. 61.
128 Vgl. Wessely, Künstliche Tiere, S. 63.
129 Vgl. Darwin, Der Ausdruck der Gemüthsbewegungen, S. 121f.

Neben der überschaubaren Anzahl an Mitarbeitern waren die Besucher umso zahlreicher. Als Mafuka den Zoologischen Garten im Jahr 1873 als erster Menschenaffe in Dresden bezog, strömten die Besucher durch den Aufruf von in der Stadt verteilten Werbeplakaten und der Ankündigung *»noch nie hier gesehen«*[130] in den Zoo – darunter Schüler, bürgerliche Familien und Privatleute. In den 1870er Jahren, als Mafuka im Zoo ausgestellt wurde, stand dieser prinzipiell jedem offen. Die Höhe der Eintrittsgelder regulierte die Zusammensetzung des Publikums und bevorzugte das städtische Bürgertum. Das Bürgertum beteiligte sich nicht nur an der Gründung der Einrichtung, sondern nutzte diese zur demonstrativen Zurschaustellung ihrer freien Zeit, die durch das Flanieren in einer naturnahen Umgebung mit einem Bildungsanspruch und der Sehnsucht nach ›exotischen‹ Ländern verbunden wurde.

Im Jahr 1862 berichtete *Die Gartenlaube* über *Ein Stündchen in Dresdens zoologischem Garten*[131] und lobte die geschmackvolle Einlassung des Tiergartens in den Großen Garten und den reichen Tierbestand. *Die Gartenlaube* galt als wichtigstes Medium naturwissenschaftlicher Themen für die bürgerliche Öffentlichkeit durch narrativ-informative Erfahrungsberichte. Die Gartenlaube war in den 1870er Jahren die Zeitschrift mit der höchsten Auflage in Deutschland. Sie wurde 1853 gegründet und erreichte um 1870 ein (Vor-)Lesepublikum von etwa 2 Millionen Menschen.[132] Themen, die die universitäre Zoologie bis in die 1880er Jahre weitestgehend ignorierte. Der Anspruch der *Gartenlaube*, wissenschaftliche Artikel allgemeinverständlich aufzuarbeiten und zur Bildung einer breiten Bevölkerungsschicht beizutragen, deckte sich mit den Zielen vieler Verlage und der Zoologischen Gärten ab der Mitte des 19. Jahrhunderts.[133] Angela Schwarz betrachtete die »*Wissenschaftspopularisierung als Teil einer bürgerlichen Kultur*«.[134] Gleichzeitig bildete sich das Genres des populär-naturwissenschaftlichen Sachbuches heraus.[135] Das heimische Wohnzimmer wurde durch populär-naturkundliche Berichte der *Gartenlaube*, die Kinderzimmer durch Spielzeugtiere und Zoologische Gärten durch die realen Tiere zu »*Kontaktzone*[n] *zwischen Menschen und Tieren*«.[136] Zoos verankerten in ihren Gründungsstatuten die Bildung der Besucher zu einem zentralen Anliegen und begründeten ihre Existenz durch die Betonung als bürgerliche Bildungseinrichtungen. Die Ausstellung und Betrachtung von Tieren dienten der Erziehung der Zoobesucher. Im Fall der städtischen Bevölkerung blieben die Begegnungen im Zoo meist der einzige Kontakt mit Tieren. Die Formate waren erfolgreich, da die Naturwissenschaften in den Schulen während

---

130 Leutemann, Mafuca, S. 64.

131 Ein Stündchen in Dresdens zoologischem Garten, in: Die Gartenlaube 44 (1862), S. 699–704.

132 Vgl. Daum, Wissenschaftspopularisierung, S. 339; Claudia Stockinger, An den Ursprüngen populärer Serialität. Das Familienblatt Die Gartenlaube, Göttingen 2018; Alexander Gall, Lebende Tiere und inszenierte Natur. Zeichnung und Fotografie in der populären Zoologie zwischen 1860 und 1910, in: NTM 25 (2, 2017), S. 182; Kelly, The Descent of Darwin, S. 15.

133 Vgl. Angela Schwarz, Die Popularität der Popularisierung. Allgemeinverständliche Bücher über Naturwissenschaften und der Anteil der Verleger an ihrem Erfolg im 19. Jahrhundert, in: Monika Estermann; Ute Schneider (Hg.), Wissenschaftsverlage zwischen Professionalisierung und Popularisierung, Wiesbaden 2007, S. 71.

134 Ebd., S. 64.

135 Vgl. Ebd., S. 69.

136 Eitler, Tiere und Gefühle, S. 65.

des gesamten 19. Jahrhunderts nur am Rande unterrichtet wurden. Das Fach Biologie wurde erst in der Zeit der Weimarer Republik eingeführt.[137]

Neben dem Lob kritisierte der *Gartenlaube*-Bericht von 1862 auch Haltungsweisen, wie die der Seehunde: »*Dieses Aufbewahren des nur an salzige Meerfluth gewöhnten Thieres im beengenden Süßwasserbassin grenzt, allerdings im Interesse der Wissenschaft, an Thierquälerei.*«[138] Die Eintrittspreise gaben Anlass zu weiterer Kritik:

> »Seine wahre Volksthümlichkeit kann aber dieses ebenso belehrende, interessante wie unterhaltende Institut erst erhalten, sobald die Eintrittspreise – wenigstens für ein paar Wochentage – derart ermäßigt werden, daß auch den wenig bemittelten Ständen der Besuch erleichtert wird.«[139]

Die Stadtverwaltung reagierte auf das Presseurteil. Sie erstand Aktien und bezuschusste den Zoo, womit sie Lehrern und Schülern freien Eintritt einräumte.[140] Der Zoo richtete »*kleine Preise*«[141] ein, um den Besuch »*ärmeren Klassen*«[142] zu gewähren. Die zunehmende Öffnung von Zoos und Museen in der zweiten Hälfte des 19. Jahrhunderts verlief parallel und erlaubte die Bildung und Unterhaltung einer breiten Öffentlichkeit. Die heterogene Zusammensetzung der Besucher[143] trug gleichzeitig neue Erwartungen in die Einrichtungen, die mit mehr Unterhaltungsangeboten reagierten. Weniger das bürgerliche Flanieren, sondern vielmehr die beginnende Massenunterhaltung kehrte in den Zoo ein.

1884 veröffentlichte *Der Zoologische Garten* den Bericht Eduard Härters (Lebensdaten unbekannt), der mit seinem Bruder den Zoo besucht hatte und über Mafukas Unterkunft, ihr Verhalten und die Reaktionen des Publikums auf die Schimpansin berichtete:[144] Er beschrieb sie beim Spiel mit einem Seil:

> »Endlich sah Mafuca die Erfolglosigkeit ihres Beginnens ein und versuchte, sich und die Zuschauer auf andere Weise zu unterhalten. Offenbar fand sie Gefallen daran, wenn das Publikum vor dem Käfig sich über ihre Streiche ergötzte und in lautes Lachen ausbrach. [...] Wenn wir je von dem Antlitz eines Menschen einen Gedanken ablasen, so stand hier im Gesichte dieses Affen für uns deutlich geschrieben: »Wie ging das zu? das muß ich nochmals probieren.« Der Versuch wurde wiederholt. Die umstehende Menge jubelte laut. Der Wärter mit einem Reisigbesen bewaffnet, stürzte herbei; Mafuca ergriff die Flucht und zog sich in die höheren Regionen des Käfigs zurück, das Seil ließ sie als corpus delicti herabfallen.«[145]

Dieser Ausschnitt verweist auf die Erwartungen und Zusammensetzung des Publikums vor dem Menschenaffenkäfig. Zwar war die staunende Masse im Zoologischen Garten

137 Vgl. Daum, Wissenschaftspopularisierung, S. 44.
138 Ein Stündchen, S. 699.
139 Ebd., S. 704.
140 Vgl. Haikal; Gensch, Der Gesang des Orang-Utans, S. 37.
141 Anzeige, Zoologischer Garten, in: Dresdner Nachrichten, 26.06.1875, S. 7.
142 Schöpf, Gedenkblätter, S. 16.
143 Vgl. Wessely, Künstliche Tiere, S. 38.
144 Vgl. Härter, Instinkt oder Überlegung?, S. 185–186.
145 Ebd., S. 185.

zur Bildung einer breiten Bevölkerungsschicht erwünscht, Härter als beobachtender, bildungsbürgerlicher Besucher grenzte sich von einer *»voyeuristische Lust am ausgestellten Körper«* ab.[146]

> »Während sich der ideale bürgerliche Besucher durch ein scheinbar distanziertes Verhältnis zu den Gegenständen seiner intellektuellen Betrachtung auszeichnete, das festen Regeln des Sehens und der Wissensaufnahme folgte, war dasjenige Angehöriger der »Masse« von unmittelbarer Körperlichkeit geprägt und wurde gerade deshalb massiv kritisiert, weil ihm jene bourgeoise Distanz komplett zu fehlen schien.«,[147]

so Christina Wessely. Mitleid mit der eingesperrten Mafuka zeigte Härter nicht. In seiner Beschreibung schien Mafuka an dem Spektakel vor ihrem Käfig gefallen zu finden und spiegelte das Verhalten der aufgeregten Masse. Gebannt bestaunte das Publikum das Tier und Mafuka das Publikum, beide Seiten reagierten aufeinander und interagierten miteinander. Die Besucher beobachteten das menschenähnliche Minenspiel ihres nächsten Verwandten und animierten es durch lauten Jubel. Härter bewertete die Fähigkeit zur Kultivierung auf beiden Seiten der Gitterstäbe. Das Eingreifen des Wärters bot durch die Flucht Mafukas und damit dem Sieg des Tieres zusätzlichen Unterhaltungswert. Der Wärter animierte Mafuka zu einer Handlung, die den Erwartungen der Besucher gerecht werden sollte. Die Menschenähnlichkeit und Interaktionen Mafukas machten den Reiz ihrer Beobachtung aus. Härter erinnerte sich noch zehn Jahre später an seinen Besuch vor dem Affenkäfig.

Die Tagespresse berichtete ebenfalls regelmäßig über die Tiere des Zoologischen Gartens. Ausgeschmückt mit zahlreichen Abbildungen blieben Lieblinge der Besucher präsent und deren Entwicklung nachvollziehbar. Die Zoos profitierten von den Berichten. Fütterungszeiten, die als interessante Beobachtungsgelegenheiten galten und Tiere in Aktion versprachen, wurden in der Presse veröffentlicht: *»Die Raubthiere im Zoologischen Garten werden heute um 5 Uhr, die Schimpansin um 4 Uhr gefüttert.«*[148] Über Werbeplakate in der Stadt und Ankündigungen in der Tagespresse wurde Mafuka außerhalb der Zoogrenzen publik gemacht und in den städtischen Raum getragen. Menschenaffen waren in den 1870ern Gesprächsthema ersten Ranges in Städten sowie in der regionalen und überregionalen Presse.

Weitere Beschreibungen von Mafukas Verhalten erinnern an typische Zuschreibungen der kindlichen Entwicklung, mit denen Menschenaffen gleichgestellt wurden.[149]

> »Hat sie [Mafuka] dergleichen dumme Streiche gemacht, wonach Strafe nicht ausbleibt, dann stelle ich mich überhaupt nur ärgerlich, indem ich ihr den Rücken zeige und sie mit starker Stimme ausschelte. Sie kommt dann sofort, um durch Liebkosen Alles wieder gut zu machen.«[150]

---

146 Wessely, Künstliche Tiere, S. 38.

147 Ebd.

148 Locales und Sächsisches, in: Dresdner Nachrichten, 15.09.1875, S. 1.

149 Vgl. Leutemann, Der Schimpanse Mafuca, S. 95.

150 Schöpf, Bericht über den Zoologischen Garten, S. 88.

Das Motiv der Erziehung von Menschenaffen prägte die Berichte aus Zoologischen Gärten des 19. Jahrhunderts. Dabei ging es nicht um die Dressur wie bei Großkatzen oder Bären,[151] sondern um das Erzielen erwünschten Verhaltens wie bei Kindern. »*Denn* [...] *Mafuca ist von einer Ausgelassenheit, über welche, wenn sie ihre Eltern sähen, diese gewiß den Kopf schütteln würden,* [...].«[152]

In der ersten Hälfte des 19. Jahrhunderts erhielt die Erziehung von Kindern im Zuge eines zunehmenden bürgerlichen Selbstbewusstseins verstärkt Bedeutung. Das zeigte sich in einem breiten Angebot an Erziehungsliteratur und der Herausbildung der Pädagogik als »*Wissenschaft von der Erziehung*«,[153] deren Ziel die Formung von Kindern zu vollkommenen Bürgern war.[154]

Die Mehrheit der Wissenschaftler ging davon aus, dass Menschenaffen als Jungtiere der kindlichen Entwicklung ähnelten und erzogen werden müssten, mit zunehmendem Alter der Affen die tierische Natur präsenter hervortrat.

> »Während der Mensch an Intelligenz und geistiger Entwicklung von der Kindheit bis in's reifere Alter zunimmt, [...] sind die Affen nur in der Jugend sanft, verständig und gelehrig, im Alter werden sie stumpfsinnig, boshaft und bestialisch.«[155]

In europäischen Zoos lebten fast ausschließlich Jungtiere und verstarben früh, der Vergleich zu ausgewachsenen Tieren war nicht möglich. Du Chaillus Beschreibungen und die Darstellungen der Tiere in Zeichnungen und Präparaten verfestigten die Vorstellung von der Veränderung des Charakters im Alter.

Um den Tieren das gewünschte Verhalten abzuringen, kamen Stöcke und Peitschen zum Einsatz. Mafuka erhielt Schläge auf ihre linke Hand, um sie zur Rechtshänderin zu erziehen, eine gängige pädagogische Praxis für Menschen bis weit ins 20. Jahrhundert.[156] Die Erziehung der Schimpansin verdeutlichte Erfolge gängiger pädagogischer Maßnahmen. Wenn sie bei einem Tier Wirkung zeigten, so mussten sie bei der Erziehung von Kindern umso erfolgreicher sein. Gleichzeitig markierte die Grenze der Erziehbarkeit Mafukas die Schwelle zwischen Mensch und Tier. Das pädagogische Experiment, die Übertragung menschlicher Vorstellungen und Methoden auf das Tier, sollte den Grad der Menschwerdung bestimmen. Beobachtungen zur Sprachentwicklung verorteten Mafuka ins Tierreich. Sprache wurde Denkvermögen vorausgesetzt: »*Mafuca hat offenbar noch kein Bewußtsein, wohl aber scheint sie schon Gewissensanfänge zu bekommen.*«[157] Im Umgang mit Menschenaffen verwischte die Grenze zwischen menschlicher Erziehung und tierischer Dressur. Verdeutlichte die Erziehung die Nähe zum Menschen, pro-

151 Vgl. Carl Hagenbeck, Von Tieren und Menschen. Erlebnisse und Erfahrungen, Berlin 1909, S. 311.

152 Leutemann, Mafuca, S. 64.

153 Habermas, Frauen und Männer des Bürgertums, S. 366.

154 Vgl. Andreas Schulz, Der »Gang der Natur« und die »Perfektibilität« des Menschen. Wissensgrundlagen und Vorstellungen von Kindheit seit der Aufklärung, in: Ders.; Lothar Gall (Hg.), Wissenskommunikation im 19. Jahrhundert, Stuttgart 2003, S. 24.

155 Meyer, Der Gorilla, S. 41.

156 Vgl. Leutemann, Der Schimpanse Mafuca, S. 95; Schulz, Der »Gang der Natur«, S. 25.

157 Vgl. Leutemann, Mafuca, S. 66.

duzierte die Dressur eine Karikatur dieser Nähe. Das Lachen über tollpatschige, junge Menschenaffen in menschlicher Kleidung relativierte ihre Menschenähnlichkeit.

Der Aspekt der Erziehung richtete sich an die Betrachtenden, besonders Familien mit Kindern, die das gezielte Einüben von Verhaltensweisen und die dazu erforderlichen Methoden am Beispiel des Menschenaffen vorgeführt bekamen. *Die Gartenlaube* berichtete mit ihrem erzieherischen und bildungspolitischen Aufklärungsanspruch regelmäßig über Menschenaffen in Zoologischen Gärten und verstärkte die Verbindung zwischen Mensch und Natur.[158]

Kindern gegenüber zeigte Mafuka ein besonderes Verhalten:

> »Einen ordentlichen Muthwillen zeigt Mafuca Kindern gegenüber, besonders wenn es ihrer viele sind. Erst rückwärts gehend, dann aber im Anlauf mit geballten Fäusten und dröhnend auf den Boden stampfend, fährt sie auf die Kinder gegen das Gitter zu und freut sich offenbar über deren Zurückweichen, erinnert übrigens in dieser Stellung außerordentlich an menschliches Gebahren.«[159]

Angestellte und Besucher des Zoologischen Gartens versuchten die Mimik und Gestik Mafukas durch ihnen bekannte, menschliche Emotionen zu deuten.

Oft wurde Affen ein Spielgefährte in den Käfig gesetzt, in Mafukas Fall der mitgereiste Schnurrbartaffe, sonst Hunde oder Kaninchen.[160] Mafukas Interaktionen mit ihrem Käfiggenossen wurden detailliert beobachtet und beschrieben. Beide schliefen eng beieinander, aber die Schimpansin verteidigte ihr Essen vehement gegenüber Membrole.[161] Schließlich tötete Mafuka ihn während einer Gewitternacht.[162] Das Verhalten Mafukas gegenüber dem kleineren Affen galt als wichtiger Parameter bei der Beurteilung ihres Alters und Verhaltens und der Frage, ob Mafuka das wilde, tierische, unzähmbare Erwachsenenalter erreicht hatte. Schöpf beschrieb Mafukas Verhalten ihm und Jehn gegenüber als liebevoll.[163]

Im Zoo wurden ihre Fähigkeiten, der Grad ihrer Kultivierbarkeit bemessen. Die Gleichsetzung mit Kindern verdeutlicht die Unterwerfung des Tieres, seiner Physis und Psyche, unter gängige europäische Erziehungspraxen. Kinder sollten zu performanten Erwachsenen herangezogen werden.[164] Das Bild des Menschenaffen als zu erziehendem Lebewesen trug eine Metaphorik an das zu erziehende Kind und dessen Eltern heran und eröffnete ein Testfeld zur Erprobung der Intelligenz von Tieren.[165] Der Zoo integrierte den europäischen Bürger in die dort künstlich geschaffene Natur und verstand sich als Ort der Bildung und Kultivierung, die durch Erziehung erreicht

---

158 Vgl. Cora Guddat, Wie erziehe ich ein Kind zu einem gesunden Menschen? Gesundheitsaufklärung in der Gartenlaube und in Hand- und Lehrbüchern von 1885–1914, Köln 1999, S. 15.

159 Leutemann, Der Schimpanse Mafuca, S. 95.

160 Vgl. Nissle, Die menschenähnlichen Affen, S. 461; Zeichnung »*Schimpanse*«, in: Brehm, Brehms Thierleben, 1876, S. 68.

161 Vgl. Schöpf, Bericht über den Zoologischen Garten, S. 87.

162 Vgl. Hartmann, Anthropoiden Mafuca, S. 253.

163 Vgl. Schöpf, Bericht über den Zoologischen Garten, S. 88.

164 Vgl. Schulz, Der »Gang der Natur«, S. 31.

165 Vgl. Ebd., S. 34–35.

werden sollte. Die afrikanische Schimpansin wurde europäischen Verhaltens-, Wohn- und Ernährungskonventionen unterworfen.

Für den Dresdner Zoo begann mit Mafuka erst das Kapitel der Menschenaffenhaltung. Zwei weitere Schimpansen überlebten ihre Haltung in den 1880ern nur wenige Tage, erst 1888 bewohnte der Schimpanse Fritz das neue Affenhaus.[166] Fritz wurde dressiert und bekleidet dem Publikum präsentiert, ihm wurden Drehorgel spielen und Rad fahren beigebracht, wodurch sich die Zurschaustellung im Zoologischen Garten kaum von der in Wandermenagerien unterschied. Nach seinem Tod im Jahr 1890 lebte Fritz als Präparat im Affenhaus weiter.[167] So konnte ein Menschenaffe gezeigt werden, wenn kein lebendes Exemplar zur Verfügung stand, eine raum- und kostensparende Variante für den Zoo. Die zunehmende Öffentlichkeit und Erweiterung des Unterhaltungsprogramms trugen immer neue und umfangreichere Erwartungen an das Programm im Zoo und dessen Bewohner heran.

Kein anderes Tier verband Wissenschaft und Öffentlichkeit so eng wie Menschenaffen im Zoo. Die Beschreibungen Mafukas im *Zoologischen Garten* und der *Gartenlaube* verdeutlichen die These Oliver Hochadels, dass der Anblick von Menschenaffen die Besucher provozierte, Darwins Theorie und die Selbstverortung im Tierreich zu reflektieren.[168] Das Leben Mafukas und ihrer Artgenossen stand von Beginn an unter dem Zeichen der Vermischung und Grenzziehung von Natur und Kultur, sie lebten in einer ständigen Dichotomie. Der Zoo als künstlich geschaffene Natur[169] steigerte diesen Eindruck, indem die Affen zu Handlungen gezwungen wurden, die ihr hybrides Dasein betonten. Die Möglichkeit die Trennlinie zwischen Mensch und Tier durch die Erziehung, Ernährung, das Tragen von Kleidung oder die Benutzung von Fahrzeugen zu überwinden, wurde im Zoo als Unterhaltungs- und Forschungseinrichtung experimentell durchgespielt.[170] Das Überstülpen menschlicher Gewohnheiten erprobte die kulturellen Fähigkeiten der Tiere und weckte positive Emotionen des Publikums.[171] Zentral war die Lebendigkeit des Tieres, die durch Interaktionen erzeugt wurde. Ein Zoobesuch sollte emotionalen, unterhaltenden, erzieherischen und belehrenden Charakter besitzen. Zoologische Gärten waren Ausdruck der Entstehung einer »*moderne*[n] *Populärkultur*«.[172] Die Beschreibungen von Mafukas Leben im Zoo entsprachen den Ansprüchen, mit denen Zoologische Gärten zu Beginn des 19. Jahrhunderts gegründet wurden. Die steifen Präparate in Lübeck reichten nicht an das Repertoire der lebendigen Zurschaustellung von Menschenaffen heran. Heinrich Lenz hatte die Lübecker Schimpansenpräparate im Vergleich zu den Tieren des Hamburger Zoologischen Gartens kritisiert. Das lebende Tier verwies auf die unzureichende Präparation. Zweifel an deren Exaktheit wurden vermehrt geäußert und kaum ein anderes Tier wurde so sehnsüchtig lebendig in Europa erwartet wie der Gorilla.

---

166 Vgl. Erwähnenswerte Tierarten im Tierbestand – Säuger, 5 Primaten, Menschenaffen, 4 Schimpanse, in: Archiv des Dresdner Zoologischen Gartens.

167 Vgl. Haikal; Gensch, Der Gesang des Orang-Utans, S. 50.

168 Vgl. Hochadel, Darwin in the Monkey Cage, S. 97–98.

169 Vgl. Wessely, Künstliche Tiere, S. 11–12.

170 Vgl. Haikal; Gensch, Der Gesang des Orang-Utans, S. 78.

171 Vgl. Nastasja Klothmann, Gefühlswelten im Zoo. Eine Emotionsgeschichte 1900–1945, Bielefeld 2015, S. 195–196.

172 Reinert, Applaus der Robbe, S. 16.

Wie intensiv die Bemühungen und das Interesse an den Tieren war, zeigt das Beispiel des Hamburger Zoologischen Gartens.

4.1.3 Das Gorillafieber der 1870er Jahre im Deutschen Kaiserreich

Die Bestrebungen einen lebenden Gorilla nach Europa zu überführen, scheiterten mehrfach. Wie gestalteten sich die Wege des Findens, Ergreifens und Transports zu Beginn der 1870er Jahre? Welche Akteure beteiligten sich an der Suche nach Gorillas? In welchem Zustand erreichten die Tiere Deutschland?

Die wenigen, über Europa verteilten Objekte und dürftig ausgestopften Präparate in Lübeck galten zu Beginn der 1870er Jahre als Raritäten. Ein lebender Gorilla versprach eine weltweite öffentliche und wissenschaftliche Aufmerksamkeit. Die Aussicht beflügelte das Engagement und den Wettlauf von Abenteurern und Privatiers sowie wissenschaftliche Expeditionen in Afrika.[173] Zusätzlich befeuert wurde die Suche nach weiteren Menschenaffen durch das 1871 veröffentlichte Werk Darwins *Die Abstammung des Menschen*. Hatte er den Bezug zum Menschen in *Die Entstehung der Arten* vermieden, versuchte er nun eine Erklärung der Prozesse zu finden, die zur Entstehung des Menschen geführt hatten. Fossile Beweise für seine Theorie vermutete er in Afrika.[174] Wie Huxley betonte Darwin, dass der Mensch nicht von noch lebenden Menschenaffen abstammte.

Neben Lübeck zeigte sich Hamburg umtriebig bei der Einfuhr von Menschenaffen und profitierte von den weltumspannenden Handelsnetzwerken der Hansezeit. Nicht ohne Stolz führte Heinrich Bolau, der von 1875 bis 1909 das Amt des Direktors des Zoologischen Gartens in Hamburg bekleidete und seit Mitte der 1860er Jahre der Museums-Kommission des Hamburger Naturkundemuseums angehörte, aus,[175] dass das Museum über ein »*reichhaltige*[s)] *Material an Skeleten, Schädeln und anderen Theilen anthropomorpher Affen*«[176] verfügte. Zoo und Museum waren über Bolau personell eng verbunden, der den Ausbau beider Institutionen engagiert vorantrieb. Der Hamburger Kaufmann Carl Woermann und dessen Handelsniederlassungen in Gabun verhalfen zu kontinuierlichen Tierlieferungen.[177] Zoologische Gärten, Naturkundemuseen und Wissenschaftler waren auf globale Kontaktnetzwerke angewiesen, wollten sie immer neue Tiere für die Forschung und Ausstellung erhalten. Dabei mussten deutsche Wissenschaftler auf das Engagement einzelner Kaufleute, Abenteurer, Missionare und Seeleute zurückgreifen, da Deutschland in den 1870ern keine Kolonien besaß.

Bolaus Bericht über drei Gorillapräparate des Naturkundemuseums, die nicht mehr erhalten sind und nie Teil der musealen Schausammlung waren, geben einen Einblick in die Verbindungen zwischen Zoo und Museum sowie die Wege und Schicksale der Tiere. Den ersten Gorilla erhielt das Museum am 31. Juli 1875 durch Woermann und Franz Wölber (1844–1879), letzterer war Hauptvertreter der Handelsniederlassung Woermanns

173 Vgl. Pesek, Koloniale Herrschaft, S. 105.

174 Vgl. Charles Darwin, Die Abstammung des Menschen und die geschlechtliche Zuchtwahl, Band 1, 3. Auflage, Stuttgart 1875, S. 203, https://de.wikisource.org/wiki/Die_Abstammung_des_Menschen_und_die_geschlechtliche_Zuchtwahl_I vom 18.04.2024.

175 Vgl. Köstering, Natur zum Anschauen, S. 30.

176 Bolau, Ueber die menschenähnlichen Affen, S. 63.

177 Vgl. Hans-Otto Neuhoff, Gabun, Bonn 1967, S. 50.

in Libreville und zugleich der kaiserlich-deutsche Konsul in Gabun.[178] Das erklärte Ziel, den Gorilla lebend nach Hamburg zu überführen, scheiterte zwei Tage nach Abfahrt des Schooners Francis Wölber, da der Affe an Durchfall litt und verstarb, wie Kapitän Pein an Bolau berichtete.[179]

> »Der Fürsorge des Herrn C. Woermann und des Herrn F. Woelber, die für den Fall des Todes ein reichliches Quantum Rum mitgegeben, wie den sorgfältigen Bemühungen des Herrn Capt. C. Pein haben wir den vortrefflichen Zustand zu danken, in dem der Cadaver des Gorilla hier ankam. Durch Oeffnen der Bauchhöhle und durch dreimalige Erneuerung des Rums – beides von mir im Vorraus empfohlen – wurde einer Fäulnis im Inneren des Tieres vorgebeugt. Es kam daher so gut erhalten in Europa an, wie wohl noch kein Zweites.«, so Bolau.[180]

Der Gorilla wurde während seiner Überfahrt durch einen Laien präpariert und für die Forschung bewahrt. Nach der Ankunft in Hamburg wurden Fotos und Gipsabgüsse des Tieres angefertigt und vervielfältigt [**Abb. 21**].

Abb. 21: »Kopf eines jungen männlichen Gorilla No 1. in reichlich halber natürl. Grösse. Nach einem Spiritus Exemplar des Hamburger Museums. Photographie und Lichtdruck v. Strumper & Co Hamburg«, in: Heinrich Bolau, Die menschenähnlichen Affen des Hamburger Museums, in: Naturwissenschaftlicher Verein zu Hamburg Altona (Hg.), Abhandlungen aus dem Gebiete der Naturwissenschaften, Hamburg 1876, Tafel A.

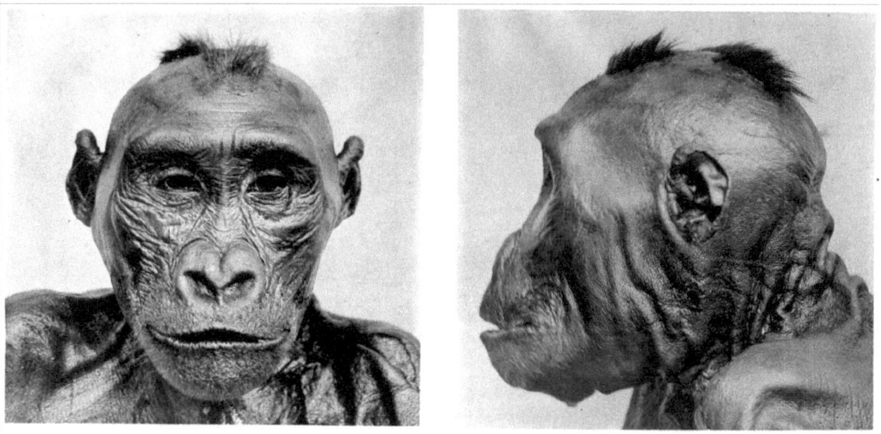

Niedersächsische Staats- und Universitätsbibliothek Göttingen, Signatur: 4 PHYS MATH II, 6175.

178 Vgl. Ulrike Lindner, Transimperiale Orientierung und Wissenstransfers. Deutscher Kolonialismus im internationalen Kontext, in: Deutsches Historisches Museum (Hg.), Deutscher Kolonialismus. Fragmente seiner Geschichte und Gegenwart, Darmstadt 2016, S. 24.

179 Vgl. Bolau, Ueber die menschenähnlichen Affen, S. 65.

180 Ebd.

Deutlich zu sehen ist, dass sich die Epidermis mit der Behaarung gelöst hatte, was der Konservierung in Spiritus geschuldet war. Der Zustand glich den Kadavern aus Paris und London fünfzehn Jahre zuvor. Die Techniken der Präparation bei der Überführung aus Afrika bestanden weiterhin aus dem Trocknen der Häute oder der Konservierung in Alkohol. Durch den Transport mit den Woermannschen Handelsschiffen dauerte die Überfahrt von Gabun nach Hamburg circa sechs Wochen. Nicht der Zustand der Affen, sondern der Handel von Gütern und der damit verbundene Halt an verschiedenen Häfen hatte Priorität.[181] Die Präparation in Afrika und Dauer der Überführung bestimmten über die Möglichkeit einer Ausstellung als ausgestopftes Schauobjekt für das Museum.

Für die fotografischen Aufnahmen musste der Unterkiefer gestützt und die Ränder der Lippen angeheftet werden, »*weil die Unterlippe sonst ihrer Weichheit wegen herunter gehangen hätte.*«[182] Der Gorilla wurde frontal und seitlich dokumentiert und wissenschaftlich erfasst.

Bei der Beschreibung des Vorlebens des Gorillas verwies Bolau auf den Geologen und Afrikareisenden Oscar Lenz (1848–1925) und dessen Brief an Robert Hartmann, 1875 abgedruckt im *Correspondenzblatt der Afrikanischen Gesellschaft*. Lenz stammte aus Leipzig und war promovierter Geologe. Alfred Brehm war sein Lehrer. Ab 1887 betreute er den Lehrstuhl für Geografie an der Universität Prag.[183] Er berichtete von der Gefangennahme und Haltung des Tieres sowie den daran beteiligten Akteuren, unter anderem von der Jagd- und Umgangspraxis der afrikanischen Bevölkerung:

> »Als ich von meiner Okandareise nach Gaboon zurückkehrte, wurde ich von einem ziemlich heftigen Fieber befallen, dessen Nachwehen lange andauerten. Für diese unfreiwillige Musse wurde ich einigermassen entschädigt, als ein lebender Gorilla in die hiesige deutsche Factorei gebracht wurde. Das Tier stammt von Kamma [...] und wurde aus einer Herde von acht Stück ergriffen. [...] In dieser Weise wurde der Gorilla in die Zweigfactorei des hiesigen Hauses gebracht, wo man ihm leider, wie dies gewöhnlich geschieht, die beiden grossen Eckzähne abfeilte, aus Furcht, dass er beissen mochte. [...] Er hat eine lange, dünne, eiserne Kette um den Hals [...] Die Hauptfrage bei dem Transport des Gorilla bildet natürlich die Ernährung. Wir haben ihm schon öfters Reis, Brot, Milch etc., kurz Sachen, die an Bord sowohl, als auch in Europa zu haben sind, gegeben, aber mit geringem Erfolge. ... Seine Lieblingsnahrung ist eine hier häufige rothe Frucht, [...] Auf dem Schiffe wird sich unser Gorilla wohl oder übel an Brot, Reis etc. gewöhnen müssen, denn seine Lieblingsfrüchte halten sich nur wenige Tage.«[184]

Die Erkenntnisse über die vegetarischen Ernährungsgewohnheiten der Tiere waren während der Überfahrt nicht realisierbar. Lenz, der sich von 1874 bis 1877 als Forschungsreisender der Loango-Expedition im Dienst der Deutschen Gesellschaft zur Erforschung Äquatorial-Afrikas in der französischen Kolonie Gabun aufhielt, nutzte

181 Vgl. Haefliger, Vorwärts mit Wind und Dampf, S. 74.

182 Bolau, Ueber die menschenähnlichen Affen, S. 66.

183 Vgl. Cornelia Essner, Deutsche Afrikareisende im neunzehnten Jahrhundert. Zur Sozialgeschichte des Reisens, Wiesbaden u.a. 1985, S. 86f.

184 Oscar Lenz zit.n.: Bolau, Ueber die menschenähnlichen Affen, S. 67.

seine Zeit zur Beobachtung des Gorillas und der Suche nach weiteren Exemplaren. Die Gesellschaft ging auf Bemühungen des Arztes, Ethnologen und Mitbegründers der *Zeitschrift für Ethnologie* Adolf Bastian und der Gesellschaft für Erdkunde in Berlin zurück. Ihr Hauptanliegen war die weitere Erschließung Afrikas. Gingen die Sammlungsanfänge in Lübeck auf eine private Unternehmung zurück, zeigte die Entwicklung in Hamburg eine zunehmende Organisation und strukturelle Planung von vorkolonialen Expeditionen. Sie gingen von privaten Initiativen aus, wurden aber durch die Reichseinigung ermutigt, in Afrika tätig zu werden. Im Gegensatz zu Brehmer oder Du Chaillu galt Lenz nicht als Abenteuerreisender, sondern als Forscher und Wissenschaftler, was seinen Aussagen Gewicht verlieh.

Im November 1874 berichtete Lenz erneut an den Vorstand der Deutschen Afrikanischen Gesellschaft von seinen Bemühungen, Gorillas ausfindig zu machen.[185] Zwar blieb seine Suche erfolglos, aber er schilderte Probleme seiner Reise im Stil zeitgenössischer Reiseberichte:[186] »*Es war diess eine ziemlich trostlose Situation, so ganz allein, fern von jedem Weissen, krank in dem Bakelle-Dorfe liegend, deren wenige zurückgebliebene Bewohner mir durchaus nicht freundlich entgegen kamen.*«[187] Die Gefühle der ›Fremdheit‹, des Auf-sich-gestelltseins und der Gefahr waren prägende Eindrücke vieler Beschreibungen. Europäer waren in hohem Maß auf das »*local knowledge*«[188] von Afrikanern angewiesen. Die Durchdringung der afrikanischen Wälder war »*mit Schwierigkeiten, Mühseligkeiten und Kosten verknüpft*«,[189] ohne die Hilfe der Bevölkerung, die bezahlt werden musste, undenkbar. Eine Expedition zu den Gorillas scheiterte, weil Lenz keinen einheimischen Begleiter fand, da sie laut ihm Angst vor den Menschenaffen hatten.[190] Das Sammeln und den Ankauf von Gorillaskeletten überließ Lenz bei Gelegenheit afrikanischen Vermittlern,[191] die damit das Material für europäische Sammlungen entscheidend mit generierten. Der Dank der europäischen Naturkundemuseen galt am Ende allein den europäischen Sammlern. Obwohl Deutschland vor 1884 keine eigenen Kolonien besaß, reisten deutsche Forscher mit imperialem Blick durch Afrika.

Woermann nahm in den 1860ern eine wichtige Schlüsselposition bei der Verbindung der verschiedenen Akteure ein. Er vermittelte den Kontakt zwischen Lenz und Wölber und informierte Lenz, wenn eines seiner Schiffe für die Überfahrt zur Verfügung stand oder für das Versenden von Naturalien genutzt werden konnte.[192] Die Kontaktnetzwerke, das Erfahrungswissen der Firma und seine Kaufmannsausbildung in Westafrika nutzte der Erbe Adolph Woermann (1847–1911) für den Aufbau der Woermann-Linie, mit der das Unternehmen zu dem bedeutendsten deutschen Westafrikahandelshaus

185 Vgl. Oskar Lenz, Reise auf dem Ogowe in West-Afrika. Berichte von Dr. Oskar Lenz an den Vorstand der Deutschen Afrikanischen Gesellschaft, in: Petermanns Geographische Mitteilungen (1875), S. 121–130.

186 Vgl. Fabian, Im Tropenfieber, S. 20.

187 Lenz, Reise auf dem Ogowe, S. 124.

188 Geertz, Local Knowledge, Kapitel 8.

189 Lenz, Reise auf dem Ogowe, S. 124.

190 Vgl. Ebd., S. 123.

191 Vgl. Ebd., S. 127.

192 Vgl. Staatsbibliothek zu Berlin, Handschriftenabteilung, Signatur: Slg. Darmstaedter K 1887: Woermann, Carl, Blatt 1 bis 3.

aufstieg. Seit ihrer Gründung im Jahr 1837 wurde die Schifffahrtslinie nach Afrika kontinuierlich ausgebaut. Auf den Erwerb des ersten Schiffes 1849 folgten bis 1898 insgesamt fünf Linien, die im vierwöchentlichen Takt Hamburg mit Afrika verbanden und neben Waren eine steigende Anzahl von Passagieren transportierten.[193] Die Professionalisierung des Westafrikahandels verdeutlicht sich am Briefverkehr zwischen Mitgliedern der Familie Woermann und Lenz. Konnte Carl Woermann nur gelegentliche Mitfahrgelegenheiten oder den Transport von Naturalien anbieten, schickte Adolph Woermann detaillierte Informationen über den Verkehr seiner Flotte inklusive der anfallenden Kosten und forderte Lenz dazu auf, seine Auslagen zu erstatten.[194] Die Firma Woermann bestimmte entscheidend den Zugriff deutscher Wissenschaftler auf afrikanische Tiere und Präparate in den 1860er und 1870er Jahren, indem sie Kontakte und Wege kontrollierte und sich aktiv in die Wissensgenerierung der Hansestadt einschrieb.

Nach Ankunft des in Rum eingelegten Tieres in Hamburg nahm Bolau die anatomische Untersuchung vor. Das weiche Präparat machte exakte Messungen unmöglich. Durch die Öffnung des Magens stellte er fest, dass die Kerne der bei Lenz erwähnten Frucht zum Tod des Tieres geführt hatten.[195]

Das zweite und dritte Gorillapräparat der Sammlung gelangten über den Tierwärter Freckmann (Lebensdaten unbekannt), der im Winter 1875/76 durch die Zoologische Gesellschaft Hamburg nach Gabun geschickt wurde, in die Hansestadt. Die Reise hatte explizit die Gefangennahme eines lebenden Gorillas für den Zoo zum Ziel. Woermann unterstützte das Unternehmen, indem er Freckmann die freie Überfahrt auf seinem Schiff und kostenlose Unterbringung in seiner Handelsniederlassung gewährte.

Das erste Tier stammte aus Kamma, lebte bereits in Gefangenschaft bis es nach einem halben Jahr in die amerikanische Mission von Gabun gebracht wurde, wo Freckmann versuchte, das Tier zu erwerben. Der Affe verstarb binnen weniger Tage und wurde ihm als Geschenk überreicht. Freckmann konservierte den Körper sofort in Alkohol.[196] Es stellte die einfachste Methode der Konservierung dar, Freckmann und die Schiffsbesatzung konnten leicht angelernt werden. Neben der relativ einfachen Verfügbarkeit von Alkohol in Afrika, war es eine Frage der vereinfachten Übersetzungsleistung der Präparationstechnik.

Den letzten Gorilla erhielt der Tierwärter lebend. Bolau schrieb:

> »Der Affe war unserm Wärter von der Factorei des Herrn Woermann in Cap Lopez als Geschenk übergeben worden; er lebte aber nur noch eine Stunde. Da Fr. [Freckmann] sofort nach Empfang des Thieres die Rückreise nach Gaboon antrat, war es ihm erst nach 2 $\frac{1}{2}$ Tagen möglich, das werthvolle Stück zu conserviren. Der Bauch war daher von Gasen bereits stark aufgetrieben, als der Cadaver in Spiritus gesetzt wurde.«[197]

---

193 Vgl. Arnold Kludas, Die Schiffe der deutschen Afrika-Linien 1880–1945, Hamburg, Oldenburg 1975, S. 9.

194 Vgl. Staatsbibliothek zu Berlin, Handschriftenabteilung, Signatur: Slg. Darmstaedter K 1887: Woermann, Carl, Brief vom 28. April 1885, Nr. 4.

195 Vgl. Bolau, Ueber die menschenähnlichen Affen, S. 67.

196 Vgl. Ebd., S. 70.

197 Ebd., S. 71.

An dem Erwerb eines Gorillas und der Nutzbarmachung für deutsche Wissenschaftler waren in den 1870er Jahren zahlreiche Akteure beteiligt. Die Inbesitznahme eines Menschenaffen war ohne die afrikanische Bevölkerung mit ihrem Wissen über die Verbreitung, Gewohnheiten der Tiere, Jagd und Haltung eines lebenden Exemplars – so feilten sie zum Ärger der europäischen Wissenschaftler die Zähne des Tieres ab – undenkbar. Daneben war Bolau auf die Unterstützung europäischer Akteure angewiesen. Im Vorfeld des Vorhabens hatte er dafür gesorgt, das Wissen über die Art der zu erfolgenden Präparation zu zirkulieren und damit in den Besitz gut erhaltener Objekte zu gelangen, welche unerlässlich für die eigene wissenschaftliche Positionierung und Veröffentlichung waren. Ohne die Bereitstellung der Woermannschen Schiffe, das Kaufmannswissen, dem Wissen um regionale Gepflogenheiten von Wölber, dem Wissen des Kapitäns Pein ein Schiff von Afrika nach Europa zu navigieren und dessen Transferleistung bei der Präparation, sowie dem Wissen des Tierwärters Freckmann, um die Bedeutung bestimmter Tiere bei der Erwerbung für den Zoo sowie das Netzwerk und Expertenwissen Bolaus, wäre die Erforschung der Gorillas und der Transferprozess vom ›Naturding‹ zum ›Wissensding‹ beziehungsweise ›Erkenntnisobjekt‹ nicht möglich gewesen. Die Gorillas stellten das Bindeglied im Netzwerk der beteiligten menschlichen Akteure dar, als Handelsware, wissenschaftliches Objekt und zeigten sich dabei widerständig: Das Feilen der Zähne wurde notwendig, da sich die Tiere aktiv gegen den menschlichen Zugriff wehrten.

Die Erwerbung von Präparaten in Lübeck und Hamburg steht in engem Zusammenhang mit der räumlichen Ausdehnung und steigenden Anzahl deutscher Afrikareisen in der zweiten Hälfte des 19. Jahrhundert. Brehmer, Lenz, Freckmann, aber auch Hartmann oder Lichtenstein waren nicht Teil von groß angelegten Expeditionen. Sie reisten allein oder in Kleingruppen, zu wissenschaftlichen und geschäftlichen Zwecken. Allein bedeutete nicht, dass sie nicht auf die Hilfe vor Ort angewiesen waren. Für die Logistik des Gepäcks, darunter zahlreiche wissenschaftliche Instrumente zur wissenschaftlichen Erfassung des Kontinents, oder für den Erwerb von Wissen über Affen waren Träger, Jäger und Dolmetscher unverzichtbar.[198]

Das Ziel lebende Tiere nach Hamburg zu überführen, verweist auf das begrenzte Wissen, das über Gorillas existierte. Die Präparate zoologischer Sammlungen genügten nicht, um Erkenntnisse über das Verhalten, die Ernährung und Gewohnheiten der Tiere zu erhalten. Die Forschung blieb auf anatomisches Wissen begrenzt, wie es seit der Ankunft der ersten Präparate in Paris und London in den 1850er Jahren existierte. Der Erwerb war von Rückschlägen, Enttäuschungen und Brüchen gekennzeichnet. Die Konservierung in Alkohol führte zur Erschlaffung der Präparate, zum Ablösen der Epidermis und zur Verfärbung des Fells. Es konnten Erkenntnisse über die Organe der Gorillas gewonnen und das Äußere in Form von Fotografien, Abgüssen und Abdrücken bewahrt und vervielfältigt werden, aber für die Erstellung eines imposanten, lebensnahen Vollpräparates für die Schausammlung eines Museums taugten die Präparate nicht. Der Weg der Tiere entschied über Leben und Tod, über Zoo oder Museum und bestimmte die Qualität der Präparate. Ein lebender Gorilla blieb Teil der europäischen Sehnsüchte in Afrika, bis sich 1875 in Dresden eine Sensation anbahnte.

198 Vgl. Essner, Deutsche Afrikareisende, S. 21.

4.2 Ein lebender Gorilla in Dresden? – Der Artenstreit um Mafuka

Kurz nach Mafukas Ankunft im Jahr 1873 kamen Zweifel an ihrer Artzugehörigkeit auf.[199] Doch was passierte, wenn Unstimmigkeiten bei der Bestimmung lebender Tiere entstanden? Auf welche Methoden, Objekte und Argumentationsstrategien griffen die Beteiligten zurück und wie kommunizierten sie diese?

Der Londoner Tierhändler Charles Rice (1841–1879) bot Schöpf nach einem Besuch in Dresden eine hohe Summe für die Schimpansin an.[200] Schöpf lehnte das Angebot ab, berichtete aber über äußerliche Auffälligkeiten seines Schützlings:

> »Ihr Gesicht ist nicht wie bei anderen Chimpansen, die ich gesehen, fleischfarben weiss, sondern die Backen sind schwarz punktirt auf schmutzig fleischfarbenem Grund, Sommersprossen ähnlich; die Nase, überhaupt die Mittelpartie des Gesichtes dunkel, beinahe schwarz gefärbt.«[201]

An ihrer Artzugehörigkeit zweifelte Schöpf nicht, vielmehr verwies er die Frage, ob die dunklere Pigmentierung ihrem Alter oder ihrer Herkunft geschuldet war, an andere Sachverständige. Der Aufforderung kam zunächst niemand nach. Mafuka lebte als Schimpansin im Dresdner Zoo. Für den Zoologischen Garten war Mafuka der erste lebende Menschenaffe, aber das allein versprach keine überregionale Bedeutung, da weitere Schimpansen in europäischen Zoos lebten.[202]

Erst der Hamburger Tierhändler und Schwager von Charles Rice, Carl Hagenbeck (1844–1913), sprach nach einem Besuch[203] im Juni 1875 die Vermutung aus, Mafuka könne ein Gorilla sein. Hagenbeck war eine prägende Figur des in der zweiten Hälfte des 19. Jahrhunderts expandierenden Tierhandels. Bereits zu Lebzeiten galt Carl Hagenbeck aufgrund seiner zahlreichen Geschäfte und Netzwerke als bekannte Persönlichkeit. Er baute ein globales Tierhandelsnetzwerk auf und belieferte europäische und amerikanische Zoos mit Tieren. Seine Agenten jagten und fingen weltweit Tiere. Er selbst veröffentlichte im Jahr 1908 seine Autobiografie, in der er die Entwicklung des Familienbetriebs von einem Fischhandel in St. Pauli, über die Ausstellung erster Seehunde, dem Ausbau des Tierhandels, ersten sogenannten ›Völkerschauen‹ in den 1870ern, Tiershows ab den 1880ern und schließlich der Errichtung des Stellinger Tierparks bei Hamburg 1907 nachzeichnete.[204] Die Natur und ihre Tierwelt galten bis in die zweite Hälfte des

---

199 Vgl. Hochadel, Unter Menschen, S. 147–177; Oliver Hochadel hat sich in seinem Aufsatz intensiv mit dem Fall der Schimpansin Mafuka auseinandergesetzt und auf die Debatten und Thesen um ihre Artzugehörigkeit zu deren Lebzeiten verwiesen. Im Folgenden wird die Diskussion noch einmal dezidiert beleuchtet, um die Wege und Praktiken der Wissensgenerierung im Detail zu betrachten.

200 Vgl. Hartmann, Anthropoiden-Affen Mafuca, S. 230; Leutemann, Der Schimpanse Mafuca, S. 95.

201 Schöpf, Bericht über den Zoologischen Garten, S. 91.

202 Vgl. Brehm, Menschenaffen, S. 47.

203 Vgl. Hartmann, Anthropoiden Mafuca, S. 250.

204 Vgl. Hagenbeck, Von Tieren und Menschen; Rothfels, Savages and Beasts; Ders., Die Revolution des Herrn Hagenbeck, in: Mitchell Ash (Hg.), Mensch, Tier und Zoo. Der Tiergarten Schönnbrunn im internationalen Vergleich vom 18. Jahrhundert bis heute, Wien u.a. 2008, S. 203–224; Hilke Thode-Arora, Hagenbeck. Tierpark und Völkerschau, in: Jürgen Zimmerer (Hg.), Kein Platz an der Son-

19. Jahrhunderts als vermeintlich unerschöpfliche Ressource, was zur Ausrottung zahlreicher Tierarten führte, die heute lediglich als Bälge in naturkundlichen Sammlungen existieren.[205] Hagenbecks Name wurde zum Inbegriff für ›Exotik‹ und Spektakel. Nach Schätzungen besaß er im Verlauf seiner Karriere etwa 100 Orang-Utans und Schimpansen und zwölf Gorillas.[206] Hagenbeck bereiste regelmäßig Zoologische Gärten in Europa, hielt sein breites Kontaktnetzwerk als Tierhändler aufrecht, suchte nach Inspirationen bei der Tierhaltung und seltenen, ›exotischen‹ Tieren, die er erwerben und gewinnbringend weiterverkaufen konnte. Nach seiner ersten Begegnung mit Mafuka in Dresden wandte er sich an Robert Hartmann, der 1872 Beiträge über Menschenaffen im *Archiv für Anatomie und Physiologie* veröffentlicht hatte,[207] die Lübecker Präparate kannte und als Experte auf dem Gebiet galt. Hartmann schickte den Naturkundler Carl Nissle am 30. Juli 1875 nach Dresden. Wie Hartmann besaß er Erfahrungen mit in Gefangenschaft lebenden Menschenaffen, 1872 und 73 berichtete er über die Schimpansin Molly in Berlin und einen Orang-Utan.[208] Außer seinen wissenschaftlichen Artikeln existieren nur wenige Informationen über ihn. Vermutlich wurde er 1839 in Berlin geboren, über seinen wissenschaftlichen Werdegang ist nichts bekannt.[209] Nach mehrtägigem Aufenthalt bestätigte Nissle, Mafuka *»sei unzweifelhaft ein noch nicht ausgewachsener, weiblicher Gorilla.«*[210] Nun reiste Hartmann persönlich vom 2. bis 4. September nach Dresden[211] und bestätigte Nissles Auffassung. Die *»Forschersehnsucht«*[212] nach einem lebenden Gorilla war groß, seit der Wiederentdeckung der Art im Jahr 1847 existierten nur wenige Berichte und noch weniger Präparate. Die in den 1860ern nach Lübeck gebrachten Objekte galten auch zehn Jahre später als eine der größten Sammlungen an Vergleichsmaterial in Deutschland.

Doch nicht jeder war überzeugt. Nach einem Besuch in Dresden erklärte Heinrich Bolau in seinem Vortrag *Eine Reise nach Dresden,*[213] dass Mafuka ein gewöhnlicher, ausgewachsener Schimpanse sei und führte aus:

> »Mit dem Alter des Thieres wird auch die dunklere Färbung des Gesichtes im Zusammenhang stehen. Du Chaillu sagt darüber (von Professor Hartmann in seiner Arbeit über anthropomorphe Affen, »Archiv für Anthropologie und Physiologie«, 1872, S. 116, selbst citiert), dass das Antlitz des jungen Chimpanse gelb ist, sich aber mit zunehmendem Alter dunkelschwarz färbt.«[214]

---

ne. Erinnerungsorte der deutschen Kolonialgeschichte, Frankfurt a.M. u.a. 2013, S. 244–256; Ames, Hagenbeck's empire; Dittrich; Rieke-Müller, Carl Hagenbeck.

205 Vgl. Baratay; Hardouin-Fugier, Zoo, S. 110.

206 Vgl. Diettrich; Rieke-Müller, Carl Hagenbeck, S. 121.

207 Hartmann, Beiträge zur zoologischen und zootomischen Kenntnis.

208 Vgl. Nissle, Beiträge zur Kenntnis der sogenannten anthropomorphen Affen, 1872 und 1873.

209 Vgl. Hochadel, Watching Exotic Animals Next Door, S. 191.

210 Carl Nissle zit.n.: Hartmann, Anthropoiden-Affen Mafuca, S. 230.

211 Vgl. Hartmann, Anthropoiden Mafuca, S. 250.

212 Nissle, Beiträge zur Kenntniss der sogenannten anthropomorphen Affen, 1876, S. 46.

213 Verweis auf den Vortrag Heinrich Bolaus in: Friedrich Lichterfeld, Der Dresdener »Gorilla«, in: Illustrierte Zeitung, 16.10.1875, S. 299, https://www.digitale-sammlungen.de/de/view/bsb11307653?page=307 vom 20.02.2023.

214 Heinrich Bolau zit.n.: Lichterfeld, Der Dresdener »Gorilla«, S. 299.

Bolau widersprach Hartmann mit dessen Argumenten und trat dank der Hamburger Präparate selbstbewusst in der Debatte auf. Eine große Sammlung an Objekten bedeutete wissenschaftliche Autorität und Deutungshoheit.

Der Direktor des Königlichen Naturhistorischen Museums in Dresden Adolf Bernhard Meyer (1840–1911) und Nachfolger Reichenbachs schloss sich dieser Auffassung an. Meyer stammte aus einer Hamburger deutsch-jüdischen Familie. Er studierte Medizin und Naturwissenschaften in Göttingen, Wien, Zürich und Berlin. Nach Aufenthalten in Südostasien zwischen 1854 und 1862 veröffentlichte er 1869 seine Arbeit *Der Malayische Archipel*.[215] Durch sein großes Interesse an Darwins Schriften und dem Austausch mit Alfred Russel Wallace führte er evolutionstheoretische Studien auf den besuchten Inseln durch und legte naturkundliche und anthropologisch-ethnografische Sammlungen an.[216] Er verfasste am 22. August 1875 einen offenen Brief an Schöpf. Darin sprach er sich für einen Schimpansen aus, ließ aber die Möglichkeit offen, dass Mafuka einer noch nicht bekannten Unterart angehörte und eine genaue Bestimmung aufgrund des fehlenden Materials unmöglich war.[217] Der offene Brief verschaffte Meyer überregionale Aufmerksamkeit und den Ruf eines Experten in Zusammenarbeit mit Schöpf.

Albin Schöpf besuchte die Berliner Gesellschaft für Anthropologie, Ethnologie und Urgeschichte im November 1875 und zeigte Kleidung, die Mafuka bei ihrer Ankunft getragen hatte.[218] Für seine Argumentation griff er auf die ihm vorliegenden Beweisstücke zurück.

Hartmann, jahrelanger Schriftführer des Vereins,[219] berichtete im November 1875[220] erneut über den Fall Mafuka. Er sah sich genötigt, da *»gehässige, in Dresden und selbst in Berlin hinter seinem Rücken vorgebrachte Anschuldigungen«*[221] in Umlauf waren. Dass der Vorwurf nicht unbegründet war, zeigt der Briefverkehr zwischen Meyer und Wilhelm Peters in Berlin. Die Männer standen während Meyers Reisen nach Sulawesi, den Philippinen und Neuguinea in engem Austausch. Meyer belieferte Peters mit gewünschten zoologischen Objekten, sandte ihm Zeichnungen und im Gegenzug profitierte Meyer von Peters Kontakten und dem wissenschaftlichen Austausch.[222] Am 29. Oktober 1872 schrieb Meyer an Peters aus Wien, dass er auf ein Memorandum Hartmanns geantwortet hatte, da dieser nach Orang-Utan-Objekten suchte und sich in Meyers Besitz noch ein Skelett befand.[223] Ob Hartmann dieses erwarb, ist nicht belegt. Drei Jahre später äußerte Meyer

---

215 Alfred Russel Wallace, Der Malayische Archipel. Deutsche Übersetzung von Adolf Bernhard Meyer, Frankfurt a.M. 1983.

216 Vgl. Hilary Howes, Anglo-German Anthropology in the Malay Archipelago, 1869–1910. Adolf Bernhard Meyer, Alfred Russel Wallace and A. C. Haddon, in: Heather Ellis; Ulrike Kirchberger (Hg.), Anglo-German Scholarly Networks in the Long Nineteenth Century, Leiden u.a. 2014, S. 128–139.

217 Vgl. Adolf Bernhard Meyer, Notizen über die anthropomorphen Affen des Dresdner Museums, in: Ders. (Hg.), Mittheilungen aus dem K. Zoologischen Museum zu Dresden, Dresden 1877, S. 234.

218 Vgl. Hartmann, Anthropoiden Mafuca, S. 250.

219 Vgl. Gerd Biegel, Robert Hartmann. Afrikareisender und Forscher, in: Informationen und Berichte. Zeitschrift des Braunschweigischen Landesmuseums (1, 1997), S. 5.

220 Vgl. Hartmann, Anthropoiden Mafuca, S. 250.

221 Ebd., S. 251.

222 Vgl. MfN d. HUB, Bestand: Zool. Mus., Signatur: S II, Meyer, A.B., Blätter 1 bis 43.

223 Vgl. Ebd., Blatt 43.

gegenüber Peters den Verdacht, Hartmann habe die Männer im Zuge einer Anfrage für den Ankauf eines Gorillabalges gegeneinander ausgespielt. Meyer urteilte: »*H. ist jedenfalls ein Kauz, das habe ich nun weg.*«[224] Das Verhältnis zwischen Hartmann und Meyer war im Vorfeld der Diskussion um Mafuka belastet.

Um seine Theorie im Hinblick auf Mafuka zu bekräftigen, kennzeichnete Hartmann deren Herkunftsgebiet als typisches Gorilla-Territorium, verwies auf ihre Größe und das enorme Wachstum im Vergleich zu der von Schöpf gezeigten Kleidung.

> »Die von [Richard] Owen in oben citirten Memoirs abgebildete Gorilla-Leiche sei die eines sehr jungen Thieres und durch cadaveröse Emphysembildung, wie durch andere Fäulnissvorgänge, endlich auch durch starke Einwirkung von Alkohol, in fast karrikaturenhafter Weise entstellt. […] Die dem Verfasser wohlbekannten und von ihm in der Sitzung vorgezeigten Photographien und Heliotypien der lübecker Exemplare zeigten mit nur mässigem Kunstaufwande montirte Bälge und könnten daher sehr wenig in Betracht kommen.«[225]

Hartmann kritisierte die Qualität der Objekte, existierende Abbildungen und Beschreibungen. Die Lübecker Präparate stellten für ihn keine nutzbare Referenz dar, da sie aus seiner Sicht keinen wissenschaftlichen Wert besaßen, was auch daran lag, dass sie in ihren Ursprüngen aus keiner wissenschaftlichen Sammlung hervorgegangen waren. Gleichzeitig war er nicht in der Lage anderes Vergleichsmaterial vorzuzeigen. Er fertigte als Wissenschaftler eigene Darstellungen an und distanzierte sich von der populär-wissenschaftlichen Zoologie. In seiner Zeichnung des Lübecker Gorillaweibchens erkannte er eine große Ähnlichkeit zu Mafuka. Sein produziertes Quellenmaterial präsentierte er bei öffentlichen Vorträgen, etwa auf einer Sitzung der Berliner Gesellschaft naturforschender Freunde im Februar 1876:

> »Zahlreiche nach der Natur angefertigte Aquarellzeichnungen dienten neben dem Vortrage noch zur Beleuchtung mancher Detailverhältnisse. […] eine farbig nach dem Leben ausgeführte Profilansicht der Mafuca gezeigt, in welcher Vortragender [Robert Hartmann] den eigenthümlichen, wildtückischen Ausdruck des unvergesslichen Tieres getroffen zu haben glaubte.«[226]

Hartmann maß seinen gezeichneten Bildern einen objektiveren und wissenschaftlicheren Wert bei, als den ausgestellten Präparaten, da er die Natur genau abzubilden versuchte und damit definierte, was unter Natur zu verstehen sei. Er verstand sich als wissenschaftlicher Zeichner, dessen Exaktheit in den 1870er Jahren aus seiner Sicht höher zu bewerten war als die als Handwerk geltende Präparation, der keine Ausbildungsstandards zu Grunde lagen. Neben dem Bildmaterial bezog Hartmann seine Annahme vom Gorillatum der Mafuka auf ihre Größe, Wildheit und schnell wechselnden Launen.

---

224 Ebd., Blatt 117.

225 Hartmann, Anthropoiden Mafuca, S. 251.

226 Robert Hartmann, Neues die anthropomorphen Affen betreffendes Material, in: Sitzungsberichte der Gesellschaft Naturforschender Freunde zu Berlin, 1876, S. 26.

»Wie die vor Aufgeregtheit halb rasenden jungen Neger-Soldaten, welche sich im oberen Sennar an starkem Durrah-Bier betranken und dann in paradoxem Uebermuth unglaubliche Posen der Tollheit ablegten, so etwa käme Mafuca dem Sprechenden [Robert Hartmann] in ihrem gewöhnlichen Dasein vor.«[227]

Abb. 22: »Taf. IV. Ohren, (Fig. 1–7) der Gorillas, (Fig. 8–13) des Chimpanses, (Fig. 14, 15) zum Typus der Mafuka gehörender Thiere, (Fig. 16, 17) zweier junger Mädchen. (Fig. 17) Der von Darwin erwähnte Vorsprung (S. 10).«, in: Robert Hartmann, Der Gorilla. zoologisch-zootomische Untersuchungen, Leipzig 1880, S. 160, Tafel IV.

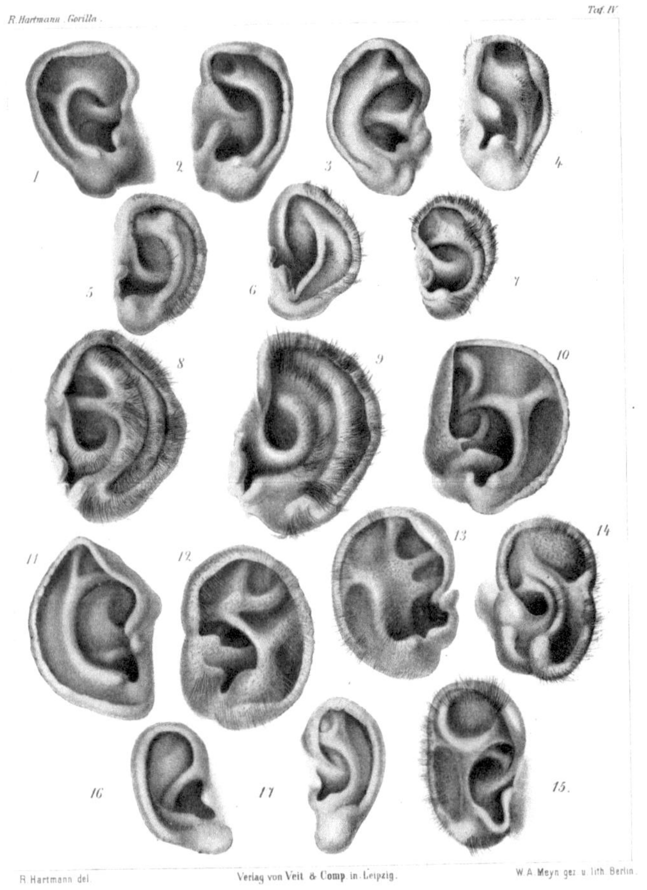

Niedersächsische Staats- und Universitätsbibliothek Göttingen, Signatur: 4 ZOOL X, 3992.

Zoologische Beschreibungen mit objektivem Anspruch verbanden sich mit Stereotypen der ›Anderen‹ und einem europäischen Überlegenheitsanspruch. Mafukas Verhal-

227 Hartmann, Anthropoiden Mafuca, S. 253.

ten wurde wiederholt mit vermeintlich typisch afrikanischen Gewohnheiten verglichen. Die Grenze zwischen menschlichem Tier und animalischem Menschen verwischte in den Beschreibungen europäischer Zoologen. Gorillas galten dem Menschen als am nächsten verwandte Vertreter des Tierreichs. Hartmann beschrieb Mafukas Physionomie vor der Berliner Versammlung als die eines Gorillas. Er verglich ihr Äußeres mit Fotografien des in Weingeist eingelegten Gorillaschädels aus Hamburg (»*Woermann'sche Gorilla*«[228]). In seinen weiteren Ausführungen verlor er sich in Details über »*Ecken*«, »*Läppchen*« und »*Ohrkrempe*[n]«[229] beim Vergleich verschiedener Menschenaffenohren [**Abb. 22**].

Hartmanns Studien waren Ausführungen an wenigen Vergleichsobjekten, zu deren Experte er sich erhob und die im Detail kaum jemand nachvollziehen konnte. Die statistische Erfassung von Daten diente Hartmann zur Generierung von Quellenmaterial, der Suche nach Idealtypen von bekannten Menschenaffenarten und neuen Arten, bei Abweichungen vom vermeintlichen Normalzustand einer Art. Die anatomischen Feinheiten überlagerten die Beschreibungen von Verhaltens- und Lebensgewohnheiten der Tiere, bei deren Wiedergabe Hartmann sich neben seinen kurzen Beobachtungen im Zoo auf Reiseberichte der letzten Jahrhunderte stützte. Nach Veröffentlichung seines Materials forderte Hartmann seine wissenschaftlichen Kontrahenten zu Gegenbeweisen heraus.

Meyer wandte sich an ein internationales Publikum. Im Dezember 1875 erschien sein Brief in der englischen Zeitschrift *Nature*.[230] Darin sprach sich Meyer dafür aus, dass Mafuka ein Schimpanse sei. In seinen Augen hatte Hartmann mit seinem vorgelegten Material keinen gegenteiligen Beweis erbracht. Bereits am 30. September hatte die Zeitschrift *Nature* auf die Diskussion in Deutschland aufmerksam gemacht. Eine kurze Notiz berichtete, dass bisher jeder Versuch, einen Gorilla lebend nach Europa zu bringen, gescheitert war, da die Tiere bei der Überfahrt an »*a kind of depression or home-sickness*«[231] verstarben. In der Notiz wurde auf den Fall von Jenny, einem Gorilla[232] verwiesen, der 1852 unbemerkt in Wombwell's Travelling Menagerie als Schimpanse gelebt hatte. Erst Abraham Dee Bartlett erkannte in Jenny auf einer Fotografie, dass sie eigentlich ein Gorilla gewesen war. Auf der Grundlage der Fotografie fertigte Wolf eine Zeichnung an.[233] Nach dem Ableben des Tieres wurde der Balg ausgestopft und mit Hörnern als Karikatur auf Martin Luther ausgestellt.[234] Im Fall von Jenny hatten europäische Wissenschaftler die Möglichkeit verpasst, den ersten lebenden Gorilla in Europa zu untersuchen.[235] Bei Mafuka sollte das verhindert werden. Dabei wurde auf Carl Nissle verwiesen, den die Redaktion der *Nature* fälschlicherweise als Künstler vorstellte. Als Hartmanns Assistent berichtete Nissle kurz nach seiner Reise nach Dresden im *Leipziger Tageblatt* von seiner Entdeckung. »*Der lebende »Gorilla« in Dresden*«,[236] so die Bekanntmachung, richtete sich

---

228 Ebd., S. 254.

229 Ebd., S. 255.

230 Vgl. Adolf Bernhard Meyer, The Dresden ›Gorilla‹, in: Nature 13 (9. Dezember 1875), S. 106.

231 Notes, in: Nature 12 (30. September 1875), S. 482.

232 Vgl. Carl Nissle, Ein Wunderbau für die Thierwelt, in: Die Gartenlaube 10 (1873), S. 165–170.

233 Vgl. Harro Strehlow, Beiträge zur Menschenaffenhaltung im Berliner Aquarium unter den Linden. Der Gorilla (Gorilla g. gorilla) M'Pungu, in: Bongo 9 (1985), S. 69.

234 Ebd.

235 Vgl. Notes, S. 482.

236 Carl Nissle, Der lebende »Gorilla« in Dresden, in: Leipziger Tageblatt, 21.08.1875, S. 4488.

an alle naturwissenschaftlich Interessierten, die das seltene Tier mit eigenen Augen sehen wollten.

Die wissenschaftliche Debatte wurde über die Presse in eine breite Öffentlichkeit getragen. Die Teilhabe an wissenschaftlichen Streitfragen und deren öffentliche Diskussion stellte keinen Einzelfall dar. Besonders die Veröffentlichung der Evolutionstheorie führte zu einem großen Interesse an aktuellen Forschungsfragen. Das zeigt die Auseinandersetzung zwischen Ernst Haeckel und Rudolf Virchow.[237] Auf der 50. Versammlung der deutschen Naturforscher und Ärzte im September 1877 sprachen sie sich in München für einen unterschiedlichen Umgang mit den Theorien Darwins im Schulunterricht aus.[238] Virchow hatte 1869 darauf verwiesen, dass der Darwinismus für ihn eine Vermutung ohne Beweise darstellte, auch wenn er davon ausging, dass eine große Anzahl fossiler Funde noch ausstand.[239] Er ging von einer Entwicklung der Arten aus, doch anders als Haeckel, der etwa in den Funden im Neandertal Beweise für Darwin sah, bildeten sie für Virchow Pathologien, krankhafte Abweichungen, und keine Belege der Evolutionstheorie. Haeckel forderte in seiner Rede *Die heutige Entwicklungslehre im Verhältnis zur Gesamtwissenschaft* eine Aufnahme und offenen Umgang mit dem Darwinismus und seinen eigenen Überlegungen im Schulunterricht. Darauf erwiderte Virchow in seinem Vortrag *Über die Freiheit der Wissenschaft im modernen Staat*: »*Wir können nicht lehren, wir können es nicht als eine Errungenschaft der Wissenschaft bezeichnen, daß der Mensch vom Affen oder von irgendeinem anderen Tier abstamme.*«[240] Für Virchow galten die Lehren des Darwinismus als nicht gesicherte Hypothesen und konnten damit nicht Bestandteil des Lehrplans sein. In Folge der Auseinandersetzung setzte sich Virchow für die Streichung der Biologie aus dem Bereich der Naturkunde an Schulen ein, die 1878 mit dem Darwinismus-Verbot durchgesetzt wurde.[241] Andreas Daum hat darauf verwiesen, dass der Auseinandersetzung eine Grundsatzdiskussion der naturwissenschaftlichen Forschung um »*Erkenntnismöglichkeiten und Erkenntnisgrenzen*«[242] zu Grunde lag. Die Prominenz der beteiligten Wissenschaftler und die Vielzahl der publizierten Artikel überspitzten die Brisanz der Thematik. Die Presse, allen voran die *Gartenlaube*, verfolgte das Thema über Jahre. Die Kontroverse wurde in die Vorstellung einer alle Bereiche des Lebens erfassenden Naturwissenschaft mit einem unbändigen Fortschrittsoptimismus eingebettet.[243] Haeckel sprach ein wichtiges Anliegen der *Gartenlaube* an, nachdem »*das Volk zum Selbstdenken und*

---

237 Vgl. Daum, Wissenschaftspopularisierung, S. 66–71.

238 Vgl. Jutta Kolkenbrock-Netz, Wissenschaft als nationaler Mythos. Anmerkungen zur Haeckel-Virchow-Kontroverse auf der 50. Jahresversammlung deutscher Naturforscher und Ärzte in München (1877), in: Jürgen Link; Wulf Wülfing (Hg.), Nationale Mythen und Symbole in der zweiten Hälfte des 19. Jahrhunderts. Strukturen und Funktionen von Konzepten nationaler Identität, Stuttgart 1991, S. 212–236.

239 Vgl. Rudolf Virchow, Menschen- und Affenschädel. Vortrag, gehalten am 18. Febr. 1869 im Saale des Berliner Handwerker-Vereins, Berlin 1870, S. 34.

240 Rudolf Virchow zit.n.: Ruth Glatzer, Berlin wird Kaiserstadt. Panorama einer Metropole 1871–1890, Berlin 1993, S. 150.

241 Vgl. Artinger, Von der Tierbude, S. 59; Daum, Wissenschaftspopularisierung, S. 74.

242 Daum, Wissenschaftspopularisierung, S. 68

243 Vgl. Paracelsus, Ein Zweikampf auf dem Gebiete des Geistes, in: Die Gartenlaube 49 (1877), S. 823.

zur geistigen Freiheit herangezogen«[244] werden sollte. Die Erziehung zum Denken sollte das Bildungsniveau aller heben. Der Konflikt um Mafuka fiel in den Zeitraum der Auseinandersetzung zwischen Haeckel und Virchow. Wissenschaftliche Themen, die den Darwinismus betrafen, versprachen wissenschaftliches Ansehen und öffentliche Aufmerksamkeit. Mit der Aussicht auf einen lebenden Gorilla verband sich die Hoffnung, die Streitfragen um Darwins Theorien klären zu können.

Viele deutsche Wissenschaftler hielten sich mit abschließenden Aussagen über Darwin zurück. Hartmann sprach in Vorlesungen über dessen Theorien an der Universität Berlin[245] und arbeitete in seinen Publikationen über Menschenaffen anatomische Vergleiche zum Menschen heraus, zeigte sich aber hinsichtlich einer persönlichen Stellung zu Darwins Evolutionstheorie zurückhaltend. Zwar ähnelten sich nach Hartmann die Schädelbildungen junger Menschenaffen mit denen *»mancher Neger- und Australierkinder«*,[246] aber im Alter waren Mensch und Tier deutlich voneinander zu unterscheiden: *»Auch entwickeln sich an den Schädelknochen dieser Affen Fortsätze und Kämme, wie sie an den Schädeln selbst anerkannt tiefstehender Menschenrassen entweder gar nicht oder nur andeutungsweise als Produkte krankhafter Bildung vorkommen.«*[247] Durch den übermächtigen Einfluss Virchows auf die deutsche Naturkunde bis zu Beginn des 20. Jahrhunderts[248] betrachtete Hartmann Unterschiede und Gemeinsamkeiten unter atavistischen Gesichtspunkten, als tierliche, anatomische Überreste bei wenigen Menschen, die in ihrer Entwicklung dem Tier näher als dem Menschen zu sein schienen. Der Blick auf das Tier wurde zur Absicherung hierarchischer Entwicklungsmodelle herangezogen. Hartmann verwies auf den Umstand, dass der Mensch nicht aus den heute existierenden Menschenaffen hervorgegangen war, sondern aus einem *»hypothetischen fossilen Anthropoiden.«*[249]

Neben der interessierten Öffentlichkeit an der *»Naturmerkwürdigkeit«*[250] Mafuka, wandte Nissle sich 1876 in der *Zeitschrift für Ethnologie* an ein überwiegend wissenschaftlich vorgebildetes Publikum, um seinen Standpunkt in Bezug auf ihre Artzugehörigkeit zu begründen. Die Kadaver der Gorillas, die Bolau 1873 erhalten hatte, hätten nach Nissles Auffassung eigentlich nach Berlin *»in Hinblick auf seine Gelehrten sowohl als auf die eine reichere wissenschaftliche Ausbeute garantirenden Institute«*[251] geliefert werden müssen. Neben der Frage nach der Deutungshoheit von Berlin, die Bolau in Nissles Augen aufgrund *»engherzige*[n] *Localpatriotismus«*[252] überging, kritisierte Nissle, dass außer Fotografien und Gipsabgüssen keine weiteren Informationen über die Hamburger Gorillas veröffentlicht wurden und das vor dem Hintergrund der drängenden Artfrage Mafukas. Nissle betonte seine Objektivität und war überzeugt, auf den ersten Blick einen Gorilla in Mafuka erkannt zu haben, da ihr Wesen weniger freundlich und ihr Gesicht dunkler war, als die von ihm bisher untersuchten Schimpansen. In seiner

244 Ebd., S. 825
245 Vgl. Wegner, Robert Hartmann, S. 27; Ciz, Robert Hartmann, S. 21.
246 Hartmann, Die menschenähnlichen Affen, S. 44.
247 Ebd.
248 Vgl. Goschler, Rudolf Virchow; Zimmerman, Anthropology and Antihumanism, S. 70.
249 Hartmann, Die menschenähnlichen Affen, S. 49.
250 Nissle, Der lebende »Gorilla«, S. 4488.
251 Nissle, Beiträge zur Kenntniss der sogenannten anthropomorphen Affen, 1876, S. 46.
252 Ebd., S. 47.

Beschreibung gab Nissle die von Schöpf ausgeführten Verhaltensweisen wieder, ihre Turn- und Nachahmungskünste und das enge Verhältnis zu dem Direktor. Gleichzeitig betonte Nissle ihr unberechenbares, tierisches Verhalten. Für ihn ein eindeutiges Indiz, dass Mafuka ein Gorilla war.[253] Nur unter Schöpfs Einfluss beruhigte sich Mafuka und Nissle konnte durch das Gitter Messungen vornehmen.[254] Für Nissle entsprach Mafuka einem Gorilla, lediglich die Größe der Ohren ließ ihn zweifeln und die Möglichkeit in Betracht ziehen, Mafuka könnte ein Hybrid aus Schimpanse und Gorilla sein. Mafuka erwies sich durch ihr Verhalten und ihre Andersartigkeit als widerständiges Tier für die deutschen Menschenaffenexperten.

Mit der Hybrid-These griff Nissle einen Gedanken auf, der erstmals von dem Rechtsanwalt Emil Ulrici (1847–1903) am 3. Dezember 1875 an Rudolf Virchow herangetragen wurde. Über Ulrici selbst existieren außer seinem Brief an Virchow nur wenige Informationen. Am 27. Februar 1868 taucht er als aufgenommenes Mitglied in den Sitzungsberichten der Naturwissenschaftlichen Gesellschaft ISIS in Dresden als »*Emil Ulrici, Advocat aus St. Louis, in Dresden*«[255] auf. Weiterhin findet sich ein Treueeid vom 9. September 1862 auf seinen Namen in St. Louis/Missouri, wo er als Kassierer der Peoples Savings Institution aufgeführt wurde sowie ein Passantrag aus dem Jahr 1865.[256] Die ISIS besaß Aktien des Zoologischen Gartens und Mitglieder genossen freien Eintritt.[257] Ulrici berichtete, dass er Mafuka seit ihrer Ankunft fast täglich besucht und mit der Hilfe Schöpfs detaillierte Maße genommen hatte, die er Virchow zur Verfügung stellte.[258] Nach seiner Ansicht, die er in wissenschaftlichen Vereinen in Dresden vorstellte, war Mafuka »*ein Bastard von Gorilla und Chimpanse*«.[259] Nissle, Hartmann[260] und andere Wissenschaftler diskutierten die These Ulricis intensiv. Da ein Großteil der Mitglieder der Berliner Gesellschaft, die 1869 gegründet wurde, Fachfremde waren, universitäre Disziplinen erst im Entstehen waren und die Linien zwischen diesen verschwammen, ist das wenig erstaunlich.[261] Die Unsicherheit war groß, die Anthropologie noch keine etablierte wissenschaftliche Disziplin und die Vereine bildeten Plattformen, um über die Erkenntnisse Darwins

---

253 Vgl. Ebd., S. 58.

254 Vgl. Ebd., S. 48.

255 C. G. Gerstenberger, Hauptversammlungen, 1868. Januar, Februar, März, in: Sitzungsberichte und Abhandlungen der Naturwissenschaftlichen Gesellschaft ISIS in Dresden, Dresden 1868, S. 7, https://www.zobodat.at/pdf/SitzBer-Abh-Naturwiss-Ges-Isis-Dresden_1868_0003-0015.pdf vom 18.04.2024.

256 Emil Ulrici, Passanträge der Vereinigten Staaten, https://www.myheritage.de/research?formId=collection_10720%3AsearchFormDef&formMode=&action=query&exactSearch=0&useTranslation=1&colId=10720&qname=Name+fn.Emil+ln.Ulrici+fnmo.1&qbirth=Event+et.birth+ey.1847&csrf_token=T_635cmzu5hdbd8b58_d5836yb1b2tpd815.1569504445.c14775b6c9e95262a2cea5b5eab45182 vom 18.04.2024 und https://www.geni.com/people/Emil-W-Ulrici/6000000026731497345 vom 18.04.2024.

257 Vgl. Gerstenberger, Hauptversammlungen, S. 7.

258 Brief von Emil Ulrici in: Sitzungsberichte der Berliner anthropologischen Gesellschaft vom 18. Dezember 1875, in: Zeitschrift für Ethnologie 7 (1875), S. 284.

259 Ebd.

260 Vgl. Hartmann, Neues die anthropomorphen Affen betreffendes Material, S. 25.

261 Vgl. Hochadel, Watching Exotic Animals Next Door, S. 201.

zu diskutieren. Die Berliner und Dresdner Gesellschaften lebten von der Faszination ihrer Mitglieder und deren Studien und Sammlungen von Objekten und Daten. Auch in Amerika war die Forschung an Universitäten und Museen in hohem Maß von der Mithilfe von naturkundlich Interessierten abhängig,[262] was Ulrici zum Vorbild nahm. Der Dresdner Zoo war selten Thema in den Sitzungsberichten der ISIS[263] und so verschaffte sich Ulrici mit seinen Besuchen des Gartens ein eigenes Betätigungsfeld, um seinen Interessen nachzugehen. Die Beobachtung lebender Tiere war zeitintensiv, aber für Ulrici ohne das Zahlen von Eintritt kostengünstig. Für seine Studien existierten keine wissenschaftlichen Grundlagen, keine Fragebögen oder Spezifikationen, da sich die universitäre Zoologie kaum mit lebenden Tieren beschäftigte. Ulrici wurde durch die Betrachtung zu einem Experten Mafukas. Im Verein selbst schien sich Ulrici wenig engagiert zu haben, insgesamt taucht er in den überlieferten Anwesenheitslisten der Gesellschaft selten auf. In der überlieferten »*Praesenzliste*«[264] vom 18. Dezember 1869 findet sich einmalig seine Unterschrift.

Ein weiterer Amateur mischte sich in die Diskussion um Mafuka ein – der Afrikareisende Hugo Kobe von Koppenfels (1834–1884). Nachdem er 1874 sein Anwesen bei Leipzig verkauft hatte, um aus Jagd- und Reiselust nach Westafrika aufzubrechen und Gorillas zu schießen, misslang ihm 1876 die Überführung eines lebenden Gorillas. Ein Jahr später kehrte er nach Afrika zurück und versuchte Land an den Flüssen Kongo und Ogowe für Deutschland zu sichern, was bei seiner Rückkehr 1880 von der Regierung abgelehnt wurde. Während seiner dritten Reise nach Afrika brach er sich den Hüftknochen bei der Büffeljagd, an dem Versuch, diesen operativ zu korrigieren, verstarb er in Berlin.[265] In der Position eines Augenzeugen erklärte er auf seinen Jagden in Afrika »*Bastarde zwischen Gorilla und Chimpanse*«[266] entdeckt zu haben, distanzierte sich bei seiner Rückkehr aber von dieser Aussage. Da Koppenfels im Gegensatz zu seinen Abnehmern, den deutschen Sammlungen und Museen, darunter Dresden und Stuttgart,[267] tatsächlich in Afrika gewesen war und die Tiere in ihren natürlichen Lebensräumen beobachtet hatte, verlieh seine Behauptung der Theorie Gewicht. Als Jäger verstand sich Koppenfels im Dienst der Wissenschaft tätig und reihte sich in die Tradition Du Chaillus ein, der als sein Vorbild fungierte. Koppenfels inszenierte sich als Gorillajäger wie folgt: »*Naturanlagen zum Jäger, eine bis zum tollsten Sport herangebildete Passion, eine eiserne Gesundheit zum Ertragen von Strapazen und Entbehrungen, die Sinne und Orientirungsgabe eines Wilden, sowie etwas Courage.*«[268] Seine Darstellung des heldenhaften, oft in letzter Sekunde erfolgreichen Jägers entsprechen typischen Zuschreibungen in Jagdberichten auf afrikanisches Großwild seit

262 Vgl. Victoria E. M. Cain; Karen A. Rader, Life on Display. Revolutionizing U.S. Museums of Science and Natural History in the Twentieth Century, Chicago 2014, S. 31.

263 Vgl. Haikal; Gensch, Der Gesang des Orang-Utans, S. 26f.

264 Vgl. Hauptstaatsarchiv Dresden, 12507 Gesellschaft für Natur und Heilkunde DD, Nr. 40.

265 Vgl. Julius Falkenstein, Afrikas Westküste. Vom Ogowe bis zum Damara-Land, Leipzig u.a.1885, S. 107; Briefe von Hugo von Koppenfels in: Akte Koppenfels, Staatliches Museum für Naturkunde Stuttgart.

266 Meyer, Notizen über die anthropomorphen Affen, S. 233.

267 Vgl. Ebd., S. 230–233.

268 Hugo von Koppenfels, Meine Jagden auf Gorillas, in: Die Gartenlaube 25 (1877), S. 418.

der Mitte des 19. Jahrhunderts.[269] Dabei verheimlichte Koppenfels die afrikanischen Helfer nicht, nannte sie sogar namentlich, doch im Akt der Tötung und im Angesicht von Gefahr blieb der weiße Jäger vermeintlich auf sich allein gestellt.[270]

Durch die Teilhabe am wissenschaftlichen Diskurs der Zeit über das Sammeln von Gorillapräparaten, legitimierten Du Chaillu und Koppenfels ihre Jagden. Neben der Lust am Abenteuer und der heldenhaften Selbstinszenierung und -vermarktung, diente die Jagd in ihren Augen einem gesamtgesellschaftlichen Zweck. Wie Du Chaillu fühlte sich Koppenfels bei der Tötung von Gorillas als Mörder. Durch die Inszenierung als forschender Jäger in Abgrenzung zu afrikanischen Jägern erklärt sich die bis heute bestehende westliche Abneigung gegenüber bushmeat. Ein Verzehr von Menschenaffenfleisch kam im 19. Jahrhundert für den europäischen Jäger mit seinem »*humanistische*[n] *Ethos*«[271] nicht in Frage. Koppenfels Berichte in der *Gartenlaube* prägten das öffentliche Bild der Tiere, des Jägers und der Afrikaner.

Nissle entzog sich einem endgültigen Urteil, ob es sich bei Mafuka um einen Hybrid oder Gorilla handelte. Das verfügbare Material war zu begrenzt, um finale Aussagen treffen zu können. Zudem sah Nissle die Schuld bei Dresden, die Mafuka seiner Meinung nach lange Zeit versteckt hielt.[272] Er forderte, dass alle verfügbaren Tiere »*durch getreue Photographien der äusserlichen Charakteristik und durch den Befund der an dem lebenden Thier nicht zu erhärtenden Kriteria* [erfasst werden müssten, um] *die gesamte Gelehrtenwelt an der Entscheidung der Frage teilnehmen*«[273] zu lassen. Durch Fotos und exakte, nach dem Tod genommene Maße wurden die Tiere greifbar, das Wissen um sie handhabbar und für die beteiligten Wissenschaftler vergleichbar. Nissle beobachtete Mafuka genau, beschrieb ihr Verhalten und verwies auf den Wert von Studien am lebenden Tier und zeigte erste Ansätze einer Verhaltensforschung. Er experimentierte mit Mafukas Verhalten, in dem er eine Ringelnatter in ihren Käfig setzen ließ, um ihre Reaktion zu dokumentieren.[274]

Durch die Möglichkeit früherer Beobachtungen von Schimpansen in Berlin[275] war Mafuka in seinen Augen ein Gorilla. Damit bekräftigte er den Standpunkt seines Vorgesetzten Robert Hartmann. Die Entdeckung Mafukas als Gorilla musste in Nissle die Hoffnung auf eine bedeutende wissenschaftliche Karriere wecken. Mit seinen Veröffentlichungen machte er öffentlich auf Mafuka aufmerksam und versuchte das Publikum für seine Theorie zu gewinnen. Bei Nissle stand nicht die Evolutionsdebatte bei der Betrachtung Mafukas im Vordergrund, sondern die Gelegenheit, eine bisher nie lebend in Europa gezeigte Menschenaffenart zu studieren. Er kritisierte Bolau für das Zurückhalten wichtiger Gorillapräparate und Schöpf, dass er die Besonderheit Mafukas nicht zu einem früheren Zeitpunkt publik gemacht hatte. Nach seinen Berichten über Mafuka finden sich von Nissle keine weiteren Informationen.

---

269 Vgl. Gissibl, Das kolonisierte Tier, S. 19.

270 Vgl. Hugo von Koppenfels, Ein Kampf um's Leben. Aus dem jüngsten Briefe eines Afrika-Reisenden, in: Die Gartenlaube 46 (1879), S. 772.

271 Ingensiep, Warum essen wir keine Gorillas?, S. 194.

272 Vgl. Nissle, Beiträge zur Kenntniss der sogenannten anthropomorphen Affen, 1876, S. 49.

273 Ebd., S. 50.

274 Vgl. Nissle, Ebd., S. 57.

275 Vgl. Nissle, Beiträge zur Kenntnis der sogenannten anthropomorphen Affen, 1872, S. 201–211.

Die öffentliche Aufmerksamkeit um Mafuka wurde zusätzlich durch die Bekanntheit der involvierten Debattierenden verstärkt. Neben Carl Hagenbeck besuchte Alfred Brehm, der Autor des populären Tierbandes *Brehms Thierleben*, Mafuka in Dresden. Brehm reiste zweimal nach Dresden, am 26. oder 28. August[276] und erneut am 14. September 1875. Der Besuch des »*berühmte*[n] *Naturforscher*[s] *Brehm aus Hamburg*«[277] fand Erwähnung in der Tagespresse und verwies auf die Besonderheit Mafukas. Drei Tage nach dem Besuch Brehms berichteten die *Dresdner Nachrichten*:

> »Vorgestern hat Dr. A. Brehm den Affen untersucht und genau besichtigt und auch die Behauptung ausgesprochen, Mafoke sei ein Gorilla-Weibchen. Sonderbar ist, was das Thier auswärts für Aufsehen erregt: täglich laufen von Gelehrten der verschiedensten Städte telegraphische Anfragen, nach dem Befinden unseres nunmehr zum Gorilla avancirten Affen ein, die Direktor Schöpff nunmehr alle mit der Mittheilung: »mafoke ist gesund und munter!« beantworten kann. – Die Thiermaler Leutemann aus Leipzig und Meyersheim aus Berlin haben das Thier bereits mehrfach gezeichnet.«[278]

Brehm bemerkte, auf den ersten Blick erkannt zu haben, dass es sich bei Mafuka um einen Gorilla handelte. Er schrieb: »*Somit also haben wir ihn, den vielgesuchten Anthropomorphen, endlich lebend vor uns, und zwar zuerst in Deutschland.*«[279] Mit der wissenschaftlichen Hoffnung auf einen lebenden Gorilla verband sich ein Forschungsvorsprung von internationaler Tragweite. Die Dresdner Presse griff die Sensation auf und bezeichnete Mafuka drei Tage nach dem Besuch Brehms als Gorilla, was auf dessen wissenschaftliches Gewicht in der öffentlichen Wahrnehmung verweist.

Die zweite Auflage von *Brehms Thierleben* erschien 1876 und enthielt einen eigenen Abschnitt über Mafuka. Vor dem Hintergrund der Unsicherheit über ihre Artzugehörigkeit, mutmaßte Brehm nun, dass es sich bei ihr weder um einen Gorilla noch einen Schimpansen, sondern um eine weitere Art, den Tschego,[280] handelte. Zwar stand Hartmann in freundlichem Austausch mit Brehm, aber die Theorie lehnte er »*als die Fiktion eines in der Zoologie nicht über das erste Dilettantenthum hinausgelangten Reisenden* [Paul Belloni Du Chaillu]«[281] und der Prüfung der Belegexemplare, die sich als Schimpansen herausstellten, ab. Brehm berichtete 1876 ausführlich in der *Gartenlaube* über Menschenaffen und verwies neben der Euphorie über die Thematik, auf die Anfeindungen, die Übersättigung des wissenschaftlichen und öffentlichen Marktes und Brisanz des Themas. So erhielt er einen »*mit »Kein Schimpanse« unterzeichneten Briefe, Postzeichen Sangerhausen, mit den Worten anredet: »Intoleranter, inhumaner Schimpanse« anstatt »Hochgeehrter Herr*«[282] und Absagen, wenn er über Menschenaffen referieren wollte:

---

276 Vgl. Brehm, Menschenaffen, S. 47.

277 Locales und Sächsisches, in: Dresdner Nachrichten, 15.09.1875, S. 2.

278 Locales und Sächsisches, in: Dresdner Nachrichten, 17.09.1875, S. 2.

279 Alfred Brehm, [eingesandter Brief], in: Der zoologische Garten 16 (1875), S. 392.

280 Der Begriff Tschego taucht schon bei Saint-Hilaire bei der Beschreibung der Gorillapräparate auf; vgl. Saint-Hilaire, Description des Mammifères, S. 17.

281 Robert Hartmann, Aeffin Mafuca. Sitzung vom 18. Dezember 1875, in: Zeitschrift für Ethnologie 7 (1875) S. 283.

282 Brehm, Menschenaffen, S. 44.

»Nur nicht die Affen!« heißt es von hier und dort; »nur nicht die Affen in unserem Saale!« seufzte eine fromme Gesellschaft, welche besagten Sall jedoch recht gern zu anständigem Preise vermiethet; »nur nicht die Affen!« lispeln Frauen, welche sonst alle naturwissenschaftlichen Vorträge eifrig besuchen und mir, wie ich offen gestehe, meine liebsten Zuhörer sind […].«[283]

Den Streit um Mafuka kommentierte Brehm wie folgt:

»man […] ficht mit Waffen, wie sie gelehrter oder gelehrtseinwollender Männer in jedem Falle unwürdig sind, indem man sich gegenseitig Unwissenheit und andere Schwächen vorwirft. So wenigstens ist mir berichtet worden; denn ich selbst habe den Streit, welcher sich, meines Wissens, bisher nur in den Tagesblättern abgespielt hat, nicht verfolgt, weil ich schon seit Jahren ausschließlich Arbeiten von Fachmännern, nicht aber bedeutungslose Auslassungen der neuerdings wie Pilze aufschießenden Thierkundigen von gestern und heute zu lesen pflege.«[284]

Brehm galt als bedeutendster Verbreiter populärzoologischen Wissens in Deutschland und versuchte sich im Fall Mafukas auf seine eigene Wissenschaftlichkeit zu berufen und von den unzähligen Nachahmern seines *Thierlebens* abzugrenzen.

Wer als Fachmann für Menschenaffen galt, beziehungsweise wer nicht, war zeitgenössisch kaum zu unterscheiden. Hartmann, als studierter Mediziner und Naturwissenschaftler und Professor an der Berliner Universität, und sein Assistent Nissle beanspruchten die wissenschaftliche Deutungshoheit für sich. Sie kannten Menschenaffen als Präparate und lebende Tiere in europäischen Zoologischen Gärten. Der ebenfalls studierte Brehm und der Tierhändler Hagenbeck generierten ihre Expertise überwiegend von der Anzahl, der von ihnen betreuten und gehandelten Menschenaffen. Brehm konnte gleichzeitig auf seine Expertise als Autor des bekanntesten deutschen Naturkundebuches verweisen. Koppenfels und Ulrici bezogen ihr Wissen aus der Beobachtung lebender Menschenaffen in Afrika oder in europäischen Zoos. Ähnliche Hintergründe wiesen die Anhänger der Schimpansentheorie auf. Meyer, Bolau und Schöpf waren studiert, wenn nicht alle Naturwissenschaftler. Bolau und Schöpf arbeiteten vor allem im praktischen Umgang mit den Tieren in einem Zoologischen Garten, wobei Bolau entscheidend half, die umfangreiche Sammlung an Gorillapräparaten am Hamburger Naturkundemuseum aufzubauen. Die Grenzen zwischen Laien und Wissenschaftlern waren schwammig, auch da sich erst ab der zweiten Hälfte des 19. Jahrhunderts zunehmend eigenständige Lehrstühle für Zoologie in Deutschland etablierten.

Zusammenfassend konkurrierten mehrere Theorien um Mafuka: Heinrich Bolau, Adolph Bernhard Meyer und Albin Schöpf sahen in ihr eine Schimpansin, wenn auch mit individuell besonderer Gesichtsfärbung; Robert Hartmann, Carl Nissle und Carl Hagenbeck erkannten in ihr einen Gorilla; Alfred Brehm stand zunächst auf der Seite der Gorillatheorie, brachte aber später die These auf, dass Mafuka einer bisher noch unbekannten Menschenaffenart angehören könnte, dem Tschego; Emil Ulrici und Hugo von Koppenfels hielten Mafuka für einen Hybriden aus Gorilla und Schimpanse.

283 Ebd.

284 Ebd., S. 46.

Für die Begründung der Theorien nutzten die beteiligten Akteure ganz unterschiedliche Argumentationsstrategien. Hagenbeck begründete seine Annahme durch seine Augenzeugenschaft und den Vergleich mit einer vergleichbar großen, selbst gesehenen Anzahl von Menschenaffen. Hartmanns Quote an lebend betrachteten Menschenaffen war deutlich geringer als Hagenbecks, dafür griff er auf ein umfangreiches Repertoire an Belegen zurück, darunter Präparate, Zeichnungen, Fotografien, Reiseberichte und wissenschaftliche Veröffentlichungen, die er im Rahmen von Vorträgen vor Mitgliedern wissenschaftlicher Gesellschaften vortrug. Sein Assistent Nissle bestimmte Mafuka als einer der Ersten durch die Betrachtung als Gorilla und kannte lebende Schimpansen und Orang-Utans aus dem Berliner Zoologischen Garten. Neben Messungen am lebenden Tier, bestand das Hauptargument für einen Gorilla in Mafukas Charakter, was ihn dazu veranlasste, Verhaltensexperimente mit ihr durchzuführen. Bolau nutzte seine Kenntnis über die Schriften Hartmanns und Du Chaillus, um gegen Hartmann zu argumentieren. Seinen Standpunkt untermauerte er mit den Sammlungen an lebenden und toten Tieren, die ihm in Hamburg durch seine Stellung als Direktor des Zoologischen Gartens und Mitglied der Verwaltungskommission des Naturhistorischen Museums in Hamburg zugänglich waren. Meyer nutzte überwiegend Briefe, um sich in der Debatte zu positionieren. So schrieb er einen offenen Brief an Schöpf, mehrere persönliche Briefe an Peters und einen internationalen Brief, der in der Zeitschrift *Nature* veröffentlicht wurde. Dabei legte er keine neuen Beweise vor, sondern argumentierte vergleichend mit bekannten lebenden Schimpansen und Präparaten der Tiere. Schöpf legte als Indiz Kleidung Mafukas vor, nutzte seine Augenzeugenschaft und tägliche Nähe zu Mafuka. Gleichzeitig unterstützte er Nissle und Ulrici bei der Erhebung von Messungen und hielt sich öffentlich aus den Diskussionen heraus. Ulrici argumentierte mit der lebend, fast täglich besuchten Mafuka und Koppenfels mit den in Afrika erlegten Tieren. Brehm verfügte als ehemaliger Zoodirektor des Hamburger Zoologischen Gartens zwischen 1863 und 1866 und dem Umgang mit der Schimpansin Molli über Erfahrungen mit lebenden Schimpansen und besuchte Mafuka zweimal in Dresden. Zudem stützte er seine Expertise als Autor des umfangreichsten deutschen Naturkundebuchs auf zahlreiche Berichte, Veröffentlichungen und Kontaktnetzwerke.

Es existierten ganz unterschiedliche Strategien, um Gorillas und Schimpansen voneinander unterscheiden zu können. Jeder an der Auseinandersetzung beteiligte Akteur griff auf individuelle Argumente und Methoden zurück, um seine Theorie zu stützen. Die persönliche Erfahrung und Augenzeugenschaft, die Betrachtung des lebenden Tieres nahm im Vergleich zu den Jahrhunderten davor, an Bedeutung zu. Doch bis auf von Koppenfels hatte keiner der anderen Beteiligten je einen lebenden Gorilla gesehen.

Die Debatte um Mafuka zeigt, dass lebende Menschenaffen mehr als Unterhaltungsobjekte in Zoologischen Gärten waren. Sie dienten ersten wissenschaftlichen (Verhaltens-)Studien und stellten die universitäre Zoologie mit deren anatomisch vergleichenden Methoden auf die Probe. In der Kontroverse traten Vertreter einer populärwissenschaftlichen Auseinandersetzung mit Tieren durch ihre praktischen Erfahrungen in der Tiergartenbiologie selbstbewusst auf. Zoologische Gärten und Wandermenagerien boten in der zweiten Hälfte des 19. Jahrhunderts die einzige Möglichkeit lebende Menschenaffen in Europa zu betrachten und wissenschaftlich zu untersuchen. Menschenaffen in europäischen Zoologischen Gärten wurden zu wichtigen Anschauungs- und Studienobjekten im Rahmen der Reformbewegung. Zoologen bereisten nur in Ausnahmefällen Afrika und kannten die Tiere ausschließlich von ihren Seziertischen, als Abbildungen oder Präparate naturkundlicher Sammlungen. Nach Darwins Vorbild, der Beobachtungen an lebenden Tieren in seine Arbeiten einband,[285] drängten sich die Experten der deutschen Menschenaffenforschung vor Mafukas Gehege. Die Profilierung von Männern als Experten spielte eine entscheidende Rolle in der Auseinandersetzung um Mafuka.

4.2.1 Die Visualisierung Mafukas im Artenstreit

Nur wenige Menschenaffen wurden vor Mafuka in Deutschland so detailliert beobachtet, beschrieben und gezeichnet. Die Unsicherheiten um ihre Art waren Ausdruck des wenigen verfügbaren Materials, den verschiedenen Aussagen von Forschungsreisenden und den fragwürdigen Präparaten in Museen. Die technischen Möglichkeiten machten es zu Beginn der 1870er Jahre unmöglich, Menschenaffen lebensnah und in Bewegung darzustellen. Im Fall von Mafuka sind keine Fotografien der lebenden Schimpansin überliefert. Zeichnungen boten die einzige Option, die Haltung und Stellung Mafukas festzuhalten, zu verbreiten, zu vervielfältigen und ihre Artzugehörigkeit zu beurteilen. Wer zeichnete Mafuka? Welche Art der Darstellung wählten die Tiermaler? In welchen Formaten wurden die Bilder Mafukas abgedruckt? Änderte sich das Porträt Mafukas im Zuge der Debatte um ihre Art?

Tiermaler stellten im Zoo eine Besuchergruppe mit ganz eigenen Interessen dar.[286] Neu war die Anwesenheit von Malern in Sammlungen lebender Tiere nicht. Trotz des exklusiven Personenkreises, der Zugang zu frühneuzeitlichen Menagerien erhielt, hatten Künstler der Renaissance die Möglichkeit, ihr Können an lebenden Tieren zu erproben.[287] Gemälde von Tieren erfüllten nicht nur den Zweck, das Tier künstlerisch einzufangen, sondern konservierten es langfristiger und platzsparender für die Ausstellung in Naturalienkabinetten, als es Präparationstechniken bis weit in das 17. Jahrhundert ermöglichten.[288] Zeichnungen von lebenden Tieren waren eine Ausnahme, Tiermaler orientierten sich überwiegend an Präparaten, Tierhäuten, vorhandenen Abbildungen und passten ihre Zeichnungen den Forderungen der Auftrag gebenden Naturwissenschaftler für deren zoologische Werke an.[289] Der Fokus lag auf der systematischen Erfassung spezifischer Artmerkmale, der charakteristischen Stellung der Tiere, um sie in die Linnésche Systematik einordnen zu können,[290] die noch im 19. Jahrhundert die Aufstellung von Präparaten bestimmte. Neben den wissenschaftlichen Skizzen existierten der mittelalterlichen Tradition folgend, satirische und religiöse Darstellungen, in denen Tie-

---

285 Vgl. Hochadel, Watching Exotic Animals Next Door, S. 200.

286 Vgl. Artinger, Von der Tierbude, 1995.

287 Vgl. Ingensiep, Der Orang-Outang des Herrn Vosmaer, S. 234; Mark Hengerer, Tiere und Bilder. Probleme und Perspektiven für die historische Forschung aus dem Blickwinkel der Frühen Neuzeit, in: Gesine Krüger; Aline Steinbrecher; Clemens Wischermann (Hg.), Tiere und Geschichte. Konturen einer Animate History, Stuttgart 2014, S. 50.

288 Vgl. Jahn, Zoologische Gärten – Zoologische Museen, S. 11.

289 Vgl. Gall, Lebende Tiere und inszenierte Natur, S. 175.

290 Ebd.

re als symbolische Akteure fungierten.[291] Insgesamt blieb das Tier in der Kunst bis zu Beginn des 19. Jahrhunderts wenig beachtet. Der Fokus lag auf der Erfassung des Menschen, nach der sich die Ausbildung an Kunstakademien richtete.[292] Joseph Wolf genügten die Ausbildungsbedingungen und Zugangsmöglichkeiten zu lebenden Tieren in den 1840ern in Deutschland nicht. Der Zoologische Garten in London eröffnete ihm das Studium einer wechselnden Bandbreite lebender Tiere und die Entwicklung seines zeichnerischen Talents. Anders als Wolf blieb die Mehrheit seiner Kollegen unbekannt, weshalb sie in der Forschung als »*invisible technicans*«[293] bezeichnet werden. Das Quellenmaterial ist lückenhaft, meist sind die Maler nur dank ihrer erhaltenen Werke bekannt. Die Gruppe der Tiermaler war keineswegs homogen, berufliche Künstler bildeten eine Minderheit.[294] Eine Ausbildung zum Tiermaler existierte nicht, Tiermaler war, wer überwiegend Tiere zeichnete und seine Bilder veröffentlichte.

Von Mafuka sind Zeichnungen der Tiermaler Heinrich Leutemann (1824–1905), Gustav Mützel (1839–1893), Paul Meyersheim (1842–1915), Ernst Gessner (1851–1920) und E. Reichenheim (Lebensdaten unbekannt) überliefert,[295] sie und andere Tiermaler besuchten deutsche und europäische Zoos und Menagerien. Die Förderung der Kunst war eines der Ziele Zoologischer Gärten im 19. Jahrhundert. Die Institution versprach ein breites und stetig wechselndes Spektrum an Motiven.

Im August 1873, kurz nach der Ankunft Mafukas, bestaunte Leutemann die Schimpansin in Dresden.[296] Der aus der Nähe von Leipzig stammende Tiermaler hatte zwischen 1838 und 1846 die Leipziger Kunstakademie besucht und war nach einer kurzen Zwischenstation in Stuttgart nach Leipzig zurückgekehrt, wo er auf optimale Bedingungen des Verlagswesens im Umfeld des Verlegers Ernst Keil (1816–1878) und dessen Gartenlaube traf. Tiere bildeten die häufigsten Motive Leutemanns. Neben selbstständigen Werken bebilderte er Jugendbücher und Schulmaterialien.[297] Mafuka faszinierte ihn durch ihre dunkle Gesichtsfärbung, die er bei keinem anderen Schimpansen in einem europäischen Zoo bisher gesehen hatte, und ihr aufgewecktes Verhalten, das in seiner Beschreibung zwischen den Polen Mensch und Tier schwankte.[298] Er berichtete in der *Gartenlaube* detailliert über den Umgang der Schimpansin mit ihren Pflegern und fertigte eine Zeichnung mit einem Wärter an [**Abb. 23**].

291 Vgl. Hauffe; Klös, Das künstliche Paradies, S. 8.

292 Vgl. Artinger, Von der Tierbude, S. 10f.

293 Voss, Zoologische Gärten, S. 241; Morus, Invisible Technicians, S. 97–110; Heumann; Hüntelmann, Einleitung, S. 285.

294 Vgl. Voss, Zoologische Gärten, S. 232.

295 Vgl. Hartmann, Anthropoiden Mafuca, S. 256.

296 Vgl. Leutemann, Mafuca, S. 64.

297 Vgl. Reinhard Stach, Heinrich Leutemann. Leben und Werk, in: Volkacher Bote 80 (2004), S. 15; Hochadel, Unter Menschen, 2008, S. 159.

298 Vgl. Leutemann, Mafuca, S. 64.

Abb. 23: »Mafuca in guter Laune. Nach der Natur aufgenommen von H. Leutemann«, in: Heinrich Leutemann, Mafuca, in: Die Gartenlaube (3, 1874), S. 65.

Niedersächsische Staats- und Universitätsbibliothek Göttingen, Göttinger Digitalisierungszentrum, PURL: http://resolver.sub.uni-goettingen.de/purl?PPN637243196_1874 vom 22.03.2023.

Mafuka sitzt auf den Schultern des Wärters, der über den ›Überfall‹ wenig begeistert zu sein scheint. Im Hintergrund sitzt Membrole und beobachtet die Szenerie. Teile des Käfigs samt Inneneinrichtung sind angedeutet und verweisen durch die Gleichzeitigkeit von Bett, Geschirr und Kletterbaum auf den Grenzstatus der Schimpansin zwischen Mensch und Tier, wie er den Besuchern des Zoos vorgeführt wurde. Bei Leutemann standen Charakter, Gesichtsausdruck, Bewegungen und Interaktionen im Vordergrund seiner Zeichnung. Die Wiedergabe der Lebendigkeit Mafukas war das zentrale Thema von Leutemanns Darstellung. Er versuchte die Schimpansin als Vertreterin ihrer Art abzubilden und mögliche Stellungen und Haltungen einzufangen, zu denen ihre Gestik und Mimik zählten. Damit lehnten sich die Darstellungen an Darwins Werk *Der Ausdruck der*

Gemütsbewegungen bei dem Menschen und den Tieren von 1872 an. Darwin besuchte den Londoner Zoo regelmäßig und studierte den Umgang der Wärter mit den Tieren. Darunter befand sich ein Pavian, ein Wärter reizte und besänftigte das Tier und Joseph Wolf, der Darwin begleitete, hielt die sich verändernden Stimmungen des Tieres zeichnerisch fest. Figur 17 [**Abb. 24**] sollte die Freude des Tieres zeigen, womit Wolf erstmals einen Affen lachen ließ.

Abb. 24: »Fig 17. Derselbe sich über Liebkosungen freuend«, in: Charles Darwin, Der Ausdruck der Gemüthsbewegungen bei dem Menschen und den Tieren, Stuttgart 1872, S. 136, Fig. 17.

Niedersächsische Staats- und Universitätsbibliothek Göttingen, Bereichsbibliothek Forstwissenschaften, Signatur: VII, D 8, erschienen im Schweizerbart Verlag, www.schweizerbart.de.

Im Jahr 1875 besuchte Leutemann Mafuka erneut, die er im Titel seines Berichts in *Über Land und Meer*, ein Unterhaltungsblatt im Stil der *Gartenlaube*, das ab 1858 erschien, weiterhin als Schimpansin bezeichnete. Er fertigte mehrere Bewegungsstudien an, zeichnete Hände, Füße, Mimik, Gestik und die Nachahmung menschlichen Verhaltens [**Abb. 25**]. Ob der abgebildete Mann einen Wärter oder Leutemann selbst darstellte, ist unklar. Die Abbildung verdeutlicht die intensive Studie von Mafukas Verhalten. Leutemann versuchte, das Tier so exakt und detailliert wie möglich zu erfassen und neben dem individuellen Verhalten Mafukas, die für ihre Art typischen Stellungen und Bewegungsabläufe zu erfassen. Oben links findet sich eine Darstellung der Hand Mafukas, einen dünnen Halm oder Seil umgreifend. Der Umfang der Darstellungen lässt vermuten, dass sich Leutemann mindestens einen ganzen Tag bei Mafuka aufhielt.

Abb. 25: »Der Schimpanse Mafuca im zoologischen Garten zu Dresden. Originalzeichnung von H. Leutemann«, in: Heinrich Leutemann, Der Schimpanse Mafuca in Dresden, in: Über Land und Meer (35, 1876), S. 92.

Münchener Digitalisierungszentrum, Bayerische Staatsbibliothek München, Signatur: 2 Per. 13 m-35, urn:nbn:de:bvb:12-bsb11326208-1.

Eine weitere Zeichnung [**Abb. 26**] Leutemanns erschien in der *Leipziger Illustrierten Zeitung* vom 16. Oktober 1875 in einem Beitrag von Friedrich Lichterfeld (Lebensdaten unbekannt) mit dem Titel *Der ›Dresdener‹ Gorilla.*[299] Leutemann zeichnete Mafuka aufrechtstehend, sich an einem Seil festhaltend und einen Halm zur Nase führend. Im Gegensatz zu den vorangegangenen Bildern Leutemanns diente die Darstellung dazu, die Diskussion um Mafukas Artzugehörigkeit aufzugreifen und zu visualisieren. Lichterfeld

299 Lichterfeld, Der Dresdener ›Gorilla‹, S. 299–302.

stellte Leutemanns Mafuka eine kleine Abbildung am unteren Bildrand gegenüber. Sie zeigt die Schimpansin Molli aus dem Hamburger Zoologischen Garten, die eindeutig als Schimpansin klassifiziert wurde. Die Unterschiede zwischen den Tieren waren deutlich herausgearbeitet. Mafuka wies eine schwarze Gesichtsfärbung, deutlich dunkler als die vorher veröffentlichten Bilder Leutemanns, kleinere Ohren und weniger gekrümmte Hände und Füße auf, die mehr an menschliche Gliedmaßen erinnerten.

Abb. 26: »Mafoka, der vermeintliche Gorilla, im Zoologischen Garten zu Dresden. Nach der Natur gezeichnet von H. Leutemann«, in: Friedrich Lichterfeld, Der Dresdener »Gorilla«, in: Illustrirte Zeitung, 16.10.1875, S. 300.

Münchener Digitalisierungszentrum, Bayerische Staatsbibliothek München, Signatur: 2 Per. 26–65, urn:nbn:de:bvb:12-bsb11307653-6.

Ob die Zeichnung der Schimpansin ebenfalls von Leutemann stammt, ist nicht klar. Zumindest kannte und zeichnete er Molli in Begleitung Alfred Brehms, als dieser das Amt des Zoodirektors in Hamburg innehatte und Leutemann Ansichten des Hamburger Zoologischen Gartens in der *Gartenlaube* veröffentlichte. Ein von Leutemann angefertigtes Porträt [**Abb. 27**] zeigt die Vertrautheit Brehms im Umgang mit der Schimpansin, mit der er ein Kaffeehaus besuchte. Die Zeichnung verdeutlichte, wie die Berichte über Mafuka, die Kultivierbarkeit des Menschenaffen über die Darstellung der Nahrungsaufnahme und den Gebrauch von Besteck. Lichterfeld, der Mafuka mindestens zweimal besuchte, gelangte zu keinem abschließenden Urteil bezüglich ihrer Artzugehörigkeit, da genaue Messungen und die Betrachtung ihres Gebisses, durch den Bewegungsdrang des Affen unmöglich waren.[300]

Abb. 27: »Molli im Kaffeehaus. Nach der Natur gezeichnet von H. Leutemann«, in: Alfred Brehm, Bilder aus dem Thiergarten. Nr. 7 Molli, in: Die Gartenlaube (15, 1866), S. 229.

Niedersächsische Staats- und Universitätsbibliothek Göttingen, Bereichsbibliothek Kulturwissenschaften, Signatur: L 9.2 2.

Leutemann fertigte detaillierte Porträts von Mafuka an und lieferte wichtige Erkenntnisse über das Verhalten eines Menschenaffen in Gefangenschaft, in einer Zeit,

300 Vgl. Lichterfeld, Der Dresdener »Gorilla«, S. 301.

wo systematische Feldstudien oder Verhaltensforschungen nicht existierten. Die Lebendigkeit des Tieres, dessen Verhältnis zum Menschen und Darwins Theorie standen in seinen Berichten und Bildern im Vordergrund:

> »Affe, Gorilla, Orang-Utan, Schimpanse! Wer denkt beim Anblick derselben nicht gleich an Darwin, Vogt und ähnliche Größen, welche uns unser nach ihrer Meinung nach wahrscheinlicheres Verhältniß zu jenen Vierhändern immer klarer zu machen suchen?«[301]

Mafuka benutzte Geschirr, stand aufrecht und spielte wie ein Kind, gleichzeitig kletterte und kommunizierte sie wie andere Affen. Mafuka bekleidete sich mit einem Stiefel und erweckte »*in diesem Halbkostüm allerdings einen urkomischen Eindruck*«.[302] Mit der ironischen Beschreibung brach Leutemann die vorher betonte Menschlichkeit des Tieres auf. Er kritisierte andere Tiermaler für ihre gezeichneten »*Gnomengestalten*«[303] und verwies auf die Exaktheit seiner Arbeiten. Durch die Beobachtungen und detaillierten Beschreibungen hob er sich von seinen Berufskollegen ab, die ihre Zeichnungen meist unkommentiert zur Verfügung stellten.

Leutemann veröffentlichte seine Beschreibungen und Darstellungen in den Illustrierten *Die Gartenlaube* oder *Über Land und Meer*, wodurch sie einem breiten Publikum bekannt wurden. Besonders die *Gartenlaube* warb in ihrem Untertitel als *Illustriertes Familienblatt* gezielt mit ihrer Bebilderung. Zur Steigerung der Anschaulichkeit wurden Bilder meist auf der rechten Seite angeordnet, um die Aufmerksamkeit des Lesers beim kurzen Durchblättern zu bannen.[304] Auch wenn die Alphabetisierungsrate deutlich angestiegen war, in den 1870er Jahren lag sie bei etwa 75 Prozent der Bevölkerung,[305] erleichterten Illustrationen das Leseverständnis durch ihre hohe Anschaulichkeit. Darüber hinaus richteten sich illustrierte Berichte gezielt an Kinder und Jugendliche. Mit seinen Beiträgen berichtete Leutemann über neueste Naturerscheinungen in europäischen Zoos, ersetzte, ergänzte und warb für einen Zoobesuch. Durch die Veröffentlichung der Bilder im Format einer Serie in der *Gartenlaube* wurde der Leser zum Kauf weiterer Ausgaben angeregt, was den Erfolg des Magazins ausmachte.[306] So konfrontierte Leutemann seine Leserschaft über Menageriebilder mit dramatischen, spektakulären und gleichzeitig naturnahen Szenen.[307] Die Bilder Leutemanns verschafften nicht nur Mafuka öffentliches Aufsehen, auch der Tiermaler profitierte von der großen Popularität des Affen. Er kam Mafuka dank seiner Kontakte, der eigenen Bekanntheit und häufigen Besuche im Zoo näher als andere Tiermaler, die neben der jubelnden Masse während der

301 Leutemann, Der Schimpanse Mafuca, S. 95.

302 Ebd.

303 Ebd.

304 Vgl. Gall, Lebende Tiere und inszenierte Natur, S. 183.

305 Vgl. Daum, Wissenschaftspopularisierung, S. 238

306 Vgl. Stockinger, An den Ursprüngen populärer Serialität, S. 12.

307 Vgl. Heinrich Leutemann, Menageriebilder. Nr. 1. Eine Löwenmutter, in: Die Gartenlaube (26, 1860), S. 407–408; Ders., Menageriebilder. Nr. 2. Affen, in: Die Gartenlaube (29, 1860), S. 459–461; Ders., Menagerie-Bilder. Nr. 3, Ein gebildeter Orang-Utang, in: Die Gartenlaube (19, 1862), S. 300–301; Ders., Aus dem Tigerleben, in: Die Gartenlaube (48, 1872), S. 785–788.

regulären Öffnungszeiten vor dem Käfig Platz nahmen.[308] Seine Aufenthalte in Dresden nutzte er nicht nur für Studien an Mafuka. 1875 erschien eine Zeichnung und ein Bericht über das indische Nashorn Bégum, das der Zoo für 4000 Thaler von Carl Hagenbeck erworben hatte.[309]

Leutemann pflegte eine freundschaftliche Beziehung zu dem Tierhändler und verfasste eine Biografie über Hagenbeck.[310] Beide informierten sich über neueste Entdeckungen in besuchten Zoos. Im Jahr 1874 trafen sich Hagenbeck und Leutemann vor Ort im Dresdner Zoo. Von Dresden aus reisten sie gemeinsam nach Triest. Europäische Zootouren von Zoodirektoren und Tiermalern bildeten eine gängige Praxis des Austauschs, Handels und der gegenseitigen Inspiration bei der Tierhaltung.[311] Leutemann war der Aufforderung Hagenbecks ihn zu bekleiden, gefolgt:

> »Mein lieber L., Sie sollten einmal mit mir nach Triest reisen, wenn für mich dort Thiere ankommen. Zu sehen, wie da die Elephanten, die Giraffen in der Schlinge hängen, mittelst des Krahns aus dem Schiffsraum in die Luft gehoben und dann entweder zum Landen in die Barke oder zunächst nur auf das Verdeck niedergelassen werden – das würde Sie gewiß sehr interessiren.«[312]

Das in diesem Zusammenhang von Leutemann geschaffene Werk mit dem Titel »*Ausladung einer Sendung afrikanischer Thiere aus dem Schiffe »Urano« in Triest. Nach der Natur aufgenommen von H. Leutemann*« wurde 1874 in der *Gartenlaube* veröffentlicht [**Abb. 28**]. Es zeigt eine Szene, die an Darstellungen der Arche Noah und Errettung der Tiere vor einer Flut biblischen Ausmaßes erinnert. Nur wurden die Tiere nicht auf-, sondern entladen und gelangten anschließend in Zoologische Gärten, die sich zwar als Garten Eden definierten, aber die Lebenserwartungen vieler ausgestellter Tiere drastisch reduzierten. Das Motiv der Arche Noah findet sich auf weiteren Tierdarstellungen des 19. Jahrhunderts,[313] bis heute bezeichnen sich Zoologische Gärten als Archen.[314]

Der Tierfang und die Suche nach ›exotischen‹ Tieren, möglichst unbekannten Arten, und die Verschiffung nach Europa bedeuteten deren wissenschaftliche Erschließung und Bewahrung in Form von Beschreibungen und Zeichnungen. Viele Tierfänger inszenierten sich zunächst als Abenteurer und beschrieben das Geschäft des Tierfangs, dessen Brutalität um 1900 zunehmend in Frage gestellt wurde. Aus diesem Grund bemühte sich Carl Hagenbeck um eine Selbstinszenierung als Tierfreund.[315]

---

308 Vgl. Hochadel, Im Angesicht des Affen, S. 47.

309 Vgl. Heinrich Leutemann, Von einem Dickhäuter, in: Die Gartenlaube (37, 1875), S. 626–628.

310 Vgl. Heinrich Leutemann, Lebensbeschreibung des Tierhändlers Carl Hagenbeck, Hamburg 1887.

311 Vgl. Baratay; Hardouin-Fugier, Zoo, S. 92.

312 Carl Hagenbeck zit.n.: Heinrich Leutemann, Ausladung fremdländischer Thiere, in: Die Gartenlaube (40, 1874), S. 648.

313 Vgl. Berger, Das Leben der Bilder, S. 20.

314 Etwa der Zoo Arche Noah in Grömitz, https://zoo-arche-noah.de/vom 06.03.2023.

315 Vgl. Rothfels, Catching Animals, S. 182–228.

Abb. 28: »Ausladung einer Sendung afrikanischer Thiere aus dem Schiffe »Urano« in Triest. Nach der Natur aufgenommen von H. Leutemann«, in: Heinrich Leutemann, Ausladung fremdländischer Thiere, in: Die Gartenlaube (40, 1874), S. 646.

Niedersächsische Staats- und Universitätsbibliothek Göttingen, Bereichsbibliothek Kulturwissenschaften, Signatur: L 9.2 2.

Weitere bekannte Zeichnungen der lebenden Mafuka stammen von dem Berliner Maler und Fotografen Gustav Mützel, dessen Vater schon im Berliner Zoologischen Garten gezeichnet hatte [**Abb. 29**].[316] Er porträtierte Mafuka mit dunkler Gesichtsfärbung, helleren Ohren und auf drei Gliedmaßen stehend. In die freie Hand zeichnete er Mafuka einen Zweig und fokussierte sich auf feinste Bewegungsabläufe des Tieres, wie Leutemann sie angefertigt hatte. Das Bild vom Gebrauch eines Stockes erinnert an den Werkzeuggebrauch von Menschenaffen, der erst in den 1960er Jahren des 20. Jahrhunderts im Rahmen von Feldstudien wissenschaftlich beschrieben wurde. Die Zeichnung wurde im 20. Jahrhundert durch Verhaltensforscher als Beleg für den historischen Werkzeuggebrauch bei Schimpansen aufgegriffen und war Motiv einer liberianischen Briefmarke.[317] Das Bild entstand nicht in der afrikanischen Wildnis und damit im natürlichen Lebensraum Mafukas, den Mützel als »Dschungellandschaft« im Hintergrund integrierte, sondern in einem europäischen Zoo.

316 Vgl. Friederike Hauffe; Heinz-Georg Klös, Der Tierillustrator Gustav Mützel, in: Bongo 26 (1996), S. 30 und 32.

317 Dazu ausführlich: Hochadel, Unter Menschen, S. 162.

Abb. 29: »Tschego (Anthropopithecus Tschego), jung. G. Mützel n. d. Leben«, in: Alfred Brehm, Brehms Thierleben, 2. Auflage, Band 1. Säugetiere, Leipzig 1876, S. 79.

Niedersächsische Staats- und Universitätsbibliothek Göttingen, Bereichsbibliothek Forstwissenschaften, Signatur: VII, B 6 [2] : 1.

Neben der Gesamtansicht Mafukas fertigte Mützel zwei weitere Bilder an [**Abb. 30 und 31**]. Sie zeigen Mafuka Hals aufwärts, den Fokus ausschließlich auf das Gesicht des Tieres ausgerichtet, sie seitlich und im Profil darstellend. Die Zeichnungen erinnern an Fotografien oder wissenschaftliche Zeichnungen frei jeglichen Kontextes, wie sie bereits in der ersten bildlichen Darstellung des Pariser Gorillas und Schimpansen Anwendung fanden. Die Erfassung der Physionomie und Charakteristik des Menschenaffen stand im Vordergrund.

Alle drei Bilder Mützels entstanden als Auftragsarbeiten für Alfred Brehm und erschienen 1876 in der zweiten Auflage von *Brehms Thierleben*.[318] Mützel illustrierte mit seinen Holzstichen, einem im 19. Jahrhundert wegen seiner realitätsnahen und detailreichen Darstellungsweise geschätztem Verfahren,[319] maßgeblich die zweite Auflage von Brehms populär-wissenschaftlichem Naturkundebuch. Er begleitete Brehm ab circa 1873 auf Reisen, darunter nach Wien,[320] unklar ist, ob er mit ihm in Dresden Mafuka besuchte. Brehm nutzte die Detailverliebtheit Mützels, um seine Theorie des Tschegos, als einer dritten afrikanischen Menschenaffenart visuell zu festigen. Aus diesem Grund zeichnete Mützel Mafuka mit dunklem Gesicht, das an einen Gorilla erinnerte, und großen Ohren,

318 Vgl. Brehm, Brehms Thierlaben, Band 1,1876, S. 79.

319 Vgl. Hauffe; Klös, Der Tierillustrator Gustav Mützel, S. 30.

320 Ebd.

die als Artmerkmal des Schimpansen galten. Das Doppelporträt diente der wissenschaftlichen Erfassung einer durch Brehm postulierten neuen Art.

Abb. 30: »Tschego, von vorn.«, in: Alfred Brehm, Brehms Thierleben, 2. Auflage, Band 1. Säugetiere, Leipzig 1876, S. 80.

Niedersächsische Staats- und Universitätsbibliothek Göttingen, Bereichsbibliothek Forstwissenschaften, Signatur: VII, B 6 [2] : 1.

Abb. 31: »Tschego von der Seite. G.M.«, in: Alfred Brehm, Brehms Thierleben, 2. Auflage, Band 1. Säugetiere, Leipzig 1876, S. 81.

Niedersächsische Staats- und Universitätsbibliothek Göttingen, Bereichsbibliothek Forstwissenschaften, Signatur: VII, B 6 [2] : 1.

Eine weitere Zeichnung Mützels illustrierte einen Artikel Brehms in der *Gartenlaube* [**Abb. 32**]. Brehm nutzte eine Darstellung, die Mafuka aus unterschiedlichen Perspektiven zeigte und ihre Zugehörigkeit zum Tschego und damit Brehms Theorie unterstreichen sollte. Die Bildunterschrift lautete »*Menschenaffen, aus der Gruppe des Tschego's im Dresdner zoologischen Garten. Eine Studie nach der Natur von G. Mützel*«.[321] Zwar ging aus dem Text hervor, dass es sich um ein Zootier handelte, der Plural Menschenaffen suggerierte eine ganze Gruppe von Tieren und die Einbettung in eine »Dschungellandschaft« täuschte über Mafukas tatsächliches ›Zuhause‹ hinweg. In seinem Artikel betonte Brehm seine Erfahrungen im Umgang mit Schimpansen und vermenschlichte sie in seinen Beschreibungen, um so seine Theorie zu legitimieren:

> »Diese habe ich so eingehend beobachtet wie keinen andern Affen; mit ihnen habe ich alle mir irgendwie einfallenden Versuche angestellt, um ihr geistiges Wesen zu ergründen, […] Einen Schimpanse kann man nicht wie ein Thier behandeln, sondern mit ihm nur wie mit einem Menschen verkehren.«[322]

321 Brehm, Menschenaffen, S. 45.

322 Ebd., S. 285.

Abb. 32: »Menschenaffen, aus der Gruppe des Tschego's im Dresdner zoologischen Garteen. Eine Studie nach der Natur von G. Mützel«, in: Alfred E. Brehm, Menschenaffen, in: Die Gartenlaube (3, 1876), S. 45.

Niedersächsische Staats- und Universitätsbibliothek Göttingen, Bereichsbibliothek Kulturwissenschaften, Signatur: L 9.2 2.

Robert Hartmann nutzte eigene Zeichnungen und Bilder Gustav Mützels,[323] darunter die eben beschriebene Darstellung. Er wählte Bildmaterial, das seine Ansicht von Mafuka als Gorilla unterstützte. Waren ihm die Hände auf einer Abbildung von Mützel zu schlank gezeichnet, waren die Füße auf einer weiteren Gorillazeichnung denen Mafukas in seinen Augen ähnlicher. Damit wählten die Anhänger derselben, beziehungsweise ähnlichen Theorie, diejenigen Bilder aus, die diese unterstützten und visuell einprägten. Darüber hinaus stellte Hartmann seine Zeichnungen bewusst denen in populärwissenschaftlichen Werken erschienenen Bildern gegenüber:

323 Vgl. Hartmann, Anthropoiden Mafuca, S. 254.

»Die beigegebenen von mir in ganz harmloser Weise nach natürlichen Präparaten gezeichneten Abbildungen werden, denke ich, bei unseren Lesern bessere Vorstellungen von Schimpanse und Gorilla erwecken, als gewisse moderne, von fremder Hohlheit beeinflußte, leider sogar im kritischen Deutschland populär gewordene Schwätzereien.«[324]

Beim Vergleich der Arbeiten von Gustav Mützel und Heinrich Leutemann fällt die unterschiedliche Hintergrundgestaltung auf. Ist bei Leutemann das Gehege Mafukas samt Inneneinrichtung zu erkennen, bettete Mützel Mafuka in eine Tropenwaldszene ein. Wie Robert Hartmann, der das Lübecker Gorillaweibchen zurück in den afrikanischen Wald imaginierte und auf seiner Afrikareise selbst Zeichnungen ›nach dem Leben‹ anfertigte, bediente sich Mützel dieser in der Tiermalerei genretypischen Inszenierung. Joseph Wolf nutzte für seine Hintergrunddarstellungen bekannte Reiseberichte aus den Herkunftsgebieten der Tiere oder ließ sich im botanischen Kew Garden in London von der importierten Pflanzenwelt inspirieren.[325] Brehm verwies bei der Beschreibung des Lebensraums der Tiere auf den populären Reisebericht »*Im Herzen von Afrika*«[326] des Afrikaforschers Georg Schweinfurth (1836–1925) und schrieb:

»Im Inneren dieser Urwälder gewahrt man Säulengänge, ägyptischen Tempelhallen ebenbürtig, in besonders tiefen Schatten gehüllt und von aufeinander gelagerten Laubdecken oft dreifach überwölbt. Von außen betrachtet, erscheint Alles wie eine undurchdringliche Wand des dichtesten Blattwerkes, im Inneren öffnen sich dagegen überall Laubengänge unter Säulenhallen, voll murmelnder Quellen und Wasseradern.«[327]

Die Natur schien die Kultur in ihrer Pracht zu übertreffen und der Leser musste sich an paradiesische Gärten voller Wunder und Geheimnisse erinnert fühlen, zu denen der Fund des Gorillas zweifellos Anlass bot. Indem Mützel diese Beschreibungen in seinen Werken aufgriff, erschien Mafuka in einer unberührten Natur, fernab von menschlichen Eingriffen. Dadurch suggerierte er ihren Stockgebrauch als dem Schimpansen innewohnende Fähigkeit. Doch die zum Teil übertrieben ausgeschmückten Fantasiewelten, die die Zeichner nie selbst besucht hatten, blieben nicht ohne Kritik.[328] Leutemann verzichtete auf einen künstlichen Hintergrund, da er den Lesern der *Gartenlaube* einen glaubwürdigen Einblick in das Leben von Zoo- und Menagerietieren gewähren wollte. Die Bemerkung »*Nach der Natur gezeichnet*«[329] sollte die Authentizität der Darstellung unterstreichen, obwohl es sich um keine für wissenschaftliche Zwecke angefertigte Studie handelte. Es zeugte von dem Selbstbewusstsein des Künstlers, die Natur repräsentieren zu können. Für Leutemann stand Mafukas Menschenähnlichkeit, ihr Verhalten, ihre Mimik und Gestik im Vordergrund. Die Herausnahme aus der Natur unterstrich die

324 Robert Hartmann zit.n.: Ciz, Robert Hartmann, S. 22.

325 Vgl. Schulze-Hagen, Zoological Society, S. 191.

326 Georg Schweinfurth, Im Herzen von Afrika, Leipzig 1874, S. 507.

327 Brehm, Menschenaffen, S. 162f.

328 Vgl. Gall, Lebende Tiere und inszenierte Natur, S. 181.

329 Brehm, Bilder aus dem Thiergarten, S. 229.

Beschreibung. Doch Leutemann zeichnete nicht das natürliche Verhalten von Tieren, sondern ein durch den Menschen provoziertes und im Fall der Menageriebilder dressiertes Tier. Auf anderen Tierzeichnungen Leutemanns, wie der Darstellung der Orang-Utans Max und Moritz [**Abb. 33**], die er 1893 in Brüssel besucht hatte und die sich im Besitz des Leipziger Zoodirektors Ernst Pinkert (1844–1909) befanden, aber im Verlauf ihrer Zurschaustellung in Paris verstarben, wird deutlich, dass auch er sich ›Urwaldfantasien‹ bediente. Der ›Urwald‹ ist als Symbol eines als undurchdringlich imaginierten Kontinents voller noch zu entdeckender Geheimnisse und Synonym für Ursprünglichkeit und Rückständigkeit zu verstehen. Trotz der Kritik bot die künstlerische Abbildung von Menschenaffen einen Unterhaltungswert und eine Verbindung mit dem Tier, die rein wissenschaftliche Beschreibungen und Bilder nicht erzielten.

Abb. 33: »Zwei Orang-Utans von der Insel Borneo. Nach der Natur gezeichnet von H. Leutemann«, in: Heinrich Leutemann, Zwei Orang-Utans von der Insel Borneo, in: Die Gartenlaube (5, 1894), S. 77.

Niedersächsische Staats- und Universitätsbibliothek Göttingen, Bereichsbibliothek Kulturwissenschaften, Signatur: L 9.2 2.

Den *Gartenlaube* Beitrag *Meine Jagden auf Gorillas* von Hugo von Koppenfels, indem er die Möglichkeit der »*Bastardirung*«[330] zwischen Gorillas und Schimpansen verbreitete, rahmte ebenfalls eine Zeichnung Leutemanns mit dem Titel »*Ein Gorilla in Wuth*« [**Abb. 34**]. Der aufrechtstehende, sich auf die Brust trommelnde und zum Angriff bereite männliche Gorilla kennzeichnete das prägende Motiv der Tiere seit den Berichten Du Chaillus. Koppenfels lieferte die passende Beschreibung für die künstlerische Urwaldszenerie, so lebe der Gorilla »*in unzugänglichen Dschungeln inmitten sumpfiger Urwaldungen*«.[331]

Abb. 34: »Ein Gorilla in Wuth. Originalzeichnung von H. Leutemann«, in: Hugo von Koppenfels, Meine Jagden auf Gorillas, in: Die Gartenlaube (25, 1877), S. 417.

Niedersächsische Staats- und Universitätsbibliothek Göttingen, SUB, Historisches Gebäude, Signatur: 4 SVA II, 2058.

330 Koppenfels, Meine Jagden auf Gorillas, S. 418.

331 Ebd., S. 416.

Alle gezeigten Darstellungen Mafukas stehen in Verbindung mit dem zunehmenden Einfluss einer populärwissenschaftlichen Literatur. Verstärkt durch Darwins Schriften und den Abbildungen lebender Tiere in seinen Werken, entwickelte sich ab der zweiten Jahrhunderthälfte eine Blüte der Tiermalerei.[332] Eine »*Populäre Zoologie*«[333] etablierte sich zu der führenden Wissenschaft innerhalb populärwissenschaftlicher Medien, deren Grundlage die anschaulichen Bebilderungen in Zeitschriften und dem neuen Genre des populär-naturwissenschaftlichen Sachbuches[334] bildeten. »*Abbildungen führten das Ungesehene unmittelbar vor Augen, enthüllten Kuriosa und erzeugten ein Verlangen nach mehr.*«[335] Kein anderes naturkundliches Sachbuch erlangte eine vergleichbare Verbreitung und Bekanntheit wie *Brehms Thierleben*,[336] das die »*Natur* [ins] *heimische*[…] *Bücherregal*«[337] holte. Die erste Auflage erschien 1864, die zweite Auflage von 1876 befand sich in Bearbeitung. Brehms Anliegen bestand in der Beschreibung lebendiger Tierbilder sowie deren Verhalten und Lebensraum, im Gegensatz zu der universitären Zoologie mit der Fixierung auf toten Tieren in naturkundlichen Sammlungen. »*Denn erst das lebende Thier ist ein »fühlendes und bewegungsfähiges Wesen: das todte, ausgestopfte, in Weingeist aufbewahrte ist und bleibt immer nur ein Gegenstand.*«[338] Die ersten Bände beider Auflagen eröffneten mit der Beschreibung der menschenähnlichen Affen und mit der Einordnung des Menschen ins Tierreich: »*Der Mensch ist, leiblich betrachtet und von dem Naturforscher angesehen, wirklich nichts mehr und nichts minder als ein Säugethier* […].«[339] Der Aufbau des Buches erinnerte an das systematische Ordnungssystem Linnés. Der Erfolg des *Thierlebens* begründete sich in seiner Verständlichkeit aufgrund der hohen Bilddichte und der einfach gehaltenen Sprache in narrativem Erzählstil. Brehm, der einem naturkundlich interessiertem Haushalt entstammte,[340] bediente sich der Tiermalerei. Der Erfolg veranlasste unzählige Nachahmer zu vergleichbaren Werken, darunter Friedrich Lichterfeld, der 1877 unter dem Titel *Illustrirte Thierbilder. Schilderungen und Studien nach dem Leben*[341] ein eigenes Sachbuch veröffentlichte.

Brehm verschwieg seinen Lesern nicht, dass es sich bei den meisten Abbildungen um Zootiere handelte. Doch er verfolgte den Anspruch, das Tier, dessen Verhalten und Lebensraum vollkommen zu betrachten. Mützel als akribischer und realitätsnaher Beobachter,[342] erfüllte seine Anforderungen zeichnerisch. Seine Arbeiten unterlagen

---

332 Vgl. Hauffe; Klös, Das künstliche Paradies, S. 8.

333 Gall, Lebende Tiere und inszenierte Natur, S. 170.

334 Vgl. Daum, Wissenschaftspopularisierung, S. 246.

335 Schwarz, Die Popularität der Popularisierung, S. 65.

336 Vgl. Alexander Gall, Authentizität, Dramatik und der Erfolg der populären zoologischen Illustration im 19. Jahrhundert. Brehms Thierleben und die Gartenlaube, in: Stefanie Samida (Hg.), Inszenierte Wissenschaft. Zur Popularisierung von Wissen im 19. Jahrhundert, Bielefeld 2011, S. 103.

337 Wessely, Künstliche Tiere, S. 58.

338 Brehm, Brehms Thierleben, Band 1, 1864, S. VII.

339 Ebd., S. 1.

340 Vgl. Christian Ludwig Brehm, Handbuch der Naturgeschichte aller Vögel Deutschlands, Ilmenau 1831.

341 Vgl. Friedrich Lichterfeld, Illustrirte Thierbilder. Schilderungen und Studien nach dem Leben, Braunschweig 1877, https://reader.digitale-sammlungen.de/de/fs1/object/display/bsb11361616_00005.html vom 18.04.2024.

342 Vgl. Hauffe; Klös, Der Tierillustrator Gustav Mützel, S. 42.

Brehms »*biologische*[r] *Perspektive*«[343] und dem Ziel, lebende Tiere und deren Umwelt zu erfassen. Die Zeichnungen der Tiere in Bewegung betonten ihre Lebendigkeit. Mafukas Stockgebrauch zeigte jedoch eine Szene, die Mützel so nie beobachtet hatte. Die Bilder, die Brehm abdruckte, unterlagen, wie die Zeichnungen der universitären Zoologie, den Wünschen der Auftraggeber und des konsumierenden Publikums. Zusätzlich verliehen die Künstler ihren Bildern eine Individualität, die den wissenschaftlichen Anspruch auf Objektivität unmöglich machte.[344]

Kai Artinger bemerkte:

> »Man glaubt, die Tiere verhalten sich »natürlich« wie in der freien Wildbahn und unterscheiden sich in ihrem Verhalten nicht von ihren freilebenden Artgenossen. Daß der Zoo ein zutiefst anthropomorphes Bild von den Tieren konstituiert, von dem auch die Kunst geprägt ist, ist den Menschen des 19. Jahrhunderts noch nicht bewußt.«[345]

Kein anderes Tier bot sich in diesem Zusammenhang mehr als Motiv an als die Anthropomorphen der Zoologischen Gärten. Ein Spannungsfeld zwischen Kunst und Wissenschaft entstand. Für populär-zoologische Werke konnten die Bilder problemlos genutzt werden, in rein wissenschaftlichen Werken blieb die Darstellung von Präparaten vorherrschend. Tiermaler standen in engem Austausch mit bedeutenden Persönlichkeiten eines populärwissenschaftlichen Umgangs mit Tieren und bebilderten deren Veröffentlichungen. Sie leisteten mit ihren Einblicken in die Zoofauna naturwissenschaftliche Verbreitungs- und Aufklärungsarbeit. Leutemann und Mützel illustrierten populärwissenschaftliche Reiseberichte,[346] Lexika, Bilderbücher und Tafeln für den naturkundlichen Schulunterricht[347] und bestimmten maßgeblich den Blick auf das Tier vom Kindesalter an.

Das *Thierleben*, Brehms zahlreiche Veröffentlichungen und Vortragsreisen,[348] die von ihm verwendeten lebendigen Tierdarstellungen und vielen Beiträge und Zeichnungen Leutemanns prägten die Auseinandersetzung des Bürgertums mit Tieren im Zuge der Reformbewegung nachhaltig.[349] Vorstellungen über die lebendige Natur entstanden im Spannungsfeld zwischen populärwissenschaftlicher Literatur und dem Zoologischen Garten. Durch das Lehrverbot an deutschen Schulen, klärten populärwissenschaftliche Werke die Leserschaft über die Lehren Darwins auf. Keine anderen Tiere veranschaulichten diese besser als Menschenaffen.

> »Es waren populäre Bücher wie Brehms Thierleben, die enorme Verbreitung fanden und mit ihren Tierdarstellungen und anthropomorphisierenden Zuschreibungen Vor-

343 Gall, Lebende Tiere und inszenierte Natur, S. 179.

344 Vgl. Artinger, Von der Tierbude, S. 13.

345 Ebd., S. 11.

346 Vgl. Hauffe; Klös, Der Tierillustrator Gustav Mützel, S. 32.

347 Vgl. Hans Ries (Hg.), Illustration und Illustratoren des Kinder- und Jugendbuchs im deutschsprachigen Raum 1871 – 1914. Das Bildangebot der Wilhelminischen Zeit, Osnabrück 1992, S. 681–685.

348 Vgl. Hans-Dietrich Haemmerlein (Hg.), Alfred Edmund Brehm. Biografie in Zeit- und Selbstzeugnissen, Markkleeberg 2015, S. 128.

349 Vgl. Gall, Lebende Tiere und inszenierte Natur, S. 172; Buchner-Fuhs, Das Tier als Freund, S. 276.

stellungen fixierten, die von den Tieren im Zoo erfüllt werden sollten. Sie hatten die Definitionsmacht über das Normale, das Typische in der Natur inne, und jede Abweichung davon erzeugte tiefgreifende Irritationen.«[350]

Ob zu Lebzeiten Mafukas neben den Zeichnungen auch Fotografien von ihr aufgenommen wurden, ist nicht belegt. Anzunehmen ist, dass durchaus Versuche unternommen wurden, Fotografien von Mafuka anzufertigen. Da Mafuka als sehr bewegungsfreudig galt und fotografische Aufnahmen eine sehr lange Belichtungszeit hatten, waren die Versuche nicht von Erfolg gekrönt. So prägten Zeichnungen der Tiermaler, die in den großen deutschen Illustrierten in der zweiten Hälfte des 19. Jahrhunderts ihre Bilder publizierten, das Bild von Affen in der breiten Öffentlichkeit.

Neben der Darstellung von Zootieren verwies Leutemann in seinen Beiträgen auf die Bedeutung der Lübecker Sammlung:

»Wer sich für dergleichen Thiererscheinungen interessirt, Der versäume nicht, wenn er nach Lübeck kommen sollte, das dortige naturgeschichtliche Museum zu besuchen. Dort stehen drei ausgestopfte erwachsene Gorillas und ein Schimpanse. Es graut Einem vor diesen furchtbaren Gestalten, und sind ähnliche Kerle wirklich unsere Vorfahren, dann ist es kein Wunder, daß in uns sonst so himmlischen Menschen noch ein natürlich nur ganz kleiner Rest von Bestialität zurückgeblieben ist. Denn man mag es nehmen, wie man will, der noch so genial eingefädelte und ausgeführte Krieg ist doch im Grunde nichts Anderes, als eine mit außerordentlich viel Bildung und nach einem großen Maßstabe ausgeführte – Bestialität.«[351]

Lübeck war in den 1870er Jahren in Deutschland weiterhin führend in der Ausstellung von Menschenaffen.

Es gehörte im Verlauf des 19. Jahrhunderts zur Arbeitspraxis von Tiermalern, präparierte Tiere zu studieren und damit Museum und Zoo, totes und lebendes Tier miteinander zu verbinden. Das Studium der Tiermaler kann als Akt der »*Wiederbelebung*«[352] bezeichnet werden, der die Betrachtung der anatomisch-systematischen Merkmale im Museum mit den individuellen Feinheiten im Zoo verband. Das gezeichnete Tier setzte sich aus dem Studium präparierter Tiere, der Betrachtung eines lebenden Zootieres in einem künstlich geschaffenen Raum und vorhandenen Illustrationen zusammen. Leutemann rief seine Leser zum Museumsbesuch auf, um an den Debatten um Darwin partizipieren zu können, sich seines Standpunktes in der Natur bewusst zu werden und ein vollkommenes Bild der Tierwelt zu erschließen. Das war ein zentrales Anliegen der Reformbewegung, die durch Zoo- und Museumsbesuche erreicht werden sollte und in der gemeinsamen Anschauung ein vollkommenes Bild der Tierwelt ergaben.

Dabei war es letztendlich gleich, ob der Betrachter ein Anhänger oder Kritiker der Darwinschen Theorie war.

350 Wessly, Künstliche Tiere, S. 55.
351 Leutemann, Mafuca, S. 66.
352 Voss, Zoologische Gärten, S. 234.

»Die vielen Tausende, welche jetzt ganz versessen darauf sind, von den Affen abzustammen, müssen jubeln bei jeder neu aufgefundenen Aehnlichkeit, während Derjenige, der sich lieber als ein, wenn auch etwas herabgekommenes Ebenbild Gottes betrachten möchte, von solchen Aehnlichkeiten sich doch sehr betroffen fühlen muss.«[353]

Tiermaler verbrachten längere Zeit vor den Käfigen als andere Besucher oder Wissenschaftler. Die universitären Zoologen interessierten sich zumeist nur für das tote Tier und dessen Anatomie. Leutemann und seine Kollegen gewannen dadurch erste Erkenntnisse über das Verhalten der Tiere, wenn auch in Gefangenschaft, und nahmen aktiv an der Generierung von Wissen teil. Neben dem Wissen der Tierpfleger erkannte Darwin als einer der wenigen Wissenschaftler seine Zeit das Potenzial von Tierzeichnern und nutzte deren intensiven Kontakt und Beobachtungsgabe. *»Die »Hauptaufgabe« eines Menschenaffen im letzten Drittel des 19. Jahrhunderts besteht zugespitzt formuliert darin, die »Affenfrage« zu evozieren.«*[354] Mafukas Besucher betrachteten, schrieben, diskutierten, zeichneten, staunten und lachten über die Schimpansin. Wissenschaftler zeigten sich zunächst zurückhaltend über die Ausstellung von Menschenaffen in Zoologischen Gärten. Tiermaler übernahmen in der zweiten Hälfte des 19. Jahrhunderts eine Vermittlerrolle zwischen Öffentlichkeit und Wissenschaft.[355] Ihre Bilder wurden im Artenstreit um Mafuka in die Auseinandersetzung eingebunden. Die Darstellungen zeigten individuelle Porträts des Tieres und waren nicht frei von der öffentlich geführten Debatte. Je nach Überzeugung im Hinblick auf die Artzugehörigkeit Mafukas wurden die Bilder als Beweismaterial eingebracht. Objektivere Aussagen versprachen Fotografien, die im Fall von Mafuka weder von ihr noch anderen Gorillas vorlagen. In diesem Zusammenhang ließ Heinrich Lenz die Lübecker Präparate 1876 erneut von Johannes Nöhring fotografieren, um Vergleichsmaterial zur Verfügung zu stellen, das im Fall von Gorillas ausschließlich in Museen zu finden war. Die Evolutionstheorie lenkte den Blick auf den lebenden Menschenaffen, das lebende Tier wurde über die Balg-Zoologie gestellt, und machten ihn zu einem hoch aufgeladenen Sehnsuchtsobjekt von Wissenschaft und Öffentlichkeit und aktiven Bestandteil der Reformbewegung.

Neben den Zeichnungen der Tiere, porträtierten andere Künstler das staunende Publikum vor dem Affenkäfig in karikaturistischer Weise. Die drängende Masse nahm dabei tierische, ungezügelte Züge an.[356] Die Grenzziehung zwischen Mensch und Tier verschwamm.

Am 14. Dezember 1875 verstarb Mafuka. Ihr Tod zeichnete sich Wochen vorher durch Appetitlosigkeit und Apathie ab. Am Tag ihres Todes berichtete die Tagespresse:

»Dr. Nißle, der bekannte Zoologe, welcher sich zuerst mit Mafoka beschäftigte und das große Wort »hier haben wir einen Gorilla!« aussprach, ist schon in diesen Tagen hier eingetroffen, um, falls die Krankheit wirklich zum Tode führt, die letzten Stunden des

353 Leutemann, Der Schimpanse Mafuca, S. 95.

354 Hochadel, Unter Menschen, S. 163.

355 Vgl. Voss, Zoologische Gärten, S. 234.

356 Vgl. Hochadel, Darwin im Affenkäfig, S. 255.

> Thieres zu beobachten, da gerade in diesen die Menschenähnlichkeit bei anthropomorphen Affen am meisten hervortreten soll.«[357]

Mafuka verstarb an »*Lymphdrüsentuberculose*«[358] und erfüllte die Erwartungen des Publikums noch im Tod:

> »Als Director Schöpff zum letzten Male vor seinem Liebling erschien, da versuchte dieser sich aufzurichten und schlang noch einmal seine Arme um Schöpff's Hals; [...] er drückte den Mann, für dessen Sorge und Liebe er jederzeit Verständnis gehabt, fest an sich, als ob er och einmal danken wollte für Alles. Dann sank er wieder zusammen und ist so nach und nach verendet; [...]«[359]

Mit der Beschreibung ihres Todes wurde die Menschenähnlichkeit Mafukas zugespitzt, dem Tier Bewusstsein zugesprochen. In menschlicher Obhut entschlief sie in den scheinbar idealen Tod.[360] Erst im Jahr 2022 kürte das Natural History Museum in London den Fotografen Brent Stirton mit der Aufnahme »*Ndakasi's passing*« zum Wildlife Photographer of the Year.[361] Das Bild zeigt das sterbende Berggorillaweibchen in den Armen ihres Pflegers und verweist auf Kontinuitäten in der Wahrnehmung und Darstellung von sterbenden Menschenaffen bis heute.

Unmittelbar nach dem Ableben Mafukas wurde die Nähe zum Menschen jedoch aufgebrochen. Anders als ein geliebter Angehöriger, dessen sterbliche Überreste rituellen Praktiken unterzogen wurden, verfügten im Fall der Schimpansin die Anatomen und Zoologen über ihren Körper auf dem Seziertisch. Die wissenschaftliche Klärung ihrer Artzugehörigkeit stand im Fokus.

4.2.2 Der Streit um die sterblichen Überreste Mafukas

Auf die Diskussion um die Artzugehörigkeit Mafukas folgte die Auseinandersetzung um ihre sterblichen Überreste. Angesichts der wenigen Skelette, Schädel, Bälge und Alkoholpräparate versuchte jeder Zoologe seltene und gut erhaltene Kadaver für sich zu gewinnen. Das Geschäft mit der begrenzten Ressource ›Tier‹, egal ob lebend oder tot, erlebte in der zweiten Hälfte des 19. Jahrhunderts Hochkonjunktur. Ein verlässliches Kontaktnetzwerk war für den Erwerb von Tieren unverzichtbar. Der Streit zwischen Hamburg und Berlin um die Woermannschen Gorillas, in der Bolau dank seiner Kontakte und dem Entsenden des Hamburger Zootierwärters Freckmann nach Afrika, die Tiere für das Ham-

---

357 Locales und Sächsisches, in: Dresdner Nachrichten, 14.12.1875, S. 1.

358 Locales und Sächsisches, in: Dresdner Nachrichten, 16.12.1875, S. 1.

359 Ebd.

360 Vgl. Isabel Richter, Der phantasierte Tod. Bilder und Vorstellungen vom Lebensende im 19. Jahrhundert, Frankfurt a.M., New York 2010, S. 67–68.

361 Vgl. Brent Stirton's Image, https://www.nhm.ac.uk/wpy/gallery/2022-ndakasi-s-passing?tags=ed.current vom 18.04.2024.

burger Museum gewinnen konnte, belegen das. Persönliche Beziehungen entschieden über den Austausch und den Erwerb von zoologischen Objekten.[362]

In diesem Kontext muss das Ringen um die sterblichen Überreste Mafukas verstanden werden. Was geschah nach dem Tod mit Mafuka? Welche Argumente brachten die Wissenschaftler für sich und ihren jeweiligen Standort vor, um ihren Kadaver zu erwerben? Konnte die Artfrage nach ihrem Tod eindeutig geklärt werden?

Für die streitenden Wissenschaftler war die Schimpansin tot noch wertvoller als lebendig, da erst jetzt vermeintlich exakte Messungen vorgenommen werden konnten. Mit der Nachricht der Erkrankung Mafukas begab sich Nissle nach Dresden, um den Kadaver für das Anatomische Museum in Berlin zu erwerben. In Berlin waren alle Vorbereitungen getroffen, so sollte Mafuka fotografiert, gezeichnet und Abgüsse genommen werden und eine Zergliederung aller Organe stattfinden.[363] Doch das Zerren um die tierischen Überreste gewann nicht der Standort mit dem höheren Prestige, der schnelleren Anfrage und der getätigten Zusage des Verwaltungsrates des Zoologischen Gartens, sondern wurde zugunsten Adolf Bernhard Meyers entschieden. Hartmann und Nissle konnten zu ihrer Verärgerung nur noch erwirken, dass Dresden die Überreste Mafukas sechs Wochen nach deren Ableben für vierzehn Tage nach Berlin entleihen musste.[364] Wenige Tage nach dem Tod Mafukas schrieb Meyer an Wilhelm Peters nach Berlin:

> »Ich sende Ihnen baldigst etwas Gypsabguss etc., von dem hier gestorbenen Chimpanse, für den sich Hartmann in so ganz unbeschreiblicher Weise ins Zeug warf. Er versuchte, mir das Thier hier streitig zu machen, doch hätte ich es ihm nur dann überlassen können, wenn er mich vorher kollegial darum gebeten hätte, es ihm zu lassen. Er suchte aber hinter meinem Rücken die betr. Leute hier zu überreden das Thier nach Berlin zu senden, und sie zu bestimmen, und mich auf alle mögliche Weise zu verkleinern. Er muss ein eigener Kauz sein. […] Ich hätte über den Affen des zool. Gartens kaum ein Wort, als ganz gelegentlich verlauten lassen, wenn nicht durch Hartmanns Anspruch das Thier nun als Gorilla figurierte; […] Das kann man wohl nicht ignorieren. Auf der anderen Seite scheint es mir fast als tue man ihm zu viel Ehre an wenn man seinetwegen über dieses Object eine längere Abh. schreibt.«[365]

Die bestehenden Spannungen zwischen Meyer und Hartmann verschärften den Konflikt um das tote Tier. Nach Meyers Ansicht gehörte die tote Mafuka in sein wissenschaftliches Einflussgebiet. Eine wissenschaftliche Untersuchung war unerlässlich, um die Gorilla-These Hartmanns zu widerlegen. Das Verhalten Hartmanns empfand er als Übergriff und Abwertung seiner wissenschaftlichen Position. Hartmann hatte über seinen Assistenten Nissle und dessen regelmäßige Reisen nach Dresden und Verhandlungen mit dem Verwaltungsrat des Dresdner Zoos versucht, die Verteilungsfrage aktiv zu be-

---

362 Vgl. Niedersächsische Staats- und Universitätsbibliothek Göttingen, Cod. Ms. E. Ehlers 172 (15), Blatt 1, Seite 1.

363 Vgl. Hartmann, Aeffin Mafuca, S. 283.

364 Ebd.

365 Adolf Bernhard Meyer an Wilhelm Peters, in: MfN d. HUB, Bestand. Zool. Mus.; Signatur: SII; Meyer, A.B., Blatt 122f.

einflussen. In einem Brief Hartmanns an Alfred Brehm vom Januar 1876 äußerte er seinen Unmut über Meyer und das »*Mafuca meinem Skalpell entgangen*«[366] war.

Meyer, nun im Besitz des Kadavers, ließ sich mit einer Stellungnahme Zeit. Erst im Juni 1876 teilte er in einem Brief an Virchow mit, dass Schöpf ihm Monate vor dem Tod Mafukas deren Überreste versprochen hatte, unter der Bedingung, den gleichen Preis wie Berlin zu zahlen. Das Museum hatte in der Vergangenheit die Kadaver aller im Dresdner Zoo verstorbenen Tiere erhalten,[367] Meyer bestand auf diesem Gewohnheitsrecht. Durch den Brand im Museum im Jahr 1848 war die Sammlung auf jedes bedeutende Objekt angewiesen. Meyer sandte die von Hartmann geforderten Überreste nicht direkt nach Berlin, denn er hatte der Absprache nicht zugestimmt und sah Berlin in der Verpflichtung ihn als Direktor des Museums persönlich anzufragen, wie es andere Museen und Zoologen getan und Abgüsse erhalten hatten, darunter Paris, London, Wien, Halle und München.[368] Die Debatte um Mafuka fand in ganz Europa Beachtung.

Hartmann legte die vom Verwaltungsrat des Dresdner Zoos gemachte schriftliche Versprechung als Beweis vor und berichtete, Schöpf habe ihm während eines Besuchs in Berlin vor Zeugen versichert, dass es keine vorherigen Absprachen mit Meyer gegeben hatte.[369] Meyer schickte nach mehreren Aufforderungen Hartmanns eine Büste, Fotografien, das linke Ohr und das Skelett Mafukas nach Berlin. Er begrenzte die Leihfrist auf sechs, statt der vereinbarten vierzehn Tage und unter der Auflage, dass Hartmann nichts vor ihm veröffentlichen durfte. Dieser merkte an, »*er habe die kurze Frist von sechs Tagen gründlich dazu ausgenutzt, sich ein Urtheil über die eigentliche Natur Mafuca's zu bilden, müsse aber aus den angegebenen Gründen vorläufig noch damit zurückhalten.*«[370] Der Austausch der Objekte erfolgte nicht direkt, sondern Meyer schaltete Peters als Mittelsmann ein:

> »Würde ich es H. direct senden, so würden Sie [Wilhelm Peters] die Objecte am Ende gar nicht zu Gesicht bekommen, und ich wünsche diesen Modus auch schon darum, um H. die kleine Strafe zu geben, daß die Fachautorität in dieser Frage in Berlin, Sie, die Sachen vorher und nachher sieht und daß es daher wenigstens dort nicht herumlungern kann wie er es bis jetzt getan hat indem er über das Thier schrieb. [...] Diese Sache geht vielmehr offiziell von Museum zu Museum.«[371]

Neben persönlichen Differenzen waren es wissenschaftliche Befindlichkeiten, die Meyer gegen Hartmann aufbrachten. Nach Ansicht Meyers hatte Wilhelm Peters als Leiter der Zoologischen Sammlung in Berlin und damit Experte für die Bestimmung zoologischer Objekte, die Deutungshoheit in dem Fachbereich der systematisch arbeitenden

366 Staatsbibliothek zu Berlin, Handschriftenabteilung, Robert Hartmann an Alfred Brehm, Signatur: Slg. Darmstaedter, Autogr I – 4007, S. 2.

367 Vgl. Adolf Bernhard Meyer, Den im Dresdener Zoologischen Garten verstorbenen Chimpanse, in: Zeitschrift für Ethnologie 8 (Sitzung vom 15. Juli 1876), S. 158.

368 Ebd.

369 Vgl. Ebd., S. 159.

370 Robert Hartmann zit.n.: Ebd., S. 160.

371 Adolf Bernhard Meyer an Wilhelm Peters, in: MfN d. HUB, Bestand: Zool. Mus.; Signatur: S II, Meyer, A. B., Blatt 145.

Zoologie inne. Hartmann arbeitete zu dem Zeitpunkt der Auseinandersetzung als Professor für Anatomie an der Berliner Universität und verstand sich gleichzeitig als Sachverständiger für Menschenaffen, bestärkt durch die Hinzuziehung im Fall von Mafuka durch Hagenbeck und seine früheren Veröffentlichungen über lebende Menschenaffen des Berliner Zoologischen Gartens. Die Beteiligung von Wissenschaftlern verschiedener Disziplinen wurde durch die Existenz von Menschenaffen, die Debatten um deren Menschenähnlichkeit, ihr Verhalten und das begrenzte Wissen um die Tiere, deren Arten und Unterarten begünstigt. Menschenaffen forderten die fachlichen Grenzen der Zoologie heraus.

Meyer ärgerte sich über Hartmanns »*Schnüffler*«[372], wahrscheinlich Nissle, der genau über den Objektbestand des Museums informiert war und Hartmann unterrichtete, welche Objekte er anfordern konnte. Mehr als das Verlangte schickte Meyer nicht nach Berlin und hielt weitere Objekte bewusst zurück. Außerdem bat er Peters darum, die Objekte, bevor sie an Hartmann gingen, in Augenschein zu nehmen und »[d]*a er* [Robert Hartmann] *aber in frecher Weise noch immer auf hohem Pferd sitzt, so wäre es mir recht, wenn sich in Berlin recht viele Personen davon überzeugten, welcher Natur dieser Affe in Wirklichkeit ist.*«[373] Die Auseinandersetzung zeigt die Bedeutung einzelner Objekte für die wissenschaftliche Profilierung und verweist auf die enge Verbindung zwischen Zoo und Museum in Dresden. Beide Institutionen traten dem aufkommenden Selbstbewusstsein Berlins als Hauptstadt des Kaiserreichs und Knotenpunkt bedeutender wissenschaftlicher Institute und Sammlungen entgegen. Die Argumente für die Klärung der Besitzverhältnisse waren vielfältig und drehten sich um Fragen der Schnelligkeit, des Status als Sachverständigem, einflussreichen Verbündeten, lokalen Gewohnheiten, Geld und persönlichen Befindlichkeiten. Vor allem die persönliche Ebene trat deutlich hervor, immerhin versprachen sich alle involvierten Parteien von dem zoologischen Objekt Mafuka eine Steigerung des wissenschaftlichen Ansehens für die eigene Person, das Institut und den Standort. Nach dem Tod wurde Mafuka zu einem Forschungs- und Studienobjekt, was nicht bedeutete, dass wissenschaftliche Sachlichkeit die Oberhand in der Debatte gewann.

Das öffentliche Interesse, die anhaltenden Auseinandersetzungen um die Überreste Mafukas mit Berlin, sowie praktische Überlegungen im Hinblick auf das Versenden von einzelnen Objekten spielten bei den Überlegungen über das Wie der Präparation eine entscheidende Rolle. Meyer »*hätte es überhaupt vorgezogen, das ganze Thier nach dem Ableben einfach in Spiritus zu conserviren*«[374] Mehrere Faktoren machten eine umfangreiche Obduktion und Zergliederung des Körpers notwendig. Skelett und Balg verblieben nach den ersten anatomischen Schritten in Dresden, die Untersuchung der Organe und des Gehirns nahm der Münchner Anatom und Anthropologe Theodor Wilhelm Ludwig Bischoff vor. Bischoff, der der Übertragung der Evolutionstheorie auf den Menschen durch Huxley und Haeckel ablehnend gegenüberstand, besaß Erfahrungen bei der anatomischen Untersuchung von Menschenaffen.[375] Nach seiner Ansicht wichen die anatomi-

372 Adolf Bernhard Meyer an Wilhelm Peters, Ebd., Blatt 149.

373 Ebd., Blatt 150.

374 Meyer, Notizen über die anthropomorphen Affen, S. 238.

375 Vgl. Bischoff, Ueber die Verschiedenheit in der Schädelbildung; Ders., Über einen im Besitze des Dr. Auzoux, Verfertiger plastisch-anatomischer Präparate in Paris, befindlichen männlichen Go-

schen Merkmale von Mensch und Menschenaffe zu stark voneinander ab. Er verwies auf den Gesichtswinkel der Tiere, der eine nahe Verwandtschaft aus seiner Sicht ausschloss,[376] und auf Studien Campers zurückgriff. Neben dem optischen Erscheinungsbild sprach er dem Tier ein Bewusstsein, aber nur dem Menschen das Bewusstsein über das eigene Selbst, zu. Die Größe des Gehirns galt Bischoff als das entscheidende Kriterium zwischen Mensch und Tier. Er betonte, dass die Evolutionstheorie nicht davon ausging, dass der Mensch von noch lebenden Menschenaffen abstammte.[377] Trotz seiner kritischen Auseinandersetzung mit Darwin hielt er nicht die Schöpfung für die geeignete Erklärung der bestehenden Arten:

> »Sie [die Schöpfung] bezeichnet die Entstehung eines Dinges aus unbekanntem und unerkennbarem Grunde und Ursache. Wo wir eine Schöpfung eintreten lassen, da bekennen wir, über den Grund die Ursache, Abstammung irgend eines Dinges und Wesens nichts weiter zu wissen, ja, auch nicht wissen zu können. Mit ihr hat alle weitere Forschung über die Entstehung dieses Dinges ein Ende.«[378]

Bischoff distanzierte sich von einem naturphilosophischen Einfluss auf die Zoologie und den Überzeugungen seines Vaters, dem Mediziner Christoph Heinrich Ernst Bischoff (1781–1861), christlicher Glaube könnte Krankheiten als Folge menschlicher Sündhaftigkeit heilen.[379] Diesem Ansatz setzte er wissenschaftliche Fakten und Experimente im Labor entgegen.[380]

In seiner über ein Jahrzehnt andauernden Arbeit über Anthropoiden publizierte er insgesamt fünf Abhandlungen.[381] Allein für *Ueber die Verschiedenheit in der Schädelbildung des Gorilla, Chimpanse und Orang-Outang*[382] standen ihm acht Gorilla-, dreizehn Schimpansen- und über dreißig Orang-Utan-Schädel zur Verfügung. Neben Hartmann galt Bischoff mit seinen Vorarbeiten als führender Menschenaffenexperte in Deutschland. Obwohl Meyer im Hinblick auf Darwins Evolutionstheorie zunächst einen anderen Standpunkt als Bischoff vertrat, fiel Bischoff die Rolle eines unabhängigen Sachverständigen außerhalb Berlins zu. Zudem wandelte sich Bischoffs Position gegenüber den Theoremen Darwins im Verlauf seiner Karriere und er erklärte sich zum »*überzeugten und begeisterten Anhänger.*«[383]

---

rilla- und einem im naturhistorischen Museum zu Brüssel befindlichen weiblichen Chimpansé-Schädel mit sechs Backenzähnen, in: Sitzungsberichte der Mathematisch-Physikalischen Klasse der Bayerischen Akademie der Wissenschaften zu München 1 (1867), S. 444–449; Ders., Ueber das Gehirn eines Chimpansé, in: Sitzungsberichte der Mathematisch-Physikalischen Klasse der Bayerischen Akademie der Wissenschaften zu München 1 (1871), S. 98–105.

376 Vgl. Bischoff, Ueber die Verschiedenheit in der Schädelbildung, S. 74.

377 Vgl. Ebd., S. 76.

378 Ebd., S. 79.

379 Vgl. Christian Giese, Theodor Ludwig Wilhelm von Bischoff (1807–1882). Anatom und Physiologe, Gießen 1990, S. 21 und 33.

380 Vgl. Ebd., S. 187f.

381 Vgl. Ebd., S. 231.

382 Vgl. Bischoff, Ueber die Verschiedenheit in der Schädelbildung, S. 1–3 und 13.

383 Ebd., S. 87.

Der Obduktionsbericht Mafukas erschien 1877 unter der Herausgabe Meyers in Dresden.[384] Darin beschrieb Bischoff Mafuka vergleichend mit dem Menschen und den von ihm im Vorfeld untersuchten Tieren. Großes Gewicht legte er auf die Beschreibung der Geschlechtsorgane, was als Ausdruck seines Interesses für die Embryologie und Fortpflanzung von Säugetieren zu bewerten ist.[385] Er kam zu dem Ergebnis, dass Mafuka die Geschlechtsreife noch nicht erreicht hatte. Abhandlungen über Sexualorgane und – praktiken bei Menschenaffen und anderen Tieren stehen in der aktuellen Forschung unter dem Verdacht eines wissenschaftlichen »*Voyeurismus*«.[386] Themen, die im Fall des Menschen den Bereich des Unsagbaren markierten, befanden sich bei Tieren innerhalb eines erlaubten Rahmens. Durch die Nähe zwischen Mensch und Menschenaffe übte die Untersuchung der Fortpflanzungsprozesse bei Letzteren einen besonderen Reiz aus und versprach Erkenntnisse über den Menschen.

Der detaillierten Beschreibung aller ihm zur Verfügung stehenden Organe folgte die Schlussfolgerung, dass Mafuka eindeutig eine Schimpansin sei.[387] Die anatomisch vergleichend arbeitende Zoologie hatte den Beweis auf wissenschaftlicher Ebene erbracht. Für Bischoff stand bei seiner Obduktion die Frage nach Mafukas Art nicht im Vordergrund, vielmehr legte er seinen Fokus auf die Aufrechterhaltung der Trennlinie zwischen Mensch und Tier, die er anatomisch sicherte.

Die sterblichen Überreste Mafukas wurden in kontrovers diskutierte Debatten eingebunden – Gorilla oder Schimpanse; erste Ansätze der Verhaltensforschung oder Balg-Zoologie; Darwin oder Kritik der Evolutionstheorie. Menschenaffen beförderten eine Vielzahl von Diskussionen und Auseinandersetzungen, die mit harten Bandagen ausgefochten wurden.

4.2.3 Die Visualisierung Mafukas als Schimpansin

Nach dem Tod der Schimpansin und ihrer anatomischen Untersuchung konnte zwar die Frage nach ihrer Artzugehörigkeit geklärt, aber nicht der persönliche Streit zwischen Adolf Bernhard Meyer und Robert Hartmann beigelegt werden. Welche Wege und Methoden nutzte Meyer, um seinen Standpunkt gegenüber Hartmann einzunehmen, zu verteidigen und publik zu machen?

Da die Untersuchungen Mafukas sie nach ihrem Tod eindeutig als Schimpansin identifizierten, ließ es sich Meyer nicht nehmen, die sich daraufhin wandelnde Meinung Hartmanns zynisch zu kommentieren:

---

384 Vgl. Theodor Ludwig Wilhelm Bischoff, Untersuchung der Eingeweide und des Gehirns des im Winter 1875 in Dresden verstorbenen Chimpansé-Weibchens, in: Adolf Bernhard Meyer (Hg.), Mittheilungen aus dem K. zoologischen Museum zu Dresden, Dresden 1877, S. 249–260.

385 Vgl. Theodor Ludwig Wilhelm Bischoff, Beweis der von der Begattung unabhängigen periodischen Reifung und Loslösung der Eier der Säugethiere und Menschen als der ersten Bedingung ihrer Fortpflanzung, Gießen 1844, S. 140; Ders., Genitalien der Dresdner Mafuka, in: Abhandlungen der mathematisch-physikalischen Classe der königlich bayerischen Akademie der Wissenschaften 13 (2, 1879), S. 207–274.

386 Engelmeier, Der Mensch, der Affe, S. 59.

387 Vgl. Bischoff, Untersuchung der Eingeweide, S. 260.

> »Hiermit sind nicht etwa alle Abhandlungen citiert, in denen dieser Autor sich über den Affen geäussert hat, sondern nur diejenigen, welche einen Wandel in seiner Auffassung documentiren. Wir haben gegründete Hoffnung, dass Herr Hartmann noch nicht sein letztes Wort gesprochen habe.«[388]

Neben der schriftlichen Auseinandersetzung und weiteren Beschwerden gegenüber Peters,[389] wurden die angefertigten Präparate Mafukas von Meyer für Vorträge und Veröffentlichungen herangezogen und auf Reisen geschickt. Nach ihrem Leben im afrikanischen Tropenwald, auf das die Gefangenschaft im Zoologischen Garten folgte, erfuhr Mafukas Körper ein third life[390] als wissenschaftliches Streitobjekt.

Meyer berichtete mehrfach über Mafuka, unter anderem im Rahmen eines Vortrages am 27. April 1876 im Hörsaal des Zwingerpavillons vor der Gesellschaft für Natur- und Heilkunde Dresden[391] und unter Verwendung der zur Verfügung stehenden Präparate seines Museums. Die Gesellschaft ging am 19. September 1818 durch Bestrebungen der chirurgisch-medizinischen Akademie Dresden, die von König Friedrich August dem Gerechten (1750–1827), begründet wurden war, hervor. Mitglieder waren überwiegend Dresdner Mediziner. Der in Dresden ansässige Arzt Carl Gustav Carus (1789–1869) war einer der Gründer der Gesellschaft, die sich aller zwei Monate zu Vorträgen versammelte und eine eigene Bibliothek einrichtete. Inhalt der Zusammenkünfte waren naturkundliche und medizinische Themen, wobei letztere im Hinblick auf die Mitgliederzusammensetzung deutlich überwogen und sich besonders mit städtischen Epidemien, der Wasserversorgung, neuesten medizinischen Forschungen und Errungenschaften beschäftigten. Bei der Feier zum 75jährigen Jubiläum der Gesellschaft wurde bedeutenden Vorträgen gedacht, die im Rahmen der Zusammenkünfte gehalten wurden waren, darunter auch Meyers Ausführungen über die Anthropoiden des Museums.[392] Deutlich verwies Meyer auf die Unterscheidungsmerkmale zwischen Gorillas und Schimpansen. Er betonte die Schwierigkeiten bei der Bestimmung weiterer, möglicherweise noch unbekannter Arten im Hinblick auf das Vorliegen verkümmerter Zoo- und Menagerietiere, vertrockneter Präparate[393] und falscher Aussagen von Afrikareisenden, etwa Hugo von

---

388 Meyer, Notizen über die anthropomorphen Affen, S. 237; vgl. Adolf Bernhard Meyer an Wilhelm Peters, MfN d. HUB, Bestand: Zool. Mus., Signatur: S II, Meyer, A.B., 07.03.1876, Blatt 130.

389 Vgl. Adolf Bernhard Meyer an Wilhem Peters, MfN d. HUB, Bestand: Zool. Mus.; Signatur: S II, Meyer, A. B., Blatt 148.

390 In ihrem Sammelband *Science in the Archives* beschrieb Lorraine Daston die Funktion von Dingen in Archiven als »*Third Nature*«. Während der Feldforschung werden Objekte aus der »*first nature*« entnommen und nach der empirischen Untersuchung in eine zweite Natur überführt. Diejenigen Dinge, die ihren wissenschaftlichen Zweck erfüllt haben, wandern anschließend in Archive und verbleiben dort in ihrer dritten Natur. Sie werden klassifiziert und gelagert, können jederzeit abgerufen werden und sind damit nicht stillgelegt; vgl. Lorraine Daston, Third Nature, in: Dies. (Hg.), Science in the Archives. Past, Presents, Futures, Chicago, London 2017, S. 1.

391 Vgl. Hübler, Rückblick auf die Geschichte der Gesellschaft für Natur- und Heilkunde, insbesondere der letzten 25 Jahre, in: Jahresbericht der Gesellschaft für Natur- und Heilkunde Dresden. Sitzungsperiode 1893–1894, Dresden 1894, S. 97–109.

392 Vgl. Adolf Bernhard Meyer, Die anthropoiden Affen des Königl. zoologischen Museums, in: Jahresbericht der Gesellschaft für Natur- und Heilkunde Dresden (XXVII. Sitzung, 27. April 1876), S. 144.

393 Vgl. Meyer, Die anthropoiden Affen, S. 145.

Koppenfels. Zwar profitierte die Dresdner Sammlung von dessen Tätigkeit, doch galten seine Aussagen als fragwürdig und wissenschaftlich nicht belegt. Individuelle Unterschiede, sowie Alters- und Geschlechtsvariationen bei gleichzeitig dünner Materiallage machten laut Meyer weitere Artdifferenzierungen unmöglich.[394] Ziel des Kurzvortrages war, anhand der Museumsobjekte die Unterschiede zwischen den vier Arten von Menschenaffen, darunter zählte er Gorilla, Schimpanse, Orang-Utan und Gibbon, zu verdeutlichen.[395] So wollte er Einmischungen von Laien wie Emil Ulrici in wissenschaftliche Debatten künftig umgehen und Vermittlungsarbeit leisten. Meyer stellte in seinen Ausführungen eine größere Ähnlichkeit zwischen Schimpansen und Menschen als zwischen Gorillas und Menschen hinsichtlich des Schädels fest,[396] obwohl der Gorilla seit seiner Entdeckung als der dem Menschen am nächsten stehende Menschenaffe galt.[397] Einen bedeutenden Teil des Vortrages nahm die Klärung der Artzugehörigkeit Mafukas ein. Meyer sprach sich entschieden dagegen aus, dass Gorilla und Schimpanse einer Art angehörten. Die Existenz eines Hybriden aus Gorilla und Schimpanse hielt er für fragwürdig:[398]

> »Hier hat die lebenskräftige Erscheinung eines sich gut in der Gefangenschaft entwickelnden Thieres, wie wir es nicht gewohnt sind in Thiergärten und Menagerien zu sehen, etwas vorgetäuscht, und man beurtheilte dasselbe nach den vielfach zugänglichen verkümmerten und sich nicht normal entwickelnden, bleichsüchtigen, kraftlosen und elenden Gefangenschaftsexemplaren einerseits, und nach den kümmerlichen, ausgestopften Museumsexemplaren, die meist von solchen Gefangenschaftsthieren herrühren, andererseits.«[399]

Meyer verwies auf die große Problematik bei der Erforschung von Anthropoiden – die Tiere kamen weder tot, noch lebend in einem wissenschaftlich verwertbaren Zustand nach Europa. Zootiere waren durch die Strapazen der Überfahrt und veränderte Ernährungssituation derart gezeichnet, dass keine authentischen Aussagen über Verhalten oder Aussehen getroffen werden konnten. Das Kommentar Meyers verdeutlicht, dass die Haltungsumstände von Zootieren von Beginn an kritisch betrachtet wurden. Allein wegen Mafukas lebendigem Auftreten und ihrer individuellen Gesichtsfärbung hatten Besucher und Wissenschaftler an ihrer Artzugehörigkeit gezweifelt.

Den Vortrag hielt Meyer erneut am 4. Mai 1876 vor den Mitgliedern der Naturwissenschaftlichen Gesellschaft ISIS in Dresden.[400] Auf Nachfragen aus dem Publikum im Hinblick auf die Arbeiten Robert Hartmanns über individuell abweichende Ohrengrößen bei Gorillas und Schimpansen und ob es nicht mehrere Arten des Schimpansen geben könnte, warnte Meyer vor zu schnellen Urteilen im Hinblick auf die dürftige Quellenlage:

394 Vgl. Ebd., S. 146.

395 Ebd.

396 Vgl. Ebd., S. 147.

397 Vgl. Hartmann, Anthropoiden Mafuca, S. 255.

398 Vgl. Meyer, Die anthropoiden Affen, S. 150.

399 Ebd., S. 151.

400 Vgl. Adolf Bernhard Meyer, Über Anthropoide Affen, in: Sitzungsberichte und Abhandlungen der Naturwissenschaftlichen Gesellschaft ISIS, Dresden (1876/77), S. 30.

> »Herr Dr. Meyer betont die äusserste Schwierigkeit der Messung und Zeichnung nach getrockneten Exemplaren; diese müssen aufgeweicht werden, [...] dabei werden die Objecte gedehnt oder nicht gedehnt; die genaue natürliche Form und Grösse herzustellen, ist wohl speziell bei den Ohren geradezu unmöglich und solche Objecte sind zu genauen Messungen [...] absolut nicht maassgebend. Bei Zeichnung nach dem Leben kommt es stets darauf an, wer gezeichnet hat [...]. Bei photographischer Aufnahme nach dem Leben komme sehr viel auf Alter und Geschlecht, auf die Stellung des Objectes etc. an. [...] In betreff getrockneter Objecte bemerkt Herr Dr. Meyer bei dieser Gelegenheit, dass der Tadel, der oft ausgestopfte Bälge trifft, insofern ungerecht sei, als die Aufgabe, lebenswahr auszustopfen, zu den schwierigen Aufgaben gehöre; das Leben wird nie, auch nur entfernt, erreicht, doch kann ein Ausstopfer z.B. aus einer Chimpansehand keine Gorillahand machen oder umgekehrt; [...].«[401]

Meyers Einschätzung zu dem vorliegenden Material fiel zweideutig aus. Er kritisierte die Methoden Hartmanns und dessen Versuch anhand der gemessenen Ohrengrößen an aufgeweichten Objekten genaue Aussagen über Gorillas und Schimpansen zu treffen. Auch das Zeichentalent Hartmanns und anderer stellte Meyer in Frage. Das selbstgenerierte Quellenmaterial des Gorillabefürworters bot für Meyer eine geeignete Angriffsfläche. Zeichnungen, Fotografien oder die Fellfarbe lebender Tiere in Zoologischen Gärten[402] bildeten für ihn keine sichere Forschungsgrundlage, da sie nur das Bild der Tiere nach ihrer Ankunft in Europa wiedergaben. Die von Meyer verwendeten ausgestopften Bälge verteidigte er, da eine gravierende Fälschung seiner Ansicht nach nicht möglich sei. Meyer thematisierte den Handlungsspielraum von Präparatoren und die Möglichkeiten der Manipulation im Hinblick auf Stellung, Haltung, Farbgebung oder den Einsatz von Glasaugen nicht. Er hielt an den klassischen Methoden der Zoologie fest, dem Sezieren, den Messungen am toten Körper und dem anschließenden Aufstellen des Präparats.

Meyers Vorträge zeigen das Interesse des städtischen Bildungsbürgertums an den wissenschaftlichen Ergebnissen nach Mafukas Tod. Das Gelehrtenmilieu, bestehend aus Medizinern und im Fall der ISIS aus allgemein naturwissenschaftlich Interessierten, faszinierte die Wahrheit über ihre Artzugehörigkeit. Meyer, im Besitz des Präparats, konnte aus erster Hand Auskunft geben. Kritische Nachfragen aus dem Publikum zeigen, dass sich eine gebildete Schicht intensiv mit der Erforschung von Anthropoiden im Allgemeinen und Mafuka im Besonderen auseinandersetzte und die wissenschaftlichen Diskurse der Zeit verfolgte.

Im Jahr 1877, nachdem Bischoff das Gehirn und die Organe Mafukas eingehend untersucht hatte, veröffentlichte Meyer zusammen mit dem Obduktionsbericht eine Übersicht aller Objekte von Menschenaffen, die sich in der Dresdner Sammlung befanden. In der Aufzählung wurde Mafuka zur Objektnummer 268, die von ihr genommenen Abgüsse trugen die Nummern 269 bis 272 und einzeln angefertigte Präparate die Nummern 273, sowie 629 bis 631. Die Schimpansin zerfiel in mindestens siebzehn Objekte. Die Veröffentlichung beinhaltete mehrere Tafeln, die Bilder und Präparate Mafukas zeigten.

---

401 Ebd., S. 31.

402 Ebd.

Abb. 35: Zeichnung von Johann Friedrich Wilhelm Wegener, »Troglodytes niger fem juv. Chimpanse des Dresdener Zoologischen Gartens«, in: Adolf Bernhard Meyer, Notizen über die anthropomorphen Affen des Dresdner Museums, in: Ders. (Hg.), Mittheilungen aus dem K. Zoologischen Museum zu Dresden, Dresden 1877, Tafel XI.

Niedersächsische Staats- und Universitätsbibliothek Göttingen, SUB, Historisches Gebäude, Signatur: 4 ZOOL I, 2890:1.

Tafel elf [**Abb. 35**] ist eine handkolorierte Lithografie des Dresdner Malers und Schriftstellers Johann Friedrich Wilhelm Wegener (1812–1879), die einen Monat vor dem Tod der Schimpansin fertiggestellt wurde. Das Portrait zeigt Mafuka frontal, ihre großen Ohren und ihr vitaler Blick ziehen den Betrachter in seinen Bann. Da die Größe der Ohren eines der Hauptunterscheidungsmerkmale zwischen Gorillas und Schimpansen war, entschied sich Meyer bewusst für die Veröffentlichung des Bildes.[403] Die Wahl eines farbigen Drucks war der Diskussion um Mafukas Fell- und Gesichtsfarbe geschuldet. Auf der Zeichnung Wegeners erschien Mafukas Gesicht weniger schwarz, als es die meisten Beschreibungen oder die Arbeiten Gustav Mützels vermuten ließen. Ihre Zugehörigkeit zur Schimpansenart, die die Obduktion eindeutig entschieden hatte, wurde visuell festgehalten und für jeden sichtbar. Wegener verkehrte, seit 1845 Mitglied der ISIS,[404] in den Kreisen Meyers.

Bei Tafel zwölf handelt es sich um eine weitere Zeichnung Mafukas, in diesem Fall von Ernst Gessner (Lebensdaten unbekannt) [**Abb. 36**]. Im Vergleich der beiden Zeichnungen lassen sich kaum Ähnlichkeiten zwischen der Dargestellten feststellen. Um das charakteristische Aussehen eines Tieres wiedergeben zu können, mussten Tiermaler auf ein breites Vergleichsmaterial zurückgreifen, das in den 1870ern selten zur Verfügung stand. Ob Gessner wie Leutemann andere naturkundliche Sammlungen bereiste, um auf weiteres Material zurückzugreifen, ist nicht belegt. Auf der Abbildung hockt Mafuka, ihre langen Gliedmaßen stehen im Vordergrund und erinnern in ihrer Stellung an die Zeichnungen des Lübecker und Wolfs Gorillaweibchen, ein weiteres wichtiges Unterscheidungsmerkmal zum Gorilla. Meyer verdeutlichte mit den ausgewählten Zeichnungen markante Merkmale Mafukas, die für einen Schimpansen sprachen. Gleichzeitig eröffnete er Perspektiven auf die Schimpansin, die Zeichnungen zeigten den Wandel ihrer Fellfarbe bei bestimmtem Lichteinfall sowie ein unterschiedliches Aussehen in verschiedenen Positionen und boten ein Repertoire an Gesichtsausdrücken. Durch das Angebot eines umfangreichen Bildmaterials war die Abbildung von Variationen möglich. Die Bilder zeigten die Schimpansin in verschiedenen Haltungen und Stellungen.

403 Vgl. Meyer, Notizen über die anthropomorphen Affen, S. 234.

404 Eine Fotografie Wegeners findet sich in einer Sammlung von insgesamt siebzig Fotografien von ISIS-Mitgliedern aus dem Jahr 1895; 70 Fotographien von Mitgliedern der ISIS, Mscr.Dresd.App.1665,1, 1895, S. 5, https://digital.slub-dresden.de/werkansicht/dlf/11075/5 vom 14.03.2023.

Abb. 36: Zeichnung von Ernst Gessner, »Troglodytes niger fem. (Chimpanse des Dresdener Zoologischen Gartens nach dem Leben gezeichnet)«, in: Adolf Bernhard Meyer, Notizen über die anthropomorphen Affen des Dresdner Museums, in: Ders. (Hg.), Mittheilungen aus dem K. Zoologischen Museum zu Dresden, Dresden 1877, Tafel XII.

Mitth. a. d. K. Zoolog. Mus. Dresden. Heft II. Tafel XII.

Lichtdruck von Römmler & Jonas in Dresden.

Troglodytes niger fem.

(Chimpanse des Dresdener Zoologischen Gartens

nach dem Leben gezeichnet.)

Niedersächsische Staats- und Universitätsbibliothek Göttingen, SUB, Historisches Gebäude, Signatur: 4 ZOOL I, 2890:1.

Abb. 37: Fotografie von Hermann Krone, »Troglodytes niger fem. Chimpanse des Dresdener Zoologischen Gartens«, in: Adolf Bernhard Meyer, Notizen über die anthropomorphen Affen des Dresdner Museums, in: Ders. (Hg.), Mittheilungen aus dem K. Zoologischen Museum zu Dresden, Dresden 1877, Tafel XIII.

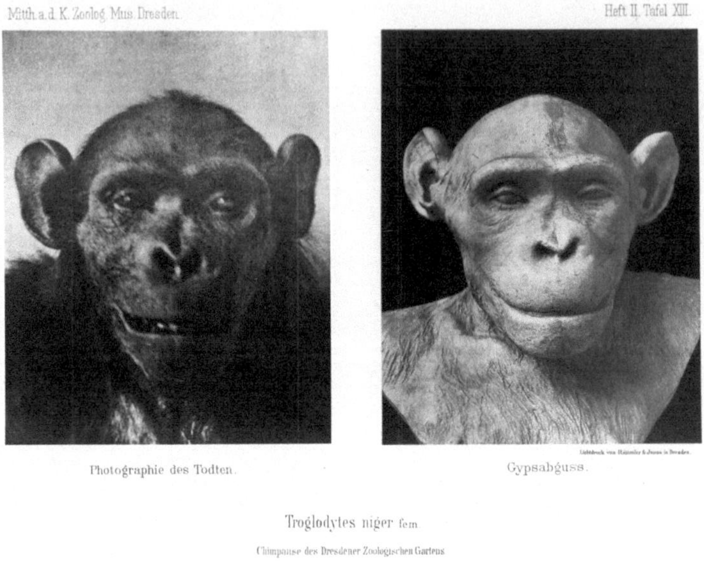

Niedersächsische Staats- und Universitätsbibliothek Göttingen, SUB, Historisches Gebäude, Signatur: 4 ZOOL I, 2890:1.

Tafel dreizehn [**Abb. 37**] zeigt Fotografien der toten Mafuka und ihrer Totenmaske. Die Aufnahmen entstanden einen Tag[405] nach ihrem Tod durch Hermann Krone (1827–1916), seit 1852 Mitglied der ISIS, ab 1884 Ehrenmitglied der Gesellschaft.[406] Krone gilt als Pionier der Fotografie. Er begründete mit seinen Aufnahmen der Sächsischen Schweiz den Beginn der sächsischen Landschaftsfotografie[407] und unterrichtete Fotografie am Polytechnikum, der späteren Technischen Universität Dresden, wo er die bis heute existierende Hermann-Krone-Sammlung von Fotografien unterschiedlicher Verfahren anlegte. In der Sammlung befindet sich eine Lehrtafel [**Abb. 38**] mit dem Titel »*Die Photographie im Dienste der Naturwissenschaften*«, auf der die Aufnahme eines Gorilla- und Menschenskeletts im Vergleich zu sehen ist. Dank seines naturwissenschaftlichen Studiums, der Lithografenausbildung in Breslau und dem Studium an der Königlichen Kunstakademie Dresden[408] verband Krone in seinen Fotografien Kunst und Wissenschaft. Das technische Medium der Kamera, mit den wissenschaftlichen Kenntnissen um die Entwicklung von Bildern und dem Endprodukt einer Fotografie

405 Vgl. Locales und Sächsisches, in: Dresdner Nachrichten, 16.12.1875, S. 1

406 Wie von Johann Friedrich Wilhelm Wegener findet sich eine Aufnahme Hermann Krones in der Fotografiensammlung bedeutender ISIS-Mitglieder; vgl. 70 Fotographien von Mitgliedern der ISIS, S. 11.

407 Vgl. Hans-Ulrich Lehmann, Hermann Krone. Die Photographien, München 2008, Bild Deckblatt.

408 Vgl. Lehmann, Fotografie in Dresden, S. 21.

mit künstlerischem Anspruch nutzte Krone wie kaum ein anderer seiner Zeitgenossen. Durch seine umfangreichen Tätigkeiten entstand in Dresden ab den 1870er Jahren eine ganze Fotoindustrie, die Krone wiederrum bei dem Aufbau seines Historischen Lehrmuseums für Photographie und später dem Wissenschaftlich Photographischen Institut unterstützte.[409]

Abb. 38: Hermann Krone, Historisches Lehrmuseum für Photographie, Tafel 67: »Die Photographie im Dienste der Naturwissenschaft«, undatiert (TU Dresden, Hermann-Krone-Sammlung, Inv.-Nr. KAD T 067).

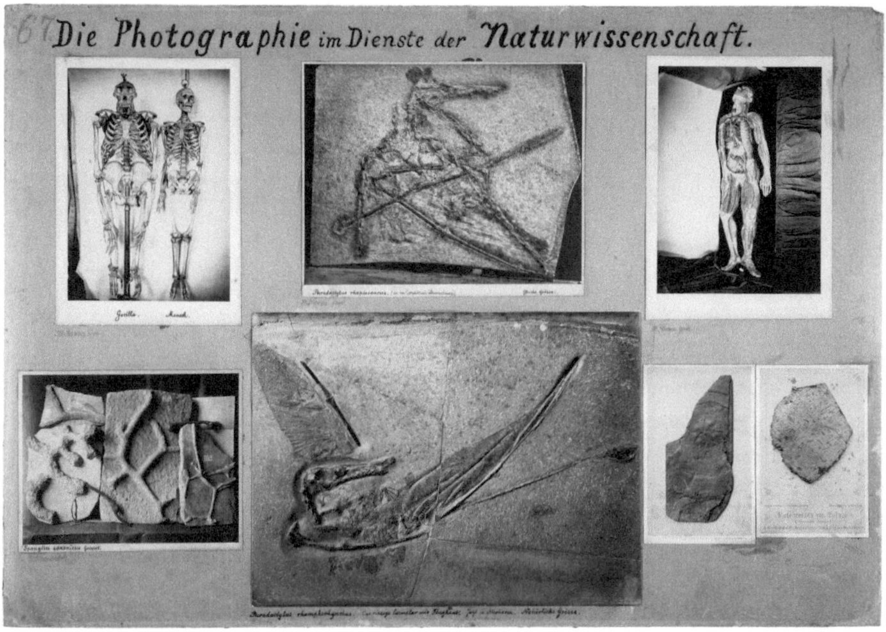

Krone verlieh den Bildern durch seine Erfahrung und Bekanntheit Autorität und wissenschaftliche Authentizität, die bei den lebend von Mafuka gemachten Zeichnungen und der mit dem Genre verbundenen künstlerischen Freiheiten nicht erreicht werden konnten. Seine Ambitionen stießen nicht überall auf Gegenliebe. Meyer beschwerte sich bei Peters, dass Krone Felle und den Schädel einer Robbe *»als persönliche Andenken behalten und sie nur zur wissenschaftlichen Bearbeitung verleihen«*[410] wollte und weiter *»K. behauptet, es »Knüpfe sich eine angenehme Erinnerung für ihn an das Object« und er könne sich nicht davon tren-*

409 Vgl. Lehmann, Fotografie in Dresden, S. 27.

410 Adolf Bernhard Meyer an Wilhelm Peters, MfN d. HUB, Bestand: Zool. Mus.; Signatur: S II, Meyer, 01. Februar 1876, Blatt 127.

nen. Welches diese Erinnerung sei, will er nicht gestehen. Ich glaube auch nicht daran sondern halte es für eine Verrücktheit.«[411]

Die zweite Aufnahme Krones zeigte die Totenmaske Mafukas. Totenmasken hatten ihren Ursprung nicht in der Zoologie. Sie wurden im 18. Jahrhundert zunehmend populär und erfuhren im 19. Jahrhundert eine enorme Verbreitung als Erinnerungsobjekte von Toten zur Trauerbewältigung naher Angehöriger.[412] Kurz nach dem Tod wurde ein Negativ des Gesichtes erstellt, Mund und Augen wurden geschlossen und die Haare mit Pomade, Öl oder Ähnlichem fixiert. Der Abdruck wurde anschließend mit Gips ausgegossen. Das Verfahren besaß mehrere Vorteile. Die Negative konnten für eine Vielzahl von Abgüssen wiederverwendet werden, der Gipsabdruck war lange haltbar, das Material günstig und platzsparend aufzubewahren.[413] Gipsabgüsse hielten in verschiedenen wissenschaftlichen Sammlungen Einzug, neben der Zoologie auch in der Anthropologie oder Archäologie, da durch das Verfahren feinste Gesichtsstrukturen, Schädelformen und ganze Statuen dauerhaft bewahrt werden konnten. So legte etwa Carl Gustav Carus eine Sammlung von Schädelabgüssen und Totenmasken für seine cranioskopischen Studien an.[414] Bei Mafukas Gipsabguss wurden die Augen nicht verschlossen. Der Abguss diente nicht der Erinnerung, sondern zu wissenschaftlichen Studienzwecken. Im Vergleich zur Fotografie ist lediglich der Mund geschlossen.

Auch Porträtaufnahmen Verstorbener, insbesondere von Kindern, waren im 19. Jahrhundert verbreitet und die letzte Möglichkeit der visuellen Aufbewahrung.[415] Im Fall von Kinderaufnahmen war es häufig das erste und letzte Bild, dass den trauernden Eltern blieb. Bei Mafuka verdeutlicht sich der Unterschied zwischen der privaten Nutzung eines menschlichen Postmortem-Porträts und der wissenschaftlichen Bewahrung eines zoologischen Objektes. Verwendeten Fotografen zum Teil große Mühen beim Arrangement der Toten und der Vermittlung von Lebendigkeit, scheint Mafuka mit leblosen Augen auf dem Seziertisch zu liegen, der wissenschaftlichen Erfassung vollkommen ausgeliefert.

Für Meyer gaben der Abguss und die Fotografie *»authentischer Kunde von dem äusseren Habitus des Gesichtes, als die zwei vorhergehenden Bildnisse. Zwar lässt die Fotografie des Todten Vieles an Deutlichkeit zu wünschen übrig, ich glaubte jedoch sie nicht unterdrücken zu sollen, da sie und die Todtenmaske sich gegenseitig ergänzen.«*[416] Der technisierte Ablauf einer Fotografie versprach vermeintlich objektive Ergebnisse, unabhängig vom Einfluss menschlicher Interpretationen und setzte sie in Konkurrenz mit Tiermalern.[417]

Die vorhandenen Bestände von als eindeutig als Gorillas identifizierten Objekten in der Dresdner Sammlung bestätigten Mafukas Artzuweisung als Schimpansin für Meyer: *»Der Schädel sowie die Skelettknochen dieses jungen Individuums* [Gorillaskelett, Nr. 281] *zeich-*

411 Adolf Bernhard Meyer an Wilhelm Peters, MfN d. HUB, Bestand: Zool. Mus.; Signatur: S II, Meyer, A.B., 7. März 1876, Blatt 130.

412 Vgl. Richter, Der phantasierte Tod, S. 197.

413 Vgl. Ebd., S. 202–203.

414 Vgl. Ebd., S. 231.

415 Vgl. Ebd., S. 257.

416 Meyer, Notizen über die anthropomorphen Affen, S. 234.

417 Vgl. Daston; Galison, Objektivität, S. 138.

nen sich schon durch ihre Massigkeit und Gedrungenheit, gegenüber der Zierlichkeit und Schlankheit selbst alter Chimpansen, auf den ersten Blick aus.«[418]

Meyer nutzte bewusst andere Abbildungen in seiner finalen Publikation über Mafuka als es Brehm, Hartmann und Nissle getan hatten. Die Zeichnungen von Mützel und Leutemann waren einem breiten, öffentlichen Publikum bekannt und hatten die Debatte in großen Blättern, *Brehms Thierleben* und der Tagespresse bestimmt. Meyer wählte Bilder, die seine Darstellung unterstrichen und Mafuka eindeutig als Schimpansin zeigten. Auf Zeichnungen der lebenden Mafuka konnte er nicht verzichten. Die Konkurrenz der Lebendigkeit hatte im Fall von Mafuka zu einer wissenschaftlichen Debatte geführt, die die Zoologen und Anatomen am Ende auf dem Seziertisch entschieden. Nicht das lebende Tier im Zoo hatte die Art-Frage klären können, sondern die anatomisch-vergleichend arbeitende Zoologie, was deren Bedeutung im wissenschaftlichen Diskurs der Zeit verdeutlichte.

4.2.4 Mafuka als museale Schimpansin

Mit dem Übergang von Mafukas Körper vom Zoologischen Garten in das Königlich Zoologische und Anthropologisch-Ethnologische Museum in Dresden wurde sie von einer Sammlung lebender Tiere in die Anordnung präparierter Tiere transferiert. Wie wurde Mafuka aufgestellt und den Besuchern präsentiert? Welche Ausstellungsmöglichkeiten nutzte Meyer in Dresden? Wie reagierten Museen auf die Reformbewegung in Zoologischen Gärten und populär-wissenschaftlichen Veröffentlichungen und den Bestrebungen lebendiger Tierdarstellungen?

Im Jahr 1877 gruppierte Meyer Mafuka [**Abb. 39**] zwischen zwei männliche Schimpansen, »*es dürfte die Aehnlichkeit dieser drei untereinander in den Proportionen sowohl, als auch im ganzen äusseren Habitus unverkennbar sein.*«[419] Damit ordnete er Mafuka klassisch zoologisch-systematisch in die Sammlung ein. Die Schimpansin wurde aufrechtstehend, sich an einen Stamm stützend, gezeigt. Die aktuelle Forschung vermutete, dass Meyer mit dieser Art der Darstellung den Schimpansen als nächsten Verwandten des Menschen etablieren und Huxley und Darwin widersprechen wollte, die den Gorilla als dem Menschen am nächsten betrachteten. Um die Menschenähnlichkeit des Gorillas zu verdeutlichen, sollten sie geradestehend ausgestopft, Schimpansen eher hockend inszeniert werden.[420] Aber bereits in Lübeck wurde der Schimpanse dem Publikum aufrechtstehend und ein Gorillaweibchen sitzend präsentiert. Es scheint in den 1860er und 1870er Jahren vielmehr eine Variation an Darstellungsmöglichkeiten existiert zu haben, wobei für ausgewachsene männliche Gorillas meist eine aufgerichtete Drohgebärde, beeinflusst durch die Berichte der sogenannten Gorillajäger und den Zeichnungen Wolfs, verwendet wurde. Die Stellung Mafukas entsprach bekannten Aufstellungen von Schimpansen in Museen.

418 Meyer, Notizen über die anthropomorphen Affen, S. 231.

419 Meyer, Notizen über die anthropomorphen Affen, S. 234.

420 Vgl. Petrou, Apes, S. 74.

Abb. 39: Fotografie von unbekannt, »Troglodytes niger fem. (Chimpanse des Dresdener Zoologischen Gartens)«, in: Adolf Bernhard Meyer, Notizen über die anthropomorphen Affen des Dresdner Museums, in: Ders. (Hg.), Mittheilungen aus dem K. Zoologischen Museum zu Dresden, Dresden 1877, Tafel XIV.

Niedersächsische Staats- und Universitätsbibliothek Göttingen, SUB, Historisches Gebäude, Signatur: 4 ZOOL I, 2890:1.

Im Hinblick auf ihre Haltung zeigte sie keinen emotionalen Ausdruck, ihr Mund war geschlossen. Sie blickte den Besucher als einziges Schimpansenpräparat direkt an. Die Präparate waren aufsteigend nach Größe angeordnet und zeigten, wie in Lübeck, verschiedene Alters- und Geschlechtsvariationen einer Art im Vergleich. Auffallend ist, dass die wiederholt beschriebene dunkle Gesichtsfärbung präparatorisch nicht nachgestellt wurde. Ob die Farbe während des Präparationsprozesses angeglichen wurde, erst mit ihrem Tod verblich oder bereits zu Lebzeiten nicht so dunkel war, ist nicht mehr nachzuvollziehen. Die Qualität und Technik der Präparation in Dresden entsprach den Lübecker Präparaten. Mafuka und die anderen Schimpansen wurden klassisch ausgestopft. Auf der Aufnahme sind die Nähte des Stopfloches am Bauch deutlich zu erkennen. Bei den Stämmen handelte es sich um keine afrikanischen Gehölze, sondern örtlich verfügbare Baumarten, wie Fichten oder Birken. Mafukas Präparator ist nicht bekannt. Es ist anzunehmen, dass sie in Dresden präpariert wurde. Das Museum besaß eine eigene Präparationswerkstatt im Gewölbekeller des Zwingers in der 1899 drei Präparatoren und vier Hilfspräparatoren arbeiteten.[421]

Die Aufstellung Mafukas fiel in eine Zeit der Neuordnung des Museums und war Ausdruck einer allgemeinen Ausdifferenzierung der Wissenschaften. Nach Reichenbach folgte 1874 Adolf Bernhard Meyer auf das Amt des Direktors. Er ergänzte die Sammlung und richtete sie inhaltlich neu aus. Die botanischen Objekte wurden ausgelagert und die Sammlung durch ethnografische Objekte, besonders aus Neu Guinea und von den Philippinen, die Meyer von 1870 bis 1873 bereiste,[422] ergänzt. Die Sammlung erfuhr eine inhaltliche Neuausrichtung. Es erfolgte die Umbenennung des Museums von Königlich Naturhistorisches Museum in Königlich Zoologisches und Anthropologisch-Ethnographisches Museum.[423] Die anthropologische Sammlung, die unter anderem 1400 menschliche Schädel umfasste, gehörte seit der Auflösung der medizinisch-chirurgischen Akademie im Jahr 1868 zur naturkundlichen Sammlung im südlichen Flügel des Zwingers[424] und verdeutlichte den Bedeutungsaufschwung der Anthropologie. Im Gesamtkontext der Dresdner Sammlung begrüßten die Anthropoiden den Besucher beim Eintritt in die Sammlung. Die zoologische Abteilung musste auf dem Weg zur anthropologisch-ethnografischen Sammlung durchschritten werden, womit Meyer die Verbindung zwischen Zoologie und Anthropologie herstellte. Der Besucher konnte sich beim Eintritt in die Sammlung als Mensch zum Tier positionieren. Die Menschenaffen verdeutlichten die Nähe des Menschen zum Tier. Mit der eindeutigen Trennung und Verlagerung der Anthropologie und Ethnologie in das Obergeschoss wurde die Grenze zum Tier gleichzeitig räumlich vollzogen. Meyer brachte mit der Aufstellung der Sammlung seinen wissenschaftlichen Standpunkt zum Ausdruck. Wie Haeckel glaubte er, dass die Anthropologie mit der Zoologie verbunden war.[425] So beschrieb er die Aufhellung des Fells von in Gefangenschaft lebenden Menschenaffen und verglich sie mit Hautveränderungen seines Dieners, einem Malaien, den er mit nach Europa gebracht hatte.[426]

Die Sammlung befand sich im Dresdner Zwinger. Zwar bot das Gebäude wie kein anderes Museum »*ganz aussergewöhnliche Verhältnisse* [, doch] *für die Aufstellung einer zoologischen Sammlung nicht gerade sehr passende*«,[427] da es sich bei dem Gebäude um eine ehemalige Orangerie handelte und nur begrenzt Platz bot.

421 Vgl. Adolf Bernhard Meyer (Hg.), Abhandlungen und Berichte des Königl. Zoologischen und Anthropologisch-Ethnographischen Museums zu Dresden VII (1898/99), Berlin 1899, Übersicht der Mitarbeiter nach Titelblatt, https://www.biodiversitylibrary.org/item/104471#page/9/mode/1up vom 18.04.2024.

422 Vgl. Adolf Bernhard Meyer, Vorwort, in Ders. (Hg.), Mittheilungen aus dem K. Zoologischen Museum zu Dresden, Dresden 1875, S. 1, https://www.biodiversitylibrary.org/item/98741#page/13/mode/1up vom 18.04.2024.

423 Vgl. Petrou, Apes, S. 73.

424 Vgl. Meyer, Zoologisches und anthropologisch-ethnographisches Museum, S. 109.

425 Vgl. Petrou, Apes, S. 70.

426 Vgl. Adolf Bernhard Meyer, MfN d. HUB, Bestand: Zool. Mus., Signatur: S II, Meyer, A. B., Blatt 151.

427 Adolf Bernhard Meyer, Die neuen eisernen Schränke des Dresdner Zoologischen Museums, in: Mittheilungen aus dem K. Zoologischen Museum zu Dresden 3 (1878), S. 283, https://www.biodiversitylibrary.org/item/98055#page/18/mode/1up vom 18.04.2024.

1881 erschien ein *Führer durch das Königliche Zoologische Museum zu Dresden*,[428] der Auskunft über die Aufstellung der Objekte gab und dessen Titelseite eine Zeichnung von Ernst Gessner zierte, die einen jungen Schimpansen und Orang-Utan in inniger Umarmung zeigt [**Abb. 40**].

Abb. 40: »Titelvignette. Junger Orang utan und Chimpanse, gez. von E. Gessner, in Holz geschnitten von K. Jahrmargt«, in: Führer durch das Königliche Zoologische Museum zu Dresden, Dresden 1881, Titelseite.

Sächsische Landesbibliothek – Staats- und Universitätsbibliothek Dresden, SLUB, Signatur: Hist.Sax.G.846.c, PURL: http://digital.slub-dresden.de/id321505263 vom 29.03.2023, Public Domain Mark 1.0.

Vermutlich handelte es sich um die Schimpansin Tschego und den Orang-Utan Christinchen des Berliner Aquariums. Eine weitere Zeichnung Gessners illustrierte einen Artikel Nissles über die Menschenaffen der Einrichtung [**Abb. 41**]. Als Maler mit »*charakteristisch-durchdachter Auffassung und detailliert-genauer Ausführung*«[429] zeichnete er die Tiere beim Spiel mit einem Hund. Gessner zählte als Tiermaler zu einem Kreis von Menschenaffenexperten, die in den 1870er Jahren konstant an der populärwissenschaftlichen Verbreitung von Wissen und Bildern über Menschenaffen beitrugen. Meyer entschied sich bei der Bebilderung des Museumsführers bewusst für eine Szene aus einem Zoologischen Garten. Er zeigte unterschiedliche Menschenaffen und verband die Darstellung lebendiger Tierbilder mit einem Museumsbesuch. Zudem verwies er auf die umfangreiche Sammlung an Menschenaffen, die das Museum seit den 1870er Jahren beherbergte. Die Diskussion um Mafuka hatte die Ansammlung von Anthropoidenob-

428 Führer durch das Königliche Zoologische Museum zu Dresden, Dresden 1881, https://digital.slub-dresden.de/data/kitodo/fuhrdudak_321505263/fuhrdudak_321505263_tif/jpegs/fuhrdudak_321505263.pdf vom 27.08.2019.

429 Nissle, Die menschenähnlichen Affen, S. 459.

jekten in Dresden begünstigt. Meyer benötigte das Vergleichsmaterial, um Argumente gegen Hartmann zu generieren.

Abb. 41: »Chimpanse und Orang-Utan im Aquarium zu Berlin. Nach dem Leben gezeichnet von E. Geßner«, in: Carl Nissle, Die menschenähnlichen Affen, in: Die Natur. Zeitung zur Verbreitung naturwissenschaftlicher Kenntnis und Naturanschauung für Leser aller Stände 25 (2, 1876), S. 461.

Münchener Digitalisierungszentrum, Bayerische Staatsbibliothek München, Signatur: 4 Phys.g. 118–25, urn:nbn:de:bvb:12-bsb11329430-7.

Eine von Meyer gegründete museumseigene Zeitschrift *Mittheilungen aus dem Königlich Zoologischen Museum zu Dresden* erschien seit 1875, in der Meyer die Obduktionsergebnisse Bischoffs und die Bilder Mafukas veröffentlichte. Er nutzte die Zeitschrift als Sprachrohr des Museums, der Präsentation neuester Sammlungszugewinne, Verortung in aktuellen wissenschaftlichen Debatten und als Plattform seiner eigenen Forschungsergebnisse. Das Museum nutzte Meyer als einen Ort der aktiven Wissensproduktion.

Neben der Aufgabe als Wissensbildungsstätte betrachtete Meyer das Museum als Ort der Wissensvermittlung. Die Sammlung war an Sonn- und Feiertagen, Montag und Donnerstag von 11 bis 13 Uhr und Mittwoch und Samstag von 13 bis 15 Uhr unentgeltlich geöffnet.[430] Die Zugangsbeschränkung über das Eintrittsgeld wie im Zoologischen Garten entfiel im Fall des Museums und ermöglichte den Besuch ärmerer Schichten. Gäste mit wissenschaftlichem und künstlerischem Interesse konnten die Sammlung außerhalb dieser Zeiten besuchen. Schulen hatten nach vorheriger Anmeldung freien Zugang.[431]

Die naturkundliche Sammlung verfügte über fünf Räume, wegen des begrenzten Platzes folgte die Aufstellung nicht rein systematisch. Zur besseren Orientierung waren die Tiere mit Etiketten versehen, die farblich auf das Herkunftsgebiet verwiesen: »*weiss = Europa gelb = Asien blau = Afrika grün = Amerika violett = Australien*«[432] Ein System, das Martin Hinrich Lichtenstein im Jahr 1816 im Zoologischen Museum in Berlin eingeführt hatte und auch in Lübeck Anwendung fand.[433] Meyer ließ große Museumsschränke aus Metall mit Glastüren anfertigen, um die Sammlungsobjekte vor Staub zu schützen und zur besseren Betrachtung der Objekte.[434] Das Innere der Schränke wurde »*mit einer graulich weissen Oelfarbe*«[435] gestrichen, im Vordergrund stand die optimale Sichtbarmachung der gezeigten Objekte. Die Schränke dienten nicht mehr nur der Ordnung der Sammlung, sondern das Augenmerk verschob sich zunehmend auf deren Präsentation.

Hinter dem Eingangsbereich befand sich Saal A mit fünf Schränken. Im ersten Schrank waren Skelette von Säugetieren, darunter Eichhörnchen, Wombat, Nashorn, sowie mehrere Schädelabgüsse untergebracht. Ein Gorillagehirnabguss sollte dem Betrachter die Entwicklung der Größe des Gehirns zum Verhältnis der Größe des Tieres veranschaulichen.[436] Schrank zwei verwahrte Skelette von Vögeln, Reptilien und Amphibien, neben einem Strauß und Kiwi konnte der Besucher das Skelett eines Dodos und Krokodils bestaunen. In Schrank drei und vier befanden sich die Objekte von Affen, Halbaffen und Menschenaffen, die einen Großteil der Vitrinen einnahmen. Auf diese Schränke blickte der Besucher beim Eintritt in den Saal und konnte sich seiner Position im Tierreich vergegenwärtigen. 1881 befand sich das Skelett Mafukas[437] im Abschnitt a des dritten Schrankes zusammen mit sieben weiteren Schimpansenskeletten und vier Gorillaskeletten, hinter den Gorillas »*zum Vergleiche Skelette des Menschen, Mann und Weib.*«[438] Anschaulichkeit und Verständlichkeit waren Ziele von Meyers Aufstellung, so befanden sich im Abschnitt b des Schrankes »*Vor dem Pfeiler in den 3 oberen Reihen 11 Schädel*

430 Vgl. Führer durch die Königlichen Sammlungen zu Dresden, Dresden 1889, S. IV, https://digital.slub-dresden.de/werkansicht/dlf/89083/1 vom 18.04.2024.

431 Vgl. Führer durch das Königliche Zoologische Museum, 1881, Anhang.

432 Ebd., S. V.

433 Vgl. Jahn, Zoologische Gärten – Zoologische Museen, S. 24.

434 Vgl. Meyer, Die neuen eisernen Schränke, S. 283.

435 Ebd., S. 285.

436 Vgl. Führer durch das Königliche Zoologische Museum, 1881, S. 1.

437 Vgl. Meyer, Notizen über die anthropomorphen Affen, Tafel XV.

438 Führer durch das Königliche Zoologische Museum, 1881, S. 3.

vom Gorilla [Herv. i.O.], *um das Wachsthum und das Variiren desselben zu erläutern; Schädel 202 in der 3. Reihe gehört einem jungen Männchen und ist am Ober- und Unterkiefer aufgesägt, um zu zeigen, wie die Eckzähne vorgebildet im Knochen liegen.«*[439] Meyer dokumentierte die Entwicklung des Gorillas mit fortschreitendem Alter und bezog sich auf die Debatte um Mafukas Entwicklungsstadium. Schrank drei schräg gegenüber stand Schrank vier, in dem sich die ausgestopften Bälge der Menschenaffen befanden.[440] Die Beschreibung des Museumsführers lautete: »*Anthropomorpha – Menschenähnliche Affen, les singes anthropomorphes, anthropoid apes. Sie nähern sich in ihrer allgemeinen Organisation am meisten dem Menschen. Ohne Schwanz und Backentaschen, halbaufrechter, schräger Gang. Tropen der alten Welt. 12 Arten.*«[441] Die Beschreibung vermittelte dem Besucher die systematische Einteilung, internationale Benennung, eine kurze Erläuterung der Unterscheidungsmerkmale und das Herkunftsgebiet. Neben einer Orang-Utan-Familie bestehend aus Männchen, Weibchen und Jungtier, befanden sich in dem Schrank zwei ausgestopfte Gorillas. Der Begleittext des gedruckten Führers lautete:

> »der Gorilla, [Herv. i.O.] schwarz, mit kleinen Ohren, kurzen, breiten Händen, lebt in Wäldern und nährt sich vorzugsweise von Vegetabilien; er ist der grösste aller Affen [...]. Die beiden ausgestopften Exemplare sind in den Wäldern des Ogowé vor wenigen Jahren von Herrn Hugo von Koppenfels erlegt worden.«[442]

Wie auf den veröffentlichten Bildern im Jahr 1877 stellte Meyer in dem Museumsführer Gorilla und Schimpanse gegenüber und grenzte sie optisch eindeutig voneinander ab:

> »der Chimpanse, [Herv. i.O.], kleiner, zierlicher und leichter zähmbar als der plumpe Gorilla, schwarz mit grossen Ohren, welche ähnlich wie beim Menschen geformt sind, und langen schmalen Händen; [...], nährt sich nur von Vegetabilien. [...] Auch sein Verbreitungsgebiet ist noch ungenügend bekannt, und auch vom Chimpanse nehmen einige Naturforscher mehrere Arten an; diese Frage muss noch als eine offene betrachtet werden. [...] Daneben der noch nicht ausgewachsene weibliche Chimpanse Mafoka [Herv. i.O.] (6), welcher längere Jahre im hiesigen zoologischen Garten gehalten wurde und 1875 verendete. [...] In Schrank 3a steht sein Skelet (255), und bei dem ausgestopften Thiere die über dem Todten geformte Büste, Hand und Fuss und ein Ohr in Spiritus, sowie Fotografien und Zeichnungen nach dem Leben.«[443]

Nach der allgemein gehaltenen Darstellung der Familie der Menschenaffen, erfolgte die detaillierte Beschreibung der Gattungen. Gegen Ende des Jahrhunderts verfügte Dresden über ein reichhaltigeres Material als die Lübecker Sammlung, die nach dem Tod Heinrich Brehmers nicht weiter ausgebaut wurde. Im Fall von Mafuka wurde auf deren Vorleben im Zoo verwiesen. Neben dem ausgestopften Balg und Skelett zeigte das Museum Alkoholpräparate, die nach ihrem wissenschaftlichen Gebrauch im Museum ver-

439 Ebd.

440 Vgl. Meyer, Notizen über die anthropomorphen Affen, Tafel XIV.

441 Führer durch das Königliche Zoologische Museum, 1881, S. 4.

442 Ebd., S. 7.

443 Ebd., S. 4.

wahrt wurden. Die gezeigten Fotografien und Zeichnungen verbanden Mafukas Leben im Museum mit dem im Zoo. Im Museum hatten die Besucher die Möglichkeit, Mafuka dauerhaft zu betrachten. Ihr Körper wurde im Museum auf verschiedene Schränke aufgeteilt und unterschiedlich kontextualisiert. Im Schrank mit den Skeletten stand der Vergleich mit der menschlichen Anatomie und damit die Nähe zum Menschen im Vordergrund.

Abb. 42: »Chimpanse. gez. und geschn. von denselben«, in: Führer durch das Königliche Zoologische Museum zu Dresden, Dresden 1881, Tafel 4.

Sächsische Landesbibliothek – Staats- und Universitätsbibliothek Dresden, SLUB, Signatur: Hist.Sax.G.846.c, PURL: http://digital.slub-dresden.de/id321505263 vom 29.03.2023, Public Domain Mark 1.0.

Meyer stand in direkter Korrespondenz mit Darwin[444] und übersetzte Arbeiten von ihm und Alfred Russell Wallace, die er 1870 veröffentlichte.[445] Darwin und Haeckel nutzten eine reichhaltige Bildsprache zur Darstellung ihrer Theorien.[446] Meyer visualisierte

444 Vgl. Petrou, Apes, S. 70.

445 Vgl. Adolf Bernhard Meyer (Hg.), Charles Darwin und Alfred Russel Wallace. Ihre ersten Publicationen über die »Entstehung der Arten«, Erlangen 1870.

446 Vgl. Julia Voss, Darwins Bilder. Ansichten der Evolutionstheorie, Frankfurt a.M. 2007, S. 13–15.

mithilfe der Ausstellung nicht nur die Auseinandersetzung um die Artzugehörigkeit Mafukas, sondern seinen Standpunkt zur Evolutionstheorie in der Ausstellung. Das Museum wurde ein Ort der Begegnung, der das vorhandene zoologische, ethnologische und anthropologische Wissen einem möglichst breiten Publikum zur Verfügung stellte.

Der Museumsführer von 1881 zeigte weitere Bilder von Ernst Gessner. Darunter die bekannte Zeichnung Gessners von der sitzenden Mafuka [**Abb. 42**], die Meyer 1877 abgedruckt hatte. Für den Museumsführer wurde die Zeichnung abgeändert, Mafukas Züge erschienen weniger individuell und ein ›exotisch‹ imaginierter Wald umringte das Tier.

Abb. 43: »Gorilla, gez. und geschn. von denselben«, in: Führer durch das Königliche Zoologische Museum zu Dresden, Dresden 1881, Tafel 3.

Sächsische Landesbibliothek – Staats- und Universitätsbibliothek Dresden, SLUB, Signatur: Hist.Sax.G.846.c, PURL: http://digital.slub-dresden.de/id321505263 vom 29.03.2023, Public Domain Mark 1.0.

Tafel drei [**Abb. 43**] zeigte einen ausgestopften Gorilla des Museums, ebenfalls nach einer Zeichnung Gessners, der die Sammlung für seine Zeichnungen nutzte. Obwohl er das Tier niemals lebend sah, band er den Gorilla in eine Tropenwaldszene ein. Die im Museumsführer abgedruckten Bilder richteten sich an ein anderes Publikum als Meyers Veröffentlichung von 1877. Kurz nach Mafukas Tod nutzte Meyer die Abbildungen, um seine Theorie einem wissenschaftlichen Publikum gegenüber visuell zu unterstützen. Die Bilder dienten als Forschungsbelege. Der Museumsführer entstand für ein allgemein naturwissenschaftlich interessiertes, städtisches Publikum.

Bruno Jehn, der Mafuka in Afrika erworben hatte, wurde im Museumsführer nicht erwähnt, dafür Hugo von Koppenfels, der die Sammlung mit weiteren Objekten von Menschenaffen versorgte. Die Institution schmückte sich damit, Objekte des bekannten Gorillajägers zu besitzen, auch wenn Meyer den Ansichten Koppenfels im Hinblick auf Mafuka skeptisch gegenüberstand. Für den Gewinn von Besuchern, insbesondere von Kindern und Jugendlichen, die die Abenteuerberichte Koppenfels aus der *Gartenlaube* kannten, versprach die Erwähnung des Gorillajägers positive Effekte. Der Anblick des aufrechtstehenden, drohenden Gorillas visualisierte die Berichte von Koppenfels aus der *Gartenlaube* vor dem Betrachter und war in der zweiten Hälfte des 19. Jahrhunderts die wirkmächtigste Darstellung der Tiere. Koppenfels besuchte Meyer mehrfach in Dresden und bat um eine Vorstellung bei Peters in Berlin, der Meyer nachkam:

> »[...] allein ich wollte nicht unterlaßen, Ihnen Herrn v. K. auch ausserdem freundlichst anzuempfehlen. Es ist wahr er ist nicht wissenschaftlich gebildet, wie es wünschenswerth wäre, allein er hat sich nun mal in seine Sache verbissen, und da glaube ich, wird man der Sache nur dienen, wenn man ihn unterstützt. Er ist für jede Anleitung sehr empfänglich. Moralisch aber bedarf er geradezu einer Aufmunterung durch Entgegenkommen [...], denn er wurde seiner Zeit von den »Afrikanern« (Bastian an der Spitze) so vor den Kopf gestossen, daß er noch daran laborirt.«[447]

Koppenfels fehlenden akademischen Hintergrund konnte Meyer vertreten, da er im Gegenzug eine einzigartige und ergiebige Quelle bei der Beschaffung der begehrten Menschenaffen darstellte. Das Wettrennen um afrikanische Objekte wurde auf internationaler und nationaler Ebene ausgetragen. 1875 erhielt Dresden neun Säugetiere und einen Vogel aus Westafrika für 1200 Mark von Koppenfels.[448] Meyer und er standen in brieflichem Kontakt. Im Jahr 1879 schrieb er Meyer persönlich von der Entdeckung eines Hybriden aus Gorilla und Schimpanse aus Fernan Vaz im heutigen Gabun, mit der Bitte *»diese meine Deduction in irgend einem wissenschaftlichen Blatte zu veröffentlichen.«*[449] Schädel, Kopfhaut und Hüftbeine des Tieres wurden Meyer über Stuttgart nach Dresden gesendet, wo dieser mithilfe seines Vergleichsmaterials feststellte, dass es sich um einen Schimpansen handelte.[450] Koppenfels forderte seine wissenschaftliche Erwähnung gezielt ein. Seine Funde von Menschenaffen steigerten seine Reputation und er finanzierte durch deren Verkäufe künftige Privatexpeditionen.[451] Er belieferte auch Robert Hartmann, der sich in seinem Werk *Der Gorilla* von 1880 für das Material und die Informationen bedankte, die

447 Adolf Bernhard Meyer, MfN d. HUB, Bestand: Zool. Mus., Signatur: S II, Meyer, A.B., Blatt 162.

448 Vgl. Bericht über die Verwaltung und Vermehrung, S. 36.

449 Hugo von Koppenfels zit.n.: Adolf Bernhard Meyer, Ein angeblicher Bastard zwischen Gorilla und Schimpanse, in: Der Zoologische Garten 22 (8, 1881), S. 232.

450 Vgl. Ebd., S. 232.

451 Vgl. Hugo von Koppenfels in West-Afrika. Afrikanische Endeckungs-Expeditionen mit Elephanten, in: Petermanns Geographische Mitteilungen 1878, S. 267.

er von ihm erhalten hatte.[452] Koppenfels verhielt sich in dem Streit zwischen Meyer und Hartmann neutral. Durch seine Behauptung der Hybridisierung zwischen Schimpansen und Gorillas behielt er seine Neutralität, auch wenn er riskierte, an Glaubwürdigkeit zu verlieren.

Der Museumsführer erfüllte mehrere Funktionen; er unterstrich die Vielzahl und Unterschiedlichkeit der Objekte in der Sammlung, erläuterte ihre systematische Ordnung und beschrieb die Wege des Sammlungszugewinns. Die Aufzählung der Bestände verwies auf die ausgedehnten Netzwerke, auf welche naturkundliche Museen angewiesen waren. Abgüsse der Dresdner Sammlung stammten neben Lübeck aus Berlin, Wien, Liverpool und London. Mit Bezug auf die Lübecker Sammlung zeigt sich die Verbreitung und Hybridität der Objekte. Das Lübecker Gorillamännchen wurde in Afrika erlegt und durch die Vermittlung Heinrich Brehmers nach Lübeck versendet. Auf dem Schiff musste es bestmöglich konserviert werden. Von Lübeck wurde es zur Präparation nach Offenbach geschickt und anschließend in Lübeck ausgestellt. Zur Vervielfältigung des Objekts fertigten die Lübecker Büsten und Fotografien an. Eine Büste gelangte nach Dresden. Das Tier unterlag ständigen Veränderungen, wurde bearbeitet, in neue Kontexte eingebettet, durch verschiedene Praktiken und eine Vielzahl von Akteuren über weite Distanzen transferiert. Neben der Zirkulation von Objekten verweist der Dresdner Museumsführer auf den engen Austausch im Hinblick auf die Gestaltung der Museumsräume und Aufstellung der Schaustücke. Meyer orientierte sich vor allem an Berlin und amerikanischen Naturkundemuseen, an deren Entwicklung er sehr interessiert war.

Mit Wilhelm Peters blieb Meyer über den Artenstreit um Mafuka hinaus in einem engen persönlichen Austausch. Aus dem Briefverkehr zwischen den Direktoren geht hervor, dass sich Meyer im Jahr 1876 Material von Peters auslieh, um es mit den ihm vorliegenden Präparaten Mafukas vergleichen zu können. Darunter befanden sich mindestens vier Gorillaschädel, zum Teil mit Balg und Skelett, sowie mehrere Objekte von Schimpansen. Ein Teil der Berliner Leihgaben wurde in Dresden fotografiert und in Gips abgegossen.[453] Für Meyer hatte die Berliner Sammlung in den 1870ern eine gewichtige Bedeutung: *»jeder neue Beleg besonders wenn er von Berlin kommt erfreut«*.[454] Die Korrespondenz zwischen Meyer und Peters zeichnete sich durch ein vertrautes Verhältnis aus. Der in der Leitung eines Museums zunächst unerfahrene Meyer stützte seine wissenschaftlichen Thesen und den Umbau der Dresdner Sammlungen auf die Expertise aus Berlin. Meyer schickte 1875 seinen ersten Konservator zur Fortbildung nach Berlin.[455] Neben der Weiterbildung konnte er vor Ort interessante Objekte für Meyer ausfindig machen, die Meyer bei Peters anfragte.[456] Der Transport der Objekte erfolgte als Eilgut per Bahn oder Post. Meyers agierte außerdem als eine Art Zwischenhändler beziehungsweise Vermittler zwischen dem Gorillajäger Hugo von Koppenfels und Peters. Er versuchte, im Namen Koppenfels einen Gorillabalg an Peters zu verkaufen. *»Die Haut welche sie sehen werden ist*

452 Vgl. Hartmann, Der Gorilla, S. 4.

453 Vgl. Adolf Bernhard Meyer an Wilhelm Peters, MfN d. HUB, Bestand: Zool. Mus.; Signatur: S II, Meyer, A. B., 24. 06.1876, Blatt 142.

454 Ebd., 28.06.1876, Blatt 144.

455 Ebd., 13.07.1875, Blatt 109.

456 Ebd., Blatt 138.

nach Anspruch meines Präparators Römer noch die bessere. Gewiss wird Ludwig ungern an die Arbeit des Ausstopfens gehen da die Epidermis vielfach lose ist, aber mit Geschick & Geduld wird ein sehr guter Balg daraus wie unseres beweist.«[457] Fragen hinsichtlich der Qualität der Präparate und Möglichkeiten der Präparation klärten die Direktoren untereinander. Die Präparatoren hatten in dem Prozess wenig Mitsprachrecht und übernahmen ausschließlich den handwerklichen Teil des Ausstopfens.

Der Briefverkehr zwischen Meyer und Peters diente nicht nur dem Austausch von Informationen, sondern zur Stärkung der eigenen wissenschaftlichen Position:

> »Sie klagten ja schon im Sommer bitter genug. Allein Sie werden diesen verständnisvollen Referenten überdauern und keinenfalls werden sie sich um die Früchte Ihrer lebenslangen Arbeit bringen lassen, oder gar vielleicht um die Herrschaft des Museums einem Manne ab[...] der den Werth eines Museums wie Ihres gar nicht zu schätzen weiss, einem modernen Zoologen der sich nur mit Entwicklungsgeschichte niederer Organismen beschäftigt und alles andere nicht für Wissenschaft, sondern für Balgzoologie und veraltete Dinge hält, [...]. Sie selbst wissen 7000 Mal besser als ich, welchen Mangel Deutschland an Zoologen Ihrer Richtung hat, für die doch ein rechtes Arbeiten nur an einem guten Museum möglich ist und Sie werden als Hauptrepräsentant dieser Richtung der Zoologie in Deutschland gewiss der schönen Sachen nicht entziehen wollen weil ein Referent Sie vorübergehend ärgert.«[458]

Um wen es sich bei dem Referenten handelte, ist unklar. Das Schreiben Meyers offenbarte tiefgreifende Umstrukturierungen und Debatten innerhalb der Zoologie im Zuge der Darwinschen Evolutionstheorie. Weder Meyer noch Peters lehnten die Theorien Darwins ab, betrachteten in der systematischen Erforschung der Tierwelt aber weiterhin die Grundlage der zoologischen Forschung. Die Durchsetzung der Evolutionstheorie erfolgte nicht abrupt, sondern war von Kontinuitäten und Diskontinuitäten geprägt. Eine Anhänger- oder Gegnerschaft war in den 1870ern nicht immer eindeutig,[459] was sich in der allmählich wandelnden Einstellung Bischoffs verdeutlicht. Meyers Schreiben zeigt, dass die rein systematisch arbeitende Zoologie zunehmend unter Druck geriet. Mit Darwin hielten neue Perspektiven und der Wunsch nach Reformen Einzug in museale Sammlungen.

Die Amtszeit Peters in Berlin prägte das schnelle Wachsen der Sammlungsbestände, begünstigt durch das globale Ausgreifen Europas und einen Museumsetat, den er erwirkt hatte.[460] In der Folge entstand ein Raummangel und die Planungen für einen Neubau des Museums begannen. Das Vorhaben führte zu Auseinandersetzungen hinsichtlich des Bauplatzes, der Architektur und der inhaltlichen Ausrichtung des Hauses. Das Interesse der Bevölkerung an naturkundlichen Themen hielt durch die Popularität Darwins, stetiger Neuentdeckungen durch Expeditionen in allen Erdteilen und deren Aufarbeitung und Verbreitung in populärwissenschaftlichen Tierbüchern an. Im internationalen Vergleich benötigte die Hauptstadt einen repräsentativen Museumsneubau, auf

457 Ebd., Blatt 208.

458 Ebd., Blatt 126.

459 Vgl. Artinger, Von der Tierbude, S. 75.

460 Vgl. Brauer, Das Zoologische Museum, S. 383.

nationaler Ebene sollte ein wissenschaftliches Zentrum geschaffen werden.[461] Unter Peters Leitung fiel die Entscheidung für den Neubau in der Invalidenstraße, in den 1880er Jahren an dezentraler Stelle der Stadt gelegen. Diskussionen um die Aufteilung des Gebäudes und inhaltliche Aufstellung verdeutlichten die Debatten innerhalb der Zoologie und deren systematischer Ausrichtung. Peters erlebte durch seinen Tod die Eröffnung des Gebäudes nicht mehr mit.

1887 wurde der Zoologe Karl Möbius (1825–1908) als Nachfolger Peters von Kiel nach Berlin berufen.[462] Möbius hatte als Lehrer gearbeitet, bis er sich 1849 für ein Studium der Naturwissenschaften in Berlin entschied und unter Lichtenstein studierte. Ab 1853 war er, wie Heinrich Bolau, als Lehrer am Hamburger Johanneum tätig und beteiligte sich 1863 bei der Umsetzung eines Meerwasseraquariums am Hamburger Zoologischen Garten. Nach der Promotion in Halle wurde er 1868 auf den neu eingerichteten Lehrstuhl für Zoologie an die Universität Kiel berufen und war für die Zoologische Sammlung verantwortlich. Möbius Lebenslauf verdeutlicht die zunehmende Bedeutung eines praktischen Bezugs innerhalb der Naturwissenschaften. Neben seinen vielfältigen Tätigkeiten gilt Möbius als Mitbegründer der deutschen Ökologie. Einen Begriff den Ernst Haeckel erstmals 1866 verwendete und damit die Untersuchung von Beziehungen zwischen Lebewesen, dem Menschen und deren gemeinsamen Umwelt verstand.[463] 1865 publizierte er über *Die Fauna der Kieler Bucht*[464] und beschrieb das Zusammenleben und die Wechselbeziehungen von Lebewesen innerhalb eines Lebensraums. 1877 führte er den Begriff der Biozönose ein, welche er als *»eine physikalisch-biologische Einheit aus Lebewesen und ihrer Umgebung«*[465] definierte.

Mit der Beschreibung einer biologischen Lebensgemeinschaft in Interaktion mit ihrer Umwelt wandte er die biologische Perspektive, deren Bedeutung Darwin erkannt und seit den 1870er Jahren durch Brehm auf populärwissenschaftlicher Ebene in Deutschland Verbreitung fand, innerhalb einer wissenschaftlichen Theorie an. Lynn Nyhart charakterisierte die biologische Perspektive des 19. Jahrhunderts wie folgt: *»nature, which viewed the organism as a living being embedded in nature, whose survival depended on its ability to interact successfully with both its physical environment and the other organisms around it.«*[466] Das Konzept der Biozönose visualisierte Möbius mit Ausstellungsobjekten im Neubau des Kieler Museums, das 1881 eröffnete und zum *»Prototyp eines modernen Wissenschaftsmuseums«*[467] avancierte.

In Berlin hatte Möbius keinen Einfluss auf die äußeren Gebäudepläne, die Umsetzung von Reformen blieb auf die Gestaltung der Innenräume beschränkt. Seine Hauptaufgabe bestand in der Überführung und Aufstellung der Sammlung.[468] Am 2.

---

461 Vgl. Kretschmann, Räume öffnen sich, S. 37.

462 Vgl. Christoph Kockerbeck, Vorwort, in: Möbius, Karl, Ästhetik der Tierwelt, Stuttgart 2008, S. VII-XI.

463 Vgl. Kretschmann, Räume öffnen sich, S. 85.

464 Heinrich Adolf Meyer; Karl August Möbius, Fauna der Kieler Bucht, 2 Bände, Leipzig 1865 und 1872.

465 Kretschmann, Räume öffnen sich, S. 85.

466 Nyhart, Modern Nature, S. 2.

467 Köstering, Natur zum Anschauen, S. 27.

468 Vgl. Führer durch die Zoologische Schausammlung des Museums für Naturkunde in Berlin, Berlin 1902, S. 66.

Dezember 1889 wurde auf dem Gelände der ehemaligen königlichen Eisengießerei in der Invalidenstraße 43 unter kaiserlicher Beteiligung das Museum für Naturkunde der Königlichen Friedrich-Wilhelms-Universität Berlin eröffnet. Das Gebäude umfasste die geologisch-paläontologische, mineralogisch-petrografische und zoologische Sammlung, letztere hatte den größten Umfang. Der Verdienst von Möbius bestand in der Durchsetzung der »*Trennung derselben in eine populären Bildungsgzwecken dienende Schau-Sammlung und eine wesentlich für fachmännische Studien bestimmte Haupt- oder wissenschaftliche Schausammlung*«.[469] Damit vollzog sich in Berlin eine Trennung in Schau- und Lehrsammlung, die nach 1900 in allen größeren Museen vorgenommen wurde, in Dresden erfolgte sie zu Beginn des 20. Jahrhunderts.[470] Dem Publikum sollte durch eine Vorauswahl von Objekten das Schauen erleichtert werden und Einblicke in »*den neuesten Standpunkt der gesamten Tierkunde*«[471] gewähren. Darunter verstand Möbius die Belehrung des Publikums über den inneren und äußeren Bau der Tiere, ihre Entwicklung, Lebensweise und Verbreitung.[472] Sein Konzept der Biozönose visualisierte er durch die Nachbildung einer Austernbank und eines Korallenriffs.[473] Das Museum integrierte populärwissenschaftliche Elemente, die Brehm in seinem *Thierleben* gezeigt hatte.

Für die Schausammlung gab Möbius dem Besucher mit regelmäßig erscheinenden Museumsführern eine sammlungsbegleitende Lektüre an die Hand und empfahl das Lesen weiterführender Literatur.[474] Der Museumsbesuch kombinierte das Schauen und Lesen und die Ausstellung avancierte zu einer Art »*three-dimensional textbook of zoology*«.[475] Das Museum war um 1900 am Montag, Mittwoch, Donnerstag und Samstag von 10 bis 16 Uhr, in den Wintermonaten von 10 bis 15 Uhr, geöffnet. Gelehrte, Studenten und Künstler erhielten auf Antrag beim Direktor gesonderten Eintritt. Durch das Wachstum des Museums und die Unterhaltung der Räumlichkeiten vergrößerte sich die Anzahl der Mitarbeiter, um 1900 beschäftigte das Berliner Museum allein sechs Präparatoren. Die Besucherzahlen blieben nach der Eröffnung hinter den Erwartungen zurück, deshalb genehmigte die Verwaltung zusätzliche Führungen von Schulklassen, Vereinen und Arbeitern und verlängerte die Öffnungszeiten an Sonntagen.[476]

Die Inneneinrichtung des Gebäudes war reduziert und zeichnete sich durch breite Gänge und wenige Säulen aus. Nichts sollte den Blick des Betrachters ablenken oder verstellen, kein Objekt sollte das andere verdecken. Die im System höher entwickelten Tiere einer Klasse standen links erhöht von den vermeintlich niederen Tieren. »*Der Blick hat also den aufgestellten Tieren in derselben Richtung zu folgen wie den Worten beim Lesen eines Bu-*

469 Das Museum für Naturkunde der Königlichen Friedrich-Wilhelms-Universität in Berlin. Zur Eröffnungs-Feier, Berlin 1889, S. 3f.

470 Vgl. A. Jacobi, Das königliche Zoologische und Anthropologisch-Ethnographische Museum im Zwinger, in: Wissenschaftlicher Führer durch Dresden, Dresden 1907, S. 118, www.archive.org/stream/wissenschaftlichooschf#page/n7/mode/2up vom 18.04.2024.

471 Das Museum für Naturkunde, S. 12.

472 Vgl. Ebd.; Helbig, Das Berliner Museum für Naturkunde, S. 237, Abb. 103.

473 Vgl. Helbig, Das Berliner Museum für Naturkunde, S. 240, Abb. 107 und 108.

474 Vgl. Führer durch die Zoologische Schausammlung, 1902, S. 4.

475 Nyhart, Modern Nature, S. 229.

476 Vgl. Brauer, Das zoologische Museum, S. 385.

ches.«[477] Ein Konzept, das Lichtenstein eingeführt hatte. Für den Anstrich der Schränke wählte Möbius ein mattes Gelbgrau. Durch Farbexperimente hatte er herausgefunden, dass der Ton milder wirkte als weiß und Umrisse von Objekten deutlicher zur Geltung brachte.[478] Das System der farbigen Namensschilder blieb erhalten. Es hatte sich durch die Übernahme in zahlreichen deutschen Naturkundemuseen bewährt.

Auch wenn das Berliner Naturkundemuseum erst nach der Herausgabe des Dresdner Museumsführers von 1881 eröffnet wurde, so verfolgte Meyer die Diskussionen um die Ausrichtung des Hauses, die Publikationen und Museumsprojekte Möbius intensiv. Die Dresdner Sammlung verblieb im Zwinger, doch Meyer bemühte sich um Reformen innerhalb seines Hauses und adaptierte Methoden aus Berlin in der Ausstellung. Sein Interesse an neuesten Konzepten der Wissensvermittlung verdeutlichte sich durch seine Reise nach Amerika im Jahr 1901, wo er im Auftrag der Generaldirection der Königlichen Sammlungen für Kunst und Wissenschaft[479] die Städte New York, Albany, Buffalo, Chicago, Washington, Philadelphia und Boston besuchte. Unter den Einrichtungen befanden sich mit dem American Museum of Natural History und dem Field Museum of Natural History zwei der größten und einflussreichsten amerikanischen Naturkundemuseen. Meyer wählte die besuchten Institutionen gezielt aus und hatte sich im Vorfeld seiner Reise über die Häuser und deren Konzepte informiert. Er beschrieb die rasante Entwicklung amerikanischer Naturkundemuseen, die technischen Neuerungen und Öffnung der Einrichtungen für Kinder zu Erziehungs- und Bildungszwecken.[480] Als Meyer Amerika besuchte, hatte sich dort zwischen den 1870er und 1880er Jahren ein tiefgreifender Wandel in der Museumsgestaltung vollzogen,[481] der als »*New Museum Idea*«[482] bezeichnet wird. Naturkundemuseen sollten Lernorte für eine allgemeine Öffentlichkeit werden und mithilfe anschaulicher Ausstellungen Natur verständlich erklären.[483] Diese Ideen hielten nach 1900 verstärkt in Deutschland Einzug und bestimmten die Gestaltung von Neubauten und Ausstellungen maßgeblich mit.[484] Meyer zeigte sich von den Neuerungen tief beeindruckt. Es sei unabdingbar, »*den Bildungsgrad des Volkes* [zu] *heben, da wir sonst Gefahr laufen rückständig zu werden*«[485]. Das Model von englischen und amerikanischen Kinderbibliotheken und eigens für Frauen eingerichtete Abteilungen sowie die Anstellung von Frauen in Bibliotheken betonte Meyer als beispielhaft.[486] Bereits 1877 hatte sich Meyer über den Zugang von Kindern zum Museum mit seinem Kollegen Peters ausgetauscht, jedoch mit restriktiveren Gedanken. Durch das gesteigerte Interesse an seinem Museum kam es immer häufiger zu einer Raumnot und er überlegte, ob Kin-

477 Das Museum für Naturkunde, S. 13.

478 Vgl. Ebd., S. 6.

479 Adolf Bernhard Meyer, Über Museen des Ostens der Vereinigten Staaten von Nord-Amerika. Reisestudien, Band 1, Berlin 1901, S. III.

480 Vgl. Adolf Bernhard Meyer, Amerikanische Bibliotheken und ihre Bestrebungen, Berlin 1906.

481 Vgl. Cain; Rader, Life on Display, S. 2.

482 Ebd., S. 8.

483 Vgl. Ebd., S. 9.

484 Vgl. Köstering, Natur zum Anschauen, S. 1–2.

485 Meyer, Amerikanische Bibliotheken, S. VI.

486 Vgl. Ebd., S. 32 und 41.

der vor einem gewissen Alter keinen Zugang in das Museum erhalten sollten.[487] Hier zeigt sich erneut, dass Umgestaltungsprozesse in wissenschaftlichen Sammlungen keinesfalls gradlinig verliefen.

Die enge Verbindung zwischen Museum und Bibliothek bewertete Meyer wie folgt: »*Man ist allgemein der Ansicht geworden, daß Bücherlesen nicht genügt, sondern man an die Dinge selbst herantreten müsse, die in den Büchern behandelt werden.*«[488] Damit erhielten die gezeigten Objekte in Museen eine ganz neue Bedeutung als dingliche Wissensträger und stellten die Aussteller vor visuelle Probleme, um dem Besucher dieses Wissen verständlich aufzubereiten. Anregungen, wie zu den größeren Glasschränken, erhielt Meyer über seine Reisen durch amerikanische Museen. Seine Bildungsreise verdeutlicht den Reformdruck unter dem deutsche Naturkundemuseen ab der zweiten Hälfte des 19. Jahrhunderts standen. Die überwiegend systematisch arbeitenden Zoologen, die auf ein gut sortiertes Museum angewiesen waren und deren Ziel es war, die Systematik stetig zu vervollständigen, sahen sich von Modernisierungsforderungen bedrängt. Ludwig Heck (1860–1951), der spätere Direktor des Berliner Zoologischen Gartens, urteilte in den 1930ern: »*Im akademischen Zoologiestudium kam ich zwar nicht weiter; denn auf dem zoologischen Lehrstuhl saß noch der alte Peters, der zwar ein tüchtiger Museumssystematiker, aber von allem modernen Instituts bereits so weit weg war, daß sein Kolleg eine gesprochene Naturgeschichte war* […].«[489] In den 1870ern bahnte sich auf dem Gebiet der Zoologie ein Paradigmenwechsel an, der zum Ende des 19. Jahrhunderts in deutliche Kritik gegen die rein anatomisch-systematisch arbeitende Zoologie umschlug. Die ursprünglich von England ausgehende *New Museum Idea*, der Blick auf das lebende Tier in Zoologischen Gärten und den Bildern in populärwissenschaftlichen Werken führten zu Veränderungen innerhalb deutscher Naturkundemuseen. Meyer, mehr als zwanzig Jahre jünger als Peters und offen für Reformen, setzte im Dresdner Museum erste Impulse, wie die Zusammenführung von Zoologie und Anthropologie unter einem Museumsdach. Peters dagegen lehnte Reformen ab.

Die Lübecker Sammlung erhielt im Jahr 1892 unter dem Namen Naturhistorisches Museum ein eigenes Gebäude. Eine Trennung in Lehr- und Schausammlung wurde nicht vorgenommen. Die Entwicklung in Lübeck kann dennoch als typisch für das 19. Jahrhundert betrachtet werden. Der Wandel in der Namensgebung und eine Vielzahl an Museumsneubauten waren Ausdruck einer stetigen Ausdehnung »*der zugelassenen Öffentlichkeit und Neustrukturierung der Sammlung*[en]«.[490] Dennoch ist darauf hingewiesen worden, dass die umgesetzten Reformen den grundsätzlichen Charakter von Museen mit einer Trennung von Räumen für »*Spezialisten* [und] *Publikum*«[491] nicht veränderten.

Das Dresdner Naturkundemuseum diente Meyer als Ort der Wissensproduktion für die Forschung, für Veröffentlichungen in der hauseigenen Zeitschrift und als Bühne der Wissensvermittlung. Dazu nutzte er bewährte Methoden der Museumsgestaltung,

487 Vgl. Adolf Bernhard Meyer, MfN d. HUB, Bestand: Zool. Mus., Signatur: S II, Meyer, A. B., Blatt 163.

488 Meyer, Amerikanische Bibliotheken, S. 45.

489 Ludwig Heck, Heiter-ernste Lebensbeichte. Erinnerungen eines alten Tiergärtners, Berlin 1938, S. 33.

490 Köstering, Natur zum Anschauen, S. 39f.

491 Laukötter, Kultur in Vitrinen, S. 121.

wie die Verwendung farbiger Etiketten oder die Herausgabe eines Museumsführers, die Lichtenstein in Berlin angeregt hatte. Gleichzeitig informierte er sich international über neueste Inszenierungsmöglichkeiten der Objekte und ließ moderne Ausstellungsvitrinen nach amerikanischem Vorbild anfertigen. Der Museumsführer geleitete den Besucher und lenkte dessen Schauen durch die Sammlung, die sich als Abbildung der gesamten Natur im Kleinen darstellte, ohne die Sammlungslücken zu thematisieren. Sowohl in der überfüllten Ausstellung als auch in dem Museumsführer versuchte Meyer dem Publikum visuelle Leitfäden an die Hand zu geben und sie gezielt durch die Sammlung zu führen. Die Aufstellung der Vitrinen, das Anbringen von Schildern, all das verwies den Betrachter diskret auf bestimmte Wege des Gehens und Sehens. Die farbigen Etiketten halfen bei der Orientierung hinsichtlich der Verbreitungsgebiete. Durch die Gegenüberstellung von Balg und Skelett und angefertigten Sonderpräparaten konnte der Betrachter das Tier bis in sein Innerstes erkunden und neueste wissenschaftliche Erkenntnisse verständlich vermittelt bekommen. Über die Erwähnung bekannter Sammler erhielten die Objekte zusätzlichen Wert und dienten der Gewinnung von Besuchern. Die Objekte versinnbildlichten die Jagdberichte bekannter Sammler von illustrierten Familienblättern. Die umgesetzten Maßnahmen Meyers müssen als Reaktion auf die zunehmende Bedeutung des Studiums lebender Tiere in Konkurrenz mit dem Studium ausgestopfter Objekte der vergleichend-anatomisch arbeitenden Zoologie verstanden werden. Der Museumsführer zeigte lebende Menschenaffen in einem deutschen Zoologischen Garten.

In diesen Kontext wurde das Präparat Mafukas eingebettet, deren Artfrage nach ihrem Tod durch Anatomen und Zoologen geklärt worden war. Meyer nutzte eine Vielzahl an Möglichkeiten, um das Ergebnis zu verbreiten. Er ließ Mafuka von einem erfahrenen Anatomen sezieren, eine Fotografie, Totenmaske und Abgüsse relevanter Körperteile, die in der Debatte als charakteristische Merkmale des Gorillas aufgeführt wurden, anfertigen. Die Objekte konnten aufgrund ihrer Größe besser zirkulieren. Zusätzlich veröffentlichte er weiteres Bildmaterial und reihte Mafuka systematisch zwischen Schimpansen in die Dresdner Sammlung ein und versuchte das Haus durch erste Reformen für Besucher attraktiv zu gestalten. Denn die Konkurrenz lebender Tiere wurde im Hinblick auf Menschenaffen durch die Ankunft des ersten lebenden Gorillas in Europa zusätzlich verstärkt.

4.3 Zwischen Sensation und Kontinuität – M'Pungu im Berliner Aquarium

Der Gorilla M´Pungu[492] löste eine mediale Sensation bei seiner Ankunft im Berliner Aquarium 1876 aus. Über welche Wege und Akteure gelangte der Menschenaffe nach Berlin? Welche Gemeinsamkeiten und Unterschiede zeigten sich in der Zurschaustellung des lebenden Gorillas im Vergleich zu anderen Menschenaffen? Was geschah mit M'Pungu nach dessen Tod?

492 Der Name M'Pungu soll eine afrikanische Bezeichnung für Teufel zurückzuführen sein; vgl. Ernst Maire, Der Gorilla, Berlin 1877, S. 13; Eine ausführliche Biografie zu M'Pungu bei: Haikal, Master Pongo.

Der Arzt Julius Falkenstein (1842–1917) hatte M'Pungu während der Loango-Expedition von dem Portugiesen Laurentino Antonio dos Santos (Lebensdaten unbekannt) in Ponte Negra (heute Pointe-Noire, Republik Kongo) als Dank für dessen medizinische Versorgung erhalten.[493] Die Expedition hatte im Mai 1873 begonnen und endete im Sommer 1876 mit der Ankunft M'Pungus in Hamburg. Im Sinne des wissenschaftlichen Anspruchs »*den Planeten, den wir bewohnen, seiner ganzen Ausdehnung nach kennen zu lernen und in unserem eigenen Erdenhaus keine unbetretenen, also unbekannten Strecken übrig zu lassen*«,[494] hatte die Afrikanische Gesellschaft, als Deutsche Gesellschaft zur Erforschung des äquatorialen Afrika's im April 1873 gegründet, die Unternehmung initiiert. Das Interesse galt Zentralafrika. Um die Region erschließen zu können, wurde an der Loangoküste im Westen Afrikas die Forschungsstation Chinchoxo errichtet. An der afrikanischen Westküste befanden sich zahlreiche europäisch-afrikanische Knotenpunkte, darunter portugiesische Handelsstützpunkte und französische Missionsstationen,[495] an deren Versorgung die Expedition anknüpfen konnte. Chinchoxo diente als Ausgangspunkt für Touren in das Innere des Kontinents, als Sammel- und Beobachtungsposten und Verbindung mit der Afrikanischen Gesellschaft nach Deutschland.[496] Die Expedition sollte geografische Ergebnisse liefern, um dem »*Handel und der Industrie zu Nutzen*«.[497] Weitere Gründe für das europäische Vordringen nach Afrika waren der Erwerb und die Sicherung wissenschaftlicher Erkenntnisse, Gedanken der Zivilisierung und Christianisierung. Bestrebungen der Kolonisierung spielten zunächst auf politischer Ebene eine untergeordnete Rolle.[498] Die Inbesitznahme erfolgte unter dem Vorwand der Erforschung und wirtschaftlichen Nutzung. Nationale Gedanken rahmten die Pläne in Afrika:

> »Seit Deutschland wieder den ihm gebührenden Sitz im Rathe der Nationen eingenommen hat, muß es auch in der Pflege der Wissenschaft mehr noch wie früher voranstehen, ziemt es ihm vor Allem in der Leitung geographischer Unternehmungen, die neuen Gegenden der Kenntniß gewinnen sollen, an die Spitze zu treten, denn solche Erwerbungen werden in der Geschichte unter dem Namen desjenigen Volkes verzeichnet, das zuerst kühn und entschlossen sich die Bahn nach ihnen brach.«[499]

Der politische Charakter der Expedition zeigte sich in der Aufarbeitung und Veröffentlichung der Forschungsergebnisse für ein breites, bürgerliches Publikum. Gustav Mützel illustrierte einen Teil der Arbeiten, obwohl er nicht Teil der Expedition gewesen war.[500] Seine Zeichnungen sollten den Berichten eine hohe Anschaulichkeit verleihen.[501] Die Be-

---

493 Vgl. Falkenstein, Afrikas Westküste, S. 109.

494 Adolf Bastian, Die deutsche Expedition an der Loango-Küste, Band 1, Jena 1874, S. IX.

495 Vgl. Falkenstein, Afrikas Westküste, S. 11–13.

496 Vgl. Bastian, Die deutsche Expedition; H. Lange, Die »Afrikanische Gesellschaft« und die deutsche Expedition an der Loangoküste, in: Die Gartenlaube 38 (1874), S. 614f.

497 Bastian, Die deutsche Expedition, S. x.

498 Vgl. Pesek, Koloniale Herrschaft, S. 108.

499 Bastian, Die deutsche Expedition, S. xii.

500 Vgl. Hauffe; Klös, Der Tierillustrator Gustav Mützel, S. 34.

501 Vgl. Paul Güßfeldt, Die Loango-Expedition ausgesandt von der deutschen Gesellschaft zur Erforschung Aequatorial-Africas, 1873 – 1876. Ein Reisewerk in drei Abtheilungen, Band 1, Leipzig 1879, S. VII.

kanntheit Mützels durch die Diskussion um Mafuka und seine Beteiligung an *Brehms Thierleben* versprachen einer interessierten Öffentlichkeit authentische Bilder aus Afrika.

Neben Falkenstein waren der Geograf Paul Güßfeldt (1840–1920), als Leiter der Unternehmung, sowie Botaniker und Geologen Teil der Expedition.[502] Oskar Lenz trug mit seinen Forschungen und Kenntnissen der Gebiete entlang des Flusses Ogowe zur Vorbereitung der Expedition bei.[503] Anders als in Lübeck und Dresden, wo Kaufleute die Menschenaffen erworben hatten, gelangte mit M'Pungu erstmals ein Gorilla als Ergebnis einer geplanten Forschungsexpedition nach Europa. Die Loango-Expedition markierte den Beginn eines intensivierten Ausgreifens und Interesses des entstandenen Kaiserreichs an Afrika. Die deutsche Regierung unterstützte die Expedition durch öffentlichen Zuspruch,[504] ohne sich explizit zu beteiligen.

Aus zoologischer Sicht lag ein Schwerpunkt auf der Suche und dem Erwerb von Menschenaffen. Robert Hartmann, der als Obmann des »*Komité's für die Sammlungen der Gesellschaft*«[505] die Teilnehmer der Expedition aufforderte, Material über Menschenaffen zusammenzutragen, sicherte sich die Objekte für sein Institut. Während Schimpansen leicht ausfindig zu machen waren, gestaltete sich die Suche nach Gorillas als schwierig. Durch fehlende Freilandbeobachtungen und Kenntnisse von Verhaltensweisen war das Auffinden der Tiere in den dichten Wäldern für Europäer nahezu unmöglich. Getötete Exemplare untersuchte Falkenstein wie Lenz anatomisch und bestätigte den ausschließlich vegetarischen Mageninhalt. Durch den Verzehr fleischlicher Kost von Menschenaffen in Zoologischen Gärten nahm er weiterhin an, dass sie Allesfresser seien.[506] Das lebende Tier verhalf nicht zwangsläufig zu neuen Erkenntnissen. Die praktische Haltung in europäischen Zoos und Schilderungen Du Chaillus überlagerten die Ergebnisse anatomischer Untersuchungen vor Ort.

Der Erwerb M'Pungus bildete den medial inszenierten Höhepunkt der Expedition. Nachdem das Tier neun Monate in menschlicher Obhut auf der Expeditionsstation gelebt hatte, kam es mit den Teilnehmern der Expedition nach Europa. Am 26. Juni 1876 erreichte das Schiff den Hamburger Hafen.[507] Der Gorilla und die Expeditionsteilnehmer wurden im Hotel Zingg untergebracht, wo der Gorilla besucht werden konnte. Carl Hagenbeck und Heinrich Leutemann erhielten eine »*Audienz*«.[508] Hagenbeck war brieflich über die Ankunft des Tieres informiert worden und bot 20.000 Mark für das Tier. Die Afrikanische Gesellschaft lehnte das Angebot ab. Der Gesellschaft, die die Expedition überwiegend finanziert hatte, gehörten alle erworbenen Objekte, so auch der Gorilla. Nach einer »*zweite*[n] *Gorillaschlacht*«[509] entschied sich die Gesellschaft für Berlin als künftigen Aufenthalts- und Ausstellungsort. Die Ankunft des Tieres wurde unter Ver-

---

502 Vgl. Lange, Die »Afrikanische Gesellschaft«, S. 615.

503 Vgl. Bastian, Die deutsche Expedition, S. 14.

504 Vgl. Lange, Die »Afrikanische Gesellschaft«, S. 614.

505 Hartmann, Neues die anthropomorphen Affen betreffendes Material, S. 22.

506 Vgl. Falkenstein, Afrikas Westküste, S. 108.

507 Vgl. Leutemann, Heinrich, Der echte Gorilla in Berlin, in: Leipziger Tageblatt, 12.07.1876, S. 3979.

508 Ebd.

509 Ebd.

wendung mehrfacher Superlative in der Presse von Carl Nissle als wissenschaftliches Großereignis von internationaler Tragweite und nationaler Sieg gefeiert:

> »Der Gorilla, der ersehnteste, werthvollste und bisher von geheimnisvollstem Dunkel umgebene Menschenaffe [...] der sich den so oft wiederholten Versuchen der lebendigen Ueberführung nach Europa bisher so hartnäckig widersetzte, hat endlich in einem prächtigen, jungen, männlichen Exemplare seinen Einzug in die Hauptstadt des deutschen Reiches gehalten [...].«[510]

Hartmann kümmerte sich als Mitglied des Gesundheitsrates neben Rudolf Virchow, dem Direktor der Tierarzneischule Christian Gerlach (1811–1877) und Julius Falkenstein persönlich um M'Pungu in Berlin. Er, Hagenbeck, Leutemann und Nissle, die im Fall von Mafuka aktive Verfechter der Gorillatheorie waren, zeigten ein enormes Interesse an M'Pungu. Nissle räumte seinen Fehler bezüglich Mafuka, wenn auch zurückhaltend, öffentlich ein: *»Ich bin nun freilich niemals ein Anhänger der leichten Species- und Varietätenmacherei gewesen* [...]*; ich bin nach diesem Programm auch in der Dresdener Mafukafrage nach bestem Wissen und Gewissen engagirt* [...].«[511]

Mit der Ankunft M'Pungus in Deutschland wurde seine Besonderheit öffentlich zur Schau gestellt und über die Presse verbreitet. Anders als bei Mafuka, wurde auf den ersten Blick deutlich, dass der erste lebende Gorilla als Verdienst deutscher Wissenschaftler nach Europa gelangt war. Im Rahmen der Rhetorik einer nationalen Überhöhung hatte die Entscheidung für den Standort Berlin als Ort der Zurschaustellung des Gorillas eine wichtige symbolische Bedeutung. Im Zuge der Reichsgründung war Berlin zur Hauptstadt aufgestiegen und verzeichnete ein rasantes Flächen- und Bevölkerungswachstum. Im Jahr 1877 überstieg die Zahl der Einwohner erstmals die Millionengrenze.[512]

Nach der Klärung der Besitzverhältnisse wurde die Ankunft M'Pungus in Berlin vorbereitet. Er gelangte in das Berliner Aquarium,[513] welches Alfred Brehm konzipiert hatte. Nach seiner Entlassung aus dem Dienst des Hamburger Zoologischen Gartens im Jahr 1866, arbeitete Brehm an dem Projekt eines Seewasseraquariums in Berlin. Ähnliche Einrichtungen existierten in London, Paris und Hamburg. Der Berliner Zoologische Garten befand sich in einem renovierungswürdigen Zustand und stellte keine Konkurrenz für Brehms Vorhaben dar.[514] Die Bezeichnung Aquarium war irreführend, denn neben Wasserbewohnern beherbergte die Einrichtung von Beginn an Vögel und Säugetiere. Brehm

510 Carl Nissle, Der Gorilla im Berliner Aquarium, in: Die Natur 2 (1876), S. 333.

511 Nissle, Die menschenähnlichen Affen, S. 460.

512 Vgl. Kaselow, Die Schaulust am exotischen Tier, S. 36.

513 Vgl. Alfred Brehm, Von der Baustätte des Berliner Aquariums, in: Die Gartenlaube 39 (1868), S. 620; Harro Strehlow, Exotik am Prachtboulevard. Das Berliner Aquarium Unter den Linden Ecke Schadowstraße, Berlin 1998, S. 4, https://berlingeschichte.de/bms/bmstext/9805prob.htm vom 17.04.2024; Frädrich; Strehlow; Der Zoo und die Wissenschaft, S. 171; Wegner, Robert Hartmann, S. 23; Kaselow, Die Schaulust am exotischen Tier, S. 36; Strehlow, Beiträge zur Menschenaffenhaltung, 1985, S. 67–78; Ders., Beiträge zur Menschenaffenhaltung im Berliner Aquarium unter den Linden. II. Weitere Gorillas (Gorilla g. gorilla), in: Bongo 12 (1987), S. 105–110; Ders., Beiträge zur Menschenaffenhaltung im Berliner Aquarium unter den Linden. III. Orang Utans (Pongo pygmaeus) und Schimpansen (pan troglodytes), in: Bongo 14 (1988), S. 99–104.

514 Vgl. Strehlow, Exotik am Prachtboulevard, S. 4.

selbst verwies darauf, dass der Begriff Vivarium für einen Tiergarten innerhalb eines Hauses passender gewesen wäre.[515] Wie über die Ankunft M'Pungus urteilte Nissle über die Bedeutung des Berliner Aquariums mit nationalem Pathos: »*das unvergleichliche Denkmal monumentaler Baukunst, dies kunstvolle Stätte für wissenschaftliche Forschung nicht bei anderen Nationen suchen zu müssen – sie unser nennen zu dürfen!*«[516]

Abb. 44: »Nach der Natur gezeichnet von Emil Schmidt«, in: Carl Nissle, Ein Wunderbau für die Thierwelt, in: Die Gartenlaube (10, 1873), S. 166–167.

Niedersächsische Staats- und Universitätsbibliothek Göttingen, Göttinger Digitalisierungszentrum, PURL: http://resolver.sub.uni-goettingen.de/purl?PPN637243196_1873 vom 18.04.2023.

Nach den Vorstellungen Brehms erschuf der Architekt Wilhelm Lüer (1834–1870), der den Hannoveraner Zoo geplant hatte, Räume im Stil von Grotten. Eine Abbildung [**Abb. 44**] aus der *Gartenlaube* erlaubte ausgewählte Einblicke und warb für den Besuch der Institution. Deutlich zu erkennen ist der höhlenartige Charakter und das indirekt einfallende Licht über Deckenschächte, die erst in den 1880er Jahren durch elektrisch betriebene Lampen ersetzt wurden.[517] Die Besucher durchliefen die Gänge und stießen, in einem inszenierten Moment der Überraschung, auf die erleuchteten Behausungen und ihre Bewohner. Der Effekt ahmte die spontane Tiersichtung in der Natur nach. Die Tiere sollten optimal sichtbar sein, die Besucher im Dunkeln verborgen bleiben, sodass die Tiere sich

515 Vgl. Brehm, Von der Baustätte, S. 620.
516 Nissle, Ein Wunderbau, S. 170.
517 Vgl. Strehlow, Exotik am Prachtboulevard, S. 10.

nicht gestört fühlten und in der Illusion realer Lebens- und Verhaltensweisen betrachtet werden konnten.[518]

Brehm visualisierte sein *Thierleben* vor den Augen des Publikums. Ein Buch zum Begehen der Tierwelt und Erfassung mit allen Sinnen. Die Gehege der Tiere erhielten einen Kabinettcharakter ähnlich den Schaukästen des Präparators Johann Friedrich Naumann. Einer Erfahrung zwischen »*Schaudern* [und] *Schöhnheit*«,[519] zwischen Bildung und Unterhaltung. Nach Brehms Vorstellungen sollte »*der Besucher* [...] *in verlockender Kürze die Promenade von der Wüste aus durch den Urwald bis an die Gestade des Meeres zurücklegen.*«[520] Die Eröffnung wurde zu Beginn ›getrübt‹. Im Mai 1869 war das künstlich hergestellte Seewasser nicht klar, erst im September des gleichen Jahres gelang es dem Pharmazeuten und Naturwissenschaftler Otto Hermes (1838–1910), zu dem Zeitpunkt Fabrikant und für die Belange der Aktiengesellschaft des Aquariums zuständig, den Fehler zu beheben. Sein Engagement verhalf ihm zu der Anstellung als zweitem Direktor.[521] Für das gezielte Erleben veröffentlichte das Aquarium zwischen 1869 und 1910 weit über einhundert Führer.[522] Berichte, wie in der *Gartenlaube* von 1873, beschrieben einen festgelegten Rundgang für die Besucher.[523] Die Ausstellung von Tieren verband sich mit einem Macht- und Wissensanspruch des Menschen, eine reine Unterbringung hinter Gittern reichte nicht mehr aus, um einen stetigen Besucherstrom zu garantieren. Die Möglichkeiten im Ausstellungsbau verdeutlichten die scheinbar grenzenlosen technischen und wissenschaftlichen Optionen, die Natur zu ersetzen.

Bereits vor der Ankunft des Gorillas hatte das Aquarium Menschenaffen gehalten. Hinter der Prachtvoliere, einem Flugkäfig für Paradiesvögel, im Zentrum der Abbildung aus der *Gartenlaube*, befand sich die Unterkunft für Menschenaffen. Wie in den Zoologischen Gärten standen sie sinnbildlich für die Nähe zum Menschen:

> »Der Schimpanse meint hier den Besucher nicht vorüberlassen zu dürfen, ohne ihn mit einem ausdrucksvollen »Oh! Oh! Oh!« zu begrüßen und ihn zu bitten, ihm deshalb nicht etwa böse sein zu wollen, weil er und seine Sippe in den Verdacht der Verwandtschaft mit uns gerathen sind.«[524]

Mit der Ankunft M'Pungus befand sich das Aquarium im Besitz der drei bekannten Anthropoiden, einer weltweit einzigartigen Situation. Das Ziel der Vollständigkeit einer Sammlung verfolgten Museum und Zoo gleichermaßen. Umfang und Exklusivität einer Sammlung bestimmten ihren Wert, ganz gleich ob die Tiere lebend oder tot waren. Für M'Pungu musste das Berliner Aquarium die von Hagenbeck gebotenen 20.000 Mark für den Erwerb aufbringen. Der Wert des Tieres spiegelte sich in dem Bau eines eigens entworfenen Käfigs – dem Glaspalast – wider. Dieser verfügte über eine Heizung, Ventilatoren und einen angrenzenden Raum mit Palmen, der durch ein Gitter vom Käfig getrennt

518 Vgl. Brehm, Von der Baustätte, S. 620.

519 Ebd.

520 Brehm zit.n.: Nissle, Ein Wunderbau, S. 168;

521 Vgl. Haikal, Master Pongo, S. 70; Nissle, Ein Wunderbau, S. 168.

522 Vgl. Strehlow, Exotik am Prachtboulevard, S. 10.

523 Vgl. Nissle, Ein Wunderbau, S. 170.

524 Ebd., S. 169.

war. Die Pflanzen sollten zur Befeuchtung und Verbesserung der Luft beitragen und den Lebensraum des Gorillas imitieren.[525] Von der Inszenierung versprachen sich die Planer eine verlängerte Lebensdauer des Tieres, gleichzeitig diente sie dem Schauerlebnis der Besucher und zeigte den Gorilla, wie er von Tierbildern aus *Brehms Thierleben* bekannt war. Das Bild wurde auf den dreidimensionalen Raum übertragen und zum Leben erweckt, wie es Brehms Vision entsprach. Die entstandenen Ausgaben sollten durch hohe Besucherzahlen gedeckt werden.

Neben den klimatischen Optimierungsversuchen diente der einberufene Expertenrat, bestehend aus Virchow, Gerlach und Hartmann, der ständigen medizinischen Kontrolle des wertvollen Tieres.[526] Die fragile Gesundheit von Menschenaffen in Zoologischen Gärten mahnte zur Vorsicht, das Beispiel Mafukas hatte das verdeutlicht. Nach Ankunft des Gorillas rieten Fachleute zu einem zeitnahen Besuch.[527] Die Tiere wurden im Bewusstsein über den bald zu erwartenden Tod ausgestellt und verwiesen auf die Grenzen der Tierhaltung. Nissle schrieb: »*Man kann sich bei dem Anblick so verzweifelten und so unrettbaren Elends der Rührung nicht erwehren!*«[528] Allein im Jahr 1876 hatte das Aquarium zwei Orang-Utans und drei Schimpansen an Darm- und Atemwegserkrankungen verloren und M'Pungu, der sich zunächst den Käfig mit einem Schimpansen teilte, erkrankte kurz nach seiner Ankunft.[529] »*Die Theilnahme des Publikums für den Patienten war gross, mehr als 100 Anfragen nach seinem Befinden erfolgten täglich*«,[530] so Hermes, der Brehm 1874 als Direktor des Aquariums ablöste. Ab der zweiten Hälfte der 1870er Jahre mehrten sich Berichte über das Leiden von Menschenaffen in Gefangenschaft.[531] Der Großteil der Tiere verstarb innerhalb eines Jahres, kurz nach der Ankunft zeigten sich erste Krankheitssymptome. Kritik an der alleinigen Sensationslust und den schlechten Haltungsbedingungen wurden laut.

Neben dem erbauten Käfig und den Gesundheitsvorkehrungen verdeutlichte sich M'Pungus Wert durch eine Reise von sieben Wochen nach London im Juli 1877. Dort wurde er im Londoner Aquarium ausgestellt. Unter den Besuchern befanden sich Mitglieder der königlichen Familie, Minister und bedeutende Wissenschaftler, Darwin blieb fern. Er hatte die Teilnehmer der Loango-Expedition telegrafisch für die Überführung des lebenden Gorillas beglückwünscht.[532] In London besuchten 40.000 Menschen den Gorilla, weitere Anfragen erhielt Berlin aus New York.[533]

Hermes nutzte seinen berühmtesten Bewohner für exklusive Studien, die ihm einen Forschungsvorsprung ermöglichten. Er gab Einblicke in das Gefangenleben von Men-

---

525 Vgl. Otto Hermes, Bericht des Berliner Aquariums für das Jahr 1876, in: Der Zoologische Garten 18 (1877), S. 268.

526 Vgl. Haikal, Master Pongo, S. 86f.

527 Vgl. Friedel, Die drei Anthropomorphen, S. 74.

528 Nissle, Die menschenähnlichen Affen, S. 462.

529 G. Hoffmann, Ueber einige Sectionsbefunde an anthropomorphen Affen, in: Sitzungsberichte der Gesellschaft Naturforschender Freunde zu Berlin (1876), S. 139.

530 Otto Hermes, Der Gorilla und seine nächsten Verwandten, in: Der Zoologische Garten 18 (1877), S. 61.

531 Vgl. Haikal, Master Pongo, S. 88.

532 Vgl. Strehlow, Beiträge zur Menschenaffenhaltung, 1985, S. 71.

533 Vgl. Ebd., S. 72.

schenaffen, die sich kaum von den Berichten über Mafuka unterschieden. Um den vermeintlichen Bedürfnissen des Tieres gerecht zu werden, stellte Hermes zwei Wärter ein, die Tag und Nacht bei dem Gorilla blieben.[534] Seine Nahrung setzte sich aus Früchten wie Bananen und Ananas zusammen, ergänzt durch Schinken, Bier und einer Pfeife.[535] Das Wissen über die vegetarische Ernährungsweise war durch anatomische Untersuchungen in Afrika bekannt und im Museum wissenschaftlich beschrieben,[536] dennoch wurde Zootieren weiterhin Fleisch angeboten. Der Umgang mit den Tieren verdeutlichte ein Konglomerat aus Experiment, Unwissenheit, Spiel mit der Menschenähnlichkeit und der Verzweiflung, die Tiere am Leben zu halten. Das Interesse der Besucher und die Erprobung des Darwinismus standen im Zoo im Vordergrund.

Wissenschaftler, bekannte Persönlichkeiten und zahlungskräftige Besucher erhielten eine »*Privataudienz*«,[537] die gewöhnlich nicht im Glaskäfig des Aquariums, »*sein*[em] *Sprechzimmer*«[538] für die Allgemeinheit, stattfand, sondern in einer Wohnung. Ausgestattet mit einem Bücherschrank und Stühlen wurde das Wohnzimmer mit Wasserdampf erwärmt, regelmäßig gelüftet und gereinigt, um zu verhindern, dass das wertvolle Tier erkrankte.[539] Die Besucher versprachen sich Antworten von dem seltenen Tier zu erhalten, die die existierenden Reiseberichte und präparierten Körper toter Tiere nicht übermittelten.

Dem Tier wurde ein Sprach- und damit Denkvermögen unterstellt. Noch immer existierten Unsicherheiten über die Nähe zwischen Menschenaffen und Menschen. Unklar war, ob der Gorilla, als vermeintlich nächst verwandtes Tier des Menschen, neuere Erkenntnisse über diese Frage eröffnen konnte. Johann von Fischer (Lebensdaten unbekannt), später Zoodirektor in Düsseldorf, stellte wissenschaftliche Versuche mit dem Gorilla an:

> »Ich setzte mich zu ihm auf das Bett, nahm ihn auf den Schooss und wandte nun meine ganze Kenntniss der verschiedenen mir bekannten Affensprachen und Dialekte nebst dem obligaten Mienenspiel an, um ihn zur Unterhaltung zu bringen und seine Gesichtsausdrücke studiren zu können. [...] M'Pungu verstand mich nicht. [...] Schliesslich gab er mir grinsend eine Ohrfeige und biss gleich darauf in meine Nase.«[540]

Von Fischer versuchte mit dem Tier in dessen Sprache zu kommunizieren, seine Sprachfähigkeit zu testen. Der Mensch ›machte sich zum Affen‹, um dem Tier eine Reaktion und Wissen abzuringen. Das Experiment scheiterte. Die Erziehung des Gorillas entsprach wie bei Mafuka der eines Kindes. So gab Fischer dem Tier »*auf Anrathen des Wärters eine leichte Ohrfeige*«[541] als dieser ein zu übermütiges Verhalten zeigte.

---

534 Vgl. Hermes, Der Gorilla, S. 60.

535 Vgl. Maire, Der Gorilla, S. 10; Hermes, Der Gorilla, S. 60.

536 Vgl. Führer durch das Königliche Zoologische Museum, 1881, S. 7.

537 Johann von Fischer, Besuch bei M'Pungu, in: Der Zoologische Garten 18 (1877), S. 168.

538 Ebd.

539 Vgl. Ebd., S. 166.

540 Ebd., S. 167.

541 Ebd., S. 166.

Die Berichte und Eindrücke der Besucher prägten das Bild des Gorillas nachhaltig. Neben die Beschreibungen der Gorillajäger Du Chaillu und Koppenfels von furchteinflößenden, unzähmbaren, Menschen tötenden und Frauen raubenden Bestien, trat im Fall von Jungtieren eine vermenschlichende Betrachtung.[542] Der Umgang mit dem Gorilla erschien routinierter als bei Mafuka. Die Erfahrungen mit ihr und anderen Menschenaffen prägten die Haltung und Experimente mit M'Pungu. Die zeitliche Nähe der Haltung der Tiere hatte die Beteiligung ähnlicher Akteure zur Folge. Die Anhänger der Gorilla- und Tschego-Theorie bemühten sich intensiv um die Erforschung M'Pungus.

Visuell unterstützt wurden die Berichte über M'Pungu durch fotografische Aufnahmen. Erste Bilder entstanden in Afrika, die Falkenstein anfertigte und in einem Album veröffentlichte [**Abb. 45**].

Abb. 45: »Gorilla (Troglodytes Gorilla). Aufnahme vom 12. October 1875«, in: Julius Falkenstein, Die Loango-Küste in 72 Original-Photographien (35 Blatt) nebst erläuterndem Texte, Berlin 1876, Blatt 22.

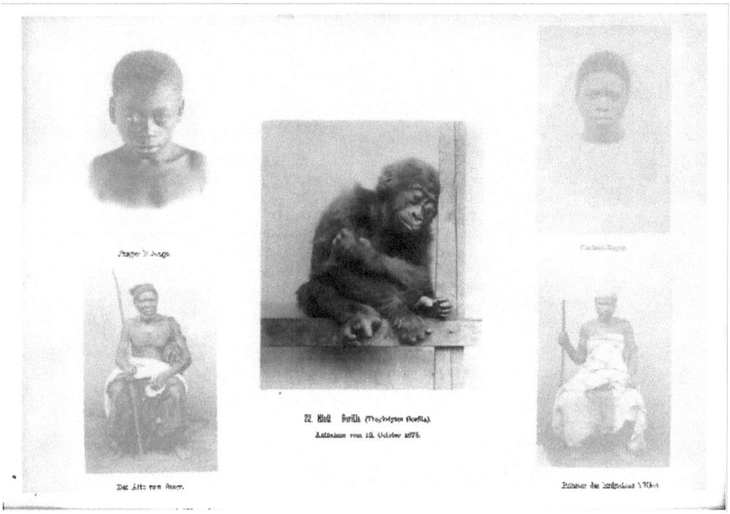

Staatsbibliothek zu Berlin – Preußischer Kulturbesitz, Abteilung Handschriften und Historische Drucke, Signatur: 4« Us 3850-Taf.

Darauf ist M'Pungu mittig auf einer Seite mit insgesamt fünf Bildern zu sehen. Die ihn rahmenden Aufnahmen zeigen Angehörige der an der Loango-Küste lebenden Gesellschaften. Nur das Bild des Gorillas ist mit einem Datum versehen: »*Aufnahme vom 12. Oktober 1875.*«[543] Es zeigt M'Pungu entkräftet an eine Wand gelehnt. Die Zusammenstellung der Bilder bindet ihn in die ethnografische Erforschung Afrikas ein.

---

542 Vgl. Ingensiep, Kultur- und Zoogeschichte des Gorillas, S. 154.

543 Falkenstein, Julius, Die Loango-Küste in 72 Original-Photographien (35 Blatt) nebst erläutern-dem Texte, Berlin 1876, Blatt 22.

Der Gorilla wurde während seines Aufenthalts im Berliner Aquarium fotografiert. Der Zeichnung von W. A. Meyn (1874–1911) diente eine Fotografie als Vorlage [**Abb. 46**].

Abb. 46: »Taf. II, III. Der M'Pungu des Berliner Aquariums, nach Photographien von Halwas u. A.«, in: Robert Hartmann, Der Gorilla. Zoologisch-zootomische Untersuchungen, Leipzig 1880, S. 160, Tafel 2.

Niedersächsische Staats- und Universitätsbibliothek Göttingen, Signatur: 4 ZOOL X, 3992.

Das Jungtier wirkt deutlich kräftiger und wacher als auf der ersten Aufnahme, zu erkennen ist die spärliche Behaarung, die auf eine mangelhafte Ernährung schließen lässt. Die Körperhaltung schien für M'Pungu charakteristisch. Ein Besucher bemerkte: »*In der Regel sitzt er da wie ein Pagode* [...].«[544] Die hier gezeigten Aufnahmen bilden wahrscheinlich nur einen Teil des heute bekannten Bildmaterials ab, so konnten im Berliner Aquarium Motive M'Pungus als Postkarten erworben werden.[545]

544 Maire, Der Gorilla, S. 6.

545 Vgl. Mustafa Haikal; Harro Strehlow, Die Fotos des Gorillas M'Pungu. ein Beitrag zur frühen Geschichte der Tierfotografie, in: Bongo 45 (2014), S. 18.

Wie Mafuka wurde M'Pungu von Heinrich Leutemann und Gustav Mützel gezeichnet und ein nicht überliefertes Modell angefertigt.[546] Auf dem Bild einer Gorillagruppe von Mützel für die zweite Auflage von *Brehms Thierleben* [**Abb. 47**] verschwammen Malerei und Fotografie miteinander.

Abb. 47: »Gorilla«, in: Alfred Brehm, Brehms Thierleben, 2. Auflage, Band 1. Säugetiere, Leipzig 1876, S. 56.

Niedersächsische Staats- und Universitätsbibliothek Göttingen, Bereichsbibliothek Forstwissenschaften, Signatur: VII, B 6 [2] : 1.

546 Vgl. Maire, Der Gorilla, S. 16.

Abb. 48: »Taf. I. Alter männlicher und weiblicher Gorilla und junges männliches Individuum, nach Photographien von DEVÉRIA, O. FALKENSTEIN u. s. w. chromolithographirt von G. MÜTZEL. Das ältere Thier ist dargestellt, wie es im Begriff steht, mit einem Bunde ausgerissener Yamswurzeln (Dioscoraea) einen Feigenbaum (Urostigma?) zu erklettern. Daneben Oelpalmen (Elaeis guineensis), Seidenwollbaum (Eriodendron anfractuosum), Bananen u. s. w.«, in: Robert Hartmann, Der Gorilla. Zoologisch-zootomische Untersuchungen, Leipzig 1880, S. 160, Tafel 1.

Niedersächsische Staats- und Universitätsbibliothek Göttingen, Signatur: 4 ZOOL X, 3992.

Der betreffende Abschnitt im *Thierleben* über Gorillas war kurz vor der Ankunft M'Pungus vollendet wurden.[547] Das Jungtier wurde in Form der Zeichnung in die Auflage hineingeschrieben. Mützel zeichnete eine Gorillagruppe, bei der das Männchen im Hintergrund stark an die frühe Abbildung Joseph Wolfs in Hinblick auf Körperhaltung und -proportion, Profilansicht und Umgreifen des Astes erinnert, lediglich das Maul des Tieres ist bei Mützel geschlossen. Das hockende Weibchen im Vordergrund stellte ebenfalls das gängige Motiv dar. Dem Weibchen wurde das Jungtier zugeordnet. Durch die Jagd auf die Tiere war bekannt, dass Menschenaffen ihre Jungtiere schützten und getötet werden mussten, um das Junge zu erhalten. Mützel spiegelte die fotografische Aufnahme Falkensteins und integrierte sie als Zeichnung in die Gorillagruppe. Die Fotografie beeinflusste die zeichnerische Darstellung. Eingebettet waren die Tiere in eine ansprechende Tropenszenerie. Das M'Pungu auf der Originalaufnahme durch die Herausnahme aus seinem ursprünglichen Lebensraum stark geschwächt war und deshalb schlief, überspielte die Zeichnung durch die Inszenierung eines Familienidylls in naturnaher Kulisse. Eine weitere, kolorierte Zeichnung Mützels mit dem schlafenden M'Pungu findet sich in Robert Hartmanns Übersichtswerk *Der Gorilla* von 1880 [**Abb. 48**]. Hier stellte Mützel die Diskrepanz zwischen friedlich schlafendem Jungtier und zum Angriff bereiten Männchen in den Vordergrund und damit die gängigen Darstellungen von Gorillas seit der Ankunft M'Pungus. Hartmann nutzte eine Abbildung, die gleichzeitig das bestehende Wissen um den Lebensraum der Tiere darstellte und auf in Europa bekannte afrikanische Pflanzen, die teilweise kultiviert wurden, verwies.

Der junge Gorilla wurde bis in das kleinste Detail dokumentiert, bis er 1877 verstarb. Julius Falkenstein resümierte 1885 und erklärte den Gorilla als erschöpfend erforscht:

> »Zu den dunklen Punkten und offenen Fragen Afrikas gehörte unstreitig auch die Gorillafrage, welche durch die ermöglichte mehrfache Beobachtung sowohl, als durch die darauf basierten einschlägigen Arbeiten (Dr. R. Hartmann. Leipzig, Veit & Komp. 1880) nunmehr auch als erledigt angesehen werden kann.«[548]

Nach M'Pungus Ausstellung blieb die Faszination und Sehnsucht nach weiteren lebenden Exemplaren bestehen, besonders hinsichtlich ausgewachsener Exemplare, die weiterhin nicht für Zoologische Gärten erworben werden konnten. In den folgenden Jahrzehnten kamen nur wenige Gorillas nach Europa. Dem Tierwärter Freckmann aus Hamburg, der die toten Gorillas für Bolau überführt hatte, gelang es 1878 vier lebende Gorillas zu erwerben. Zwei verstarben während der Überfahrt, zwei weitere innerhalb von nur wenigen Tagen nach ihrer Ankunft.[549] Insgesamt stellte das Berliner Aquarium bis 1892 vier Gorillas aus. Trotz der Seltenheit der Tiere erlangte kein weiteres eine vergleichbare mediale Aufmerksamkeit wie M'Pungu. Während des Besuchs bei dem dritten Gorilla in Berlin im Jahr 1883 stellte Ludwig Heck fest:

547 Vgl. Strehlow; Haikal, Die Fotos des Gorillas M'Pungu, S. 18.

548 Falkenstein, Afrikas Westküste, S. 109.

549 Vgl. Strehlow, Beiträge zur Menschenaffenhaltung, 1987, S. 105.

»Aber vergebens suchte ich während der Stunde, die ich vor dem Käfig stand, auf den Gesichtern der Besucher, die da kamen und gingen, nach einem Ausdruck besonderer Spannung; es hatte offenbar keiner eine Ahnung, daß hier etwas Außergewöhnliches zu sehen war, obwohl man es auf jeder Plakatsäule lesen konnte; [...] Wie haben sich die Zeiten geändert!«[550]

M'Pungu wurde nach seinem Tod Robert Hartmann zur Verfügung gestellt, sein Balg wurde nicht ausgestopft.[551] Das Skelett befindet sich heute im Depot des Berliner Naturkundemuseums.

Die Lebensbeschreibungen von ausgestellten Menschenaffen der 1870er Jahre gleichen sich, aber die Umstände ihres Erwerbs änderten sich. Mafuka war ein Zufallsfund, M'Pungus Geschichte verweist auf erste Versuche der systematischen Erforschung Afrikas. Mit der Entdeckung M'Pungus verbanden sich Gedanken eines internationalen wissenschaftlichen Wettlaufs. Ein Diskurs der nationalen Überhöhung wurde auf das Tier übertragen. Mafuka kam nach ihrem Tod und der Feststellung ihrer Artzugehörigkeit in ein Museum, M'Pungu wurde aufgrund seiner Einzigartigkeit detailliert obduziert und gelangte, durch Hartmanns Einfluss, nicht in den Fachbereich der Zoologie. Anders als bei Mafuka existierten Fotografien des lebenden Gorillas und ergänzten die Zeichnungen. Die Erforschung M'Pungus bestimmte das Bild junger Menschenaffen als friedlich und verspielt und trug zur »*Humanisierung des Gorillas*«[552] bei. Mafuka, die dem Jugendalter in Dresden langsam entwuchs, hatte durch ihr Verhalten die Annahme von angriffslustigen und gefährlichen ausgewachsenen Menschenaffen verstärkt. Einen ausgewachsenen, lebenden Gorilla bekam das Publikum erst in den 1930er Jahren zu Gesicht.[553] Wollten Interessierte einen ausgewachsenen Schimpansen oder Gorilla sehen, blieb der Besuch im Museum unumgänglich.

4.4 Die Faszination der Lebendigkeit

Menschenaffen im Allgemeinen und Gorillas im Besonderen stellten Wissenschaft und Öffentlichkeit vor große Herausforderungen. Experten bereisten Sammlungen, tauschten Skeletteile, Schädel, Abgüsse, Zeichnungen und Fotografien aus und kommunizierten persönlich, über wissenschaftliche Vereine, Artikel und Briefe miteinander. Das zur Verfügung stehende Material war spärlich und fehlerhaft. Das Fangen und Töten, der Transport, die Konservierung, die anatomischen Untersuchungen hatten Spuren an den Körpern hinterlassen. Fotografien von ausgewachsenen Tieren existierten nicht, nur vereinzelte Zeichnungen und Berichte von Jägern und Sammlern. Demnach musste ein Wissen ausgehandelt werden, welches kaum greifbar war. Das Nicht-Wissen um Gorillas der 1860er Jahre hatte sich verstetigt. Die nationale und internationale Konkurrenz innerhalb der Wissenschaft stieg und damit der Kampf um die begrenzten Ressourcen.

550 Ludwig Heck zit.n.: Ebd., S. 109.

551 Vgl. Gott; Weir, Gorilla, S. 99.

552 Ingensiep, Warum essen wir keine Gorillas?, S. 189.

553 Vgl. Behrendt, Erinnerungen an Bobby, S. 174–175.

Das zeigte der Fall Mafuka exemplarisch. Dabei scheuten sich Zoologen wie Hartmann nicht, eigenes Material zu generieren, um ihren Standpunkt zu vertreten.

Zoologische Gärten müssen als Zentren einer Reformbewegung, eines Diskurses um das lebende Tier verstanden werden. Sie ermöglichten einer breiten Öffentlichkeit die Teilhabe an der Naturgeschichte, die Betrachtung der Natur wurde zur Freizeitgestaltung. Das lebendige Tier stand zunehmend im Fokus, was sich in populärwissenschaftlichen Büchern und Magazinen und deren Abbildungen verdeutlichte. Der Blick der Wissenschaft verlagerte sich im Verlauf des 19. Jahrhunderts von rein anatomischen Studien zur Verhaltensforschung. Eine Entwicklung, die Zeit benötigte und nicht ohne Friktionen stattfand und auf welche die Museen reagierten. Als Mafuka in Dresden lebte, galten nicht die Zoologischen Gärten, sondern Naturkundemuseen als *»cathedrals of science«*.[554] *Brehms Thierleben* und das Berliner Aquarium arbeiteten mit visuellen Konzepten und ersetzten die ausgestopften Bälge durch möglichst naturnahe Szenen und lebende Tiere. Durch hochwertige Abbildungen versuchte Brehm den Besuch in einem Museum zu übertreffen. Die Neuerungen Meyers innerhalb des Museums zeigen, dass naturkundliche Sammlungen auf die Reformbewegung und die Erwartungen der Besucher reagierten.

Zoologische Gärten boten die Möglichkeit, Menschenaffen lebend zu betrachten. Die Existenz von Menschenaffen zwang das Publikum vor dem Hintergrund der Evolutionsdebatte deren Verhalten genauer zu studieren und eine systematische Art der Untersuchung hervorzurufen. Nicht nur die Maße der Tiere waren von Bedeutung, sondern ihr Verhalten, ihre Sprachfähigkeit wurde experimentell erprobt – Wie reagierte Mafuka auf einen schwarzen Schornsteinfeger;[555] inwieweit war sie zu Tischmanieren erziehbar; konnte sie zeichnen oder M'Pungu gar sprechen? Zootiere weckten den Wunsch nach langfristigen Beobachtungen. Die Detailstudien von Leutemann und erste Experimente mit Mafuka und M'Pungu zeigen eine intensive Auseinandersetzung mit dem Tier, seinem Sozialverhalten und seinen Bewegungsabläufen. Ein Wissen, welches durch zootomische Arbeiten nicht generierbar war. Das lebende Tier rückte in das Interesse der Forschung. Als *»Praktiker [...] der Naturgeschichte«*[556] waren Tiermaler, Zoodirektoren, Jäger und wissenschaftliche Laien aktiver Bestandteil der Wissensgenerierung und -vermittlung in der zweiten Hälfte des 19. Jahrhunderts. Die Anzahl der beteiligten Akteure nahm im Vergleich zu dem Erwerb der Lübecker Menschenaffen zu. In Lübeck konnten die ersten Gorillas in Deutschland nur als Museumsobjekte betrachtet werden. In Zoologischen Gärten zeigten sich neue Perspektiven, ein neuer Umgang mit dem Zootier im Allgemeinen und dem Menschenaffen im Besonderen. Zoologische Museen begannen auf den Fokus der Lebendigkeit mit modernen Ausstellungsmöbeln und visuell ansprechend gestalteten Museumsführern zu reagieren.

Zoos verbanden über die Ausstellung der afrikanischen Tierwelt globale Räume und integrierten ganz neue Akteure in die Wissensproduktion. Zudem schien Afrika durch dessen Tierwelt für den Besucher plötzlich zum Greifen nah. Das Tier verkörperte durch

---

554 Hochadel, Science in the 19th-Century Zoo, S. 39.

555 Vgl. Schöpf, Bericht über den Zoologischen Garten, S. 90.

556 Gall, Lebende Tiere und inszenierte Natur, S. 171.

sein wildes Gebaren und Aussehen ›den‹ Afrikaner und suggerierte eine evolutionäre Nähe zu diesem. Mafuka und M'Pungu strahlten eine ›Exotik‹ aus, wie kaum ein anderes Tier des Zoologischen Gartens. Durch die Inszenierung von Darwins Evolutionstheorie versuchten die Mitarbeiter, Besucher und Wissenschaftler das Tier als afrikanischen Stellvertreter hinter den Gitterstäben zu zähmen und zu kultivieren.

Die wissenschaftliche Debatte um Darwin verband sich im Zoologischen Garten bei der Betrachtung von Menschenaffen mit sozialen Fragen, weshalb die Öffentlichkeit in den Zoo strömte, um an diesen Diskursen teilhaben zu können. Die wissenschaftliche Teilhabe ließ in Kombination mit unterhalterischen Elementen eine breite Bevölkerungsschicht partizipieren. Bilder, Fantasien, Debatten und Wissen wurden über die Tiere in den öffentlichen Raum getragen. Menschenaffen waren während ihres Lebens auf Anzeigezetteln, in Zeitungsartikeln, im Rahmen von Vorträgen oder von Angesicht zu Angesicht im Zoo omnipräsent im städtischen Bild. Die jungen Menschenaffen erschienen so menschlich, dass sich der Mensch durch Spott und Ironie schützen musste, um am Ende nicht auf der falschen Seite der Gitterstäbe zu stehen.

Mafuka konnte darüber hinaus im Museum besucht werden. Ihre Berühmtheit machte sie zu einem besonderen Ausstellungs- und Erkenntnisobjekt im Museum. In Dresden und anderen Städten fand sich eine enge Verbindung zwischen Zoo und Museum. Stellte der Zoo lebendige Individuen aus, ergänzte das Museum das Bild des Tieres durch die taxonomisch, systematische Einordnung des Tieres in die Artenvielfalt. In der Diskussion um Mafuka wurde die Unsicherheit der Forscher deutlich und löste den Bedarf nach immer weiterem Material aus. Allein Dresden besaß in den 1880er Jahren ein umfangreiches Sammlungsmaterial von Bälgen, Skeletten, Gipsabgüssen, Schädeln, Zeichnungen und Fotografien. Damit erfüllte die Sammlung in ihrem musealen Kontext die Aufgabe der stetigen Erweiterung für den wissenschaftlichen Vergleich. Der Streit um Mafukas Artzugehörigkeit begünstigte das Sammeln, da die Lücken in den Beständen aufgezeigt wurden. Erst die Erfassung eines umfangreichen Materials ermöglichte abschließende Aussagen über die Artenvielfalt des Schimpansen. Das Tier aus dem künstlich geschaffenen Raum Zoo wurde im Museum künstlich neu erschaffen. Mafukas Fall zeigt die Geschichte hinter dem Museumspräparat, den Verlauf eines Tierschicksals bis hin zum ausgestopften Objekt. Die Schimpansin durchlief mehrere Stationen. Vom afrikanischen Wildtier, zum Handelsobjekt Jehns, zum auf mehrfachen Ebenen widerspenstigen Zootier bis hin zum Ausstellungsobjekt als ein Schimpanse unter vielen. Zoo und Museum waren eng verbunden, das lokale Gewohnheitsrecht entschied über die Unterbringung Mafukas im Dresdner Museum. Die Dresdner Peripherie behauptete sich gegenüber dem zum wissenschaftlichen Zentrum Deutschlands aufsteigenden Berlin. Deshalb nutzte Hartmann M'Pungu, um durch dessen Erforschung seine im Streit um Mafuka in Frage gestellte Reputation zu wahren.

Um Mafukas Verhalten und Äußeres, das von den bisher wenigen, in Europa bekannten Artgenossen abwich, entwickelte sich ein Gelehrtenstreit, der Wissenschaft und Öffentlichkeit beschäftigte. Der Zeitraum markierte den Höhepunkt der enormen Bemühungen einen lebenden Gorilla nach Europa zu überführen und verdeutlicht den Druck der wissenschaftlichen Akteure und die mediale Aufladung der Suche.

Im Zoo und Museum fand ein Ausstellen des Tierkörpers in unterschiedlichen Kontexten statt, das Tier wurde dem Publikum lebend und tot vorgeführt. Die Erweiterung des thematischen Rahmens um Anthropologie und Ethnologie erlaubte dem Besucher in Dresden einen anderen Blick auf Tier und Mensch. Im Museum verbanden sich nun beide Aspekte; zum einen die weitgehend systematische Einordnung der Tierbestände, zum anderen beschritt Meyer neue Wege der visuellen Darstellungsweise und erinnerte durch das Zeigen der Totenmaske Mafukas oder der Nutzung von Tierdarstellungen im Museumsführer an deren Lebendigkeit. Museen versuchten ihre Ausstellungen und Exponate an das Bildprogramm Zoologischer Gärten anzupassen und dem Anspruch der Bildung und Belehrung nachzukommen.

Trotz der wissenschaftlichen und öffentlichen Bemühungen Meyers blieb die Artfrage Mafukas in der weiteren Rezeption uneindeutig. Robert Hartmann veröffentlichte im Jahr 1883 die Arbeit *Die menschenähnlichen Affen und ihre Organisation im Vergleich zur menschlichen*, darin druckte Hartmann eine von ihm angefertigte Zeichnung Mafukas ab [**Abb. 49**]:

Abb. 49: »Figur 61, Mafuca«, in: Robert Hartmann, Die menschenähnlichen Affen und ihre Organisation im Vergleich zur menschlichen, Leipzig 1883, S. 202.

Niedersächsische Staats- und Universitätsbibliothek Göttingen, SUB, Historisches Gebäude, Signatur: 8 SVA I, 3546:60.

»Ich fertigte damals die auf S. 202 stehende Profilabbildung des zufällig von tollen Streichen ausruhenden Thieres an, welche trotz kleiner Fehler dessen allgemeinen, absolut originellen Habitus und namentlich den physiognomischen Ausdruck sicherlich am besten widergibt.«[557]

Die Zeichnung erinnert stark an die Darstellungen Mützels in *Brehms Thierleben*. Hartmann gestand Fehler bei der Illustration zu kleiner Ohren und des Haarwuchses am Schädel ein.[558] Vergleichbare Zeichnungen von Schimpansen finden sich in Hartmanns Nachlass [**Abb. 50**].

Abb. 50: Zeichnung auf Pappe, Schimpanse (Pan satyrus), Afrika.

Heimatsammlung Stadt Blankenburg (Harz), Nachlass Hartmann, Signatur: H/01339/BW.

Auffallend ist, dass er Mafuka nicht frontal darstellte. Damit betonte er Mafukas *»prognathes Antlitz«*[559] und den deutlichen Unterschied zum Menschen. Hartmann bezog sich 1883 weiterhin auf die Expertise Koppenfels und beharrte auf den äußerlichen Besonderheiten Mafukas, die sie in seinen Augen nicht auf den ersten Blick als Schimpansin erkennbar machten, was er mit seiner Zeichnung demonstrierte. Er nutzte, wie Meyer, wissenschaftliche Autoritäten, so die Arbeit Carl Vogts (1817–1895), *Die Säugethiere in*

557 Robert Hartmann, Die menschenähnlichen Affen und ihre Organisation im Vergleich zur menschlichen, Leipzig 1883, S. 203, https://archive.org/details/diemenschenhnliohartgoog/page/n219 vom 24.01.2023.

558 Vgl. Ebd., Fußnote 1.

559 Ebd., S. 202.

Wort und Bild von 1882, der Mafuka als einen Hybriden zwischen Gorilla und Schimpanse beschrieb.[560] Der Naturforscher und Tierpräparator Philipp Leopold Martin ordnete Mafuka 1882, dem Vorbild Brehms folgend, als Tschego ein.[561] Bis heute wird der zentralafrikanische Schimpanse als Tschego bezeichnet und bildet eine Unterart des Gemeinen Schimpansen. Die vermeintlich eindeutigen Obduktionsergebnisse setzten sich in populären Publikationen über Menschenaffen bis in die 1880er Jahre nicht durch. Das öffentliche Bild Mafukas ging weiterhin von einer Besonderheit des Tieres aus. Hartmann trat in der Diskussion präsent auf und provozierte Meyer mit seinen Veröffentlichungen.

An dem Fall Mafuka verdeutlichte sich eine tiefgreifende wissenschaftliche Unstimmigkeit. Systematische Zoologen beharrten auf ihrem Recht der exklusiven Bestimmung von Tieren. Menschenaffen forderten die Grenzen der Disziplinen heraus und führten zu wissenschaftlichen Streitigkeiten. Durch die von Darwin provozierte Diskussion um die Nähe zum Menschen und eine gemeinsame Abstammungsgeschichte rückten die Tiere in den Fokus von Anatomen, Zoologen und Anthropologen. Das wenige verfügbare Material und das Fehlen von europäisch wissenschaftlichen Berichten aus Afrika verschärften den Konflikt. Trotz seines Fehlers war es Hartmann, der als erster Experte im Hinblick auf Anthropoiden galt. Besonders Mützels Bilder prägten das Bild der Öffentlichkeit durch deren Veröffentlichung in *Brehms Thierleben*, auf die sich andere bekannte Autoren stützten. Die Diskussion um Mafuka wurde auf verschiedenen Ebenen ausgetragen. Die Nachhaltigkeit der Gorilla- und Tschego-Theorien, die über populär-naturkundliche Publikationsorgane verbreitet wurden, zeigte deren Wirkmächtigkeit in der zweiten Hälfte des 19. Jahrhunderts. Mit dem reichhaltigen Bildprogramm der populären Naturkunde und der Zoologischen Gärten konnten Museen und ausschließlich taxonomisch arbeitende Zoologen nicht konkurrieren. Das verdeutlichte ebenfalls die Ankunft des ersten lebenden Gorillas in Berlin nur wenige Monate nach Mafukas Ableben.

---

560 Vgl. Carl Vogt, Die Säugetiere in Wort und Bild, München 1883, S. 11.

561 Vgl. Philipp Leopold Martin, Illustrirte Naturgeschichte der Thiere, Band 1. Säugethiere, Leipzig 1882, S. 11.

5 Gorillas zwischen Kunst und Kolonialismus um 1900

5.1 Vom afrikanischen Wildtier zum kolonialen Zootier

Mit der Reichseinigung von 1871 ging ein zunehmendes wirtschaftliches und wissenschaftliches Interesse an Afrika einher, wie die Loango-Expedition oder der Ausbau der Woermannschen Dampfschifffahrtslinie zeigten. Die Regierung stellte es Handelsunternehmen, Privatpersonen und Gesellschaften frei, in Übersee aktiv zu werden und Verträge zu schließen.[1] Die Regierung unter Reichskanzler Otto von Bismarck (1815–1898) gewährte zunächst keine staatlichen Schutzversprechungen. Das änderte sich im Jahr 1884 mit dem Gesuch des Bremer Kaufmanns Adolf Lüderitz (1834-circa 1886), seine Gebiete in Südwestafrika unter offiziellen Schutz zu stellen, dem stattgegeben wurde.[2] Es folgten weitere sogenannte Schutzverträge für Gebiete in Togo, Kamerun und der späteren Kolonie Deutsch-Ostafrika (heute Tansania, Burundi und Ruanda). Im Jahr 1886 verabschiedete der Reichstag eine erste Kolonialgesetzgebung für die erworbenen ›Schutzgebiete‹.[3] Die Verwaltung übernahmen örtliche Kolonialgesellschaften, das Reich besaß nur de facto die Oberhoheit über die Gebiete. Doch was bedeutete das koloniale Eingreifen Deutschlands für die afrikanische Natur im Allgemeinen und Menschenaffen im Besonderen und die Zurschaustellung afrikanischer Tiere in Europa?

Das deutsche Engagement muss im Kontext eines Wettlaufs europäischer Mächte um Gebiete in Afrika und anderen Teilen der Welt verstanden werden. Politische Vorhaben waren untrennbar mit wissenschaftlichen Fragen und wirtschaftlichen Interessen verbunden. Zentralafrika, das Ziel der Loango-Expedition, wo große Menschenaffenpopulationen vermutet wurden, fiel unter belgische Herrschaft. Den Beginn der intensiven Erforschung Zentralafrikas markierte die von Leopold II. (1835–1909) am 12. September 1876, kurz nach der Ankunft M'Pungus und dem Ende der Loango-Expedition, eröffnete Geographische Konferenz in Brüssel, unter der Teilnahme von Unternehmern, Geografen und Medizinern. Die belgische Regierung plante überseeische Absatzmärkte

1 Vgl. Lindner, Transimperiale Orientierung, S. 19.

2 Vgl. Werner Haupt, Die deutsche Schutztruppe 1889/1918. Auftrag und Geschichte, Berg am See 1989, S. 10–11; Pesek, Koloniale Herrschaft, S. 16.

3 Vgl. Conrad, Sebastian, Deutsche Kolonialgeschichte, München 2008, S. 23.

zu erschließen. Nach außen verkaufte Leopold II. seine wirtschaftlichen Interessen als wissenschaftliche und zivilisatorische Maßnahme. Die Eroberung und Ausbeutung des Kongo ist unter dem Stichwort ›Kongogräuel‹ von Zeitgenossen kritisiert und in der Forschung als »*Congo holocaust*«[4] bezeichnet worden. Europäer hatten das Kongobecken und andere Gebiete Zentralafrikas, etwa die großen Seen im Hochland Ostafrikas, bis in die zweite Hälfte des 19. Jahrhunderts nicht betreten.[5]

Für das Kaiserreich begann mit Wilhelm II. ab 1888 ein außenpolitischer Kurswechsel, in dem Deutschland eine aktive Rolle als Weltmacht anstrebte. Für die Bewohner der deutschen Kolonien bedeutete das einen zunehmenden Eingriff in alle Lebensbereiche. Mit dem Aufbau einer Kolonialabteilung ab den 1890ern erhoffte sich die deutsche Kolonialmacht die Durchdringung und Vernetzung des Hinterlandes, um die Arbeitskraft der Bevölkerung in den wirtschaftlich kaum gewinnbringenden Kolonien zu nutzen.[6] Bei der Einnahme der Rolle als Weltmacht ging es für das Kaiserreich vor allem um den Ausbau und die Etablierung von Herrschaft sowie den Gedanken des Aufholens in einem internationalen Wettkampf. Die Behandlung und Beurteilung der afrikanischen Bevölkerung stützten sich in allen europäischen Kolonien auf rassistische Topoi. Der Rückgriff auf anatomische Studien Campers, Linnés Verbindung zwischen äußeren und inneren Eigenschaften des Menschen, Darwins Evolutionstheorie und dessen Übertragung in hierarchische Entwicklungsmodelle durch Haeckel hatten eigene, zunehmend rassistische Dynamiken freigesetzt. Naturwissenschaftliche Theorien prägten das Denken und Handeln in Europa. Menschenaffen nahmen eine entscheidende Rolle in der Visualisierung von ›Andersartigkeit‹ ein. Menschen Außereuropas galten als wild, anders, ›fremd‹, geistig und körperlich geringer entwickelt.[7] Mit der Begründung einer Verpflichtung zur Missionierung, Modernisierung, Befreiung (vom Sklavenhandel) und dem Wirtschaftsaufbau wurde das Eingreifen Europas in Afrika als »*white man's burden*«[8] gerechtfertigt.

---

4 Georges Nzongola-Ntalaja, The Congo from Leopold to Kabila. A People's History, London u.a. 2002, S. 20.

5 Vgl. David van Reybrouck, Kongo. Eine Geschichte, Berlin 2012, S. 57; Günther Hamann, Ein Überblick über die Geschichte der Erforschung des nordöstlichen und östlichen Afrikas, in: Hanno Baschnegger; Gerald Schlag (Hg.), Abenteuer Ostafrika. Der Anteil Österreich-Ungarns an der Erforschung Ostafrikas. Ausstellung in Schloss Halbtun 11. Mai bis 28. Oktober 1988, Eisenstadt 1988, S. 81–124, S. 110; Susanne Nebel, Der Handel in Ostafrika, in: Hanno Baschnegger; Gerald Schlag (Hg.), Abenteuer Ostafrika. Der Anteil Österreich-Ungarns an der Erforschung Ostafrikas. Ausstellung in Schloss Halbtun 11. Mai bis 28. Oktober 1988, Eisenstadt 1988, S. 207 und 216; Michael Pesek, Die Kunst des Reisens. Die Begegnung von europäischen Forschungsreisenden und Ostafrikanern in den Kontaktzonen des 19. Jahrhunderts, in: Winfried Speitkamp (Hg.), Kommunikationsräume – Erinnerungsräume. Beiträge zur transkulturellen Begegnung in Afrika, München 2005, S. 71; Pesek, Koloniale Herrschaft, S. 52–77.

6 Vgl. Lindner, Transimperiale Orientierung, S. 22.

7 Vgl. Deutscher Museumsbund e.V. (Hg.), Leitfaden. Umgang mit Sammlungsgut aus kolonialen Kontexten, 2. Fassung, Berlin 2019, S. 23; aktuelle Fassung: Deutscher Museumsbund e.V. (Hg.), Leitfaden. Umgang mit Sammlungsgut aus kolonialen Kontexten, 3. Fassung, Berlin 2021, S. 19–20, https://www.museumsbund.de/publikationen/leitfaden-zum-umgang-mit-sammlungsgut-aus-kolonialen-kontexten/ vom 12.04.2023.

8 Lindner, Transimperiale Orientierung, S. 29.

Der gewaltvolle Umgang spiegelte sich in Kolonialkriegen und -skandalen, die Kritik in Deutschland hervorriefen,[9] wider.

> »Ein zu entdeckender und zu erforschender geographischer Raum verwandelte sich in ein Laboratorium, in dem wissenschaftliche Annahmen zu überprüfen waren, sowie in ein Territorium, das in Besitz zu nehmen war. Daß sowohl das Laboratorium als auch das Territorium begehrt und imaginiert werden mußten, bevor sie »erschlossen« wurden, wie man es damals formulierte, erklärt die eigentümliche Mischung aus Fakten und Fiktion, [...].«[10]

Die Erforschung der Flora und Fauna der Gebiete, darunter die Entdeckung des Gorillas und großer Menschenaffenpopulationen, muss in diesem Kontext betrachtet werden. Die Ausbeutung Afrikas durch europäische Kolonialmächte hatte Auswirkungen auf die gesamte Umwelt. Schon Mitte des 19. Jahrhunderts war die Elefantenpopulation stark dezimiert, ein Richtwert für die *»ökologische Tragödie Afrikas«*.[11]

Der europäische Tierhandel profitierte vom globalen Ausgreifen Europas und bediente wissenschaftliche Institutionen und Unterhaltungseinrichtungen. Die gehandelten und ausgestellten Tiere prägten die Vorstellungen von Besuchern. Wer sich um 1900 professionell mit außereuropäischen Tieren befasste, kam automatisch mit kolonialen Themen und Politiken in Berührung. Der Tierhandel stellte ab der zweiten Hälfte des 19. Jahrhunderts einen bedeutenden wirtschaftlichen Faktor dar. Als Carl Hagenbeck, von Ludwig Heck als *»zoologische*[r] *Großindustrielle*[r]«[12] bezeichnet, 1913 starb, dankte ihm *Kolonie und Heimat* für *»wertvolle Anregungen* [...] *für die wirtschaftliche Nutzbarmachung der kolonialen Tierwelt und für die Tierzucht«*[13]. Unter dem Stichpunkt der Tierzucht verstand die Zeitschrift, das zwischen 1907 und 1920 (ab 1919 unter dem Titel *Ausland und Heimat*) wöchentlich erscheinende Organ des Frauenbundes der Deutschen Kolonialgesellschaft und bekannteste Kolonialzeitschrift vor Ausbruch des ersten Weltkriegs,[14] die Akklimatisation im Sinne der Einkreuzung in europäische Nutztiere und berichtete über das Zebra als *»afrikanische*[s] *Tigerpferd«*.[15] Das Ziel der vollständigen kolonialen Unterwerfung, Erforschung und Nutzbarmachung galt der gesamten afrikanischen Tierwelt.

Oscar De Beaux (1879–1955), ein italienischer Zoologe und wissenschaftlicher Assistent Carl Hagenbecks,[16] berichtete über Tiertransporte aus den deutschen Kolonien in Afrika. De Beauxs Schilderungen verweisen auf das breite Netzwerk von Zoologischen Gärten und Tierhändlern in ganz Europa. Während des Transports waren die Händler und Pfleger vor Ort für das Überleben der Tiere verantwortlich. Jedes tote Tier bedeutete

9 Vgl. Ebd., S. 24; Rebekka Habermas, Skandal in Togo. Ein Kapitel deutscher Kolonialherrschaft, Frankfurt a.M. 2016, S. 14.

10 Fabian, Im Tropenfieber, S. 34.

11 Nebel, Der Handel in Ostafrika, S. 210.

12 Heck, Heiter-ernste Lebensbeichte, S. 244.

13 Koloniale Neuigkeiten. Allgemeines. Carl Hagenbeck, in: Kolonie und Heimat 6 (13, 1911/12), S. 17.

14 Vgl. Eva Bischoff, Kannibale-Werden. Eine postkoloniale Geschichte deutscher Männlichkeit um 1900, Bielefeld 2011, S. 125.

15 Ostafrika. Zebra als Reittier, in: Kolonie und Heimat 6 (30, 1911/12), S. 1.

16 Vgl. Oscar De Beaux, Tiertransporte, in: Kolonie und Heimat 6 (16, 1912/13), S. 6–7 und 6 (18, 1912/13), S. 6–8.

ein Verlustgeschäft. Aufgrund der weiten und wenig erschlossenen Wege, die die empfindlichen Tiere in ihren Transportkisten zurücklegen mussten, war die Mortalitätsrate hoch. Erst nach 1900 konnten Tierhändler zunehmend auf ausgebaute Handelsrouten zurückgreifen. Die Eisenbahn war ein wichtiges Transportmittel zur Erschließung entlegener Orte. Neben dem Transport verhalf der Ausbau von Verkehrswegen, wie dem Bau der Ugandabahn ab 1895 in Britisch-Ostafrika, politische und technische Macht zu demonstrieren und die Herrschaft in entlegenen Gebieten zu sichern. Gleichzeitig gelangten die Tiere schneller in den Hafen von Mombasa (heute Stadt in Kenia) und von dort aus weiter nach Europa. Das intensivierte Interesse an dem wirtschaftlichen Umschlagplatz Ostafrika steigerte sich mit der Eröffnung des Suezkanals 1869, der die Reisedauer von Europa an die Ostküste verkürzte. Eingebettet waren die Ereignisse in einen allgemeinen Globalisierungsschub, der durch eine Beschleunigung in den Bereichen der Kommunikation und dem Verkehrsausbau gekennzeichnet war und einen eng verflochtenen Weltmarkt entstehen ließ.[17]

Menschenaffen galten als äußerst wertvoll und unterlagen bei ihrem Transport einem Sonderstatus.[18] Wurden die Tiere nach Europa überführt, behielten die reisenden Europäer die empfindlichen Jungtiere bei sich oder stellten ihnen afrikanische Pfleger zur Seite, die die Tiere teilweise bis nach Europa begleiteten.

Gegen die Vorstellung eines »*musealen Zoos*«,[19] die die ersten Zoogründungen in Europa prägte, führte Hagenbeck das durch ihn patentierte sogenannte Naturwissenschaftliche Panorama in seinem Stellinger Tierpark ein, der 1907 eröffnete. Ziel war die Suggestion einer naturnahen und auf die Bedürfnisse der Tiere eingehende Zurschaustellung. Hagenbeck schuf eine Großtierhandlung mit ständig wechselndem Tierbestand und Landschaftspanoramen, die natürliche Fressfeinde und Besucher nicht durch Gitter, sondern Gräben voneinander trennte, um Besuchern einen möglichst natürlichen, unverstellten Blick auf die Natur zu gewähren.[20] Der Stellinger Tierpark illusionierte die Freiheit der Tiere, die in der Folgezeit für viele Zoos richtungsweisend wurde und dazu führte, sich im Zuge der Tiergartenbiologie mit den Bedürfnissen der gefangenen Tiere auseinanderzusetzen.[21] Neben dem vermeintlich gesteigerten Tierwohl gewährte die Art der Zurschaustellung vor allem den Besuchern ein positives Zooerlebnis. Hagenbeck inszenierte seinen Park als Garten Eden, in dem Tiere und Menschen sich in größtmöglicher Freiheit und Harmonie begegnen konnten.[22] Die afrikanische Tierwelt schien zum Greifen nah. Eine strikte systematische Aufreihung der einzelnen Arten wurde aufgelöst.[23] Tiere wurden zu Lebensgemeinschaften zusammengeschlossen und inszenierten einen Besuch afrikanischer Naturräume, ohne die beschwerliche Reise nach Afrika selbst

17 Vgl. Lindner, Transimperiale Orientierung, S. 16.

18 Vgl. De Beaux, Tiertransporte, (18, 1912/13), S. 7.

19 Wessely, Künstliche Tiere, 113.

20 Vgl. Hauffe; Klös, Das künstliche Paradies, S. 2.

21 Vgl. Kaselow, Die Schaulust am exotischen Tier, S. 52f.

22 Vgl. Rothfels, Die Revolution des Herrn Hagenbeck, S. 213–214.

23 Vgl. Christina Katharina May, Künstliche Savannen. Afrikanisch thematisierte Schauanlagen in zoologischen Gärten seit 1900, in: Winfried Speitkamp; Stephanie Zehnle (Hg.), Afrikanische Tierräume. Historische Verortungen, Köln 2014, S. 163f.

antreten zu müssen. Wie Brehm mit seinem *Thierleben* oder Berliner Aquarium kontrollierte Hagenbeck den Blick des Publikums auf Tiere in seiner Autobiografie[24] und seinem Tierpark. Seine erzeugte Tierliebe blieb nicht ohne Kritik. Im Kontrast zu seiner Selbstbeschreibung galten die Fangmethoden und Haltungsbedingungen, besonders bei Menschenaffen, als fragwürdig und waren mit hohen Verlusten verbunden.[25] Der Käfig für Menschenaffen nannte

> »sich zwar Menschenaffenhaus [...], der aber von irgendwelchen bewährten gesundheitlichen Einrichtungen für solche und erst recht von irgendwelchen neuartigen Gedanken zur Haltung dieser Menschentiere nicht das geringste aufwies, und wenn man da diese armen Schelme von Gorillas in der Ecke des Käfigs sitzen oder liegen sah, mit dem Gesicht nach der Wand gekehrt, oder gar mit den Händen bedeckend, teilnahmslos, wie mit der Welt zerfallen und in sich selbst verfallen, so war man froh, nicht ihr verantwortlicher Pfleger zu sein; denn sie waren für jeden schärferen Blick schon vom Tode gezeichnet.«[26]

Um 1900 überlebten Menschenaffen ihre Gefangenschaft weiterhin nur wenige Monate. Die sensiblen Tiere stehen beispielhaft für das Verlustgeschäft, von dem Tierhändler wie Hagenbeck profitierten, da immer neue Tiere gefangen werden mussten. Die jahrhundertelange Anthropomorphisierung von Affen führte dazu, dass den Tieren Gefühle zugestanden wurden, der Zoobesucher sich in die Tiere hineinversetzte und Missstände in Zoologischen Gärten weniger tolerierte.[27] Das erhoffte positive Naturerlebnis im Zoo erfuhr einen Bruch. Die Gitter der Käfige unterstrichen die Herausnahme aus der Natur und die Unfähigkeit des Menschen den Lebensraum der Tiere adäquat zu ersetzen. Die bekannteste Kritik stammt von Franz Kafka (1883–1924) aus seinem *Bericht für eine Akademie* (1917). Darin erzählt er aus der Sicht des psychisch gezeichneten Schimpansen Rotpeter über dessen Gefangenschaft und Zurschaustellung, die an Mafuka und andere Zooaffen erinnert. Die Fangmethoden der Tierhändler waren bekannt und wurden für das menschliche Vergnügen in Europa in Kauf genommen. Um an einen jungen Menschenaffen zu gelangen, musste die ganze Gruppe getötet werden. Von den so gefangenen Tieren erreichte nur ein Bruchteil Europa lebend. Die Kritik Kafkas richtete sich gezielt gegen Hagenbeck, die Fangmethoden seiner Tieragenten und dessen Autobiografie *Von Tieren und Menschen* aus dem Jahr 1908. Durch den Bericht Rotpeters ließ Kafka die Ware, das Objekt Tier, selbst zu Wort kommen und dekonstruierte die Speziesgrenze. Am Ende ist es Rotpeter, der eine Schimpansin hält.[28]

---

24 Vgl. Hagenbeck, Von Tieren und Menschen.

25 Vgl. Nigel Rothfels, Immersed with Animals, in: Ders. (Hg.) Representing Animals, Bloomington, Ind. u.a. 2002, S. 211.

26 Zur Strassen (Hg.), Brehms Tierleben, Band 13, S. 695.

27 Vgl. Kaselow, Die Schaulust am exotischen Tier, S. 48.

28 Vgl. Hochadel, Darwin in the Monkey Cage, S. 92; Johann Reißer, Hagenbeck in Kafkas Manege. Vom Mensch-, Tier- und Text-Werden in Schau- und Erzählräumen der deutschen Kolonialzeit, in: Winfried Speitkamp; Stephanie Zehnle (Hg.), Afrikanische Tierräume. Historische Verortungen, Köln 2014, S. 180–188; Kafka, Franz, Ein Bericht für eine Akademie, Wien 1977; Hagenbeck, Von Tieren und Menschen.

Ähnlich wie Carl Hagenbeck oder Alfred Brehm übte Ludwig Heck Einfluss auf das Tierverständnis seiner Zeit aus. Als Direktor prägte er den Berliner Zoologischen Garten zwischen den Jahren 1888 bis 1931. In seiner späteren Biografie *Heiter-ernste Lebensbeichte* von 1938 gibt er Einblicke in die Entwicklungen auf dem Gebiet der Zoologie und der Zoologischen Gärten, in den Umgang mit lebenden und toten Tieren um 1900. Er resümierte:

> »Wenn ich zurückdenke, an was für fürchterlichen Schreckgespenstern der Tiermalerei – die Säugetiere alle steif auf einer Art Plinte stehend […] – ich meine ersten zoologischen Kenntnisse habe erwerben müssen, so kann ich die heutige Jugend gar nicht genug beneiden.«[29]

Erst mit der *Gartenlaube* und *Brehms Thierleben* waren naturnahe Tierabbildungen auf den Markt gekommen, die eine ganze Generation prägten. Ohne einen Zoologischen Garten in unmittelbarer Erreichbarkeit war die *Gartenlaube* die »*wesentliche Geistesnahrung auf jedem Familientische*«.[30] Durch die Bilder seiner Jugend beeinflusst, förderte Heck im Amt des Berliner Zoodirektors die Verbindung zwischen Kunst und Wissenschaft und ließ Tiermaler in den Zoo kommen, darunter Gustav Mützel, »*der denkbar beste, schärfste und genaueste wissenschaftliche Zeichner*«.[31] »*Tier in der Natur und Tier in der Kunst: sie bedeuten den Hauptinhalt meines Lebens!*«,[32] so Heck. Er besuchte als Jugendlicher einen Vortrag von Alfred Brehm, den er als »*geniale*[n] *Tiermaler mit Worten*«[33] bezeichnete. Von einem Vortrag Ernst Haeckels zeigte sich Heck enttäuscht und wunderte sich bei einem späteren Besuch Haeckels im Berliner Zoo, dass sich dieser kaum für die Tiere interessierte.[34]

Als Direktor des Berliner Gartens führte Heck, anders als Hagenbeck, eine systematische Ordnung des Tierbestandes durch, um eine »*belehrende Wirkung der Tierschau*«[35] zu erzielen, was auch durch die enge Verbindung mit dem Berliner Naturkundemuseum zu erklären ist. Unter seiner Leitung und mit gewonnenen Erfahrungen der Zoopraxis kam es zu einer zunehmenden Spezialisierung von Tierwärtern für bestimmte Tiergruppen. Der Kontakt zu den betreuten Tieren wurde enger und Beobachtungen von lebenden Tieren waren über längere Zeiträume möglich. Heck verortete seine Tätigkeit und die Funktion Zoologischer Gärten zwischen Wissenschaft und Öffentlichkeit: »*Und ich dank meiner Stellung, die mich mit einem Fuß in die Wissenschaft, mit dem anderen ins praktische Leben stellte.*«[36]

Heck profitierte von seinen Kontakten zu ›Afrikanern‹, wie er deutsche Afrikareisende bezeichnete: »*Eine besonders reizvolle Note hatten unsere Gesellschaften noch durch die »Afrikaner«, durch die Kolonialoffiziere, Kolonialbeamten und Auslandsdeutschen, die bei uns verkehr-*

29 Heck, Heiter-ernste Lebensbeichte, S. 23.

30 Ebd., S. 329.

31 Ebd., S. 343.

32 Ebd., S. 351.

33 Ebd., S. 205.

34 Vgl. Ebd., S. 206.

35 Ebd., S. 52.

36 Ebd., S. 111.

ten.«[37] Über diese Kontakte erhielt Heck zahlreiche Tiere für den Zoologischen Garten, darunter die Schimpansin Miffie und den Gorilla Bobby.[38] Miffie überlebte ihre Haltung 16 Jahre, eine lange Zeit im Hinblick auf die Haltungsbedingungen um 1900. Der Erfolg mit Miffie veranlasste Heck zu dem Resümee, »*daß junge Menschenaffen möglichst ähnlich wie Kinder behandelt und aufgezogen werden müssen.*«[39] Den Ankauf älterer Tiere lehnte er ab. Auf dem europäischen Tiermarkt wurden ältere Schimpansen angeboten, die von westafrikanischen Handelsfaktoreien stammten und verkauft wurden, sobald der Besitzer aus Afrika zurückkehrte oder das Tier mit zunehmendem Alter nicht mehr zu kontrollieren war. Diese Tiere ließen sich nicht in einen Zoo integrieren und verstarben kurz nach ihrer Ankunft.[40]

Heck zeigte großes Interesse an kolonialen Themen und besuchte das belgische Museum in Tervueren, »*wo es für uns Zoologen immer viel Interessantes aus dem Kongostaat zu sehen gab.*«[41] Das Museum, auch als Palast der Kolonien bekannt, erhielt 1910 einen Neubau und den Namen Museum für Belgisch-Kongo. Die Ausstellungen dienten als Propaganda für die Kolonialpolitik Leopolds II., die in der Kritik stand, da sie sich wirtschaftlich nicht rentierte und Berichte über das brutale Vorgehen gegenüber der Bevölkerung bekannt wurden.[42]

Die Bedeutung der Kolonien für den Zoo und das Museum schilderte Heck ausführlich. Er skizzierte private Kolonialabende mit Hauptmann Hermann von Wissmann (1853–1905), der als Offizier und Kolonialbeamter Afrika durchquert hatte und dessen Reitesel im Berliner Zoo lebte.[43] Die Kontakte Hecks verbanden bedeutende Berliner Akteure des Zoos und Museums mit den Kolonien und erlaubten den Zugang zu dem begehrten Material ›Tier‹. Heck sprach von einem »*Zustrom* […] *neuen, seltenen und interessanten Tiermaterials, das sich* […] *aus unseren Kolonien in den Berliner Zoo und das Berliner Museum ergoß.*«[44] Berlin avancierte zu einem Zentrum der Sammlungstätigkeit. Die Verbindung zwischen dem Zoo als Ort der lebenden Sammlung und dem Museum als Ort der tierischen Überreste erfolgte in Berlin fließend, da beide Institutionen seit ihrer Gründung eng miteinander verbunden waren. Durch die Doppelfunktion Lichtensteins besaß der Berliner Zoo seit seiner Gründung eine enge universitäre Anbindung. Heck führte den Zoo unter wissenschaftlichen Gesichtspunkten. Im Vordergrund stand die taxonomische Arbeit in enger Zusammenarbeit mit dem Berliner Museum.[45] Lübeck verfügte über keinen Zoo oder eine eigene Universität. Dresden hatte universitäre

---

37 Ebd.

38 Fotografie von unbekannt, »Geheimrat Heck mit dem später so berühmten Gorilla Bobby«, in: Ebd., Titelblatt.

39 Ebd., S. 232.

40 Vgl. Ebd., S. 252 und 253.

41 Ebd., S. 131.

42 vgl. Matthias Krupa, Belgisches Afrikamuseum. Abschied von Tervuren, in: Die Zeit 50 (5. Dezember 2013), https://www.zeit.de/2013/50/koenigliches-museum-zentralafrika-belgien-tervuren vom 18.04.2024; Die Geschichte des Museums, https://www.africamuseum.be/de/discover/history vom 18.04.2024.

43 Vgl. Heck, Heiter-ernste Lebensbeichte, S. 227.

44 Ebd., S. 231.

45 Vgl. Ludwig Heck, Der Berliner Zoologische Garten als wissenschaftliche Tiersammlung, in: Paul Matschie (Hg.), Verhandlungen des V. Internationalen Zoologen-Congresses zu Berlin, Jena 1901,

Strukturen und Institute, sowie eine reiche naturwissenschaftliche Vereinstätigkeit. Als Mafuka nach Dresden kam, war der Zoo noch jung. Die Auseinandersetzungen um ihren Kadaver zeigten, dass die Verbindung zwischen dem Zoo und der Sammlung erst eingeübt werden musste und sich mit den Jahren intensivierte, als Meyer zur Begutachtung von Tieren durch den Zoo angefragt wurde.[46]

Die Konkurrenz der Lebendigkeit von Zoologischen Gärten und populär-wissenschaftlicher Literatur gegenüber scheinbar für die Ewigkeit erstarrten zoologischen Sammlungen wurde durch den beträchtlichen Zustrom an lebenden Tieren im Zuge eines global agierenden Tierhandels und koloniale Schau- und Illusionswelten in Zoos gegen Ende des 19. Jahrhunderts verstärkt. Wie reagierten Naturkundemuseen auf diese Entwicklungen?

5.2 Das ›koloniale‹ Sammeln für das Berliner Naturkundemuseum

Durch den Beschluss des Bundesrates vom 21. Februar 1889, wodurch alle durch das Reich finanzierten Expeditionen ihre naturkundlichen, ethnologischen und anthropologischen Objekte nach Berlin überstellen mussten,[47] avancierte das Berliner Naturkundemuseum zu einem Zentrum kolonialer Sammlungen. Ab dem 10. Dezember 1891 unterlagen Sammlungen von Kolonialbeamten ebenfalls diesem Erlass.[48] Aber nicht alle Sammlungsgegenstände gelangten nach Berlin. Andere Museen profitierten von lokalen Netzwerken und Reisenden, wie das Beispiel des Senckenberg Museums in Frankfurt a.M. zeigt,[49] oder dem Austausch von Objekten zwischen Museen und Sammlungen.

Wie Zoologische Gärten um 1900 können Naturkundemuseen als »*Schaufenster des Kolonialismus*«[50] bezeichnet werden, das verdeutlicht sich an den Sammlern der Menschenaffenobjekte des Berliner Museums. Aus den Berichten Heinrich Lenz aus Lübeck geht hervor, dass Heinrich Brehmer 1866 ein Gorillaskelett und -balg für Berlin mitschickte und diese Objekte von Wilhelm Peters untersucht wurden. Demnach befanden sich spätestens ab diesem Zeitpunkt Objekte von Menschenaffen im Besitz der Sammlung. Zwischen 1866 und 1876 hatte die Berliner Menschenaffensammlung deutlich an Umfang zugenommen, die besonders nach 1900 weiter rasch anwuchs.

Die für das allgemeine Publikum zugängliche Sammlung befand sich im Erdgeschoss des Gebäudes und erstreckte sich über zwei Treppenhäuser und sechs Säle. Der

S. 919–926, https://www.biodiversitylibrary.org/item/101051#page/5/mode/1up vom 25.01.2023; Jahn, Zoologische Gärten – Zoologische Museen, S. 28.

46 Vgl. Adolf Bernhard Meyer, Ein brauner Tschimpanse im Dresdner Zoologischen Garten, in: Abhandlungen und Berichte des Königlichen Zoologischen und Anthropologisch-Ethnographischen Museums zu Dresden 5 (1894/95), S. 3.

47 Vgl. Köstering, Natur zum Anschauen, S. 198.

48 Vgl. Ebd., S. 199.

49 Vgl. Nyhart, Life after Death, S. 235–238; Udo Becker, Zur Geschichte der Zoologischen Präparation des Senckenbergmuseums in Frankfurt a.M. Zum Andenken an Heinz Leffler, Frankfurt a.M. 1997.

50 Baratay; Hardouin-Fugier, Zoo, S. 120.

Eingang wurde durch einen Lichthof[51] dominiert. In ihm befanden sich um 1900 große Skelette und ausgestopfte Säugetiere, darunter ein Grönlandwal und Elefanten. Auch der Stoßzahn eines Mammuts und ein Riesenhai wurden gezeigt, womit der Eingangsbereich an die Ausstellungen in Lübeck erinnerte. Die Weite des Raumes ermöglichte das Umschreiten der Objekte. Die Halle vermittelte einen sakralen Charakter. Den beeindruckenden Objekten des Lichthofes folgte der Übergang in die systematische Aufstellung der Tiere, die mit den Menschenaffen begann und die Verbindung zum Menschen herstellte:

> »Man fange die Besichtigung an auf der östlichen rechte Seite des Eingangs aus der Oberlichthalle. Hier findet man Skelette des Menschen und der Affen und neben einander Schädel aller Ordnungen der Säugetiere. Die Arme des Gorilla, Orang-Utan und Schimpanse sind viel länger als die des Menschen.«[52]

Die Skelette und Schädel ermöglichten einen Blick in den inneren Aufbau und zeigten den Wissensstand und die Arbeitsweise der systematisch-vergleichenden Zoologie. Der Museumsführer erläuterte die Funktion der längeren Arme für baumbewohnende Affen und die Ausstellung zeigte das Schlafnest eines Orang-Utans. In die systematische Ausstellung wurden bekannte Kenntnisse über die natürlichen Verhaltens- und Lebensweisen sowie der Anatomie integriert.

> »In der ersten Schrankreihe am Fenster sollen die Menschenaffen, eine Gorilla-Familie vom westlichen Ufer des Tanganjika-Sees, von der das Männchen und Junge von Seiner Hoheit dem Herzog Adolf Friedrich zu Mecklenburg, das Weibchen von Herrn Grauer dem Museum geschenkt sind, ferner zwei Schimpansen, von denen der eine mehrere Jahre auf der biologischen Station in Amani in Deutsch-Ostafrika gelebt hat und dem Museum durch Herrn Geheimrat Prof. Dr. Stuhlmann als Geschenk überwiesen ist […].«[53]

Der Museumsführer verwies auf die Aufstellung der Tiere. Die Gorillas wurden als Familie, die Schimpansen in zwei Exemplaren gezeigt. Die Nennung der Sammler dominierte die knappe Zusammenfassung. Namentlich erwähnt wurden Herzog Adolf Friedrich zu Mecklenburg (1873–1969), Rudolf Grauer (1870–1927) und Franz Ludwig Stuhlmann (1863–1928). Der Museumsführer von 1919 benannte Jasper von Oertzen (1880–1948) als Schenker eines Schimpansen.[54] Die ersten Menschenaffen in Paris, London, Lübeck und Dresden waren durch Missionare, Seeleute, Kaufleute und Abenteurer nach Europa gelangt. Ab den 1880er Jahren begünstigte die deutsche Kolonialpolitik das rasche Anwachsen naturkundlicher Sammlungen. Um die Qualität und Erforschung der Objekte sicher zu stellen, mussten Methoden entwickelt und im Feld erprobt werden. Wie sammelten

51 Vgl. Köstering, Natur zum Anschauen, Abbildung 19; Führer durch die Zoologische Schausammlung des Museums für Naturkunde in Berlin, Berlin 1910, Fig. 2.

52 Führer durch die Zoologische Schausammlung, 1902, S. 12.

53 Führer durch die Zoologische Schausammlung, 1910, S. 14.

54 Vgl. Führer durch die Schausammlung des Museums für Naturkunde in Berlin, I. Zoologische Schausammlung, Berlin 1919, S. 19.

Akteure in den Kolonien? Welche Anleitungen, Methoden und Vorbilder existierten für ein ›koloniales‹ Sammeln?

5.2.1 Paul Matschies Anleitung zum Sammeln

Die Männer, die Menschenaffen für das Berliner Naturkundemuseum erwarben, standen in Kontakt mit dem Kustos der Säugetierabteilung der Zoologischen Sammlung Paul Matschie (1861–1926) und dem Direktor August Brauer, der die Position seit 1906 innehatte.

Matschie hatte zwischen 1878 und 1884 in Berlin und Halle Mathematik und Naturwissenschaften studiert. Während seiner Studienzeit begann er 1883 an der Berliner Zoologischen Sammlung zu arbeiten, ab 1885 war er am Naturhistorischen Institut Linnaea als wissenschaftlicher Angestellter tätig. Durch die kontinuierliche Arbeit mit Objekten in der Schausammlung und im Depot entwickelte Matschie einen praktischen Bezug zur Naturkunde. Der Zeit »*verdanke ich eine ziemlich umfangreiche Kenntnis des Handelswertes und der Bezugsquellen zoologischer Gegenstände* [s]*owie der geeignetsten Präparationsmethoden*«,[55] so Matschie. Unterbrochen durch eine Anstellung als Hauslehrer kehrte Matschie 1887 an die Zoologische Sammlung unter Möbius zurück und unterstützte ihn beim Umzug der Objekte in das neue Gebäude. Ab 1893 bis zu seinem Tod 1926 begleitete er das Amt des Leiters der Säugetierabteilung. Als Kustos verwaltete Matschie die Sammlung, klassifizierte und ordnete neu eintreffende Objekte in die Lehrsammlung ein und wählte Ausstellungsstücke für die Schausammlung aus. Er nahm eine Position zwischen der Forschung und Vermittlung von Wissen innerhalb des Museums ein. Die Stelle des Kustos spiegelte die Umsetzung der New Museum Idea auf personeller Ebene wider.[56] Der Aufgabenschwerpunkt von Direktoren verlagerte sich durch die Bedeutung der Kustoden zunehmend auf die Kommunikation mit der Öffentlichkeit und der Repräsentation des Museums in seiner Gesamtheit nach außen.[57] Matschie etablierte sich durch seine Arbeit am Museum zum »*Pabst« der Säugetiersystematik*«.[58] Seine erlernten Fähigkeiten, der praktische Umgang mit den eintreffenden und zu verwaltenden Objekten, eröffneten ihm einen alternativen Karriereweg innerhalb der Naturwissenschaften. Neben seiner Tätigkeit am Museum publizierte er in Zeitschriften,[59] die Beiträge illustrierte seine Frau Anna Held (1859–1898).[60] Sein wissenschaftliches Kontaktnetzwerk hielt er über einen umfangreichen Briefverkehr und die Mitgliedschaft in naturkundlichen Vereinen

55 Paul Matschie, MfN d. HUB, Bestand: Zool. Mus., Signatur: S II, Nachl. Matschie II, Bewerbungen, Blatt 2.

56 Vgl. Nyhart, Modern Nature, S. 201.

57 Vgl. Kretschmann, Räume öffnen sich, S. 99.

58 Dittrich; Rieke-Müller, Carl Hagenbeck, S. 232.

59 Vgl. MfN d. HUB, Bestand: Zool. Mus., Signatur: S II, Nachl. Matschie Manuskripte; Paul Matschie, Der kleinste von der Lemurengruppe, in: Die Gartenlaube (4, 1897), S. 68; Ders., Der Gnu-Ochse oder Takin, in: Die Gartenlaube (5, 1898), S. 163–164.

60 Vgl. Renate Angermann, Anna Held, Paul Matschie und die Säugetiere des Berliner Zoologischen Museums, in: Bongo 24 (1994), S. 107–138.

aufrecht, darunter die Gesellschaft Naturforschender Freunde zu Berlin, die Gesellschaft für Erdkunde zu Berlin und die Zoological Society London.[61]

Trotz der existierenden Gesetzgebung bezüglich des Umgangs mit kolonialen Sammlungsobjekten und der Gewährung eines Museumsetats, blieb die Berliner Sammlung von privaten Sammlern abhängig. Matschie baute als Kustos der Säugetierabteilung ein Sammlungsnetzwerk auf, das das Naturkundemuseum zu einem Begegnungszentrum Kolonialreisender etablierte.

Matschies wissenschaftliches Denken und Arbeiten lebten von dem Sammlungsprinzip, das Lichtenstein geprägt hatte:

> »Ueberhaupt ist es um eine solche Sammlung gethan, sobald sie für vollendet und abgeschlossen angesehn wird, sie ist todt, sobald sie nicht mehr wächst und in ihrem Wachsthum nicht mehr den Umfang der Wissenschaft erweitert, die Lehrlinge herbeizieht und für Untersuchung und Entdeckung begeistert.«[62]

Eine Sammlung galt niemals als abgeschlossen und Museen waren in hohem Maß von den Leistungen und dem Sammeleifer Externer, um 1900 überwiegend Privat- und Kolonialreisenden ohne naturwissenschaftliche Ausbildung, abhängig.

Um die Qualität der Objekte und deren wissenschaftliche Verwertbarkeit zu gewährleisten, veröffentlichte Matschie Übersichten mit den zu erwarteten Tieren einer bestimmten Region, darunter *Die Säugetiere des Togogebietes* 1893 und *Die Säugetiere Deutsch-Ostafrikas* 1895.[63] Darin grenzte er einzelne topografische Regionen voneinander ab, die durch das Vorkommen bestimmter Tierarten gekennzeichnet waren und die geografische Variabilität von Regionen widerspiegelte. Noch 1909 versuchte er in Lübeck von Heinrich Lenz zu erfahren, woher die von Brehmer geschickten Gorillas stammten.[64] Matschie und Möbius gehörten zu den führenden deutschen Vertretern der Zoo- oder Tiergeografie um 1900:

> »Es bestehen also innerhalb des Gesamtverbreitungsgebietes [...] kleinere Gebiete, deren jedes von einer besonderen Art oder Rasse dieser Gattung bewohnt wird. Diese Rassen gehen nicht etwa durch Übergänge ineinander über, sondern sind in ihren körperlichen Eigentümlichkeiten scharf voneinander geschieden.«[65]

---

61 Vgl. MfN d. HUB, Bestand: Zool. Mus., Signatur: S II, Nachl. Matschie II, Mitgliedschaft wiss. Ges.

62 Lichtenstein, Das Zoologische Museum, S. 105.

63 Paul Matschie, Die Säugetiere des Togogebietes, in: Berliner Entomologische Zeitschrift 38 (1893), S. 162–180, https://archive.org/details/mittheilungenvon06unse/page/162/mode/2up?view=theater vom 25.01.2023; Ders., Die Säugetiere Deutsch-Ostafrikas, Berlin 1895; Ders., Zur Faunistik Deutsch-Ostafrikas. 5. Säugetiere, in: Archiv für Naturgeschichte 63 (1897), S. 81–88.

64 Vgl. MfN d. HUB, Bestand: Zool. Mus., Signatur: S II, Lenz, H., Briefe vom 25.06.1909, Blatt 58 und 28.06.1909, Blatt 62.

65 Paul Matschie, Das Beobachten und Sammeln von Säugetieren, in: Georg von Neumayer (Hg.), Anleitung zu wissenschaftlichen Beobachtungen auf Reisen in Einzel-Abhandlungen. Landeskunde, Statistik, Heilkunde, Landwirtschaft, Pflanzengeographie, Linguistik, Zoologie, Ethnographie, das Mikroskop und der photographische Apparat u.s.w., Hannover 1906, S. 490f.

Ihre wissenschaftlichen Forschungen zeigten sich in der Beschriftung der Schauobjekte im Berliner Museum. Die Farben der Etiketten veranschaulichten nicht mehr die Herkunft der Tiere, sondern deren Verbreitungsgebiete.[66] In jedem Saal wurde eine Weltkarte aufgehängt, die das Konzept veranschaulichte.

Johann Friedrich Blumenbach hatte als Unterscheidungsmerkmale einer Art denselben Entstehungsursprung und anatomische Ähnlichkeit definiert.[67] Auf die von Darwin gemachte Entdeckung der Anpassung von Tierarten an ihren jeweiligen Lebensraum folgte ab den 1870ern ein zunehmendes Interesse für geografische Gebiete und den darin vorkommenden Tierpopulationen auf der Suche nach den Mechanismen der Artentstehung, der verborgenen Methodik der natürlichen Abläufe. Alfred Russell Wallace' zweibändiges Werk *Die geographische Verbreitung der Tiere* von 1876 bildete die Grundlage weiterer Überlegungen. In Anlehnung an die Vorarbeiten des Zoologen Philip Lutley Sclater (1829–1913), der bereits 1857 auf eine Grenzlinie zwischen der australischen und asiatischen Flora und Fauna auf Höhe der Ostindischen Inseln hingewiesen hatte, später als Wallace-Linie bezeichnet, entwarf Wallace eine Karte mit sechs tiergeografischen Regionen. Adolf Bernhard Meyer übernahm die deutschen Übersetzungen der Arbeiten von Wallace und Sclater. Auch Karl Möbius und August Brauer publizierten tiergeografische Überlegungen.[68] Tiergeografische Regionen wurden neben den darin lebenden Tieren, durch klimatische, topografische und vegetative Faktoren voneinander abgegrenzt, wodurch die Entstehung neuer Arten erklärt werden sollte. Der Fokus lag auf großen Wirbeltieren, die als für die Region charakteristisch betrachtet wurden.[69]

Wenn der Lebensraum der Tiere bei der Weiterentwicklung der Arten eine derart bedeutende Rolle im Zuge der Anpassung spielte, mussten kleinste geografische Räume ausgemacht und untersucht werden.

> »Der Artbegriff muss sich auf geographischem Hintergrunde klären [...] die Thatsächlichkeit der Transmutation derselben kann im Ernste wissenschaftlicher Betrachtungsweise kaum mehr in Zweifel gezogen werden und wird es auch kaum; es handelt sich nur mehr um das Wie dieser Transmutation. [...] Die Frage nach den verloren gegangenen Zwischenformen wird vielleicht erhellt durch Betrachtung jener innerhalb eines kleinen Areales geographisch scharf begrenzten und nur schwach, aber constant von einander abweichenden Lebeformen.«,[70] so Adolph Bernhard Meyer.

---

66 Vgl. Köstering, Natur zum Anschauen, S. 104.

67 Vgl. Junker, Johann Friedrich Blumenbach, S. 21–22.

68 Vgl. Shira Shmuely, Alfred Wallace´s Baby Orangutan. Game, Pet, Specimen, in: Journal of the History of Biology 53 (2020), S. 321f; Burckhardt, Geschichte der Zoologie, S. 76; Meyer (Hg.), Charles Darwin und Alfred Russel Wallace; Wallace, Der Malayische Archipel; Philip Lutley Sclater, Ueber den gegenwärtigen Stand unserer Kenntniss der geographischen Zoologie. Eröffnungsrede vor der biologischen Section der »British Association« in Bristol am 25. Aug. 1875. Unter Mitarbeit von Adolf Bernhard Meyer, Erlangen 1876; Karl Möbius, Die Thiergebiete der Erde; August Brauer, Tiergeographie, Berlin 1914; Alfred Russel Wallace, Die geographische Verbreitung der Thiere. Nebst einer Studie über die Verwandtschaften der lebenden und ausgestorbenen Faunen in ihrer Beziehung zu den früheren Veränderungen der Erdoberfläche, Dresden 1876.

69 Vgl. Köstering, Natur zum Anschauen, S. 97.

70 Adolf Bernhard Meyer, Vorwort des Uebersetzers, in: Philip Lutley Sclater, Ueber den gegenwärtigen Stand unserer Kenntniss der geographischen Zoologie. Eröffnungsrede vor der biologischen

Für die Unterteilung dieser (Kleinst-)Räume benötigten Zoologen eine Vielzahl an Belegen, um minimale anatomische Abweichungen auszumachen. Die Entstehung, Verbreitung und Abgrenzung von Arten und der Begriff Art waren trotz der Vorarbeiten Blumenbachs und der Forschung Darwins und seiner Anhänger um 1900 ungeklärt. Vor diesem Standpunkt der zoologischen Forschung muss die Debatte um Mafuka verortet werden. Wenn nicht einmal klar war, was eine Art definierte und welche Arten und Unterarten von Menschenaffen in den afrikanischen Wäldern lebten, musste jede Entdeckung in Europa zunächst wissenschaftlich beurteilt und eingeordnet werden, was unter Umständen zu Kompetenzstreitigkeiten führte.

Für die Generation des benötigten Vergleichsmaterials rief Matschie dazu auf, für Museen möglichst viele Säugetiere aus unterschiedlichen Gebieten zu sammeln.[71] Sein Netzwerk aus Sammlern sollte seine Arttheorie durch das Einsenden von Objekten bestätigen. Die Folge war eine in kleinste Gebiete zersplitterte zoologische Karte Afrikas, die nach Matschie von immer neuen Unterarten ergänzt und unterteilt wurde.

Eine unüberschaubare Verteilung von Tiernamen war die Folge. Ludwig Heck berichtete, dass die Wärter des Zoologischen Gartens beständig mit dem Austauschen der Namensschilder beschäftigt waren, da Matschie in den gezeigten Tieren immer neue Arten entdeckte.[72] In den 1930er Jahren galten viele der von Matschie eingeführten Nomenklaturen als veraltet und von ihm aufgeteilte Unterarten wurden zu einer gemeinsamen Art zusammengefasst. Ob die Unterteilungen und das durch den Zoo und das Naturkundemuseum vermittelte Wissen durch die Besuchenden in Frage gestellt wurde, lässt sich nicht nachvollziehen. Die Wärter des Zoos wunderten sich über die ständig wandelnden Nomenklaturen.

Matschie gilt als Beispiel für das »*minutiöseste Studium*«[73] der Tiergeografie. Naturwissenschaftler, wie Robert Hartmann, griffen die Thematik auf und übertrugen sie auf Menschenaffen. Hartmann widmete in seiner Arbeit *Die menschenähnlichen Affen und ihre Organisation* ein komplettes Kapitel den geografischen Verbreitungsgebieten der Tiere.[74] Für die Menschenaffenforschung war die Frage nach noch nicht entdeckten Gattungen durch die Entdeckung des Gorillas 1847 und Arten durch die Erfahrungen mit Mafuka von höchster Bedeutung.

Matschie schätzte Sammler dann, wenn sie seltene Tiere besorgten, sich diese in einem sehr guten Präparationszustand befanden und der Fundort und -zeitraum exakt zugeordnet werden konnten. Um einen wissenschaftlichen Standard bei allen Sammelnden zu etablieren, veröffentlichte Matschie 1906 *Das Beobachten und Sammeln von Säugetieren*. »*Vorläufig ist den zoologischen Museen noch jedes gesammelte Säugetier willkommen. Es ist in absehbarer Zeit nicht zu fürchten, dass eine unnötig große Anzahl von Einzeltieren einer Art oder Rasse sich in irgendeiner Sammlung anhäuft.*«,[75] so Matschie. Er forderte dazu auf, dem

Section der »British Association« in Bristol am 25. Aug. 1875, Unter Mitarbeit von Adolf Bernhard Meyer, Erlangen 1876, S. V.

71 Vgl. Matschie, Das Beobachten und Sammeln von Säugetieren, S. 491.

72 Vgl. Heck, Heiter-ernste Lebensbeichte, S. 216.

73 Meyer, Vorwort, S. VI.

74 Vgl. Hartmann, Die menschenähnlichen Affen und ihre Organisation, Kapitel 5.

75 Matschie, Das Beobachten und Sammeln von Säugetieren, S. 492.

Museum Prunkstücke zugänglich zu machen. Neben dem wissenschaftlichen Wert besaßen sie einen Schauwert für das Publikum und waren Anziehungspunkte und Werbeträger der Institution. Eine weitere Anleitung stammt aus dem Jahr 1875 von Robert Hartmann.[76]

Für das Sammeln empfahl Matschie Reisenden eine spezielle Ausrüstung und das Einhalten bestimmter Verhaltensregeln. Eine umfangreiche Vorbereitung war notwendig, da allein bei der Durchquerung Ostafrikas verschiedene klimatische Zonen durchwandert werden mussten. Die aufwendigen Planungen begannen in Deutschland. Neben den körperlichen und medizinischen Voraussetzungen, etwa der Malariaprophylaxe, sollten sich Interessierte an ein zoologisches Museum wenden, um die nötigen präparatorischen Handgriffe zu erlernen und sich über den aktuellen wissenschaftlichen Stand der Fauna und Flora der zu bereisenden Gebiete zu informieren. Als Ergänzung sollten Reisende relevante Literatur lesen, wie Matschies Übersichtswerke und Reiseberichte der betreffenden Regionen. Neben der Aneignung praktischen und theoretischen Wissens musste eine zoologische Ausrüstung zusammengestellt werden. Das Berliner Naturkundemuseum stattete Sammelnde mit den notwenigen Gegenständen aus und erhielt im Gegenzug die Objekte. Für die Präparation der Tiere umfasste die Ausrüstung Werkzeuge zum Abziehen der Häute, Chemikalien zur Haltbarmachung und Transportbehältnisse.[77] Jedes Objekt sollte mit einer Nummer, dem Datum, Ort, Gattungsnamen, einheimischem Namen (falls bekannt) und dem Geschlecht versehen werden. Die Tiere wurden für den europäischen Wissensmarkt vollständig erfasst. Dazu empfahl Matschie ein Reisetagebuch mit Erwähnung der gesammelten Objekte zu führen. Es diente als Logbuch zum Aufzeichnen der Reiseroute, den Fundorten und -zeiten. »*Wer sich nur auf sein Gedächtnis verlässt, verzichtet von vornherein darauf, dass seine Mitteilungen eine wissenschaftliche Prüfung bestehen können*«,[78] so Matschies Urteil.

Notizen, Messungen und Zeichnungen müssen als Puzzleteile von Wissen verstanden werden, ohne die die überstellten Objekte nicht lesbar oder wissenschaftlich verwertbar waren. An den Ursprungsort der Tiere erinnerte bei der Ankunft in Europa der lokale Name, der durch die Eingliederung in die taxonomische Ordnung des Globalen Nordens mit ihrer lateinischen Nomenklatur ersetzt wurde. Die Etikettierung bildete nach dem Sammeln einen Akt der Inbesitznahme. Etiketten, Listen und Beschriftungen von verpackten Objekten erzeugten Erwartungen der Empfangenden und verwiesen auf die Bedeutung des Verpackungsinhalts. Das Verpacken unterlag eigenen Logiken und muss als »*eine*[…] *kognitive*[…], *aber auch sinnliche*[…] *und körperliche*[…] *Aktivität*«[79] verstanden werden.

Das Sammeln war kein Alleingang europäischer Entdecker. Matschie wusste um die Bedeutung des local knowledge und forderte eine exakte Befragung, etwa von Jägern, von

76 Robert Hartmann, Die Säugethiere, in: Georg von Neumayer (Hg.), Anleitung zu wissenschaftlichen Beobachtungen auf Reisen. Mit besonderer Rücksicht auf die Bedürfnisse der kaiserlichen Marine, Berlin 1875, S. 483, 486, 488 und 490.

77 Vgl. Matschie, Das Beobachten und Sammeln von Säugetieren, S. 500.

78 Ebd., S. 501.

79 Fabian, Im Tropenfieber, S. 266.

denen er sich Einblicke in die Wanderungsbewegungen und Fortpflanzung großer Säugetiere erhoffte. Interessante Objekte sollten auf lokalen Märkten erworben werden.[80] Er verwies auf die Bedeutung von Gräberschmuck und religiösen Objekten für die Zoologie, so sei eine neu entdeckte Gorillaart erstmals nach einem Schädel beschrieben wurden, der zuvor als ›Fetisch‹ diente.[81]

Um Afrikaner und Afrikanerinnen für ihre Dienste zu entlohnen, Proviant zu erwerben und Träger anzuheuern, mussten Tauschwaren[82] mitgeführt werden. Die Zusammensetzung und Auswahl der Tauschwaren unterlagen sich wandelnden Moden. Objekte verloren mit der Zeit an Wert und europäische Reisende mussten sich mit der richtigen Zusammensetzung der Waren befassen.[83] Die Artikel dienten außerdem zur Aneignung wissenschaftlicher Objekte, als Gastgeschenke oder Bezahlung von Afrikanern und Afrikanerinnen im Rahmen ethnografischer Studien. Der Wert der eingetauschten Waren stand in keinem Verhältnis zu den materiellen und spirituellen Werten der entwendeten Dinge. Die Entgegennahme von Tauschwaren durch die Probanden kann nicht als Einverständnis in die Studien gewertet werden. Die Teilnehmenden wurden selten darüber aufgeklärt, etwa wie unangenehm die Abnahmen von Gipsabdrücken des Kopfes waren und hatten keinen Einfluss über den Umgang mit den gewonnenen Daten und Objekten.[84]

Die Objekte durchliefen von ihrem Erwerb bis zum Eingang in das Museum zahlreiche Stationen. Durch die Herausgabe von Matschies Anleitung wurde der Blick der Sammler auf für das Museum interessante Objekte geschult. Als interessant galt, was einen wissenschaftlichen und/oder öffentlichen Wert besaß. Die Einarbeitung in die Präparation in Berlin diente dem Werterhalt der Objekte. Durch die Mitnahme von Tauschwaren wurden Werte im Vorfeld einer Reise kalkuliert. Nach der Ankunft der Objekte in Berlin fand eine Bewertung der Gegenstände statt. Matschie ordnete die ankommenden Zoologica und fügte sie je nach Bedeutung in die Schau- oder Lehrsammlung ein. Dinge, für die er keine Verwendung fand, verkaufte oder tauschte er. Die Art und Weise der Präparation bestimmte über den Ort der Verwahrung. Die Lehrsammlung wurde im Depot asserviert und diente in erster Linie der Forschung. Ein Großteil der Objekte wurde in Form von Bälgen und Nasspräparaten gelagert. Die Schausammlung, für die Belehrung und Unterhaltung der Öffentlichkeit, verlangte überwiegend darstellende Präparationen. Es gelangten auch Jagdtrophäen in naturkundliche Sammlungen, die dekorative und repräsentative Zwecke erfüllten. Depot und Ausstellung blieben eng verbunden, Objekte konnten jederzeit zwischen den Räumen wechseln und ihren Status verändern. Der Wert der Objekte hing von dem Zustand, Neuigkeitsgehalt und der Bekanntheit des Sammelnden ab.

---

80 Vgl. Matschie, Das Beobachten und Sammeln von Säugetieren, S. 494.

81 Vgl. Ebd., S. 503.

82 Vgl. Nebel, Der Handel in Ostafrika; S. 225; Pesek, Koloniale Herrschaft, S. 109.

83 Vgl. Osten, W. v. d., Südost-Kamerun. Bilder aus den deutsch-französischen Grenzgebieten, in: Kolonie und Heimat 6 (5, 1912/13), S. 3.

84 Vgl. Vgl. Britta Lange, Sensible Sammlungen, in: Dies.; Margit Berner; Anette Hoffmann (Hg.), Sensible Sammlungen. Aus dem anthropologischen Depot, Hamburg 2011, S. 17–19 und 32–33.

Seine umfangreiche Sammlung verdankte Berlin dem kolonialen Ausgreifen Deutschlands und der damit einhergehenden Gesetzgebung. Matschie verstand es, die politischen Umstände als Praktiker und Netzwerker der zoologischen Sammlung zu nutzen. Besuche im Museum, der briefliche Austausch und das zur Verfügung stellen von Präparationswerkzeugen bildeten die Grundlage der Kontaktaufnahme und -aufrechterhaltung, Besichtigungen von Zoologischen Gärten ergänzten seinen Blick auf die Tierwelt. Nach der Ankunft seltener Tiere wie M'Pungu und dem Druck populärer Schriften über Menschenaffen, sah sich die universitäre Zoologie gezwungen, dem lebenden Tier größere Aufmerksamkeit zu widmen. Das verdeutlichte sich am zunehmenden Einsatz der Fotografie, die neben Präparaten und schriftlichen Aufzeichnungen, das Sammeln von Objekten methodisch ergänzte.

5.2.2 Sammeln, Jagen und Bewahren durch das Objektiv der Fotografie

Der Mediziner und Anatom Gustav Fritsch (1838–1927) empfahl schon 1875 die Verwendung fotografischer Aufnahmen, da nicht alle Reisenden zeichnerisches Talent besaßen.[85] Die Fotografie sollte als technisches und in seiner Vorstellung objektives Korrektiv dienen. Zeichnungen, Präparate und Reisetagebücher reichten um 1900 nicht mehr zur wissenschaftlichen Erfassung der gesammelten Objekte aus. Neben der vermeintlichen Objektivität von Fotografien konnten die Aufnahmen leichter zirkulieren und vervielfältigt werden.

Zu der Standardausrüstung eines Reisenden kam der Fotoapparat hinzu. Wie Präparate sollten Fotografien mit dem genauen Fundort bezeichnet werden, um als wissenschaftliche Belege dienen zu können. Matschie empfahl eine standardisierte Erfassung des Körpers: »*Dabei lege man das Tier so, dass Kopf, Rumpf, Füsse und Schwanz gleichmässig gut zu sehen sind.*«[86] Auf diese Art und Weise konnte der Körper vollständig abgebildet, die Stellung dokumentiert und für die spätere Präparation nutzbar gemacht werden. Die Fotografien ergänzten und ersetzten zunehmend Zeichnungen.

Anlass zu dem Bedeutungsaufschwung der Fotografie für die wissenschaftliche Erfassung von Tieren gaben die Arbeiten des Sammlers und Korrespondenzpartners des Berliner Naturkundemuseums, dem Fotografen und Großwildjäger Carl Georg Schillings (1865–1921). Schillings verbrachte seine Kindheit auf dem Hof seines Vaters bei Düren und studierte nach dem Abitur Wirtschaft in Bonn. Nach einem Besuch in Berlin und der dortigen Bekanntschaft mit Ludwig Heck beschloss er, Afrika zu bereisen.[87] Die zoologische Sammlung seiner ersten Reise war umfangreich und wurde auf der Geweih-Ausstellung 1898 in einem gesonderten Raum präsentiert und anschließend dem Berliner Naturkundemuseum überlassen. Mit seiner zweiten Afrikareise im Jahr 1899 verfolgte Schillings zwei Ziele. Zum einen jagte er mit dem Gewehr und erfüllte Matschies

85 Vgl. Gustav Fritsch, Praktische Gesichtspunkte für die Verwendung zweier dem Reisenden wichtigen technischen Hülfsmittel. Das Mikroskop und der photographische Apparat, in: Georg von Neumayer (Hg.), Anleitung zu wissenschaftlichen Beobachtungen auf Reisen. Mit besonderer Rücksicht auf die Bedürfnisse der kaiserlichen Marine, Berlin 1875, S. 606.

86 Matschie, Das Beobachten und Sammeln von Säugetieren, S. 495.

87 Vgl. Manfred Ade, Carl Georg Schillings – Game-Protection in German-East-Afrika, 21.01.2002, in: MfN d. HUB, Bestand: Zool. Mus.; Signatur: S III, Schillings, C. G.

Wünsche für das Museum, zum anderen fotografierte er die Tiere erstmals bei Nacht und gilt als derjenige, *»der Afrika mit dem Photoapparat neu entdeckte«*.[88]

Seit den ersten Daguerreotypien lebender und toter Tiere in Paris, den Aufnahmen Nöhrings in Lübeck oder Mafukas durch Krone hatte sich die Technik der Fotografie sprunghaft weiterentwickelt. Die Apparate waren platzsparender und damit besser transportierbar, einfacher in ihrer Bedienung und verfügten über kürzere Belichtungszeiten.[89]

Auf seinen Touren nach Afrika sammelte Schillings tote und lebende Tiere für das Berliner Naturkundemuseum und den Zoologischen Garten. In seiner Autobiografie erinnerte sich Heck an eine Begegnung mit Schillings, als er 1904 dessen Tiertransport in Italien entgegennahm. Die Tiere wurden mit dem Woermannschen Dampfer Bürgermeister weiter nach Hamburg transportiert. Heck schätzte Schillings Verdienste für die afrikanische Tierwelt:

> »Schillings der erste war, der ohne irgendwelche andere Zwecke einzig und allein der afrikanischen Großtierwelt zuliebe hinauszog, der nichts anderes wollte als nur diese reiche herrliche Tierwelt, die reichste und herrlichste der Erde, beobachten und erforschen, in Natur und im Bild sammeln und heimbringen.«[90]

1899 hatte Heck den Fotoband *Lebende Bilder aus dem Reiche der Tiere*,[91] mit Aufnahmen von Berliner Zootieren, veröffentlicht. Die Bilder sollten der Bildung der Bevölkerung dienen. In der Tradition von Tiermalern im Zoo eröffnete Heck Fotografen die Möglichkeit, lebende Tiere zu dokumentieren. Ziel war es, *»das Tier in lebensvoller und ihm eigentümlicher Stellung«*[92] festzuhalten. Die Vorgaben deckten sich mit den Bemühungen der Tiermalerei, Tiere in lebensnaher und charakteristischer Stellung und Haltung zu dokumentieren. Die Aufnahmen des Berliner Zoos repräsentierten keine Individuen, sondern standen stellvertretend für die Beschreibung von Gattungen und Arten.

Schillings veröffentlichte seine Fotografien der afrikanischen Tierwelt 1905 in *Mit Blitzlicht und Büchse*.[93] Das Werk galt als revolutionär und avancierte zu einem großen Publikumserfolg. Die Aufnahmen waren aus Sicht des Publikums, das bisher nur starre Präparate aus Museen, gezeichnete Tierbilder oder lebende Tiere in beengten Käfigen kannte, eine Sensation. Die Tiere auf Schillings Fotografien interagierten miteinander und zeigten Verhaltensweisen, wie sie von Befürwortern der biologischen Perspektive gefordert wurden. August Brauer, der Direktor des Berliner Museums, beurteilte Schillings Arbeit:

---

88 Daum, Wissenschaftspopularisierung, S. 414.

89 Vgl. Hans-Jürgen Lechtreck, Fotografie und Tierpräparation komplementär. Anmerkungen zur gemeinsamen Geschichte zweier zoologischer Aufzeichnungsmedien des 19. Jahrhunderts, in: Ders.; Ute Eskildsen (Hg.), Nützlich, süß und museal. Das fotografierte Tier, Göttingen 2005, S. 79.

90 Heck, Heiter-ernste Lebensbeichte, S. 234.

91 Ludwig Heck, Lebende Bilder aus dem Reich der Tiere. Augenblicksaufnahmen nach dem lebenden Tierbestande des Berliner Zoologischen Gartens, Leipzig 1899.

92 Ebd., Vorwort.

93 Carl Georg Schillings, Mit Blitzlicht und Büchse, Leipzig 1905.

> »Durch sein einzigartiges Buch »Mit Blitzlicht und Büchse« hat Professor Schillings bewiesen, dass die von ihm zuerst ausgearbeitete Methode, mit Hilfe der photographischen Technik die Tiere in ihren Lebensweisen zu erforschen, die allein richtige ist, um einwandfreies und für alle Zeiten wertvolles Material an Beobachtungen und sichere Unterlagen für die richtige Wiedergabe und Aufstellung der Tiere in Büchern und Museen zu erlangen. Die Schillings'schen Beobachtungen und Aufnahmen werden allgemein als zuverlässig und mustergiltig anerkannt, und seine Bücher haben eine sehr grosse Anregung für die Erforschung der Tiere in der Freiheit gegeben.«[94]

Menschenaffen befanden sich nicht unter den von Schillings abgebildeten Tieren. Auf einer Liste mit von ihm an das Berliner Naturkundemuseum übersendeten Objekten vom 19.01.1910 taucht ein männliches Gorillaskelett auf.[95] Schillings Arbeiten verweisen auf die technischen Neuerungen und einen veränderten Blick auf die afrikanische Tierwelt. Seine Bilder dienten in Folge als Vorbild einer ganzen Reihe von »*wildlife photographer*[n]«.[96]

Für die frühe Tierfotografie wurden drei dominierende Bildmotive ausgemacht, darunter die Jagdtrophäe, das Tier mit Einheimischen und das Tier in seinem Lebensraum.[97] Für Menschenaffen existieren im betrachteten Zeitraum bis zum Beginn des 20. Jahrhunderts die ersten beiden Motive, wobei Abbildungen mit Afrikanern deutlich überwiegen. Die angefertigten Fotografien erzählen dabei mehr über die Fotografen und deren Vorstellungen von Natur als über die abgelichteten Tiere.

Schillings Bilder fanden als Vorlagen für Präparate Einzug in Museen. Er nutzte den Begriff »*absoluter dokumentarischer Naturtreue*«[98] um den wissenschaftlichen Wert seiner Bilder zu belegen, in Anlehnung an die Bezeichnung ›nach dem Leben‹ aus der Tiermalerei. Die Möglichkeiten der Fotografie lösten die Tiermalerei um 1900 als »*standardisierte*[...] *Arbeitsobjekte*«[99] ab. Das technische Verfahren der Fotografie galt als objektiv und sollte die Subjektivität des Menschen eliminieren.[100]

Um die zu Beginn des 19. Jahrhunderts spektakulären Nachtaufnahmen fressender Löwen aufnehmen zu können, hängte Schillings Köder in Bäume oder band lebendes Vieh fest, um die Tiere anzulocken und die Kamera mithilfe eines Stolperdrahtes auszulösen.[101] Das Verhalten der Tiere wurde für den Betrachter inszeniert. Die fotografierten Tiere erlegte Schillings zum Großteil.

> »Wenn die Tierfotografie Afrika als menschenleeren, nur von Tieren bewohnten Kontinent präsentierte, das männliche weiße Individuum als den Bezwinger dieser Tierwelt zeigte und die Menschen des Kontinents dem Raum der Natur zuordnete, übernahm

94 August Brauer zit.n.: MfN d. HUB, Bestand: Zool. Mus., Signatur: S III, Schillings, C. G., Blatt 325.

95 Vgl. MfN d. HUB, Bestand: Zool. Mus., Signatur: S III, Schillings, C. G., Blatt 256.

96 Lechtreck, Fotografie und Tierpräparation komplementär, S. 79.

97 Vgl. Gissibl, Exotische »Naturkunden«, S. 62f.

98 Gall, Lebende Tiere und inszenierte Natur, S. 192.

99 Lorraine Daston; Peter Galison, Das Bild der Objektivität, in: Peter Geimer (Hg.), Ordnungen der Sichtbarkeit. Fotografie in Wissenschaft, Kunst und Technologie, Frankfurt a.M. 2002, S. 37.

100 Vgl. Ebd., S. 57 und 78.

101 Vgl. Schillings, Mit Blitzlicht und Büchse, Aufnahmen zwischen S. 24 und 25.

sie damit im kolonialen Kontext eine politische und herrschaftsstabilisierende Funktion.«[102]

Hermann Meerwarth betonte 1905 in seiner Anleitung für eine »*photographische Jagdpartie*«:[103]

> »Und dabei ist doch gerade die photographische Wiedergabe solcher Objekte die einzige unanfechtbare! Die Camera und die Platte arbeiten nach physikalischen und chemischen Gesetzen »objektiv«, ihre Bilder haben deshalb eine zwingende Überzeugungskraft für ihre Naturtreue. Der Künstler dagegen kann nur »subjektiv«, nach individueller Veranlassung schaffen, [...].«[104]

Die so gewonnenen Fotografien inszenierten die Tiere in einer vermeintlich unberührten Natur, einem Garten Eden ähnlich Hagenbecks Tierpark.[105] Durch die Aufnahmen konnte das Bild beliebig oft reproduziert werden. Ähnlich einem Präparat konservierten die Bilder eine dauerhafte Momentaufnahme im Leben der Tiere.[106] Der Bereich der Jagd war eng mit der Fotografie und der wissenschaftlichen Forschung und Dokumentation verbunden.

Schillings, als deutscher Vertreter eines »*hunter-naturalists*«,[107] und zahlreiche Nachahmer nutzten die Bilder zur Verbreitung eines Afrikabildes, das scheinbar menschenleer und ohne Geschichte war.[108] Ein Naturraum, den sich der Globale Norden im Zuge des kolonialen Ausgreifens mit Gewehr und Fotoapparat unterwarf.[109] Die ersten fotografischen Aufnahmen freilebender Tiere dienten der Dokumentation der Tierwelt, als Souvenirs und Trophäen.[110] Theodor Roosevelt (1858–1919), von 1901 bis 1909 Präsident der USA, galt als Prototyp des ›hunter-naturalists"[111] und Ideal, dem Schillings nacheiferte. Die enge Verbindung zwischen der Jagd als Sport und naturkundlichem Beobachten und Sammeln als Freizeitgestaltung hatte seinen Ursprung in Amerika um 1900. ›Hunter-naturalists‹ füllten die Schausammlungen der großen amerikanischen Naturkundemuseen.[112] Wie bei Paul Belloni Du Chaillu oder Hugo von Koppenfels repräsentierten Schillings Bilder und Berichte die »*Jagd als körperlich performativen Akt der Insze-*

---

102 Gissibl, Exotische »Naturkunden«, S. 64.

103 Hermann Meerwarth, Photographische Naturstudien. Eine Anleitung für Amateure und Naturfreunde, Eßlingen u.a. 1905, S. 5.

104 Ebd., S. 1.

105 Vgl. Matthew Brower, Developing Animals. Wildlife and Early American Photography, Minneapolis, London 2010, S. xiii und xiv.

106 Vgl. Roland Barthes, Die helle Kammer. Bemerkungen zur Photographie, Frankfurt a.M. 1989, S. 23.

107 Gissibl, Exotische »Naturkunden«, S. 62.

108 Vgl. Brower, Developing Animals, S. xx.

109 Vgl. Gissibl, Exotische »Naturkunden«, S. 61.

110 Ebd.

111 Donna Harawy bezog sich im Titel ihrer einflussreichen Arbeit *Teddy Bear Patriachry* auf den Beinamen des Präsidenten, der als einflussreicher Mäzen des Natural History Museum in New York gilt; vgl. Katharina Hoppe, Donna Haraway zur Einführung, Hamburg 2022, S. 28–29.

112 Vgl. Wonders, The Habitat Diorama Phenomenon, S. 302.

nierung«.[113] Der weiße, männliche und gut situierte Europäer inszenierte sich über die fotografierten und getöteten Tiere. Die Jagd diente als Freizeitaktivität, der Nahrungsbeschaffung, dem wissenschaftlichen Sammeln und zur Selbstinszenierung als Abenteurer.[114] Du Chaillu und von Koppenfels waren mit der Beschreibung ihrer abenteuerlichen Jagderlebnisse bekannt geworden und hatten versucht, die Tötung der Tiere wissenschaftlich zu legitimieren. Im Zuge der Kolonialisierung nutzten Europäer die Jagd, um sich gegenüber Afrikanern als Herrscher zu inszenieren. Sie zeigten ihre Dominanz durch den technisierten Abschuss von Großsäugern. Gleichzeitig übten die Kolonialherren Kritik an den Jagdpraktiken der Einheimischen als Wildschlächterei. Erste Ideen und Verordnungen des Wildschutzes wurden genutzt, um den eigenen Überlegenheitsanspruch zu manifestieren.

Bis heute zeigen Dokumentationsfilme den Überlebenskampf afrikanischer Großsäuger unter Auslassung allgegenwärtiger Kontakte zum Menschen.[115] Die Serie *Die Erde bei Nacht* des Streaming-Anbieters Netflix von 2020 wirbt: »*Diese Naturdoku enthüllt mithilfe von Nachtsichttechnik das versteckte Leben verschiedener Kreaturen bei Nacht – von Löwen auf der Jagd* [...].«[116] Stereotype Tierdarstellungen, die Schillings genutzt hatte, prägen unser Bild der (afrikanischen) Tierwelt bis heute.

Trotz der Manipulation der eigenen Bilder, urteilte Schillings über andere Aufnahmen:

> »Traurig ist es aber, dass vielfach immer wieder Aufnahmen auftauchen, welche den Ansprüchen an wirkliche »Naturkunden« in keiner Weise entsprechen. Tieraufnahmen z.B. von jungen zahmen Löwen, Hyänen oder Antilopen, die in den Tropen an Ort und Stelle zahm aufgezogen wurden u~~nd~~m [Herv. i.O.] dann älter ~~geworden~~ [Herv. i.O.] mit entsprechendem Hintergrund im »Dschungel« (-wohlweislich fernab von allen Behausungen, Kulturen oder Wegen -). photograviert, veröffentlicht zu werden, dürfen nicht mit den Unterschriften: »Löwen« oder »Antilopen« in Freiheit« oder »in der Steppe« veröffentlicht werden. Bei dem Zuschauer erwecken nämlich diese Bilder den Glauben, es handele sich hier um wilde Tiere, die in Freiheit aufgenommen wurden.«[117]

Ein Foto auf der Titelseite von *Kolonie und Heimat* war Ziel von Schillings Kritik [**Abb. 51**]. Es zeigte laut Schillings ausgestopfte Tiere. Ein Löwe in dem Alter wäre nicht in der Lage, so große Beutetiere zu erlegen, die gezeigte Zebraart stammte aus Süd- und nicht Ostafrika und das Motiv orientierte sich an einem zehn Jahre altem Postkartenmotiv, so Schillings an den Redakteur der Zeitung.[118] Die Inszenierung zeigt die enge Verbindung

113 Gissibl, Das kolonisierte Tier, S. 19.

114 Vgl. John M. MacKenzie, Chivalry, Social Darwinism and Ritualised Killing. The Hunting Ethos in Central Africa up to 1914, in: David Anderson; Richard H. Grove (Hg.), Conservation in Africa. People, Policies and Practice, Cambridge 1995, S. 42 und 50.

115 Die Erde bei Nacht, Netflix, 2020, https://www.netflix.com/search?q=die%20erde%20bei%20nacht&jbv=80218938 vom 29.01.2023.

116 Ebd.

117 MfN d. HUB, Bestand: Zool. Mus., Signatur: S III, Schillings, C. G., Blatt 251, Blatt 309 und 310.

118 Vgl. MfN d. HUB, Bestand: Zool. Mus., Signatur: S III, Schillings, C. G., Blatt 311.

zwischen Präparaten und Fotografie und den schmalen Grat zwischen Fiktion und Wirklichkeit, der von ›Laien‹ kaum wahrgenommen wurde. Tierfotografen kritisierten gemalte Tierbilder wegen deren Subjektivität, während fotografische Aufnahmen als wissenschaftlich und objektiv galten.[119] Gleichzeitig griffen Fotografen auf die Möglichkeit zurück, Präparate in der Natur aufzunehmen. Die technischen Neuerungen in der Fotografie überholten die Tiermalerei um die Jahrhundertwende. Der Fokus beider Medien lag auf der Darstellung von Lebendigkeit, Interaktionen und Lebensräumen.

Abb. 51: Fotografie von unbekannt, »Ein Drama in der ostafrikanischen Steppe«, in: Kolonie und Heimat 6 (1, 1912/13), S. 1.

Niedersächsische Staats- und Universitätsbibliothek Göttingen, SUB Zentralbibliothek, Signatur: 4 H GERM II, 2298/LB.

Kolonie und Heimat, im Stil der populären Familienzeitschrift *Gartenlaube* mit kolonialem Schwerpunkt, zeigte neben dem gefälschten Zebrabild weitere inszenierte Szenarien der Tierwelt Afrikas. Die Jagd bildete als Sport und Freizeitgestaltung einen Schwerpunkt der Berichte,[120] die für ein Leben in den Kolonien warben. Das Titelbild der zweiten Ausgabe des VII. Jahrgangs zierte ein erlegter Elefant mit der Bildunterschrift »*Ost-*

119 Vgl. Gall, Lebende Tiere und inszenierte Natur, S. 172.

120 Vgl. Jägerfreuden in Deutsch-Ostafrika, Kolonie und Herimat 6 (1, 1912/13), S. 4–5.

afrika: Weidmannsheil auf der Elefantenjagd«.[121] Die Aufnahme zeigte eine weiße Kolonialfamilie, die sich um das Tier gruppierte, das Gewehr auf dem Schoß der Kinder platziert. Die in Europa bis in die Mitte des 19. Jahrhunderts von sozialer Exklusivität geprägte, dem Adel vorbehaltene und durch Auflagen sanktionierte Jagd erschien in den Kolonien für Jedermann möglich.[122] Eine weitere Fotografie zeigte einen Jungen mit Gewehr in der Hand und in der Pose eines stolzen Jägers hinter einer erlegten Großkatze.[123]

Die Jagd auf Wildkatzen galt als legitim, da sie zum Raubwild zählten, das eine Bedrohung für Nutztiere darstellte und aus wirtschaftlichen Gründen erlegt werden durfte.[124] Berichte, etwa über die Praxis der Flußpferd- und Giraffenjagd,[125] zeigen das alltägliche Ausmaß des Tötens und der Vernichtung im kolonialen Kontext. Neben Jagdberichten verwiesen andere Artikel der Zeitschrift auf die Bedeutung von Kameras, etwa in *»Mit Büchse und Kamera in den Wildkammern von Britisch-Ostafrika«*[126]. Die Berichte bildeten einen Kontrast zu Schillings Überzeugungen. Aus seiner Sicht dienten seine Abschüsse mit Kamera und Gewehr der wissenschaftlichen Erschließung der afrikanischen Tierwelt. Nach seiner Rückkehr aus Afrika hielt er Dia-Vorträge und machte mit dem Stuttgarter Kommerzienrat Hans Hähnle (1838–1909) und dessen Frau Lina (1851–1941) Bekanntschaft. Lina Hähnle hatte den Bund für Vogelschutz ins Leben gerufen[127] und erreichte 1908 eine Verschärfung des Reichvogelschutzgesetztes gegen die Verwendung von Vogelfedern in der Modeindustrie.[128] Schillings hatte zwischen seiner ersten und zweiten Afrikaexpedition den Schwund von Wildtieren wahrgenommen und begann sich für den Naturschutz in den Kolonien einzusetzen. Gemeinsam mit Hermann von Wissmann, der 1896 nach seinem krankheitsbedingten Ausscheiden aus dem Kolonialdienst weiterhin an Kolonialfragen interessiert war, besuchte er 1901 die Game-Protection-Conference in London und legte im Anschluss ein Memorandum vor, dessen Inhalt in das Jagdgesetz von Deutsch-Ostafrika einfloss.[129] Das Engagement Hähnles und Schillings stand am Beginn der deutschen Naturschutzbewegung mit internationalen Verflechtungen. Über seine Bilder inszenierte Schillings sich als neuer Typus von Jäger, der sich intensiv für den Naturschutz in den Kolonien einsetzte. Afrika dokumentierte und beschrieb er als bedrohtes Paradies, das es zu schützen galt. Die Wahrnehmung vom exponentiell ansteigenden Schwund von Tierarten begünstigte das Interesse am Naturschutz, der von einer

121 Ostafrika. Weidmannsheil auf der Elefantenjagd, in: Kolonie und Heimat 7 (2, 1913/14), S. 1.

122 Vgl. Jan Diebold, Hochadel und Kolonialismus im 20. Jahrhundert. Die imperiale Biographie des »Afrika-Herzogs« Adolf Friedrich von Mecklenburg, Wien u.a. 2019, S. 82.

123 Fotografie, »Ein junger Jagdfreund aus Südwest«, in: Kolonie und Heimat 7 (26, 1913/14), S. 8.

124 Vgl. A. Fonck, Vom Raubwild und seinen Uebeltaten. Ostafrikanische Erlebnisse, in: Kolonie und Heimat 5 (25, 1911/12), S. 6–8.

125 Vgl. Wilhelm Bloem, Flußpferdjagd in Ostafrika, in: Kolonie und Heimat 7 (4, 1913/14), S. 6.

126 Mit Büchse und Kamera in den Wildkammern von Britisch-Ostafrika, in: Kolonie und Heimat 7 (20, 1913/14), S. 2.

127 Vgl. Ade, Carl Georg Schillings.

128 Vgl. Oskar Heinroth, Professor C. G. Schillings, in: Berliner Tageblatt (1. Februar 1921), S. 3; Schmoll, Erinnerung an die Natur, 2004, S. 25.

129 Vgl. Ade, Carl Georg Schillings; Julian Prush, Natur- und Wildschutz in Deutsch-Ostafrika: Ein koloniales Erbe?, https://www.goettingenkolonial.uni-goettingen.de/index.php/disziplinen/forstwissenschaften/natur-und-wildschutz-in-deutsch-ostafrika vom 30.01.2023.

romantischen Vorstellung von Natur als innerlichem Rückzugsort geprägt wurde.[130] In den 1860er und 1870er Jahren schienen die Wildressourcen Afrikas unerschöpflich. Erst um 1900 zeigten sich die Auswirkungen der massenhaften Abschüsse.

Schillings Engagement für den Naturschutz in den Kolonien steht aus heutiger Sicht in starkem Kontrast zu seinem geschäftlichen Verhältnis zu Hagenbeck oder dem Berliner Naturkundemuseum, für die er Tiere fing oder erlegte.[131] In einer Rede vor der Hauptversammlung der Deutschen Kolonialgesellschaft im Juni 1911 erwähnte er Hagenbecks Engagement für den Naturschutz und dessen Pläne zur Schaffung von über zwanzig Wildparks. Pläne zum Schutz der Tiere durch Wildreservats zeugten von den kolonialen Besitzansprüchen Europas. Ziel war es, Afrikaner von der Jagd durch die Begrenzung der Tiere auf bestimmte Gebiete fernzuhalten.[132] Reservate stellten kolonialpolitische und -rechtliche Räume dar, die durch ihre Grenzziehungsmechanismen Einfluss auf den Bewegungsradius der Tiere und Afrikaner ausübten. Europäische Vorstellungen von Wildschutzmaßnahmen wurden auf Afrika übertragen, ohne auf Spezifika der Flora, Fauna und lokalen Politiken und Praktiken zu achten. Europäer setzten sich als Beschützer der afrikanischen Natur in Szene.

Die Akklimatisationsversuche Hagenbecks, die Gewöhnung von Wildtieren an das europäische Klima und deren Einkreuzung und wirtschaftliche Nutzbarmachung, gehörten aus Schillings Sicht zu den Schutzmaßnahmen afrikanischer Wildbestände.[133] Die kaiserlichen Besuche in Stellingen ließen Schillings hoffen, dass der Kaiser »*mit starker Hand eingreifen wird und vor allem den aufs schnellste verschwindenden Naturdenkmälern unsrer Kolonien allenthalben Schutz und Schirm angedeihen lassen wird.*«[134] Hagenbecks überbetonte Tierliebe kann als Reaktion auf den Bedeutungsaufschwung des Tierschutzes verstanden werden. Die Bewegung befand sich in ihren Anfängen und der Begriff musste definiert werden. Wer oder was als schützenswert galt, unterlag historischen, politischen und kulturellen Einflüssen. Die allerersten Jagd- und Tierschutzverordnungen in den deutschen Kolonien bezogen sich nicht auf Menschenaffen, Nilpferde, Nashörner oder Giraffen, sondern dienten dem Schutz der wirtschaftlich bedeutenden Rinder- und Antilopenherden.[135] Ein Umdenken im Umgang mit der afrikanischen Tierwelt fand allmählich statt. Paul Matschie kritisierte in *Die Verwüstung deutsch-ostafrikanischer Wildbahnen*, dass ein Teil der deutschen Militäreinheiten in Afrika zur Vernichtung von Wildtieren herangezogen wurde. Er schloss sich Schillings und dessen Vorstellungen von der Nutzbarmachung der Tiere an und verwies auf Indien, wo

---

130 Vgl. Anna-Katharina Wöbse, Zur visuellen Geschichte der Naturschutz- und Umweltbewegung. Eine Skizze, in: Franz-Josef Brüggemeier; Jens Ivo Engels (Hg.), Natur- und Umweltschutz nach 1945. Konzepte, Konflikte, Kompetenzen, Frankfurt a.M. u.a. 2005, S. 226.

131 Vgl. Rothfels, Catching Animals, S. 189.

132 Vgl. Diebold, Hochadel und Kolonialismus, S. 89.

133 Vgl. Auszug aus der Rede von Prof. C. G. Schillings auf der Hauptversammlung der Deutschen Kolonialgesellschaft am 10. Juni 1911 in Stuttgart, in: Zeitschrift des Allgemeinen Deutschen Jagdschutz-Vereins 16 (10. September 1911), S. 363.

134 Carl Georg Schillings zit.n.: Auszug aus der Rede, S. 363.

135 Vgl. Gissibl, Das kolonisierte Tier, S. 18.

Elefanten als Arbeitstiere dienten.[136] In Hecks Aufzeichnungen verdeutlicht sich das Verständnis zum Halten lebender Tiere nach 1900. Unter Tierquälerei verstand er die Herausnahme lebender Tiere aus deren natürlichem Lebensraum. Da der Zoo den Tieren eine künstlich geschaffene, naturnahe Umgebung bot, fiel die Zootierhaltung nicht unter die Kategorie der Tierquälerei.[137] Für Schillings, Heck und andere Akteure ließ sich der Gedanke von Natur- und Tierschutz problemlos mit dem Tierfang und der Ausstellung im Zoologischen Garten vereinbaren. Für Schillings fand Heck nur anerkennende Worte:

> »körperliche und seelische Leistungsfähigkeit, die für seine Afrikareisen nötig war: todsicherer, kaltblütiger Schütze, ausdauernder Fußgänger und Läufer. Man muß bedenken, wie weit zurück zu seiner Zeit die Afrikareisepraxis war gegen heute, wo das Auto – leider, leider! – internationalen Globetrotterpöbel niedrigster Art erlaubt, gefahrlos und kraftlos auf der Steppe Löwen zuschanden zu knallen.«[138]

Durch die Stilisierung Schillings erschien der Tod des Tieres vertretbar, es hatte seinen ebenbürtigen Gegner gefunden. Kritik an der Überführung lebender Tiere existierte kaum, weil sie im Zoo und Museum eine belehrende und wissenschaftliche Funktion erfüllten. Das Tier lebte und starb für einen höheren Bildungsauftrag.

Schillings belieferte neben Heck und Hagenbeck das Berliner Naturkundemuseum. Die Ausstellung und Matschies Forschung profitierten von der Jagd mit betont wissenschaftlichem Anspruch. Der Austausch zwischen Matschie und Schillings zeigt, dass das Museum durch eine systematische Vorbereitung der Reisenden und der Äußerung von Wünschen aktiv in das koloniale Sammeln eingriff. Die Sammelnden benötigten gleichzeitig die Unterstützung und den Zuspruch des Museums. Matschie erbat Vollmachten und Jagdscheine[139] für Schillings, etwa im Jahr 1903 bei Gustav Adolf von Götzen (1866–1910), dem Gouverneur Deutsch-Ostafrikas von 1901 bis 1906:

> »Beide [Schreiben] sollen im wesentlichen gleichlautend besagen, dass unser Museum Herrn Schillings um die Beschaffung folgender Arten ersucht hat: Giraffa […] Bubalus […]. Es wird gebeten, ihm den Abschuss der vorbezeichneten Stücke zu wissenschaftlichen Zwecken zu gestatten.«[140]

Mit der Ausstellung einer Genehmigung konnten bestehende Jagdgesetzte und Schonzeiten umgangen werden, für die sich Schillings persönlich eingesetzt hatte. Der Abschuss zu wissenschaftlichen Zwecken legitimierte die Jagd.

Per Telegramm orderte Schillings Utensilien, wie Arsenik und Etiketten, und warnte:

---

136 Vgl. Paul Matschie, Die Verwüstung deutsch-ostafrikanischer Wildbahnen, in: Zeitschrift des Allgemeinen Deutschen Jagdschutz-Vereins 31 (10. September 1911), S. 360–361.

137 Vgl. Heck, Heiter-ernste Lebensbeichte, S. 237.

138 Ebd., S. 236.

139 Vgl. MfN d. HUB, Bestand: Zool. Mus., Signatur: S III, Schillings, C. G., Blatt 327.

140 Paul Matschie an Carl Georg Schillings: Ebd., Blatt 112.

»Eins möchte ich aber Ihnen [Paul Matschie] heut schon sagen: seien Sie bitte vorsichtig mit der Empfehlung allzuvieler Persönlichkeiten, als zu zoologischen Sammelzwecken geeignet! Ich finde, dass mit diesem Motto ein grosser Missbrauch getrieben wird und dass eine ganze Anzahl Persönlichkeiten a conto einiger dem Museum abgelieferter Fälle sich als zoologische Sammler der Regierung gegenüber aufspielen und Befreiung gegenüber den Schonfristen für sich in Anspruch nehmen.«[141]

Schillings verwies auf eine Jagdexpedition der Firma Kraner & Co., die Reisen nach Ostafrika und Ceylon (heute Sri Lanka) gewerblich organisierte. Schillings versuchte den massenhaften Abschuss von Tieren zu rein sportlichen Zwecken zu verhindern und hoffte auf die Unterstützung des Museums, da Albrecht von Rechenberg (1861–1935), ab 1906 Nachfolger von Götzens in Deutsch-Ostafrika, in Schillings Augen keinen Wert auf Naturschutz legte.[142] *»Der Titel: »Wirtschaftliche* [Herv. i.O.] *Forschungs-Expedition nach Central- und Ostafrika« ist übrigens göttlich frech.«*,[143] so Schillings Urteil. Neben der Sorge um den Schutz der Tiere, spielten bei der Beschwerde Schillings wirtschaftliche Interessen eine Rolle. Jagd-Expeditionen im großen Stil stellten eine Bedrohung für die Exklusivität seiner Geschäfte dar.

Die mit Schreibmaschine angefertigten Listen von Schillings Expedition von 1903 bis 1904 mit Angabe der Nummern und genauen Fundorten zeigen eine zunehmende Professionalisierung des wissenschaftlichen Naturalienaustauschs.[144] Die Übersichten dienten als Belege für beide Seiten. Das Museum erhielt die Objekte für seine Sammlung, Schillings erwartete im Gegenzug seine namentliche Erwähnung bei deren Veröffentlichung und erhofften Erstbeschreibung. Nur durch das Publizieren einer neuen Art durch einen anerkannten Wissenschaftler oder eine wissenschaftliche Institution galt die Art als offiziell entdeckt. Schillings beanspruchte seinen Verdienst für die Wissenschaft und nutzte die Listen für eigene Veröffentlichungen. Dabei wurde er gegenüber dem Museum deutlich: *»Sie* [Paul Matschie] *können sich denken, dass es mir ausserordentlich peinlich wäre, wenn ich in der angedeuteten Weise nicht mit Ihnen Hand in Hand gehen könnte, und Sie wissen, dass ich seit Jahren übermässige Opfer gebracht habe, alles weitere überlasse ich Ihnen.«*[145] Das Museum war von Sammlern wie Schillings abhängig, die auf eigene Kosten nach Afrika reisten, sammelten und wissenschaftliche Forschung für Europa ermöglichten und mitgestalteten.

Mit den Objekten Schillings plante das Museum eine Kolonialausstellung:

»Herr C. G. Schillings [Herv. i.O.] […] hat der zoologischen Sammlung des Königl. Museums für Naturkunde zu Berlin neuerdings eine Anzahl von sehr werthvollen Säugethier-Fellen und Schädeln als Geschenk dargeboten […]. Alle Gegenstände sind ganz ausgezeichnet praepariert und conservirt, alle eignen sich zur Aufstellung in der geplanten

141 Carl Georg Schillings an Paul Matschie: MfN d. HUB, Bestand: Zool. Mus., Signatur: S III, Schillings, C. G., 24.10.1907, Blatt 250, Rückseite.

142 Ebd.

143 Ebd., Blatt 251.

144 Vgl. Ebd., Blatt 158.

145 Carl Georg Schillings an Paul Matschie: Ebd., Blatt 197.

> Kolonial-Schausammlung des Museums für Naturkunde. […] Der Reisende hat außerdem eine grosse Menge guter photographischer Aufnahmen von Säugethieren aus der Wildniss heimgebracht, welche über die wahre Gestalt wilder Arten uns Aufschluss geben und bei dem Ausstopfen der dem Museum geschenkten Felle wesentliche Dienste leisten werden.«[146]

Matschie stilisierte Schillings zum idealen Sammler, der präparatorisch, technisch und wissenschaftlich verwertbare Informationen lieferte. Die Fotografien sollten den Präparatoren bei ihrer Arbeit als Vorbild dienen und den ausgestellten Tieren Lebendigkeit verleihen. Das Museum reagierte auf die Tiermalereien und -fotografien und deren Anspruch, Tiere »*nach dem Leben*«[147] und naturnah abzubilden.

1915 verschlechterte sich der Gesundheitszustand Schillings durch einen Schlaganfall. Matschie erhielt die Nachricht: »*Da sitzen wir mit unserem Unglücksraben schillingsi fest. Schlaganfall, rechter Arm gelähmt, Sprache behindert.*«[148] Schillings erholte sich, doch 1918 wurde das Familienanwesen in Gürzenich veräußert und er musste seine Sammlung aufgeben. Matschie gegenüber äußerte er: »[…] *diese Sammlung ziemt einem Schlosse, nicht einer Miethwohnung.* […] *Die Trennung ist schwer für den Sammelmenschen der in mir leider steckt,* […].«[149] Die Anspielung auf nach Schillings benannten Tierarten und seine Selbstinszenierung zeigen, dass er sich und andere ihn als berufsmäßigen Sammler im Dienst der Wissenschaft wahrnahmen. Er dachte und handelte mit dem Selbstbewusstsein eines ›hunter-naturalists‹ mit Gewehr und Kamera.

Die Bekanntheit Schillings, Matschies Anleitungen und das Werben für die Tätigkeit des Sammelns in den Kolonien inspirierte unzählige Nachahmer. Die Betrachtung der folgenden Sammler, deren verbindendes Element die Beschaffung von Menschenaffen war, ermöglicht einen differenzierten Blick auf Akteure mit unterschiedlichem Bildungsniveau und gesellschaftlichem Stand und deren Tätigkeiten in den afrikanischen Kolonien.

5.3 Die Gorillasammler des Berliner Museums

Die in den Museumsführern des Berliner Naturkundemuseums erwähnten Sammler von Gorillas waren Herzog Adolf Friedrich zu Mecklenburg und Rudolf Grauer. Hinzu kam Jasper von Oertzen, dessen Schimpansen in die Schausammlung gelangten und Gorillapräparate ins Depot. Friedrich Robert von Beringe (1865–1940) lieferte Präparate von Gorillas über Umwege an die Zoologische Sammlung und Hans Paschen (Lebensdaten unbekannt) bemühte sich um einen begehrten ausgewachsenen männlichen Gorilla aus Kamerun für das Berliner Museum. Wer waren die Männer, die die Tiere erlegten und sammelten, in welchen Kontexten wurden die Objekte erworben und welche Motive verfolgten die Sammler afrikanischer Menschenaffen?

---

146 Paul Matschie zit.n.: Ebd., Blatt 80.

147 Hartmann, Neues die anthropomorphen Affen betreffendes Material, S. 26.

148 Unbekannt an Paul Matschie: MfN d. HUB, Bestand: Zool. Mus., Signatur: S III, C. G., Blatt 275.

149 Carl Georg Schillings an Paul Matschie: Ebd., Brief vom 11. 04.1918.

Wie Heinrich Brehmer in Lübeck und Bruno Jehn in Dresden nutzten Kaufleute gegen Ende des 19. Jahrhunderts den Handelsplatz Afrika für ihre Karriere. Der Erwerb deutscher Kolonien und stetige Ausbau der Woermannschen Dampfschifffahrtslinie vereinfachte das Vorhaben für deutsche Handelsvertreter. Neben ihrer beruflichen Tätigkeit erkundeten sie den Kontinent, unternahmen kleinere Expeditionen, sammelten und jagten in ihrer Freizeit. Der in der Region Yaunde (heute Yaoundé, Hauptstadt von Kamerun) in Kamerun aktive Handelsvertreter Hans Paschen sammelte naturkundliche Objekte für das Berliner Naturkundemuseum. In den Akten finden sich mehrere Listen mit von ihm übersendeten zoologischen Objekten.[150] Der bedeutendste Fang seiner Karriere gelang Paschen am 15. April 1900, als er einen ausgewachsenen männlichen Gorilla erlegte.[151] Zu Matschies Bedauern gelangte der »*Riesen-Gorilla*«[152] nicht in den Besitz der Berliner Sammlung und blieb für Jahre ein Sehnsuchtsobjekt in Berlin. Erst 1908 konnte ein vergleichbares Exemplar, das nicht von Paschen stammte, als Leihgabe in der Ausstellung des Berliner Naturkundemuseums gezeigt werden. Noch 1910 meldete Paschen aus Longji nach Berlin über ein erjagtes Exemplar: »*Der erwähnte Gorilla ist allerdings nicht so sehr groß, daß er als ein Pracht* [Herv. i.O.] *Exemplar gelten kann* […]. *Ich hoffe Ihnen zum nächsten Jahre dann noch mal einen größeren mitbringen zu können.*«[153] Die Nachfrage an Gorillas im Allgemeinen und von Exemplaren mit herausstechenden Merkmalen im Besonderen, etwa in Bezug auf Größe und Geschlecht, erwies sich die gesamte deutsche Kolonialzeit hindurch als hoch.

Im Jahr 1902 erlegte der Hauptmann der Kaiserlichen ›Schutztruppe‹, so die ursprüngliche Bezeichnung der Militäreinheiten in den deutschen Kolonien in Afrika, die keineswegs zum Schutz der afrikanischen Gesellschaften oder des Landes, sondern zu deren Unterwerfung und Sicherung für die Kolonisatoren dienten, in Deutsch-Ostafrika und Vetter Wissmanns, Friedrich Robert von Beringe, ab 1894 als Leutnant in den Kolonien tätig, auf dem Sabinyo in 3000 Meter Höhe mehrere Gorillas und sandte einen Balg an Ludwig Heck nach Berlin. Weshalb Beringe den Balg an Heck und nicht an das Naturkundemuseum schickte, geht aus den Quellen nicht hervor. Vermutlich kannte er Heck durch dessen freundschaftliche Beziehung zu Wissmann. Heck verwies in seiner Autobiografie mehrfach auf seine intensiven Kontakte zu Kolonialreisenden, von denen der Zoo und das Museum profitierten.[154] Der Zoodirektor erkannte die Bedeutung des Objekts und überstellte das Präparat dem Berliner Museum.[155] Die Entdeckung des Gorillas durch Beringe war ein Zufallsfund. Für eine systematische Erforschung des Verhaltens, Lebensraums und der Gewohnheiten der Tiere blieb neben der Tätigkeit in

---

150 Vgl. MfN d. HUB, Bestand: Zool. Mus., Signatur: S III, Paschen, H.

151 Vgl. Museum Umlauff Hamburg, Der Riesen-Gorilla des Museum Umlauff Hamburg. Schilderung seiner Erlegung und wissenschaftlichen Beschreibung, Hamburg 1901, S. 2, https://dhb.thulb.uni-jena.de/receive/ufb_cbu_00030372 vom 01.02.2023.

152 Ebd., Titel.

153 Hans Paschen in: MfN d. HUB, Bestand: Zool. Mus., Signatur: S III, Paschen, H., Blatt 66.

154 Vgl. Heck, Heiter-ernste Lebensbeichte, S. 216.

155 Vgl. Landesheimatbund Sachsen-Anhalt e.V.; Wolf-Dieter Ostermann, Aschersleben Biographisches Lexikon. Kurzbiographien von 111 Persönlichkeiten aus der Geschichte der Stadt Aschersleben, Aschersleben 2008, S. 168f.

der ›Schutztruppe‹ keine Zeit. Gleichzeitig hatte sein Erfolg das Potenzial von Militärangehörigen in den Kolonien für das Museum aufgezeigt. Zukünftig nutzte das Berliner Museum deren Anwesenheit in den Kolonien verstärkt für den Erwerb von Objekten. Unter ihnen befand sich Jasper von Oertzen, der als Leutnant der ›Schutztruppe‹ von 1903 bis 1910 in Kamerun tätig war.[156]

Die Bildung von ›Schutztruppen‹ in den deutschen Kolonien muss im Kontext der Aneignung afrikanischer Gebiete auf der Grundlage sogenannter ›Schutzverträge‹ durch Privatpersonen, die sich als äußerst fragil herausstellten, verstanden werden. Aufstände in den so erworbenen Territorien erforderten ab Dezember 1888 aus Sicht der Kolonisatoren das Eingreifen militärischer Kräfte. Die im Februar 1889 durch Hermann von Wissmann gegründete Wissmann-Truppe, beendete die Aufstände zunächst. In Folge verblieben Soldaten zur Stabilisierung der politischen Lage dauerhaft in den deutschen Kolonien.

Der erste Paragraf des Schutztruppengesetzes vom 7. Juli 1896 lautete: »*Die Schutztruppen dienen zur Aufrechterhaltung der öffentlichen Ordnung und Sicherheit in den afrikanischen Schutzgebieten, insbesondere zur Bekämpfung des Sklavenhandels. Ihr oberster Kriegsherr ist Seine Majestät der Kaiser.*«[157] De facto unterstand die ›Schutztruppe‹ bis 1907 dem Reichskanzler. Mit der Einrichtung des Reichskolonialamtes ging die Aufgabe auf den Staatssekretär über.[158] In der jeweiligen Kolonie war der Gouverneur als Vertreter des Kaisers weisungsbefugt.[159] Die Strukturen und Gesetze der ›Schutztruppen‹ unterlagen während ihres Bestehens stetigen Veränderungen und Anpassungen.[160]

Die Kameruner, in der Oertzen diente, und Deutsch-Ostafrikanische ›Schutztruppe‹, in der Beringe seinen Dienst leistete, wurden 1891 gegründet. Ihre Hauptaufgabe bestand in der Unterstützung des jeweiligen Gouverneurs bei der Niederschlagung von Unruhen und gewaltvollen Durchsetzung der Kolonialmacht. Während des gesamten Zeitraums der deutsch-kolonialen Herrschaft wehrte sich die afrikanische Bevölkerung gegen die Unterdrückung, Enteignung und Ausbeutung. Die auferlegten Steuerabgaben, das Heranziehen zu Arbeitseinsätzen, der Verlust der Gerichtsbarkeit und die Enteignung von Ländereien ließen afrikanische Gruppen gegen die Fremdherrschaft vorgehen.[161] Die koloniale Unterwerfung bedeutete ein massives Eingreifen in soziale, kulturelle, religiöse, politische und wirtschaftliche Strukturen. Die zahlenmäßige Unterlegenheit und mangelhafte Ausrüstung der Soldaten im Vergleich zu der Größe des Landes und flächenmäßigen Verbreitung der Unruhen machten eine dauerhafte Kontrolle unmöglich und führten zu einer Gewaltspirale.[162] Durch die willkürliche Aufteilung Afrikas

156 Vgl. Florian Hoffmann, Okkupation und Militärverwaltung in Kamerun. Etablierung und Institutionalisierung des kolonialen Gewaltmonopols, Band 2. Die kaiserliche Schutztruppe und ihr Offizierskorps, Göttingen 2007, S. 147.

157 §1 des Schutztruppengesetzes vom 7. Juli 1896 zit.n.: Herbert Pürschel, Die Kaiserliche Schutztruppe für Kamerun. Gefüge und Aufgabe, Dessau 1936, S. 13.

158 Vgl. Haupt, Die deutsche Schutztruppe, S. 33.

159 Vgl. Hoffmann, Okkupation und Militärverwaltung, S. 5.

160 Ebd.

161 Vgl. Haupt, Die deutsche Schutztruppe, S. 19.

162 Vgl. Trutz von Trotha, Koloniale Herrschaft. Zur soziologischen Theorie der Staatsentstehung am Beispiel des »Schutzgebietes Togo«, Tübingen 1994, S. 50.

waren künstliche Gebiete mit fiktiven Grenzverläufen entstanden. Die ›Schutztruppen‹ sollten die Kolonien nach innen befrieden und die Herrschaftsmacht ausüben sowie nach außen gegen angrenzende europäische Kolonialmächte verteidigen. Die besetzten Gebiete, meist unbekanntes, kaum erschlossenes Gelände, befanden sich unter ständiger Militärgewalt. Die Einsätze der ›Schutztruppe‹ beinhalteten lange Märsche auf unbefestigten Wegen, den Aufbau von Stationen und die Erschließung von Verkehrswegen.[163] Die Wege durch dichte Wälder waren nur mit der Hilfe von Lasttieren, die nicht in ausreichender Zahl vorhanden waren, oder mit Trägern, die im Vorfeld jeder Unternehmung angeworben werden mussten, passierbar.[164] Die Flucht von Trägern und Arbeitern war ein Mittel sich den Kolonialherren und der Zwangsarbeit zu verweigern, was den Ausbau und das Vorankommen im Hinterland für die Kolonisatoren zusätzlich erschwerte. Telegrafenlinien führten selten in das Landesinnere,[165] Nachrichten gelangten nur mit Verzögerungen an ihr Ziel.

Die ›Schutztruppen‹ setzten sich aus angeworbenen Afrikanern und Freiwilligen des Reichsheeres und der Marine zusammen, die Männer durften nicht über 40 Jahre alt sein.[166] In Vorbereitung auf ihren Dienst in den Kolonien mussten deutsche Offiziere der ›Schutztruppe‹ eine Weiterbildung am Seminar für orientalische Sprachen in Berlin absolvieren, die sie auf die Bewohner, Sprachen und das Leben in den Kolonien vorbereiten sollte.[167] »*Orientierungshefte*«,[168] die das vorhandene Wissen über einzelne Regionen und Afrikaner bündelten, sollten das Gelernte vertiefen und festigen. Auf die hierarchische Trennung zwischen afrikanischen und deutschen Soldaten wurde streng geachtet. Der Dienstgrad der afrikanischen Soldaten unterstellte sie automatisch den deutschen Truppenangehörigen. Bis 1900 stammten afrikanische Soldaten der Kameruner ›Schutztruppe‹ selten aus der Kolonie selbst. Dadurch bildeten sie stark heterogene Gruppen hinsichtlich ihrer religiösen, kulturellen und sozialen Zusammensetzung. Nach Beendigung der Dienstzeit, in der Regel drei Jahre, wurden die afrikanischen Soldaten mit Urlauben, Rangerhöhungen oder Medaillen ausgezeichnet.[169] Die rekrutierten afrikanischen Soldaten lebten oft mit ihren Familien auf den durch die Kolonisatoren errichteten Stationen.[170]

Der Aufbau und die Unterhaltung von Stationen als »*Minikolonien*«[171] wurde durch die zahlenmäßige Unterlegenheit der deutschen Soldaten in den unbekannten Gebieten stetig vorangetrieben. Die Stationen wurden von einer Außenmauer umgeben. Durch den Ausbau von Brücken und Wegen im nahen Umland der Stationen und die Möglichkeit einer ärztlichen Versorgung entwickelten sie sich zu wirtschaftlichen, sozialen und

---

163 Vgl. Jasper von Oertzen, Die Öffnung des direkten Weges Nanga-Eboko-Dendeng, in: Deutsches Kolonialblatt 18 (1907), S. 625–627.

164 Vgl. Pürschel, Die Kaiserliche Schutztruppe, S. 28.

165 Vgl. Ebd., S. 29.

166 Vgl. Ebd., S. 16.

167 Vgl. Ebd., S. 35; Hoffmann, Okkupation und Militärverwaltung, S. 50.

168 Pürschel, Die Kaiserliche Schutztruppe, S. 40.

169 Vgl. Haupt, Die deutsche Schutztruppe, S. 67.

170 Vgl. Pürschel, Die Kaiserliche Schutztruppe, S. 20.

171 Van Reybrouck, Kongo, S. 68.

kolonialen Zentren in den betreffenden Regionen.[172] Stationen *»verstetigten die Präsenz der Reisenden«*[173] und damit die Bemühungen einer dauerhaften Machterhaltung durch die Kolonisatoren.

Die Tätigkeit der Militäreinheit war Ausdruck einer neuen Kolonialpolitik, die auf eine langfristige Herrschaft ausgerichtet war. Das *Deutsche Kolonialblatt* als Organ des Reichskolonialamtes berichtete stetig über die Entwicklungen in den deutschen Kolonien und veröffentlichte Ehrungen und Dienstgrade, auch Oertzens Name befand sich darunter.[174] Durch die Berichte erfuhren die deutschen Soldaten für ihren Einsatz in den entfernten Kolonien nationale Anerkennung und es sollte *»der Eindruck von Herrschaft über ein faktisch nicht beherrschbares Territorium erzeugt werden.«*[175]

Neben militärischen und polizeilichen Tätigkeiten gehörte die wissenschaftliche Erschließung der Gebiete zu den Aufgaben der ›Schutztruppe‹. *Kolonie und Heimat* warb mit zahlreichen Jagd- und Tierabbildungen für den Einsatz in den Kolonien. Bilder eines Berichts über Unruhen in Südost-Kamerun,[176] die durch die ›Schutztruppe‹ niedergeschlagen wurden, zeigten die Einbindung der Soldaten in die Flora und Fauna der Region. Sie bildeten ein großes Gorillamännchen, zwei erlegte Schimpansen, einen getöteten Elefanten und eine Tropenwaldaufnahme ab und unterstrichen gängige Afrikastereotype. Die Auseinandersetzung mit der Umwelt und die Jagd auf Großwild waren Bestandteil des militärischen Dienstes in den Kolonien. Die zoologische, botanische, ethnografische und geografische Erschließung des Landes diente den deutschen Soldaten zur Verbuchung persönlicher und nationaler Erfolge. Oertzen und andere Offiziere jagten regelmäßig und lieferten lebende und tote Tiere nach Deutschland,[177] darunter im Falle Oertzens und Beringes bedeutende Funde von Menschenaffen. Oertzen besaß im Jahr 1905 circa 60 Gorilla- und Schimpansenschädel, die er dem Berliner Naturkundemuseum zur Ansicht vorlegte und teilweise überließ.[178] Wie umfangreich das Engagement eines Mitglieds der ›Schutztruppe‹ bei der wissenschaftlichen Erforschung war, hing von persönlichen Interessen, der Dauer und dem Ort der Stationierung ab. Ob die Kolonien darüber hinaus wirtschaftlich gewinnbringende Unternehmungen waren, blieb in der Öffentlichkeit strittig. Ein Bericht in *Kolonie und Heimat* schilderte die Situation für Kamerun pragmatisch: *»Deutschland wird vorläufig nicht allzuviel Vorteil von den neu erworbenen Gebieten haben.«*[179]

Das Gorillamännchen und Jungtier in der Berliner Ausstellung von 1910 stammten von Herzog Adolf Friedrich zu Mecklenburg. Mecklenburg wurde 1873 geboren und legte 1894 sein Abitur in Dresden ab. Im Anschluss unternahm er eine erste größere Reise, die ihn nach Kairo, Damaskus und Istanbul führte. Nach seiner militärischen Ausbildung bei den Garde-Kürassieren in Berlin musste er den aktiven Militärdienst wegen

172 Vgl. Haupt, Die deutsche Schutztruppe, S. 70.

173 Pesek, Koloniale Herrschaft, S. 147.

174 Vgl. Deutsches Kolonialblatt 18 (1907), S. 1037.

175 Habermas, Skandal in Togo, S. 19.

176 Vgl. Osten, Südost-Kamerun, S. 2–3.

177 Vgl. Oscar Zimmermann, Durch Busch und Steppe vom Campo bis zum Schari 1892–1902. Ein Beitrag zur Geschichte der Schutztruppe von Kamerun, Berlin 1909.

178 Vgl. MfN d. HUB, Bestand: Zool. Mus., Signatur: S III, Oertzen, J. v., Blatt 1.

179 Wilhelm Beggerow, Allerlei aus Neu-Kamerun, in: Kolonie und Heimat 5 (18, 1911/12), S. 2.

einer Verletzung verlassen. Mit Themen der Kolonialpolitik kam er durch die Tätigkeit seines Halbbruders Johann Albrecht zu Mecklenburg (1857–1920) in Kontakt, der ab 1895 das Amt des Präsidenten der Deutschen Kolonialgesellschaft bekleidete. Bis 1905 reiste Adolf Friedrich zu Mecklenburg zweimal nach Deutsch-Ostafrika und beteiligte sich an Großwildjagden.[180]

Mit Mecklenburg, Oertzen und Beringe beteiligten sich Vertreter des Adels am Sammeln von Menschenaffen. Die Motive der Reisen waren vielschichtig. Mecklenburg, als Angehöriger des Hochadels, besaß als viertgeborener Sohn keine Aussichten, seinem Vater als Großherzog von Mecklenburg-Schwerin zu folgen und war gezwungen, sich eine legitime alternative Karriereoption zu suchen. Der Militärdienst bot, anders als bei Oertzen und Beringe, durch sein verletzungsbedingtes Ausfallen keine Möglichkeit. Durch seine Sozialisierung und Identifizierung als europäischer Adeliger, wo persönliche Verdienste auf das Ansehen und die Stellung der Familie rückwirkten und diese sicherten, bot der »*Kolonialismus ein Tätigkeitsfeld* […], *in dem sich kulturelles und soziales Kapital generieren ließ.*«[181] In den Kolonien fanden sich typische Aufgabenfelder des europäischen Adels um 1900, darunter (Kolonial-)Politik, der Einsatz für die Wissenschaft sowie die Jagd bei gleichzeitigem Einsatz für den Wildschutz. Wie Mecklenburg stammte Oertzen aus einem mecklenburgischen Adelsgeschlecht und nutzte seine militärische Karriere in den Kolonien für die Generierung sozialen Kapitals. Verdienstorden, öffentliche Berichte und Schenkungen an das Museum sollten in der Heimat für Anerkennung sorgen. Die Männer nutzten koloniale Karrieremöglichkeiten und stilisierten ihr Schaffen zu einer »*imperiale*[n] *Biographie* […]«.[182]

Auf seinen ersten Privatreisen nach Afrika legte Mecklenburg eine Sammlung an, die Exklusivität suggerierte und an die Tradition frühneuzeitlicher, höfischer Privatsammlungen anknüpfte. Gleichzeitig nahm er Kontakt mit dem Berliner Naturkundemuseum auf und entwarf Pläne für eine Expedition, die die Durchquerung des afrikanischen Kontinents von Ost nach West vorsah. Er nutzte seine naturwissenschaftliche Sammlung als Kapital, um sich in den wissenschaftlichen Diskurs seiner Zeit einzuschreiben und Unterstützung für weitere Reisen zu gewinnen. Von der Deutschen wissenschaftlichen Zentral-Afrika-Expedition in den Jahren 1907/08, die ihn vom Westufer des Victoriasees über den Kiwu-See und in die Gebiete des Kongoflusses führte, stammten die dem Museum überlassenen Menschenaffen. Sein Reisebericht *Ins Innerste Afrikas* wurde 1909 veröffentlicht[183] und Mecklenburg einem breiten Publikum bekannt, besonders die Jugend wollte Mecklenburg mit seinem Bericht ansprechen und für die Kolonien begeistern.[184] Der Titel erinnerte an den populären Reisebericht *Im dunkelsten Afrika* des Journalisten und Afrikaforschers Henry Morton Stanley (1841–1904) von 1890, der durch die

---

180 Vgl. Diebold, Hochadel und Kolonialismus, S. 37.

181 Ebd., S. 44; vgl. Werner Pade, Zwischen Wissenschaft, Abenteurertum und Kolonialpolitik. Adolf Friedrich zu Mecklenburg, in: Martin Guntau (Hg.), Mecklenburger im Ausland. Historische Skizzen zum Leben und Wirken von Mecklenburgern in ihrer Heimat und in der Ferne, Bremen 2001, S. 202.

182 Diebold, Hochadel und Kolonialismus, S. 91.

183 Adolf Friedrich Herzog zu Mecklenburg, Ins Innerste Afrika. Bericht über den Verlauf der deutschen wissenschaftlichen Zentral-Afrika-Expedition 1907 – 1908, Leipzig 1909.

184 Vgl. Pade, Zwischen Wissenschaft, Abenteurertum und Kolonialpolitik, S. 203.

Suche nach dem Missionar und Afrikaforscher David Livingstone (1813–1873) im Jahr 1871 Berühmtheit erlangte. Stanley entwarf in seinen Veröffentlichungen das Bild des mutigen, abenteuerlustigen und ausdauernden Reisenden. Die Durchquerung von weitläufigen Gebieten, im besten Fall eines ganzen Kontinents und die Betonung eines nationalen Sendungsbewusstseins galten seit Stanley als gängige Motive von Reiseberichten um 1900.[185] Mecklenburg knüpfte an bestehende Narrative an und stand als heldenhafter Bezwinger eines gefährlichen und zugleich ›exotisch‹ imaginierten Afrikas im Zentrum der Reisebeschreibung.[186] Der Buchtitel und anhaltende Expeditionsbestrebungen verdeutlichen, dass Zentralafrika zu Beginn des 20. Jahrhunderts ein für Europäer wenig konkreter Ort blieb. Die Expeditionen dienten der Erfassung des Naturraums, ignorierten die politischen Verhältnisse vor Ort, beeinflussten und verfestigten europäische Vorstellungen von Afrika. Nach seiner zweiten Afrikaexpedition in den Jahren 1910/11, die Mecklenburg erneut aus wissenschaftlichen und politischen Interessen nach Zentralafrika in die Gebiete der Kongozuflüsse und nach Kamerun führte, erschien 1912 sein zweibändiges Werk *Vom Kongo zum Niger und Nil*,[187] womit er im Titel auf drei Sehnsuchtsorte europäischer Expeditionen um 1900 verwies. Auf der Reise entdeckte die Expedition Gorillas und Schimpansen am Ufer des Ubangi in der Nähe von Libenge (heute eine Stadt in der Demokratischen Republik Kongo).[188]

Anders als bei Du Chaillu oder von Koppenfels waren die Expeditionen Mecklenburgs breit angelegte Entdeckungstouren mit politischer Motivation, die versuchten den afrikanischen Kontinent mit militärischer Disziplin und wissenschaftlichem Anspruch zu erfassen. Die Kolonisierenden inszenierten mit Expeditionen politische Präsenz gegenüber der lokalen Bevölkerung und angrenzenden europäischen Kolonien, wobei die Nachhaltigkeit einer solchen Präsenz im Angesicht sich stetig bewegender Expeditionen zweifelhaft ist. Der Erwerb von Wissen diente den politischen und wirtschaftlichen Zielen der dauerhaften Aneignung und Nutzbarmachung der Gebiete und war Ausdruck eines allgemeinen Kurswechsels innerhalb der deutschen Kolonialpolitik. Die Phase der Kolonisierung, in der Mecklenburgs Expedition stattfand, stand unter dem Zeichen der Gründung des Reichskolonialamtes als eigenständigem Amt im Jahr 1907 mit dem Bankier Bernhard Dernburg (1865–1937) als Staatssekretär an der Spitze und den Zielen der Machterhaltung, dem Ausbau der Infrastruktur und wirtschaftlichen Gewinnmaximierung.[189] An der Vorbereitung und Finanzierung der Expedition Mecklenburgs beteilig-

185 Vgl. Nzongola-Ntalaja, The Congo from Leopold to Kabil, S. 15; Essner, Deutsche Afrikareisende, S. 116; Pesek, Die Kunst des Reisens, S. 68.

186 Vgl. Diebold, Hochadel und Kolonialismus, S, 119; Fabian, Im Tropenfieber, S. 91–99.

187 Adolf Friedrich Herzog zu Mecklenburg, Vom Kongo zum Niger und Nil. Berichte der deutschen Zentralafrika-Expedition 1910/1911, 2 Bände, Leipzig 1912.

188 Vgl. Mecklenburg, Vom Kongo zum Niger und Nil, Band 1, 1912, 1, S. 24.

189 Vgl. Bernhard Dernburg, Zielpunkte des Deutschen Kolonialwesens. Zwei Vorträge, Berlin 1907; Heiko Möhle, Kolonialwissenschaften und Standortpolitik. Eine lebendige Beziehung, in: Ders. (Hg.), Branntwein, Bibeln und Bananen. Der deutsche Kolonialismus in Afrika – Eine Spurensuche in Hamburg, Hamburg 1999, S. 101–106; Sebastian Conrad, »Eingeborenenpolitik« in Kolonie und Metropole. »Erziehung zur Arbeit« in Ostafrika und Ostwestfalen, in: Ders.; Jürgen Osterhammel (Hg.), Das Kaiserreich transnational. Deutschland in der Welt 1871–1914, Göttingen 2004, S. 106; Jürgen Zimmerer, Der europäische Kolonialismus. Politisch, Ökonomische und kulturelle Aspek-

ten sich Vertreter aus Industrie, Wirtschaft und Handel, darunter Woermann.[190] Der Herzog war auf wirtschaftliche, politische und wissenschaftliche Unterstützung angewiesen. Das bedeutete, dass »*während der Kolonialzeit* [...] *europäische Forschungsreisende nicht losgelöst von der imperialen Expansionslogik agieren*«[191] konnten. Ein wissenschaftliches Ziel bestand in der Klärung aktueller naturkundlicher Debatten durch das Sammeln von Objekten. Die Suche nach Menschenaffen zählte zu den zoologischen Zielen ersten Ranges.[192] Die Entdeckung des Berggorillas durch Beringe und großen Gorillamännchens durch Paschen galten als spektakuläre Funde und versprachen weitere.

Das Gorillaweibchen der Berliner Ausstellung hatte der Österreicher Rudolf Grauer dem Museum überlassen. Außerdem belieferte er die Naturkundemuseen in Tring und Wien. Über Grauer existieren wenige Informationen,[193] da er nicht selbst über seine Reisen publizierte. Er stammte aus einer wohlhabenden Fabrikantenfamilie aus Troppau/Schlesien. Nach dem Abitur besuchte er eine Militärakademie in Wien und diente als Reserve-Offizier. Darauf folgte ein Studium der Rechtswissenschaften in Wien und Agrarwissenschaft in Halle an der Saale.[194] Nach 1900 unternahm er private Reisen nach Afrika und hielt sich zwischen 1904 und 1906 in Uganda auf. In der Zeit beteiligte er sich an Jagdexpeditionen, bestieg als erster Europäer den Ruwenzori bis auf 4800m Höhe und sammelte ornithologische Objekte. 1907 plante Grauer eine Reise nach Belgisch-Kongo. Vor seiner Abfahrt besuchte er das Berliner Naturkundemuseum und das Privatmuseum des Bankiers und Zoologen Walter Rothschild (1868–1937), das Walter Rothschild Zoological Museum in Tring (heute Natural History Museum at Tring).[195]

Die Reise Grauers verfolgte das explizite Ziel, Gorillas im Auftrag europäischer Museen zu sammeln, was den Bedarf an diesen Tieren in Europa fünfzig Jahre nach deren Entdeckung verdeutlicht. Neben Tring versprach er Berlin die restliche Sammlung seiner Reise. Im Vorfeld nahm er mit Adolf Friedrich von Mecklenburg Kontakt auf, da er sich über ihn die Genehmigung zum Sammeln und Jagen im Kongo versprach.[196] Jegliche Jagd und Ausfuhr von Sammlungsobjekten aus dem Kongo war ausschließlich mit der Einwilligung Leopolds II. möglich, da sich die Kolonie in dessen Privatbesitz befand. Es ist unklar, weshalb sich Grauer die Genehmigung nicht persönlich einholte. Mecklenburg bot an, die Reise Grauers über seine eigene Expedition zu finanzieren. Grauer lehnte ab: »*um mir meine Freiheit und Unabhängigkeit zu wahren.*«[197] Die Finanzierung durch

---

te der frühen Globalisierung, in: Deutscher Museumsbund (Hg.), Leitfaden. Umgang mit Sammlungsgut aus kolonialen Kontexten, 2. Fassung, 2019, S. 47.

190 Vgl. Pade, Zwischen Wissenschaft, Abenteurertum und Kolonialpolitik, S. 204f.

191 Diebold, Hochadel und Kolonialismus, S. 123.

192 Vgl. Mecklenburg, Ins Innerste Afrika, S. 210.

193 Vgl. Österreicher in Ostafrika, in: Hanno Baschnegger; Gerald Schlag (Hg.), Abenteuer Ostafrika. Der Anteil Österreich-Ungarns an der Erforschung Ostafrikas. Ausstellung in Schloss Halbtun 11. Mai bis 28. Oktober 1988, Eisenstadt 1988, S. 247–286; Christa Riedl-Dorn, Rudolf Grauer, in: Wilfried Seipel (Hg.), Die Entdeckung der Welt – Die Welt der Entdeckungen. Österreichische Forscher, Sammler, Abenteurer, Milano 2001, S. 323; Rudolf Grauer in: MfN d. HUB, Bestand: Zool. Mus., Signatur: S III, Grauer, R., Blatt 3.

194 Vgl. Riedl-Dorn, Rudolf Grauer, S. 323.

195 Vgl. MfN d. HUB, Bestand: Zool. Mus., Signatur: S III, Grauer, R., Blatt 3.

196 Vgl. Ebd., Blatt 119.

197 Ebd.

Mecklenburg hätte bedeutet, dass Grauers Sammlung im Namen des Herzogs nach Europa gelangt wäre. Das eigene Prestige und der Dienst an der Wissenschaft bildeten starke Motive seiner Reise, dazu kam der Eifer des Sammelns, die wissenschaftliche Neugierde und Abenteuerlust.

Als weiteren Grund für seine Sammelreise nannte er:

> »Ich glaube es ist überhaupt nicht nötig, den pekuniären Standpunkt zu erwähnen, meine Unkosten werden wohl bedeutend höher sein als das, was ich für die Sachen bekomme, ich hätte mich janie darauf eingelassen, wenn es mir nicht so viel Freude bereiten würde und ich nicht so viel Interesse für die dortige Fauna hätte.«[198]

Die Sammler von afrikanischen Menschenaffen des Berliner Naturkundemuseums entstammten verschiedenen sozialen und kulturellen Hintergründen und gingen mit unterschiedlichen Motiven in die Kolonien. Paschen, Beringe und Oertzen sammelten berufsbegleitend neben ihrer kaufmännischen oder militärischen Tätigkeit in den Kolonien, wobei Mitgliedern der ›Schutztruppe‹ das wissenschaftliche Sammeln nahegelegt wurde. Mecklenburgs Beruf oder vielmehr betonte Berufung bestand als Leiter einer großen deutschen Expedition nach Afrika im Sammeln naturkundlichen, ethnologischen und geografischen Wissens. Allein Grauer reiste als Privatsammler mit der Unterstützung europäischer Naturkundemuseum nach Afrika, mit dem ausschließlichen Ziel zoologische Objekte zusammenzutragen. Auch hinsichtlich ihrer Motive unterschieden sich die Sammler. Paschen und Beringe nutzten die Jagd auf Gorillas zur Freizeitgestaltung, Grauer betonte sein persönliches Interesse an der afrikanischen Tierwelt, Mecklenburg verfolgte mit seinem Engagement berufliche Ziele und Oertzen versuchte sich mit der Möglichkeit lebende afrikanische Wildtiere beobachten zu können, in zeitgenössische Debatten der Verhaltensforschung an Tieren zu beteiligen.[199] Es waren ausschließlich Männer, die Menschenaffen für Berlin sammelten. Neben der Gemeinsamkeit des Geschlechts und dem Sammlungsobjekt lassen sich Unterschiede hinsichtlich der Herkunft, Motivation und eigentlichen Tätigkeit in den Kolonien ausmachen.

Vor dem Hintergrund dieser Heterogenität kolonialen Sammelns muss die Darstellung und Erfassung von afrikanischen Menschenaffen verstanden werden. Menschenaffen waren wissenschaftliche Sammlungsobjekte, Objekte der kolonialen Eroberung, Objekte, die der rassistischen Gegenüberstellung mit der afrikanischen Bevölkerung dienten, Fotomotive und Objekte musealer und zoologischer Schausammlungen in Europa. Wie beschrieben die Sammler die Tiere? Wie dokumentierten und begründeten sie ihre Reisen und wissenschaftlichen Ergebnisse? Wie beeinflusste das Selbstverständnis der Sammler die Darstellung der Menschenaffen?

---

198 Rudolf Grauer in: Ebd., Blatt 3.

199 Vgl. Jasper von Oertzen, In Wildnis und Gefangenschaft. Kameruner Tierstudien, Berlin 1913.

5.3.1 Der gesammelte Gorilla als Wissenschafts- und Handelsobjekt

Ein bedeutender Zufallsfund hinsichtlich der Artenvielfalt und Verbreitungsgebiete des Gorillas gelang Robert von Beringe im Jahr 1902. Die Objekte, die durch die Vermittlung Hecks in das Museum gelangten, systematisierte Paul Matschie als *Gorilla beringei* und damit neue Art. Beringe bedankte sich für die Benennung und freute sich über die Möglichkeit, der Wissenschaft zu neuen Erkenntnissen verholfen zu haben.[200] Er verwies darauf, dass er die Tiere nicht allein erlegt hatte, sondern ein mitreisender Arzt am Abschuss beteiligt war.[201] Die *Vossische Zeitung* erwähnte Beringe als alleinigen Finder der »*wichtige*[n] *tiergeographische*[n] *Feststellung*«.[202] Die Kennzeichnung von Arten mit den Namen der europäischen Entdecker schuf zwischen Sammelnden und Museen eine persönliche Verbindung. Gegenüber den Sammelnden stellte sie eine Form der Ehrerbietung und Bezahlung dar, im Gegenzug erhielten Museen die Objekte. Über Beringe finden sich wenige biografische Informationen. Seine heutige Bekanntheit generiert sich aus der Entdeckung des Berggorillas. Ausgestellt wurde das Tier nicht, der Balg befindet sich bis heute im Depot des Berliner Naturkundemuseums und gilt als wertvoller Holotypus, als Exemplar der wissenschaftlichen Erstbeschreibung.[203] Der Nutzen des Objektes bemaß sich an seinem Neuigkeitswert für Europa, der es bis heute zu einem Erkenntnisobjekt macht.

Das Vorkommen von Gorillas in Zentralafrika war bis zu Beringes Fund in Europa unbekannt und weckte Hoffnungen auf weitere Arten und Unterarten von Menschenaffen in den von Europäern noch unerforschten Regionen. Karl Möbius dankte Beringe im Namen der Sammlung und Wissenschaft und versprach, ihn mit einer »*Sammelanleitung* [und] *Ausrüstung von zoologischem Sammelmaterial*«[204] auszustatten. Durch die materielle und ideelle Unterstützung schrieb sich das Berliner Museum in die Tätigkeit des Sammelns ein, ohne große Expeditionen finanzieren zu müssen, beziehungsweise es überhaupt zu können.

Ausrüstungsgegenstände stellte das Museum auch Jasper von Oertzen zur Verfügung. Das Museum gewährte ihm im Tausch für Sammlungsobjekte eine Elefantenbüchse. Zwar befanden sich unter den angebotenen Objekten Arten, die das Museum bereits besaß, doch für Matschie überwogen die Vorteile: »*durch das Versprechen des Herrn von Oertzen, die Elefantenbüchse zur Erlegung eines für unsere Sammlung bestimmten Elefanten zu benutzen, werden wir weitere Vorteile erlangen.*«[205] Matschie hoffte, in Oertzen eine langfristige Quelle für zoologische Objekte gefunden zu haben. Mit dem Zugeständnis einer Elefantenbüchse verbanden sich ökonomische Interessen des Museums. Kosten und Nutzen wurden sorgfältig abgewogen. Als Versicherung für Oertzen blieben die von ihm

200 Vgl. MfN d. HUB, Bestand: Zool. Mus. S III, Beringe, R. v., Blatt 15.

201 Vgl. Ebd., Blatt 15a.

202 Ebd., Blatt 18.

203 Vgl. Matthias Glaubrecht, Mehr als eine Jagdtrophäe, in: Museum für Naturkunde Berlin, Perspektiven der Evolution. Aus dem Museum für Naturkunde in Berlin, Berlin u.a. 2008, S. 17.

204 Karl Möbius an Robert von Beringe in: MfN d. HUB, Bestand: Zool. Mus. S III, Beringe, R. v., Berlin, 14.07.1903, Blatt 14.

205 Paul Matschie in: MfN d. HUB, Bestand: Zool. Mus., Signatur: S III, Oertzen, J. v., Blatt 6.

gesammelten Gorillaschädel in seinem Besitz, erst nach Erhalt der Büchse gingen sie offiziell an das Museum über. Die Schädel fungierten als finanzielle Rückversicherung.

In Folge übte Oertzen Druck auf das Museum aus. Er erwartete das Gewehr bis zum 1. April 1906, sollte es bis dahin nicht bei ihm eintreffen, stand er in Verhandlung mit einem weiteren, nicht näher genannten Abnehmer, der bereit war, ihm im Gegenzug für die Objekte eine Elefantenbüchse zu übermitteln.[206] Durch Probleme beim Versenden der Büchse sah sich das Museum gezwungen, Oertzen im Juli 1906 in Yoko (heute Stadt in Kamerun) über die Verzögerung zu informieren:

> »Beschaffung der Büchse hat sich verzögert. Wir warten auf Einfuhrerlaubnis. Preis der bei O. Bork gekauften Büchse höher als Wert der Gorilla-Schädel. Es wird erwartet, dass v. Oertzen auch den Schädel des Riesengorilla unserem Museum belässt und dass er flüssig für uns weiter sammelt.«[207]

Die Anfrage beim Kolonialamt durch das Museum ergab:

> »Einer besonderen Genehmigung zur Einführung einer Elefantenbüchse für den Leutnant von Oertzen bedarf es seitens der Kolonialabteilung nicht. Es ist vielmehr nur die Erlaubnis des Kaiserlichen Gouvernements von Kamerun zur Führung der Büchse erforderlich. Soweit sich von hier übersehen läßt, wird diese Erlaubnis ohne weiteres erteilt werden.«[208]

Der Gouverneur der Kolonie verfügte über die Entscheidungsgewalt. Das Kolonialamt stand dem Museum beratend zur Seite. Nun war es das Museum, das Druck auf Oertzen ausübte. Das Museum hatte ihm zoologische Ausrüstung mit dem Dampfer Lucie der Woermannschen Linie zukommen lassen. Durch den Austausch von Objekten und Ausrüstungsgegenständen gingen beide Seiten ein Abhängigkeitsverhältnis ein. Nach Erhalt der Büchse vergingen mehrere Monate, bis Oertzen sie benutzen konnte. Erst im März 1907 berichtete er nach Berlin, dass er für eine Strafexpedition gegen die Gruppe der ›Jetsanges‹, unter dem Begriff wurden mehrere Bantu sprechenden Gesellschaften Kameruns ohne tatsächliches Wissen über deren Zusammensetzung gefasst, abgerufen wurde.[209] Zwar gelang ihm mit der Büchse die Erlegung eines Nilpferdes, doch fehlte es an Trägern, um das Tier für das Museum sichern und transportieren zu können. Die militärischen Verpflichtungen für die ›Schutztruppe‹ hatten Vorrang. Jagden und wissenschaftliches Sammeln waren Teil der Tätigkeit in den Kolonien, aber Oertzen und

---

206 Vgl. Ebd., Blatt 9.

207 Paul Matschie an Jasper von Oertzen, Ebd., 17.07.1906, Blatt 19.

208 Auswärtiges Amt. Kolonial-Abteilung an August Brauer, Ebd., Blatt 22.

209 Vgl. Ebd., Blatt 31; Bereits 1905 hatte es Gefechte gegen die aus Sicht der deutschen Kolonialherrschaft aufständigen ›Jetsangs‹ gegeben, vgl. Wilhelm von Bülow, Allerhöchster Erlaß, betreffend die Anrechnung der Jahre 1905 und 1906 als Kriegsjahre aus Anlaß von Gefechten und Kriegszügen in Deutsch-Ostafrika und Kamerun, in: Deutsches Reichsgesetzblatt (46, 1907), S. 742–743, https://de.wikisource.org/wiki/Allerh%C3%B6chster_Erla%C3%9F,_betreffend_die_Anrechnung_der_Jahre_1905_und_1906_als_Kriegsjahre_aus_Anla%C3%9F_von_Gefechten_und_Kriegsz%C3%BCgen_in_Deutsch-Ostafrika_und_Kamerun am 17.04.2024.

Beringe gelang das nur außerhalb ihrer militärischen Einsätze und mit ausreichender Unterstützung afrikanischer Helfer.

Im Verlauf seiner Dienstzeit erlegte Oertzen schließlich Schimpansen und einen Gorilla und ließ sie mit der Hilfe seines Bruders nach Berlin überstellen.[210] Über die Besitzverhältnisse aller Sammlungsobjekte entstanden nach Oertzens Rückkehr im Jahr 1908 Unstimmigkeiten und er forderte die dem Museum überlassenen Gorilla- und Schimpansenschädel zurück. August Brauer stellte klar, dass die Schädel im Besitz des Museums blieben, da Oertzen im Gegenzug 300 Mark und die Elefantenbüchse erhalten hatte.[211] Ob die Auseinandersetzung final geklärt werden konnte, geht aus den Akten nicht hervor. Die Debatte verdeutlicht den Standpunkt des Museums im Umgang mit überlassenen Sammlungen. Aus Sicht des Museums trat Oertzen mit Erhalt des Geldes und der Büchse die Sammlung offiziell an das Museum ab, das freie Verfügung über die Objekte erhielt. Der Kontakt zwischen dem Museum und Oertzen verweist auf die Aushandlung der Besitzverhältnisse von Sammlungen und verdeutlicht eine emotionale Verbindung des Sammelnden zu den zusammengetragenen Objekten. Verträge, die den Besitzstatus oder Ankauf von Objekten regelten, existierten zwischen Oertzen und dem Museum nicht, was Potenzial für Streitigkeiten barg. Der Erwerb wurde brieflich kommuniziert und der Umfang der Sammlung mithilfe von Listen festgehalten.

Im Jahr 1914 bot Oertzen dem Museum einen weiteren Schimpansen an, unter *»der Bedingung, dass er in der Schausammlung aufgestellt wird.«*[212] Er versuchte sich aktiv in die Ausstellung einzuschreiben und Gegenleistungen an das Überlassen von Objekten zu knüpfen. Ein Gorilla von Oertzen wurde spätestens ab 1919 in der Sammlung gezeigt. Da die Aufenthalte Oertzens und Beringes in Afrika nicht durch das Museum finanziert wurden, besaßen die Sammelnden Freiheiten und konnten mit dem Museum in Verhandlungen treten. Durch die zur Verfügungstellung von Ausrüstungsgegenständen versuchte das Museum die Objekte zu sichern, den Sammelnden in eine Bringschuld gegenüber der Institution zu stellen und im Fall von Unstimmigkeiten auf die überlassenen Ausrüstungsgegenstände zu verweisen. Gorillas besaßen demnach nicht nur einen wissenschaftlichen Wert, sondern stellten einen wirtschaftlichen Faktor dar.

Für dreißig Menschenaffenschädel verlangte Oertzen weitere 300 Mark vom Museum. Matschie argumentierte gegenüber dem Direktor für einen Ankauf, da die geforderte Summe die Transportkosten enthielt, außerdem: *»Menschenaffen werden bald sehr selten werden, also ist die Erwerbung sehr notwendig.«*[213] Die niedrigen Kosten und der Seltenheitswert machten den Ankauf für das Museum attraktiv. Die Exklusivität der Objekte verlieh ihnen musealen Wert. Der Berliner Museumsführer, der wie in Dresden ein gezieltes Sehen und Durchlaufen der Ausstellung unterstützte und geführte Besuche für das Publikum ersetzte, thematisierte das Aussterben bekannter Arten. Zu den ausgestellten europäischen und nordamerikanischen Wisenten bemerkte der Museumsführer: *»Beiden Arten wird die fortschreitende Kultur ihrer Wohngebiete bald den Untergang bereiten.«*[214] Der Fort-

210 Vgl. MfN d. HUB, Bestand: Zool. Mus., Signatur: S III, Oertzen, J. v., Blatt 33.

211 Vgl. Ebd., Blatt 39.

212 Paul Matschie in: Ebd., Blatt 40.

213 Paul Matschie an August Brauer, in: Ebd., Blatt 3.

214 Führer durch die Zoologische Schausammlung des Museums,1902, S. 11.

schritt der Zivilisation wurde als unumgänglich angesehen und das Aussterben von Tieren als logische Konsequenz betrachtet. Verstärkt wurde diese Annahme durch die zunehmende Akzeptanz von Darwins Evolutionstheorie und weitere fossile Entdeckungen, die das Verschwinden von Arten wissenschaftlich belegten.[215] Das Museum bot die Möglichkeit eines verstetigten, dauerhaften Blicks und bewahrenden Umgangs mit Tieren. Bruno Latour bezeichnete Naturkundemuseen als »*neue*[...] *Arche*[...] *Noahs*«.[216] Im Gegensatz zu Zoologischen Gärten erschienen Naturkundemuseum als überzeitliche Aufbewahrungsorte von Zoologica.

Der Kontakt des Berliner Museums zu Oertzen bestand über den 1. Weltkrieg hinaus. Er berichtete, dass er »*zum Sammeln vor Verdun*«[217] nicht gekommen sei, hoffte aber an seinem neuen Einsatzgebiet südlich von Vilnius sammeln zu können. Es bestand eine Sammelkontinuität außerhalb der Kolonien. Nach dem Krieg schrieb Oertzen:

> »Aus dem Zoologe ist inzwischen ein Mytroologe geworden und ich bin leider nicht in der Lage Ihnen in absehbarer Zeit die Schimpansen-Schaedel zu schicken. Die Schaedel sind tief verstaut in einen Berliner Speicher und es gehört ein Heer von Packern dazu, bis zu den Schaedeln vorzudringen. [...] Die Wissenschaft ist ja wohl international, aber beim Friedensschluss wird die Entente wohl kaum gewahr, ob es einen Anthropopotithecus Oertzen gibt oder nicht.«[218]

Worauf Oertzen mit seiner Selbstbezeichnung anspielte, ist nicht klar. Oertzen zeigte sich nach vielen Jahren in militärischen Diensten und dem Ende des Krieges resigniert. Durch den Verlust der Kolonien und dem Ende des Weltkrieges blickte er auf den aus seiner Sicht erfolgreichen und überdauernden Teil seiner Arbeit in den Kolonien zurück. Im Jahr 1936 wandte sich Oertzen erneut an das Museum. Er fragte nach dem Zustand seiner zusammengetragenen Sammlung und dem Verbleib fehlender Schimpansenschädel sowie eines arabischen Gewehrs mit Silberbeschlag. Er bemerkte: »*Der Zustand, dass die Sammlung unregistriert im Museum liegt, entspricht nicht meinen Wünschen*«[219] und bemängelte den Umgang des Museums mit den erhaltenen Objekten. Eine Stellungnahme des Museums ist nicht überliefert. Durch die umfangreichen Sammlungszugewinne während der Kolonialzeit verzögerte sich die Erfassung von Objekten in europäischen Museen,[220] davon waren unter anderem auch ethnologische Sammlungen betroffen.[221]

Die Expeditionen Mecklenburgs wurden ebenfalls nicht durch das Museum finanziert. Der Herzog stand in stetigem brieflichem Austausch mit der Institution. Auf seinen Reisen begleitete Mecklenburg ein Stab an Wissenschaftlern. Neben einem Topo-

215 Vgl. Grove, Green Imperialism, S. 483; Ders., Ecology, Climate and Empire. Colonialism and Global Environmental History, 1400 – 1940, Cambridge 1997, S. 1, 5, 6 und 15.

216 Latour, Die Logistik der immutable mobiles, S. 127.

217 Jasper von Oertzen in: MfN d. HUB, Bestand: Zool. Mus., Signatur: S III, Oertzen, J. v., Brief vom 13.09.1916, Blatt 44.

218 Jasper von Oertzen in: MfN d. HUB, Bestand: Zool. Mus., Signatur: S III, Oertzen, J. v., Brief vom 04.04.1919, Blatt 45.

219 Jasper von Oertzen in: MfN d. HUB, Bestand: Zool. Mus., Signatur: S III, Oertzen, J. v., Brief vom 16.11.1936, Blatt 51.

220 Vgl. Heumann; Stoecker; Vennen, Dinosaurier und Provenienz, S. 259.

221 Vgl. Laukötter, Gefühle im Feld, S. 26–27.

grafen, Geologen, Botaniker und Anthropologen befand sich unter ihnen der Zoologe Hermann Schubotz (geboren 1881), der am zoologischen Institut der Universität Berlin tätig war.[222] Eine wissenschaftliche Auswertung der Expedition erfolgte durch die Veröffentlichung des achtbändigen Werkes *Wissenschaftliche Ergebnisse der deutschen Zentral-Afrika-Expedition 1907–1908 unter Führung Adolf Friedrichs, Herzogs zu Mecklenburg* zwischen 1910 und 1927, die Bände drei bis fünf widmeten sich der Zoologie und wurden durch Schubotz bearbeitet.[223] Die mitreisenden Wissenschaftler sicherten die Forschungsergebnisse der Expedition.

Für Präparationen führte die Expedition »*400 l Alkohol* [...] *Arsenikseife zum Vergiften von Bälgen* [...] *Alaun zum Gerben von Häuten* [...] *Kartoffelmehl zum Reinigen von Bälgen* [...] *Raubtierfallen* [...] *Blech- und Glasgefäße, Netze, Leinen, Insektenkästen, Präparierinstrumente usw*«[224] mit. Tauschwaren wurden bereitgehalten, darunter Decken, Perlen, Drähte und Salz.[225] Neben den wissenschaftlichen Instrumenten und Tauschwaren gehörten weitere Ausrüstungsgegenstände zur Ausstattung der Expedition, wie Zelte, Tische, Stühle, Waschgeschirr, Proviant, Getränke, Dinge des alltäglichen Bedarfs, eine fotografische Ausrüstung, Gewehre, Munition, Reitgeschirre und Werkzeuge.[226] Das Mitführen technischer Geräte und die Überbetonung von Wissenschaftlichkeit wurden in der Forschung als »*Spektakel Europas*«[227] bezeichnet, um den technologischen Fortschritt Europas in Afrika zu inszenieren und die eigentliche Unterlegenheit im Hinblick auf das Überleben in Afrika zu überspielen.

»*Weitaus das interessanteste Stück Wild dieses Gebietes aber ist der gewaltige Gorilla, der finstere Einsiedler dieser melancholischen Waldeinsamkeiten.*«[228] In seiner Reisebeschreibung berichtete Mecklenburg über die zunächst erfolglose Suche nach Gorillas und Erlegung mehrerer Schimpansen, die er als Tschegos bezeichnete,[229] in einem Wald nordöstlich des Kiwu-Sees. Obwohl er Gorillas zu keinem Zeitpunkt in ihrem natürlichen Verhalten beobachtete, gab er einen Überblick über deren Lebensweise in seinen Reiseberichten wieder. Seine Beschreibungen speisten sich aus den Erzählungen afrikanischer Jäger. Namentlich erwähnt Mecklenburg einen vom Gabun stammenden Mann namens Undene, der ihn bei seiner ersten Afrikaexpedition begleitete.[230] Undene berichtete Mecklenburg vom Erlegen eines Gorillas nordwestlich von Molundu, dem ehemaligen Sitz des gleichnamigen kolonialen Verwaltungsbezirks im Süden Kameruns. Das angeschossen Tier stürzte sich auf einen afrikanischen Jäger, packte ihn und konnte erst durch einen weiteren Schuss erlegt werden.

---

222 Vgl. Mecklenburg, Ins Innerste Afrika, S. 7.

223 Hermann Schubotz (Hg.), Wissenschaftliche Ergebnisse der deutschen Zentral-Afrika-Expedition 1907–1908 unter Führung Adolf Friedrichs, Herzogs zu Mecklenburg, Band 3. Zoologie 1, Leipzig 1912.

224 Mecklenburg, Ins Innerste Afrika, S. 9–10.

225 Vgl. Ebd., S. 10.

226 Vgl. Ebd., S. 13f.

227 Pesek, Die Kunst des Reisens, S. 86.

228 Mecklenburg, Vom Kongo zum Niger und Nil, Band 2, S. 135.

229 Vgl. Mecklenburg, Ins Innerste Afrika, S. 232.

230 Vgl. Mecklenburg, Vom Kongo zum Niger und Nil, Band 2, S. 137.

»Soweit der Bericht des Soldaten, aus dem jedenfalls das eine hervorgeht, daß die Jagd auf den Gorilla, die sich immer nur auf kürzeste Distanz abspielen kann, rasches Handeln und größte Kaltblütigkeit voraussetzt; groß ist deshalb das Ansehen, das der erfolgreiche Gorillajäger überall genießt.«[231]

Durch die namentliche Erwähnung eines für ihn jagenden afrikanischen Augenzeugen wertete Mecklenburg den Neuigkeitswert der Informationen auf. Der Darstellung des gefährlichen Gorillas verlieh er im öffentlichen Bewusstsein eine wissenschaftliche Legitimation. Der Gorilla blieb für ihn ein geheimnisvolles Wesen in der Tradition Du Chaillus.[232] Gleichzeitig verwies er die Vorstellung vom frauenraubenden Menschenaffen in den Bereich des Aberglaubens, womit er einen kritischen Umgang mit den ihm geschilderten Mensch-Gorilla-Begegnungen im Gegensatz zu Du Chaillu suggerierte.

Die Jagd durch den dichten Tropenwald überließen die europäischen Expeditionsteilnehmer den mitreisenden afrikanischen Trägern oder Jägern. Am 6. November 1907 meldete Mecklenburg nach Berlin, dass er einen ersten Gorilla erworben hatte und bestimmte ihn als Gorilla beringei.[233] Im weiteren Verlauf seiner Reise schenkte Mecklenburg dem Museum besondere Raritäten, wie Okapis und Gorillas, die als Prunkstücke der Sammlung galten. Der Umstand ihrer Erlegung blieb im Museum unerwähnt. Die afrikanischen Jäger blieben bei der Betrachtung der Objekte und im Museumsführer ausgeschlossen. Der Herzog wurde als alleiniger Sammler und damit indirekt als deren Jäger benannt, was den Ruhm Mecklenburgs in der Wahrnehmung der Öffentlichkeit verstärkte. Die Tierkörper dienten als Belege der Glaubwürdigkeit und warben für den Sammler, seine Reiseberichte, Tätigkeiten und Verdienste in den Kolonien. Mecklenburg definierte sich über die Verbreitung seiner Berichte, Vorträge und Präparate aktiv als Jäger und Forscher mit politischen Führungsfähigkeiten in der deutschen Öffentlichkeit. Über die ausgestellten Tiere der Schausammlung inszenierte sich der Herzog als spendabler Mäzen. Auf Abbildungen, etwa in seinen Reisebeschreibungen, unterstrich er seinen Stand durch das Tragen von Gardeuniformen.[234]

Der Verweis auf bekannte Sammlerpersönlichkeiten steigerte nicht allein die Anerkennung der Person, sondern diente dem Museum als Werbung. Die Ausstellung lieferte die dreidimensionalen Bilder zu den veröffentlichten Reisebeschreibungen. Dem Museum dienten seltene Präparate zum Aufbau einer Schausammlung von nationalem Prestige und internationaler Bedeutung.

Weitere erworbene Felle der Expedition Mecklenburgs erreichten Berlin nicht.[235] Der Transport über Karawanen war unsicher und keine Garantie, dass die gesammelten Objekte ihr Ziel erreichten. Der Erwerb von Präparaten war eine Geschichte von Verlusten. Die Sammler waren sich dessen bewusst. Die Erhaltung der Präparate ge-

231 Ebd., S. 138.

232 Vgl. Ebd., S. 136.

233 Vgl. MfN d. HUB, Bestand: Zool. Mus., Signatur: S III, Herzog Adolf Friedrich zu Mecklenburg, Brief vom 06.11.1907, Blatt 17.

234 Vgl. Fotografie von unbekannt, in: Mecklenburg, Vom Kongo zum Niger und Nil, Band 1, Deckblatt.

235 Vgl. MfN d. HUB, Bestand: Zool. Mus., Signatur: S III, Herzog Adolf Friedrich zu Mecklenburg, Brief vom 18.03.1908, Blatt 19.

staltete sich durch die klimatischen Bedingungen als schwierig. Mecklenburg betonte logistische Herausforderungen bei der Überführung seiner Sammlung:

> »Am 8. Juli kamen endlich, nachdem ich ständig Leute ausgesandt und dem Distriktshäuptling gehörig zugesetzt hatte, meine liegengebliebenen Lasten an. Sie befanden sich aber in einem jämmerlichen Zustande! Durchweicht und teilweise geöffnet! Das schöne Fell des erlegten Riesenschimpansen war durch die Nässe fast verfault, eine Last mit ethnographischen Gegenständen war gestohlen, kurz es war traurig!«[236]

Der Verlust von Objekten verweist auf die Schwierigkeiten des Reisens und den Umgang mit Sammlungen. Tiere wurden erlegt, präpariert, verpackt, umgepackt und verschickt. Jeder Schritt innerhalb des Prozesses barg das Risiko des Verlustes. Wissenschaftlich bedeutsame Erkenntnisobjekte konnten zu Überresten einer Expedition werden, die als koloniale Spuren im Wald zurückblieben.

Privatreisende wie Rudolf Grauer suchten nach Möglichkeiten, ihre gesammelten Objekte möglichst sicher nach Europa zu liefern. Grauer organisierte den Transport über den Naturalienhändler Hermann Rolle (1864–1929), der im Austausch mit dem Museum stand:

> »Der Herr [Rudolf Grauer] will jetzt nach dem Congo und hat es mir in Aussicht gestellt, dass ich den Commission Vertrieb seiner Ausbeute erhalten soll, speziell der Säugetiere. Ich habe ihm empfohlen, Ihnen die erste Auswahl zu überlassen & erst dann die anderen Interessenten zu befriedigen. Ich hoffe, dass Sie dem Herrn G. in diesem Sinne auch beraten werden, da sonst die Sachen nach England gehen. [...] Es wäre doch schade, wenn uns in Deutschland wieder alles entgehen würde.«[237]

Der Naturalienhändler fungierte als Zwischenhändler beim Verkauf von Grauers Sammlung in ganz Europa.[238] Damit der Großteil der Objekte in Deutschland verblieb, empfahl Rolle dem Sammler alles an das Berliner Naturkundemuseum zu senden. Weitere Objekte wollte Rolle so gewinnbringend wie möglich verkaufen. Neben dem finanziellen Aspekt betonte Rolle die Bedeutung der Objekte für das nationale Prestige deutscher Sammlungen. Das Berliner Museum profitierte von der Vereinbarung. Im Gegensatz zu Grauer kannte Rolle den Markt für Naturalien. Er verfügte über eigene Transport- und Handelsnetzwerke und wusste, was in den Museen gefragt war.

Die Geschäftsbeziehung zwischen Rolle und dem Museum prägte Unstimmigkeiten. Die Museumsleitung beanspruchte alle Objekte Grauers für das Museum. Darunter befanden sich Dubletten, die Rolle anderen Museen verkaufen wollte.[239] Das Museum ver-

236 Mecklenburg, Vom Kongo zum Niger und Nil, Band 1, S. 300.

237 Hermann Rolle in: MfN d. HUB, Bestand: Zool. Mus. S III, Rolle, Hermann 2, Brief vom 20.01.1907.

238 Eine umfangreiche Sammlung an Briefen, Katalogen und Bestandlisten Hermann Rolles findet sich in der Tring Museum Correspondence des Natural History Museum Archives Catalogue London; Ref No: DF/TR/1/1/30/447; DF/TR/1/1/31/499; DF/TR/1/1/34/439; DF/TR/1/1/32/424; DF/TR/1/1/33/460.

239 Vgl. Hermann Rolle an August Brauer, MfN d. HUB, Bestand: Zool. Mus. S III, Rolle, Hermann 2, Brief vom 31.12.1908.

wehrte Rolle die Herausgabe mit der Begründung, dass die wissenschaftliche Auswertung viel mehr im Interesse Grauers läge.[240] Im April 1909 kündigte Rolle sieben weitere Kisten mit Gorillapräparaten an. Grauer plante im Mai nach Berlin zu kommen. Durch den vorausgegangenen Konflikt wollte Rolle den Ankauf der Gorillas persönlich zwischen Grauer, dem Museum und ihm verhandeln.[241]

Grauers Bruder Gustav fungierte ebenfalls als Vermittler und Verwalter der Finanzen gegenüber Berlin.[242] Damit sicherte Grauer den Umgang mit seiner Sammlung durch familiäre und geschäftliche Partner ab und schien durchaus Interesse an einem lohnenden Verkauf der Objekte zu haben, obwohl er den finanziellen Aspekt bei der Nennung seiner Motive gegenüber dem Museum hintenanstellte. Mit seinem Bruder schuf er sich neben Rolle eine weitere Kontrollinstanz zur Wahrung seiner Interessen gegenüber dem Museum und dem Naturalienhändler.

In den Akten des Archivs des Berliner Museums sind mehrere Listen von übersandten Tieren Grauers erhalten. Er kam seinen Verpflichtungen nach und übertraf die Erwartungen, besonders im Hinblick auf die gewünschten Menschenaffen. Er schickte mehrere Gorillas und Schimpansen in Form von Bälgen und Schädeln nach Berlin. Als Fundort gab er »*80km Luftlinie nordwestl. Boko Nähe des Mukambela-Flusses. Nörd. Tanganyika-Seite*«[243] an, heute befindet sich dort der Ort Bosoko am Lomami Fluss.[244] Mit einer weiteren »*Grauersendung*«[245] gelangten acht Gorillafelle mit Schädeln und Skeletten nach Berlin. Die Auflistung vermerkte Besonderheiten, etwa dass zwei der Schädel von Afrikanern ohne Unterkiefer gefunden wurden. Das Museum verdankte Grauer eine beachtliche Anzahl von Objekten. Während seiner Reise hielt er kontinuierlich Kontakt mit dem Museum und informierte über seine Reiseroute.

Am 21. Oktober 1907 traf er in Kissengi am Kiwu See auf Mecklenburg.[246] Von da aus reiste Grauer nach Usumbura (heute Bujumbura, Stadt in Burundi). Im Februar 1908 meldete sich Grauer aus Rutchuru (heute eine Stadt in der Demokratischen Republik Kongo), zwischen Edward- und Kiwu-See gelegen und berichtete von Schwierigkeiten bei dem Transport der Objekte.[247] Er hatte drei Kisten einer Karawane Mecklenburgs an die Westküste mitgegeben, die für das Museum in Tring bestimmt waren, ihr Ziel aber nicht erreichten. Nun nahm Grauer an, die Kisten könnten in Berlin angekommen sein und bat um Weitersendung nach Tring. Die Erfüllung seiner Versprechen hatte für Grauer große Bedeutung. Seine Zuverlässigkeit sollte ihm eine weitere Zusammenarbeit mit den Institutionen sichern. Zwei Monate später sandte er weitere Kisten nach Berlin und nutzte dieselben Transportwege. Darunter befanden sich Objekte, die er für sich persönlich gesammelt hatte. Die Kisten enthielten »*von Eingeborenen hergerichtete Otterfelle,*

240 Vgl. August Brauer in: Ebd., Antwort August Brauers auf den Brief vom 31.12.1908.

241 Vgl. Ebd., Brief vom 08.04.1909.

242 Vgl. MfN d. HUB, Bestand: Zool. Mus., Signatur: S III, Grauer, R., Blatt 17 und 18.

243 Rudolf Grauer in: Ebd., Blatt 42.

244 Der jüngste Nationalpark der heutigen Demokratischen Republik Kongo trägt seit 2016 die Bezeichnung Lomami Nationalpark und gilt als Schutzgebiet für Gorillas, https://www.berggorilla.org/de/ueber-uns/die-brd/die-brd/damenwahl-und-senioren/vom 04.11.2020.

245 MfN d. HUB, Bestand: Zool. Mus., Signatur: S III, Grauer, R., Blatt 47.

246 Vgl. Ebd., Blatt 46.

247 Vgl. Ebd., Blatt 64.

Nilpferdzähne und einige ethnographische Sachen.«[248] Grauer bat das Museum um Überstellung an eine Privatadresse. Eine Sendung von Elefantenzähnen ließ er durch das Museum an Adele Hartwig (1893–1933) in Berlin überstellen.[249] Hartwig war Schauspielerin und stammte wie Grauer aus Wien, ab 1900 spielte sie an Theatern in Berlin. In welchem Verhältnis Grauer und Hartwig standen und was mit den Objekten geschah, geht aus den Akten nicht hervor. Womöglich versuchte Grauer wertvolle Stücke privat zu veräußern oder sie dienten ihm als Erinnerungen an seine Reisen. Anhand der Korrespondenz mit Berlin können Transport- und Kommunikationswege und die Transportdauer von Objekten nach Deutschland nachvollzogen werden. Grauer wusste im April 1908 nicht, ob die Ende Oktober 1907 von ihm versendeten Kisten in Berlin angekommen waren und bat um Benachrichtigung über deren Verbleib.

Eine Verletzung am Arm zwang ihn, seine geplante Reiseroute zu ändern und sich in Usumbura medizinisch versorgen zu lassen.[250] Im September 1908 meldete sich Grauer erneut in Berlin und kündigte die Ankunft weiterer Kisten an, die er aus Usumbura abgeschickt hatte.

> »Das wichtigste an dieser ganzen Sendung sind jedenfalls die Gorillas, [...]. Es ist leider fast ganz unmöglich, hier den Gorilla selbst zu erlegen. Die Thiere leben in einer Höhe zwischen 2200 – 2600 Metern in den undurchdringlichsten Theilen des Urwaldes, in die einzudringen dem Europäer ganz unmöglich ist. An Stehen ist dort überhaupt nicht zu denken, fast liegend kriecht man vorwärts, das Gewehr kann man nicht in der Hand halten, man muss es vor sich herschieben, Gesicht, Hände und der ganze Körper wird durch Dornen, hauptsächlich Brombeergestrüpp blutig gekratzt – ich habe es zweimal, im ganzen 6 Tage versucht, diesen Thieren beizukommen, musste es aber aufgeben. Alle 4, die ich als dem Museum einsende, sind von Eingeborenen erlegt und daher erklärt sich auch die starke Beschädigung der Felle. Der erste den ich bekam, war ein Riesenmännchen und zu meinem grossen Erstaunen mit Ausnahme des Kopfes, der Hände und Füsse fast ganz weiss, besser gesagt hellgrau. Leider hatten ihm die Wabembe, die den Gorilla »Kinguti« nennen, den grössten Theil der Lippen abgeschnitten, da sie sich einbilden, dass ein Stückchen der Lippen oder der Geschlechstheile ein Talisman gegen Verwundungen durch den Gorilla sei. Auch war das Fell, als sie es mir brachten, schon so alt, dass ich trotz sorgfältigster Praeparierung es nicht verhindern konnte, dass stellenweise die Haare mit der Haut ausgiengen.«[251]

Grauer hatte die Tiere nicht erlegt. Er bezeichnete sich in seinen Briefen nicht als Jäger, sondern Sammler, der die Objekte präparierte und für die Museen vorbereitete. Die Beschädigungen an den wertvollen Präparaten bedauerte er, da er um den Wert der Tiere wusste.

Beim Sammeln von Menschenaffen war er auf die Hilfe der ortskundigen afrikanischen Bevölkerung angewiesen. Die Menschen kannten den Lebensraum und die Gewohnheiten der Tiere. Ohne die Unterstützung der ›Wabembe‹ (Bembe)[252] hätte er keine

248 Rudolf Grauer zit.n.: Ebd., Blatt 66.

249 Vgl. Ebd., Blatt 89.

250 Vgl. Ebd., Blatt 66.

251 Rudolf Grauer zit.n.: Ebd., Blatt 88 und 89.

252 https://www.wikidata.org/wiki/Q2895261 vom 26.05.2024.

Menschenaffen nach Europa schicken können. Nach dem Erhalt der Tiere durch die ›Wabembe‹, die sie mit Speeren und Hunden jagten, präparierte Grauer die Häute, Skelette und Schädel. Durch seinen Besuch in Berlin kannte er die Arbeitsanweisungen Matschies und den Wunsch nach möglichst gut erhaltenen Objekten. In seinen Briefen an das Museum erkundigte Grauer sich, ob die Objekte korrekt präpariert waren.[253] Die nötige Ausrüstung stellte das Museum. Grauer entschied vor Ort über die Art der Präparation, da die Objekte in gutem Zustand in Berlin eintreffen sollten. Nach Matschies Vorgaben versah Grauer die einzelnen Objekte mit Etiketten, auf denen der Name, Fundort und das Geschlecht angegeben waren und wies ihnen eine Nummer zu.[254] Neben der Benennung als Akt der europäischen Aneignung der außereuropäischen Flora und Fauna, stellten die Prozesse des Tötens, Präparierens und Katalogisierens weitere Schritte der Inbesitznahme dar. Anschließend verpackte Grauer die Objekte in Holzkisten. An Knotenpunkten übergab er sie einer Karawane, die sie an die Westküste Afrikas beförderten, wo sie mit dem Schiff nach Europa transportiert wurden. Das Unternehmen Internationale Transporte Bellmann beförderte ab Mombasa mit dem Dampfer Windhuk Kisten von Grauer nach Hamburg und weiter nach Berlin.[255] Grauer befand sich Ende des Jahres 1908 auf dem Rückweg nach Europa und plante seinen Besuch in Berlin im Frühjahr 1909. Dort überreichte er dem Museum eine weitere Kiste mit Schimpansenschädeln und -bälgen.

Im Jahr 1909 plante Rudolf Grauer eine weitere Expedition nach Afrika und suchte nach finanzieller Unterstützung. Er sprach beim Herzog von Mecklenburg vor, der nicht bereit war, die Expedition zu fördern. Das Berliner Naturkundemuseum lehnte eine Finanzierung ab, da kein Etat für die Durchführung von Expeditionen oder für Vorauszahlungen möglicher Sammlungszugewinne zur Verfügung stand.[256] August Brauers allgemeine Empfehlung lautete, Gorillas und Okapis zu sammeln, da es sich um »*wertvolle Objekte*«[257] handelte. »*Nach der Suche, wenn die Sammlungen vorliegen, ist leichter Geld zu gewinnen, aber vorher ist es sehr schwierig*«,[258] so seine Einschätzung. Brauer stellte lediglich eine Bescheinigung aus, dass Grauer für wissenschaftliche Zwecke sammelte, die der Sammler in Britisch-Ostafrika benötigte. Laut einer im September 1908 erlassenen Verordnung, war die Jagd, der Transport und die Ausfuhr bestimmter Tiere in der britischen Kolonie verboten.[259] Die zunehmend verschärften kolonialen Jagdgesetzgebungen verweisen auf das steigende Bewusstsein für das Verschwinden der afrikanischen Fauna. Auch Rudolf Grauer thematisierte die Dezimierung von Wildbeständen gegenüber dem Naturkundemuseum in Wien. Er vermittelte zwischen dem Berliner Naturkundemuseum und Ludwig von Lorenz-Liburnau (1856–1943), dem Leiter der zoologischen Abteilung am Naturhistorischen Hofmuseum in Wien, damit die Institute von ihm gefangene

253 Vgl. MfN d. HUB, Bestand: Zool. Mus., Signatur: S III, Grauer, R., Blatt 63.

254 Vgl. Ebd., Blatt 89.

255 Vgl. Ebd., Blatt 100.

256 Vgl. Ebd., Blatt 159.

257 August Brauer an Rudolf Grauer: Ebd.

258 Ebd.

259 Vgl. Ebd., Blatt 161.

schwarz-weiße Stummelaffen austauschen konnten und reflektierte im Jahr 1914 gegenüber Brauer:

> »Es wird sie vielleicht interessieren, dass ich in derselben Gegend, in der ich im Jahre 1908 Hunderte [Stummelaffen] hätte sammeln können, so dass ich nach eigener Zeit meinen Eingeborenen-Jägern das Erlegen dieser Affen verboten habe, im Jahre 1910 während eines 9 wöchentlichen Aufenthaltes nicht imstande war, auch nur einen einzige zu erbeuten.«[260]

Obwohl Grauer sich als rationaler und umsichtiger Sammler inszenierte und den afrikanischen Jägern den Abschuss weiterer Tiere verbot, waren es die Sehnsüchte der europäischen Museen, Wissenschaftler und Besucher, die er mit seinen Sammlungen bediente. Zusätzlich erhielt Grauer eine Audienz bei Leopold II., bei dem er um Begünstigungen während seines Aufenthaltes im Kongo bat.[261] Finanzielle Unterstützung erhielt Grauer durch das Naturhistorische Museum Wien und trat seine Reise im Dezember 1909 an. An den bereitgestellten Etat waren Bedingungen geknüpft. So forderte Wien, besonders Okapis und Berggorillas zu erwerben. Grauer erfüllte die Vorgaben und lieferte insgesamt 393 Säugetiere, 6340 Vogelbälge und 20.000 weitere Objekte, darunter vier Gorillas.

Ludwig von Lorenz-Liburnau veröffentlichte einen Bericht über die Expedition Grauers.[262] Die Reise begann in Neapel mit der Überfahrt nach Mombasa auf einem Dampfer der deutschen Ostafrikalinie. In Mombasa hielt sich Grauer zwei Wochen auf und erwarb Tauschwaren und Proviant bevor er sich mit der Ugandabahn nach Port Florence (heute Kisumu, Stadt in Kenia) am Viktoria See begab. Von dort setzte er mit einem Dampfer nach Entebe (Entebbe, Stadt in Uganda), dem Sitz des englischen Gouverneurs von Uganda am Nordwestufer des Sees, über. In Entebe warb er afrikanische Helfer an, darunter einen persönlichen Diener und Koch, sowie Jäger und Präparatoren. Demnach griff Grauer spätestens auf seiner zweiten Reise auf afrikanisches Expertenwissen hinsichtlich der Präparation zurück. Mit zwölf Mann begab sich Grauer auf einen Dampfer nach Bukoba (heute Stadt in Tansania) in die Kolonie Deutsch-Ostafrika. Den Großteil seiner Ausrüstung hatte er in Europa bestellt und nach Bukoba liefern lassen. Vor Ort warb er über hundert Träger mit der Hilfe des deutschen Gouvernements an und verließ Bukoba am 25. Dezember 1909 mit dem Ziel, die Randberge am Nordwestufer des Tanganjika Sees zu erreichen. Die Region war Grauer von seiner letzten Reise bekannt, dort hatte er die Gorillas für Berlin und Tring gesammelt. Nach über dreißig Tagen erreichte die Expedition Usumbura. Die Träger mussten zurückkehren, da sie aus einer deutschen Kolonie stammten und nicht nach Belgisch-Kongo einreisen durften.[263] Mit den in Entebe angeworbenen Leuten begab sich Grauer auf einem Segelschiff nach Uvira (heute eine Stadt in der Demokratischen Republik Kongo) und von dort mit Einbäumen nach Baraka, wo er neue Träger anheuerte. Nach einem Marsch in Richtung der Randberge schlug er mit den Trägern in einem Dorf der ›Wabembe‹ in 1900 Meter Höhe ein

260 Ebd., Blatt 190.

261 Vgl. Ebd., Blatt 169.

262 Vgl. Ludwig von Lorenz-Liburnau, Beitrag zur Kenntnis der Affen und Halbaffen von Zentralafrika, in: Annalen des K. K. naturhistorischen Hofmuseums (31, 1917), S. 169.

263 Vgl. Ebd., S. 170.

Lager auf. Innerhalb von neun Wochen erlegten Jäger des Dorfes zwei männliche und zwei weibliche Gorillas. Mit dem Einsetzen der Regenzeit kehrte Grauer Ende April nach Usumbura zurück, verpackte die Sammlung und teilte sie auf zwei Karawanen auf. Die eine beförderte die Objekte über den Kongo, die andere in Richtung des Victoria Sees nach Wien. Grauer hoffte, dass mindestens eine der Sendungen Europa erreichte. Der Verlust aller Objekte hätte ein finanzielles, wissenschaftliches und persönliches Desaster bedeutet. Anders als Mecklenburg reiste Grauer nach eigenem Bericht ohne weitere europäische Begleiter und nutzte für präparatorische Arbeiten von ihm angeheuerte oder angelernte afrikanische Helfer. Die Route führte durch Kolonien verschiedener europäischer Länder mit individuellen Gesetzgebungen, denen sich Grauer anpassen musste. Im Jahr 1911 reiste er zurück nach Wien.

Die Auswertung des Materials erfolgte in Wien mit der Hilfe Grauers und den Berliner Kollegen August Brauer und Paul Matschie. Die gesammelten Schimpansen bestimmte Lorenz von Liburnau als Pan steindachneri und Pan graueri, heute werden beide unter der Bezeichnung Gemeiner Schimpanse, Pan troglodytes gefasst. Die ausgemachten Unterschiede gingen auf individuelle Variationen der Tiere zurück. Anders verhielt es sich mit den 1908 von Grauer nach Berlin gesandten Gorillas. Bis heute trägt die Unterart des Östlichen Flachlandgorillas die durch Matschie vergebene Bezeichnung Gorilla beringei graueri.[264] Grauer dankte Matschie:

> »Ich habe mich sehr über die Nachricht gefreut, dass die Gorillas vom Tanganjika nun doch eine neue Art sind und das es mir auch gelungen ist, einen neuen Schimpansen nach Europa zu bringen [...] Nochmals besten Dank, dass Sie mich bei den Neubenennungen so reich bedacht haben.«[265]

Wie beim Gorilla beringei und anderen in Europa bestimmten Tieren und Pflanzen erfolgte die Aneignung der außereuropäischen Fauna und Flora durch die Umbenennung und Klassifizierung von in Europa erdachten Systematiken. Der koloniale Anspruch der Erstentdeckung überschrieb einheimisches Wissen und bildete einen Akt der symbolischen Inbesitznahme. Für Grauer bedeutete die Benennung die Anerkennung seiner wissenschaftlichen und persönlichen Leistungen, die gleichzeitig die Mühen der afrikanischen Jäger überschrieben.

Grauer, der nach 1910 nicht mehr nach Afrika reiste, berichtete in Briefen und persönlichen Gesprächen über seine Reiseerfahrungen und erreichte im Gegensatz zu Mecklenburg ein überwiegend fachwissenschaftliches Publikum. Über seinen neunwöchigen Aufenthalt bei den ›Wabembe‹ existieren keine Berichte. Nach seiner Rückkehr aus Afrika übernahm er den Familienbetrieb und heiratete 1914. 1927 verstarb er in Wien an den Folgen einer Pilzerkrankung, die er sich in Afrika zugezogen hatte.[266]

Es ist davon auszugehen, dass Grauer in hohem Maß auf die Kenntnisse der Gruppe angewiesen und die Aufrechterhaltung der sonst klar inszenierten Grenze zwischen

---

264 Vgl. Paul Matschie, Neue Affen aus Mittelafrika, in: Sitzungsberichte der Gesellschaft Naturforschender Freunde Berlin (7, 1914), S. 324.

265 Rudolf Grauer an Paul Matschie, MfN d. HUB, Bestand: Zool. Mus., Signatur: S III, Grauer, R., Blatt 196.

266 Vgl. Riedl-Dorn, Rudolf Grauer, S. 324.

Europäern und Afrikanern nicht möglich war. Einen Einblick in Grauers Sammelalltag und das Vorgehen bei der Dokumentation der erlegten Tiere bieten von ihm angefertigte Aufnahmen von Gorillas, die in dem *Jahresbericht des Naturhistorischen Museums Wien* veröffentlicht wurden. Die Menschenaffen wurden in Position gebracht, um die körperlichen Proportionen zu erfassen. Grauer ließ die Tiere aufrichten oder ausgestreckt hinlegen und platzierte auf zwei der Aufnahmen Afrikaner, um die Größenverhältnisse zu verdeutlichen [**Abb. 52**].

Abb. 52: »Fig. 5. Alter männlicher Gorilla. Nach der Natur aufgenommen von R. Grauer«, in: Ludwig von Lorenz-Liburnau, Beitrag zur Kenntnis der Affen und Halbaffen von Zentralafrika, in: Annalen des K. K. naturhistorischen Hofmuseums (31, 1917), S. 189, Figur 5.

Naturhistorisches Museum Wien, URL: www.nhm-wien.ac.at, https://www.zobodat.at/publikation_volumes.php?id=26581 vom 09.06.2024.

Um die Tiere in ihrer Position zu fixieren, lehnten sie gegen Brettern oder Kisten [**Abb. 53**]. Auf den Frontalaufnahmen fing Grauer den Blick der Tiere ein und erzeugte den Eindruck von Lebendigkeit. Von lebenden Gorillas in freier Wildbahn existierten keine bekannten Bilder. Grauer dokumentierte die Tiere in möglichst frisch erlegtem Zustand. Die Fotos dienten als wissenschaftliche Belege, der in Tabellen angegebenen Zahlen und sollten die Glaubwürdigkeit der Berichte festigen. Gleichzeitig fungierten sie für Grauer als Beglaubigung seines wissenschaftlichen Anspruchs und Umgangs mit den gesammelten zoologischen Objekten. Die Fotografien bezeugten die Exklusivität und Authentizität der gelieferten Bälge und dokumentierten die gesammelten Präparate zusätzlich im Falle eines Verlusts.[267]

267 Vgl. Lechtreck, Fotografie und Tierpräparation komplementär, S. 71–72.

Abb. 53: »Fig. 4. Alter männlicher Gorilla. Nach der Natur aufgenommen von R. Grauer«, in: Ludwig von Lorenz-Liburnau, Beitrag zur Kenntnis der Affen und Halbaffen von Zentralafrika, in: Annalen des K. K. naturhistorischen Hofmuseums (31, 1917), S. 188, Figur 4.

Naturhistorisches Museum Wien, URL: www.nhm-wien.ac.at, https://www.zobodat.at/publikation_volumes.php?id=26581 vom 09.06.2024.

Die abgedruckten Bilder rahmten die Beschreibung der Jagdpraxis auf Gorillas, wie sie Grauer von den ›Wabembe‹ gezeigt bekam[268] und die entscheidend über den Zustand der Präparate bestimmten. Da Grauer die Jagd nicht gelang, musste er sich mit den Praktiken der ›Wabembe‹ arrangieren. Er berichtete, dass ihm die Jäger die Tiere nur im Gegenzug für das Fleisch überließen, das als Delikatesse galt. Lippen, Nägel und Geschlechtsteile wurden getrocknet und zum Schutz für die nächste Jagd mitgeführt, so Grauer.[269] Die gemeinsame Abbildung der ›Wabembe‹ mit den Gorillas und die Schilderungen über den Verzehr von Menschenaffenfleisch, verwiesen die afrikanischen Jäger in den Bereich der Natur. Welche weiteren Abbildungen existierten von erlegten Gorillas? In welche Kontexte und unter Verwendung welcher Argumentationsstrategien wurden die abgebildeten Tiere eingebunden? Äußerte sich der koloniale Erwerbungskontext in den Bildern und Beschreibungen von Menschenaffen bei anderen Sammlern?

268 Vgl. Lorenz-Liburnau, Beitrag zur Kenntnis der Affen und Halbaffen, S. 188.
269 Ebd.

5.3.2 Der erlegte koloniale Gorilla

Bilder und Berichte des Handelsvertreters Hans Paschen über seinen erlegten »*Riesen-Gorilla*«[270] wurden in der Broschüre *Der Riesen-Gorilla des Museums Umlauff*[271] im Jahr 1901 veröffentlicht. Bei dem Museum handelte es sich um das Privatmuseum der Brüder Wilhelm (Lebensdaten unbekannt), Johannes (1874–1951) und Heinrich Umlauff (1869–1925), die durch ihren Handel mit Naturalien und Ethnografica Bekanntheit erlangt hatten. Die Broschüre betonte den wissenschaftlichen Charakter der Erlegung und die Aufstellung des Gorillas, die Anbindung an eine rein wissenschaftliche Institution bestand nicht.

Das Tier wurde von Afrikanern zu einer Faktorei gebracht. Um die Ausmaße des Gorillas zu verdeutlichen, verwies Paschen darauf, dass zwölf Männer für den Transport nötig waren. Er wog und maß das Tier auf über zwei Meter und 500 Pfund.[272] Laut Paschen »*ein gefällter Riese, noch im Tode furchtbar* [mit] *raubthierartigen Eckzähne*[n]«.[273] Die grundlegende wissenschaftliche Erfassung diente Paschen zur Verdeutlichung der Ausmaße des Tieres, der er die bekannten Jagdbeschreibungen Du Chaillus und Koppenfels zur Seite stellte.

Neben den genommenen Maßen dokumentierte Paschen das Tier fotografisch. Auf einer Aufnahme wurde der Gorilla in sitzende Position gebracht, drei Männer stützen das Tier von hinten [**Abb. 54**]. Die Afrikaner fungierten als Größenvergleich und wurden mit dem erlegten Tier in Beziehung gesetzt. Mimische und anatomische Merkmale dienten der Gegenüberstellung von Afrikanern und Gorilla, den Paschen als »*Urmenschen*«[274] bezeichnete. Mit der Aufnahme und Beschreibung des Gorillas bestimmte Paschen nicht nur das Tier zoologisch als »*Riesen-Gorilla*«,[275] sondern ordnete die von ihm als ›Jaunde‹ bezeichneten Männer in ihrer evolutionären Entwicklung näher dem Tierreich zu. Als ›Jaunde‹ wurde die indigene Bevölkerung von den deutschen Kolonisatoren bezeichnet, die in der Umgebung der gleichnamigen Station lebte. Die Eigenbezeichnung lautet Ewondo.[276]

270 Museum Umlauff Hamburg, Der Riesen-Gorilla.

271 Vgl. Lange, Die Allianz von Naturwissenschaft, Kunst und Kommerz; Dies., Echt, 2006.

272 Vgl. Museum Umlauff Hamburg, Der Riesen-Gorilla, S. 6.

273 Ebd.

274 Ebd., S. 4.

275 Ebd.

276 Vgl. https://www.wikidata.org/wiki/Q1383236 vom 03.05.2024.

Abb. 54: Fotografie, »Der erlegte Gorilla in sitzender Stellung«, in: Museum Umlauff Hamburg, Der Riesen-Gorillas des Museums Umlauff Hamburg, Hamburg 1901, S. 3.

Der erlegte Gorilla in sitzender Stellung.

Forschungsbibliothek Gotha der Universität Erfurt, Signatur: Math 8° 01050/05, https://nbn-resolving.org/urn:nbn:de:urmel-ufb-155466, Nutzung gemäß: Public Domain Mark 1.0.

Paschen schrieb sich bewusst aus der Gegenüberstellung von Mensch und Tier heraus und vermied eine Aufnahme mit dem erlegten Gorilla. Er grenzte sich nicht nur vom Tier, sondern gleichzeitig von den Afrikanern ab. Die Aufnahme des Gorillas diente dem Europäer Paschen zur Legitimation seines kolonialen Überlegenheitsanspruchs auf vermeintlich naturwissenschaftlich gesicherter Grundlage. Ganz anders inszenierte er sich auf einer Aufnahme mit einem Nilpferd als erfolgreicher Jäger mit seiner Beute [**Abb. 55**].

Abb. 55: Fotografie, Beschreibung Rückseite: »Abbildung 2. Männliches Flußpferd, geschossen von H. Paschen ~~aus Longji, am Nyong Fluß, im Südlichen Kamerun-Gebiet~~. [durchgestrichen i.O.], Nyong-Klim Batanga 20.IX.02«.

Museum für Naturkunde Berlin, HBSB, ZM S III Paschen.

Im Stil der in *Kolonie und Heimat* abgedruckten Bilder posierte er sitzend auf dem getöteten Großsäuger. Das Tier wurde zur Trophäe.[277] Das Gewehr in der Hand verwies auf seine Tat. Auf der Aufnahme wurden die bei der Jagd unterstützenden afrikanischen Jäger herausgeschrieben, um die Einmaligkeit, das auf sich gestellt Seins in der Wildnis Afrikas zu betonen. Das Sitzen auf dem Tier verdeutlichte den Größenunterschied zwischen Jäger und Beute. Der europäische Mann hatte die afrikanische Natur bezwungen.

Die Presse berichtete ausführlich über Paschens Gorilla und Jagd, die *Augsburger Zeitung* schrieb:

> »Die Jaundeneger, zu den Bantus gehörig, zeichnen sich durch schönen, kräftigen Körperbau aus und erreichen bis 2 m Höhe; sie sind große Jagdliebhaber, das Wild in Fallgruben, Fallen und auf Treibjagden erlegen, und die mit ihren Steinschloßgewehren selbst großes Wild, wie Büffel, Kuhantilopen und auch die menschengestaltigen Affen, zur Strecke bringen. Unter den Jaunde hatte sich ein deutscher Jäger, Herr H. Paschen aus Schwerin, niedergelassen, dem das Jagdglück besonders hold war [...]. »Vor mir lag ein gefällter Riese, noch im Tode furchtbar«, schreibt der glückliche Jäger. Die sofort vorgenommene Messung ergab vom Scheitel bis zur mittelsten Zehe eine Länge von 2,7m und von Mittelfinger zu Mittelfinger eine Spannweite der Arme von 2,8m. Das Gewicht betrug etwa 500 Pfund. Der erlegte Gorilla ist von Herrn Paschen sofort photographiert worden; die Photographie zeigt den toten Affen, wie er von drei starken Jaundenegern sitzend aufgerichtet ist. Schon die mächtige Schulterbreite lässt erkennen, mit welchem gewaltigen Geschöpf man es zu thun hat, neben dem die großen

277 Vgl. Gissibl, Exotische »Naturkunden«, S. 63.

Neger klein erscheinen. Der Gorilla wurde abgebalgt und skelettiert, das Fleisch wurde von den älteren Negern verzehrt, nicht von den jüngeren, was mit dem Glauben zusammenhängt, der Gorilla sei ein entarteter Mensch, der zum bösen Walddämon geworden.«[278]

Die Beschreibung der afrikanischen Bevölkerung wurde der Erfassung neu entdeckter zoologischer Arten und Unterarten in der Zoologie gleichgestellt, erwähnt wurden körperliche Maße und Lebensgewohnheiten. Der Öffentlichkeit wurde das Bild eines deutschen Jägers vermittelt, auf dessen Hilfe die Afrikaner bei der Erlegung gefährlicher Großsäuger angewiesen waren. Paschen trat als weißer Beschützer auf, erlegte das Tier und überließ den ›Jaunde‹ das Fleisch. Die Presse griff gängige Berichte eines vermeintlichen Kannibalismus auf und trug sie in die Öffentlichkeit. Begründet wurde der Verzehr mit dem ›Aberglauben‹ der Afrikaner. Ein Motiv, das den Europäern für die Argumentation der eigenen kulturellen und religiösen Überlegenheit diente. Der Verweis auf den Fotoapparat verdeutlichte die wissenschaftlichen Motive des Jägers. Die bewusste Auswahl der Afrikaner unter dem Aspekt der Männlichkeit, Körpergröße und dem Körperbau sollte die Dimensionen und Gefährlichkeit des Tieres zeigen. Gleichzeitig übertrug sich der Moment der Bedrohung auf die ›Jaunde‹, die eine potentielle Gefahr für den weißen Kolonialherren darstellten, der allein unter den ›Jaunde‹ lebte. Der Glaube an die Objektivität der Technik täuschte über die Subjektivität des Fotografen hinweg.

Eine vergleichbare Aufnahme existiert von dem Berggorilla Beringes, die in der vierten Auflage von *Brehms Tierleben* 1916 abgedruckt wurde.[279] Die gezeichneten Tierbilder des *Thierlebens* wurden nach und nach durch Fotografien ergänzt oder ersetzt. »*Mit der Fotografie und fotografischen Darstellungen konnte seit Mitte des 19. Jahrhunderts eine »mechanische Objektivität« hergestellt werden, die vermeintlich frei von menschlicher Einwirkung war.*«[280]

Von den neun abgedruckten Fotografien in dem Abschnitt über Menschenaffen verweisen drei Abbildungen auf einen kolonialen Bezug, in dem die Affen mit Kolonisierten gezeigt wurden. Der koloniale Blick der Betrachter wurde geschult. Selbst wenn Sammler wie Beringe den kolonialen Zusammenhang nicht öffentlich herstellten, geschah das in der Rezeption der Bilder. Anders als auf der Aufnahme Paschens zeigte Beringes Bild die Afrikaner überwiegend bekleidet [**Abb. 56**]. Es ist unklar, ob die Abgebildeten unterschiedlichen afrikanischen Gesellschaften angehörten oder sich verschiedene afrikanische, arabische und europäische Einflüsse in der Kleidung widerspiegelten. Auf fünf der weiteren Aufnahmen im *Thierleben* waren Menschenaffen in europäischen Zoos zu sehen, eine weitere Aufnahme zeigte ein Präparat des Wiener Hofmuseums, das Tier stammte ursprünglich von Rudolf Grauer.[281]

---

278 Augsburger Zeitung zit.n.: Zeitungsauschnitt über den am 15.4.1900 erlegten Gorilla, MfN d. HUB, Bestand: Zool. Mus., Signatur: S III, Paschen, H.; Es sind keine weiteren Angaben über die Herkunft und Datierung des Zeitungsausschnittes vermerkt.

279 Vgl. Zur Strassen (Hg.), Brehms Tierleben, Band 13, 1916, S. 650–651, Abbildung 8.

280 Heumann; Hüntelmann, Einleitung. Bildtatsachen, S. 289.

281 Vgl. Lorenz-Liburnau, Beitrag zur Kenntnis der Affen und Halbaffen, S. 181, Figur II.

Abb. 56: »8. Berg-Gorilla, Gorilla beringei Mtsch. [kursiv im Original, A.K.] 1/15 nat. Gr., s. S. 680. – Nach Photogr. des Entdeckers und Erlegers Beringe.«, in: Otto zur Strassen (Hg.), Brehms Tierleben. Allgemeine Kunde des Tierreichs, 4. Auflage, Band 13. Paarhufer, Halbaffen, Affen, Leipzig 1916, S. 650–651, Abbildung 8.

Niedersächsische Staats- und Universitätsbibliothek Göttingen, SUB Zentralbibliothek, Signatur: 4 ZOOL I, 7400 <4>:13.

Die Veröffentlichung der Grauer Fotografien kurz nach der Erlegung der Gorillas richtete sich im *Jahresbericht des Naturhistorischen Museums Wien* an ein zoologisches Fachpublikum. Das präparierte Schauobjekt des Wiener Museums wurde über das *Thierleben* einem überregionalen öffentlichen Publikum präsentiert. Der von Beringe erlegte Berggorilla blieb als Belegexemplar im Depot des Berliner Museums für die Besucher unsichtbar. Erst das *Thierleben* machte ihn der breiten Öffentlichkeit zugänglich und verwies auf den wissenschaftlichen Erfolg des Sammlers. An den Fall Mafukas wurde im Text des *Thierlebens* und durch das Abdrucken der Porträtzeichnung von Gustav Mützel gedacht.

Neben der Überarbeitung des Bildprogramms änderte sich der Aufbau der vierten Auflage grundlegend. Hatten die ersten drei Auflagen die Betrachtung des Tierreiches mit den Menschenaffen eröffnet, wurden sie nun am Ende der Auflage behandelt und krönten die Einblicke in die Tierwelt beziehungsweise schlossen diese ab. Die im Abschnitt über Menschenaffen gewählten Abbildungen deuteten im Sinne gängiger evolutionsbiologischer Stammbäume die Nähe zu Afrikanern an und erzeugten damit eine Verbindung dieser zum Tierreich. Die Auflage thematisierte die weiterhin geläufigen Vorurteile über Menschenaffen, etwa: *»eine »Abstammung vom Affen« in diesem Sinne, wie sie immer noch in den Köpfen der Unkundigen spukt, gibt es nicht.«*[282] Neben anatomischen Beschreibungen, die sich an den Arbeiten Robert Hartmanns orientierten, bezog sich das *Thierleben* in Bezug auf Verhalten und Lebensraum der Tiere auf bekannte Reiseberichte und blieb vage. Als *»Neuere Aufschlüsse«*[283] galten 1916 die Beschreibungen Koppenfels. Dessen Beobachtungen waren zu diesem Zeitpunkt dreißig Jahre alt und verdeckten im Hinblick auf den Gorilla das Nicht-Wissen um die Tiere. Berichte aus Zoologischen Gärten, unter Verweis auf die hohe Sterberate, bestimmten die weiteren Schilderungen von Menschenaffen. Das Bild der Menschen angreifenden Bestie wurde als Notwehr revidiert und Menschenaffen zu *»Naturdenkmälern«*[284] verklärt, womit die Möglichkeit deren baldigen Aussterbens angesprochen wurde.

In Mecklenburgs Berichten finden sich keine Aufnahmen von erlegten Gorillas. Er veröffentlichte ein Foto von afrikanischen Jägern mit dem *»Riesenschimpanse*[n]*«*[285] [**Abb. 57**]. Mecklenburg deutete sein Unvermögen, Menschenaffen selbst zu erlegen, vor dem Hintergrund rassistischer Stereotype. Paul Du Chaillu und Hugo von Koppenfels waren sich beim Erlegen von Menschenaffen wie Mörder vorgekommen. Mecklenburg umging die Tat an den nächsten Verwandten des Menschen, indem er sie den Afrikanern überließ. Die evolutionäre Nähe wurde auf dem Foto inszeniert und durch den animalischen Akt des Tötens verdeutlicht. Afrikaner töteten, durch Haeckels Stammbäume im öffentlichen Bewusstsein auf der untersten Stufe der menschlichen Entwicklung verortet, den Menschenaffen als höchstes Tier. Die Aufnahme erinnerte in der Komposition der Abgebildeten an die Aufnahme Paschens. Der europäische Fotograf dokumentierte die Jagd als vermeintlich objektiver wissenschaftlicher Zeuge.

---

282 Zur Strassen (Hg.), Brehms Tierleben, Band 13, 1916, S. 623.

283 Ebd., S. 654.

284 Ebd., S. 629.

285 Fotografie, »208. Riesenschimpanse, von Wieses Beute«, in: Mecklenburg, Vom Kongo zum Niger und Nil, Band 1, S. 300.

Abb. 57: Fotografie, »208. Riesenschimpanse, von Wieses Beute«, in: Adolf Friedrich zu Mecklenburg, Vom Kongo zum Niger und Nil. Berichte der deutschen Zentralafrika-Expedition 1910/1911, Band 1, Leipzig 1912, S. 300.

Niedersächsische Staats- und Universitätsbibliothek Göttingen, SUB Zentralbibliothek, Signatur: 8 ITIN I, 3831:1.

Ein weiterer Schimpanse gelangte in der Nähe des von ihm genannten Ortes Yukaduma in den Besitz Mecklenburgs [**Abb. 58**]. Jäger brachten ihm ein großes, ausgewachsenes Männchen. Beide Aufnahmen dokumentieren die Ausmaße der Tiere. Der »*Riesenschimpanse*«[286] war in gestreckter aufrechter Position zwischen den Männern aufgenommen wurden, der zweite Schimpanse sitzend. Durch den Vergleich mit dem Afrikaner, der das tote Tier stützte, erschien der Menschenaffe umso größer. Die aufgespannte Haltung des Schimpansen zwischen den Männern erlaubte die Dokumentation der Gliedmaßen, bevor das erlegte Tier seine ursprüngliche Gestalt durch fortschreitende Verwesungsprozesse und präparatorische Eingriffe verlor. Aus heutiger Sicht verweisen die Bilder neben ihrer Funktion als wissenschaftliche Belege auf ihren sozio-politischen Entstehungskontext. Die Bilder Mecklenburgs folgten der fotografischen Inszenierung des »*Riesen-Gorilla*[s]«[287] durch Hans Paschen und der Suche nach immer größeren Exemplaren von Menschenaffen.

286 Ebd.

287 Museum Umlauff Hamburg, Der Riesen-Gorilla.

Abb. 58: Fotografie, »154. Alter Tschego (Schimpanse)«, in: Adolf Friedrich zu Mecklenburg, Vom Kongo zum Niger und Nil. Berichte der deutschen Zentralafrika-Expedition 1910/1911, Band 2, Leipzig 1912, S. 210.

Niedersächsische Staats- und Universitätsbibliothek Göttingen, SUB Zentralbibliothek, Signatur: 8 ITIN I, 3831:2.

Paschen, Beringe und Mecklenburg waren der Empfehlung für das Mitführen eines Fotoapparates durch Matschie und dem Vorbild Schillings gefolgt. Die Aufnahmen erinnerten in ihrer Zusammenstellung an Gustav Fritschs Anregungen für die fotografische Dokumentation anthropologischer und ethnografischer Begegnungen, der entscheidend *»die Standardisierung anthropometrischer Messungen des Körpers mittels Fotografie«*[288] vorantrieb. Das Ziel war die vollkommene Erfassung der Physiognomie des ›Anderen‹. Dazu sollten möglichst vier Bilder angefertigt werden. Der Kopf sollte frontal und im Profil fotografiert werden, zwei weitere Aufnahmen bildeten den gesamten Körper ebenfalls frontal und seitlich ab.[289] Der *»Körper sei möglichst entblösst, die Haltung gerade*

288 Michael Hagner, Mikro-Anthropologie und Fotografie. Gustav Fritschs Haarspaltereien und die Klassifizierung der Rassen, in: Peter Geimer (Hg.), Ordnungen der Sichtbarkeit. Fotografie in Wissenschaft, Kunst und Technologie, Frankfurt a.M. 2002, S. 255.

289 Vgl. Fritsch, Praktische Gesichtspunkte, S. 607.

und aufrecht. Unsymmetrische Stellung der Gliedmaassen ist im Allgemeinen zu verwerfen.«[290] Durch die Empfehlung, Menschen unbekleidet aufzunehmen, trugen die in Europa verbreiteten Bilder zum Topos vom nackten unzivilisierten ›Wilden‹ bei.[291] Fritsch empfahl, die Menschen mit Maßeinteilungen abzulichten.[292] Bei Paschen, Beringe, Mecklenburg und Grauer dienten die mit dem Menschenaffen fotografierten Afrikaner als Maßstab. Die vermeintlich wissenschaftlich objektive Aufnahme suggerierte eine ›Andersartigkeit‹ und ›Fremdheit‹, die es zu dokumentieren galt.

In der Forschung ist auf die enge Verbindung zwischen der Entstehung der deutschen Anthropologie und Erfassung außereuropäischer Körper verwiesen worden.[293] Die fotografische und beschreibende Dokumentation diente der Kontrolle des afrikanischen Körpers. Die Aufnahmen von Afrikanern waren niemals neutral und müssen vor dem Hintergrund des kolonialen Kontextes betrachtet werden, in dem sie entstanden. Die fotografisch Dargestellten wurden für den europäischen Betrachter als deviant charakterisiert.[294] Die Empfehlungen für physiognomische Aufnahmen von Menschen wurden auf Tiere übertragen. Mecklenburgs Schimpansen wurden frontal und im Profil erfasst. Der Tötung von Tieren wurde durch deren fotografische Fixierung zusätzlich Sinn verliehen, die Aufnahmen belegten ihren wissenschaftlichen Wert. Ähnliche Ansätze zur Erfassung tierischer Körper zeigten sich in den Zeichnungen Mafukas durch Gustav Mützel und den Fotografien der Lübecker Präparate durch Johannes Nöhring.

Die vermittelten Bilder dienten der kolonialen Legitimation einer europäischen Überlegenheit, indem sie die afrikanische Bevölkerung in die Natur verbannten. Der europäische Blick auf die Natur war keineswegs neutral, sondern wurde von rassischen Deutungsmustern durchdrungen. Mecklenburg war nicht auf den Fotografien zwischen Afrikanern und erlegten Menschenaffen präsent, vielmehr inszenierte er sich als dokumentierender Beobachter. Ein weiterer Grund für seine Abwesenheit mag darin bestehen, dass er sich nicht als erfolgreicher Jäger neben Tieren präsentieren wollte, die er selbst nicht getötet hatte.

Die auf den Fotos inszenierte evolutionäre Nähe wurde in den Beschreibungen Mecklenburgs verfestigt. Er bemerkte, dass die Träger das Fleisch der erlegten Menschenaffen zum Verzehr erhielten und ihm verrieten, dass es menschlichem Fleisch ähnlich sei.[295] Der verbreitete Vorwurf des Kannibalismus wurde durch den Konsum von Menschenaffenfleisch bestätigt und unterstrich die animalischen Instinkte, die Triebhaftigkeit und Kulturlosigkeit der Jäger und verwies auf eine evolutionäre Stufe, die die Europäer überwunden zu haben glaubten.[296] Die Andeutung von kannibalischen Nahrungspraktiken verlieh Mecklenburgs Reisebericht zusätzliche Spannung und Unterhaltung. Die Frage der Ernährung wurde wie bei Menschenaffen in Zoologischen Gärten zu einem kulturellen Gradmesser. Mecklenburg bediente gängige europäische Vorstellungen eines ver-

290 Ebd., S. 609f.

291 Vgl. Laukötter, Kultur in Vitrinen, S. 111.

292 Vgl. Fritsch, Praktische Gesichtspunkte, S. 608.

293 Vgl. Zimmerman, Anthropology and Antihumanism, S. 83.

294 Vgl. Ebd., S. 95–97.

295 Vgl. Mecklenburg, Vom Kongo zum Niger und Nil, Band 2, S. 211.

296 Vgl. Bischoff, Kannibale-Werden, S. 296.

meintlich rückständigen Afrikas und seiner Bewohner. Über den Vergleich mit Tieren wurden Afrikaner als Belege für die Evolutionstheorie im Sinne Haeckels herangezogen.

Die erzeugten Gefühle von ›Fremdheit‹ und Gefahr verdichteten sich in der Beschreibung der Lebensräume der Tiere. Mecklenburg verwies in seinen Berichten auf die Undurchdringlichkeit afrikanischer Wälder für Europäer und hohe Abhängigkeit von einheimischen Jägern, wie sie Matschie beschrieben hatte. Der »*Urwald*«[297] wurde als unberührter und geheimnisvoller Ort entworfen und bediente ein gängiges Fantasiebild des afrikanischen Kontinents.[298] Die Erwähnung großer Fleischfresser, darunter Leoparden und auch Gorillas wurden als solche bezeichnet, erzeugte zusätzliche Gefahrenmomente in Mecklenburgs Berichten. Den Eindruck verstärkten fotografische Aufnahmen [**Abb. 59**], die in seinem Reisebericht veröffentlicht wurden und mit deren Hilfe Mecklenburg dem europäischen Publikum einen Blick in das Unbekannte gewährte, der Natur Wissen entlockte.

Abb. 59: Fotografie, »160. Riesenliane im Urwald«, in: Adolf Friedrich zu Mecklenburg, Vom Kongo zum Niger und Nil. Berichte der deutschen Zentralafrika-Expedition 1910/1911, Band 2, Leipzig 1912, S. 225.

Niedersächsische Staats- und Universitätsbibliothek Göttingen, SUB Zentralbibliothek, Signatur: 8 ITIN I, 3831:1.

297 Fotografie, »160. Riesenliane im Urwald«, in: Mecklenburg, Vom Kongo zum Niger und Nil, Band 1, S. 225.

298 Vgl. Wolfgang Fuhrmann, Der Urwald, in: Jürgen Zimmerer (Hg.), Kein Platz an der Sonne. Erinnerungsorte der deutschen Kolonialgeschichte, Frankfurt a.M. u.a. 2013, S. 56.

Auf der Aufnahme kaum zu erkennen, sitzen Afrikaner in der Mitte des Bildes und werden fast eins mit der sie umgebenden Umwelt. Der »*Urwald*«[299] erzeugte neben seiner Bedrohlichkeit, die romantische Vorstellung einer Natur in ihrem ›Urzustand‹ ohne menschliches Eingreifen. Einer Natur, die in Europa nicht mehr existierte und in ihrer Ursprünglichkeit die Dichotomie zwischen Kultur und Natur eröffnete.

Für die Jagd auf Menschenaffen in afrikanischen Wäldern benötigte der Jäger laut Mecklenburg Ausdauer:

> »Von allen Tieren fallen im Urwald die Säugetiere am wenigsten ins Auge. Nicht daß sie gar so selten wären, aber sie sind durch den Wald mit seinen vielfachen Unterschlupfsmöglichkeiten so gut gegen Sicht geschützt, daß selbst die eingeborenen Jägervölker Mühe haben, sich an sie heranzupirschen. Deshalb wird auch der passionierte Weidmann im Urwald selbst wenig auf seine Kosten kommen, es sei denn, daß er in der Lage ist, Tage und Wochen der Jagd auf das edle Hochwild zu opfern; aber auch dann darf er nicht vergessen, daß er trotz aller Jagdleidenschaft nicht die körperlichen Fähigkeiten des Naturmenschen besitzt, die durch Hunderte von Generationen vererbt sind.«[300]

Die Flora und Fauna Afrikas dienten Mecklenburg zur Abgrenzung von dieser und Bekräftigung existierender europäischer Stereotype. Der Tropenwald und seine Bewohner erschienen als unberührt und statisch, als Gegenstücke zur Kultur. Nur der afrikanische Jäger, von Mecklenburg als Naturmensch beschrieben, konnte Menschenaffen der Natur abringen. Darwin hatte sich in den 1870ern in seinem Werk *Descent of Man* dem Motiv des dunklen Kontinents bedient und Afrika als Ursprungsgebiet des Menschen definiert.[301]

Obwohl sich europäische Reisende in ihren Berichten zu mutigen Einzelkämpfern stilisierten, zeigt der Erwerb von Menschenaffen die Abhängigkeit vom local knowledge der Afrikaner beim Finden und Erlegen wissenschaftlicher Objekte. Menschen, deren Namen vollkommen unbekannt blieben und keine wissenschaftliche Anerkennung erhielten, wurden für ihren Einsatz durch die europäischen Profitteure herabgewürdigt. Mecklenburg wies gegenüber dem Museum auf Kommunikationsprobleme mit den Jägern hin. Die von ihm als ›Batra‹ bezeichneten Afrikaner nannten Schimpansen Impundus und Gorillas Ingagi. Mecklenburg ging davon aus, Impundu bedeute Menschenaffe. Durch das Missverständnis brachten die Batra dem Herzog nur Schimpansen.[302] Trotz der mitreisenden Dolmetscher prägten Unsicherheiten bei Bezeichnungen den Austausch, vorhandene Sprachbarrieren führten zu »*Misserfolg hinsichtlich der Gorillas*«.[303] Mecklenburg, der unter dem sozialen, wissenschaftlichen und wirtschaftlichen Druck stand, seine Expedition in Deutschland als Erfolg zu verbuchen, geriet durch mangelnde Sprachkenntnisse in Bedrängnis. Die Begegnungen zwischen Europäern und Afrikanern prägten Missverständnisse, die in der Folge zu weiteren Vorurteilen und Konflikten führten.

---

299 Mecklenburg, Vom Kongo zum Niger und Nil, Band 2, S. 134.

300 Ebd.

301 Vgl. Krüger; Mayer; Sommer, Figuren des Dazwischen, S. 12.

302 Vgl. MfN d. HUB, Bestand: Zool. Mus., Signatur: S III, Herzog Adolf Friedrich zu Mecklenburg, Blatt 81.

303 Ebd.

Eingebettet war die koloniale Inszenierung von Mensch, Tier und Natur in Reisebeschreibungen, deren Hauptfokus auf der Darstellung der politischen und wirtschaftlichen Verhältnisse der bereisten Gebiete lag. Die Berichte sollten Wissenschaft und Öffentlichkeit ansprechen, die allgemeinen Beschreibungen der Reiseroute, Flora, Fauna und lokaler Gruppen waren von Berichten überraschender, gefahrvoller Momente durchzogen.[304] Die Begegnungen mit Tieren, in den meisten Fällen mit der Beschreibung ihrer erfolgreichen Erlegung verbunden, dienten dazu, den Spannungsbogen der Berichte aufrecht zu erhalten. Der Sinn und Ablauf großer Expeditionen machte tagelange Jagden auf Großsäuger unmöglich, da der Fokus auf dem Erwerb möglichst umfangreichen Wissens in kurzer Zeit lag. Die tatsächliche Aufgabe des Herzogs bestand nicht im naturkundlichen Sammeln, sondern in der erfolgreichen Organisation der Reise. In seinen Berichten inszenierte er sich als omnipräsenter Anführer der Expedition. Er repräsentierte sich, die deutsche Kolonialmacht und ließ sammeln.

Das Finden geeigneter Träger stellte ein Hauptproblem der Expedition dar. Mecklenburgs Aufgabe bestand in der Kontrolle einer mehrere hundert Mann starken Karawane, die sich aus verschiedenen Gruppen und Nationen zusammensetzte, von unterschiedlichen Hierarchien geprägt war und sich in permanenter räumlicher und personeller Bewegung befand.[305] Die Durchführung europäischer Expeditionen um 1900 wurde als *»Spektakel des modernen Europa«*[306] bezeichnet und verweist auf die Inszenierung der Europäer gegenüber den Afrikanern. Die Reisegesellschaft bildete eine fragile Gemengelage und befand sich in starker Abhängigkeit von äußeren wie inneren Faktoren.

Die harten Arbeitsbedingungen veranlassten Träger zur Flucht, so dass sie nachts eingesperrt und am Tag streng bewacht werden mussten: *»Auf dem Marsch und im Lager fortwährend nur damit beschäftigt, auf diese Kerls aufzupassen, konnte ich leider nichts sammeln, keine Studien machen und nicht auf Jagd gehen.«*[307] Die Flucht war ein bewährtes Mittel des passiven Widerstands. Die sammelnden Europäer waren in hohem Maß von der Hilfe afrikanischer Mitarbeiter abhängig. Allein für den Transport der Ausrüstung wurden hunderte Träger benötigt. Zu der ursprünglichen Last kamen im Verlauf der Expedition die gesammelten Objekte dazu. Die Arbeit beruhte nicht auf Freiwilligkeit, auch wenn Mecklenburg auf Begleiter verwies, die zum wiederholten Mal mit ihm reisten. Die Träger wurden zu dem Dienst herangezogen, verdienten meist erst am Ende der Reise etwas[308] und riskierten ihr Leben auf den anstrengenden und gefährlichen Märschen. Mussten große Höhenunterschiede überwunden werden, stieg die Gefahr von Unterkühlungen und Stürzen. Die schlechte Versorgung, Krankheiten und Jagden bildeten weitere Gefahrenquellen. Die Träger wechselten oft und wurden meist von Einheimischen der zu durchquerenden Gebiete gestellt, auch Frauen wurden als Trägerinnen

---

304 Vgl. Fabian, Im Tropenfieber, S. 328.

305 Vgl. Ebd., S. 45–63.

306 Pesek, Die Kunst des Reisens, S. 79; vgl. Pesek, Koloniale Herrschaft, S. 110–112.

307 Mecklenburg, Vom Kongo zum Niger und Nil, Band 1, S. 300.

308 Vgl. Ebd., S. 302.

eingesetzt.[309] Eine Karawane bewegte sich pro Tag selten mehr als 25 km.[310] Mecklenburg bevorzugte die Mischung verschiedener Bevölkerungsgruppen, da die Heterogenität die Kontrolle erleichterte. Afrikanischen Träger unterschiedlicher Gruppen beschuldigten sich bei Diebstählen gegenseitig, so Mecklenburgs Überlegungen.[311] Über die Träger existieren lediglich Quellen aus europäischer Sicht, ihre tatsächliche Lage ist kaum zu beurteilen.

Wiederholt schilderte Mecklenburg Auseinandersetzungen mit Trägern. Sie dienten dazu, seine eigenen europäisch adelig männlichen Tugenden der Disziplin, Stärke und Pflichterfüllung in Abgrenzung zu den Trägern vor heimischem Publikum zu inszenieren.[312] Auf einen drohenden Kontrollverlust reagierten Mecklenburg und andere Europäer mit Gewalt und körperlichen Strafen.[313] Neben der Selbstinszenierung Mecklenburgs vor heimischem Publikum, sollte die Disziplinierung der Träger der Erfüllung der Expeditionsziele dienen und so den Erfolg der Expedition sichern.[314] »*Auf den Widerspruch zwischen der Selbstwahrnehmung als Vertretung der europäischen Kolonialmächte einerseits und der damit kontrastierenden Machtlosigkeit vor Ort andererseits reagierten die europäischen Reisenden häufig mit der Anwendung von Gewalt.*«[315] Die Anwendung von Macht und deren Missbrauch waren im kolonialen Alltag omnipräsent.[316] Die Aufrechterhaltung der Grenze zwischen Afrika und Europa spielte bei der Inszenierung vor europäischem Publikum eine wichtige Rolle. Abbildungen von Afrikanern mit Menschenaffen visualisierten die Grenzziehung und legitimierten sie.

Dank Mecklenburgs Stand und seiner finanziellen Mittel führte er nicht nur die afrikanischen Träger an, auch die europäischen Mitglieder der Expedition unterstanden seinen Weisungen. Er inszenierte sich bei der Schilderung von Empfängen mit afrikanischen Herrschern als deutscher Landesvertreter.[317] Der Erfolg der Expedition hing letztlich von den Fähigkeiten seiner Führungsgewalt und Selbstkontrolle ab, die Mecklenburg mit militärischer Strenge durchsetzte beziehungsweise über seine Reiseberichte inszenierte. In der Realität kämpften europäische Reisende mit den klimatischen Bedingungen, Krankheiten und Erschöpfungszuständen, die zur Forderung einer Tropendiensttauglichkeit für Afrikareisende führte.[318] Überlegungen der Akklimatisierung kehrten sich im Hinblick auf europäische Reisende um. Die afrikanischen Tiere mussten in eu-

309 Vgl. Mecklenburg, Vom Kongo zum Niger und Nil, Band 2, S. 213; Pesek, Koloniale Herrschaft, S. 109–124.

310 Vgl. Barbara Plankensteiner, Der Mythos des heroischen Entdeckers in Afrika und die Ethnologie, in: Wilfried Seipel (Hg.), Die Entdeckung der Welt – Die Welt der Entdeckungen. Österreichische Forscher, Sammler, Abenteurer, Milano 2001, S. 278.

311 Vgl. Mecklenburg, Vom Kongo zum Niger und Nil, Band 2, S. 213f.

312 Vgl. Diebold, Hochadel und Kolonialismus, S. 119 und 123.

313 Vgl. Pesek, Die Kunst des Reisens, S. 79.

314 Vgl. Pesek, Koloniale Herrschaft, S. 116.

315 Diebold, Hochadel und Kolonialismus, S. 101.

316 Vgl. Trotha, Koloniale Herrschaft, S. 3; Fabian, Im Tropenfieber, S. 18; Pesek, Koloniale Herrschaft in Deutsch-Ostafrika, S. 22.

317 Vgl. Pade, Zwischen Wissenschaft, Abenteurertum und Kolonialpolitik, S. 203.

318 Vgl. Bischoff, Kannibale-Werden, S. 156.

ropäischen Zoos an die klimatischen Veränderungen gewöhnt werden, die europäischen Reisenden mussten sich umgekehrt auf die afrikanischen Verhältnisse vorbereiten.

Mecklenburgs Inszenierung verfehlte sein Ziel nicht. Er übernahm ab 1912 das Amt des Gouverneurs von Togo, das er bis zum Verlust der Kolonie innehatte. Seine Expeditionen hatten ihm eine Karriere ermöglicht und mit weiteren kolonialen Akteuren, darunter Schillings und Heck, vernetzt. Mecklenburgs Sammlung erhielt durch die betonten Strapazen und Entbehrungen zusätzliche Exklusivität. Die Objekte wurden im Kontext ihrer kolonialen Aneignung zu einer kolonialen Sammlung.

Abb. 60: Fotografie von J. von Oertzen, »Gorilla, in Süd-Kamerun erlegt. Beachtenswert sind die Größenverhältnisse des gewaltigen Menschenaffen im Vergleich zu dem davorsitzenden Soldaten.«, in: Kolonie und Heimat 5 (32, 1911/12), S. 1.

Niedersächsische Staats- und Universitätsbibliothek Göttingen, SUB Zentralbibliothek, Signatur: 4 H GERM II, 2298/LB.

Das gesammelte ethnologische Wissen wurde in der Praxis angewendet, etwa bei der Bewertung der Rekrutierbarkeit afrikanischer Gruppen für die ›Schutztruppe‹. Einzelnen Bevölkerungsgruppen wurden bessere kriegerische Fähigkeiten zugesprochen als anderen. Ein »*Blutinstinkt*«[319] sollte der Bevölkerung des Inneren, wegen ihres stetigen Kampfes mit der Umwelt und befeindeten Gruppen, durch bessere soldatische Fähigkeiten kennzeichnen als Afrikaner an der Küste. Darwinistische Überlegungen eines Überlebenskampfes wurden mit ethnologischen Beobachtungen verknüpft und in der Praxis erprobt. Stereotype Beschreibungen kennzeichneten den Umgang mit der afrikanischen Bevölkerung. Das Titelblatt von *Kolonie und Heimat* der Ausgabe von 1911/12 zeigt einen afrikanischen Soldaten der ›Schutztruppe‹ mit einem Gorilla [**Abb. 60**].

Die Aufnahme stammt von Jasper von Oertzen und erinnert an die bekannten anthropologischen Gegenüberstellungen und verweist den afrikanischen Soldaten barfuß neben dem Tier hockend in den Bereich der Natur. Damit verdeutlichte sich vor dem heimischen Publikum die Grenzziehung zwischen deutschen und afrikanischen Soldaten der ›Schutztruppe‹. Zoologische und ethnologisch-anthropologische Studien waren in der kolonialen Wissensvermittlung eng verbunden.

Jasper von Oertzen [**Abb. 61**] dokumentierte die Tierwelt Afrikas fotografisch und verwies auf Schillings, der ihn zu seinen Aufnahmen inspiriert hatte.[320] Er fertigte Bilder der von ihm gehaltenen Tiere an. Die Fotografie diente aus seiner Sicht zu wissenschaftlichen Zwecken und seiner Freizeitgestaltung. Die Apparate stammten von der Firma Zeiss aus Jena, die Oertzen die Ausrüstung überlassen hatte. Oertzen inszenierte sich auf der Station vor den Afrikanern über seine technische Ausstattung und verlieh seinem Aufenthalt mit der Veröffentlichung der Bilder in Deutschland einen wissenschaftlichen Wert. Die Aufnahmen entwickelte er vor Ort und betonte die geringen Retuschen. »*Dies veranlasst mich, eine Reihe meiner afrikanischen Tieraufnahmen herauszugeben, die zwar nur teilweise in freier Wildbahn gemacht sind, deren Umgebung aber stets der Natur des Tieres angepasst wurde.*«[321] Obwohl er die Bedeutung des Lebensraums bei dem Studium der Tiere betonte, beobachtete Oertzen die Tiere nicht in der Natur. Unter Lebensraum fasste er den afrikanischen Raum als Ganzes. »*Mir standen die Tiere stets zur Verfügung, und trotzdem gehörten dann noch oft Stunden und Tage dazu, um Licht und Schatten bezeichnend auf die Platte zu bringen, den Horizont in seiner Ferne, das Objekt in seiner Eigenart zu zeichnen.*«[322] Oertzen verwies in Anlehnung an die Tiermalerei auf die Kunst der Fotografie, die darin bestand, die Eigenarten eines Tieres einzufangen, die Charakteristik herauszuarbeiten.

---

319 Pürschel, Die Kaiserliche Schutztruppe, S. 19; Das Zitat verweist auf die rassistische Bewertung der Bevölkerung im Sprachgebrauch des Nationalsozialismus, weshalb die Arbeit von Herbert Pürschel nur mit Einschränkungen Verwendung findet.

320 Vgl. Oertzen, In Wildnis und Gefangenschaft, S. IX.

321 Ebd.

322 Ebd., S. X.

Abb. 61: Fotografie, »Verfasser mit zwei jungen Löwen, ... Meine Pfleglinge blieben vollkommen harmlos, nur ihr Spiel war manchmal etwas derb ...«, in: Jasper von Oertzen, In Wildnis und Gefangenschaft. Kameruner Tierstudien, Berlin 1913, S. 101.

Staatsbibliothek zu Berlin – Preußischer Kulturbesitz, Signatur: Lv 13359.

Unter den gehaltenen Tieren befanden sich Gorillas. Eine Abbildung zeigt ein von Oertzen erlegtes ausgewachsenes Männchen [**Abb. 62**]. Die Bildunterschrift lautet: »...*Dieser Riesenaffe soll anscheinend aussterben, noch ehe wir ihn genügend kennen gelernt haben. ...*«[323] Die Diskrepanz der Aussage im Hinblick auf das erlegte Tier thematisierte Oertzen nicht. Die Tötung des Tieres und die Aufnahme verstand er als Dokumentation einer vom Aussterben bedrohten Art. Die zunehmende Seltenheit steigerte den Reiz der Tiere. Die Gründe für das Aussterben erläuterte Oertzen:

323 Ebd., Abbildung 1, S. 4–5.

»In der Gefangenschaft ist der Gorilla ebenfalls sehr hinfällig. Mir scheint sein Temperament besonders ungeeignet zum Kampf ums Dasein; [...] Der Gorilla kommt mir, obwohl er der höchststehende Affe ist, so recht wie ein Tier vor, das bei seiner genetischen Entwicklung in eine Sackgasse geraten ist. [...] Er ist weder ein gewandter Kletterer, noch ausdauernder Läufer, er hat das gewaltige Gebiss eines Raubtieres, nährt sich dabei von Pflanzenkost. Er hat die Kraft eines Athleten, rettet sich aber lieber durch die Flucht als durch Angriff.[324]

Abb. 62: Fotografie, »Ausgewachsener männlicher Gorilla aus Süd-Kamerun (Gorilla aff. Gorilla), erlegt 1907, ...Dieser Riesenaffe soll anscheinend aussterben, noch ehe wir ihn genügend kennen gelernt haben ...«, in: Jasper von Oertzen, In Wildnis und Gefangenschaft. Kameruner Tierstudien, Berlin 1913, zwischen S. 4 und 5.

Staatsbibliothek zu Berlin – Preußischer Kulturbesitz, Signatur: Lv 13359.

324 Ebd., S. 5–7.

Oertzen bediente sich der Darwinschen Begründung vom Kampf ums Dasein und sprach den Europäer frei von Schuld an der zunehmenden Bedrohung des Gorillas. Die Tiere verloren den Kampf ums Dasein. Die Schilderungen Oertzens erinnern an Beschreibungen der »*doomed races*«,[325] der Vorstellung vom Aussterben ganzer Bevölkerungsgruppen, was das massenhafte Ansammeln von Ethnografica zur Folge hatte, um das Wissen über diese Menschen mithilfe deren Objekte im Globalen Norden zu bewahren. Das Sammeln von zoologischen Objekten folgte ähnlichen Logiken der Wissenssicherung.[326]

Beobachtungen vom natürlichen Lebensraum und Verhalten der Tiere lagen Oertzen nicht vor. Aufgrund des Mangels an methodischen Freilandforschungen an Menschenaffen, die erst in den 1960er Jahren begannen, konnte er nur auf beschränkte Wissenskontexte zurückgreifen, wodurch die Verbreitung mythischen Wissens befördert wurde. In Oertzens Bericht verschwammen persönliche Erfahrungen mit Erzählungen afrikanischer Jäger und der anhaltenden Legendenbildung um den frauenraubenden Gorilla, auch wenn er sie als »*Histörchen in die Reihe der unkontrollierbaren Geschichten aus dem dunkelsten Afrika*«[327] verwarf und nutzte, um die Erwartungen des Publikums zu bedienen.

Den Lebensraum der Tiere beschrieb er als undurchdringlichen Wald: »*Düstere Melancholie atmet die Landschaft; nur selten tritt ein lachender Sonnenstrahl durch das Blätterdach; keine leuchtende Blume bringt Farbe in die ewige Dämmerung.*«[328] Diesem urwüchsigen, dunklen und lebensfeindlichen Lebensraum setzte Oertzen den Europäer als »*Kulturmenschen*«[329] entgegen und lieferte die Begründung, weshalb Europäer auf die Hilfe einheimischer Jäger angewiesen waren. Als »*Naturmensch*[en]«[330] waren sie in Oertzens Konsequenz enger mit dem Wald verbunden und konnten sich freier in diesem bewegen.

Einen weiteren Grund der Abnahme der Tierbestände sah Oertzen in der Jagd der Einheimischen:

> »In Kamerun ist heute glücklicherweise die Jagd auf die Menschenaffen ganz verboten; eingeborene Jäger hatten eine Zeitlang im Auftrage von Weissen unter den Beständen dieses interessanten Wildes gewütet, denn der Verkauf von Skelett und Decke brachte dem Europäer reichen Gewinn.«[331]

Oertzen hatte von den durch Afrikaner erlegten und gefangenen Tieren profitiert und sie an das Berliner Museum verkauft. Der Umfang der erlegten Tiere erschließt sich aus seinem Erfahrungsbericht nicht, nur aus der Korrespondenz mit dem Naturkundemuseum, die nicht für die Öffentlichkeit bestimmt war. Vor dem Leser stilisierte er sich als Tierfreund.

---

325 Rebekka Habermas, Was verlieren wir, wenn wir restituieren? Von der Persistenz des Rettungsnarrativs, in: Zeitschrift für Volkskunde 115 (2, 2019), S. 272.

326 Vgl. Johannes Fellmann, Gesammelt – erbeutet – erworben?, https://www.kulturstiftung.de/gesammelt-erbeutet-erworben/vom 03.01.2023.

327 Oertzen, In Wildnis und Gefangenschaft, S. 6.

328 Ebd., S. 3.

329 Ebd., S. 9.

330 Ebd.

331 Ebd., S. 8.

Um die Tiere ohne sie zu töten, studieren zu können, empfahl er das Fangen und Halten von Jungtieren. Bei der Jagd mussten sie von den Müttern getrennt werden, was deren Tod bedeutete. Die Frage der Ernährung von Menschenaffen galt weiterhin als unklar. Den Gedanken Alfred Brehms, junge Menschenaffen von Afrikanerinnen säugen zu lassen, griff Oertzen auf. Umgesetzt wurde diese Idee zu seinem Bedauern nicht.[332]

Schoß Oertzen Antilopen, Elefanten oder Krokodile ohne große Reue, vermerkte er beim Erlegen eines Schimpansen: »*Schwer entschloss ich mich dazu* [...].«[333] Anders als Gorillas, beobachtete Oertzen Schimpansen über einen längeren Zeitraum. Größere Gruppen lebten in der Nähe der Station. Auf einer Tour erwarb er einen etwa acht Jahre alten Schimpansen. Das Tier wurde in einer Kiste untergebracht und auf dem Weg mitgeführt. Während einer Rast entkam das Tier. Mit enormem Aufwand versuchte Oertzen es einzufangen. Der Schimpanse versteckte sich auf einem Baum, so dass alle Bäume in der näheren Umgebung gefällt und Netze gespannt wurden, um dem Tier den Fluchtweg abzuschneiden. In der Nacht hielten fünfzig Afrikaner Wache unter dem Baum. Es dauerte zwei Tage, bis das Tier eingefangen werden konnte: »*Ich denke heute noch mit Dankbarkeit an die braven, hilfsbereiten Jaundeleute zurück, die es als einen Schimpf angesehen hätten, wenn in ihrem Dorfe einem Europäer etwas abhanden gekommen wäre, und sei es auch nur ein flüchtiger Schimpanse.*«[334] Der enorme Aufwand verdeutlichte die Bedeutung des Tieres und erzählte dem Leser mehr über die ›Jaunde‹ oder vielmehr Oertzens Sicht auf die ›Jaunde‹, als über den Affen. Der Wunsch des Europäers hatte laut Oertzen Priorität. Die Beschreibung des unterwürfigen Verhaltens sollte in Deutschland die erfolgreiche Befriedung der aufständischen Bevölkerung durch die ›Schutztruppe‹ verdeutlichen. Oertzen benannte den Schimpansen Jaunde, was seinen Dank ausdrücken sollte, aber gleichzeitig eine rassistische Nähe zu den Afrikanern erzeugte.

Die gezeigten Bilder der Sammler Paschen, Beringe, Mecklenburg und Oertzen verdeutlichen, dass Fotografien von afrikanischen Menschenaffen, insbesondere Gorillas, im Kontext der kolonialen Eroberung und Herrschaft über die Bewohner der Gebiete verstanden werden müssen. Neben dem Zweck der wissenschaftlichen Dokumentation verbreiteten die Bilder rassistische Stereotype über die Bewohner der Kolonien, sie erzeugten eine evolutionäre Nähe zwischen Afrikanern und Menschenaffen und lieferten aus Sicht der Kolonisatoren die Legitimation zur Unterdrückung der Menschen. Innerhalb kolonialer Kontexte waren wissenschaftliche Berichte, populär-wissenschaftliche Reisebeschreibungen und Fotografien von Menschenaffen nicht neutral. Das Zusammentragen von ethnologischem, geografischem, botanischem und zoologischem Wissen diente der Unterwerfung und Nutzbarmachung der unbekannten Gebiete und Bevölkerungsgruppen. Deutsche Museen profitierten von diesen Studien, da sie mit dem Sammeln von Objekten einhergingen.

Bei den bisher gezeigten Bildern und ausgehandelten Tieren handelte es sich um tote Tiere, doch wie gestaltete sich der Umgang mit lebenden Menschenaffen in kolonialen Kontexten?

---

332 Vgl. Ebd., S. 11.

333 Ebd., S. 15.

334 Ebd., S. 18.

5.3.3 Der lebendige koloniale Gorilla

Oertzen veröffentlichte 1913 unter dem Titel *In Wildnis und Gefangenschaft. Kameruner Tierstudien* seine Erlebnisse und fotografischen Aufnahmen. Das Eingangszitat lautete: »*Der untrüglichste Gradmesser für die Herzensbildung eines Volkes und eines Menschen ist, wie sie die Tiere betrachten und behandeln.*«[335] Vor dem Hintergrund der Jagd mit der Elefantenbüchse und der Nutzung der Tiere für europäische Zoos und Museen erscheint das Zitat aus heutiger Sicht überraschend und verweist auf die historische und kulturelle Wandelbarkeit der Kategorien Tierliebe und Naturschutz. Das Zitat und sein Bericht geben eine Erklärung für die emotionale Haltung Oertzens im Hinblick auf seine Sammlung, da er einen Teil der Tiere lebend hielt. Er befasste sich in Kamerun mit eigenen Tierstudien. Das Vorwort seiner Veröffentlichung steuerte der Zoologe Oskar Heinroth (1871–1945) bei, der Oertzen als »*bewährte*[n] *Tierpfleger*«[336] bezeichnete. Oertzen fing afrikanische Wildtiere, zähmte sie und beschrieb deren Lebensweisen. Die Tiere hielt er auf dem Hof der Station Joko:[337]

> »Aufnahmen gefangener Tiere haben daher nur bedingten Wert, sie sind nur ein Bildausschnitt; die Kulisse müssen wir durch eine mehr oder weniger glückliche Phantasie hinzufügen. Diesen Nachteil habe ich zu vermeiden gesucht, indem ich meine vierfüssigen Freunde zähmte und mit ihnen in inniger Gemeinschaft lebte; sie genossen ausserhalb von Mauern und Zäunen relative Freiheit, je nach dem Grade ihrer Anhänglichkeit und Folgsamkeit. Die Lehmmauern des grossen Stationshofes, in dem sie untergebracht waren, geboten nur einigen von ihnen Halt.«[338]

Der Kontakt mit afrikanischen Wildtieren gehörte zum Alltag auf der Station. Sie dienten dem Zeitvertreib und der Unterhaltung in der Einsamkeit Afrikas, die die Europäer wiederholt beschrieben. Laut Oertzen ließen sich Tiere am besten in Interaktion mit ihrer Umgebung erforschen. Seine Vorstellungen von Haltungsbedingungen erinnern an die Konzepte Hagenbecks und dessen Inszenierung ohne Gitter und dem Aufbau von Vertrauen durch die »*sanfte Dressur*«.[339] Neben dem Tierhandel gründete Hagenbeck einen Zirkus, in dem er das Konzept der Dressur anwendete und sich als Tierfreund stilisierte. Im Vergleich zur wilden Dressur sollten die Tiere, vor allem Raubtiere, zu bestimmten Verhaltensweisen nicht durch körperliche Gewalt, sondern durch Belohnungen trainiert werden. Oertzen richtete Löwen, Leoparden, Geparde, Hyänen, Warzenschweine, Antilopen und Menschenaffen ab. Die Tiere durften sich innerhalb der Station frei bewegen, nachdem sie gefangen worden waren.

Das Ziel, Gorillas lebend nach Europa zu überführen, verfolgten weitere Offiziere der ›Schutztruppe‹. Eine Aufnahme aus dem Bildarchiv des Berliner Naturkundemuseums

---

335 Der Schriftsteller Berthold Auerbach (1812–1882) zit.n.: Oertzen, In Wildnis und Gefangenschaft, Deckblatt.

336 Oskar Heinroth zit.n.: Oertzen, In Wildnis und Gefangenschaft, S. VII.

337 Vgl. Verwaltung des Bezirks, Band 4, 1906–1907, Cameroon National Archives, Signatur: FA 1/140, https://archivfuehrer-kolonialzeit.de/index.php/band-1913 vom 01.02.2023.

338 Oertzen, In Wildnis und Gefangenschaft, S. IX.

339 Dittrich; Rieke-Müller, Carl Hagenbeck, S. 35.

zeigt einen Gorilla in einem Käfig [**Abb. 63**] aus Lolodorf (heute eine Stadt in Kamerun) in Kamerun.

Abb. 63: Fotografie, Beschreibung Rückseite: »a Gorilla in Lolodorf (genießt noch eine hingehaltene Frucht) am Boden die roten Urwaldfrüchte, die Gorilla u Schimpanse sehr gern fressen«.

Museum für Naturkunde Berlin, HBSB, ZM B IV 0848.

Die Beschreibung des Bildes verweist auf die Fütterung des Tieres mit roten Früchten. Schon Oskar Lenz hatte bei den Hamburger Gorillas auf diese als Hauptnahrung verwiesen. Erkenntnisse über die Ernährung der Affen hatten sich im Verlauf eines halben Jahrhunderts nicht erweitert. Das Tier wurde in einem beengten Käfig gehalten. Das Futter lag auf dem Boden des Käfigs und war Verschmutzungen ausgesetzt.

Im Jahr 1908 gelangte das Gorillaweibchen Hum-Hum nach Hamburg in den Stellinger Tierpark, nachdem es ein Jahr durch Oberleutnant Heinicke (Lebensdaten unbekannt) in Ebolova (heute Ebolowa, Kamerun) gehalten wurde.[340] In Oertzens Reisebericht befindet sich ein Bild Hum-Hums. Eine weitere Aufnahme zeigt Hum-Hum zwischen zwei afrikanischen Jungen, die 1908 in Hagenbecks Autobiografie *Von Tieren und Menschen* erschien [**Abb. 64**].

Abb. 64: Fotografie, »Prophete rechts, Prophete links, das Weltkind in der Mitten.«, in: Carl Hagenbeck, Von Tieren und Menschen. Erlebnisse und Erfahrungen, Berlin 1909, S. 407.

Niedersächsische Staats- und Universitätsbibliothek Göttingen, SUB Zentralbibliothek, Signatur: 2022 A 25438; Erstveröffentlichung: Carl Hagenbeck, Von Tieren und Menschen. Erlebnisse und Erfahrungen, Berlin-Charlottenburg 1908, Vita Deutsches Verlagshaus, S. 423., Fotograf unbekannt.

Die Jungen begleiteten den Menschenaffen, um ihn über sein vermeintliches Heimweh hinwegzutrösten. Da Menschenaffen im gesamten 19. Jahrhundert nach kurzer Zeit in Gefangenschaft verstarben, war eine gängige Annahme, dass sie an Heimweh litten.[341] Der Kaufmann Bruno Jehn, der Mafuka nach Europa überführte, hatte ebenfalls einen afrikanischen Jungen als Begleitung und Gesellschaft für die Schimpansin mitgebracht.[342] Über das weitere Schicksal des Jungen in der Obhut Jehns ist nichts bekannt. Albin Schöpf erwarb lediglich die Tiere, bemerkte später: »*Naht sich dem Käfig nun ein Schornsteinfegerjunge, so glaubt sie* [Mafuka] *wahrscheinlich, es sei ihr Reisegefährte. Sie liess die ersten Freudentöne hören, als sie die Täuschung sah.*«[343] Schöpf meinte, dass die rußgeschwärzte Haut des Schornsteinfegers Mafuka an ihren afrikanischen Begleiter erinnerte. Eine geplante Wiederholung der Begegnung mit einem weiteren Schornsteinfeger und einer experimentellen Reihe, scheiterten an Mafukas Verhalten.[344] Die Jungen

340 Vgl. Oertzen, In Wildnis und Gefangenschaft, S. 11, Abbildung zwischen Seite 10 und 11.

341 Vgl. Reichenbach, Die vollständigste Naturgeschichte der Affen, S. 193.

342 Vgl. Schöpf, Bericht über den Zoologischen Garten, S. 89.

343 Ebd., S. 90.

344 Vgl. Leutemann, Mafuca, S. 66.

sollten die Menschenaffen bei ihrer Grenzüberschreitung begleiten. Die ähnliche Haltung und der Ausdruck der Abgebildeten erzeugten eine rassistische Gegenüberstellung und problematische Ebene der Mensch-Menschenaffen-Beziehung. Die Unterschrift des Bildes lautete: »*Prophete rechts, Prophete links, das Weltkind in der Mitten.*«[345] Die Jungen und der Affe nahmen auf dem Bild eine vergleichende Mimik ein. Auch Otto Hermes bemerkte über M'Pungu:

> »Er würde einem Negerknaben gleich, wenn die Nase förmlicher gestaltet wäre. Dieser Eindruck steigert sich durch die Unbeholfenheit seines ganzen Wesens; jede seiner Bewegungen lässt mehr einen tölpelhaften Negerbuben als einen Affen erkennen. Wenn er, dasitzend wie eine Pagode, seinen Blick über das ihn anstauende Publikum schweifen lässt und dann mit nickendem Kopfe plötzlich in die Hände klatscht, hat er sich im Nu die Herzen Aller erobert.«[346]

Der Vergleich mit afrikanischen Kindern und damit Kolonisierten verdeutlicht die allgemeine Überzeugung einer europäischen Überlegenheit um 1900.[347] Ihnen wurde jegliche Kultur abgesprochen, sie sollten durch Erziehung, die sich zwischen den Polen der sanften und wilden Dressur bewegte, und Bestrafung europäische Werte vermittelt bekommen. Kolonisierte und Tiere blieben durch das Fehlen beziehungsweise den Mangel an Selbstzeugnissen stumm. Weiße männliche Europäer sprachen über sie und versuchten ihnen Verhaltensweisen überzustülpen.

Verstärkt wurde diese Dichotomie durch Völkerschauen und die Zurschaustellung sogenannter ›Missing Links‹ in Zoologischen Gärten, Zirkussen und umherziehenden Ausstellungen. Als Völkerschauen werden Präsentationen außereuropäischer Menschen in Zoologischen Gärten, Zirkussen, Menagerien und Kuriositätenkabinetten des Globalen Nordens bezeichnet, die vor den Besuchern als Repräsentanten Außereuropas durch das Tragen traditioneller Kleidung und Vorführen von Lebensgewohnheiten auftraten. Dabei wurden Bilder einer ›Fremdheit‹ und Andersartigkeit produziert, die zu einer Abwertung der ausgestellten Menschen in Europa führte.[348] Besucher konnten 1884 in Dresden Krao bestaunen, ein Mädchen aus Laos mit Hypertrichose, einem übermäßigen Haarwuchs am gesamten Körper,[349] der die Zuschauer an die Behaarung von Menschenaffen erinnern sollte. In Deutschland waren es besonders die Vortragsreisen und zahlreichen Publikationen Ernst Haeckels, in denen er die Idee eines prähistorischen ›Missing Links‹ verbreitete.[350] Die Zurschaustellungen in Zoologischen Gärten

345 Hagenbeck, Von Tieren und Menschen, S. 407; Nigel Rothfels verwies darauf, dass der Text aus einem kleinen Gedicht Goethes stammte, worin er 1774 Bezug zu einem Essen mit sich, Johann Lavater (1741–1801) und Johann Bernhard Basedow (1724–1790) nahm; vgl. Rothfels, Savages and Beasts, S. 196–197.

346 Hermes, Der Gorilla, S. 59.

347 Vgl. Marie Muschalek, Von der Ohrfeige bis zum Völkermord. Koloniale Gewalt, in: Deutsches Historisches Museum (Hg.), Deutscher Kolonialismus. Fragmente seiner Geschichte und Gegenwart, Darmstadt 2016, S. 43.

348 Vgl. Thode-Arora, Hagenbeck, 2013, S. 245.

349 Vgl. Hochadel, Darwin in the Monkey Cage, S. 99.

350 Vgl. Peter C. Kjaergaard, »Hurrah for the Missing Link!«. A History of Apes, Ancestors and a Crucial Piece of Evidence, in: Notes and Records of the Royal Society of London 65 (1, 2011), S. 84.

und auf umherfahrenden Theatern versprachen dem Publikum noch lebende Verbindungen zwischen dem modernen Menschen und ausgestorbenen Vorfahren bestaunen zu können.[351] Besonders häufig wurden Menschen mit Mikrozephalie zur Schau gestellt, die seit dem Naturwissenschaftler Carl Vogt und seiner Arbeit *Vorlesungen über den Menschen*[352] von 1863 als »*Affen-Menschen*«[353] bezeichnet und Schimpansen gegenüber gestellt wurden. Virchow erklärte Menschen mit Mikrozephalie und jegliche Abweichungen von einer vermeintlichen Norm als pathologisch.[354] Besonders die 1860er Jahre waren durch eine breite Diskussion über sogenannte Atavismen geprägt, die Vorstellung, dass körperliche und geistige Rückschritte in frühere Entwicklungsstadien der Menschheit existierten[355] und damit den Glauben an eine kontinuierliche Fortschrittsentwicklung in Frage stellten. Präsentierte das Lübecker Naturkundemuseum ein anthropologisches Dreieck mit der Ausstellung von Gehirnmodellen eines Afrikaners, eines Europäers und eines Schimpansen, zeigten die Ausstellungen von ›Missing Links‹ oder Völkerschauen »*ein anthropoides Dreieck* [...], *aus dem weiße Menschen ganz ausgeschlossen waren. In diesem Dreieck sind Affen, Afrikanern und Affenmenschen* [...] *versammelt und wechselseitig aufeinander bezogen*«.[356] Eine Schaulust am ›Anderen‹, die den europäischen Besucher mit dem Gefühl der Überlegenheit nach Hause entließ.

Hum-Hums Darstellung entsprach dem Hagenbeckschen Konzept der Zurschaustellung von Menschen und Tieren, das den Betrachter anregte, Geschichten zu imaginieren.[357] Das ab 1874 inszenierte Hagenbecksche Konzept der Völkerschauen zeigte einen vergleichbaren Umgang mit Tieren und Menschen. Zu den Tieren gesellten sich überwiegend außereuropäische Menschen oder Bevölkerungsgruppen der europäischen Peripherie, deren Betrachtung das Publikum im Zoo unterhalten und bilden sollte und in die Tierwelt des Zoos durch stereotypen Exotismus und eingeübte Theaterstücke einband.[358] Heinrich Leutemann konzipierte mit Hagenbeck die ersten Völkerschauen, von denen etwa fünfzig in Deutschland stattfanden.[359] Wie bei den Tierfütterungen versprachen Inszenierungen der Nahrungszubereitung und -aufnahme einen hohen Schauwert.[360] Völkerschauen waren Teil von Kolonialausstellungen und traten vor wissenschaftlichen Gesellschaften auf, dort konnten Wissenschaftler körperliche Merkmale erfassen und Befragungen durchführen.[361] Der Sinn solcher Studien lag in der

---

351 Vgl. Nigel Rothfels, Aztecs, Aborigines, and Ape-People. Science and Freaks in Germany, 1850–1900, in: Rosemary Garland-Thomson (Hg.), Freakery. Cultural Spectacles of the Extraordinary Body, New York u.a. 1996, S. 162–164.

352 Vgl. Carl Vogt, Vorlesungen über den Menschen, seine Stellung in der Schöpfung und in der Geschichte der Erde, Band 1, Gießen 1863, https://opacplus.bsb-muenchen.de/title/BV013655686 vom 12.04.2023.

353 Ebd., S. 247.

354 Vgl. Zimmerman, Anthropology and Antihumanism, S. 69.

355 Vgl. Artinger, Von der Tierbude, S. 60.

356 Engelmeier, Der Mensch, der Affe, S. 59.

357 Vgl. Rothfels, Savages and Beasts, S. 196.

358 Vgl. Reißer, Hagenbeck in Kafkas Manege, S. 181.

359 Vgl. Stach, Heinrich Leutemann, S. 16; Baratay; Hardouin-Fugier, Zoo, S. 123.

360 Vgl. Baratay; Hardouin-Fugier, Zoo, S. 124.

361 Vgl. Kaselow, Die Schaulust am exotischen Tier, S. 42.

Abgrenzung vom ›Anderen‹. Im Zoo, als Plattform des Darwinismus und Kolonialismus, geschah das eindrücklich[362] und war bei der Beobachtung und Erforschung von Menschenaffen ab den 1870ern erprobt wurden.

> »Der Erfolg seines Unternehmens baut auf das ungebrochene Selbstbewusstsein einer europäischen Gesellschaft, die sich sowohl gegenüber anderen Kulturräumen wie gegenüber dem Tier klar abzugrenzen vermag. Das koloniale Begehren der europäischen Gesellschaften nach dem Anderen wird von Hagenbeck über Verfahren reguliert, die fremdes Leben zwar auf möglichst »authentische« Weise verfügbar machen, zugleich aber durch die Medien der Vermittlung eine klare Distanzierung erzeugen.«[363]

Hum-Hum erlitt nach 1900 das gleiche Schicksal wie Mafuka oder M'Pungu. In Folge der Haltungsbedingungen verlor das Tier sein Fell, der Einsatz von Odol und Rindermarkpomade änderte an dem Zustand nichts.[364] Die Mangelernährung zeigte sich im Rückgang des Zahnfleisches und der Bildung von Entzündungen im Maul. Dem Tier wurden die Zähne gezogen, was zu Schwierigkeiten bei der Nahrungsaufnahme führte. Die Zurschaustellung in einem europäischen Zoo bedeutete für alle Menschenaffen ein Sterben auf Raten. Oertzen stand im Austausch mit Hagenbeck, da er bei den von ihm gehaltenen Tieren ähnliche Probleme beobachtete.[365] Neben der Belieferung des Museums und Hagenbecks Tierpark, sammelte Oertzen lebende Tiere für den Berliner Zoo.[366] Die Verbindung und der Austausch zwischen beiden Institutionen blieb eng. Je nach Zustand des Tieres gelangte es in eine der Einrichtungen und diente dem Publikum und der wissenschaftlichen Forschung. Die Tiere ermöglichten Oertzen den Zugang zu den bekanntesten Persönlichkeiten der Zoologie und Zootierkunde um 1900, darunter Hagenbeck und Matschie, wodurch er seinem Einsatz in den Kolonien öffentliches und wissenschaftliches Gewicht verlieh.

Neben dem Schimpansen Jaunde hielt Oertzen weitere Schimpansen auf der Station. Jedes Tier wurde von einem eigenen Pfleger versorgt und die Tiere begleiteten ihn auf seinen Touren durch Kamerun,[367] wodurch sie einen Sonderstatus gegenüber den auf der Station verbleibenden Tieren erhielten. Die Erziehung erfolgte durch »*Strenge mit Milde*«[368] und Oertzen bemerkte: »*niemals aber wurde ich angegriffen, da ich ein einziges Mal* [...] *von dem väterlichen Züchtigungsrechte Gebrauch gemacht hatte.*«[369] Die Tiere wurden durch körperliche Gewalt erzogen und gezähmt. Dem Recht auf Züchtigung, das im Umgang mit Kindern und Kolonisierten angewendet wurde, unterstanden auch Tiere.

Für Oertzen bestand trotz der biologischen Nähe zum Menschenaffen ein großer Unterschied zwischen Mensch und Tier. Er zitierte den Zoologen Alexander Sokolowsky (1866–1949):

---

362 Vgl. Ebd., S. 43.
363 Reißer, Hagenbeck in Kafkas Manege, S. 183.
364 Vgl. Oertzen, In Wildnis und Gefangenschaft, S. 12.
365 Vgl. Ebd., S. 13.
366 Vgl. MfN d. HUB, Bestand: Zool. Mus., Signatur: S III, Oertzen, J. v., Blatt 25.
367 Vgl. Oertzen, In Wildnis und Gefangenschaft, S. 19.
368 Ebd.
369 Ebd.

> »Demnach sind Affe und Mensch ursprünglich in ihrer Entwicklung von gemeinsamer Basis ausgegangen und haben sich nach gänzlich voneinander abweichenden Entwicklungsrichtungen voneinander abgezweigt. Um diese Unterschiede in ihrer vollen Bedeutung zu verstehen, sollte man nicht, wie dieses in ausgedehntem Maase geschieht, sich bemühen, Menschenähnliches im Affen und Affenähnliches im Menschen zu suchen, sondern man sollte Affe und Mensch schroff einander gegenübersetzen und eine genaue Erforschung des Spezifischen des Affen, wie des Menschen anstreben.«[370]

Sokolowsky, der sich als Praktiker der Zoologie im Sinne der Reformbewegung in der Tradition Alfred Brehms verstand,[371] setzte sich für eine eigenständige, unabhängige Erforschung von Menschenaffen ein, die den Affen nicht mehr am Menschen messen, sondern das Spezifische der Tiere untersuchen sollte. Zwischen 1887 bis 1889 studierte er in Jena unter Haeckel, es folgten Semester in Berlin und Zürich und eine Anstellung am Berliner Zoologischen Garten unter Ludwig Heck. Ab 1906 arbeitete er als Assistent Carl Hagenbecks in Hamburg.[372] Seinem Lehrer Haeckel fühlte er sich ein Leben lang verbunden. Während seiner Tätigkeit in Stellingen informierte er Haeckel über den Bestand der dortigen Menschenaffen:

> »Ich muss Sie daher mit einem Gorilla auf später vertrösten. Da in nächster Zeit wieder solche Tiere hier eintreffen werden und es anzunehmen ist, dass dieses oder jenes stirbt, so wird sich in nicht allzu langer Zeit Gelegenheit bieten, Ihnen einen solchen Affen zu dedicieren.«[373]

Den Stellinger Tierpark bezeichnete er als »*der Natur geweihter Tempel* [der] *erzieherisch, aufklärend und belehrend auf seine Besucher ein*[wirkt].«[374] Damit stellte er den Zoo dem Selbstverständnis von Naturkundemuseen als »*cathedrals of science*«[375] mit ihrem forschenden und gleichfalls erzieherischen Anspruch gegenüber. Für Sokolowsky stand das Interesse an der Natur und Bemühungen um deren Bewahrung im Zentrum der öffentlichen Aufmerksamkeit.

370 Alexander Sokolwsky zit.n.: Ebd., S. 21.

371 Vgl. Alexander Sokolowsky, Carl Hagenbeck und sein Werk, Leipzig 1928, S. 19.

372 Vgl. Alexander Sokolowsky, Erlebnisse mit wilden Tieren. Schilderungen aus meinem Berufsleben, Leipzig 1928, S. 28.

373 Alexander Sokolowsky an Ernst Haeckel, Hamburg, 20. März 1906, EHA Jena, Signatur A 13316, ID 13316, https://haeckel-briefwechsel-projekt.uni-jena.de/de/document/b_13316 vom 04.01.2023.

374 Sokolowsky, Carl Hagenbeck und sein Werk, S. 42.

375 Wonders, The Habitat Diorama Phenomenon, S. 288.

Abb. 65: Fotografien, »Kummer Zufriedenheit Neugierde Erstaunen [v. l. o. n. r. u., A.K.] Schimpanse aus der Jaunde-Gegend, Anthropopithecus raripilosus ... Alle Menschenaffen haben ein bewegtes Minenspiel ...«, in: Jasper von Oertzen, In Wildnis und Gefangenschaft. Kameruner Tierstudien, Berlin 1913, zwischen S. 18 und 19.

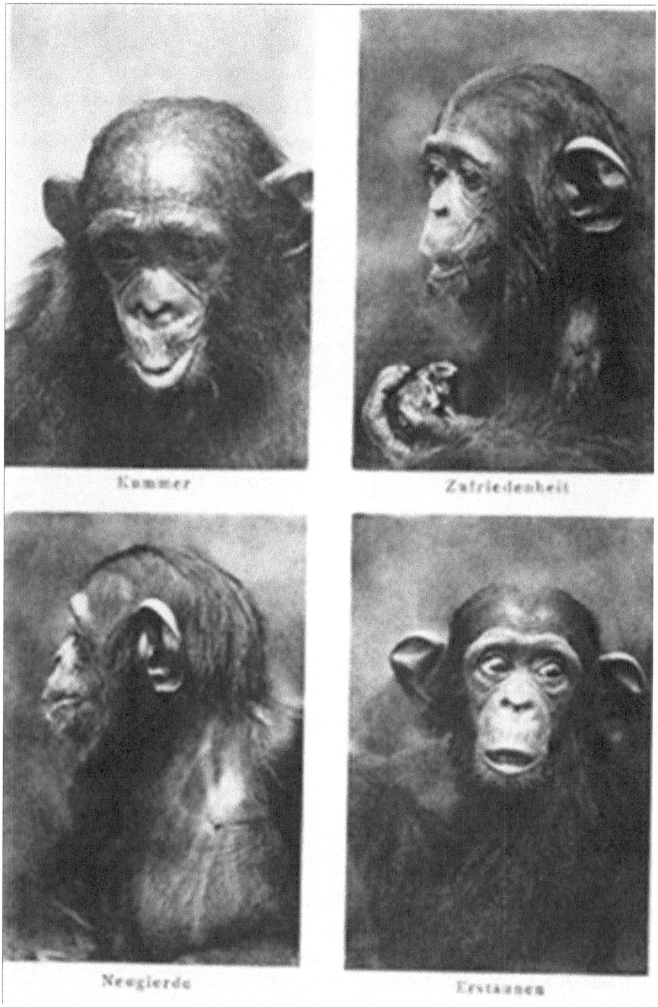

Staatsbibliothek zu Berlin – Preußischer Kulturbesitz, Signatur: Lv 13359.

Sokolowsky gilt als Vertreter der frühen Tierpsychologie. 1908 publizierte er seine *Beobachtungen über die Psyche der Menschenaffen* und 1911 seine Arbeit *Affe und Mensch*.[376] Seine Forschungen widmete er seinem Lehrer Haeckel zur Eröffnung des Phyletischen Museums in Jena: »*In späteren Jahren wird man zu Scharen nach dem kleinen Jena pilgern.*«[377] Trotz seines eigenen Anspruchs brachte Sokolowskys Arbeit keine neuen Erkenntnisse über die Tiere hervor. Er schilderte Begegnungen mit Tieren, die nach kurzer Zeit in Gefangenschaft verstarben. Seine Beschreibungen der Lebensgewohnheiten freilebender Menschenaffen speisten sich wie in den Jahrhunderten zuvor von Wissen aus zweiter Hand und waren durch Vermenschlichungen geprägt. Um an weiteres Forschungsmaterial zu gelangen, rief er Tropenoffiziere und Kolonialbeamte auf, die Tiere in Freiheit zu beobachten.[378] Oertzen kam der Aufforderung nach. In seinem Bericht druckte er eine Collage mit Aufnahmen eines Schimpansen ab [**Abb. 65**].

Die Bilder zeigten verschiedene Gesichtsausdrücke des Tieres. So deuteten für Oertzen eine herabhängende Lippe auf Trauer, weit geöffnete Augen auf Erstaunen hin. Die Fotografien erinnerten an die Tierzeichnungen Joseph Wolfs in Darwins *Der Ausdruck der Gemütsbewegungen* und an die Bewegungsstudien von Mafuka durch Heinrich Leutemann. Die Tierpsychologie hatte durch Darwins Studien entscheidende Impulse erhalten, stand zu Beginn des 19. Jahrhunderts aber noch am Beginn ihrer Entwicklung. Die Teilhabe des Kolonialleutnants Oertzen verdeutlicht das. Es existierten keine etablierten Methoden der Feldbeobachtung, der junge Schimpanse wurde seiner Gruppe entrissen und außerhalb seines natürlichen Lebensraums in menschlicher Obhut beschrieben. Auf den Fotografien und den Tierzeichnungen wurden menschliche Gesten und Mimiken auf Menschenaffen übertragen. Oertzen, Sokolowsky und andere europäische Akteure erforschten nicht das Tier, sondern suchten das Menschliche im Tier und übertrugen ihre habituelle Prägung auf ihre Beschreibungen. Die von Oertzen ausgemachten Emotionen Kummer, Zufriedenheit, Neugierde und Erstaunen entsprachen Ausdrücken, die Kindern zugeschrieben und mit denen Menschenaffen von Beginn an gleichgesetzt wurden.

Die erste Begegnung mit dem Gorilla Hum-Hum kommentierte Sokolowsky wie folgt: »*Wer beschreibt aber mein Erstaunen, als ich auf dem Rasen nicht eine, sondern drei gleiche Gestalten sitzen sehe.*«[379] Obwohl er betonte, dass Menschenaffen in ihrer Eigenständigkeit erfasst werden müssten, setzte Sokolowsky die Forderung bei eigenen Vergleichen von Mensch und Tier nicht um. 1911 fasste er den Stand der Forschung in Bezug auf die Abstammung und Entwicklung in Abgrenzung zum Menschenaffen zusammen. Die Hauptunterschiede zwischen Mensch und Affe sah er in dem geringeren Haarwuchs, dem aufrechten Gang, kürzeren Armen und der Gehirnentwicklung des Menschen.[380] Das Ziel seiner tierpsychologischen Studien an Zootieren bestand in der Suche nach den

---

376 Alexander Sokolowsky, Beobachtungen über die Psyche der Menschenaffen, Frankfurt a.M. 1908; Ders., Affe und Mensch in ihrer biologischen Eigenart, Leipzig 1911; Ders., Die Psyche des Menschenaffen, in: Die Umschau (1909), S. 71–72; Ders., Tieracclimatisation. Eine biologisch-tierzüchterische Studie, Hannover 1909; Ders., Aus dem Seelenleben höherer Tiere, Leipzig 1910.

377 Sokolowsky, Beobachtungen über die Psyche der Menschenaffen, S. 8.

378 Vgl. Ebd., S. 76.

379 Sokolowsky, Erlebnisse mit wilden Tieren, S. 54.

380 Vgl. Sokolowsky, Affe und Mensch in ihrer biologischen Eigenart, S. 109.

Ursprüngen der Kultur. Aus seiner Sicht befanden sich alle existierenden Menschen auf einer Kulturstufe, aber auf unterschiedlichen Entwicklungsstufen, wobei die niedrigste Stufe in größter Abhängigkeit zur Natur lebte, die er als »*Naturmenschen*«[381] bezeichnete.

Sokolowsky plante psychologische Experimente mit Menschenaffen in einer dafür eingerichteten Beobachtungsstation durchzuführen.[382] Eine erste Primatenstation existierte zwischen 1913 und 1920 auf Teneriffa unter der Leitung des Psychologen Wolfgang Köhler (1887–1967). Teneriffa weckte die Hoffnung der Wissenschaftler, dass Schimpansen das milde Klima besser verkraften und somit über eine längere Lebensspanne beobachtet werden konnten. Gleichzeitig war die bessere Erreichbarkeit im Vergleich zur afrikanischen Heimat der Tiere ein Argument für die Errichtung der ersten Primatenstation auf Teneriffa.[383]

Um 1900 hatte sich das bestehende Wissen über Menschenaffen gefestigt, durch fehlende Freilandbeobachtungen existierten wenige neue Erkenntnisse. Das Wissen über die Tiere stagnierte. Sokolowskys Studien zeigen, dass mithilfe psychologischer Forschungsansätze versucht wurde, den lebenden Tieren weiteres Wissen abzuringen und erste Überlegungen über die Einrichtung von Primatenstationen im Raum standen. Auf diese Weise rückten die Tiere näher nach Europa, ohne dass sich europäische Forscher den Strapazen einer Reise nach Afrika aussetzen mussten. Oertzens zoologisches Engagement in Afrika stand unter dem Einfluss der Arbeiten Sokolowskys und Hagenbecks. Kolonialreisende boten die einzige Möglichkeit, um an Informationen aus erster Hand zu gelangen. Durch den kolonialen Kontext verband sich zoologisches Wissen mit rassistischen Überlegungen und prägte das Bild von Menschenaffen und Afrikanern.

In einer Rezension über Oertzens Werk in *Kolonie und Heimat*[384] wird deutlich, welche Bedeutung seiner Publikation und den Auskünften von Kolonialreisenden für die Bildung der Öffentlichkeit beigemessen wurden. Neben dem eigentlichen Sammeln von »*reiche*[m] *Anschauungsmaterial*«,[385] gaben die Kolonialreisenden Einblicke in die Beobachtung lebender Tiere. Für die Generation Hecks, die mit *Brehms Thierleben* aufgewachsen war, traten »*viele Tiere* [...] *jetzt in ganz anderem Lichte gegenüber, als sie* [...] *einst in der Schule geschildert wurden.*«[386] Oertzen wurde für das Anlegen eines Tierparks und die »*meisterhaften Aufnahmen* [...] *seiner vierbeinigen Freunde*«[387] gelobt. Auf den gezeigten Bildern befanden sich die Schimpansen Oertzens, die vertraut nach seiner Hand griffen.[388] Die Kontaktzonen zwischen Europäern und afrikanischen Wildtieren näherten sich um 1900

---

381 Ebd., S. 116.

382 Ebd.

383 Vgl. Helmut E. Lück, Vor 100 Jahren. Wolfgang Köhler auf Teneriffa, in: Psychologische Rundschau 65 (1, 2014), S. 30; Kressley-Mba, The History of Animal Psychology; Teuber, The Founding of the Primate Station; Horst Heinecke; Siegfried Jaeger, Entstehung von Anthropoiden-Stationen zu Beginn des 20. Jahrhunderts, in: Biologisches Zentralblatt 112 (1993), S. 215–223; Ash, Zoological Gardens, S. 426.

384 In Wildnis und Gefangenschaft. Tierstudien aus Kamerun, in: Kolonie und Heimat 6 (31, 1911/12), S. 6–8.

385 Ebd., S. 6.

386 Ebd.

387 Ebd.

388 Vgl. Ebd., S. 7.

stärker an. Was für die deutschen Soldaten der ›Schutztruppen‹ ein Zeitvertreib darstellte, brachte interessante Einblicke für Wissenschaft und Öffentlichkeit in Europa. Wie die Tiere für das Museum oder den Zoo erworben wurden, geriet bei ihrer Ausstellung oft zur Nebensache. Oertzens emotionale Verbindung zu seiner Sammlung bestand, da er einen Teil der Tiere lebend hielt.

Die Analyse der Gorillasammler des Berliner Naturkundemuseums nach 1900 zeigt, dass jeder Sammler ganz eigene Motive und Ziele des Sammelns sowie persönliche Befindlichkeiten gegenüber dem Museum besaß und mehr oder weniger eng mit diesem in Kontakt stand. Gemeinsam ist allen Sammlern neben ihrer europäischen Herkunft und ihrem Geschlecht, der koloniale Kontext, in dem sie die Tiere erwarben und in ihren Fotografien und Beschreibungen reproduzierten. Das geschah umso eindrücklicher, je mehr der jeweilige Sammler öffentlich publizierte. Mecklenburg, Oertzen und Paschen entwarfen in ihren Jagdberichten und Aufnahmen ein Bild Afrikas, in dem Tiere und Menschen sich annäherten, der Afrikaner dem Bereich der Natur zugewiesen wurde. Ein Zustand den der vermeintlich kultivierte Europäer überwunden zu haben schien. Von Grauer und Beringe sind weniger öffentlichkeitswirksame Bilder und Berichte überliefert. Grauer stand überwiegend in einem wissenschaftlichen Austausch mit denen durch ihn belieferten Naturkundemuseen und erläuterte seine unternommenen Strapazen ausführlich, vor allem, um den Wert der Tiere zu betonen. Dennoch waren die Bilder Beringes und Grauers nicht frei von kolonialen Zuschreibungen. Gorillas und andere Menschenaffen wurden durch ihre biologische Nähe zum Menschen zu kolonialen Objekten, zu Gradmessern der Menschwerdung. Gleichzeitig waren sie wissenschaftliche Objekte, Jagdtrophäen, Schauobjekte in europäischen Naturkundemuseen und Zoologischen Gärten. Eine Abgrenzung der jeweiligen Zuschreibung war dabei kaum möglich, Gorillas waren meist alles zugleich.

Trotz der steigenden Anzahl von in Europa eintreffenden lebenden und toten Menschenaffen verschärfte sich die Konkurrenz und das Werben um Besucher zwischen Zoo und Museum nach 1900. Ludwig Heck urteilte: »*Ein fortdauernder, man möchte sagen zwangsläufiger Verkehr besteht selbstverständlich zwischen den Zoologischen Gärten und den Zoologischen Museen; denn die letzteren sind sozusagen die Friedhöfe und Begräbnisstätten der ersteren.*«[389] Die Besuchszahlen sprachen aus seiner Sicht dafür, dass »*der Zoologische Garten bei weitem das hauptsächliche Volksbildungsmittel in der Tierkunde*«[390] sei, das Berliner Museum galt für ihn als die erste Stelle zoologischer Forschung. Durch Fehler beim Bau des Hauses unter der Leitung Wilhelm Peters, der »*als Museumsmann noch ganz alte Schule, die alles »ausstopfen«* [ließ]«,[391] hatte das Museum für die Besucher an Attraktivität eingebüßt. Den Mangel konnten erste Ausstellungen biologischer Gruppen nach dem Konzept von Möbius Biozönose oder unter Brauer nach Ansicht Hecks nicht ausgleichen.[392] Wollten Besucher Tiere nach 1900 betrachten, führte ihr Weg eher in den Zoo als in ein Naturkundemuseum. Im Zuge der New Museum Idea und biologischen Perspektive versuchten Museen diesem Trend entgegenzuwirken. Den

389 Heck, Heiter-ernste Lebensbeichte, S. 214.

390 Ebd., S. 245.

391 Ebd., S. 215.

392 Vgl. Ebd.

bisher kaum wahrgenommenen Präparatoren in naturkundlichen Sammlungen, an deren wenig lebensnahen Präparaten sich die Hauptkritik manifestierte, kam in der Folge eine Schlüsselrolle bei der Reform naturkundlicher Schausammlungen zu. Wie veränderte sich die Technik der Präparation um 1900? Welche Präparatoren trugen zu dieser Veränderung bei? Wie schlugen sich diese Veränderungen in der Aufstellung von Gorillas nieder?

5.4 Vom Handwerk zur Kunst - Die Entwicklung der Präparation um 1900

Die wissenschaftliche Haltung des Direktors des Berliner Naturkundemuseums Wilhelm Peters führte nicht nur mit Kollegen der eigenen und angrenzenden Disziplinen zu Konflikten, sondern auch innerhalb der Mitarbeiter am Berliner Museum. Der Auseinandersetzung mit einem Referenten, die Peters Adolf Bernhard Meyer schilderte, ging ein Konflikt mit einem Präparator des Berliner Museums voraus. Philipp Leopold Martin[393] hatte im Verlauf seiner Tätigkeit ein anderes Verständnis von der Art und Weise und dem Nutzen der Präparation entwickelt, als sie in Berlin und den meisten deutschen Museen bis zu Beginn des 20. Jahrhunderts praktiziert wurde. Seine Schulzeit verbrachte Martin bei Görlitz an einer durch die Herrnhuter Brüdergemeinde geführten Einrichtung, deren Schwerpunkt auf naturkundlichem Unterricht lag.[394] Mit 13 Jahren stopfte er erste Vögel nach der Anleitung Naumanns aus, arbeitete zwischen 1840 und 1848 als selbstständiger Präparator, bis er im Jahr 1848 eine Forschungsreise nach Venezuela begleitete, die er aus gesundheitlichen Gründen abbrechen musste. Seit 1841 stand Martin in Kontakt mit Lichtenstein, der ihm nach seiner Rückkehr eine befristete Stelle an der Zoologischen Sammlung anbot.[395] Nach weiteren Anstellungen, darunter in Halle und Halberstadt, unternahm Martin 1851 eine Reise nach Galizien, die er erneut vorzeitig beendete. Lichtenstein stellte ihn 1851 fest in der Zoologischen Sammlung an.[396] Er erlaubte Martin, außerhalb seiner Arbeitszeiten private Aufträge entgegenzunehmen und übertrug ihm den Titel »*Conservator*«.[397]

1856 publizierte Martin erstmals über den Stand naturkundlicher Sammlungen an deutschen Museen und seine Vorstellungen vom Ausstellen zoologischer Präparate. Er beurteilte den Großteil der Sammlungen als »*wenig mehr als »Leichenkammern«*[398] und kritisierte die immer gleichen, vermeintlich charakteristischen Typusexemplare, nach denen die Tiere aufgestellt wurden. Noch in den 1920er Jahren begrenzten unzureichende Präparationstechniken die Lebensdauer von Objekten. So lehnte das Berliner Museum einen angebotenen Hai ab, da ein Platzen der Häute nicht verhindert werden konnte.[399] Die Präparate waren für Martin Ausdruck des mangelnden Interesses und Wissens der

---

393 Vgl. Albrecht, Bilder aus dem Tierleben; Ráček, Mumia Viva; Nyhart, Modern Nature, S. 31–117.

394 Vgl. Albrecht, Bilder aus dem Tierleben, S. 56.

395 Vgl. Ebd., S. 78.

396 Vgl. Ebd., S. 81–82.

397 Ebd., S. 89.

398 Philipp Leopold Martin, Ueber zweckmässiges Sammeln und Aufstellen von Thieren der höheren Klassen in Sammlungen, in: Naumannia 6 (1856), S. 486.

399 Vgl. MfN d. HUB, Bestand: Zool. Mus., Signatur: S II, Umlauff, J. G., 18.10.1928.

systematisch arbeitenden Zoologen an den Verhaltens- und Lebensweisen der Tiere und deren Individualität und Vielfältigkeit. Martin forderte umfangreiche Reformen des Präparationswesens. Präparatoren sollten eine Ausbildung erhalten, um Qualitätsstandards für den Beruf einzuführen und kontinuierlich zu verbessern. Er plante die Gründung *einer »Schule für Naturalien-Präparation, Taxidermie und Conservation«*[400] in Berlin. Die Ausbildung sollte praktische und handwerkliche Fähigkeiten mit wissenschaftlichen Kenntnissen der Anatomie und Naturgeschichte kombinieren und das möglichst vorhandene künstlerische Talent der Schüler für das Zeichnen und Modellieren vertiefen. Das bloße Ausstopfen der Häute lehnte Martin ab und entwickelte im Verlauf seiner Karriere eine eigene Technik, die er in seiner dreibändigen *Praxis der Naturgeschichte* beschrieb.[401] Martin baute als Grundgerüst eines Präparats ein Holzmodell, oft nutzte er Fassdauben, in Verbindung mit Drähten oder Stangen. Um die Proportionen der Tiere, etwa die Muskulatur, nachbilden zu können, wurde das Holzgerüst fest mit Stroh oder Heu umwickelt und darüber Gips, Ton oder ein Gipsgemisch angebracht. Nach dem Aushärten der Masse konnten Details durch das Abfeilen dieser herausgearbeitet werden. Auf das Gesamtgerüst trug er eine Schicht Packleinwand auf, entstandene Hohlräume wurden mit Füllmaterial ausgestopft. Abschließend wurde die präparierte Haut übergezogen, zunächst mit Nadeln befestigt und am Ende am Rücken vernäht.[402] Die Schädel wurden meist, wie im Fall von Menschaffen, skelettiert und neben den Präparaten gezeigt. Zur Erlangung der benötigten anatomischen Kenntnisse empfahl Martin das Reisen und die Betrachtung lebender Tiere. Eine fundierte Ausbildung sollte die Qualität der Präparate garantieren und die Anzahl der getöteten Tiere minimieren.[403] Neben der zu erlernenden Technik benötigte ein Präparator nach Martin eine ausführliche Beschreibung der äußeren Merkmale, die exakten Maße, Angaben zum Geschlecht sowie die Jahreszeit, den Ort und das exakte Funddatum des aufzustellenden Tieres zur Herstellung eines wissenschaftlich wertvollen Präparats. Die Präparate sollten exakte Körperverhältnisse vermitteln und Einblicke in die Lebensumstände der Tiere geben. Mit steigender Qualität naturnaher Tierdarstellungen erhoffte sich Martin ein breites Publikum zu belehren und die Liebe zur Natur zu wecken.[404]

Durch die Betonung einer engen Verbindung von Kunst und Wissenschaft wurde Martin in der Forschung als *»artisan scientist«*[405] bezeichnet. Die Technik der Präparation wandelte sich gegen Ende des 19. Jahrhunderts von dem Handwerk des Ausstopfens zu der Kunst der Dermoplastik. Präparate sollten nicht länger ausschließlich zoologischen Fachleuten und der systematischen Aufreihung dienen, sondern zur aktiven Wissensvermittlung für ein allgemein gebildetes Publikum verwendet werden. Auf musealer Ebene

400 Martin, Ueber zweckmässiges Sammeln und Aufstellen, S. 499.

401 Philipp Leopold Martin, Die Praxis der Naturgeschichte. Ein vollständiges Lehrbuch über das Sammeln lebender und todter Naturkörper, deren Beobachtung, Erhaltung und Pflege im freien und gefangenen Zustand, Conservation, Präparation und Aufstellung in Sammlungen etc., 3 Bände, Weimar 1869–1882.

402 Vgl. Martin, Die Praxis der Naturgeschichte, Band 1, S. 73; 131–138; Wonders, Habitat Dioramas, S. 40.

403 Vgl. Martin, Ueber zweckmässiges Sammeln und Aufstellen, S. 491.

404 Vgl. Ebd., S. 496.

405 Albrecht, Bilder aus dem Tierleben, S. 13, Beschreibung in der Fußnote.

sprach er sich für eine Trennung der Sammlung in eine Schau- und Lehrsammlung aus, wie sie 1881 im British Museum gegen den Willen Richard Owens, der in der Gesamtheit der Sammlung die göttliche Schöpfung repräsentiert sah, und später in vielen deutschen Museen vollzogen wurde. Besonders Thomas Henry Huxley setzte sich für eine Trennung der Sammlung ein, um eine Überfüllung der Vitrinen zu vermeiden und dem Besucher durch eine gezielte Auswahl von Objekten einzelne wissenschaftliche Themen anschauliche zu vermitteln.[406] Neben seinem Engagement für die Modernisierung des Museums nutzte Martin erstmals die Begriffe Dermoplastik und Naturschutz. Er präparierte Tiere in Interaktion, etwa im Kampf, und stellte Familiengruppen auf. Auf gemalte Hintergründe verzichtete er.[407]

Die Umsetzung seiner Pläne scheiterte mit dem Antritt Peters als Museumsdirektor. Peters Ziel war die systematische Erfassung aller im Museum befindlichen Objekte und die Erstellung eines Sammlungskatalogs. Martin verlor unter Peters sein Privileg, private Auftragsarbeiten anzunehmen und seine Idee einer Präparatorenschule wurde nicht umgesetzt.[408] Martin ging 1859 als Nachfolger des Präparators Hermann Ploucquet (1816–1878) nach Stuttgart, wo er bis 1874 als erster Präparator am Königlichen Naturalienkabinett tätig war und im Anschluss sein privates Museum der Urwelt bis zur Gegenwart bis 1877 in Stuttgart leitete.[409] Er erlangte internationale Bekanntheit durch die Rekonstruktion von Mammuts, die etwa im Smithsonian Museum in Washington D.C. ausgestellt wurden.[410]

Mit Martin existierten seit den 1870er Jahren erste Ansätze, die Technik der Präparation zu reformieren und für deren Bedeutung innerhalb naturkundlicher Sammlungen zu verweisen, die Sammlungen dadurch für die Öffentlichkeit attraktiver zu gestalten und verständlich aufzubereiten. Der beginnende Generationen- und Paradigmenwechsel von einer rein systematisch arbeitenden Zoologie hin zur Stärkung der Praxis innerhalb von Museen hatte sich mit Martin und der Auseinandersetzung mit Peters verdeutlicht. Ähnlich wie Brehm und Matschie war Martin Teil einer entstehenden »*practical natural history*«[411] ab der zweiten Hälfte des 19. Jahrhunderts.

5.4.1 Die Präparation als Ausdruck der Natur

Die in kolonialen Kontexten zusammengetragenen Menschenaffen gelangten über Händler, Sammler und Wissenschaftler an verschiedene Museen und Präparationswerkstätten. In Lübeck hatte der Wert der Tiere die Auswahl des Präparators bestimmt. Für die exklusiven Bälge, besonders von Berggorillas, kamen um 1900 nur ausgewählte Präparatoren in Frage, um die Qualität der Aufstellung sicher zu stellen. Einen männlichen und weiblichen Gorilla aus der Sammlung Grauers in Wien präparierte der am

406 Vgl. Nyhart, Modern Nature, S. 51; te Heesen, Ein Raum voller Gläser, S. 216; Helbig, Das Berliner Museum für Naturkunde, S. 55.

407 Vgl. Becker, Wie ein zweites Leben, S. 16; Wonders, Habitat Dioramas, S. 40; W. Arndt, Dermoplastik Einst und Jetzt, in: Museumskunde 6 (1934), S. 16.

408 Vgl. Albrecht, Bilder aus dem Tierleben, S. 90.

409 Vgl. Ebd., S. 93; Nyhart, Modern Nature, S. 48.

410 Vgl. Nyhart, Modern Nature, S. 73.

411 Ebd., S. 31.

Königlichen Naturalienkabinett Stuttgart tätige Friedrich Kerz (1842–1915). Kerz hatte das Präparieren bei seinem Vorgänger Martin gelernt und zwischen 1877 und 1915 die Position des ersten Präparators am Stuttgarter Naturalienkabinett inne, das auf die herzogliche Naturaliensammlung Württembergs zurückging.[412] Während seiner Tätigkeit perfektionierte er die dermoplastische Methode Martins und veröffentlichte eine Anleitung. Seine Arbeit *Das Sammeln, Präparieren und Aufstellen der Wirbeltiere* von 1912 galt bis in die 1930er als Standardwerk der Präparation.[413] Er beschrieb mit zahlreichen Fotografien die Anfertigung eines möglichst lebensnahen Schaustücks. Abbildungen zeigten die Methode Kerz' am Beispiel eines Gorillaweibchens. Wie Martin baute er aus Holz und Metallstangen ein Grundgerüst. Der Schädel des Tieres wurde entnommen und als Modell rekonstruiert. Dafür benötigte Kerz möglichst exakte Maße. Um das angefertigte Grundgerüst wickelte er Stränge aus Heu und Stroh, die er fest vernähte [**Abb. 66**].

Abb. 66: Fotografie, »Abb. 31. Weiblicher Gorilla, genähter Körper«, in: Friedrich Kerz, Das Sammeln, Präparieren und Aufstellen der Wirbeltiere. Eine gemeinverst. Anleitung, Bern 1912, Abbildung 31.

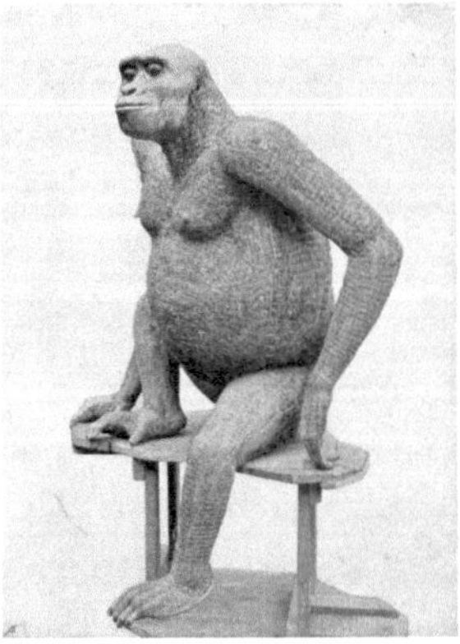

Niedersächsische Staats- und Universitätsbibliothek Göttingen, Bereichsbibliothek Forstwissenschaften, Signatur: VII, K 152.

Abb. 67: Fotografie, »Abb. 32. Weiblicher Gorilla, Körper mit Ton überzogen«, in: Friedrich Kerz, Das Sammeln, Präparieren und Aufstellen der Wirbeltiere. Eine gemeinverst. Anleitung, Bern 1912, Abbildung 32.

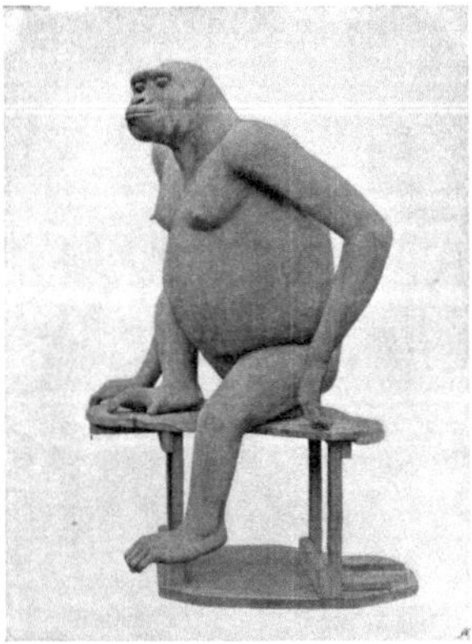

Niedersächsische Staats- und Universitätsbibliothek Göttingen, Bereichsbibliothek Forstwissenschaften, Signatur: VII, K 152.

Abb. 68: Fotografie, »Abb. 33. Der fertige Affe«, in: Friedrich Kerz, Das Sammeln, Präparieren und Aufstellen der Wirbeltiere. Eine gemeinverst. Anleitung, Bern 1912, Abbildung 33.

Niedersächsische Staats- und Universitätsbibliothek Göttingen, Bereichsbibliothek Forstwissenschaften, Signatur: VII, K 152.

412 Vgl. Völkel, Herman H. Ter Meer, S. 21.

413 Vgl. Arndt, Dermoplastik Einst und Jetzt, S. 16.

Auf diese Weise entstand eine Form, über die eine Tonschicht modelliert [**Abb. 67**] und zum Abschluss der präparierte Balg gezogen wurde [**Abb. 68**]. Für das aufwendige Verfahren musste der Präparator zahlreiche handwerkliche, künstlerische und wissenschaftliche Fertigkeiten besitzen und miteinander kombinieren können. Genaue Kenntnisse der Anatomie waren für die Aufstellung von Präparaten unabdingbar. Die Fotografien Grauers und weitere bekannte Gorilla-Darstellungen dienten als Vorlagen, an denen sich Kerz orientieren konnte. Das fertige Präparat wurde in einem künstlichen Lebensraum, auf einem Stein sitzend, in Szene gesetzt. Kerz hatte Afrika nie bereist und bekam nie einen lebenden ausgewachsenen Gorilla in dessen natürlichem Lebensraum zu Gesicht.

Die von ihm aufgestellten Gorillas wurden ab 1912 im Naturhistorischen Museum Wien im Rahmen einer Afrika-Ausstellung gezeigt. Lorenz-Liburnau warb mit der Sammlung aus dem »*belgischen Kongo*«[414] in der Presse:

> »Sie [die Sammlung] zeigt vor allem, was ein Mann [Rudolf Grauer], der nicht der Zunft der Naturforscher angehört, vom bloßen Interesse an der Natur und der Freude am Reisen und Sammeln geleitet, in der relativ kurzen Zeit von vierzehn Monaten zu leisten vermochte. Mit Hilfe von drei schwarzen Präparatoren, die er sich besonders abgerichtet hatte, hat Grauer eine Sammlung von 393 Säugetieren, 6340 Vogelbälgen, verschiedenen Reptilien, Amphibien und Fischen und gegen 20000 Insekten zu Stande gebracht.«[415]

Die Beschreibung und Ausstellung bediente die Fantasien über ›den Kongo‹ und zeigte die vielfältige Tierwelt Afrikas, was ohne den Einsatz von Privatleuten nicht realisierbar gewesen wäre. Der Wert der von Grauer gesendeten Säugetiere deckte den Großteil der Expeditionskosten. Die neuen Präparate ersetzten das Stopfpräparat eines männlichen Gorillas, dass das Wiener Museum 1856 von dem Pariser Naturalienhändler Maison Verreaux, von dem auch das Darmstädter Gorillaskelett stammte, kaufte und noch 1903 als Motivpostkarte im Museum erworben werden konnte [**Abb. 69**]. Die Aufstellung erinnerte an die Zeichnung Boucourt aus Paris, die Darstellungen Joseph Wolfs und die Beschreibungen Du Chaillus. Das Tier hielt sich an einem Baumstamm fest und entblößte durch sein aufgerissenes Maul die gewaltigen Eckzähne.

---

414 Ludwig von Lorenz-Liburnau, Eine Afrika-Ausstellung im Naturhistorischen Hofmuseum, in: Neue Freie Presse Wien (17017, 08.01.1912), S. 1.

415 Ebd., S. 1.

Abb. 69: Postkarte, »Wien k. k. Naturhistorisches Museum«.

Naturhistorisches Museum Wien (NHM), AfW572-Ankauf Gorilla1856 und NMW 792/SI 664, Karteikarte aus der 1. Zoologie des NHM.

Zwar verwies Lorenz-Liburnau auf den Beitrag afrikanischer Präparatoren, durch die Bemerkung, dass sie für diese Arbeit durch Grauer »*abgerichtet*«[416] wurden, revidierte deren präparatorisches Wissen und Können.[417] Die Wiener Ausstellung mit den Objekten Grauers wurde eröffnet, bevor alle Präparate gesichtet und fertiggestellt werden konnten. Ein weiblicher Gorilla und Schimpanse fehlten bei der Eröffnung. Lorenz-Liburnau druckte in einem Bericht für die *Annalen des Naturhistorischen Hofmuseums* zwei Bilder der präparierten Tiere ab [**Abb. 70 und 71**].

416 Ebd., S. 1.

417 Vgl. Hammel, Shaping Natural History, S. 84 und 89.

Abb. 70: Fotografie, »Fig. 1. Männlicher Gorilla Nr. I. Aufgestellt von F. Kerz. Naturhistorisches Hofmuseum. Frl. Lotte Adametz phot.«, in: Ludwig von Lorenz-Liburnau, Beitrag zur Kenntnis der Affen und Halbaffen von Zentralafrika, in: Annalen des K. K. naturhistorischen Hofmuseums (31, 1917), S. 180, Figur 1.

Naturhistorisches Museum Wien, URL: www.nhm-wien.ac.at, https://www.zobodat.at/publikation_volumes.php?id=26581 vom 09.06.2024.

Abb. 71: Fotografie, »Fig. 2. Weiblicher Gorilla Nr. III. Aufgestellt von F. Kerz. Naturhistorisches Hofmuseum. Frl. Lotte Adametz phot.«, in: Ludwig von Lorenz-Liburnau, Beitrag zur Kenntnis der Affen und Halbaffen von Zentralafrika, in: Annalen des K. K. naturhistorischen Hofmuseums (31, 1917), S. 181, Figur 2.

Naturhistorisches Museum Wien, URL: www.nhm-wien.ac.at, https://www.zobodat.at/publikation_volumes.php?id=26581 vom 09.06.2024.

Die Aufnahmen stammten von Karoline Adametz (1879–1966), die als Sekretärein der Geologisch-Paläontolischen Abteilung des Wiener Museums angestellt war. Im Vergleich zu dem Gorilla von 1856 fällt die veränderte Haltung des Tieres auf. Das Männchen wirkte wenig bedrohlich, das Maul des Tieres vollständig geschlossen. Der Vergleich des männlichen Gorillas auf der Fotografie Adametz' und der heutigen Ausstellung des Tieres im Saal XXXIX des Naturhistorischen Museums Wien zeigt ebenfalls Unterschiede. Am offensichtlichsten ist die spätere Inszenierung mit dem Baumstamm [**Abb. 72**]. Die Objekte unterlagen während ihrer Ausstellung beständigen Veränderungen. Äußere wie innere Faktoren, etwa Neugestaltungen der Ausstellung, neue Mitarbeiter mit eigenen Vorstellungen, aktuelle wissenschaftliche Erkenntnisse oder notwendige Restaurationsarbeiten, beeinflussten und veränderten die Objekte.

Abb. 72: »Östlicher Tieflandgorilla. Eastern lowland gorilla. Gorilla gorilla graueri. Regenwälder Zentralafrikas«

Fotografie zur Verfügung gestellt von Alexander Bibl, Naturhistorisches Museum Wien, Inventarnr. NMW 3111/ST 665.

Die Aufnahme des stehenden, männlichen Gorillas wurde in der vierten Auflage von *Brehms Thierleben* abgedruckt und über die Grenzen Wiens hinaus bekannt.[418] Hatten die ersten Auflagen des *Thierlebens* bewusst auf Abbildungen von ausgestopften Präparaten verzichtet und Tierbilder bevorzgt, erzeugten die neuen Präparationstechniken Kerz' einen besseren Eindruck der lebenden Tiere.

Lorenz-Liburnau nutzte die Kerzschen Präparate für eine umfassende, rein systematische Beschreibung des Gorillas beringei graueri und der Veröffentlichung von Tabellen, die die Daten der Tiere bündelten.[419]

418 Vgl. Zur Strassen (Hg.), Brehms Tierleben, Band 13, Abbildung 7, zwischen S. 650–651.

419 Vgl. Lorenz-Liburnau, Beitrag zur Kenntnis der Affen und Halbaffen, S. 185–187.

5.4.2 Die Präparation als Kunstform

Weitere Grauer Gorillas gelangten durch die Vermittlung des Afrikaforschers Hans Meyer (1958–1929) von Berlin nach Leipzig. Meyer war einem breiten Publikum bekannt, da er 1889 als erster Europäer den Kilimandscharo bestiegen hatte.[420] Als Mitglied der einflussreichen Verlegerfamilie Meyer[421] konnte er Expeditionen problemlos finanzieren. Reisen und wissenschaftliche Entdeckungen bildeten einen Schwerpunkt des Verlags, darunter die Zeitschrift *Globus*, *Brehms Thierleben* und *Meyers Reiseberichte*.[422]

Deutsche Naturkundemuseen standen in einem beständigen Austausch und informierten sich über Sammlungszugewinne und neueste Entdeckungen. In Leipzig erwarteten der Zoologe Carl Chun (1852–1914) und der Dermoplast Herman H. ter Meer (1871–1934)[423] die Menschenaffen für das Zoologische Museum der Universität Leipzig, das 1833 eröffnet worden war und 1880 einen Neubau erhalten hatte. Ter Meer stammte in vierter Generation aus einer Leidener Präparatorenfamilie und erhielt seine Grundausbildung durch seinen Vater, der am Leidener Naturkundemuseum tätig war. Herman ter Meer blieb als Lehrling in Leiden und wechselte anschließend an das Stuttgarter Naturkundemuseum, wo er ein Schüler Friedrich Kerz wurde. Im Jahr 1900 kehrte er nach Leiden zurück und wurde Präparator der naturkundlichen Sammlung. Sieben Jahre später erhielt er das Angebot der Universität Leipzig als erster Präparator der Zoologischen Sammlung zu arbeiten. Ter Meer nahm die Position an, da Chun als Förderer der Dermoplastik galt.[424] Das Berliner Naturkundemuseum bekundete ebenfalls Interesse an ihm, doch erst mit den Präparatoren Gerhard Schröder (1896–1945) und Karl Kaestner (1895–1983) arbeiteten ab den 1930er Jahren Meister der Dermoplastik in Berlin und präparierten 1935 den Gorilla Bobby, der bis heute in der Ausstellung zu sehen ist.[425]

---

420 Vgl. Christof Hamann; Alexander Honold, Der Kilimandscharo, in: Jürgen Zimmerer (Hg.), Kein Platz an der Sonne. Erinnerungsorte der deutschen Kolonialgeschichte, Frankfurt a.M. u.a. 2013, S. 83–90; Hamann, Ein Überblick über die Geschichte der Erforschung des nordöstlichen und östlichen Afrikas, S. 119; Hans Meyer (Hg.), Ergebisse einer Reise durch das Zwischengebiet Ostafrikas 1911, Berlin 1913, S. 101; Reinhard Houy, Zoologische Beobachtungen von Ruanda und Urundi, in: Hans Meyer (Hg.), Ergebnisse einer Reise durch das Zwischengebiet Ostafrikas 1911, Berlin 1913, S. 105 und 110.

421 Vgl. Scurla, Zwischen Kap und Kilimandscharo, S. 425.

422 Vgl. Reinhart Bindseil, Ruanda im Lebensbild von Hans Meyer (1858–1929). Erstbesteiger des Kilimandscharo, Forschungsreisender und Verleger, Bonn 1994, S. 6 und 10; Diebold, Hochadel und Kolonialismus, S. 113; Schwarz, Die Popularität der Popularisierung, S. 75; Heinz Peter Brogiato, Leipzig. Hans Meyers Grab, in: Ulrich van der Heyden; Joachim Zeller (Hg.), Kolonialismus hierzulande. Eine Spurensuche in Deutschland, Erfurt 2007, S. 113; Hans Meyer, Eine Weltreise. Plaudereien aus einer zweijährigen Erdumsegelung, Leipzig 1885.

423 Vgl. Becker, Wie ein zweites Leben; Völkel, Herman H. Ter Meer.

424 Vgl. Ráček, Mumia Viva, 1990, S. 116.

425 Vgl. Behrendt, Erinnerungen an Bobby, S. 174–175; Filip van Dingenen, Bobby`s heaven. Auditions for Great Apes – gorilla choreography and archeology. Performance im Museum für Naturkunde Berlin 2005, in: Jessica Ullrich; Friedrich Weltzien; Heike Fuhlbrügge (Hg.), Ich, das Tier. Tiere als Persönlichkeiten in der Kulturgeschichte, Berlin 2008, S. 88–104; Gorilla Bobby. Die Kunst steckt im Detail, https://www.leibniz-forschungsmuseen.de/aktivitaeten/uebersicht-aktivitaeten/aktionsplan-adventskalender/gorilla-bobby-die-kunst-steckt-im-detail vom 18.04.2024.

Für Grauers Gorillas zahlte Leipzig 8000 Mark an Berlin.[426] Beim Versand kam es zu Unstimmigkeiten. Meyer wandte sich direkt an Grauer, der Brief wurde ihm durch Vermittlung des Berliner Museums zugestellt. Anstatt eines alten Weibchens erhielt Leipzig ein junges Männchen. Ter Meer schrieb:

> »So wie Sie ja wissen, geehrter Herr, ist es uns gerade darum zu tun eine Familie zu haben, zu welcher das alte Weibchen nicht fehlen darf, denn ohne dem alten ♀ lässt sich keine Familiengruppe zusammenstellen. Ohne die Mutter hat das dazu gehörende Junge, und deswegen die Gruppe, für uns keinen Wert.«[427]

Das Ziel ter Meers bestand in der Aufstellung einer Familiengruppe als Gesamtkomposition. Grauer bat in Berlin um den Austausch der Felle und ter Meer erhielt die Tiere vollständig.

Er fertigte mit einem ausgewachsenen Männchen, einem Weibchen und Jungtier eine Familie, die in ihrer künstlerischen Zusammenstellung einzigartig ist [**Abb. 73**]. Bei der Aufstellung verzichtete er auf einen gemalten Hintergrund und den Einsatz künstlicher Pflanzen, die den Lebensraum der Tiere nachstellten. Allein die Tiere sollten als in sich geschlossene Gruppe den Blick des Betrachters bannen, nichts sollte von der Gruppe ablenken. Der Baumstamm, von dem das Männchen herabhängt, rahmte die Szene.

Da ter Meer neben seiner Tätigkeit an der Leipziger Sammlung Privataufträge annahm, warb er mit der für das Leipziger Zoologische Institut hergestellten Gruppe in Zeitschriften, wie in *Kolonie und Heimat*:

> »Die Gruppe stellt eine Gorillafamilie dar in dem Augenblick, als sie durch plötzliches Nahen eines Feindes aufgeschreckt wird. Das Weibchen, daß nur um das Junge besorgt ist, ruft dieses in größter Erregung zu sich. Der Präparator [...] hat für das Männchen gerade die hängende Stellung gewählt, da hierbei am deutlichsten die gewaltige Brust- und Achsel-Muskulatur in ihrer vollen Kraft zum Ausdruck kommt.«[428]

---

426 Vgl. MfN d. HUB, Bestand: Zool. Mus., Signatur: S III, Grauer, R., Blatt 147.

427 Herman ter Meer an Rudolf Grauer in: MfN d. HUB, Bestand: Zool. Mus., Signatur: S III, Grauer, R., Brief vom 27.06.1909, Blatt 149.

428 Kolonie und Heimat 7 (6, 1913/14), S. 10.

Abb. 73: Dermoplastik: Gorilla-Familie (3 Exemplare).

Naturkundemuseum Leipzig, Abteilung Sammlung und Digitalisierung, Asset-Name: ter Meer Positive. MuseumPlus Inventarnummer: NML-DF 2004/0037.

Ter Meer verband mit seiner Art der Präparation zwei Ziele. Zum einen wollte er eine lebensnahe Darstellung einer Gorillafamilie und deren Verhalten präsentieren, zum anderen zeigte er durch die Haltung des männlichen Tieres die Kunst seiner Präparationsmethode, mit der er kleinste Details so exakt wie möglich herausarbeitete. Seine Präparate verbanden seine künstlerische Akribie mit dem Anspruch naturnaher Darstellungen. Davon zeugt seine umfangreiche Sammlung an Fotografien am Naturkundemuseum Leipzig, mit der er einzelne Präparationsschritte seiner Arbeit dokumentierte, bis heute.[429] Wie Kerz legte er den Fokus auf die korrekte Wiedergabe feinster anatomischer Merkmale. Dem ausgewachsenen Weibchen verlieh er einen scheinbar erregten

429 Naturkundemuseum Leipzig, Abteilung Sammlung und Digitalisierung, Asset-Name: ter Meer Positive.

Gesichtsausdruck. Damit band er Ansätze der Tierpsychologie in präparatorische Darstellungen ein. Durch die Verbesserung der Präparationstechnik konnten individuellere Gesichtsstrukturen der Tiere herausgearbeitet werden. Gleichzeitig baute er die Gruppe nach bekannten Mustern auf. Die Stellung der Tiere wurde etablierten Darstellungen angepasst, Beschreibungen, Bilder und Präparate von Gorillafamilien dienten als Vorbilder. Das Männchen blieb der Verteidiger seiner Familie.

Abb. 74: Herman H. ter Meer im Atelier des Zoologischen Instituts Leipzig mit Nacktmodellen der Gorilla-Familie.

Naturkundemuseums Leipzig, Abteilung Sammlung und Digitalisierung, Asset-Name: ter Meer Positive. MuseumPlus Inventarnummer: NML-DF 2004/0036.

Seine Technik, die er während der Zeit am Leidener Reichsmuseum perfektionierte, beruhte wie bei Martin und Kerz auf dem Aufbau eines Modells. Die anatomische Grundform wurde mithilfe eines Gerüsts aus Eisen und Holz aufgebaut, mit einem Drahtgeflecht überzogen und Details mit einer Modelliermasse herausgearbeitet. Die zunächst formbare Masse stellte er durch jahrelange Experimente auf der Grundlage von Torf, Kleister und Gips her. Sie ermöglichte es, Tierkörper detailliert durch die Herausarbeitung von Muskulatur und Gesichtszügen zu modellieren. Über das Modell zog er die präparierte Tierhaut, setzte passende Glasaugen ein und besserte Stellen mit Ölfarbe aus.[430] Sein Vorgehen bot wenig Spielraum für Veränderungen, weshalb er zu Beginn Kleinmo-

430 Vgl. Becker, Wie ein zweites Leben, S. 14–15, 18.

delle anfertigte,[431] an denen er sich orientierte und den Prozess der Präparation akribisch mithilfe von Fotos dokumentierte. Daneben nutzte er Skelette, Totenmasken und Schädel als Orientierungshilfen und entwarf Zeichnungen der geplanten Präparate für seine Auftraggeber.[432] Sein Anliegen bestand in einer harmonischen, künstlerisch wertvollen und naturnahen Darstellung der ausgestellten Objekte.[433] Die Tiere, deren Bewegungen und Interaktionen standen im Zentrum. Der Besucher sollte sich *»in die Wirklichkeit versetzt«*[434] fühlen. Ter Meer wollte das Tier, dessen Wesen und Seele erfassen.[435] Auf Bildern inszenierte er sich als Künstler mit weißem Kittel in seinem Archiv [**Abb. 74**]. Zu sehen sind verschiedene Stufen der Modellentwicklung, an der Wand im Hintergrund hängen Masken von Menschenaffen als Vorlagen.

Zwei Ausgaben nach der Veröffentlichung von ter Meers Gorillagruppe erschien in *Kolonie und Heimat* der Bericht *Neues vom Gorilla* mit zwei Aufnahmen eines ausgewachsenen Gorillamännchens.[436] Auf dem ersten Bild [**Abb. 75**] steht der erfolgreiche Jäger und Feldmesser Florian Nahr (auch Narr; Lebensdaten unbekannt) in stolzer und entspannter Haltung hinter dem Gorilla. Er kam 1909 nach Duala und arbeitete bei der Kameruner Mittellandbahn.[437] Der Jäger ist frontal zu sehen, der Gorilla im Profil aufgenommen. Mit dem Arrangement der Köpfe wurde eine direkte Gegenüberstellung des Europäers mit dem Menschenaffen vermieden. Gorilla und Jäger sind ab der Brust aufwärts zu sehen, ein Größenvergleich war nicht Ziel des Bildes. Das Tier ist eindeutig als Jagdtrophäe gekennzeichnet. Dem wird die Aufnahme des in aufrechte Haltung gebundenen Tieres gegenübergestellt [**Abb. 76**]. Neben dem Tier steht ein Afrikaner und seitlich daneben ein Junge in hockender Haltung. Die Darstellung des Gorillas mit den Afrikanern entspricht einer rassistischen Gegenüberstellung von Mensch und Menschenaffe. Afrikaner und die afrikanische Tier- und Pflanzenwelt wurden als deviant markiert und sollten den europäischen Herrschaftsansprüchen unterworfen werden.

---

431 Vgl. Völkel, Herman H. Ter Meer, S. 88 und 99.

432 Vgl. Becker, Wie ein zweites Leben, S. 35 bis 38.

433 Vgl. Ter Meer, Von der Taxidermie zur Dermoplastik, S. 22.

434 Ebd., S. 23.

435 Vgl. Ebd., S. 25.

436 Vgl. Neues vom Gorilla, in: Kolonie und Heimat 7 (8, 1913/14), S. 5.

437 Vgl. Amtsblatt für das Schutzgebiet Kamerun, 4. Jahrgang, 1911, Nr. 5, S. 100. An dieser Stelle geht ein großer Dank an Hannah Kressig, die sich in ihrer Masterarbeit *Endstation Hotel Banana City. Die Menschenaffenpräparate des Naturmuseums Winterthur* an der ETH Zürich intensiv mit den Präparaten der Brüder Umlauff im Naturmuseum Winterthur, Schweiz auseinandersetzte. Sie lieferte diesen Hinweis zu Florian und dessen Bruder Friedrich Narr, der ebenfalls ab 1913 in Togo und Kamerun tätig war.

Abb. 75: Fotografie, »Der Jäger mit der Beute«, in: Neues vom Gorilla, in: Kolonie und Heimat 7 (8, 1913/14), S. 5.

Niedersächsische Staats- und Universitätsbibliothek Göttingen, SUB Zentralbibliothek, Signatur: 4 H GERM II, 2298/LB.

Abb. 76: Fotografie, »Gorilla in aufrechter Stellung«, in: Neues vom Gorilla, in: Kolonie und Heimat 7 (8, 1913/14), S. 5.

Niedersächsische Staats- und Universitätsbibliothek Göttingen, SUB Zentralbibliothek, Signatur: 4 H GERM II, 2298/LB.

Der begleitende Text berichtet über den Angriff eines männlichen Gorillas auf ein afrikanisches Lager, um eine Frau zu rauben, wobei der Affe gestört wurde und einen Mann schwer verletzte. Die Bilder unterstrichen die Erzählungen der frauenraubenden Bestie, der evolutionären Nähe zwischen Tier und Afrikanern und legitimieren den Abschuss. Um die Gefährlichkeit des Tieres zu betonen, wurden die »*raubtierartigen Reißzähne*[…]«[438] und schweren Verletzungen des Angegriffenen geschildert. Der Verweis auf raubtierhafte Merkmale des Gorillas erlaubten dessen Tötung, da Raubkatzen als Bedrohung für den Nutztierbestand galten und deren Abschuss ermöglichten.

Die Bilder und Beschreibungen standen in starkem Kontrast zu ter Meers künstlerischem Schaffensprozess und darstellenden Ansprüchen. Gorillas wurden der Öffentlichkeit zwischen den Polen Kunst und Kolonialismus präsentiert und dienten der Verbreitung rassistischer Stereotype. Die Verbindung zwischen Wissenschaft und Kunst erlebte um 1900 einen Bedeutungsaufschwung, wie in Haeckels Buch *Kunstformen der Natur*, das zwischen 1899 bis 1904 in mehreren Bänden erschien und überwiegend Nessel- und Strahlentiere zeigte. Haeckel fertigte die Zeichnungen an, um »*jene verborgenen Schätze ans Licht zu ziehen und einem größeren Kreise von Fremden der Kunst und der Natur zugänglich zu machen.*«[439] Der Verweis auf die künstlerische Schöpfungskraft der Natur sollte

438 Neues vom Gorilla, S. 5.

439 Ernst Haeckel, Kunstformen der Natur, Band 1, Leipzig 1899, Vorwort, https://digi.ub.uni-heidelberg.de/diglit/haeckel1899bd1/0003 vom 18.04.2024.

eine emotionale Verbindung zur Natur schaffen. Dieses Ziel verfolgte ter Meer mit seinen Plastiken und Präparaten. Die harmonische Darstellung der Natur stand im Vordergrund.

Die weitere Geschichte der Leipziger Gorillagruppe verweist auf die politische Dimension zoologischer Präparate. Im Zuge der DDR-Hochschulreform fand im Jahr 1968 eine Umverteilung der Leipziger ter Meer Präparate statt.[440] Die Gorillagruppe ging an das Berliner Naturkundemuseum. Im Jahr 2019 erfolgte die Rückführung von Berlin nach Leipzig, wo derzeit ein Neubau des Naturkundemuseums entsteht und der Leiter des Museums im Jahr 2022 ein ›ter-Meer-Jahr‹ ausrief. In dem Neubau ist eine Dauerausstellung mit den Arbeiten ter Meers geplant.[441] Wie die Ausstellung umgesetzt werden soll, ob der Fokus auf der Person ter Meer und seinem Schaffen liegt oder der koloniale Kontext, in dem die Tiere erworben wurden, thematisiert wird, ist nach jetzigem Stand unklar.

Grauer hatte die Gorillas innerhalb kolonialer Politiken erworben, sie nach Berlin versendet und war dafür entlohnt wurden. Über wissenschaftliche Netzwerke gelangten die Tiere nach Leipzig und wurden von einem der bedeutendsten Präparatoren zu Beginn des 20. Jahrhunderts aufgestellt und mehrfach fotografiert. Im Zuge hochschulpolitischer Pläne der DDR-Regierung gelangte die Gruppe nach Berlin und schließlich zurück nach Leipzig. Die Grauer Gorillas blieben über 100 Jahre in Bewegung und wurden in immer neuen Ausstellungen kontextualisiert und für Besucher zugänglich gemacht. Leipzig zeigte erstmals einen möglichst realistischen, anatomisch korrekten Gorillakörper durch neueste Verfahren der Präparation; Berlin band die Tiere taxonomisch systematisch in die Ausstellung weiterer Menschenaffen ein; zurück in Leipzig sollen die Präparate an das Leben und Werk Herman H. ter Meers erinnern.

Menschenaffen bildeten einen Schwerpunkt von ter Meers Schaffen. Neben Leipzig fertigte er Gorillas, Schimpansen und Orang-Utans für das Naturhistorische Museum in Mühlhausen,[442] die naturkundliche Sammlung in Tring und die Naturkundemuseen in Basel, Altenburg und Wien an. Bis heute existiert sein Auftragsbuch im Besitz des Leipziger Naturkundemuseums, in das er zwischen 1907 und 1933 seine Arbeiten und Auftraggeber vermerkte. Daneben schuf er Plastiken, wie eine Anthropoidengruppe, die er an Sammlungen und Privatleute verkaufte.

Ter Meer bildete Präparatoren aus, darunter den späteren Museumsdirektor des Dresdner Naturkundemuseums Robert Reichert (1897–1959).[443] Ab den 1930er Jahren war Reichert am Dresdner Museum für Naturkunde, so der heutige Name, als Präparator, ab 1950 als Direktor tätig. Er verkörperte beide Positionen in einer Person, was ein gesteigertes Bewusstsein für die Bedeutung und Fertigkeiten von Präparatoren signalisierte. Im Verlauf des 19. Jahrhunderts wurden die Dresdner Präparatoren namentlich

440 Vgl. Bedeutende Tiergruppen sind nach Leipzig zurückgekehrt, https://www.leipzig.de/news/news/bedeutende%20tiergruppen%20sind%20nach%20leipzig%20zur%C3%BCckgekehrt vom 18.04.2024.

441 Ebd.

442 Vgl. Völkel, Herman H. Ter Meer, S. 57–58 und 60; M. Willy Gerschler, Der Tierkörper und die Kunst. Mit Abbildungen nach Werken H. H. ter Meers, in: Reclams Universum 41 (17, 1925), S. 373.

443 Vgl. Becker, Wie ein zweites Leben, S. 61; Karin Müller-Kelwing, Robert Reichert, 2021, https://saebi.isgv.de/biografie/Robert%20Reichert%20(1897-1959) vom 18.04.2024.

erwähnt, aber sie und ihr Schaffen blieben dem Betrachter weitgehend verborgen. Wer Mafuka präparierte, ist nicht bekannt.

Waren die Sammlungen des 19. Jahrhunderts eher Zufallsfunde einzelner Akteure vor Ort, professionalisierten die Museen ihr Ausgreifen zu Beginn des 20. Jahrhunderts. So schickte das Dresdner Naturkundemuseum 1912/13 den Oberkonservator Karl Schwarze (Lebensdaten unbekannt) nach Afrika, um Säugetiere für geplante Großdioramen zu schießen.[444] Wie bei der Umgestaltung des Museums durch Meyer, dienten amerikanische Einrichtungen als Vorbild. Allein das Field Museum in Chicago entsandte zwischen 1894 und 1928 über siebzig Expeditionen, um für das Museum zu sammeln und Dioramen anzufertigen.[445] Eine zweite Reise des Dresdner Museums fand im Jahr 1914 statt, die durch den Ausbruch des 1. Weltkriegs und der Gefangennahme Schwarzes ein frühes Ende fand, der mit wenigen Tieren nach Ende des Krieges zurückkehrte.[446] Reichert unternahm von Mai 1931 bis Juli 1932 eine Reise nach Ostafrika, mit der Aufgabe *»dieses Gebiet systematisch abzusammeln und in Bälgen zu belegen.«*[447] Dabei hatte sich in den 1930er Jahren eine Systematik des Fotografierens, Skizzierens, Vermessens und Abbalgens entwickelt, die wissenschaftliche Objektivität und vollkommene Erfassung der Tiere und ihrer geografischen Verbreitung versprach. Das Ansammeln bloßer Kuriositäten sollte vermieden werden. Reicherts Fazit der Reise war positiv:

> »Für mich, den Dermoplastiker, war die Expedition von großem Nutzen, konnte ich doch dadurch diese uns fremden Tiere in eigener Anschauung beobachten und ihren Lebensraum kennenlernen, was mir zu meinen späteren Arbeiten im Museum – beim Aufstellen dieser Tiere oder bei der Gestaltung lebensnaher Dioramen – sehr zu Hilfe kam.«[448]

Die Wichtigkeit einer lebendig erscheinenden Sammlung, also der Steigerung des Schauwertes, war durch die zunehmende Bedeutung von Besuchern im Museum gestiegen. Das Element der Belehrung und Forschung blieb dennoch oberstes Ziel. So ermöglichte die Sammeltätigkeit *»unsere Museumsbesucher Anteil nehmen* [zu] *lassen an der Vielgestaltigkeit der Tierwelt der ganzen Erde und zugleich die Voraussetzung für eine systematische Forschung an allen Museen* [zu] *schaffen.«*[449] Die hier für Dresden angedeutete Entwicklung verlief keineswegs linear und bedeutende Institutionen, wie das Berliner Naturkundemuseum rangen um die Ausrichtung ihres Hauses um 1900.

Die Ausbildung zum Präparator erfolgte bis in die erste Hälfte des 20. Jahrhunderts über private oder an Museen angestellte Präparatoren. Jeder Präparator nutzte eigene Techniken und brachte unterschiedliche Erfahrungen mit, was sich auf die Qualität der Präparate auswirkte. Ter Meer und andere Kollegen, darunter Schröder und Kästner

---

444 Vgl. Robert Reichert, Persönlichkeiten, von denen unsere Sammlungen erzählen, in: Staatliches Museum für Tierkunde (Hg.), Dresdner Wissenschaftliche Museen. Beiträge zur 750-Jahr-Feier unserer Stadt, Dresden 1956, S. 20.

445 Vgl. Cain; Rader, Life on Display, S. 30.

446 Vgl. Reichert, Persönlichkeiten, S. 20.

447 Ebd.

448 Ebd., S. 21.

449 Ebd.

aus Berlin, setzten sich ab den 1930ern intensiv für die Anerkennung der Präparation als Kunst und die Einführung standardisierter Ausbildungsbedingungen ein.[450] Erste Ansätze eines Zusammenschlusses von Präparatoren zeigten sich in der Gründung der Zeitschrift *Der Präparator* als Organ des 1899 gegründeten Internationalen Präparatorenvereins mit Sitz in der Schweiz, die ein Jahr später wieder eingestellt wurde. Im Jahr 1931 gründeten ter Meer und weitere Kollegen die Deutsche Künstlervereinigung der Museumsdermoplastiker (DeuKüMus), die 1932 die Ausstellung *Dermoplastik einst und jetzt* im Berliner Naturkundemuseum präsentierte. Die Ausstellung zeigte den Wandel der Präparationstechnik vom Ausstopfen, über die Verwendung von ersten Modellen über die die Häute gezogen wurden, wie sie Philipp Leopold Martin einführte, bis hin zu ›moderneren‹ Verfahren unter der Anfertigung aufwendiger Modelle. Die Ziele der Vereinigung, die über die Ausstellung in der Öffentlichkeit publik gemacht werden sollten, beinhalteten die Sensibilisierung für den künstlerischen Wert des Berufs. Der Begriff des Ausstopfers sollte durch den des Dermoplastikers und dessen Anspruch auf lebensnahe Tierdarstellungen ersetzt werden.[451] Der Zusammenschluss sollte die Berufsgruppe in ihrer Gesamtheit stärken und die Bedeutung von Präparatoren als Ausstellungsmacher verdeutlichen, die den Blick auf das Tier und die Natur prägten.

Trotz der Bekanntheit Kerz und ter Meers und deren Bemühen, um die Anerkennung des Berufs zeigt das Beispiel des Göttinger Präparators Karl Oberdörfer (geboren 1871),[452] wie wenig angesehen die Stellung des Präparators um 1900 blieb und unter welch prekären Arbeitsbedingungen sie arbeiteten. Oberdörfers Vater war Präparator am Königlichen Naturalienkabinett in Stuttgart gewesen und Karl Oberdörfer von Friedrich Kerz ausgebildet wurden. Er arbeitete zwischen 1890 und 1908 am Zoologischen Museum der Universität Göttingen.[453] 1878 hatten die Sammlungen der Universität einen repräsentativen Neubau erhalten, den Ernst Ehlers begleitet hatte und um eine ständige Erweiterung der Objekte bemüht war.[454] Das Museum verfügte seit der Mitte des 19. Jahrhunderts über zwei Präparatoren. Als 1879 die Stelle des zweiten Präparators besetzt werden musste, schlug Ernst Ehlers den »*hiesige*[n] *Mechanikus*«[455] Kümmel (Lebensdaten unbekannt) vor, »*der als ausgebildeter Mechaniker besonders gut qualifiziert erscheint und im Allgemeinen gut beleumdet ist.*«[456] Kümmel besaß keine Ausbildung als Präparator. Sein Ruf und die Praxis als Handwerker reichten für die Anstellung, außerdem fehlte es an

450 Vgl. Mfn d. HUB, Bestand: Zool. Mus., Signatur: B VI/404, Karl Kaestner bei Arbeit an einem Schimpansenkopf, Negativplatte.

451 Vgl. Arndt, Dermoplastik Einst und Jetzt, S. 18.

452 Vgl. Personal-Verzeichnis der Königlich Württembergischen Eberhard-Karls-Universität Tübingen für das Winterhalbjahr 1914/14 aus amtlichen Quellen, Tübingen 1913, S. 12, http://idb.ub.uni-tuebingen.de/opendigi/LXV24_qt_1913_1914 vom 05.02.2023.

453 Vgl. Niedersächsische Staats- und Universitätsbibliothek Göttingen, Universitätsarchiv Göttingen, UniA GOE Kur. 1562.

454 Vgl. Christine Hübner, Dromedar und Dermoplastik. Ernst Heinrich Ehlers (1835–1925) in der Werkstatt des Präparators, in: Christian Vogel; Sonja E. Nökel (Hg.), Gesichter der Wissenschaft. Repräsentanz und Performanz von Gelehrten in Porträts, Göttingen 2019, S. 249.

455 Ernst Ehlers zit.n.: UniA GOE Kur. 1562, Brief vom 09.03.1879, Blatt 1.

456 Ernst Ehlers zit.n.: Ebd., Brief vom 12.03.1897, Blatt 2.

weiteren Bewerbern.[457] Bis 1887 bildete sich Kümmel in der Aufstellung kleinerer Skelette weiter und Ehlers bat um einen finanziellen Zuschuss, da Kümmel deutlich weniger verdiente als der erste Präparator Grape (Lebensdaten unbekannt).[458] Mit der Pensionierung Grapes empfahl Ehlers die Anstellung Oberdörfers aufgrund dessen Ausbildung. Der Name des Ausbilders Friedrich Kerz, eine persönliche Vorstellung und Probearbeiten überzeugten Ehlers.[459] Oberdörfer erhielt die Anstellung und erfüllte Ehlers Erwartungen:

> »Ich [Ernst Ehlers] habe ihm [Karl Oberdörfer] jetzt größere Aufgaben, die früher auswärts besorgt werden mußten, wie das Ausstopfen und Aufstellen größerer Säugetiere übertragen, und er hat das vortrefflich ausgeführt, er ist gewandter Techniker, zeichnet freihändig so gut, daß er Wandtafeln für die Vorlesung anfertigen kann und hat so viel Kenntniß der lateinischen Sprache, daß er sich bei der Benennung und Etiquettirung der in der Sammlung auszustellenden Stücke als völlig brauchbar erwiesen hat und daher bei den wissenschaftlichen Musealarbeiten eine große Stütze ist. [...] Ihn im Gehalt zu verkürzen würde wohl gleichbedeutend mit seiner Entlassung sein, da Arbeiter von solchen Fähigkeiten sehr gesucht sind; und sein Fortgang würde für unser Institut ein entscheidender Verlust sein.«[460]

Das Zoologische Museum in Göttingen verfügte seit der Pensionierung Grapes über keinen ersten Präparator. Kümmel und Oberdörfer arbeiteten unter ähnlichen Konditionen, wobei Kümmel Aufsichts-, Reinigungs- und kleinere Präparationsarbeiten übernahm und Oberdörfer sich durch seine erlernte und alltägliche Praxis als erster Präparator anbot. Nachdem Oberdörfer 1893 seinen einjährigen Militärdienst abgeleistet hatte, in der Zeit wurde er durch Friedrich Kerz Sohn Joseph (1871–1952) vertreten, setzte sich Ehlers bei der Verwaltung der Universität für den Aufstieg Oberdörfers zum ersten Präparator mit höherem Gehalt ein. »*Kümmel hat die obere Grenze seiner Entwicklung längst erreicht* [und bedurfte der] *beständigen Aufsicht und Überwachung*«.[461] Ab 1899 wurde Oberdörfer als Präparator und Kümmel als Wärter in den Personalakten geführt. An dem Gehalt des Präparators änderte sich nichts. Ehlers trat erneut in Verhandlungen mit der Verwaltung:

> »Eine jede grössere Zoologische und Zootomische Sammlung bedarf zu ihrer Erhaltung und Fortführung mindestens eine Person, die über eine grosse Summe technischer Fähigkeiten und Erfahrungen verfügt. Das geht über das Handwerk des früheren Ausstopfers hinaus [...].«[462]

Die Gehaltsverhandlungen zeigten, dass Ehlers den Wert einer fundierten Präparatorenausbildung erkannte und schätzte. Er selbst betätigte sich als Präparator.[463] Anders als

457 Vgl. Ebd., Brief vom 24.05.1879.
458 Vgl. Ebd., Brief vom 28.04.1887.
459 Vgl. Ebd., Brief vom 24.03.1890.
460 Ernst Ehlers zit.n.: Ebd., Brief vom 11.11.1891.
461 Ernst Ehlers zit.n.: Ebd., Brief vom 29.07.1895.
462 Ernst Ehlers zit.n.: Ebd., Brief vom 28.09.1897.
463 Vgl. Hübner, Dromedar und Dermoplastik, S. 250.

Kümmel brachte Oberdörfer fundierte Kenntnisse der Präparation an der Schnittstelle von Handwerk und Wissenschaft mit und nahm eine aktive Rolle bei der Gestaltung der Ausstellung ein. Im Archiv des Naturkundemuseums Stuttgart findet sich eine Aufnahme Oberdörfers mit einem von ihm für die Göttinger Sammlung präpartierten Orang-Utan und Wolf [**Abb. 77**].

Abb. 77: Fotografie, Beschriftung auf der Rückseite des Bildes: »Simia satyrus, L./Orang-Utang/u. Canis lupus, L./Wolf/Präpariert von Karl Oberdörfer/Präparator am zoolog. zootom./Institut in Göttingen«.

Staatliches Museum für Naturkunde Stuttgart, lose Fotobox.

Ehlers vermied den Begriff der Kunst, würdigte aber die technischen Fertigkeiten seines Präparators. Der unbedingte Wunsch Oberdörfer am Institut zu halten, verweist auf den Mangel an gut ausgebildeten Präparatoren um 1900. Die Verwaltung der Universität zeigte sich uneinsichtig. Oberdörfer verließ Göttingen 1908 und Ehlers klagte über mangelnde Bewerber, die an sein Erfahrungswissen heranreichten.[464] Noch 1912 resümierte Oberdörfer, nun in Tübingen tätig, gegenüber Ehlers:

> »Es ist ja betrübend, dass Alles so ganz anders kommen musste, als ich es selbst wollte und bis zum letzten Augenblick hatte ich damals noch die Hoffnung, dass etwas geschehe, um meine gesellschaftliche Stellung auch nur etwas besser zu gestalten. Ich hatte, um es Ihnen offen zu gestehen, sowohl direkt als auch indirekt mehr darunter zu leiden, als Sie es wohl wussten.«[465]

Der Stand bekannter Präparatoren wie Kerz und ter Meers war nicht mit den Arbeitsbedingungen und dem sozialen Ansehen eines Großteils ihrer Berufskollegen zu vergleichen. Gemeinsam war ihnen, dass sie nicht selbst nach Afrika reisten. Dank ihrer festen Anstellungen an naturkundlichen Sammlungen profitierten sie von den Kontakten der Museen.

Mitreisende Präparatoren blieben oft unbekannt. Grauer bildete nach eigener Angabe Afrikaner vor Ort in der Technik der Präparation aus, die ihm am Berliner Naturkundemuseum vermittelt worden war. Schillings wurde von Wilhelm Orgeich (Lebensdaten unbekannt) begleitet und[466] verdankte ihm die Qualität der Präparate. Orgeich war Förster auf dem Anwesen der Familie Schillings gewesen und begleitete Schillings auf vier Forschungsreisen nach Ostafrika zwischen den Jahren 1896 und 1904. Mit einer Aufnahme [**Abb. 78**] dankte Schillings seinem langjährigen Weggefährten in *Mit Blitzlicht und Büchse*:

> »Mein Präparator Wilhelm Orgeich, der alle Mühen und Beschwerden getreulich teilte. Tag für Tag, unterstützt von vielen Schwarzen seinen Arbeiten obliegend, hat er im Laufe der Jahre niemals auch nur einen Schlag an einen Eingeborenen ausgeteilt.«[467]

Neben der Präparation war Orgeich durch die Oberaufsicht über die Karawane in die Organisation der Jagdexpedition eingebunden. Durch die Begleitung Schillings und dessen Wertschätzung erhielt der Präparator ein Gesicht, als viele Präparatoren in naturkundlichen Sammlungen unbekannt blieben. Es verdeutlicht ein zunehmendes Verständnis für die Fähigkeiten von Präparatoren nach 1900.

Durch ihre Arbeiten erlangten Kerz und ter Meer Bekanntheit, zogen Schüler, Sammler und Zoologen an, die mit ihnen in Verbindung traten. Ihre Präparate erhielten durch ihre Bekanntheit zusätzlichen Wert und verliehen ihnen internationale Bedeutung und Anerkennung.

Sammler wie Rudolf Grauer bildeten mit ihren Gorillas Knotenpunkte innerhalb des europäischen Museumsnetzwerkes und verbanden neben den Institutionen, zwei der bedeutendsten Präparatoren der Zeit. Kerz und ter Meer lag Material von demselben

464 Vgl. UniA GOE Kur. 1562, Brief vom 06.06.1908.

465 Karl Oberdörfer an Ernst Ehlers, in: Niedersächsische Staats- und Universitätsbibliothek Göttingen, Cod. Ms. E. Ehlers 1375, Brief vom 09.11.1912, Blatt 16.

466 Vgl. Heck, Heiter-ernste Lebensbeichte, S. 146–148.

467 Schillings, Mit Blitzlicht und Büchse, S. 301.

Sammler vor und sie schufen verschiedene Bilder des Gorillas für den Museumsbesucher. Gleichzeitig bemühten sie sich, die Tiere und Gruppen lebendig, realitäts- und naturnah zu präparieren. Damit setzten sie die Forderungen der biologischen Perspektive in den Präparaten und deren Ausstellung um. Die Aufstellung innerhalb der Sammlung folgte weiterhin dem taxonomischen Prinzip.

Abb. 78: Fotografie von Carl Georg Schillings, »Mein Präparator Wilhelm Orgeich, der alle Mühen und Beschwerden getreulich teilte. Tag für Tag, unterstützt von vielen Schwarzen seinen Arbeiten obliegend, hat er im Laufe der Jahre niemals auch nur einen Schlag an einen Eingeborenen ausgeteilt...«, in: Carl Georg Schillings, Mit Blitzlicht und Büchse. Neue Beobachtungen und Erlebnisse in der Wildnis inmitten der Tierwelt von Äquatorial-Ostafrika, Leipzig 1910, S. 301.

Niedersächsische Staats- und Universitätsbibliothek Göttingen, SUB Zentralbibliothek, Signatur: 4 ZOOL I, 9452 <4>.

5.4.3 Ein Riesengorilla der Präparationswerkstatt Umlauff in Berlin

Im Jahr 1907 berichtete der Museumsführer des Berliner Naturkundemuseums über einen in der ersten Reihe ausgestellten »*Riesengorilla aus Kamerun*«[468] [**Abb. 79**]. Es handelte sich um ein aufrechtstehendes, ausgewachsenes Männchen in Drohgebärde, das seit den Berichten Du Chaillus vielfach beschrieben, gezeichnet, modelliert und präpariert wurde. Das Präparat stand auf einem einfachen Podest. Der Vitrinenschrank war schlicht gehalten und konnte von allen Seiten eingesehen werden. Hinter dem Gorilla hing eine

468 Führer durch die Zoologische Schausammlung des Museums für Naturkunde in Berlin, Berlin 1907, S. 10.

Weltkarte zum Zweck der tiergeografischen Verortung, links daneben stand ein menschliches Skelett für den anatomischen Vergleich.

Abb. 79: Fotografie, in: Führer durch die Zoologische Schausammlung des Museums für Naturkunde in Berlin, Berlin 1910, Abbildung 4.

Museum für Naturkunde Berlin, HBSB, Museumsführer 1910_1, NURI: coll.mfn-berlin.de_u_abb4d1, Fig. 4.

Ein Gorilla dieser Größe, Statur, Haltung und Stellung war ein expliziter Wunsch Paul Matschies für die Schausammlung des Museums. Er wandte sich an Hans Paschen, der ein Sammler des Museums war und 1900 den »*Riesen-Gorilla*«[469] erlegt hatte, das Tier gelangte nicht nach Berlin. Die Präparation des Paschen Gorillas übernahmen Johannes und Wilhelm Umlauff, Neffen Carl Hagenbecks,[470] innerhalb von vier Monaten. »*Hier feierte der Gorilla seine Auferstehung*«,[471] so die Beschreibung der Broschüre des Umlauff Museums, die die Brüder zum Anwerben von Kunden herausgaben.[472]

469 Museum Umlauff Hamburg, Der Riesen-Gorilla.

470 Vgl. Lange, Echt, S. 88.

471 Museum Umlauff Hamburg, Der Riesen-Gorillas, S. 8.

472 Vgl. Britta Lange, Die ›Bestie Gorilla‹. Zu einem Beispiel kolonialer Ikonographie, S. 2, https://animalsasobjects.org/de/material.the-gorilla-beast/vom 01.02.2023.

Wilhelm Umlauff inszenierte sich wie ter Meer als Künstler. Auf einer Aufnahme [**Abb. 80**] arbeitet er konzentriert an einem Modell des Gorillas in weißem Kittel.

Abb. 80: Fotografie, »Herr Willy Umlauff am Modell arbeitend«, in: Museum Umlauff Hamburg, Der Riesen-Gorillas des Museums Umlauff Hamburg, Hamburg 1901, S. 9.

Forschungsbibliothek Gotha der Universität Erfurt, Signatur: Math 8° 01050/05, https://nbn-resolving.org/urn:nbn:de:urmel-ufb-155466, Nutzung gemäß: Public Domain Mark 1.0.

Als Vorlage dienten ihm der Schädel des Tieres, der Kadaver eines jungen Gorillas, den er am Hamburger Hafen erworben hatte und ein weiteres Modell. Die Fotografien Paschens erwiesen sich »*für die Modellirung und Aufstellung des Balges von grossem Nutzen*«.[473]

> »Der Künstler hat den Gorilla in aufrechter Angriffstellung dargestellt [...], wie sie von dem Reisenden Hugo v. Koppenfels [Herv. i.O.], der selbst mehrere Exemplare erlegte, geschildert wurde.«[474]

Johannes Umlauff, der als Kind Gorillajäger werden wollte,[475] und sein Bruder Wilhelm erschufen anhand der Beschreibungen ihrer Jugendhelden mindestens drei aufrechtstehende, zum Angriff bereite und mit aufgerissenem Maul brüllende Gorillabestien [**Abb. 81**]. Die Figur des Gorillajägers übte nach 1900 weiterhin enorme Faszination aus. Du Chaillus und Koppenfels Berichte in populärwissenschaftlichem Stil trugen zu der Verbreitung des Bildes bei. Ergänzt wurde der Mythos durch Romane, wie *Der Gorilla-Jäger. Erlebnisse und Abenteuer eines jungen Deutschen in Westafrika* von Karl Müller[476] aus dem Jahr 1881, »*zu Lust u. Lehre der reiferen Jugend gebilderter Stände erzählt*«[477] und einer zweiten Statue Frémiets von 1887, die in Paris gezeigt wurde. Darwins Evolutionstheorie hatte im Verlauf des 19. Jahrhunderts an Brisanz verloren und war in weiten Teilen von Wissenschaft und Öffentlichkeit akzeptiert.[478]

In der Broschüre wurde das Präparat als »*naturgetreu und lebenswahr*«[479] bezeichnet. Umlauff vermarktete sein Werk als realistische Darstellung des Gorillas, anders als die »*Jammergestalten, die als junge Thiere in unseren Zoologischen Gärten ein klägliches Scheindasein führen, oder nach den ausgestopften Karikaturen unserer Museen.*«[480] Er grenzte sich mit seiner Kunst und Technik vom lebenden Tier und von älteren Museumspräparaten ab. Durch die nach hinten präparierten Arme kam die Brustmuskulatur des Tieres zur Geltung. Die Knie modellierte Umlauff gestreckt, durch die künstlich erzwungene Haltung des Tieres wirkte der Gorilla übergroß. Durch die Schaffung des Präparats und dem Druck der Broschüre mit vermeintlich wissenschaftlichem Anspruch, erschien der »*Riesen-Gorilla*«[481] dem allgemeinen Publikum als real existierendes Tier. Hinsichtlich der Stellung und Haltung des Tieres orientierte sich Umlauff an bekannten Abbildungen Du Chaillus und Wolfs. Er nutzte das moderne dermoplastische Verfahren und die technischen Möglichkeiten, um ältere Darstellungen des ausgewachsenen Gorillas zu übertreffen und realis-

473 Museum Umlauff Hamburg, Der Riesen-Gorilla, S. 6.

474 Ebd., S. 8.

475 Vgl. Lange, Echt, S. 88.

476 Otfrid Mylius (Pseudonym), Der Gorilla-Jäger. Erlebnisse und Abenteuer eines jungen Deutschen am Gabunflusse und in Westafrika. Zu Lust und Lehre der reiferen Jugend gebildeter Stände erzählt, Leipzig 1881.

477 Ebd., Titel.

478 Vgl. Artinger, Von der Tierbude, S. 99.

479 Museum Umlauff Hamburg, Der Riesen-Gorilla, S. 10.

480 Ebd., S. 2.

481 Ebd.

tischer erscheinen zu lassen. Der Umlauffsche »*Riesen-Gorilla*«[482] bildete ein neues visuelles Highlight, er erweckte den Mythos zu neuem Leben und zu einer präparatorischen Realität.

Abb. 81: Fotografie, »Der aufgestellte Gorilla«, in: Museum Umlauff Hamburg, Der Riesen-Gorillas des Museums Umlauff Hamburg, Hamburg 1901, S. 11.

Forschungsbibliothek Gotha der Universität Erfurt, Signatur: Math 8° 01050/05, https://nbn-resolving.org/urn:nbn:de:urmel-ufb-155466, Nutzung gemäß: Public Domain Mark 1.0.

482 Ebd.

Die Beschreibung des Gorillas in der Broschüre verband sich mit einem Nationalstolz, da das größte bekannte Gorillamännchen in einer deutschen Kolonie, »*auf deutschem Gebiete*«[483] gefunden wurde. Die vierte Auflage von *Brehms Thierleben* verwies auf den größten bisher entdeckten Gorilla und druckte die Fotografie des Tieres mit Afrikanern ab.[484] Durch die Veröffentlichung im *Thierleben* erhielt Paschens Gorilla zusätzliche Aufmerksamkeit und populär-wissenschaftliche Legitimation. Die Präsentation von Menschenaffen aus deutschen Kolonien diente der Legitimierung des kolonialen Überlegenheitsanspruches.

Die besten Fotografien waren wertlos, wenn Präparate in schlechtem Zustand in den Werkstätten ankamen. Umlauff warb in *Kolonie und Heimat* für das richtige Erlernen der Präparationstechnik vor einem Aufenthalt in den Kolonien. Dazu stellte er vier Regeln auf: »*Beginne niemals das Präparieren eines Tieres ohne diese Arbeit gründlich erlernt zu haben. Beginne niemals das Präparieren ohne genügende Hilfsmittel. Gib den Objekten eine sachgemäße Verpackung. Versäume nie den Objekten genaue Fund- und Datumsnotizen beizufügen.*«[485] Er orientierte sich an den von Matschie veröffentlichten Vorgaben. Museen und selbstständige Präparatoren waren existentiell von gut konservierten Kadavern abhängig. Sie sollten vom Rücken ausgehend abgebalgt werden, besondere Vorsicht galt den Lippen, die nicht zertrennt werden durften, da sonst die Gefahr einer schnellen Fäulnis bestand. Direkt nach dem Abbalgen mussten die Häute gründlich gereinigt, in einer Lauge aus Alaun und Salz behandelt und zum Trocknen aufgehängt werden. Im Anschluss wurden die Häute gerollt und verpackt.

Neben der Aufstellung im Museum Umlauff wurde das Tier auf der Deutschen Jagd- und Geweih-Ausstellung präsentiert.[486] Ein Novum, da Gorillas und andere Menschenaffen überwiegend in zoologischen Sammlungen gezeigt wurden und damit innerhalb eines wissenschaftlichen Settings. Die Jagdgeschichte Paschens und Inszenierung als Bestie ermöglichten einen anderen Umgang mit dem Präparat. Paschen fühlte sich nicht als Mörder, wie etwa Du Chaillu oder Koppenfels. Durch seine Beschreibung, die Ausführungen und Bilder in der Broschüre und Umlauffs Wahl der Aufstellung löste sich der Bezug zum Menschen auf einer abstrakten Ebene. Der Gorilla wurde zum Objekt, durch die Beschreibung, dass er afrikanische Jäger getötet hatte, wurde das Tier zum Mörder. Im Gorilla zeigte sich die animalische Natur des »*Urmenschen*«[487] und verband sich mit zeitgenössischen Debatten über die Frage, was den modernen Menschen in ein Stadium der Triebhaftigkeit zurückwarf und ihn zum Kriminellen, Mörder[488] oder Menschen mit psychischen und physischen Abweichungen werden ließ.[489] Die Erhebung systematischer Daten bei Menschen galt wie bei der Vermessung von Menschenaffen als wissenschaftlich objektives Instrument und damit als unanfechtbar.

---

483 Ebd., S. 1.

484 Vgl. Zur Strassen (Hg.), Brehms Tierleben, Band 13, S. 678.

485 Jagdtrophäen und ihre Behandlung. Aus der Werkstatt eines Tierpräparators, in: Kolonie und Heimat 6 (51, 1911/12), S. 6.

486 Vgl. Museum Umlauff Hamburg, Der Riesen-Gorilla, S. 10.

487 Ebd., S. 4.

488 Vgl. Cesare Lombroso, Der Verbrecher in anthropologischer, ärztlicher und juristischer Beziehung, Hamburg 1894, S. 5; Hartmann, Der Gorilla, Tafel IV.

489 Vgl. Zimmerman, Anthropology and Antihumanism, Kapitel 3.

Durch die Trennung vom europäischen Menschen konnte der Gorilla als Jagdtrophäe inszeniert werden.[490] Paschen nutzte die Ausstellungen als Kontakt- und Verkaufsbörse. Er lud August Brauer ein, seine Sammlung vor Ort zu betrachten und interessante Objekte für das Museum auszuwählen. Sammler und Kunden begegneten sich, Angebote konnten verhandelt und Aufträge in Bestellung gegeben werden. Paschen berücksichtigte die Interessen seiner Kunden. Für tiergeografische Forschungen bot er an, Büffel aus verschiedenen afrikanischen Zonen zusammenzutragen.[491] Für seine Dienste erwartete er einen Orden als »*dekorative Auszeichnung*«.[492] Paschen wusste um die Abhängigkeit staatlicher Sammlungen mit geringem Etat und nutzte seine Jagden zur Generierung sozialen Kapitals.

Die Umlauffsche Naturalienhandlung verfügte um 1900 über ein breites Kontaktnetzwerk zu deutschen Museen, die die Hauptabnehmer von Naturalien bildeten. Der Kontakt zum Berliner Naturkundemuseum bestand seit den 1870er Jahren, aus der Zeit stammt die erste Akte im Archiv des Museums.[493] Der Briefverkehr verdeutlicht die zunehmende Professionalisierung des Unternehmens. Die Firma Umlauff versendete Preis- und Warenkataloge, die im Verlauf der Korrespondenz deutlich an Umfang zunahmen. Aus den Katalogen konnte das Museum Objekte auswählen. Ein Teil der Objekte wurde über den direkten brieflichen Kontakt angefragt. Schimpansen tauchten in den Katalogen häufig auf. Meist handelte es sich um Skelette oder Teile in Spiritus. Der Naturalienhandel bildete einen Knotenpunkt zoologischer Objekte. Ein Geschäft, das nur dank der Tiere, beziehungsweise dank der von ihnen gewonnenen Objekte, existierte und dem regen Interesse in Wissenschaft und Öffentlichkeit. Das zunehmende globale Ausgreifen Europas ließ das Unternehmen florieren. Die Nachfrage war groß und begünstigte die Suche nach weiteren Objekten. Das Wachstum, Selbstbewusstsein und der sich verlagernde Schwerpunkt der Firma spiegelten sich in dem Briefkopf wider. Aus »*J. F. G. Umauff's Naturalien-Handlung, Muschelwaren-Fabrik und Lager von ausgestopften Tieren und Skeletten*«,[494] dessen Rechnungen Muscheln zierten, entwickelte sich ein auf Ethnografica und ›exotische‹ Wildtiere spezialisiertes Privatmuseum. Ab 1900 prangte der Umlauff Gorilla[495] auf dem Briefkopf der Firma. Die Präparation von Menschenaffen avancierte zu einem der Hauptgeschäftszweige der Brüder Umauff.

Der Austausch des Berliner Museums mit Umlauff beruhte auf gegenseitigen Gefälligkeiten. Die Naturalienhandlung sendete Felle und Skelette zur zoologisch-systematischen Bestimmung nach Berlin, im Gegenzug erhielt das Museum Objekte. Das Dublettengeschäft von Museen, das die Berliner Zoologische Sammlung seit Lichtenstein betrieb, machte die Kustoden zu Experten auf dem Naturalienmarkt. Das Modell führte zu Konflikten. Paul Matschie hatte mehrere Felle für Umlauff bestimmt. Im Gegenzug

490 Vgl. Lange, Die ›Bestie Gorilla‹, S. 5.

491 Vgl. MfN d. HUB, Bestand: Zool. Mus., Signatur: S III, Paschen, H., Blatt 66.

492 Hans Paschen zit.n.: Ebd., Blatt 67.

493 Vgl. MfN d. HUB, Bestand: Zool. Mus., Signatur: S II, Umlauff, J. F. G., 01.01.1874.

494 Ebd.

495 Vgl. Ebd., 17.05.1913.

erhielt er Hörner, die Matschie als ungenügend für die von ihm geleistete Arbeit erachtete.[496]

Der Fund des »*Riesen-Gorillas*«[497] weckte in Berlin zusätzliche Begehrlichkeiten. Das Museum bemühte sich ab 1900 um den Ankauf eines großen männlichen Gorillas, um mit den »*Illusionswelten*«[498] privater Einrichtungen konkurrieren zu können. Beringe, Mecklenburg und Grauer übersandten regelmäßig Objekte nach Berlin. An die Ausmaße des Umlauff Gorillas reichte keines der Tiere heran. Den Wunsch erfüllte dem Berliner Museum schließlich Hans Meyer, der sich für einen Gorilla[499] im Besitz der Naturalienhandlung Umlauff interessierte, den Matschie im Vorfeld bestimmt hatte. Meyer schrieb im Dezember 1907 an Brauer:

> »Ich bin wie ich Ihnen vertraulich mitteile, zweifelhaft geworden, ob das Exemplar den hohen Preis, den Umlauff verlangt, wert ist. Und nun sind, wie mir Umlauff schreibt, zwei Amerikaner als Speculanten aufgetreten, so dass auch dieses Exemplar ins Ausland zu gehen droht. Bitte, lassen Sie mich vertraulich wissen, wie hoch Sie als Sachkenner den Wert des Tieres schätzen.«[500]

Die Firma Umlauff war mit ihrem präparierten »*Riesen-Gorilla*«[501] auf internationales Interesse gestoßen und konnte von Käufern bedeutende Summen fordern. Der Verweis auf ausländische Interessenten verdeutlicht die globalen Dimensionen des Naturaliengeschäftes und umfangreichen Kontakte Umlauffs. Meyers Befürchtung, die wertvollen Tiere für Deutschland zu verlieren, verweist auf die enge Verbindung zwischen wissenschaftlichem und politischem Wettbewerbsdenken. Besonders der stetig schwelende Wettlauf zwischen Deutschland und anderen europäischen Kolonialmächten führte zu einer verstärkten Beschleunigung beim Ansammeln von Objekten. Durch den Verweis auf weitere Kaufinteressenten setzte Umlauff Meyer unter Druck, was Wirkung zeigte. Im Januar 1908 meldete Meyer an Matschie, dass er den Gorilla erworben hatte und ihn dem Berliner Naturkundemuseum als Leihgabe anbot.[502] Der eigentliche Bestimmungsort des Gorillas sollte das Jenaer Phyletische Museum seines Schwiegervaters Ernst Haeckel sein.

---

496 Vgl. Ebd., 20.02.1898.

497 Museum Umlauff Hamburg, Der Riesen-Gorilla.

498 Kretschmann, Räume öffnen sich, S. 91.

499 Der Berliner »Riesengorilla« stammte ebenfalls aus Kamerun und wurde vermutlich 1907 von Polizeimeister Peter (Lebensdaten unbekannt) erlegt. Hinweise dazu fand Hannah Kressig in den unveröffentlichten Lebenserinnerungen von Umlauff im Hagenbeck Archiv, Hamburg; vgl. Hannah Kressig, Endstation Hotel Banana City. Die Menschenaffenpräparate des Naturmuseums Winterthur (Masterarbeit), Zürich 2024, S. 61, Fußnote 272.

500 Hans Meyer an August Brauer in: MfN d. HUB, Bestand: Zool. Mus., Signatur: S III, Meyer, H., Brief vom 19.12.1907, Blatt 14.

501 Museum Umlauff Hamburg, Der Riesen-Gorilla.

502 Vgl. MfN d. HUB, Bestand: Zool. Mus., Signatur: S III, Meyer, H.; Leipzig, 09.01.1908, Blatt 15.

Haeckel versuchte parallel zu Meyer präparierte Menschenaffen für das Phyletische Museum, das er am 30. Juli 1908 feierlich der Universität Jena überreichte,[503] über die Brüder Umlauff zu erwerben. Aus einem Schreiben Heinrich Umlauffs an Haeckel vom Januar 1909 geht hervor, dass Haeckel auf die Unterstützung von Stiftern zur Finanzierung seiner Menschenaffenausstellung angewiesen war. Umlauff regte an, im Zuge einer geplanten Darwin-Feier im Hagenbecker Tierpark eine Anzahl ausgestopfter Menschenaffen zu zeigen, um Förderer für Haeckels Museum zu gewinnen.[504]

Da sich die Eröffnung des Museums in Jena verzögerte, wollte Meyer den Gorilla nach Berlin verleihen. August Brauer antwortete umgehend:

> »Der Ankauf hat mich sehr gefreut, da endlich dieses grandiose Tier unserer Kolonie doch auch Deutschland in einem Exemplar erhalten bleibt. Da die Menschenaffen besonders aber der Riesengorilla jetzt leider in unverantwortlicher Weise, weil er einen großen Handelswert jetzt hat, verfolgt wird, so dürften die grossen Exemplare, wenn nicht die ganze Art in kurzer Zeit völlig vernichtet sein.«[505]

Über die Präsentation des »*Riesengorilla*[s]«,[506] als vom Aussterben bedrohter Tierart der deutschen Kolonie Kamerun, erfolgte die Aneignung der afrikanischen Fauna. Eine geplante Kolonialausstellung oder ein reines Kolonialmuseum wie in Tervuren konnte in Berlin nicht realisiert werden, als Stellvertreter dienten die Tiere. Das Bewusstsein über die Vergänglichkeit der Art wurde im persönlichen Briefverkehr mit Bedauern kommuniziert, die Umstände des Erwerbs nicht in Frage gestellt. Für Brauer war es vorrangig ein Exemplar des »*Riesengorilla*[s]«[507] für das Berliner Museum zu erhalten und einem großen Publikum zu präsentieren. Meyer veranlasste die Sendung des ausgestopften Gorillas von Hamburg nach Berlin. Den Balg ergänzte das Skelett des Tieres und ein menschliches Skelett für den anatomischen Vergleich. Der Umfang der Stücke stellte das Museum vor Probleme, da keine geeignete Vitrine vorhanden war. Meyer schrieb:

> »Sollte sie [Vitrine] zu klein sein, so bitte ich Sie auf meine Kosten eine geeignete Vitrine herstellen zu lassen, die dann später nach Jena gehen kann. Wie hoch wird sich der Preis einer solchen Vitrine etwa belaufen? Es wäre mir sehr lieb, wenn das »grossartige Schaustück«, wie Sie den Gorilla mit Recht nennen, an einem solch in die Augen fallenden Platz im Museum aufgestellt wurde. Sobald es aufgestellt ist, werde ich nach Berlin kommen.«[508]

---

503 Vgl. Ernst Haeckel, Alte und Neue Naturgeschichte. Festrede zur Übergabe des Phyletischen Museums an die Universität Jena bei Gelegenheit ihres 350jährigen Jubiläums am 30. Juli 1908, Jena 1908.

504 Vgl. Heinrich Umlauff (J. F. G. Umlauff Naturalienhandlung und Museum) an Ernst Haeckel, Hamburg, 25. Januar 1909, EHA Jena, Signatur A 46883, ID 46883, https://haeckel-briefwechsel-projekt.uni-jena.de/de/document/b_46883 vom 04.01.2023.

505 MfN d. HUB, Bestand: Zool. Mus., Signatur: S III, Meyer, H., Blatt 16, 09.01.1908.

506 Ebd.

507 Ebd.

508 Hans Meyer zit.n.: Ebd., 04.01.1908, Blatt 18.

Neben dem Bau einer geeigneten Vitrine musste eine Versicherung für das wertvolle Schaustück abgeschlossen werden. Die Kosten der Versicherung, die über die Basler Versicherungsgesellschaft lief, betrugen zwischen 40 bis 60 Mark pro Jahr. Die Objekte besaßen mit der Vitrine einen Gesamtwert von 12.500 Mark.[509]

Aktuelle Forschungsarbeiten verweisen darauf, dass die Fortschritte innerhalb der Taxidermie die Tiere im Verlauf des 19. Jahrhunderts aus den Vitrinen herauslösten.[510] Der Wert des Gorillas bedurfte erhöhter Schutzmaßnahmen und machte eine Vitrine notwendig. Neben dem Schutzaspekt hob die Vitrine den Gorilla innerhalb der Sammlung hervor und betonte dessen Einzigartigkeit. Der Gorilla erhielt eine Rahmung. Die Vitrine verlieh dem Raum Struktur und leitete die Besucher durch die Ausstellung.[511] Bis heute wird der Gorilla Bobby im Naturkundemuseum einzeln in einer Vitrine präsentiert, was auf seinen Schau- und Erinnerungswert und die Kunst des dermoplastischen Verfahrens, mit der Bobby konserviert wurde, verweist.

Da der Gorilla dem Museum nur als Leihgabe überlassen wurde, erfragte Brauer, ob Meyer ein ähnliches Exemplar dauerhaft für Berlin erwerben könnte. Meyer antwortete im August 1908:

> »Was nun einen grossen Gorilla gewöhnlicher Färbung für die Schausammlung betrifft, so will ich auch da mithelfen, wenn sich einmal eine gute Gelegenheit bietet. Möglicherweise aber kann ich sogar mein Riesenexemplar, das jetzt dort steht, dem Museum überweisen. Dies hängt hauptsächlich davon ab, wie sich die Museumsangelegenheit meines Schwiegervaters in Jena entwickeln wird. Wie Sie wissen, hat Haeckel das Museum, wie es jetzt ist, neulich dem Staat geschenkt. Damit aber drohen Einflüsse zur Geltung zu kommen, die mich veranlassen würden, den Gorilla nicht nach Jena zu geben. Doch darüber spreche ich besser mündlich mit Ihnen.«[512]

Nur einen Monat später teilte Meyer mit, dass er den Gorilla dem Berliner Museum als Geschenk überreichte. Im Jahr 1909 scheint Meyer für seinen Schwiegervater ein weiteres Gorillaexemplar über Umlauff erworben zu haben, das Heinrich Umlauff persönlich in Jena aufstellte.[513] Im Inventarbuch des Phyletischen Museums taucht der von Haeckel als Gorilla gigas bestimmte Gorilla am 16. Februar 1909 auf.[514]

Brauer wandte sich an das Kultusministerium und verwies auf die Bedeutung des Geschenks:

> »Für das Museum bedeutet es einen sehr großen Gewinn. Denn während andere besonders auswärtige Museen schon einige im Besitze von großen Exemplaren die-

509 Vgl. Ebd., Blatt 23 und 24.

510 Vgl. Ross, The Animal Body as Medium, S. 91.

511 Vgl. Vennen, Dinosaurier in Berlin, S. 183.

512 Hans Meyer an August Brauer in: MfN d. HUB, Bestand: Zool. Mus., Signatur: S III, Meyer, H.; Leipzig, Blatt 26 und 27.

513 Vgl. Heinrich Umlauff (J. F. G. Umlauff Naturalien-Handlung und Museum) an Ernst Haeckel, Hamburg, 26. März 1909, EHA Jena, Signatur A 11909, ID 11909, https://haeckel-briefwechsel-projekt.uni-jena.de/de/document/b_11909 vom 05.01.2023.

514 Vgl. Bastienne Karg, Der Gorilla aus dem Phyletischen Museum Jena, https://www.koloniales-erbe-thueringen.de/der-gorilla-aus-dem-phyletischen-museum/vom 17.04.2024.

ser Menschenaffen waren, war es unserem Museum infolge seiner geringen Mittel unmöglich gewesen [...] zu erwerben, und es war ebenso wenig gelungen, sie als Geschenk zu erhalten. [...] Beide stellen Schaustücke ersten Ranges dar [...].«[515]

Der Schauwert stand beim Erwerb des Präparats an erster Stelle und muss als Teil einer »*lebendigen und vielfältigen kolonialen Pop-Kultur*«[516] verstanden werden. Der wissenschaftliche Wert bemaß sich an der Größe und dem Verbreitungsgebiet des Gorillas. Die genommenen Maße zahlreicher Präparate der Jahrzehnte zuvor, wurden als Richtwerte bei der Beurteilung eines Tieres herangezogen. Das Streben nach dem jeweils größten Exemplar stand im Vordergrund. Wie groß und schwer die Tiere durchschnittlich wurden, spielte keine Rolle. Auch der Dresdner Museumsführer gab lediglich die größte Länge des bisher gefundenen Exemplars an.[517] In der Präparationswerkstatt Umlauffs war de facto eine neue Art des Gorillas erschaffen wurden, die durch die Art und Weise der Aufstellung und Inszenierung mit den Schauwelten Zoologischer Gärten konkurrieren konnte.

Museen benötigten eine große Zahl an Besuchern, die den Wert und das Ansehen des Museums steigerten. Das reine Schauen stand im Vordergrund der Ausstellung, die Bildung rückte in den Hintergrund. Damit gaben Museen einen Teil ihrer Wissenschaftlichkeit preis, um konkurrenzfähig zu bleiben. Die Wünsche der partizipierenden Öffentlichkeit mussten zum Selbsterhalt erfüllt werden.[518] Möbius reduzierter Ansatz in Bezug auf die Ausstellungsgestaltung wurde von Schaustücken, wie dem »*Riesen-Gorilla*«[519] durchbrochen. Im Gegenzug für das großzügige Geschenk erhielt Meyer einen Verdienstorden, den Brauer beim Kultusministerium erbat.

Meyer und Brauer pflegten nach 1908 weiterhin Kontakt. Im April 1915 erwähnte Meyer einen Bericht in der katholische Missionszeitschrift *Afrikabote* über die Tötung von über zwanzig Affen. Meyer vermutete Gorillas und sprach von einer »*gräuliche*[n] *Abschlachtung*«.[520] Er befragte Brauer nach den geltenden Jagdschutzgesetzen: »*Als ich 1911 draußen war, durften wir nicht einmal für unsre wissenschaftlichen Sammlungen einen Anthropoiden schiessen – und jetzt? Es wäre gut, wenn Sie an maßgebender Stelle in Berlin Einspruch gegen solche Gesetzwidrigkeiten erhöben.*«[521]

Die Entrüstung Meyers muss im Kontext verschärfter Wildschutzgesetze nach 1900 und den skandalträchtigen Abschuss von rund 30.000 Wildtieren 1910/11 in Deutsch-Ostafrika, um das wirtschaftlich relevante Vieh vor der Rinderpest zu schützen, verstanden werden.[522] Bei diesen Maßnahmen ging es vorrangig um die Sicherung des wirtschaftlich relevanten Viehbestandes in den Kolonien und Ausgrenzung der afrikanischen

515 August Brauer in: MfN d. HUB, Bestand: Zool. Mus., Signatur: S III, Meyer, H.; Leipzig, Blatt 32.

516 Bischoff, Kannibale-Werden, S. 124.

517 Vgl. Führer durch das Königliche Zoologische Museum, 1881, S. 7.

518 Vgl. Nyhart, Modern Nature, S. 202; Penny, Objects of Culture, S. 131.

519 Museum Umlauff, Der Riesen-Gorilla.

520 Hans Meyer an August Brauer in: MfN d. HUB, Bestand: Zool, Mus., Signatur: S III, Meyer, H.; Leipzig, Blatt 116.

521 Hans Meyer an August Brauer: Ebd., Blatt 116f.

522 Vgl. Gissibl, Das kolonisierte Tier, S. 17–18.

Bevölkerung. Der durch Europäer imaginierte Naturraum Afrika wurde zu einem Testfeld des europäischen Naturschutzes was bis heute andauert.[523]

Für Meyer war das Berliner Museum der erste Ansprechpartner, wenn es um Verstöße gegen koloniale Tierschutzgesetze ging. Brauer teilte mit, dass es sich bei dem Vorfall um gewöhnliche Affen handelte, die nicht unter dem Schutz der kolonialen Gesetzgebung standen. Die Seltenheit des Gorillas hatte der Art einen eigenen Status eingebracht. Sie galten als Prunkstücke einer Sammlung und im Sinn Schillings als »*Naturdenkm*äler«,[524] deren Schutz in Afrika zunehmend ins Bewusstsein rückte. Gleichzeitig verweist der beständige Austausch, die häufigen Anfragen, das Versenden von Objekten zwischen Naturalienhändlern, Sammlungen, Präparatoren und Sammlern auf den beständigen Bedarf an der Ware Gorilla. Der Markt war zu Beginn des 19. Jahrhunderts nicht gesättigt. Dazu trugen die Entdeckung des Berggorillas als tatsächlicher und des »*Riesen-Gorilla*[s]«[525] als vermeintlich neuer Art des Gorilla gigas[526] bei. Der Erwerb deutscher Kolonien beschleunigte die Suche nach weiteren Populationen.

Die Akte Umlauff im Berliner Museum dokumentiert den Aufstieg des Unternehmens zu einem global agierenden Naturalienhandel mit eigenem Museum[527] und dessen Ende. Im Jahr 1929 fragte Umlauff an, ob das Berliner Museum Interesse an weiteren Naturalien hätte.[528] Das Lager musste geräumt werden, da Rechnungen nicht beglichen werden konnten.

Die über Berlin gehandelten und durch Kerz und ter Meer präparierten Grauer Gorillas und der in Berlin aufgestellte Riesengorilla Umlauffs verweisen auf unterschiedliche Präparationstechniken und Ziele von Präparaten um 1900. Umlauff schuf Präparate, die den öffentlichen Geschmack, die Wünsche des Publikums befriedigen sollten. Die Präparate Kerz und ter Meers versuchten einen realitätsnahen Eindruck zu vermitteln. Durch die Anbindung der beiden Präparatoren an wissenschaftliche Sammlungen lag der Fokus ihrer Arbeit auf der Vermittlung von Wissen. Umlauff versuchte mit seinen Gorilla-Präparaten wissenschaftliche Fakten zu legitimieren. Die präpararieten Gorillas und inszenierten Gorillafamilien von Kerz und ter Meer können als Gegenentwürfe zu dem von Umlauff verbreiteten Gruselgestalten verstanden werden. Heute wie um 1900 gelten Präparate als besonders wertvoll, wenn es sich um Arbeiten einflussreicher Präparatoren handelt, um Objekte bekannter Sammlerinnen und Sammler, die Tiere als ausgestorben gelten oder das jeweilige Präparat über ganz spezifische Eigenschaften verfügt.

Das Berliner Beispiel zeigt, dass die Dynamiken innerhalb von Museen vielfältig und große, wissenschaftliche Sammlungen um 1900 auf Museumsbesucher angewiesen waren und öffentliche Geschmäcker bedienen mussten. Um 1900 existierte kein einheitli-

523 Vgl. David Anderson; Richard Grove, The Scramble for Eden. Past, Present and Future in African Conservation, in: Dies. (Hg.), Conservation in Africa. People, Policies and Practice, Cambridge 1995, S. 5.

524 Carl Georg Schillings zit.n.: Auszug aus der Rede, S. 363; Zur Strassen (Hg.), Brehms Tierleben, Band 13, S. 629.

525 Museum Umlauff, Der Riesen-Gorilla.

526 Vgl. Karg, Der Gorilla, https://www.koloniales-erbe-thueringen.de/der-gorilla-aus-dem-phyletischen-museum/vom 26.05.2024.

527 Vgl. Lange, Echt, S. 11.

528 Vgl. MfN d. HUB, Bestand: Zool. Mus., Signatur: S II, Umlauff, J. F. G., 25.10.1929.

ches Vorgehen bei der Präparation von Tieren. Jeder Präparator verlieh seinen Objekten eine individuelle Signatur, was zu einem Nebeneinander unterschiedlicher Präparationstechniken, mit je eigenen Vermittlungsvorstellungen der Tiere führte. Über den »*Riesen-Gorilla*«[529] hielten dermoplastische Verfahren Einzug in die Berliner Schausammlung, die noch nicht von Berliner Präparatoren angewandt wurden.

Berlin bildete ein bedeutendes Sammlungszentrum und stellte die Präparate in einen kolonialen Kontext. Die revolutionären technischen Umsetzungen auf dem Gebiet der Präparation nahmen ihren Ausgang in Stuttgart, Leipzig und Hamburg. Auch wenn der Anspruch im Zuge der biologischen Perspektive auf die Gestaltung lebensnaher Darstellungen abzielte, entwarf jeder Präparator seine ganz eigenen Vorstellungen des Gorillas. Die Grundlage für die Gestaltung bildeten bekannte Kadaver, Präparate, Skelette und Schädel. Das Medium der Fotografie gewann um 1900 als Vorlage und Dokumentationsmittel zunehmend an Bedeutung. Einen lebenden, ausgewachsenen Gorilla hatte keiner der Präparatoren selbst gesehen. Fotografien boten die einzige Möglichkeit, die Tiere kurz nach ihrer Erlegung vor Beginn des Verwesungsprozesses zu konservieren. Die Präparate bedienten die Sehnsucht des Publikums ausgewachsene Gorillas sehen zu können und bildeten einen Kontrast und Ergänzung zu den in Zoologischen Gärten gezeigten Jungtieren. Hockten junge Menschenaffen meist geschwächt in ihren Käfigen, zeigten die Präparate Kerz, ter Meers und Umlauffs durch die Herausarbeitung der Muskulatur und Größe der Tiere deren Vitalität und Kraft.

Um 1900 wurde die Bedrohung der Tierwelt wahrgenommen und diskutiert. Die Vielzahl an lebenden und toten Tieren, die Berlin in kurzer Zeit erreichten, blieb nicht ohne Kritik.

> »Es muss den Thierfreund mit Schmerz erfüllen, wenn er sieht, wie alljährlich mit schweren Opfern und unter Aufwendung ungeheurer Geldkosten auf's Neue Exemplare der anthropomorphen Affen nach dem Norden geschleppt werden, die hier wohl noch niemals lange am Leben geblieben sind.«[530]

Die Haltungsbedingungen in Zoologischen Gärten hatten sich nicht verbessert, ein längeres Überlegen der Tiere hing von glücklichen Umständen ab. Die Wege der Tiere in die Museen blieben den Museumsbesuchern verborgen. Nur die Reiseberichte der Sammler, Berichte in Zeitschriften oder die Aussagen Paschens gaben Einblicke in die Jagdmethoden. Da die Berichte von europäischen Überlegenheitsansprüchen überdeckt und unter dem Schutz wissenschaftlicher Forschung legitimiert wurden, hielt sich die Kritik am Erwerb der Tiere in Grenzen.

Neben dem beginnenden Interesse für Fragen des Naturschutzes waren es die Präparatoren, die sich zunehmend aus den Hinterzimmern und Kellergewölben emanzipierten und ihr Können und Einfluss auf Museumsausstellungen der Öffentlichkeit präsentierten. Im Vergleich zu den naturkundlichen Sammlungen in Lübeck und Dresden, wo

529 Museum Umlauff, Der Riesen-Gorilla.

530 H. Schneider, Ueber Erhaltung der anthropomorphen Affen in Deutschland, in: Der Zoologische Garten 22 (1881), S. 47.

die Präparatoren meist unbekannt blieben, waren Kerz und ter Meer aktive Korrespondenzpartner, die im Austausch mit den Präparatoren, Sammlern und Zoologen standen. Philip Leopold Martin hatte mit seinem Engagement die Anregung zur Etablierung eines eigenständigen Berufsfeldes und zur Sicherung von Qualitätsstandards von Präparaten gegeben. Kerz und ter Meer schufen mit ihren Präparaten keine Dioramen. Sie stellten zoologische Familien zusammen und weckten das Interesse der Besucher durch die lebensnahe Darstellung der Tiere.

Obwohl Matschie ein Experte der Tiergeografie war, schlug sich dieser wissenschaftliche Schwerpunkt nicht in der Ausstellung von Menschenaffen nieder. Lediglich die Weltkarten in den Räumen der Schausammlung lieferten ein Indiz für die Besucherinnen und Besucher. Möbius hatte die Trennung in Schau- und Lehrsammlung in Berlin durchgesetzt, durch den wissenschaftlichen Anspruch und die Entstehung im Kontext der Universitätsgründung blieb das Naturkundemuseum der systematischen Aufstellung weitgehend treu. Die systematische Aufstellung der Objekte dominierte, besonders im Hinblick auf die gezeigten Menschenaffen. Ideen der Zoogeografie zeigten sich an vereinzelten, von Möbius eingeführten Dioramen,[531] die in Berlin nicht für die Ausstellung von Menschenaffen genutzt wurden. Menschenaffen wurden in Lübeck, Dresden und Berlin nicht als charakteristische Tiere einer bestimmten geografischen Region gezeigt, sondern deren Sonderstatus betont. Der Begriff der ›Charakteristik‹ ersetzte nach 1900 die Bezeichnung ›Eigentümlichkeit‹. Dioramen zeigten charakteristische Tiere einer Region, Charakteristik definierte sich als »*Summe der Merkmale, durch die ein Ding sich von anderen Dingen oder eine Klasse oder Gattung von anderen Gattungen unterscheidet.*«[532] Damit wurden Tiere, vor allem landlebende Großsäuger, bestimmten Regionen fest zugeordnet, ohne die Wirklichkeit im Museum tatsächlich abzubilden.[533] Ein Gorilladiorama nach amerikanischem Vorbild wurde erst ab 1907 im Senckenberg-Museum in Frankfurt a.M. gezeigt.[534] Die Emotionen der Besucher wurden nicht über inszenierte Lebensräume oder die Schutzbedürftigkeit der Tiere geweckt, sondern über die Nähe zum Menschen und den Verweis auf bekannte Kolonialreisende und deren Reisebeschreibungen. Die Gorillas in Berlin waren koloniale Tiere. Ihre Präparation, Ausstellung und Beschreibung in Zeitschriften legitimierte und rechtfertigte koloniale Prozesse und übte einen rassistischen Blick auf Afrikaner ein.

Die Ausstellung in Berlin unterlag einem stetigen und dynamischen Wandel. Sammlungszugewinne, Moden der Präparation und Wünsche des Publikums mussten befriedigt und gleichzeitig der wissenschaftliche Wert betont werden. Die Kustoden und ihre Gestaltung der Ausstellung bewegten sich in dem Spannungsfeld zwischen Öffentlichkeit und Wissenschaft. Das Museum musste im Vergleich mit den Schauwelten lebender Tiere in Zoologischen Gärten konkurrenzfähig bleiben, um Besucher gewinnen zu können.

---

531 Vgl. Wonders, The Habitat Diorama Phenomenon, S. 286.

532 Köstering, Natur zum Anschauen, S. 98.

533 Vgl. Ebd., S. 101.

534 Vgl. Nyhart, Life after Death, S. 235–238.

6 Fazit

Welche Akteure produzierten welches Wissen? Welche Praktiken nutzten sie zur Wissensgenerierung? Welches Wissen wurde in diesen Prozessen und Transfers für wen gewonnen? Mit diesen zentralen Fragen befasste sich die vorliegende Arbeit über die Zeit von circa 1860 bis 1910 und ging der These nach, dass sich der Westen über die Ausstellung von Menschenaffen in naturkundlichen Sammlungen in unterschiedlicher Form selbst ausstellte, beziehungsweise Aneignungs- und Abgrenzungsstrategien zum Tier und zur Natur entwickelte. Diesen Fragestellungen und Thesen wurde mit der Untersuchung beteiligter Protagonisten, von Handlungs- und Beschaffungswegen, Sammlungspraktiken und Präparationstechniken, Orten und Inszenierungsweisen nachgespürt.

Die einzelnen Kategorien – Akteure, Praktiken und Wissen – können nicht losgelöst voneinander betrachtet werden. Verschiedene Akteure nutzten verschiedene Wege der Aneignung von Menschenaffen, waren zu unterschiedlichen Zeiten erfolgreicher als andere und bestimmten das Bild und Wissen über die Tiere in Europa. Bedarfe an lebenden und toten Tieren wandelten sich. Darstellungsweisen der Tiere unterlagen Moden und Diskursen. Trotz der engen Verflechtung der Kategorien sollen diese im Folgenden aufgeschlüsselt werden, um Entwicklungen und Verlaufsformen, Kontinuitäten und Brüche über fast fünfzig Jahre darstellen zu können.

An der Entdeckung des Gorillas für Europa waren 1847 zahlreiche **Akteure** beteiligt, doch nur wenige sind in den zugänglichen europäischen Quellen namentlich überliefert. Die wenigen Objekte mit deren Hilfe Arten in die europäisch-zoologische Systematik eingereiht wurden, erreichten zunächst die bekanntesten europäischen und nordamerikanischen naturkundlichen Sammlungen. Das europäische Wissen über die Tiere wurde an zentralen Orten des Globalen Nordens gebündelt und produziert. Der Dank der Wissenschaft galt den zuarbeitenden Europäern, darunter Missionare, (Schiffs-)Reisende, Militärs und Tiermaler. Die Tatsachen, dass Gorillas in Teilen Afrikas längst bekannt waren, Menschen sich Lebensräume mit den Tieren teilten, ihnen eigene Bezeichnungen gaben, der erste und viele weitere Belege durch afrikanische in europäische Hände gelangte, blieben bestenfalls Randnotizen.

Der schwierige Zugriff auf die Tiere eröffnete einzelnen Akteuren neue Karrieremöglichkeiten. Der Beruf oder vielmehr die Berufung des Gorillajägers entstand. Die Suche nach den seltenen Tieren beförderte die Erschließung des afrikanischen Kontinents. Mit den neuen, aus europäischer Perspektive kurzlebigen Routen durch den afrikanischen Tropenwald, erschlossen sich neue Kontakte zu bisher in Europa unbekannten afrikanischen Gruppen, Tieren und Pflanzen. An die Begegnungen knüpften sich Legenden um die Tiere, die in Europa auf breites Interesse stießen und die europäischen Fantasien um das Mensch-Tier-Verhältnis und die afrikanische Natur bis in die Gegenwart prägen. In den afrikanischen Gesellschaften hallte das Interesse der Europäer an Menschenaffen dauerhaft nach und schuf ein Bewusstsein für einen europäischen Markt an immer neuen Objekten und Geschichten über die Tiere. Die im Verlauf des 19. Jahrhunderts steigende Menge an gehandelten Menschenaffen(-präparaten), die von einzelnen Europäern von Afrika in den Globalen Norden weitertransportiert, direkt an Museen, Zoos oder über Naturalienhändler veräußert wurden, verweist auf den Einsatz zahlreicher Akteure in Afrika.

Die schwierigen Umstände, unter denen die Objekte erworben und gehandelt wurden, zeigten sich in dem schlechten Zustand der Präparate, die die Einbindung weiterer Akteure in Europa notwendig machte. Tiermaler und Bildhauer versuchten die Fäulnis, das Fehlen von Körperteilen, das Nicht-Wissen um die Lebendigkeit der Tiere mithilfe der Kunst sichtbar zu machen. Dabei flossen die durch wenige europäische Augenzeugen vermittelten Verhaltensweisen und afrikanischen Legenden in die Darstellungen der Tiere ein. Die Tierbilder und -plastiken prägten den europäischen Blick auf Gorillas, wodurch sie eine bedeutende Vermittlerrolle zwischen Wissenschaft und Öffentlichkeit einnahmen. Sie machten das unbekannte Tier sichtbar und erzeugten Realität. Die ersten europäischen Tiermaler in Paris und London, die Gorillas zeichnerisch erfassten, waren eng an die Institution des Naturkundemuseums gebunden.

Im Verlauf der 1860er und 1870er Jahre muss der Zugriff auf die afrikanische Tierwelt im Allgemeinen und Gorillas im Besonderen vor dem Hintergrund eines zunehmenden europäischen Interesses an Afrika verstanden werden. Das wissenschaftliche und wirtschaftliche Engagement Europas zeigte sich etwa in der Durchführung erster Expeditionen, der Errichtung von Forschungsstationen und dem Ausbau von Handelszentren an den afrikanischen Küsten. Eine intensivierte Anwesenheit Europas in Afrika führte zu einer zunehmenden Anzahl von Menschenaffenobjekten in europäischen Naturkundemuseen. Zufällige Erwerbungen konnten nun für kleinere Sammlungen einen bedeutenden Imagegewinn bedeuten. Die Lübecker Gorillas bescherten der Hansestadt nationales und internationales Prestige. Sie zogen Besucher an, darunter Tiermaler, Wissenschaftler und ein bürgerliches Publikum und dienten als Tauschobjekte innerhalb des musealen Dublettengeschäfts. Die Einmaligkeit und der Umfang der aufgestellten Gorillas in einer deutschen naturkundlichen Sammlung machten deren ausführliche Beschreibung notwendig, wodurch sonst namentlich unbekannte Akteure Erwähnung fanden. Der Präparator der Objekte, ein Fotograf und Mitglieder eines Naturkundevereins erhielten dank der Arbeit mit den präparierten Objekten Sichtbarkeit. Die genauen Erwerbsumstände und afrikanischen Akteure blieben dagegen weiterhin verschwiegen oder unbekannt.

Mit der Einrichtung erster Zoologischer Gärten etablierten sich seit den 1840ern Bühnen der Präsentation lebender Tiere in Europa, deren steigender Bedarf an diesen gedeckt werden musste. Mit ihrer Einrichtung boten sie die Möglichkeit des Studiums lebender Tiere in Ergänzung zur Erforschung toter Tiere in Museen und übernahmen von diesen den Anspruch einer exakten wissenschaftlichen Nomenklatur, der damit verbundenen systematischen Aufreihung und dem Ziel der Vervollständigung des Tierbestandes. In Zoos und Museen galten Tiere als objektiv beobachtbar. Intensiv wissenschaftlich genutzt wurden zunächst nur zoologische Präparate in Museen. Zoos bildeten Orte mit ganz eigenen Zielen, Akteuren und Räumen, die auf Naturkundemuseen, Bedarfe an außereuropäischen Tieren und europäische Vorstellungen der (afrikanischen) Tierwelt rückwirkten. Zoodirektoren, Tierwärter, (Populär-)Wissenschaftler, Naturkundevereine, Tiermaler und ein naturkundlich interessiertes Bürgertum hofften auf den ersten lebenden Gorilla in Europa. Neue Akteure wurden in existierende Netzwerke eingebunden und erweiterten diese. Einzelne Akteure und Orte bildeten Knotenpunkte des Austauschs. Insbesondere Auseinandersetzungen zwischen Akteuren machen deren Beziehungen bis heute sichtbar, verweisen auf persönliche Verbindungen, Abhängigkeiten, Schlüsselmomente und Konkurrenzen, wie der Streit um die Artzugehörigkeit Mafukas.

Im Sinne Latours verweist der Umgang mit Gorillas und anderen Menschenaffen auf die Einbindung von nicht-menschlichen Akteuren in menschliche Netzwerke.[1] Der Fokus auf diesen Akteuren offenbarte bisher wenig erforschte Netzwerke. Mit dem Erwerb deutscher Kolonien in den 1880er Jahren entstanden neue Netzwerke, bestehende Netzwerke erhielten neue Dynamiken. Die Afrikareisenden und deren Reisemotive vervielfachten sich, wenn auch die Anzahl im Vergleich zu der Größe der Gebiete und dort lebenden Bevölkerung als gering verstanden werden muss. Soldaten, Kolonialbeamte, Privatreisende, Wissenschaftler, Kaufleute, eine unbekannte Zahl afrikanischer Träger, Dolmetscher und Jäger wurden in die Suche nach Menschenaffen eingebunden und belieferten deutsche Museen und Zoologische Gärten. Der enorme Bedarf an lebenden und toten Tieren verdeutlicht sich im Erfolg des internationalen Tierhandels.

Die koloniale Herrschaft Europas über Afrika und weitere Teile der Welt beeinflusste gesellschaftliche, politische, wirtschaftliche und wissenschaftliche Denkstrukturen der Kolonisierten und Kolonisatoren. Die Beziehungen waren von Abgrenzungsbemühungen der Europäer von den zu beherrschenden Afrikanern geprägt. Gleichzeitig lebten Europäer und Afrikaner enger und länger als je zuvor bei- und miteinander. Im Zusammenhang mit dem Erwerb von Menschenaffen wurden vereinzelte afrikanische Akteure erstmals namentlich erwähnt, ihr Verdienst wurde in den europäischen Zoos und Museen weiterhin marginalisiert.

Die Sammler von europäischen Naturkundemuseen um 1900 stammten aus unterschiedlichen sozialen, religiösen und kulturellen Kontexten, was auf die Heterogenität europäischer Akteure in Afrika verweist. Gemeinsam waren sie an der wissenschaftlichen, wirtschaftlichen, militärischen und politischen Erschließung der afrikanischen Kolonien beteiligt und müssen als koloniale Akteure verstanden werden. Anders als in den 1860er und 1870er Jahren, als sich sogenannte Gorillajäger, Afrikaforscher, erste vereinzelte Expeditionen oder Privatpersonen auf die Suche nach Menschenaffen nach Afrika begaben, begann 1884 mit dem Erwerb deutscher Kolonien eine Phase breit angelegter Forschungsvorhaben mit dem Ziel der vollständigen Erschließung des afrikanischen Kontinents. Die Suche nach Menschenaffen galt als bedeutendes zoologisches For-

1 Vgl. Latour, Der Berliner Schlüssel, S. 50.

schungsziel, gestaltete sich aber neben der wirtschaftlichen und geografischen Untersuchung als nebensächlich. Trotz der Vielzahl an erlegten Menschenaffen blieb das Wissen über die tatsächlichen Lebens- und Verhaltensgewohnheiten oberflächlich und beruhte auf Erzählungen aus zweiter oder dritter Hand. Die Expeditionen stellten regelrechte Sammlungssprints in Afrika dar, was sich in überfüllten ethnografischen und zoologischen Sammlungen mit teils unklaren und nicht zuordnungsbaren Objekten widerspiegelte. Als wertvoll galten Neuentdeckungen, wie der Balg des Gorilla beringei und dessen Verwahrung als Typusexemplar im Depot des Berliner Museums für Naturkunde bis heute. Sammler konnten Objekten zusätzlichen Wert verleihen, wenn es sich um bekannte Persönlichkeiten, wie Adolf von Mecklenburg handelte. Das Museum verlieh Auszeichnungen für wissenschaftliche Verdienste, schrieb Sammler über deren Nennung in das Museum ein und machte sie für das Publikum sichtbar. Gleichzeitig wirkte das ausgestellte Präparat auf den Sammelnden zurück. Der Kontakt zwischen Reisenden und Museen verlief nicht ohne Konflikte. Weite Distanzen, Entbehrungen und Wünsche im Hinblick auf den Umgang mit den gesammelten Objekten führten zu Unstimmigkeiten. Sammler von Menschenaffen versuchten, die koloniale Tierwelt zu nutzen, um Ruhm zu erwerben und alternative Karrieremöglichkeiten, etwa in der Kolonialverwaltung, für sich zu nutzen. Sammler verfolgten ganz individuelle Ziele.

Die Vorstellung eines globalen Wissens umfasst nicht nur das europäische Wissen, sondern muss die Wissensbestände Außereuropas, der Anderen, der Subalternen einschließen, die in den europäischen Quellen nicht zum Sprechen kommen.[2] Und selbst wenn ihr Einsatz, die afrikanischen Namen der Tiere oder ihre Präparationstechniken Erwähnung finden, konnten die europäischen Kolonisatoren die Kultur des Umgangs mit den Tieren nicht verstehen. Die Funktion eines präparierten Gorillakopfes konnte in den Augen der Europäer nur als ›Fetisch‹ gedeutet werden, die Jagdkultur wurde als Beweis evolutionsbiologischer Hierarchiemodelle herangezogen. In den europäischen Quellen existierte keine afrikanische Kultur, sondern allein eine afrikanische Natur, die sich Tiere und Menschen teilten.

Eng mit den beteiligten Akteuren waren **Praktiken und Techniken** der Erfassung und Aneignung von Gorillas verbunden. Das Jagen, Sammeln, Präparieren, Fotografieren, Verpacken, Transportieren, Vermessen, Wiegen, Zeichnen, Abgießen, Ausstellen und Deponieren stellten einzelne Schritte im Prozess der Annäherung dar. Akteure verfolgten mit der Durchführung bestimmter Handlungen eigene Ziele und Motive, die einem stetigen Wandel unterlagen. Konkrete Handlungen verbanden sich mit Inszenierungen von Menschen und Tieren.

Die Umstände der Jagd konnten, wie im Fall des ersten nach Europa gelangten Gorillaschädels, unbekannt bleiben oder sich zu einer eigenen Profession mit spezifischen Darstellungsstrategien entwickeln. Gorillajäger nutzten ihren exklusiven Zugriff auf die Tiere, um sich vor westlichem Publikum zu inszenieren. Mit der Betonung vermeintlich benötigter körperlicher Voraussetzungen und geistiger Fähigkeiten begründeten sie die Exklusivität der Jagd durch den europäischen Mann auf den begehrten Gorilla. Das Tier selbst definierten sie als angriffslustige ebenbürtige Bestie. Die afrikanischen Jäger und

2 Vgl. Spivak, Can the Subaltern Speak?, S. 60.

Helfer erschienen in den Berichten zunächst als unfähig, Gorillas ohne die Hilfe des weißen Mannes zu erlegen.

Mit dem kolonialen Eingreifen vervielfältigten sich die Darstellungen von Gorillajagden. Neben das Motiv des hilfesuchenden Afrikaners, der im Anblick eines ausgewachsenen Gorillamännchens den Europäer um Tötung und damit Schutz bittet, traten Beschreibungen der Unmöglichkeit einer Gorillajagd durch Europäer. Die Undurchdringlichkeit des Tropenwaldes verhinderte deren Erlegung, so die gängige Begründung. Das Unvermögen des europäischen Jägers wurde vor dem Hintergrund einer künstlich erzeugten Dichotomie zwischen dem europäischen ›Kulturmenschen‹ und afrikanischen ›Naturmenschen‹ gedeutet. Die Nähe des afrikanischen Jägers zur Natur wurde mit der Evolutionstheorie Darwins legitimiert. Mit der Übertragung der Jagd auf die afrikanischen Begleiter löste sich der europäische Reisende gleichzeitig von dem Vorwurf der Wilderei, der Tötung einer zunehmend als bedroht wahrgenommenen Tierart. Ein Sammeln zu wissenschaftlichen Zwecken suggerierte vor heimischem Publikum einen bewahrenden und schonenden Umgang mit der Natur und überdeckte die massenhafte Ausfuhr an lebenden und toten Gorillas für die europäische Unterhaltungsindustrie, zu der zunehmend Naturkundemuseen mit deren repräsentativen Bauten und neuen Ausstellungskonzepten gehörten.

Die anatomische Andersartigkeit des Schädels hatte zur Entdeckung des Gorillas geführt. Das Tier erhielt einen Wert für europäische Sammler und wurde mit dem Verweis auf seine Besonderheit und angenommenen Seltenheit in eine naturkundliche Sammlung des Globalen Nordens überstellt. Weitere Funde erfolgten meist zufällig. Mit dem Auffinden großer ausgewachsener Männchen um 1900 wurden verstärkt eben solche Exemplare erlegt. Das Verpacken und der Transport führten zu ungewollten Selektionen der Objekte durch klimatische Bedingungen, ungenügende technische Fertigkeiten, nicht ausgebaute Verkehrswege oder falsche Adressaten. In Afrika blieben die Europäer abhängig von der Hilfe afrikanischer Jäger und Träger. Bis die Kisten in Europa ankamen, waren sie durch zahlreiche Hände gegangen und immer wieder neu gelagert und mit unterschiedlichen Transportmitteln bewegt wurden. In die Logistiknetzwerke eingebundene Beteiligte berührten die Objekte selbst oft nicht. Der Inhalt der Kisten besaß nicht für jeden Akteur innerhalb des Netzwerkes denselben Wert.

Die Annäherung an das zunächst unbekannte Tier erfolgte über vermeintlich mathematisch objektive Methoden der Erfassung und Vergleiche zu anatomisch bekannten Arten, wie Schimpansen, Orang-Utans und dem Menschen selbst. Die Gegenüberstellung zum Menschen diente zur Feststellung von Gemeinsamkeiten, Ähnlichkeiten und erlaubte den Schluss einer exklusiven Stellung des (europäischen) Menschen im Tierreich. Das Vermessen und Wiegen, die Übertragung der Daten in Tabellen und Diagramme ermöglichten im Sinne Latours einen Transport und Zirkulation als »*immutable mobiles*«.[3] Mit der zunehmenden Ansammlung von Gorillaobjekten entfielen diese Schritte der europäischen Verwissenschaftlichung nicht, sondern sie intensivierten sich zunächst. Der zoologisch-anatomische Vergleich unzähliger Belege in Form von gesammelten Daten und Objekten, die zirkulierten und veröffentlicht wurden, dienten der Benennung weiterer Arten und Unterarten und Herausbildung neuer Forschungsschwerpunkte, etwa der

3 Latour, Die Logistik der immutable mobiles, S. 111.

Tiergeografie. Auftretende Abweichungen von der vermeintlichen Datennorm konnten zu Irritationen, Umbenennungen oder Streitigkeiten führen. Unsicherheiten im Hinblick auf die tatsächliche Anzahl benannter, unbenannter und mehrfach benannter Arten existieren bis heute.[4]

Für die Erfassung der Gorillas wurde eine Bandbreite an technischen Möglichkeiten eingesetzt, die ganz eigene Arbeitsabläufe und Wissensbestände beinhalteten beziehungsweise voraussetzten. Mit der Erfindung der Daguerreotypie erfolgte erstmals die fotografische Abbildung von lebenden und toten Menschenaffen in Paris. Das Verfahren befand sich Mitte des 19. Jahrhunderts in seinen technischen Anfängen und ersetzte Zeichnungen nicht. Mit der zunehmenden Einfuhr toter und lebender außereuropäischer Tiere nach Europa erlebte die Tiermalerei eine Blüte. Tiermaler in ganz Europa zeichneten Tiere für wissenschaftliche Beiträge bekannter Naturwissenschaftler und veröffentlichten in den 1860er und 1870er Jahren Bilder in populärwissenschaftlichen Familienzeitschriften und zoologischen Sachbüchern. Das Interesse an zoologischen Themen entwickelte sich in der zweiten Hälfte des 19. Jahrhunderts zu einem Massenphänomen und zeigte sich in der breiten Rezeption von Darwins Evolutionstheorie, der Gründung Zoologischer Gärten und naturkundlicher Vereine, dem Print populärwissenschaftlicher Medien und Neubauten von Museen, wie unter anderem durch Andreas Daum, Susanne Köstering oder Lynn Nyhart aufgezeigt wurde.[5]

Tierbilder ergänzten und ersetzten einen Tierparkbesuch, informierten über neueste zoologische Entdeckungen und gewährten lebendige Einblicke in die Natur, so der Anspruch der Maler, die mit ihren Bildern Berühmtheit erlangten und mit bedeutenden Persönlichkeiten der (populär-)wissenschaftlichen Zoologie in engem Austausch standen. Die Analyse der Bilder zeigte, dass sie keineswegs die Wirklichkeit abbildeten, sondern von den kulturellen und sozialen Hintergründen der Maler geprägt wurden. Darstellungen von Menschenaffen verbreiteten ein bürgerliches Familienbild, das mit der Realität oft wenig gemein hatte. In den Bildern der Tiermaler drückte sich die Faszination für das lebendige Tier und die Auseinandersetzung mit der Evolutionstheorie aus. Die Zeichnungen müssen als erste Schritte der Verhaltensbeobachtung lebender Menschenaffen betrachtet werden, ein entstehendes Forschungsfeld für das sich zunehmend europäische Wissenschaftler öffneten.

Gleichzeitig monopolisierten europäische Wissenschaftler das Wissen um die Tiere für Europa. Neu entdeckte Menschenaffenarten wurden in die europäische Nomenklatur nach Linné eingereiht und afrikanische Bezeichnungen überschrieben. Das Unbekannte, das die Präparate nicht Preis gaben, wurde durch Vermutungen, Imaginationen und Vergleiche mit dem Bekannten aufbereitet und überdeckt. Das zunächst unbekannte Aussehen, die Haltung und Stellung von Gorillas wurde bekannten Tieren angepasst, Verhaltensweisen vor dem Hintergrund europäischer Lebensgewohnheiten gedeutet. Nicht verifizierbare Berichte von Gorillajägern flossen in die Darstellungen der Tiere ein. Das änderte sich nicht, als erste lebende Gorillas ab den 1870er Jahren nach

4 Vgl. Christopher Kemp, Die verlorenen Arten. Große Expeditionen in die Sammlungen naturkundlicher Museen, München 2019, S. 14.

5 Vgl. Daum, Wissenschaftspopularisierung; Köstering, Natur zum Anschauen; Nyhart, Modern Nature.

Europa gelangten. Wie die Darstellungen der Tiere sich am Menschen orientierten, so beeinflussten europäische Wohnzimmer und Ernährungsgewohnheiten die Unterbringung der Tiere in Zoologischen Gärten.

Die zunehmende Möglichkeit der Betrachtung lebender Gorillas im Zoo führte den Besuchern die Subjektivität der Tierbilder und bekannter Präparate vor Augen. Darstellungen desselben Tieres variierten von Künstler zu Künstler, Präparate mit erstarrten Blicken und Haltungen und offensichtlichen Stopfnähten riefen Kritik hervor. Gipsabgüsse von Gliedmaßen und Totenmasken von Menschenaffen dienten als Beweise der äußeren anatomischen Merkmale und wurden zwischen wissenschaftlichen Institutionen ausgetauscht, um die vorliegenden Zeichnungen und Präparate zu ergänzen.

Die technischen Fortschritte der Fotografie, schnellere Belichtungszeiten, leichtere und kleinere Apparate, lösten die Tiermalerei gegen Ende des 19. Jahrhunderts ab. Bereits die Loango-Expedition in den 1870ern führte eine fotografische Ausrüstung mit sich, in der vierten Auflage von Alfred Brehms *Thierleben* wurde ein Großteil der Tierzeichnungen durch Fotografien ersetzt. Die Fotografie entwickelte sich nach 1900 zu dem führenden Dokumentationsmedium der Natur auf Reisen. Einflussreiche Zoologen, wie Paul Matschie empfahlen das Mitführen einer Kameraausrüstung. Der Erfolg Carl Georg Schillings mit seinen Tierfotografien bei Nacht eröffnete neue technische Einsatzmöglichkeiten und beeinflusste zahlreiche Nachahmer. In der Forschung ist auf die enge Verbindung zwischen dem Akt der Jagd und Fotografie im Sprachgebrauch und der Selbstinszenierung der Produzenten hingewiesen wurden.[6] Der Einsatz von Fotoapparaten führte zu Beginn des 20. Jahrhunderts zu einer Vielzahl von Gorillaaufnahmen, die ausschließlich erlegte oder gefangene Individuen zeigten. Der technische Prozess der Aufnahmen verschleierte den subjektiven Blick durch die Kamera. Wie bei Tierzeichnungen bestimmten die Fotografen über die Inszenierung der abgebildeten Tiere und schrieben ihre sozialen, kulturellen und politischen Lebensrealitäten in die Bilder ein. Lebende und erlegte Gorillas wurden oft mit Afrikanern fotografiert. Die Gegenüberstellungen dienten der wissenschaftlichen Größenerfassung der Tiere, der Absicherung und Legitimation der genommenen Daten. Gleichzeitig erzeugten sie bei den europäischen Betrachtern in Verbindung mit der Übertragung der Darwinschen Evolutionstheorie auf den Menschen, eine hierarchische Stufeneinteilung des Menschen und Abwertung der afrikanischen Bevölkerung. Die Bilder mit eindeutig kolonialem Blick auf die Bewohner Afrikas erschienen in wissenschaftlichen Arbeiten, populärwissenschaftlichen Zeitschriften, Sachbüchern, Reiseberichten und Biografien und prägten das Bild des Globalen Nordens auf Afrika. Die Bilder transportierten Botschaften, die in Anlehnung an ethnologische Bildprogramme das deviante ›Andere‹ charakterisierten[7] und von den Betrachtenden des Globalen Nordens gelesen werden konnten. Menschenaffen dienten als Beweise einer vermeintlichen kulturellen und zunehmend biologisch gedeuteten wissenschaftlich verifizierten Überlegenheit. Im Sinne Donna Haraways produzierten Zoologen, Anatomen und Anthropologen kein neutrales, objektives Wissen.[8] Das Zusam-

6 Vgl. Gissibl, Exotische »Naturkunden«, S. 60–69; Lechtreck, Fotografie und Tierpräparation komplementär, S. 70–95.

7 Vgl. Zimmerman, Anthropology and Antihumanism, S. 95–97.

8 Vgl. Hammer; Scheidhauer, »Wir sind immer mittendrin«, S. 105.

mentragen und die Produktion wissenschaftlicher Beweise geschahen vor dem Hintergrund einer kolonialen Dichotomisierung von Kultur und Natur. Gorillas stellten evolutionäre Gradmesser bei der Beurteilung der afrikanischen Bevölkerung dar. Das europäische Studium der vergleichend-anatomisch arbeitenden Zoologie lieferte als vermeintlich mathematisch-objektive, auf Daten basierende Wissenschaft den Beweis der kolonialen Herrschaft Europas über Afrika mithilfe der Erforschung von Menschenaffen. Im Fall des deutschen Kaiserreichs verband sich mit dem Fund des Kameruner *»Riesen-Gorillas«*[9] ein Nationalstolz in Abgrenzung zu angrenzenden Kolonialmächten und Aneignung der afrikanischen Fauna als deutsch-kolonial in enger Verbindung mit dem Bedeutungsaufschwung der Anthropologie als universitärer Disziplin.

Die Präparation von Menschenaffen deckte neben den Bemühungen um wissenschaftliche Exaktheit auch die Grenzen dieser auf. Zeitgenössische Betrachter beschrieben die Lübecker Präparate als ungenügend und fehlerhaft. Es mangelte an Vergleichsmaterial, umfangreichen wissenschaftlichen Berichten aus Afrika und der Betrachtung lebender Tiere. Neben dem nicht vorhandenen Material setzte die Technik der Präparation den Möglichkeiten der Haltung und Stellung der ausgestellten Tiere enge Grenzen. Der Beruf des Präparators verfügte bis zur Mitte des 20. Jahrhunderts über keine Ausbildungsrichtlinien. Zwar existierten erste Präparationsanleitungen, die sich auf Vögel und kleinere Säugetiere spezialisierten, und die Möglichkeiten einer dauerhafteren Konservierung hatten sich im Vergleich zu den Jahrhunderten davor verbessert, die Aufstellung und Erhaltung von Großsäugern blieb dagegen herausfordernd.

Um 1900 durchliefen zahlreiche deutsche Naturkundemuseen nach dem englischen und amerikanischen Vorbild der New Museum Idea interne Umstrukturierungen, darunter der Neubau von Häusern, die Trennung in Lehr- und Schausammlung, die Einführung von Konzepten der biologischen Perspektive und Anwendung moderner Methoden der Präparation. Naturkundemuseen entwickelten sich von anatomisch-systematischen Aufbewahrungsstätten zoologischer Bälge für wissenschaftliche Experten hin zu repräsentativen Schauräumen mit belehrendem, erzieherischem und unterhaltendem Anspruch für eine breite Öffentlichkeit. Der allmähliche Wandel verdeutlichte sich durch ein Nebeneinander unterschiedlicher Darstellungsformen von Menschenaffen in deutschsprachigen Naturkundemuseen unter Berücksichtigung lokaler Besonderheiten. In Lübeck fungierten die Gorillas als Erinnerungsobjekte an ihren Sammler, in Dresden verwies der präparierte Balg der Schimpansin an das lebendige Zootier Mafuka und betonte ihr Nicht-Gorilla-Sein. In Berlin wurden Gorillas zu deutsch-kolonialen Tieren erhoben. Allgemein erfüllten Präparate im Museum nach 1900 zwei Funktionen. Durch die zunehmende Durchsetzung in Schau- und Lehrsammlung dienten sie im Depot dem wissenschaftlich-systematischen Studium und konnten durch ihre Konservierung als Beweise zoologischer Forschungstätigkeit dauerhaft herangezogen werden. In der Schausammlung ging es um die Ausstellung besonderer Stücke, die als Vertreter einer Art und tiergeografischen Region präsentiert wurden. Die Präparatoren Herman ter Meer und Friedrich Kerz verliehen Objekten einen künstlerischen und handwerklich-technischen Wert bei möglichst großer Imitation der Natur durch die Anwendung moderner dermoplastischer Verfahren. Das Konzept der Natur-

9 Museum Umlauff, Der Riesen-Gorilla.

und Lebensnähe aus der Tiermalerei wurde im Naturkundemuseum umgesetzt. Die Arbeiten ter Meers und Kerz' verhalfen zur Herausbildung und dem Bedeutungszugewinn des Präparatorenberufs, der sich dauerhaft auf die Präparationsstandards in deutschen Naturkundemuseen auswirkte.

Neben der Weiterentwicklung der Präparation in naturkundlichen Sammlungen etablierten sich private Naturalienhandlungen und Präparatoren, allen voran das Hamburger Unternehmen Umlauff, zu selbstbewussten Verhandlungspartnern mit umfangreichen Erwerbs- und Kontaktnetzwerken. Durch die Präparation von riesigen Gorillas prägte Umlauff das Bild der Tiere um 1900. Mit dessen Aufstellung verbanden sich mit einer bewusst wissenschaftlich inszenierten Erwerbsgeschichte und künstlerischen Ernsthaftigkeit rassistische Gegenüberstellungen zwischen Gorillas und Afrikanern. Das Berliner Museum erwarb über Umwege einen solchen Gorilla. Das Museum reagierte auf Moden des Schauens und versuchte konkurrenzfähig zu bleiben.

Die Vielfältigkeit von Gorilladarstellungen um 1900 prägen bis heute entscheidend die Schausammlungen von Naturkundemuseen und den Blick der Besucher und Besucherinnen des 21. Jahrhunderts. Die Existenz von Präparaten an der Grenze zwischen Kunst und Wissenschaft ist es, die Museumsbesucher beim Durchschreiten naturkundlicher Museen in Staunen versetzt. Präparate wirken lebendig und erstarrt zugleich. Der Prozess der Präparation ermöglicht das Umschreiten und Bestaunen eines Tieres von allen Seiten, wie es mit keinem Besuch in einem Zoologischen Garten vergleichbar ist. Das tote Tier erzeugt die Möglichkeit einer größeren Nähe als das Lebendige.

Unabhängig davon mit welcher Präparationstechnik die Tiere aufgestellt wurden, glich kein Tier dem anderen. Jedes Tier erforderte bei der Präparation ein angepasstes Vorgehen und nicht jeder hergestellte Balg eignete sich für jede Art der Präparation. Zwar lassen sich Moden hinsichtlich der Technik und Darstellung von Gorillas in Naturkundemuseen ausmachen, aber jedes Präparat war und ist ein Unikat. Jeder Präparator verfügte über individuelle Begabungen, kannte und nutzte andere Abbildungen, Darstellungen und Trends bei der Gestaltung seiner Arbeit. Die Technik der Präparation erlebte gegen Ende des hier betrachteten Zeitraums eine Blüte, die von einem sich wandelnden Tierverständnis beziehungsweise einer veränderten Erwartungshaltung von Besuchern naturkundlicher Sammlungen zeugt. Die Betrachtung von lebenden und toten Tieren sollte das Publikum auf emotionaler Ebene ansprechen, darunter Angst, Ablehnung, ›Fremdheit‹, Liebe, Zuneigung oder Mitleid. Die Art der Herstellung eines Präparats bestimmte den Blick des Besuchers entscheidend mit. Präparate konnten als Kunst, Kuriosität, ›Wissensding‹, Sensation oder ›Exotik‹ gelesen werden, wobei sich Zuschreibungen überschnitten und von unterschiedlichen Besuchern zu verschiedenen Zeiten differenziert bewertet werden konnten. Präparate müssen als komplexe Geflechte zwischen Natur, Technologie und Gesellschaft verstanden werden. Museen reagierten auf sich veränderte Geschmäcker, Blickrichtungen und Erwartungen der Besucher. Welche afrikanischen Präparationstechniken existierten und schon im 19. und beginnenden 20. Jahrhundert die Grundlagen für bekannte europäische Präparatoren bildeten, ist aus den vorliegenden Quellen nicht zu rekonstruieren. Versuche der Weitergabe von Präparationstechniken und Werkzeugen an reisende Europäer und afrikanische Gruppen verweisen auf einen wahrgenommenen Mangel der in Europa ankommenden Bälge ab der Mitte des 19. Jahrhunderts.

Der Umfang und die Zusammensetzung der aufgeführten Akteure, deren Handlungen an und mit lebenden und toten Gorillas verweisen auf eine Vielzahl an **Wissens**kontexten. Die entstehenden Naturkundemuseen verstanden sich als Zentren der Wissensansammlung, -ausstellung und -produktion. Prozesse der Wissensgenerierung verliefen keineswegs gradlinig, sondern waren von Übertragungen, Übersetzungen, Verlusten, Auseinandersetzungen und Instabilitäten geprägt. Die Erschaffung des Gorillas fand nicht exklusiv in Naturkundemuseen statt. Sie bildeten keine Inseln des Wissens, sondern waren Bestandteile komplexer, sich gegenseitig bedingender Netzwerke. Zu diesen Netzwerken zählten Zoologische Gärten, Naturkundliche Vereine, europäische Wissenschaftler, Besucher, Laien, Kolonialbeamte, Soldaten, Privatreisende und ganz entscheidend Afrikaner, die bei der Suche, Jagd, Präparation und dem Transport halfen und das Überleben europäischer Reisender sicherten.

Der Gorilla stellte bei seiner Entdeckung 1847 eine Unbekannte in Europa dar. Die ersten beiden Jahrzehnte nach dem Bekanntwerden des Gorillas in Europa waren durch ein Nicht-Wissen um die Tiere und von Versuchen, Wissenslücken zu schließen, geprägt. Das Nicht-Wissen überlagerte das Wissen um Gorillas, was sich besonders in deren Aufstellung in naturkundlichen Sammlungen verdeutlichte. Die erste Erfassung des Gorillas erfolgte durch wissenschaftliche Analysen von unvollständigen und beschädigten Präparaten, deren Herkunft nicht zweifelsfrei feststellbar war und Spekulationen um weitere Gorilla- und Menschenaffenpopulationen auf dem für Europa unbekannten afrikanischen Kontinent offenließen. Das Verhalten und die Lebensweisen von Gorillas waren unbekannt. Das Wissen um die Tiere war nicht neutral, sondern wurde von Beginn an durch einen europäischen Überlegenheitsanspruch geprägt. Das afrikanische Wissen wurde in den ersten europäischen Reisebeschreibungen in die Sphäre von Mythen verband und durch europäische Heldengeschichten überdeckt.

Die zahlreichen Fehlstellen machten die Zusammenarbeit von zoologischen Sammlungen mit weiteren Personen und Institutionen notwendig, etwa Vereinen als Orte des wissenschaftlichen Austauschs, städtischen Zentren geselligen und bürgerlichen Lebens. Besonders für Disziplinen ohne universitären Lehrstuhl boten Vereine wichtige Bühnen wissensschaffender Prozesse, in denen die Grenzen zwischen ›Laien‹ und Fachwissenschaftlern uneindeutig blieben.

Zoologische Gärten in ihrem Verständnis als der »*Natur geweihte[...] Tempel*«[10] und Naturkundemuseen bedingten sich gegenseitig. Hinsichtlich der Akklimatisation, Nutzbarmachung und Einkreuzung außereuropäischer Arten in bekannte Nutztierrassen waren Zoos Experimentallabore. Anders als Naturkundemuseen verstanden sich Zoologische Gärten von Beginn an als Orte der Belehrung und Unterhaltung zwischen Wissenschaft und Öffentlichkeit, was dem Anspruch ihrer bürgerlichen Initiatoren nach einer aktiven Teilhabe an wissenschaftlichen Themen entsprach. Die Öffnung beider Institutionen für ein Massenpublikum[11] vollzog sich ab der zweiten Hälfte des 19. Jahrhunderts. Der Austausch und die wissenschaftliche Verbindung zwischen Zoos und Naturkundemuseen zeigten sich an den Beispielen im Erwerb und Umgang von

10 Sokolowsky, Carl Hagenbeck und sein Werk, S. 42.

11 Vgl. Penny, Objects of Culture, S. 146; Jorgensen, The Museum as a Mass Medium, S. 66–67; Kretschmann, Wissenskanonisierung und -popularisierung, S. 212.

Menschenaffen in Hamburg, Dresden und Berlin auf unterschiedlichen Verknüpfungsebenen.

Um Wissen über Gorillas zusammenzutragen, mussten ganz unterschiedliche Wissensbestände verzahnt werden – darunter zoologisches, technisches und kulturelles Wissen. Fragen des Aussehens, der Verbreitungsgebiete sowie der Lebensweisen mussten geklärt werden. Die europäischen Reisenden benötigten dafür den Kontakt zu der afrikanischen Bevölkerung. Hatten Europäer Gorillas entdeckt, erprobten sie im Austausch mit Afrikanern, wie die Tiere am Leben erhalten und transportiert oder wie sie präpariert werden konnten, um wissenschaftlich auswertbares Material nach Europa zu überführen.

Die wissenschaftliche Erforschung und Ausstellung Außereuropas in Museen des Globalen Nordens blieb während des gesamten Betrachtungszeitraums von externen Sammlungszugewinnen abhängig. Museen versuchten die Qualität und Quantität der Sammlung durch Leitfäden, Empfehlungen zum Einsatz moderner technischer Verfahren, präparatorische Schulungen, die Vergabe von Ausrüstungsgegenständen, Bescheinigungen, persönlichen Gesprächen und Korrespondenznetzwerken zu beeinflussen. Leitfäden zum zoologischen Sammeln und mitreisende Wissenschaftler stellten eine Art Qualitätsmanagement und -sicherung dar, welche wissenschaftlich vergleichbare Standards garantieren sollten, da ohne verwertbare Objekte die Erweiterung wissenschaftlichen Wissens nicht möglich war. Netzwerke von Museen versetzten die Institutionen in die Lage, über zahlreiche Objekte von Menschenaffen zu verfügen. Nur ein geringer Teil der Objekte gelangte in die Schausammlung, der überwiegende Teil verblieb in der Lehrsammlung, wurde weiterverkauft, mit anderen zoologischen Sammlungen getauscht oder zu einem späteren Zeitpunkt in die Schausammlung integriert.

Die Ansammlung von Wissen generierte wissenschaftliches und wirtschaftliches Kapital und stärkte die Position eines Museums. Wissenschaftliche Objekte konnten zu Werteinheiten werden, besonders wenn es sich um exklusive Tiere mit hohem Seltenheitswert, wie dem Gorilla handelte. Von einem Alleinstellungsmerkmal profitierten Sammler, in dem das Museum neue Tierarten nach ihnen benannte. Ein Wissensvorsprung garantierte zudem das Prestiges Deutschlands als Wissenschaftsstandort im internationalen Vergleich.

Um 1900 repräsentierten die Präparate das deutsche Ausgreifen nach Afrika als koloniale Objekte. Der Fokus lag auf der Ausstellung der kolonialen Tierwelt unter Berücksichtigung imposanter Großsäuger. Die Tiere waren Teil einer kolonialen Verflechtungsgeschichte und des deutschen Sendungsbewusstseins als Kolonialmacht auf internationaler Ebene. Das intensivierte europäische Interesse an Afrika führte zu neuen Erkenntnissen über die Verbreitungsgebiete afrikanischer Menschenaffen. Die Anzahl europäischer Akteure in Afrika stieg, durch die zunehmende Erforschung und den verkehrstechnischen Ausbau des Kontinents erhöhte sich deren Mobilität. Neue Wege wurden erschlossen, die Professionalisierung des Tierhandels nahm zu und Kommunikationswege wurden ausgebaut. Eine Vielzahl anthropomorpher Objekte erreichte Europa. Zehn Jahre nach der Eröffnung des Berliner Naturkundemuseums verwies der Museumsführer von 1910 auf einen eklatanten Platzmangel in der Sammlung. In der Folge war das Aufstellen großer biologischer Gruppen nicht umsetzbar.[12] Die systematische Aufstellung blieb grundlegend erhalten, die die Menschenaffen in zahlreichen deutschen Naturkundemuseen eröffneten.

Die Anzahl vorhandener Objekte wurde mit dem Umfang an Wissen gleichgesetzt. Dabei war »[d]*en Sammlungen* [...] *der Mangel und das gleichzeitige Streben nach Vollständigkeit immanent.*«[13] Die Artstreitigkeiten, immer neuen Nomenklaturen, die unzähligen toten Tieren, die zeitgenössisch kritisierten Darstellungen und Präparate und neuen Wege der beginnenden Verhaltensforschung verweisen auf den Mangel an Wissen im Angesicht des Gorillas in Europa. Im Sinne Latours dienten die »*immutable mobiles*«[14] von Gorillas, die Vermessungen, Beschreibungen, Zeichnungen, Fotografien und Präparate dazu, Wissen über die Tiere anzusammeln und das Tier und die Natur vollkommen zu erfassen, was in der Realität nicht funktionierte. Die Ansammlung von Menschenaffenpräparaten manifestierte einen Wissensstand über die Tiere bis in die 1960er Jahre. Dabei wuchs zwar das Wissen über die (schwindenden) Verbreitungsgebiete, aber nicht über deren Verhalten und Lebensräume.

Im Zuge des in der wissenschaftlichen und öffentlichen Sphäre intensiv diskutierten Darwinismus und dessen Übertragung auf den Menschen und dem Selbstverständnis der Zoologie als anatomisch-vergleichender Disziplin verband sich mit der Beschreibung von Menschenaffen ein stetiger Bezug zum Menschen. Die Frage der animalen Nähe zum Menschen, die in Naturkundemuseen anhand der Präparate erörtert wurde, entwickelte sich im Zoo vor den Augen der Betrachter im Umgang mit dem lebenden Tier zu einem spielerischen Verhaltensexperiment. Die vierte Auflage von Brehms *Thierleben* zitierte eine unbekannte Berlinerin mit den Worten: »*Darwin ist auch jetzt nicht mehr Mode*«.[15] Nach 1900 galt die Evolutionstheorie als wissenschaftlicher Fakt.

Durch zahlreiche gemeinsame bildliche Darstellungen von Menschenaffen und Afrikanern wurde deren Devianz, Andersartigkeit, Abweichung gegenüber Europäern in das Bewusstsein des Globalen Nordens, auf vermeintlich wissenschaftlichen Tatsachen basierend, eingeschrieben. Menschenaffen wurden zum Wertmaßstab des Menschen, körperliche Merkmale zu Belegen der kulturellen Entwicklung. Dabei zeigen sich entscheidende Parallelen zwischen der Ansammlung von Objekten von Menschenaffen und Ethnografica um 1900:

> »Darüber hinaus drängte die Darbietung »anderer Lebensformen« zwangsläufig eine Auseinandersetzung mit der eigenen »Kultur« auf. So institutionalisierte das Museum die Begegnung mit dem »Anderen«. Es trainierte eine spezifische Form des Sehens, die auf der Unterscheidung zwischen »Eigenem« und »Fremdem« beruhte [...].«[16]

Wissenschaft und Kolonialismus waren eng verflochten, die Tötung von Menschenaffen wurde mit der Bewahrung der Tiere für den Globalen Norden legitimiert, wie im Fall von

12 Vgl. Führer durch die Zoologische Schausammlung,1910, S. 8.

13 Laukötter, Kultur in Vitrinen, S. 115.

14 Latour, Die Logistik der immutable mobiles, S. 111.

15 Zur Strassen (Hg.), Brehms Tierleben, Band 13, S. 692.

16 Laukötter, Kultur in Vitrinen, S. 122–123.

ethnologischen und völkerkundlichen Sammlungen.[17] Im Verständnis des 19. Jahrhunderts galten Museen als Zentren der Zivilisation des Globalen Nordens, die Ausstellungen von Kulturen außerhalb dieser imaginierten Sphäre sollten Episoden der Menschheitsgeschichte zeigen und die Überlegenheit der eigenen Kultur veranschaulichen.[18] Das Konzept von Rasse als entscheidendes Identifikationsmerkmal wurde über Menschenaffen in das Naturkundemuseum getragen. Die Ausstellung von Menschenaffen erlaubte den Besuchern einen Blick in die eigene Vergangenheit, die Abgrenzung von dieser und die Frage, welche Wege die weitere Evolution nehmen könnte. Menschenaffenkörper wurden wie kolonisierte Menschenkörper behandelt. Das Schauen und die Selbstvergewisserung Europas bildeten entscheidende Motive bei der Zurschaustellung von Menschenaffen und Menschen Außereuropas.

Das Affe-Mensch-Verhältnis bildete ein zentrales Objekt des lebenswissenschaftlichen Diskurses im Naturkundemuseum um 1900 ab. Menschenaffen und besonders Gorillas wurden zu Leitobjekten, prominenten Ausstellungsstücken von Naturkundemuseen, die in beinahe jeder Sammlung zu finden waren und noch heute sind. Sie fungierten als große, die Aufmerksamkeit des Publikums auf sich ziehende Säugetiere und können exemplarisch für die Generierung und Ausstellung von Wissen zahlloser Zoologica in Naturkundemuseen betrachtet werden. Sie erlauben einen Blick auf die vielen Wege und Akteure der Wissensgenerierung.

Ganz gleich, ob sie im Zoo oder Museum betrachtet wurden, Menschenaffen wurden mit Beginn ihrer Entdeckung und verstärkt im Zuge der Evolutionstheorie mit dem Menschen in Beziehung gesetzt. Eine Beschreibung des Menschenaffen ohne den Bezug zum Menschen schien unmöglich. Je nach Autor galten die Tiere als menschenähnlicher oder -unähnlicher. Die Tiere wurden zu Projektionsflächen des Menschen des Globalen Nordens. Europäer schufen eine Distanz zum Tier durch den Verweis auf deren vermeintlich nähere Verwandtschaft zu Afrikanern. Versuche, Menschenaffen in Zoos zu zähmen, nach europäischen Vorstellungen zu kultivieren, wurden in Afrika an der Bevölkerung erprobt. Menschenaffen lieferten in europäischen Zoos den vermeintlichen Beweis für die evolutionäre Herabstufung von Afrikanern und Menschen des Globalen Südens insgesamt. Die evolutionäre Hierarchisierung verstärkte und verstetigte sich im Zuge des Kolonialismus. Afrika wurde über seinen Tierreichtum definiert und Afrikaner durch Gegenüberstellungen mit Tieren animalisiert. Diskurse um die bürgerliche Familie, den Kolonialismus, Kunst, Tod, Lebendigkeit, Mensch-Tier-Debatten, wissenschaftliche und öffentliche Körper, die Wirtschaft wurden in den Tierkörper eingeschrieben. Der dualistische Stil populärer Reiseberichte um 1900 – Europa und Afrika, Kultur und Natur, weiß und schwarz, zivilisiert und wild – wurde durch die Ausstellung von Menschenaffen um die Kategorien Mensch und Tier erweitert. Die Übertragung der Evolutionstheorie auf den Menschen erfolgte in Afrika über den Vergleich mit Menschenaffen und deren vermeintlicher Nähe zu Afrikanern. Die afrikanische Bevölkerung wurde dem Tierreich zugeordnet. Rassistische Überlegungen wurden über Menschenaffen im Museum ausgestellt und inszeniert. Das ausgestellte Tier verdeutlichte die dualistische Ver-

17 Vgl. Ebd., S. 115.

18 Vgl. Laukötter, The ›Colonial Body‹, S. 184 und 185.

ortung Afrikas dreidimensional vor den Augen der Besucher. Zoologisches Wissen wurde zur Definition von Rasse und damit der Legitimation politischer Macht herangezogen.

Schulklassen kamen und kommen häufig zu Besuch in Naturkundemuseen. Der Blick auf die Kolonien und deren Bewohner wurde von Kindheit an eingeübt. Auch wenn die Zusammensetzung der Besucher aufgrund der lückenhaften Quellenlage nicht greifbar ist, spiegeln Ausstellungsmoden den Geschmack der Besucher wider. Museen waren um 1900 zunehmend bestrebt den Wünschen des Publikums zu entsprechen.

Der koloniale Kontext, indem ethnologische und zoologische Objekte illegal durch Plünderungen und Enteignungen entwendet wurden und in Europa in rassistische Kontexte, die die Überlegenheit über die ›Anderen‹ verdeutlichen sollte, führte zu der Zuschreibung als sensible Objekte.[19] Wie am Beispiel des anthropologischen Dreiecks in der Lübecker Ausstellung gezeigt, wurden zoologische Objekte in europäischen Ausstellungskontexten verwendet, um den kolonialen Machtanspruch des Westens über den Rest der Welt zu legitimieren. Durch die Umstände ihrer Aneignung und Art der Ausstellung in naturkundlichen Sammlungen können zoologische Objekte von Menschenaffen heute als sensible Objekte verstanden werden. Sie sind Zeugen des menschlichen Handelns am Tier und verweisen auf die Aneignung der Natur in einem spezifisch historischen Kontext. Im Angesicht aktueller Debatten und Forschungsprojekte innerhalb der Provenienzforschung und des Deutschen Zentrums Kulturgutverluste (DZK), die unter anderem das Ziel verfolgen, geraubte Kulturgüter der Kolonialzeit in europäischen Sammlungen ausfindig und deren Historizität sichtbar zu machen, dürfen Naturgüter nicht ausgenommen werden. Zoologische Objekte besaßen vor ihrem Transport teils andere Funktionen und waren kulturell und religiös in ihrer ursprünglichen Verwendung aufgeladen. Es ist kaum nachzuvollziehen, ob die Objekte freiwillig gegeben wurden. Die undurchsichtigen Umstände stehen im Zusammenhang mit der unüberschaubaren Menge an Material, das allein nach Berlin gelangte. Neben Holotypen der europäischen Erstbeschreibung gelten Präparate ausgestorbener Tiere bis heute als *»Kulturgut von höchstem Rang.«*[20] Die Frage ist jedoch für wen und auf Basis welcher Begründung sich die Objekte in Naturkundemuseen des Globalen Nordens befinden?

Die Folgen des kolonialen Sammeleifers auf die afrikanische Tierwelt und das Verständnis für Naturschutz des Globalen Nordens sind bis heute spürbar. Die Tiere besaßen ein Leben vor dem Museum, ihre körperlichen Merkmale oder der Zufall führten zu ihrer Tötung. Afrikanische Jäger kannten den europäischen Geschmack und erbeuteten gezielt ausgewachsene, meist männliche Tiere oder Jungtiere. Freilandforschungen seit den 1960ern zeigten, dass sich Gorillagruppen mit nur einem männlichen Alphatier auflösen, wenn es verstirbt. Bei dem Anschluss der Weibchen an eine neue Gruppe kommt es häufig zum Infantizid, der Tötung der von der Mutter noch abhängigen Jungen durch

---

19 Vgl. Lange, Sensible Sammlungen; Sarah Fründt; Larissa Förster, Menschliche Überreste aus ehemals kolonisierten Gebieten in deutschen Institutionen. Historische Entwicklungen und zukünftige Perspektiven, in: Marianne Bechhaus-Gerst; Joachim Zeller (Hg.), Deutschland Postkolonial? Die Gegenwart der imperialen Vergangenheit, Berlin 2021, S. 506; Britta Lange, Prekäre Situationen. Anthropologisches Sammeln im Kolonialismus, in: Holger Stoecker; Thomas Schnalke; Andreas Winkelmann (Hg.), Sammeln, Erforschen, Zurückgeben? Menschliche Gebeine aus der Kolonialzeit in akademischen und musealen Sammlungen, Berlin 2013, S. 45.

20 Lorke; Walther (Hg.), Schätze der Universität, S. 17.

den Anführer der neuen Gruppe.[21] Die Stabilität der Gruppe ist bei Schimpansen unverzichtbar, um das Überleben jedes Einzelnen zu gewährleisten. Bricht diese Stabilität weg, kommt es in der Folge zu Konflikten innerhalb der eigenen oder mit benachbarten Gruppen, die eine zusätzliche Dezimierung der Tierbestände zur Folge haben kann. Neben der Jagd auf ausgewachsene, meist ranghohe Tiere schwächte die Tötung von Weibchen, um die Jungtiere zu fangen, die Population von afrikanischen Menschenaffen zusätzlich. Nach dem Ende des Kolonialismus prägten politische Unruhen zahlreiche Gebiete Afrikas. Die Zerstörung der Lebensräume der Tiere und Tötung zum Zweck der Nahrung oder dem Weiterverkauf als Trophäen dezimierten die Tierbestände dramatisch. Gorillas gelten heute als Symboltiere zum Schutz afrikanischer Lebensräume.

Die in der Schausammlung gezeigten Tiere bildeten nur einen Bruchteil der tatsächlich gehandelten Menschenaffen ab. Aus der Korrespondenz des Berliner Naturkundemuseums geht hervor, dass sich ein Bewusstsein für den Rückgang der afrikanischen Tierwelt bei Sammlern und Museumspersonal herausbildete. Dabei unterlag die geäußerte Sorge, um die Gefährdung der Tiere einer Doppelmoral. Jedes Exponat, jeder Balg konnte nur durch das Fangen oder Töten eines Tieres erworben werden. Das Töten zu wissenschaftlichen Zwecken, wie es noch heute praktiziert wird, galt als legitim.

Bereits das 19. Jahrhundert befasste sich intensiv mit den Tieren. Hans Werner Ingensieps Beurteilung: »*Das 20. Jahrhundert ist das Jahrhundert der Menschenaffen*«,[22] muss demnach relativiert werden. Die Entdeckung des Gorillas für Europa im Jahr 1847 führte zu einer bis heute andauernden Aneignung der Tiere durch den Globalen Norden. Der Gorilla wurde von Beginn an in existierende europäische Wissenschafts- und Kulturdiskurse eingebunden, was sich in den Darstellungsweisen der Tiere widerspiegelte. Vor allem Präparate in Naturkundemuseen vermittelten neben Zeichnungen einen visuellen Eindruck der Tiere. Zahlreiche Akteure und eine Vielzahl an Praktiken waren in diese Prozesse eingebunden.

Präparate erzählen Geschichte(n), sie müssen im Sinne Hans-Jörg Rheinbergers als epistemische Objekte analysiert werden. Sie vermitteln kein neutrales Bild von ›Natur‹, sondern setzten sich aus unterschiedlich produzierten Darstellungsweisen zusammen, so lautet das Fazit dieser Arbeit. Die Betrachtung von Menschenaffenpräparaten zwischen 1860 bis 19010 entblößt nicht nur das Schicksal von einzelnen Tieren und Menschen, die innerhalb der betrachteten Settings eng miteinander verbunden waren. Vielmehr zeigte deren Analyse die stetige Auseinandersetzung Europas mit den Tieren und vor allem mit sich selbst, die sich durch das Einschreiben menschlicher Beziehungen, Geschichten, kultureller Vorstellungen und europäischer Verhaltenskodexe auf den Tierkörper äußerte. Die Betrachtung von Präparaten über ein halbes Jahrhundert zeigte Kontinuitäten und Wandel von Ausstellungspraxen in Naturkundemuseen und deren Interaktion mit Darstellungsweisen außerhalb von Museumsräumen. Die Präsenz naturhistorischer Präparate im wissenschaftlichen und öffentlichen Raum des Kaiserreiches war kontinuierlich. Die behandelten Sammlungen und Präparate zeigen eine Vielfalt an

21 Vgl. Östlicher Gorilla im Artenlexikon, https://www.wwf.de/themen-projekte/artenlexikon/oestlicher-gorilla vom 18.04.2024.

22 Ingensiep, Der kultivierte Affe, S. 181.

Praktiken und Orten der Zurschaustellung, auch wenn Jane Goodall im Jahr 2005 erinnerte: »*Es gab bis dahin* [1960er] *keine Fotos von wild lebenden Schimpansen, daher war ich durch nichts beeinflusst.*«[23] Sicher kann die Aussage vor dem Hintergrund der vorliegenden Arbeit bezweifelt werden und Goodall kam mit einem ganz eigenen Setting an Bildern und Berichten nach Tansania. Zwischen dem tatsächlichen Beginn der Freilandforschung an Menschenaffen und dem hier betrachteten Zeitraum flüchtiger Begegnungen von Europäern mit lebenden Menschenaffen in Afrika und europäischen Zoos lagen mehr als fünf Jahrzehnte. Ohne die Faszination an Menschenaffen und das andauernde Nicht-Wissen über deren Verhalten und Lebensweisen außerhalb von Zoos und Forschungsstationen des Globalen Nordens wären die Feldstudien George Schallers (geb. 1933), Dian Fosseys und anderer nicht denkbar gewesen. Bis heute wirken seit Mitte des 19. Jahrhunderts eingeübte Betrachtungsweisen auf das Tier im Allgemeinen und Menschenaffen im Besonderen nach und prägen unseren Blick entscheidend. Dabei reagierten Museen auf aktuelle Bilder, änderten ihre Ausstellungsweisen und waren und sind bedeutender Teil der Wissensproduktion um Menschenaffen.

Menschenaffen waren und sind auf vielen Ebenen hybride Wesen. Ihre Stellung zum Menschen und den dadurch evozierten westlichen Zuschreibungen machen sie einzigartig. Im Museum (und Zoo), als Orte der Grenzüberschreitung zwischen einem konstruierten natürlichen und städtischen Raum, heimischen und ›exotischen‹ Tieren, der Ruhe und Sehnsüchte nach ›fremden‹ Welten, der Unterhaltung und Belehrung wurden Menschenaffen und besonders Gorillas in eben diesen Kategorien seit der Mitte des 19. Jahrhunderts ausgehandelt.

23 Jane Goodall zit.n.: Jane Goodall; Lisa Marei Schmidt, »Es gab bis dahin keine Fotos von wild lebenden Schimpansen, daher war ich durch nichts beeinflusst«, in: Ute Eskildsen; Hans-Jürgen Lechtreck (Hg.), Nützlich, süß und museal. Das fotografierte Tier, Göttingen 2005, S. 134–135, Titel.

Quellen und Literatur

Archivalien

Archiv der Hansestadt Lübeck

- Testament von Heinrich Brehmer, Kaufmann, Signatur: 1860.03.09, Brehmer, Datierung: 1860 März 9.

Hauptstaatsarchiv Dresden, Sächsisches Staatsarchiv

- Signatur: 12507, Gesellschaft für Natur und Heilkunde DD, Nr. 40.
- Signatur: 12790, Personennachlass Karl Steinmüller, Nr. 744.

Archiv des Dresdner Zoologischen Gartens

- Erwähnenswerte Tierarten im Tierbestand – Säuger, 5 Primaten, Menschenaffen, 4 Schimpanse.

Ernst-Haeckel-Haus (EHA) der Friedrich-Schiller-Universität Jena, Langzeitprojekt »Ernst Haeckel (1834–1919): Briefedition“

- Signatur A 13316, ID 13316, https://haeckel-briefwechsel-projekt.uni-jena.de/de/document/b_13316 vom 04.01.2023.
- Signatur A 46883, ID 46883, https://haeckel-briefwechsel-projekt.uni-jena.de/de/document/b_46883 vom 04.01.2023.
- Signatur A 11909, ID 11909, https://haeckel-briefwechsel-projekt.uni-jena.de/de/document/b_11909 vom 05.01.2023.

Museum für Naturkunde der Humboldt-Universität zu Berlin (Sigel: Mfn d. HUB), Historische Bild- und Schriftgutsammlungen (HBSB)

- Bestand: Zool. Mus., Signatur: B VI/404.

- Bestand: Zool. Mus., Signatur: ZM_B_IV_1158_r.
- Bestand: Zool. Mus. S III, Beringe, R. v.
- Bestand: Zool. Mus., Signatur: S III, Grauer, R.
- Bestand: Zool. Mus., Signatur: S III, Herzog Adolf Friedrich zu Mecklenburg.
- Bestand: Zool. Mus., Signatur: S II, Lenz, H.
- Bestand: Zool. Mus., Signatur: S II, Nachl. Matschie II, Bewerbungen.
- Bestand: Zool. Mus., Signatur: S II, Nachl. Matschie Manuskripte.
- Bestand: Zool. Mus., Signatur: S II, Nachl. Matschie II, Mitgliedschaft wiss. Ges.
- Bestand: Zool. Mus., Signatur: S II, Meyer, A. B.
- Bestand: Zool. Mus., Signatur: S III, Meyer, H.
- Bestand: Zool. Mus., Signatur: S III, Oertzen, J. v.
- Bestand: Zool. Mus., Signatur: S III, Paschen, H.
- Bestand: Zool. Mus. S III, Rolle, Hermann 2.
- Bestand: Zool. Mus., Signatur: S III, Schillings, C. G.
- Bestand: Zool. Mus., Signatur: S II, Umlauff, J. F. G.
- Das Museum für Naturkunde der Königlichen Friedrich-Wilhelms-Universität in Berlin. Zur Eröffnungs-Feier, Berlin 1889.
- Führer durch die Zoologische Schausammlung des Museums für Naturkunde in Berlin, Berlin 1902.
- Führer durch die Zoologische Schausammlung des Museums für Naturkunde in Berlin, Berlin 1907.
- Führer durch die Zoologische Schausammlung des Museums für Naturkunde in Berlin, Berlin 1910, Museumsführer 1910_1, NURI: coll.mfn-berlin.de_u_abb4d1.
- Führer durch die Schausammlung des Museums für Naturkunde in Berlin, I. Zoologische Schausammlung, Berlin 1919.

Archiv des Museums für Natur und Umwelt, Lübeck

- Führer durch das Museum zu Lübeck, Zweite Auflage, Lübeck 1896.
- Führer durch das Museum zu Lübeck, Fünfte Auflage, Lübeck 1905.

Haus der Stadtgeschichte Offenbach am Main. Museum und Archiv

- Adressbücher der Stadt Offenbach 1870 und 1873; Signatur M 202.

Naturhistorisches Museum Wien (NHM)

- AfW572-AnkaufGorilla1856 und NMW 792/SI 664, Karteikarte aus der 1. Zoologie des NHM.

Niedersächsische Staats- und Universitätsbibliothek Göttingen, Universitätsarchiv Göttingen

- UniA GOE Kur. 1562.
- Cod. Ms. E. Ehlers 172 (15).
- Cod. Ms. E. Ehlers 1375.

- Cod. Ms. E. Ehlers 1756.

Naturkundemuseum Leipzig, Abteilung Sammlung und Digitalisierung

- Asset-Name: ter Meer Positive.

Cameroon National Archives

- Verwaltung des Bezirks, Band 4, 1906–1907, Signatur: FA 1/140, https://archivfuehrer-kolonialzeit.de/index.php/band-1913 vom 01.02.2023.

Staatsbibliothek zu Berlin, Handschriftenabteilung

- Signatur: Slg. Darmstaedter K 1887: Woermann, Carl.
- Signatur: Slg. Darmstaedter, Autogr I – 4007.

Staatliches Museum für Naturkunde Stuttgart

- Akte Koppenfels

Stadtarchiv Blankenburg

- Hartmann, Robert, Nachlass, Signatur: H_01339_BW bis H_01370_BW.

Gedruckte Quellen

70 Fotographien von Mitgliedern der ISIS, Mscr.Dresd.App.1665,1, 1895, https://digital.slub-dresden.de/werkansicht/dlf/11075/5 vom 14.03.2023.

Amtsblatt für das Schutzgebiet Kamerun, 4. Jahrgang, 1911, Nr. 5, S. 100.

Anzeige, Zoologischer Garten, in: Dresdner Nachrichten, 26.06.1875, S. 7.

Arndt, W., Dermoplastik Einst und Jetzt, in: Museumskunde 6 (1934), S. 15–18.

Auszug aus der Rede von Prof. C. G. Schillings auf der Hauptversammlung der Deutschen Kolonialgesellschaft am 10. Juni 1911 in Stuttgart, in: Zeitschrift des Allgemeinen Deutschen Jagdschutz-Vereins 16 (10. September 1911), S. 361–364.

Bastian, Adolf, Die deutsche Expedition an der Loango-Küste, Band 1, Jena 1874.

Beggerow, Wilhelm, Allerlei aus Neu-Kamerun, in: Kolonie und Heimat 5 (18, 1911/12), S. 2–3.

Bericht des Naturhistorischen Museums über das Jahr 1907, in: Redaktions-Ausschuss (Hg.), Mitteilungen der Geographischen Gesellschaft und des Naturhistorischen Museums in Lübeck, Heft 22, Lübeck 1908, S. 27–31.

Bericht über die Verwaltung und Vermehrung der Königlichen Sammlungen für Kunst und Wissenschaft zu Dresden in den Jahren 1874 und 75, Dresden 1876.

Bischoff, Theodor Ludwig Wilhelm, Beweis der von der Begattung unabhängigen periodischen Reifung und Loslösung der Eier der Säugethiere und Menschen als der ersten Bedingung ihrer Fortpflanzung, Gießen 1844.

Bischoff, Theodor Ludwig Wilhelm, Über die Verschiedenheit in der Schädelbildung des Gorilla, Chimpansé und Orang-Outang, vorzüglich nach Geschlecht und Alter. nebst einer Bemerkung über die Darwinsche Theorie, München 1867.

Bischoff, Theodor Ludwig Wilhelm, Über einen im Besitze des Dr. Auzoux, Verfertiger plastisch-anatomischer Präparate in Paris, befindlichen männlichen Gorilla- und einem im naturhistorischen Museum zu Brüssel befindlichen weiblichen Chimpansé-Schädel mit sechs Backenzähnen, in: Sitzungsberichte der Mathematisch-Physikalischen Klasse der Bayerischen Akademie der Wissenschaften zu München 1 (1867), S. 444–449.

Bischoff, Theodor Ludwig Wilhelm, Ueber das Gehirn eines Chimpansé, in: Sitzungsberichte der Mathematisch-Physikalischen Klasse der Bayerischen Akademie der Wissenschaften zu München 1 (1871), S. 98–105.

Bischoff, Theodor, Ludwig Wilhelm, Untersuchung der Eingeweide und des Gehirns des im Winter 1875 in Dresden verstorbenen Chimpansé-Weibchens, in: Meyer, Adolf Bernhard (Hg.), Mittheilungen aus dem K. zoologischen Museum zu Dresden, Dresden 1877, S. 249–260.

Bischoff, Theodor Ludwig Wilhelm, Genitalien der Dresdner Mafuka, in: Abhandlungen der mathematisch-physikalischen Classe der königlich bayerischen Akademie der Wissenschaften 13 (2, 1879), S. 207–274.

Bloem, Wilhelm, Flußpferdjagd in Ostafrika, in: Kolonie und Heimat 7 (4, 1913/14), S. 6–7.

Blumenbach, Johann Friedrich, Handbuch der Naturgeschichte, Göttingen 1779, https://gdz.sub.uni-goettingen.de/id/PPN578154684 vom 18.04.2024.

Bolau, Heinrich, Ueber die menschenähnlichen Affen des Hamburger Museums, in: Naturwissenschaftlicher Verein zu Hamburg Altona (Hg.), Abhandlungen aus dem Gebiete der Naturwissenschaften, Hamburg 1876, S. 61–90.

Boulle, Pierre, Planet der Affen, Original 1963, hier Ludwigsburg 2019.

Brauer, August, Das Zoologische Museum, in: Lenz, Max (Hg.), Geschichte der Königlichen Friedrich-Wilhelms-Universität zu Berlin, Band III, Halle a.d.S. 1910, S. 372–389.

Brauer, August, Tiergeographie, Berlin 1914.

Brehm, Alfred, Illustrirtes Thierleben. Eine allgemeine Kunde des Thierreichs, 6 Bände, Hildburghausen 1864–69.

Brehm, Alfred, Bilder aus dem Thiergarten. Nr. 7 Molli, in: Die Gartenlaube 15 (1866), S. 229–232.

Brehm, Alfred, Von der Baustätte des Berliner Aquariums, in: Die Gartenlaube 39 (1868), S. 620–623.

Brehm, Alfred, [eingesandter Brief], in: Der zoologische Garten 16 (1875), S. 392–394.

Brehm, Alfred, Menschenaffen, in: Die Gartenlaube 3, 10, 12, 17 (1876), S. 44–48, 160–163, 195–196, 282–286.

Brehm, Alfred, Brehms Thierleben. Allgemeine Kunde des Thierreichs. 2. Auflage, 10 Bände, Leipzig 1876–1878.

Brehm, Alfred, Brehms Tierleben. Allgemeine Kunde des Tierreiches, 3. Auflage, 10 Bände, Leipzig u.a. 1893–1900.

Brehm, Christian Ludwig, Handbuch der Naturgeschichte aller Vögel Deutschlands, Ilmenau 1831.

Bülow, Wilhelm von, Allerhöchster Erlaß, betreffend die Anrechnung der Jahre 1905 und 1906 als Kriegsjahre aus Anlaß von Gefechten und Kriegszügen in Deutsch-Ostafrika und Kamerun, in: Deutsches Reichsgesetzblatt (46, 1907), S. 742–743, https://de.wikisource.org/wiki/Allerh%C3%B6chster_Erla%C3%9F,_betreffend_die_Anrechnung_der_Jahre_1905_und_1906_als_Kriegsjahre_aus_Anla%C3%9F_von_Gefechten_und_Kriegsz%C3%BCgen_in_Deutsch-Ostafrika_und_Kamerun, am 17.04.2024.

Burckhardt, Rudolf, Geschichte der Zoologie und ihrer wissenschaftlichen Probleme. Von der Mitte des 18. Jahrhunderts bis zur Jetztzeit, Berlin, Leipzig 1921.

Burroughs, Edgar Rice, Tarzan bei den Affen, Original 1912, hier München 1999.

Camper, Petrus, Naturgeschichte des Orang-Utang und einer andern Affenarten, des africanischen Nashorns und des Rennthiers, Düsseldorf 1791, https://www.digitale-sammlungen.de/de/view/bsb10911604?page=7 vom 12.07.23.

Camper, Petrus, Über den natürlichen Unterschied der Gesichtszüge in Menschen verschiedener Gegenden und verschiedenen Alters, über das schöne antiker Bildsäulen und geschnittener Steine, Berlin 1792, https://www.digitale-sammlungen.de/de/view/bsb00075431?page=20,21 vom 12.07.2023.

Chavanne, Josef, Reisen und Forschungen im alten und neuen Kongostaate, Jena 1887.

Cooper, Merian C., King Kong und die weiße Frau, 1933 [Film)].

Darwin, Charles, Origin of species, London 1859, https://www.gutenberg.org/files/1228/1228-h/1228-h.htm#chap03 vom 09.09.2023.

Darwin, Charles, Über die Entstehung der Arten im Thier- und Pflanzen-Reich durch natürliche Züchtung oder Erhaltung der vervollkommneten Rassen im Kamofe um's Daseyn, 2. Auflage, Übersetzung von Heinrich Georg Bronn, Stuttgart 1860, www.biolib.de/darwin/arten2/darwin_entstehung_der_arten_auflage_2.pdf vom 14.07.2023.

Darwin, Charles, The Descent of Man, and Selection in Relation to Sex, 2 Bände, London 1871.

Darwin, Charles, Die Abstammung des Menschen und die geschlechtliche Zuchtwahl, Band 1, 3. Auflage, Stuttgart 1875, https://de.wikisource.org/wiki/Die_Abstammung_des_Menschen_und_die_geschlechtliche_Zuchtwahl_I vom 18.04.2024.

Darwin, Charles, Der Ausdruck der Gemüthsbewegungen bei dem Menschen und den Tieren, Stuttgart 1877, www.biolib.de/darwin/werke07/darwin_werke_7.pdf vom 14.10.2023.

De Beaux, Oscar, Tiertransporte, in: Kolonie und Heimat 6 (16, 1912/13), S. 6–7.

De Beaux, Oscar, Tiertransporte, in: Kolonie und Heimat 6 (18, 1912/13), S. 6–8.

Dernburg, Bernhard, Zielpunkte des Deutschen Kolonialwesens. Zwei Vorträge, Berlin 1907.

Du Chaillu, Paul Belloni, Explorations & Adventures in Equatorial Africa, London 1861, https://archive.org/details/explorationsadv01chaigoog/page/n26 vom 18.04.2024.

Du Chaillu, Paul Belloni, June 6, 1860. Troglodytes Calvus, in: Proceedings of the Boston Society of Natural History VII (1861), S. 296–304.

Du Chaillu, Paul Belloni, Stories of the Gorilla Country. Narrated for Young People, New York 1867.

Ehlers, Ernst, Göttinger Zoologen, Berlin 1901.

»Ein Drama in der ostafrikanischen Steppe“, in: Kolonie und Heimat 6 (1, 1912/13), S. 1.

Ein Stündchen in Dresdens zoologischem Garten, in: Die Gartenlaube 44 (1862), S. 699–704.

Falkenstein, Julius, Die Loango-Küste in 72 Original-Photographien (35 Blatt) nebst erläuterndem Texte, Berlin 1876.

Falkenstein, Julius, Afrikas Westküste. Vom Ogowe bis zum Damara-Land, Leipzig u.a.1885.

Feuilleton, in: Dresdner Journal, 16.12.1875, S. 1.

Fischer, Johann von, Besuch bei M'Pungu, in: Der Zoologische Garten 18 (1877), S. 165–170.

Fonck, A., Vom Raubwild und seinen Uebeltaten. Ostafrikanische Erlebnisse, in: Kolonie und Heimat 5 (25, 1911/12), S. 6–8.

Friedel, Ernst, Die drei Anthropomorphen des Berliner Aquariums, in: Der Zoologische Garten 17 (1876), S. 73–77.

Fritsch, Gustav, Praktische Gesichtspunkte für die Verwendung zweier dem Reisenden wichtigen technischen Hülfsmittel. Das Mikroskop und der photographische Apparat, in: Neumayer, Georg von (Hg.), Anleitung zu wissenschaftlichen Beobachtungen auf Reisen. Mit besonderer Rücksicht auf die Bedürfnisse der kaiserlichen Marine, Berlin 1875, S. 591–625.

Führer durch das Königliche Zoologische Museum zu Dresden, Dresden 1881, https://digital.slub-dresden.de/data/kitodo/fuhrdudak_321505263/fuhrdudak_321505263_tif/jpegs/fuhrdudak_321505263.pdf vom 27.08.2019.

Generaldirektion der Königlichen Sammlungen (Hg.), Führer durch die königlichen Sammlungen zu Dresden, Dresden 1889, S. 107–110, https://digital.slub-dresden.de/data/kitodo/fuhrdudik_383382823/fuhrdudik_383382823_tif/jpegs/fuhrdudik_383382823.pdf vom 27.02.2023.

Gerschler, M. Willy, Der Tierkörper und die Kunst. Mit Abbildungen nach Werken H. H. ter Meers, in: Reclams Universum 41 (17, 1925), S. 371–374.

Gerstenberger, C.G., Hauptversammlungen, 1868. Januar, Februar, März, in: Sitzungsberichte und Abhandlungen der Naturwissenschaftlichen Gesellschaft Isis in Dresden, Dresden 1868, S. 3–15, https://www.zobodat.at/pdf/SitzBer-Abh-Naturwiss-Ges-Isis-Dresden_1868_0003-0015.pdf vom 18.04.2024.

Güßfeldt, Paul, Die Loango-Expedition ausgesandt von der deutschen Gesellschaft zur Erforschung Aequatorial-Africas, 1873 – 1876. Ein Reisewerk in drei Abtheilungen, Band 1, Leipzig 1879.

Haeckel, Ernst, Generelle Morphologie der Organismen. Allgemeine Grundzüge der organischen Formen-Wissenschaft, 2 Bände, Berlin 1866.

Haeckel, Ernst, Natürliche Schöpfungsgeschichte. Gemeinverständliche wissenschaftliche Vorträge über die Entwicklungslehre im Allgemeinen und diejenigen von Darwin, Goethe und Lamarck im Besonderen, 4. Auflage, Berlin 1873.

Haeckel, Ernst, Anthropogenie oder Entwickelungsgeschichte des Menschen. Gemeinverständliche wissenschaftliche Vorträge über die Grundzüge der menschlichen Keimes- und Stammes-Geschichte, Leipzig 1874.

Haeckel, Ernst, Kunstformen der Natur, Band 1, Leipzig 1899, https://digi.ub.uni-heidelberg.de/diglit/haeckel1899bd1/0003 vom 18.04.2024.

Haeckel, Ernst, Alte und Neue Naturgeschichte. Festrede zur Übergabe des Phyletischen Museums an die Universität Jena bei Gelegenheit ihres 350jährigen Jubiläums am 30. Juli 1908, Jena 1908.

Hagenbeck, Carl, Von Tieren und Menschen. Erlebnisse und Erfahrungen Berlin 1909.

Härter, Eduard, Instinkt oder Überlegung?, in: Der Zoologische Garten 25 (1884), S. 185–186.

Hartmann, Robert, Naturgeschichtlich-medicinische Skizze der Nilländer, Berlin 1865.

Hartmann, Robert, Beiträge zur zoologischen und zootomischen Kenntnis der sogenannten anthropomorphen Affen, in: Archiv für Anatomie und Physiologie (1872), S. 107–152 und S. 474–502.

Hartmann, Robert, Aeffin Mafuca. Sitzung vom 18. Dezember 1875, in: Zeitschrift für Ethnologie 7 (1875) S. 283–285.

Hartmann, Robert, Anthropoiden Mafuca des Dresdener zoologischen Gartens. Sitzung vom 20. November 1875, in: Zeitschrift für Ethnologie 7 (1875), S. 250–256.

Hartmann, Robert, Die Säugethiere, in: Neumayer, Georg von (Hg.), Anleitung zu wissenschaftlichen Beobachtungen auf Reisen. Mit besonderer Rücksicht auf die Bedürfnisse der kaiserlichen Marine, Berlin 1875, S. 481–504.

Hartmann, Robert, Anthropoiden-Affen Mafuca des zoologischen Gartens zu Dresden. Sitzung vom 16. Oktober 1875, in: Zeitschrift für Ethnologie 7 (1875), S. 230.

Hartmann, Robert, Neues die anthropomorphen Affen betreffendes Material, in: Sitzungsberichte der Gesellschaft Naturforschender Freunde zu Berlin (Sitzung vom 15. Februar 1876), S. 22–26.

Hartmann, Robert, Die menschenähnlichen Affen, Berlin 1876.

Hartmann, Robert, Der Gorilla. zoologisch-zootomische Untersuchungen, Leipzig 1880.

Hartmann, Robert, Die menschenähnlichen Affen und ihre Organisation im Vergleich zur menschlichen, Leipzig 1883, https://archive.org/details/diemenschenhnlioohartgoog/page/n219 vom 24.01.2023.

Heck, Ludwig, Lebende Bilder aus dem Reich der Tiere. Augenblicksaufnahmen nach dem lebenden Tierbestande des Berliner Zoologischen Gartens, Leipzig 1899.

Heck, Ludwig, Der Berliner Zoologische Garten als wissenschaftliche Tiersammlung, in: Matschie, Paul (Hg.), Verhandlungen des V. Internationalen Zoologen-Congresses zu Berlin, Jena 1901, 919–926, https://www.biodiversitylibrary.org/item/101051#page/5/mode/1up vom 25.01.2023.

Heck, Ludwig, Heiter-ernste Lebensbeichte. Erinnerungen eines alten Tiergärtners, Berlin 1938.

Heinroth, Oskar, Professor C. G. Schillings, in: Berliner Tageblatt (1. Februar 1921), S. 3.

Hermes, Otto, Der Gorilla und seine nächsten Verwandten, in: Der Zoologische Garten 18 (1877), S. 58–61.

Hermes, Otto, Bericht des Berliner Aquariums für das Jahr 1876, in: Der Zoologische Garten 18 (1877), S. 267–271.

Hoffmann, G., Ueber einige Sectionsbefunde an anthropomorphen Affen, in: Sitzungsberichte der Gesellschaft Naturforschender Freunde zu Berlin (1876), S. 139–152.

Houy, Reinhard, Zoologische Beobachtungen von Ruanda und Urundi, in: Meyer, Hans (Hg.), Ergebnisse einer Reise durch das Zwischengebiet Ostafrikas 1911, Berlin 1913, S. 102–113.

Hübler, Rückblick auf die Geschichte der Gesellschaft für Natur- und Heilkunde, insbesondere der letzten 25 Jahre, in: Jahresbericht der Gesellschaft für Natur- und Heilkunde Dresden. Sitzungsperiode 1893–1894, Dresden 1894, S. 97–109.

Hugo von Koppenfels in West-Afrika. Afrikanische Endeckungs-Expeditionen mit Elephanten, in: Petermanns Geographische Mitteilungen 1878, S. 267–269.

Huxley, Thomas Henry, Zeugnisse für die Stellung des Menschen in der Natur. Drei Abhandlungen, Braunschweig 1863.

In Wildnis und Gefangenschaft. Tierstudien aus Kamerun, in: Kolonie und Heimat 6 (31, 1911/12), S. 6–8.

Jacobi, A., Das königliche Zoologische und Anthropologisch-Ethnographische Museum im Zwinger, in: Wissenschaftlicher Führer durch Dresden, Dresden 1907, S. 117–119, www.archive.org/stream/wissenschaftlich00schf#page/n7/mode/2up vom 18.04.2024.

Jagdtrophäen und ihre Behandlung. Aus der Werkstatt eines Tierpräparators, in: Kolonie und Heimat 6 (51, 1911/12), S. 6–8.

Jägerfreuden in Deutsch-Ostafrika, Kolonie und Herimat 6 (1, 1912/13), S. 4–5.

Jahresbericht des Naturhistorischen Museums für das Jahr 1893, in: Sartori, August (Hg.), Mitteilungen der Geographischen Gesellschaft und des Naturhistorischen Museums in Lübeck, Lübeck 1896, S. 145–155.

Jahresbericht des Naturhistorischen Museums für das Jahr 1894, in: Sartori, August (Hg.), Mitteilungen der Geographischen Gesellschaft und des Naturhistorischen Museums in Lübeck, Lübeck 1896, S. 165–176.

Jahresbericht des Naturhistorischen Museums über das Jahr 1898, in: Redaktions-Ausschuss (Hg.), Mitteilungen der Geographischen Gesellschaft und des Naturhistorischen Museums in Lübeck, Lübeck 1900, S. 95–103.

Jahresbericht des Naturhistorischen Museums über das Jahr 1900, in: Redaktions-Ausschuss (Hg.), Mitteilungen der Geographischen Gesellschaft und des Naturhistorischen Museums in Lübeck, Lübeck 1902, S. 99–107.

Kafka, Franz, Ein Bericht für eine Akademie, Wien 1977.

Kerz, Friedrich, Das Sammeln, Präparieren und Aufstellen der Wirbeltiere, Stuttgart 1912.

Koloniale Neuigkeiten. Allgemeines. Carl Hagenbeck, in: Kolonie und Heimat 6 (13, 1911/12), S. 17.

Koppenfels, Hugo von, Meine Jagden auf Gorillas, in: Die Gartenlaube 25 (1877), S. 416–420.

Koppenfels, Hugo von, Ein Kampf um's Leben. Aus dem jüngsten Briefe eines Afrika-Reisenden, in: Die Gartenlaube 46 (1879), S. 770–774.

Lange, H., Die »Afrikanische Gesellschaft“ und die deutsche Expedition an der Loangoküste, in: Die Gartenlaube 38 (1874), S. 613–616.

Lenz, Heinrich, Die anthropomorphen Affen des Lübecker Museums, Lübeck 1876.

Lenz, Heinrich, Geschichte des Naturhistorischen Museums zu Lübeck, in: Sartori, August (Hg.), Mitteilungen der Geographischen Gesellschaft und des Naturhistorischen Museums in Lübeck, Lübeck 1890, S. 11–36.

Lenz, Heinrich, Das Naturhistorische Museum in Lübeck. Eine Skizze seiner Entwicklung und seines gegenwärtigen Zustandes, in: Festschrift den Teilnehmern der 67. Versammlung deutscher Naturforscher und Ärzte, Lübeck 1895, S. 329–348.

Lenz, Max (Hg.), Geschichte der Königlichen Friedrich-Wilhelms-Universität zu Berlin, Band III, Halle a.d.S. 1910.

Lenz, Oskar, Reise auf dem Ogowe in West-Afrika. Berichte von Dr. Oskar Lenz an den Vorstand der Deutschen Afrikanischen Gesellschaft, in: Petermanns Geographische Mitteilungen (1875), S. 121–130.

Leutemann, Heinrich, Menageriebilder. Nr. 1. Eine Löwenmutter, in: Die Gartenlaube (26, 1860), S. 407–408.

Leutemann, Heinrich, Menageriebilder. Nr. 2. Affen, in: Die Gartenlaube (29, 1860), S. 459–461.

Leutemann, Heinrich, Menagerie-Bilder. Nr. 3, Ein gebildeter Orang-Utang, in: Die Gartenlaube (19, 1862), S. 300–301.

Leutemann, Heinrich, Aus der gebildeten Affenwelt, in: Die Gartenlaube (45, 1871), S. 756–759.

Leutemann, Heinrich, Aus dem Tigerleben, in: Die Gartenlaube (48, 1872), S. 785–788.

Leutemann, Heinrich, Mafuca, in: Die Gartenlaube (3, 1874), S. 64–67.

Leutemann, Heinrich, Ausladung fremdländischer Thiere, in: Die Gartenlaube (40, 1874), S. 648–649.

Leutemann, Heinrich, Von einem Dickhäuter, in: Die Gartenlaube (37, 1875), S. 626–628.

Leutemann, Heinrich, Der echte Gorilla in Berlin, in: Leipziger Tageblatt, 12.07.1876, S. 3979.

Leutemann, Heinrich, Der Schimpanse Mafuca in Dresden, in: Über Land und Meer 18 (35, 1876), S. 95–96.

Leutemann, Heinrich, Lebensbeschreibung des Tierhändlers Carl Hagenbeck, Hamburg 1887.

Leutemann, Heinrich, Zwei Orang-Utans von der Insel Borneo, in: Die Gartenlaube (5, 1894), S. 77 und 84.

Lichtenstein, Martin Hinrich, Das Zoologische Museum der Universität zu Berlin, Berlin 1816.

Lichterfeld, Friedrich, Der Dresdener »Gorilla“, in: Illustrirte Zeitung, 16.10.1875, S. 299–302, https://www.digitale-sammlungen.de/de/view/bsb11307653?page=307 vom 20.02.2023.

Lichterfeld, Friedrich, Illustrirte Thierbilder. Schilderungen und Studien nach dem Leben, Braunschweig 1877, https://reader.digitale-sammlungen.de/de/fs1/object/display/bsb11361616_00005.html vom 18.04.2024.

Linné, Carl von, Systema Naturae, 10. Auflage, 1758, https://www.biodiveritylibrary.org/item/10277#page/3/mode/1up vom 28.03.2024.

Locales und Sächsisches, in: Dresdner Nachrichten, 29.06.1875, S. 2.

Locales und Sächsisches, in: Dresdner Nachrichten, 15.09.1875, S. 1–2.

Locales und Sächsisches, in: Dresdner Nachrichten, 17.09.1875, S. 2.

Locales und Sächsisches, in: Dresdner Nachrichten, 14.12.1875, S. 1.

Locales und Sächsisches, in: Dresdner Nachrichten, 16.12.1875, S. 1.

Lombroso, Cesare, Der Verbrecher in anthropologischer, ärztlicher und juristischer Beziehung, Hamburg 1894.

Lorenz-Liburnau, Ludwig von, Eine Afrika-Ausstellung im Naturhistorischen Hofmuseum, in: Neue Freie Presse Wien (17017, 08.01.1912), S. 1.

Lorenz-Liburnau, Ludwig von, Beitrag zur Kenntnis der Affen und Halbaffen von Zentralafrika, in: Annalen des K. K. naturhistorischen Hofmuseums (31, 1917), S. 169–239.

Maire, Ernst, Der Gorilla, Berlin 1877.

Martin, Philipp Leopold, Ueber zweckmässiges Sammeln und Aufstellen von Thieren der höheren Klassen in Sammlungen, in: Naumannia 6 (1856), S. 485–500.

Martin, Philipp Leopold, Die Praxis der Naturgeschichte. Ein vollständiges Lehrbuch über das Sammeln lebender und todter Naturkörper, deren Beobachtung, Erhaltung und Pflege im freien und gefangenen Zustand, Konservation, Präparation und Aufstellung in Sammlungen etc., 3 Bände, Weimar 1869–1882.

Martin, Philipp Leopold, Illustrirte Naturgeschichte der Thiere, Band 1. Säugethiere, Leipzig 1882.

Matschie, Paul, Die Säugetiere des Togogebietes, in: Berliner Entomologische Zeitschrift 38 (1893), S. 162–180, https://archive.org/details/mittheilungenvon06unse/page/162/mode/2up?view=theater vom 25.01.2023.

Matschie, Paul, Die Säugetiere Deutsch-Ostafrikas, Berlin 1895.

Matschie, Paul, Der kleinste von der Lemurengruppe, in: Die Gartenlaube (4, 1897), S. 68.

Matschie, Paul, Zur Faunistik Deutsch-Ostafrikas. 5. Säugetiere, in: Archiv für Naturgeschichte 63 (1897), S. 81–88.

Matschie, Paul, Der Gnu-Ochse oder Takin, in: Die Gartenlaube (5, 1898), S. 163–164.

Matschie, Paul (Hg.), Verhandlungen des V. Internationalen Zoologen-Congresses zu Berlin, Jena 1901, 919–926; online verfügbar: https://www.biodiversitylibrary.org/item/101051#page/5/mode/1up, 25.01.2023, 21:30.

Matschie, Paul, Das Beobachten und Sammeln von Säugetieren, in: Neumayer, Georg von (Hg.), Anleitung zu wissenschaftlichen Beobachtungen auf Reisen in Einzel-Abhandlungen. Landeskunde, Statistik, Heilkunde, Landwirtschaft, Pflanzengeographie, Linguistik, Zoologie, Ethnographie, das Mikroskop und der photographische Apparat u.s.w., Hannover 1906, S. 489–512.

Matschie, Paul, Die Verwüstung deutsch-ostafrikanischer Wildbahnen, in: Zeitschrift des Allgemeinen Deutschen Jagdschutz-Vereins 31 (10. September 1911), S. 360–361.

Matschie, Paul, Neue Affen aus Mittelafrika, in: Sitzungsberichte der Gesellschaft Naturforschender Freunde Berlin (7, 1914), S. 323–342.

Matschie, Paul, Neue Ergebnisse der Schimpansenforschung, in: Zeitschrift für Ethnologie, (51,1919), S. 62–82.

Mecklenburg, Adolf Friedrich Herzog zu, Ins Innerste Afrika. Bericht über den Verlauf der deutschen wissenschaftlichen Zentral-Afrika-Expedition 1907–1908, Leipzig 1909.

Mecklenburg, Adolf Friedrich Herzog zu, Vom Kongo zum Niger und Nil. Berichte der deutschen Zentralafrika-Expedition 1910/1911, 2 Bände, Leipzig 1912.

Meerwarth, Hermann, Photographische Naturstudien. Eine Anleitung für Amateure und Naturfreunde, Eßlingen u.a. 1905.

Meyer, Adolf Bernhard (Hg.), Charles Darwin und Alfred Russel Wallace. Ihre ersten Publicationen über die »Entstehung der Arten", Erlangen 1870.

Meyer, Adolf Bernhard, Vorwort, in: Ders. (Hg.), Mittheilungen aus dem K. Zoologischen Museum zu Dresden, Dresden 1875, S. 1, https://www.biodiversitylibrary.org/item/98741#page/13/mode/1up vom 18.04.2024.

Meyer, Adolf Bernhard, Vorwort des Uebersetzers, in: Sclater, Philip Lutley, Ueber den gegenwärtigen Stand unserer Kenntniss der geographischen Zoologie. Eröffnungsrede vor der biologischen Section der »British Association" in Bristol am 25. Aug. 1875, Unter Mitarbeit von Adolf Bernhard Meyer, Erlangen 1876, S. III-VIII.

Meyer, Adolf Bernhard, The Dresden ›Gorilla‹, in: Nature 13 (9. Dezember 1875), S. 106.

Meyer, Adolf Bernhard, Den im Dresdener Zoologischen Garten verstorbenen Chimpanse, in: Zeitschrift für Ethnologie 8 (Sitzung vom 15. Juli 1876), S. 158–160.

Meyer, Adolf Bernhard, Die anthropoiden Affen des Königl. zoologischen Museums, in: Jahresbericht der Gesellschaft für Natur- und Heilkunde Dresden (XXVII. Sitzung, 27. April 1876), S. 144–152.

Meyer, Adolf Bernhard, Über Anthropoide Affen, in: Sitzungsberichte und Abhandlungen der Naturwissenschaftlichen Gesellschaft Isis, Dresden (1876/77), S. 30–31.

Meyer, Adolf Bernhard, Notizen über die anthropomorphen Affen des Dresdner Museums, in: Ders. (Hg.), Mittheilungen aus dem K. Zoologischen Museum zu Dresden, Dresden 1877, S. 223–247.

Meyer, Adolf Bernhard, Die neuen eisernen Schränke des Dresdner Zoologischen Museums, in: Mittheilungen aus dem K. Zoologischen Museum zu Dresden 3 (1878), S. 281–286, https://www.biodiversitylibrary.org/item/98055#page/18/mode/1up vom 18.04.2024.

Meyer, Adolf Bernhard, Ein angeblicher Bastard zwischen Gorilla und Schimpanse, in: Der Zoologische Garten 22 (8, 1881), S. 231–236.

Meyer, Adolf Bernhard, Zoologisches und anthropologisch-ethnographisches Museum im südlichen Flügel des Zwingers, in: Generaldirektion der Königlichen Sammlungen (Hg.), Führer durch die königlichen Sammlungen zu Dresden, Dresden 1889, S. 107–110, https://digital.slub-dresden.de/data/kitodo/fuhrdudik_383382823/fuhrdudik_383382823_tif/jpegs/fuhrdudik_383382823.pdf vom 18.04.2024.

Meyer, Adolf Bernhard, Ein brauner Tschimpanse im Dresdner Zoologischen Garten, in: Abhandlungen und Berichte des Königlichen Zoologischen und Anthropologisch-Ethnographischen Museums zu Dresden 5 (1894/95), S. 1–8.

Meyer, Adolf Bernhard (Hg.), Abhandlungen und Berichte des Königl. Zoologischen und Anthropologisch-Ethnographischen Museums zu Dresden VII (1898/99), Berlin 1899, https://www.biodiversitylibrary.org/item/104471#page/9/mode/1up vom 18.04.2024.

Meyer, Adolf Bernhard, Über Museen des Ostens der Vereinigten Staaten von Nord-Amerika. Reisestudien, Band 1, Berlin 1901.

Meyer, Adolf Bernhard, Amerikanische Bibliotheken und ihre Bestrebungen, Berlin 1906;

Meyer, Hans (Hg.), Ergebnisse einer Reise durch das Zwischengebiet Ostafrikas 1911, Berlin 1913.

Meyer, Hans, Eine Weltreise. Plaudereien aus einer zweijährigen Erdumsegelung, Leipzig 1885.

Meyer, Heinrich Adolf; Möbius, Karl August, Fauna der Kieler Bucht, 2 Bände, Leipzig 1865 und 1872.

Meyer, Rudolph, Der Gorilla. Mit Berücksichtigung des Unterschiedes zwischen Mensch und Affen und der neueren Umwandlungstheorie der Arten, in: Denkschrift des Offenbacher Vereins für Naturkunde, Offenbach 1863, S. 1 – 57.

Mit Büchse und Kamera in den Wildkammern von Britisch-Ostafrika, in: Kolonie und Heimat 7 (20, 1913/14), S. 2–3.

Möbius, Karl August, Die Thiergebiete der Erde, ihre kartographische Abgrenzung und museologische Bezeichnung, in: Archiv für Naturgeschichte 57 (1, 1891), S. 277–291, https://www.biodiversitylibrary.org/item/30145#page/300/mode/1up vom 25.01.2023.

Möbius, Karl August, Ästhetik der Tierwelt. Mit zeitgenössischen Rezensionen und einem Vorwort von Christoph Kockerbeck, Stuttgart 2008 [Nachdruck].

Museum Umlauff Hamburg, Der Riesen-Gorilla des Museum Umlauff Hamburg. Schilderung seiner Erlegung und wissenschaftlichen Beschreibung, Hamburg 1901, https://dhb.thulb.uni-jena.de/receive/ufb_cbu_00030372 vom 01.02.2023.

Mylius, Otfrid (Pseudonym), Der Gorilla-Jäger. Erlebnisse und Abenteuer eines jungen Deutschen am Gabunflusse und in Westafrika. Zu Lust und Lehre der reiferen Jugend gebilderter Stände erzählt, Leipzig 1881.

Naumann, Johann Friedrich, Taxidermie oder die Lehre Thiere aller Klassen am einfachsten und zweckmässigsten für Naturaliensammlungen auszustopfen und aufzubewahren, 2. Auflage, Halle 1848.

Neues vom Gorilla, in: Kolonie und Heimat 7 (8, 1913/14), S. 5.

Nissle, Carl, Beiträge zur Kenntnis der sogenannten anthropomorphen Affen. I. Molly, der Chimpanzee des Berliner Aquariums, in: Zeitschrift für Ethnologie 4 (1872), S. 201–211.

Nissle, Carl, Ein Wunderbau für die Thierwelt, in: Die Gartenlaube (10, 1873), S. 165–170.

Nissle, Carl, Beiträge zur Kenntniss der sogenannten anthropomorphen Affen. II. Ein Orang-Utan, in: Zeitschrift für Ethnologie (5, 1873), S. 50–53.

Nissle, Carl, Der lebende »Gorilla“ in Dresden, in: Leipziger Tageblatt, 21.08.1875, S. 4488.

Nissle, Carl, Beiträge zur Kenntniss der sogenannten anthropomorphen Affen. III. Die Dresdner Mafuka, in: Zeitschrift für Ethnologie (8, 1876), S. 46–59.

Nissle, Carl, Der Gorilla im Berliner Aquarium, in: Die Natur 2 (1876), S. 333–334.

Nissle, Carl, Die menschenähnlichen Affen, in: Die Natur 2 (1876), S. 459–462.

Notes, in: Nature 12 (30. September 1875), S. 482.

O., W., Leicht zu beseitigende Mängel einiger zoologischer Gärten, in: Der Zoologische Garten (1876), S. 297–299.

Oertzen, Jasper von, Die Öffnung des direkten Weges Nanga-Eboko-Dendeng, in: Deutsches Kolonialblatt 18 (1907), S. 625–627.

Oertzen, Jasper von, In Wildnis und Gefangenschaft. Kameruner Tierstudien, Berlin 1913.

Opel, Eduard, Correspondenzen und Nachrichten aus anderen Zoologischen Gärten. Dr. E. Opel in Dresden (d. 18. März 1860), über den dortigen zoologischen Versuchsgarten, in: Der Zoologische Garten (1860), 120–123, 134–136, 153–155.

Ostafrika. Zebra als Reittier, in: Kolonie und Heimat 6 (30, 1911/12), S. 1.
Ostafrika. Weidmannsheil auf der Elefantenjagd, in: Kolonie und Heimat 7 (2, 1913/14), S. 1.
Osten, W. v. d., Südost-Kamerun. Bilder aus den deutsch-französischen Grenzgebieten, in: Kolonie und Heimat 5 (5, 1911/12), S. 2–3.
Owen, Richard, Osteological Contributions to the Natural History of the Chimpanzees (Troglodytes, Geoffroy), Including the Description of the Skull of a Large Species (Troglodytes Gorilla, Savage) Discovered by Thomas S. Savage, M.D., in the Gaboon Country, West Africa, in: Transactions of the Zoological Society of London 3 (1849), S. 381–422, https://www.biodiversitylibrary.org/item/46218#page/529/mode/1up vom 31.05.2023.
Owen, Richard, On the Skeleton of Troglodytes Gorilla, in: Proceedings of the Zoological Society of London 19 (1851), S. 263, https://www.biodiversitylibrary.org/item/46212#page/725/mode/1up vom 04.04.2023.
Owen, Richard, Contributions to the Natural History of the Anthropoid Apes, No. VIII. On the External Characters of the Gorilla (Troglodytes Gorilla, Sav.), in: Transactions of the Zoological Society of London 5 (1859), S. 243–284, https://www.biodiversitylibrary.org/page/30838255#page/342/mode/1up vom 04.04.2023.
Owen, Richard, On the Classification and Geographical Distribution of the Mammalia, Being a Lecture on Sir Robert Reade's Foundation, London 1859.
Paracelsus, Ein Zweikampf auf dem Gebiete des Geistes, in: Die Gartenlaube (49, 1877), S. 823–825.
Personal-Verzeichnis der Königlich Württembergischen Eberhard-Karls-Universität Tübingen für das Winterhalbjahr 1914/14 aus amtlichen Quellen, Tübingen 1913, http://idb.ub.uni-tuebingen.de/opendigi/LXV24_qt_1913_1914 vom 05.02.2023.
Peters, Wilhelm, Naturwissenschaftliche Reise nach Mosambique, Berlin 1862, https://ia800609.us.archive.org/5/items/naturwissenschaf03pete/naturwissenschaf03pete.pdf vom 18.06.2023.
Poe, Edgar Allan, Die Abenteuer des Detektivs Dupin. Der Mord in der Rue Morgue, Band 1, Original 1841, hier Hannover 1922.
Ravenstein, Ernest George (Hg.), The Strange Adventures of Andrew Battell of Leigh, in Angola and the Adjoining Regions, London 1901.
Reichenbach, Heinrich Gottlieb Ludwig, Ueber Zoologische Gärten, in: Der Zoologische Garten 1 (1860), S. 193–197.
Reichenbach, Heinrich Gottlieb Ludwig, Die vollständigste Naturgeschichte der Affen, Dresden 1863, https://donload.digitale-sammlungen.de/pdf/1566993323bsb10231815.pdf vom 18.04.2024.
Reichert, Robert, Über 200 Jahre Museumsgeschichte, in: Staatliches Museum für Tierkunde (Hg.), Dresdner Wissenschaftliche Museen. Beiträge zur 750-Jahr-Feier unserer Stadt, Dresden 1956, S. 1–7.
Reichert, Robert, Persönlichkeiten, von denen unsere Sammlungen erzählen, in: Staatliches Museum für Tierkunde (Hg.), Dresdner Wissenschaftliche Museen. Beiträge zur 750-Jahr-Feier unserer Stadt, Dresden 1956, S. 8–21.
Richter, Hermann Eberhard, Die zoologischen Gärten, in: Die Gartenlaube (23, 1860), S. 359–362 und 379–382.

Riese, A., Der Namen des Gorillas, in: Der Zoologische Garten 22 (1881), S. 52–53.

Saint-Hilaire, Isidore Geoffroy, Description des Mammifères nouveaux ou imparfaitement connus de la collection du Muséum d'histoire naturelle et remarques sur la classification et les caratéres des mammifères, in: Archives Muséum d'histoire naturelle 10 (1858), S. 1–100, https://www.biodiversitylibrary.org/item/164221#page/13/mode/1up vom 01.06.2023.

Savage, Thomas S., Wyman, Jeffries, Observations on the External Characters and Habits of the Troglodytes Niger, Geoff., in: Boston Journal of Natural History 4 (1843–1844), S. 377–386.

Schillings, Carl Georg, Mit Blitzlicht und Büchse, Leipzig 1905.

Schmidt, Maximilian, Zoologische Klinik. Handbuch, 1.1. Die Krankheiten der Affen, Berlin 1870.

Schmidt, Maximillian, Die Lebensdauer der Thiere in Gefangenschaft, in: Der Zoologische Garten 19 (1878), S. 41–55.

Schneider, H., Ueber Erhaltung der anthropomorphen Affen in Deutschland, in: Der Zoologische Garten 22 (1881), S. 47–52.

Schöpf, Adolf, Gedenkblätter zum Fünfundzwanzigjährigen Stiftungsfest des zoologischen Gartens zu Dresden, Dresden 1886.

Schöpf, Alwin, Bericht über den Zoologischen Garten in Dresden, in: Der Zoologische Garten 15 (1874), S. 86–93.

Schubotz, Hermann (Hg.), Wissenschaftliche Ergebnisse der deutschen Zentral-Afrika-Expedition 1907–1908 unter Führung Adolf Friedrichs, Herzogs zu Mecklenburg, Band 3. Zoologie 1, Leipzig 1912.

Schweinfurth, Georg, Im Herzen von Afrika, Leipzig 1874.

Sclater, Philip Lutley, Ueber den gegenwärtigen Stand unserer Kenntniss der geographischen Zoologie. Eröffnungsrede vor der biologischen Section der »British Association" in Bristol am 25. Aug. 1875, Unter Mitarbeit von Adolf Bernhard Meyer, Erlangen 1876.

Seidlitz, W. von, Geschichte der Sammlungen, in: Führer durch die Königlichen Sammlungen zu Dresden, Dresden 1889, S. IX-XIX, https://digital.slub-dresden.de/data/kitodo/fuhrdudik_383382823/fuhrdudik_383382823_tif/jpegs/fuhrdudik_383382823.pdf vom 27.02.2023.

Sitzungsberichte der Berliner anthropologischen Gesellschaft vom 18. Dezember 1875, in: Zeitschrift für Ethnologie 7 (1875), S. 268–286.

Sokolowsky, Alexander, Beobachtungen über die Psyche der Menschenaffen, Frankfurt a.M. 1908.

Sokolowsky, Alexander, Die Psyche des Menschenaffen, in: Die Umschau (1909), S. 71–72.

Sokolowsky, Alexander, Tieracclimatisation. Eine biologisch-tierzüchterische Studie, Hannover 1909.

Sokolowsky, Alexander, Aus dem Seelenleben höherer Tiere, Leipzig 1910.

Sokolowsky, Alexander, Affe und Mensch in ihrer biologischen Eigenart, Leipzig 1911.

Sokolowsky, Alexander, Carl Hagenbeck und sein Werk, Leipzig 1928.

Sokolowsky, Alexander, Erlebnisse mit wilden Tieren. Schilderungen aus meinem Berufsleben, Leipzig 1928.

Ter Meer, Herman H., Von der Taxidermie zur Dermoplastik, in: Arndt, W., Dermoplastik Einst und jetzt, in: Museumskunde 6 (1934), S. 19–25.

Tiedemann, Friedrich, Das Hirn des Negers mit dem des Europäers und Orang-Outangs, Heidelberg 1837.

Tulp, Nicolaes, Observationes Medicae, Amsterdam 1652, https://books.google.de/books?id=0A05AAAAcAAJ&ots=5phUYMKAgv&dq=observationes+medicae&pg=PP1&redir_esc=y#v=onepage&q&f=false vom 18.04.2024.

Tyson, Edward, Orang-Outang, sive Homo Sylvestris. Or, The Anatomy of a Pygmie Compared with that of a Monkey, an Ape, and a Man, London 1699, https://archive.org/details/orangoutangsiveh00tyso vom 18.04.2024.

Ulrici, Emil W., https://www.geni.com/people/Emil-W-Ulrici/6000000026731497345 vom 25.09.19.

Ulrici, Emil, Passanträge der Vereinigten Staaten, https://www.myheritage.de/research?formId=collection_10720%3AsearchFormDef&formMode=&action=query&exactSearch=0&useTranslation=1&colId=10720&qname=Name+fn.Emil+ln.Ulrici+fnmo.1&qbirth=Event+et.birth+ey.1847&csrf_token=T_635cmzu5hdbd8b58_d5836yb1b2tpd815.1569504445.c14775b6c9e95262a2cea5b5eab45182 vom 18.04.2024.

Virchow, Rudolf, Menschen- und Affenschädel. Vortrag, gehalten am 18. Febr. 1869 im Saale des Berliner Handwerker-Vereins, Berlin 1870.

Vogt, Carl, Vorlesungen über den Menschen, seine Stellung in der Schöpfung und in der Geschichte der Erde, Band 1, Gießen 1863, https://opacplus.bsb-muenchen.de/title/BV013655686 vom 12.04.2023.

Vogt, Carl, Die Säugetiere in Wort und Bild, München 1883.

Wagner, Hermann, Die neuesten Entdeckungsreisen an der Wetküste Afrika's. Mit besonderer Berücksichtigung der Reisen und Abenteuer, Handels- und Jagdzüge von Paul Belloni du Chaillu im äquatorialen Afrika, sowie von Ladislaus Magyar in Benguela und Bihe und C. Joh. Andersson am Okavango-Flusse, Leipzig 1863.

Wallace, Alfred Russel, Die geographische Verbreitung der Thiere. Nebst einer Studie über die Verwandtschaften der lebenden und ausgestorbenen Faunen in ihrer Beziehung zu den früheren Veränderungen der Erdoberfläche, Dresden 1876.

Wallace, Alfred Russel, Der Malayische Archipel. Deutsche Übersetzung von Adolf Bernhard Meyer, Frankfurt a.M. 1983.

Zimmermann, Oscar, Durch Busch und Steppe vom Campo bis zum Schari 1892–1902. Ein Beitrag zur Geschichte der Schutztruppe von Kamerun, Berlin 1909.

Zur Strassen, Otto (Hg.), Brehms Tierleben. Allgemeine Kunde des Tierreichs, 4. Auflage, Band 13. Paarhufer, Halbaffen, Affen, Leipzig 1916.

Literatur

»Als die wilden Tiere in den Norden kamen“, https://www.ndr.de/fernsehen/sendungen/unsere_geschichte/Als-die-wilden-Tiere-in-Norden-kamen,sendung872164.html vom 08.04.2022 [Dokumentation].

Academisches Museum der Universität Göttingen, https://sammlungen.uni-goettingen.de/sammlung/slg_1047/vom 09.06.2022.

Ade, Manfred, Carl Georg Schillings – Game-Protection in German-East-Afrika, 21.01.2002, in: MfN d. HUB, Bestand: Zool. Mus.; Signatur: S III, Schillings, C. G.

Alberti, Samuel J. M. M. (Hg.), The Afterlives of Animals. A Museum Menagerie, Charlottesville, Va. u.a. 2011.

Alberti, Samuel J. M. M., Museum Nature, in: Curry, Helen A.; Jardine, Nicholas; Secord, James A.; Spary, Emma C. (Hg.), Worlds of Natural History, Cambridge u.a. 2018, S. 348–361.

Albrecht, Uwe, Bilder aus dem Tierleben. Phillip Leopold Martin (1815–1885) und die Popularisierung der Naturkunde im 19. Jahrhundert, Baden-Baden 2018.

Altner, Günther, Charles Darwin und die Dynamik der Schöpfung, in: Engels, Eve-Marie (Hg.), Charles Darwin und seine Bedeutung für die Wissenschaften, Tübingen 2011, S. 257–271.

Ames, Eric, Carl Hagenbeck's Empire of Entertainments, Seattle u.a. 2008.

Anderson, David; Grove, Richard H. (Hg.), Conservation in Africa. People, Policies and Practice, Cambridge 1995.

Anderson, David; Grove, Richard, The Scramble for Eden. Past, Present and Future in African Conservation, in: Dies. (Hg.), Conservation in Africa. People, Policies and Practice, Cambridge 1995, S. 1–12.

Andraschke, Udo (Hg.), Ausgepackt. Die Sammlungen der Universität Erlangen-Nürnberg; 20. Mai bis 29. Juli 2007, Stadtmuseum Erlangen. Dokumentation zur Ausstellung, Erlangen 2007.

Angermann, Renate, Anna Held, Paul Matschie und die Säugetiere des Berliner Zoologischen Museums, in: Bongo 24 (1994), S. 107–138.

Appadurai, Arjun (Hg.), The Social Life of Things. Commodities in Cultural Perspective, Cambridge 2003.

Appel, Toby A., Jeffries Wyman, Philosophical Anatomy, and the Scientific Reception of Darwin in America, in: Journal of the History of Biology 21 (1, 1988), S. 69–94.

Artinger, Kai, Von der Tierbude zum Turm der blauen Pferde. Die künstlerische Wahrnehmung der wilden Tiere im Zeitalter der zoologischen Gärten, Berlin 1995.

Ash, Mitchell, Wissens- und Wissenschaftstransfer. Einführende Bemerkungen, in: Berichte zur Wissenschaftsgeschichte 29 (2006), S. 181–189.

Ash, Mitchell (Hg.), Mensch, Tier und Zoo. Der Tiergarten Schönbrunn im internationalen Vergleich vom 18. Jahrhundert bis heute, Wien u.a. 2008.

Ash, Mitchell, Tiere und Wissenschaft. Versachlichung und Vermenschlichung im Widerstreit, in: Krüger, Gesine; Steinbrecher, Aline; Wischermann, Clemens (Hg.), Tiere und Geschichte. Konturen einer Animate History, Stuttgart 2014, S. 267–291.

Ash, Mitchell, Zoological Gardens, in: Curry, Helen A.; Jardine, Nicholas; Secord, James A.; Spary, Emma C. (Hg.), Worlds of Natural History, Cambridge u.a. 2018, S. 418–432.

Assmann, Aleida, Erinnerungsräume. Formen und Wandlungen des kulturellen Gedächtnisses, München 1999.

Bachmann-Medick, Doris, Cultural turns. Neuorientierungen in den Kulturwissenschaften, Reinbek bei Hamburg 2014.

Ballantyne, Toni, Colonial Knowledge, in: Stockwell, Sarah (Hg.), The British Empire. Themes and Perspectives, Malden, Mass. u.a. 2008, S. 177–197.

Balsiger, Philipp W., Schubladendenken. Zum Verhältnis von Sammeln und Ordnen, in: Andraschke, Udo (Hg.), Ausgepackt. Die Sammlungen der Universität Erlangen-Nürnberg; 20. Mai bis 29. Juli 2007, Stadtmuseum Erlangen. Dokumentation zur Ausstellung, Erlangen 2007, S. 32–44.

Baratay, Eric; Hardouin-Fugier, Elisabeth, Zoo. Von der Menagerie zum Tierpark, Berlin 2000.

Barnes, Barry; Shapin, Steven (Hg.), Natural Order. Historical Studies of Scientific Culture, Beverly Hills u.a. 1979.

Barnes, Barry; Shapin, Steven, Darwin and Social Darwinism. Purity and History, in: Dies. (Hg.), Natural Order. Historical Studies of Scientific Culture, Beverly Hills u.a. 1979, S. 125–142.

Barsch, A.; Hejl, P., Menschenbilder, Frankfurt a.M. 2000.

Barthes, Roland, Die helle Kammer. Bemerkungen zur Photographie, Frankfurt a.M. 1989.

Basalla, George, The Spread of Western Science, in: Science 156 (3775, 1967), S. 611–622.

Baschnegger, Hanno; Schlag, Gerald (Hg.), Abenteuer Ostafrika. Der Anteil Österreich-Ungarns an der Erforschung Ostafrikas. Ausstellung in Schloss Halbtun 11. Mai bis 28. Oktober 1988, Eisenstadt 1988.

Basel, Museum der Kulturen; Schneider, Jürg; Röschenthaler, Ute; Gardi, Bernhard (Hg.), Fotofieber. Bilder aus West- und Zentralafrika. Die Reisen von Carl Passavant, 1883–1885, Basel 2005.

Baumunk, Bodo-Michael; Riess, Jürgen, Darwin und Darwinismus. Eine Ausstellung zur Kultur- und Naturgeschichte, Berlin 1994.

Bechhaus-Gerst, Marianne; Zeller, Joachim (Hg.), Deutschland Postkolonial? Die Gegenwart der imperialen Vergangenheit, Berlin 2021.

Becker, Christine, Wie ein zweites Leben. Der Tierbildner Herman H. ter Meer, Leipzig 2005.

Becker, Kristin, Affe, Mond und Meer. Inszenierungen von Wissen und Wissenschaft im 19. und frühen 20. Jahrhundert, Berlin 2014.

Becker, Udo, Zur Geschichte der Zoologischen Präparation des Senckenbergmuseums in Frankfurt a.M.. Zum Andenken an Heinz Leffler, Frankfurt a.M. 1997.

Bedeutende Tiergruppen sind nach Leipzig zurückgekehrt, https://www.leipzig.de/news/news/bedeutende%20tiergruppen%20sind%20nach%20leipzig%20zur%C3%BCckgekehrt vom 18.04.2024.

Behrendt, Dagmar, Erinnerungen an Bobby, in: Hermannstädter, Anita; Heumann, Ina; Pannhorst, Kerstin (Hg.), Wissensdinge. Geschichten aus dem Naturkundemuseum, Berlin 2015, S. 174–175.

Benick, Ludwig, Naturhistorisches Museum, in: 150 Jahre Lübecker Museen. Eine Festschrift, Lübeck 1950, S. 60–67.

Berger, John, Das Leben der Bilder oder die Kunst des Sehens, Berlin 1981.

Berger, Ursel; Georg-Kolbe-Museum (Hg.), Wilde Welten. Aneignung des Fremden in der Moderne, Leipzig 2010.

Berner, Margit, Schauen und Wissen. Erste museale Präsentationen der physischen Anthropologie, in: Berner, Margit; Hoffmann, Anette; Lange, Britta (Hg.), Sensible Sammlungen. Aus dem anthropologischen Depot, Hamburg 2011, S. 41–60.

Berner, Margit; Hoffmann, Anette; Lange, Britta (Hg.), Sensible Sammlungen. Aus dem anthropologischen Depot, Hamburg 2011.

Bertoni, Filippo, Taxonomische Ordnungen. Die Kategorisierung der Natur ist politisch, https://animalsasobjects.org/de/theme.taxonomic-orders vom 29.06.2024.

Betz, Oliver, Artentstehung, natürliches Aussterben und anthropogene Krise der Biodiversität. Darwins Theorie aus heutiger evolutionsbiologischer Sicht, in: Engels, Eve-Marie (Hg.), Charles Darwin und seine Bedeutung für die Wissenschaften, Tübingen 2011, S. 89–119.

Biagiolo, Mario (Hg.), The Science Studies Reader, New York u.a. 1999.

Biegel, Gerd, Robert Hartmann. Afrikareisender und Forscher, in: Informationen und Berichte. Zeitschrift des Braunschweigischen Landesmuseums (1, 1997), S. 5–14.

Biegel, Gerd, Vorwort, in: Informationen und Berichte. Braunschweigisches Landesmuseum (1, 1997), S. 1–2.

Bigg, Charlotte, Diagrams, in: Lightman, Bernard (Hg.), A Companion on the History of Science, Chichester u.a. 2016, S. 557–571.

Bindseil, Reinhart, Ruanda im Lebensbild von Hans Meyer (1858–1929). Erstbesteiger des Kilimandscharo, Forschungsreisender und Verleger, Bonn 1994.

Bischoff, Eva, Kannibale-Werden. Eine postkoloniale Geschichte deutscher Männlichkeit um 1900, Bielefeld 2011.

Böhme, Hartmut; Gottwald, Franz-Theo; Holtorf, Christian; Macho, Thomas; Schwarte, Ludger; Wulf, Christoph (Hg.), Tiere. Eine andere Anthropologie, Köln u.a. 2004.

Brantz, Dorothee (Hg.), Beastly Natures. Animals, Humans, and the Study of History, Charlottesville, VA 2010.

Brantz, Dorothee; Mauch, Christof (Hg.), Tierische Geschichte. Die Beziehung von Mensch und Tier in der Kultur der Moderne, Paderborn 2010.

Braun, Peter, Objektbiographie. Ein Arbeitsbuch, Weimar 2015.

Bredekamp, Horst, Darwins Korallen, in: te Heesen, Anke; Lutz, Petra (Hg.), Dingwelten. Das Museum als Erkenntnisort, Köln u.a. 2005, S. 77–87.

Brent Stirton's Image, https://www.nhm.ac.uk/wpy/gallery/2022-ndakasi-s-passing?tags=ed.current vom 18.04.2024.

Brogiato, Heinz Peter, Leipzig. Hans Meyers Grab, in: Van der Heyden, Ulrich; Zeller, Joachim (Hg.), Kolonialismus hierzulande. Eine Spurensuche in Deutschland, Erfurt 2007, S. 113–116.

Brower, Matthew, Developing Animals. Wildlife and Early American Photography, Minneapolis, London 2010.

Brown, Bill, Thing Theory, in: Critical Inquiry 28 (1, 2001), S. 1–22.

Browne, Janet, Charles Darwin. The Power of Place, 2 Bände, Princeton u.a. 2002.

Brüggemeier, Franz-Josef; Engels, Jens Ivo (Hg.), Natur- und Umweltschutz nach 1945. Konzepte, Konflikte, Kompetenzen, Frankfurt a.M. u.a. 2005.

Buchner, Jutta, Kultur mit Tieren. Zur Formierung des bürgerlichen Tierverständnisses im 19. Jahrhundert, Münster u.a. 1996.

Buchner-Fuhs, Jutta, Das Tier als Freund. Überlegungen zur Gefühlsgeschichte im 19. Jahrhundert, in: Münch, Paul (Hg.), Tiere und Menschen. Geschichte und Aktualität eines prekären Verhältnisses, Paderborn u.a. 1999, S. 275–294.

Burkhardt, Frederick; Secord, James A.; Evans, Samantha; Innes, Shelley; Neary, Francis; Pearn, Alison M.; Secord, Anne; White, Paul (Hg.), The Correspondence of Charles Darwin, Cambridge u.a. 2021.

Burkhardt, Jr., Richard W., Constructing the Zoo. Science, Society, and Animal Nature at the Paris Menagerie, 1794–1838, in: Henninger-Voss, Mary J. (Hg.), Animals in Human Histories. The Mirror of Nature and Culture, Rochester, NY u.a. 2009, S. 231–257.

Busch, Bernd, Fotografie im 19. Jahrhundert. Kunst, Industrie, Wissenschaft, in: Hesse, Wolfgang; Starl, Timm (Hg.), Photographie und Apparatur. Der Photopionier Hermann Krone. Bildkultur und Phototechnik im 19. Jahrhundert, Marburg 1998, S. 9–20.

Butcher, Barry W., Gorilla Warfare in Melbourne. Halford, Huxley and ›Man's Place in Nature‹, in: Home, Roderick W. (Hg.), Australian Science in the Making, Cambridge u.a. 1988, S. 153–169.

Cain, Victoria E. M.; Rader, Karen A., Life on Display. Revolutionizing U.S. Museums of Science and Natural History in the Twentieth Century, Chicago 2014.

Camardi, Giovanni, Richard Owen, Morphology and Evolution, in: Journal of the History of Biology (34, 2001), S. 481–515.

Cavalieri, Paola; Singer, Peter, The Great Ape Project. Equality Beyond Humanity, New York 1996.

Chakrabarty, Dipesh, Europa provinzialisieren. Postkolonialität und die Kritik der Geschichte, in: Conrad, Sebastian; Randeria, Shalini (Hg.), Jenseits des Eurozentrismus. Postkoloniale Perspektiven in den Geschichts- und Kulturwissenschaften, Frankfurt a.M. 2002, S. 283–311.

Chansigaud, Valérie, Scientific Illustrators, in: Lightman, Bernard (Hg.), A Companion on the History of Science, Chichester, Malden, Mass. u.a. 2016, S. 111–125.

Chapman, Kathleen, Das Tier in der wilhelminischen Kunst, in: Demandt, Philipp; Voermann, Ilka (Hg.), König der Tiere. Wilhelm Kuhnert und das Bild von Afrika, München 2018, S. 104–109.

Ciz, Karl Heinz, Robert Hartmann (1831–1893). Mitbegründer der deutschen Ethnologie, Gelsenkirchen 1984.

Clifford, James, Routes. Travel and Translation in the Late Twentieth Century, Cambridge, Mass. 1997.

Cohn, Bernard S., Colonialism and its Forms of Knowledge. The British in India, Princeton 1996.

Collet, Dominik, Die Welt in der Stube. Begegnungen mit Außereuropa in Kunstkammern der Frühen Neuzeit, Göttingen 2007.

Collet, Dominik, Universitäre Sammlungen als »contact zone“. Gesellige und gelehrte Sammlungspraktiken im Akademischen Museum der Universität Göttingen (1773–1840), in: Traverse 19 (3, 2012), https://www.e-periodica.ch/cntmng?pid=tra-001:2012:19::816 am 08.04.2024.

Conrad, Sebastian; Randeria, Shalini (Hg.), Jenseits des Eurozentrismus. Postkoloniale Perspektiven in den Geschichts- und Kulturwissenschaften, Frankfurt a.M. 2002.

Conrad, Sebastian; Randeria, Shalini, Einleitung. Geteilte Geschichten – Europa in einer postkolonialen Welt, in: Dies. (Hg.), Jenseits des Eurozentrismus. Postkoloniale Perspektiven in den Geschichts- und Kulturwissenschaften, Frankfurt a.M. 2002, S. 9–49.

Conrad, Sebastian; Osterhammel, Jürgen (Hg.), Das Kaiserreich transnational. Deutschland in der Welt 1871–1914, Göttingen 2004.

Conrad, Sebastian, »Eingeborenenpolitik“ in Kolonie und Metropole. »Erziehung zur Arbeit“ in Ostafrika und Ostwestfalen, in: Ders.; Osterhammel, Jürgen (Hg.), Das Kaiserreich transnational. Deutschland in der Welt 1871–1914, Göttingen 2004, S. 106–128.

Conrad, Sebastian, Deutsche Kolonialgeschichte, München 2008.

Corbey, Raymond; Theunissen, Bert (Hg.), Ape, Man, Apeman. Changing Views since 1600, Leiden 1995.

Corbey, Raymond, Introduction. Missing Links, or the Ape‘s Place in Nature, in: Corbey, Raymond; Bert, Theunissen (Hg.), Ape. Man, Apeman. Chaning Views since 1600, Leiden 1995, S. 1–10.

Corbey, Raymond, The Metaphysics of Apes. Negotiating the Animal-Human Boundary, Cambridge 2005.

Cosans, Christopher E., Owen's Ape & Darwin's Bulldog. Beyond Darwinism and Creationism, Bloomington, Ind. u.a. 2009.

Curry, Helen A.; Jardine, Nicholas; Secord, James A.; Spary, Emma C. (Hg.), Worlds of Natural History, Cambridge u.a. 2018.

Dambeck, Holger, Genvergleich. Schimpanse und Mensch fast identisch, https://www.spiegel.de/wissenschaft/natur/genvergleich-schimpanse-und-mensch-fast-identisch-a-372341.html vom 01.07.2021.

Damir-Geilsdorf, Sabine (Hg.), Mental Maps – Raum – Erinnerung. Kulturwissenschaftliche Zugänge zum Verhältnis von Raum und Erinnerung, Münster 2005.

Das, Subhadra; Lowe, Miranda, Nature Read in Black and White. Decolonial Approaches to Interpreting Natural History Collections, in: Journal of Natural Science Collections 6 (2018), S. 4–14.

Daston, Lorraine (Hg.), Things That Talk. Object Lessons from Art and Science, New York, NY 2004.

Daston, Lorraine, Things That Talk, in: Dies. (Hg.), Things That Talk. Object Lessons from Art and Science, New York, NY 2004, S. 7–24.

Daston, Lorraine (Hg.), Science in the Archives. Past, Presents, Futures, Chicago, London 2017, S. 1–14.

Daston, Lorraine, Third Nature, in: Dies. (Hg.), Science in the Archives. Past, Presents, Futures, Chicago, London 2017, S. 1–14.

Daston, Lorraine; Galison, Peter, Das Bild der Objektivität, in: Geimer, Peter (Hg.), Ordnungen der Sichtbarkeit. Fotografie in Wissenschaft, Kunst und Technologie, Frankfurt a.M. 2002, S. 29–99.

Daston, Lorraine; Galison, Peter, Objektivität, Frankfurt a.M. 2007.

Daum, Andreas, Wissenschaftspopularisierung im 19. Jahrhundert. Bürgerliche Kultur, naturwissenschaftliche Bildung und die deutsche Öffentlichkeit 1848–1914, München 1998.

Davis, John R. (Hg.), Transnational Networks. German Migrants in the British Empire, 1670 – 1914, Leiden u.a. 2012.

Demandt, Philipp; Voermann, Ilka (Hg.), König der Tiere. Wilhelm Kuhnert und das Bild von Afrika, München 2018.

Denenholz Morse, Deborah; Danahay, Martin A. (Hg.), Victorian Animal Dreams. Representations of Animals in Victorian Literature and Culture, Aldershot u.a. 2007.

Deutscher Museumsbund e.V. (Hg.), Leitfaden. Umgang mit Sammlungsgut aus kolonialen Kontexten, 2. Fassung, Berlin 2019.

Deutscher Museumsbund e.V. (Hg.), Leitfaden. Umgang mit Sammlungsgut aus kolonialen Kontexten, 3. Fassung, Berlin 2021, S. 19–20, https://www.museumsbund.de/publikationen/leitfaden-zum-umgang-mit-sammlungsgut-aus-kolonialen-kontexten/vom 12.04.2023.

Deutsches Historisches Museum (Hg.), Deutscher Kolonialismus. Fragmente seiner Geschichte und Gegenwart, Darmstadt 2016.

Die Blumenbachsche Schädelsammlung am Zentrum Anatomie der Universitätsmedizin Göttingen, https://www.anatomie.uni-goettingen.de/de/blumenbach.html vom 07.11.2023.

Die Erde bei Nacht, Netflix, 2020, https://www.netflix.com/search?q=die%20erde%20bei%20nacht&jbv=80218938 vom 29.01.2023.

Die Geschichte des Museums, https://www.africamuseum.be/de/discover/history vom 18.04.2024.

Diebold, Jan, Hochadel und Kolonialismus im 20. Jahrhundert. Die imperiale Biographie des »Afrika-Herzogs“ Adolf Friedrich von Mecklenburg, Wien u.a. 2019.

Dittrich, Lothar; Engelhardt, Dietrich v.; Rieke-Müller, Annelore (Hg.), Die Kulturgeschichte des Zoos, Berlin 2001.

Dittrich, Lothar; Rieke-Müller, Annelore, Carl Hagenbeck (1844–1913). Tierhandel und Schaustellungen im Deutschen Kaiserreich, Frankfurt a.M. 1998.

Dixson, Alan F., The Natural History of the Gorilla, London 1981.

Dodd, Adam; Rader, Karen A.; Thorsen, Liv Emma (Hg.), Animals on Display. The Creaturely in Museums, Zoos, and Natural History, University Park, Pa. 2013.

Dodd, Adam; Rader, Karen A.; Thorsen, Liv Emma, Introduction. Making Animals Visible, in: Dies. (Hg.), Animals on Display. The Creaturely in Museums, Zoos, and Natural History, University Park, Pa. 2013, S. 1–11.

Dornenzweig, Katharina, Sprachexperimente mit nichtmenschlichen Tieren als Ausdruck von und Herausforderung für problematische Konzeptionen tierlicher Agency, in: Wirth, Sven; Laue, Anett; Kurth, Markus; Dornenzweig, Katharina; Bossert, Leonie; Balgar, Karsten (Hg.), Das Handeln der Tiere. Tierliche Agency im Fokus der Human-Animal Studies, Bielefeld 2016, S. 149–178.

Döring, Jörg; Thielmann, Tristan (Hg.), Mediengeographie. Theorie – Analyse – Diskussion, Bielefeld 2009.

Dresdner Geschichtsverein (Hg.), Bürgertum und Bürgerlichkeit in Dresden, Dresden 2008.

Eichenauer, Jürgen, Offenbach entwickelt sich stürmisch: Von der Industrie- zur Designstadt, https://www.offenbach.de/gaeste/stadtgeschichte/geschichte-offenbach/offenbach-von-der-industrie-zur-designstadt.php vom 08.09.2023.

Eisenhofer, Stefan, Fetisch, in: Samida, Stefanie; Eggert, Manfred K. H.; Hahn, Hans Peter (Hg.), Handbuch Materielle Kultur. Bedeutungen, Konzepte, Disziplinen, Stuttgart u.a. 2014, S. 206–209.

Eitler, Pascal, Tiere und Gefühle. Eine genealogische Perspektive auf das 19. und 20. Jahrhundert, in: Krüger, Gesine; Steinbrecher, Aline; Wischermann, Clemens (Hg.), Tiere und Geschichte. Konturen einer Animate History, Stuttgart 2014, S. 59–77.

Eitler, Pascal; Möhring, Maren, Eine Tiergeschichte der Moderne. Theoretische Perspektiven, in: traverse 2 (2008), S. 91–105.

Ellis, Heather; Kirchberger, Ulrike (Hg.), Anglo-German Scholarly Networks in the Long Nineteenth Century, Leiden u.a. 2014.

Engelmeier, Hanna, Der Mensch, der Affe. Anthropologie und Darwin-Rezeption in Deutschland 1850–1900, Köln u.a. 2016.

Engels, Eve-Marie (Hg.), Die Rezeption von Evolutionstheorien im 19. Jahrhundert, Frankfurt a.M. 1995.

Engels, Eve-Marie, Darwins Popularität im Deutschland des 19. Jahrhunderts. Die Herausbildung der Biologie als Leitwissenschaft, in: Barsch, A.; Hejl, P., Menschenbilder, Frankfurt a.M. 2000, S. 91–145.

Engels, Eve-Marie (Hg.), Charles Darwin und seine Wirkung, Frankfurt a.M. 2009.

Engels, Eve-Marie; Betz, Oliver; Köhler, Heinz.R.; Potthast, Thomas (Hg.), Charles Darwin und seine Bedeutung für die Wissenschaft, Tübingen 2011.

Engels, Eve-Marie; Glick, Thomas F., The Reception of Charles Darwin in Europa, 2 Bände, London 2008.

Engström, Kjell; Johnels, Alf G. (Hg.), Natural History Museums and the Community. Symposium held in October 1969 at the Swedish Museum of Natural History, Oslo 1973.

Eskildsen, Ute; Lechtreck, Hans-Jürgen (Hg.), Nützlich, süß und museal. Das fotografierte Tier, Göttingen 2005.

Essner, Cornelia, Deutsche Afrikareisende im neunzehnten Jahrhundert. Zur Sozialgeschichte des Reisens, Wiesbaden u.a. 1985.

Estermann, Monika; Schneider, Ute (Hg.), Wissenschaftsverlage zwischen Professionalisierung und Popularisierung, Wiesbaden 2007.

Fabian, Johannes, Im Tropenfieber. Wissenschaft und Wahn in der Erforschung Zentralafrikas, München 2001.

Fellmann, Johannes, Gesammelt – erbeutet – erworben?, https://www.kulturstiftung.de/gesammelt-erbeutet-erworben/vom 03.01.2023.

Fiedler, Walter, Tiergarten Schönbrunn, Wien, 1962.

Findlen, Paula, Possessing Nature. Museums, Collecting, and Scientific Culture, Berkeley, Cal. u.a. 1994.

Findlen, Paula (Hg.), Early Modern Things. Objects and their Histories, 1500 – 1800, London u.a. 2013.

Förster, Larissa; Stoecker, Holger, Haut, Haar und Knochen. Koloniale Spuren in naturkundlichen Sammlungen der Universität Jena, Weimar 2016.

Frädrich, Hans; Strehlow, Harro, Der Zoo und die Wissenschaft, in: Bongo 24 (1994), S. 161–180.

Fründt, Sarah; Förster, Larissa, Menschliche Überreste aus ehemals kolonisierten Gebieten in deutschen Institutionen. Historische Entwicklungen und zukünftige Perspektiven, in: Bechhaus-Gerst, Marianne; Zeller, Joachim (Hg.), Deutschland Postkolonial? Die Gegenwart der imperialen Vergangenheit, Berlin 2021, S. 505–531.

Fudge, Erica, A Left-Handed Blow. Writing the History of Animals, in: Rotfels, Nigel (Hg.), Representing Animals, Bloomington, Ind. u.a. 2002, S. 3–18.

Fudge, Erica, Renaissance Animal Things, in: Landes, Joan B.; Young Lee, Paula; Youngquist, Paul (Hg.), Gorgeous Beasts. Animal Bodies in Historical Perspective, University Park, Pa. 2012, S. 41–56.

Fuhrmann, Wolfgang, Der Urwald, in: Zimmerer, Jürgen (Hg.), Kein Platz an der Sonne. Erinnerungsorte der deutschen Kolonialgeschichte, Frankfurt a.M. u.a. 2013, S. 56–67.

Gall, Alexander, Authentizität, Dramatik und der Erfolg der populären zoologischen Illustration im 19. Jahrhundert. Brehms Thierleben und die Gartenlaube, in: Samida, Stefanie (Hg.), Inszenierte Wissenschaft. Zur Popularisierung von Wissen im 19. Jahrhundert, Bielefeld 2011, S. 103–126.

Gall, Alexander; Trischler, Helmuth (Hg.), Szenerien und Illusion. Geschichte, Varianten und Potenziale von Museumsdioramen, Göttingen 2016.

Gall, Alexander; Trischler, Helmuth, Museumsdioramen. Geschichte, Varianten und Potenziale im Überblick, in: Gall, Alexander; Trischler, Helmuth (Hg.), Szenerien und Illusion. Geschichte, Varianten und Potenziale von Museumsdioramen, Göttingen 2016, S. 9–26.

Gall, Alexander, Auf dem langen Weg ins Museum. Dioramen als kommerzielle Spektakel und Medien der Wissensvermittlung im langen 19. Jahrhundert, in: Gall, Alexander; Trischler, Helmuth (Hg.), Szenerien und Illusion. Geschichte, Varianten und Potenziale von Museumsdioramen, Göttingen 2016, S. 27–106.

Gall, Alexander, Lebende Tiere und inszenierte Natur. Zeichnung und Fotografie in der populären Zoologie zwischen 1860 und 1910, in: NTM 25 (2, 2017), S. 169–209.

Gall, Lothar; Schulz, Andreas (Hg.), Wissenskommunikation im 19. Jahrhundert, Stuttgart 2003.

Garland-Thomson, Rosemary (Hg.), Freakery. Cultural Spectacles of the Extraordinary Body, New York u.a. 1996.

Geertz, Clifford (Hg.), Dichte Beschreibung. Beiträge zum Verstehen kultureller Systeme, Frankfurt a.M. 1987.

Geertz, Clifford, Dichte Beschreibung. Bemerkungen zu einer deutenden Theorie von Kultur, in: Ders. (Hg.), Dichte Beschreibung. Beiträge zum Verstehen kultureller Systeme, Frankfurt a.M. 1987, S. 7–43.

Geertz, Clifford, Local Knowledge. Further Essasys in Interpretive Anthropology, London 1993.

Geimer, Peter (Hg.), Ordnungen der Sichtbarkeit. Fotografie in Wissenschaft, Kunst und Technologie, Frankfurt a.M. 2002.

Gensch, Winfried, Der Anteil Peter Joseph Lennés an der Gestaltung des Zoologischen Gartens in Verbindung mit den Bürgerwiesenanlagen in Dresden, in: Der Zoologische Garten 62 (1992), S. 137–150.

Georg-August-Universität Göttingen (Hg.), Dinge des Wissens. Die Sammlungen, Museen und Gärten der Universität Göttingen, Göttingen 2015.

Gerstenberger, Debora; Glasman, Joël (Hg.), Techniken der Globalisierung. Globalgeschichte meets Akteur-Netzwerk-Theorie, Bielefeld 2016.

Gerstenberger, Debora; Glasman, Joël, Globalgeschichte nach Maß. Was Globalhistoriker von der Akteur-Netzwerk-Theorie lernen können, in: Dies. (Hg.), Techniken der Globalisierung. Globalgeschichte meets Akteur-Netzwerk-Theorie, Bielefeld 2016, S. 11–40.

Gesellschaft zur Beförderung Gemeinnütziger Tätigkeit (Hg.), 200 Jahre Gesellschaft zur Beförderung gemeinnütziger Tätigkeit in Lübeck, 1789–1989. Beständigkeit und Wandel bürgerlichen Gemeinsinns, Lübeck 1988.

Giese, Christian, Theodor Ludwig Wilhelm von Bischoff (1807–1882). Anatom und Physiologe, Gießen 1990.

Gissibl, Bernhard, Exotische »Naturkunden". Tierfotografie im Kontext des deutschen Kolonialismus, in: Eskildsen, Ute; Lechtreck; Hans-Jürgen (Hg.), Nützlich, süß und museal. Das fotografierte Tier, Göttingen 2005, S. 60–69.

Gissibl, Bernhard, Das kolonisierte Tier. Zur Ökologie der Kontaktzonen des deutschen Kolonialismus, in: WerkstattGeschichte 56 (2011), S. 7–28.

Glatzer, Ruth, Berlin wird Kaiserstadt. Panorama einer Metropole 1871–1890, Berlin 1993.

Glaubrecht, Matthias, Mehr als eine Jagdtrophäe, in: Museum für Naturkunde Berlin, Perspektiven der Evolution. Aus dem Museum für Naturkunde in Berlin, Berlin u.a. 2008, S. 13.

Goodall, Jane; Schmidt, Lisa Marei, »Es gab bis dahin keine Fotos von wild lebenden Schimpansen, daher war ich durch nichts beeinflusst", in: Eskildsen, Ute; Lechtreck, Hans-Jürgen (Hg.), Nützlich, süß und museal. Das fotografierte Tier, Göttingen 2005, S. 134–135.

Görbert, Johannes, Die Vertextung der Welt. Forschungsreisen als Literatur bei Georg Forster, Alexander von Humboldt und Adelbert von Chamisso, Berlin u.a. 2014.

Gorilla Bobby. Die Kunst steckt im Detail, https://www.leibniz-forschungsmuseen.de/aktivitaeten/uebersicht-aktivitaeten/aktionsplan-adventskalender/gorilla-bobby-die-kunst-steckt-im-detail vom 18.04.2024.

Goschler, Constantin, Rudolf Virchow. Mediziner – Anthropologe – Politiker, Köln 2002.

Gott, Ted; Weir, Kathryn, Gorilla, London 2013.

Gott, Ted, Stowed Away. Emmanuel Frémiet's Gorilla Carrying off a Woman, in: Art Journal, (45, 2014), https://www.ngv.vic.gov.au/essay/stowed-away-emmanuel-fremiets-gorilla-carrying-off-a-woman-2-2/vom 18.04.2024.

Great Ape Project, https://www.greatapeproject.de/was-wir-tun/vom 07.01.2022.

Grebowicz, Margret; Merrick, Helen, Beyond the Cyborg. Adventures with Donna Haraway, New York 2013.

Green, Harvey, Cultural History and the Material(s) Turn, in: Cultural History 1 (1, 2012), S. 61–82.

Greyerz, Kaspar von; Flubacher, Silvia; Senn, Philipp (Hg.), Wissenschaftsgeschichte und Geschichte des Wissens im Dialog. Connecting Science and Knowledge, Göttingen 2013.

Greyerz, Kaspar von; Flubacher, Silvia; Senn, Philipp, Einführung. Schauplätze wissenschaftlicher Forschung, in: Dies. (Hg.), Wissenschaftsgeschichte und Geschichte des Wissens im Dialog. Connecting Science and Knowledge, Göttingen 2013, S. 9–32.

Griem, Julika, Fremde Verwandte. Affen als kulturelle Projektionsfiguren in der Literatur des 19. und 20. Jahrhunderts, in: Leipziger Universitätsreden (98, 2004), S. 77–95.

Griem, Julika, PeepShow mit Gorilla. Affen-Figuren mit narrativen und visuellen Inszenierungen zwischen 1830 und 1930, in: Scholz, Susanne; Holtschoppen, Felix (Hg.), MenschenFormen. Visualisierungen des Humanen in der Neuzeit, Frankfurt a.M. 2007, S. 166–185.

Griem, Julika, Monkey Business. Affen als Figuren anthropologischer und ästhetischer Reflexion 1800–2000, Berlin 2010.

Groeben, Christiane (Hg.), Stätten biologischer Forschung, Berlin 2005.

Grove, Richard H., Ecology, Climate and Empire. Colonialism and Global Environmental History, 1400 – 1940, Cambridge 1997.

Grove, Richard H., Green Imperialism. Colonial Expansion, Tropical Island and the Origins of Environmentalism, 1600–1800, Cambridge u.a. 1997.

Guddat, Cora, Wie erziehe ich ein Kind zu einem gesunden Menschen? Gesundheitsaufklärung in der Gartenlaube und in Hand- und Lehrbüchern von 1885–1914, Köln 1999.

Guntau, Martin (Hg.), Mecklenburger im Ausland. Historische Skizzen zum Leben und Wirken von Mecklenburgern in ihrer Heimat und in der Ferne, Bremen 2001.

Habermas, Rebekka, Frauen und Männer des Bürgertums. Eine Familiengeschichte (1750 – 1850), Göttingen 2002.

Habermas, Rebekka, Skandal in Togo. Ein Kapitel deutscher Kolonialherrschaft, Frankfurt a.M. 2016.

Habermas, Rebekka, Was verlieren wir, wenn wir restituieren? Von der Persistenz des Rettungsnarrativs, in: Zeitschrift für Volkskunde 115 (2, 2019), S. 272–275.

Haefliger, Markus M., Vorwärts mit Wind und Dampf. Linienschiffe und Lokalverkehr an den Küsten West- und Zentralafrikas, in: Basel Museum der Kulturen, Schneider, Jürg; Röschenthaler, Ute; Gardi, Bernhard (Hg.), Fotofieber. Bilder aus West- und Zentralafrika. Die Reisen von Carl Passavant 1883–1885, Basel 2005, S. 71–81.

Haemmerlein, Hans-Dietrich (Hg.), Alfred Edmund Brehm. Biografie in Zeit- und Selbstzeugnissen, Markkleeberg 2015.

Hagner, Michael, Mikro-Anthropologie und Fotografie. Gustav Fritschs Haarspaltereien und die Klassifizierung der Rassen, in: Geimer, Peter (Hg.), Ordnungen der Sichtbarkeit. Fotografie in Wissenschaft, Kunst und Technologie, Frankfurt a.M. 2002, S. 252–284.

Hahn, Hans Peter, Materielle Kultur. Eine Einführung, Berlin 2005.

Hahn, Hans Peter Hahn (Hg.), Vom Eigensinn der Dinge. Für eine neue Perspektive auf die Welt des Materiellen, Berlin 2015.

Hahn, Hans Peter, Der Eigensinn der Dinge. Einleitung, in: Hahn, Hans Peter (Hg.), Vom Eigensinn der Dinge. Für eine neue Perspektive auf die Welt des Materiellen, Berlin 2015, S. 9–56.

Haikal, Mustafa; Gensch, Winfried, Der Gesang des Orang-Utans. 150 Jahre Zoo Dresden, Dresden 2011.

Haikal, Mustafa, Master Pongo. Ein Gorilla erobert Europa, Berlin 2013.

Haikal, Mustafa, Unheimliche Nähe. Menschenaffen als europäische Sensation, Leipzig 2016.

Haikal, Mustafa; Strehlow, Harro, Die Fotos des Gorillas M'Pungu. ein Beitrag zur frühen Geschichte der Tierfotografie, in: Bongo 45 (2014), S. 11–26.

Hamann, Christof; Honold, Alexander, Der Kilimandscharo, in: Zimmerer, Jürgen (Hg.), Kein Platz an der Sonne. Erinnerungsorte der deutschen Kolonialgeschichte, Frankfurt a.M. u.a. 2013, S. 81–95.

Hamann, Günther, Ein Überblick über die Geschichte der Erforschung des nordöstlichen und östlichen Afrikas, in: Baschnegger, Hanno; Schlag, Gerald (Hg.), Abenteuer Ostafrika. Der Anteil Österreich-Ungarns an der Erforschung Ostafrikas. Ausstellung in Schloss Halbtun 11. Mai bis 28. Oktober 1988, Eisenstadt 1988, S. 81–124.

Hammel, Tanja, Shaping Natural History and Settler Society. Mary Elizabeth Barber and the Nineteenth-Century Cape, Cham 2019, https://link.springer.com/book/10.1007/978-3-030-22639-8 vom 18.04.2014.

Hammer, Carmen; Stieß, Immanuel (Hg.), Die Neuerfindung der Natur. Primaten, Cyborgs und Frauen, Frankfurt a.M. 1995.

Haraway, Donna, Teddy Bear Patriachry. Taxidermy in the Garden of Eden, New York City, 1908–1936, in: Social Text (11, 1984/85), S. 20–64.

Haraway, Donna, Primate Visions. Gender, Race, and Nature in the World of Modern Science, New York u.a. 1989.

Haraway, Donna; Hammer, Carmen; Scheidhauer, Anne, »Wir sind immer mittendrin". Ein Interview mit Donna Haraway, in: Hammer, Carmen; Stieß, Immanuel (Hg.), Die Neuerfindung der Natur. Primaten, Cyborgs und Frauen, Frankfurt a.M. 1995, S. 98–122.

Haraway, Donna, Im Streit um die Natur der Primaten. Auftritt der Töchter im Feld des Jägers 1960–1980, in: Hammer, Carmen; Stieß, Immanuel (Hg.), Die Neuerfindung der Natur. Primaten, Cyborgs und Frauen, Frankfurt a.M. 1995, S. 123–159.

Haraway, Donna, Situated Knowledges. The Science Question in Feminism and the Privilege of Partial Perspective, in: Biagiolo, Mario (Hg.), The Science Studies Reader, New York u.a. 1999, S. 172–188.

Harrasser, Karin, Donna Haraway. Natur-Kulturen und die Faktizität der Figuration, in: Moebius, Stephan; Quadflieg, Dirk (Hg.), Kultur. Theorien der Gegenwart, Wiesbaden 2011, S. 580–594.

Hartmann, Andreas; Höher, Peter; Cantauw, Christiane; Meiners, Uwe; Meyer, Silke (Hg.), Die Macht der Dinge. Symbolische Kommunikation und kulturelles Handeln, Münster u.a. 2011.

Hauffe, Friederike; Klös, Heinz-Georg, Das künstliche Paradies. Tiere im Zoo, in: Bongo 25 (1995), S. 1–16.

Hauffe, Friederike; Klös, Heinz-Georg, Der Tierillustrator Gustav Mützel, in: Bongo 26 (1996), S. 29–46.

Haupt, Werner, Die deutsche Schutztruppe 1889/1918. Auftrag und Geschichte, Berg am See 1989.

Heidtmann, Frank, Wie das Photo ins Buch kam. der Weg zum photographisch illustrierten Buch anhand einer bibliographischen Skizze der frühen deutschen Publikationen mit Original-Photographien, Photolithographien, Lichtdrucken, Photogravuren, Autotypien und mit Illustrationen in weiteren photomechanischen Reproduktionsverfahren.Eine Handreichung für Bibliothekare und Antiquare, Buch- und Photohistoriker, Bibliophile und Photographikasammler, Publizisten und Museumsleute. Berlin 1984.

Heinecke, Horst; Jaeger, Siegfried, Entstehung von Anthropoiden-Stationen zu Beginn des 20. Jahrhunderts, in: Biologisches Zentralblatt 112 (1993), S. 215–223.

Helbig, Jutta, Das Berliner Museum für Naturkunde. Bauen und Ausstellen im Spiegel der Museumsreform – eine Konfliktgeschichte, Baden-Baden 2019.

Hengerer, Mark, Tiere und Bilder. Probleme und Perspektiven für die historische Forschung aus dem Blickwinkel der Frühen Neuzeit, in: Krüger, Gesine; Steinbrecher, Aline; Wischermann, Clemens (Hg.), Tiere und Geschichte. Konturen einer Animate History, Stuttgart 2014, S. 35–58.

Henninger-Voss, Mary J. (Hg.), Animals in Human Histories. The Mirror of Nature and Culture, Rochester, NY u.a. 2009.

Herding, Klaus, Die Moderne. Begriff und Problem, in: Wagner, Monika (Hg.), Moderne Kunst. Das Funkkolleg zum Verständnis der Gegenwartskunst, Band 1, Reinbek bei Hamburg 1991, S. 175 – 196.

Hermann-Krone-Sammlung und Sammlung Historische Fototechnik, https://tu-dresden.de/kustodie/sammlungen-kunstbesitz/mathematik-naturwissenschaften/hermann-krone-sammlung-und-sammlung-historische vom 21.08.2019.

Hermannstädter, Anita; Heumann, Ina; Pannhorst, Kerstin (Hg.), Wissensdinge. Geschichten aus dem Naturkundemuseum, Berlin 2015.

Hermannstädter, Anita; Heumann, Ina; Pannhorst, Kerstin, Einführung. Fisch und Wissensding, in: Dies. (Hg.), Wissensdinge. Geschichten aus dem Naturkundemuseum, Berlin 2015, S. 10–24.

Herzfeld, Chris, The Great Apes. A Short History, New Haven, London 2017.

Hesse, Wolfgang; Starl, Timm (Hg.), Photographie und Apparatur. Der Photopionier Hermann Krone. Bildkultur und Phototechnik im 19. Jahrhundert, Marburg 1998.

Heumann, Ina; Hüntelmann, Axel C., Einleitung: Bildtatsachen. Visuelle Praktiken der Wissenschaften, in: Themenheft Berichte zur Wissenschaftsgeschichte 36 (4, 2013), S. 283–293.

Heumann, Ina; Stoecker, Holger; Tamborini, Marco; Vennen, Mareike (Hg.), Dinosaurier Fragmente. Zur Geschichte der Tendaguru-Expedition und ihrer Objekte, 1906–2018, Göttingen 2018.

Heumann, Ina; Stoecker, Holger; Vennen, Mareike, Dinosaurier und Provenienz. Konjunkturen des Kolonialen, 1909–2018, in: Heumann, Ina; Stoecker, Holger; Tamborini, Marco; Vennen, Mareike (Hg.), Dinosaurier Fragmente. Zur Geschichte der Tendaguru-Expedition und ihrer Objekte, 1906–2018, Göttingen 2018, S. 255–273.

Hochadel, Oliver, Science in the 19th-Century Zoo, in: Endeavour 29 (1, 2005), S. 38–42.

Hochadel, Oliver, Unter Menschen. Die Schimpansin Mafuka im Dresdner Zoologischen Garten (1873–75), in: Krüger, Gesine (Hg.), »Ich Tarzan“: Affenmenschen und Menschenaffen zwischen Science und Fiction, Bielefeld 2008, S. 147–177.

Hochadel, Oliver, Darwin im Affenkäfig. Der Tiergarten als Medium der Evolutionstheorie, in: Brantz, Dorothee; Mauch, Christof (Hg.), Tierische Geschichte. Die Beziehung von Mensch und Tier in der Kultur der Moderne, Paderborn 2010, S. 245–267.

Hochadel, Oliver, Darwin in the Monkey Cage. The Zoological Garden as a Medium of Evolutionary Theory, in: Brantz, Dorothee (Hg.), Beastly Natures. Animals, Humans, and the Study of History, Charlottesville, VA 2010, S. 81–107.

Hochadel, Oliver, Watching Exotic Animals Next Door. »Scientific“ Observations at the Zoo (ca. 1870–1910), in: Science in Context (24, 2011), S. 183–214.

Hochadel, Oliver, A Chimpanzee Skull in the Devil's Cave, in: Endeavour (37,1), 2012, S. 56–60.

Hochadel, Oliver, Im Angesicht des Affen. Die Besucher des Tiergartens im 19. Jahrhundert, in: Nessel, Sabine; Schlüpmann, Heide (Hg.), Zoo und Kino. Mit Beiträgen zu Bernhard und Michael Grzimeks Film- und Fernseharbeit, Frankfurt a.M. u.a. 2012, S. 29–48.

Hoffmann, Florian, Okkupation und Militärverwaltung in Kamerun. Etablierung und Institutionalisierung des kolonialen Gewaltmonopols, Band 2. Die kaiserliche Schutztruppe und ihr Offizierkorps, Göttingen 2007.

Home, Roderick W. (Hg.), Australian Science in the Making, Cambridge u.a. 1988.

Hoppe, Katharina, Donna Haraway zur Einführung, Hamburg 2022.

Hörning, Karl H.; Reuter, Julia (Hg.), Doing Culture. Neue Positionen zum Verhältnis von Kultur und sozialer Praxis, Bielefeld 2004.

Hörning, Karl H., Was fremde Dinge tun. Sozialtheoretische Herausforderungen, in: Hahn, Hans Peter (Hg.), Vom Eigensinn der Dinge. Für eine neue Perspektive auf die Welt des Materiellen, Berlin 2015, S. 163–176.

Hoßfeld, Uwe, Geschichte der biologischen Anthropologie. Von den Anfängen bis in die Nachkriegszeit, Stuttgart 2005.

Howes, Hilary, Anglo-German Anthropology in the Malay Archipelago, 1869–1910. Adolf Bernhard Meyer, Alfred Russel Wallace and A. C. Haddon, in: Ellis, Heather; Kirchberger, Ulrike (Hg.), Anglo-German Scholarly Networks in the Long Nineteenth Century, Leiden u.a. 2014, S. 126–146.

Hübner, Christine, Dromedar und Dermoplastik. Ernst Heinrich Ehlers (1835–1925) in der Werkstatt des Präparators, in: Vogel, Christian; Nökel, Sonja E. (Hg.), Gesichter der Wissenschaft. Repräsentanz und Performanz von Gelehrten in Porträts, Göttingen 2019, S. 249–252.

Icke-Schwalbe, Lydia, Auftakt. 175 Jahre Naturwissenschaftliche Gesellschaft Dresden, in: Vorstand der Naturwissenschaftlichen Gesellschaft ISIS Dresden e.V. (Hg.), Festschrift 175 Jahre Naturwissenschaftliche Gesellschaft ISIS Dresden. Sitzungsberichte und Abhandlungen. Sonderheft zur Festveranstaltung am 28. März 2009, Dresden 2009, S. 7–12.

Ingensiep, Hans Werner, Mensch und Menschenaffe. Die besondere Beziehung, in: Münch, Paul (Hg.), Tiere und Menschen. Geschichte und Aktualität eines prekären Verhältnisses, Paderborn u.a. 1999, S. 429–446.

Ingensiep, Hans Werner, Kultur- und Zoogeschichte des Gorillas. Beobachtungen zur Humanisierung von Menschenaffen, in: Dittrich, Lothar; Engelhardt, Dietrich v.; Rieke-Müller, Annelore (Hg.), Die Kulturgeschichte des Zoos, Berlin 2001, S. 151–170.

Ingensiep, Hans Werner, Warum essen wir keine Gorillas? Eine kulturanthropologische Annäherung, in: Böhme, Hartmut; Gottwald, Franz-Theo; Holtorf, Christian; Macho,

Thomas; Schwarte, Ludger; Wulf, Christoph (Hg.), Tiere. Eine andere Anthropologie, Köln u.a. 2004, S. 187–198.

Ingensiep, Hans Werner, Der Orang-Outang des Herr Vosmaer. Ein aufgeklärter Menschenaffe, in: Krüger, Gesine (Hg.), »Ich Tarzan“. Affenmenschen und Menschenaffen zwischen Science und Fiction, Bielefeld 2008, S. 225–238.

Ingensiep, Hans Werner, Der kultivierte Affe. Philosophie, Geschichte und Gegenwart, Stuttgart 2013.

Jackson, Christine E., Fünfzig Jahre in London, in: Schulze-Hagen, Karl; Geus, A. (Hg.), Joseph Wolf (1820–1899). Tiermaler, Marburg 2000, S. 235–246.

Jahn, Ilse, Zoologische Gärten – Zoologische Museen. Parallelen ihrer Entstehung, in: Bongo 24 (1991), S. 7–30.

Jahn, Ilse, Zoologische Gärten in Stadtkultur und Wissenschaft im 19. Jahrhundert, in: Berichte zur Wissenschaftsgeschichte 15 (1992), S. 213–225.

Jahn, Ilse (Hg.), Darwin & Co. Eine Geschichte der Biologie in Portraits, 2 Bände. München 2001.

Jahn, Ilse, Frühe Forschung an Zootieren im 17. Jahrhundert in Paris, in: Dittrich, Lothar; Engelhardt, Dietrich v.; Rieke-Müller, Annelore (Hg.), Die Kulturgeschichte des Zoos, Berlin 2001, S. 97–108.

Jobs, Sebastian; Mackenthun, Gesa (Hg.), Embodiments of Cultural Encounters, Münster u.a. 2011.

Johnson, Curtis N., Charles Darwin, Richard Owen, and Natural Selection. A Question of Priority, in: Journal of the History of Biology 52 (2019), S. 45–85.

Jorgensen, Bent, The Museum as a Mass Medium, in: Engström, Kjell; Johnels, Alf G. (Hg.), Natural History Museums and the Community. Symposium held in October 1969 at the Swedish Museum of Natural History, Oslo 1973, S. 66–74.

Junker, Thomas, Johann Friedrich Blumenbach, Stephen Jay Gould und die natürliche Einheit der Menschen, in: Kaasch, Michael; Kaasch, Joachim; Rupke, Nicolaas A. (Hg.), Physische Anthropologie – Biologie des Menschen, Berlin 2007, S. 17–28.

Junker, Thomas, Auf den Schultern von Riesen, Darwins Evolutionstheorie, in: Engels, Eve-Marie; Betz, Oliver; Köhler, Heinz.R.; Potthast, Thomas (Hg.), Charles Darwin und seine Bedeutung für die Wissenschaft, Tübingen 2011, S. 27–42.

Kaasch, Michael; Kaasch, Joachim; Rupke, Nicolaas A. (Hg.), Physische Anthropologie – Biologie des Menschen, Berlin 2007.

Karafyllis, Nicole C., Natur sammeln – ein philosophischer Blick, in: Natur im Museum (12, 2022), S. 67–73.

Karg, Bastienne, Der Gorilla aus dem Phyletischen Museum Jena, https://www.koloniales-erbe-thueringen.de/der-gorilla-aus-dem-phyletischen-museum/vom 17.04.2024.

Kaselow, Gerhild, Die Schaulust am exotischen Tier. Studien zur Darstellung des zoologischen Gartens in der Malerei des 19. und 20. Jahrhunderts, Hildesheim u.a. 1999.

Kelly, Alfred, The Descent of Darwin. The Popularization of Darwin in Germany, Chapel Hill 1981.

Kemp, Christopher, Die verlorenen Arten. Große Expeditionen in die Sammlungen naturkundlicher Museen, München 2019.

Kempe, Sophie, Das Tier in dir. Über ferne Welten im Dresdner Zoo, http://dresden-postkolonial.de/zoo/vom 18.04.2024.

Kienlin, Tobias L; Widura, Anne, Dinge als Zeichen, in: Samida, Stefanie; Eggert, Manfred K. H.; Hahn, Hans Peter (Hg.), Handbuch Materielle Kultur. Bedeutungen, Konzepte, Disziplinen, Stuttgart u.a. 2014, S. 31–38.

Kirberg, Manuela, Repräsentationen von Tier-Mensch-Raum in ostafrikanischen Oraturen, in: Speitkamp, Winfried; Zehnle, Stephanie (Hg.), Afrikanische Tierräume. Historische Verortungen, Köln 2014, S. 25–42.

Kirchberger, Ulrike, German Overseas Interests in Mid-Nineteenth-Century Britain, in: Davis, John R. (Hg.), Transnational Networks. German Migrants in the British Empire, 1670 – 1914, Leiden u.a. 2012, S. 59–78.

Kjaergaard, Peter C., »Hurrah for the Missing Link!“. A History of Apes, Ancestors and a Crucial Piece of Evidence, in: Notes and Records of the Royal Society of London 65 (1, 2011), S. 83–98.

Kleinknecht, Thomas, Die Fotografie. Ein neues Bildmedium im Wissenschaftspanorama des 19. Jahrhunderts, in: Berichte zur Wissenschaftsgeschichte 28 (2005), S. 103–113.

Klös, Heinz Georg, Von der Menagerie zum Tierparadies. 125 Jahre Zoo Berlin, Berlin 1996.

Klös, Ursula, Der Berliner Zoo. Über seine Geschichte, seine Tiere, seine Freunde, seine Besucher, Berlin 1977.

Klothmann, Nastasja, Gefühlswelten im Zoo. Eine Emotionsgeschichte 1900–1945, Bielefeld 2015.

Kludas, Arnold, Die Schiffe der deutschen Afrika-Linien 1880–1945, Hamburg, Oldenburg 1975.

Knaut, Andreas, Zurück zur Natur! Die Wurzeln der Ökologiebewegung, Greven 1993.

Knorr Cetina, Karin, Die Fabrikation von Erkenntnis. Zur Anthropologie der Naturwissenschaft, Frankfurt a.M. 2002.

Knorr-Cetina, Karin, Wissenskulturen. Ein Vergleich naturwissenschaftlicher Wissensformen, Frankfurt a.M. 2002.

Kockerbeck, Christoph, Biologische Kunsttheorien im 19. Jahrhundert. »Die Ästhetik der Tierwelt“ von Karl Möbius, in: Biologisches Zentralblatt (112, 1993), S. 136–140.

Kockerbeck, Christoph, Vorwort, in: Möbius, Karl, Ästhetik der Tierwelt, Stuttgart 2008, S. VII-XLIV.

Kohl, Stefanie, Der repräsentative Zusammenhang der Dinge. Formen des Wissens und die Modi ihrer Inszenierung in musealen Kontexten, Rostock 2018.

Kohler, Robert E.; Vetter, Jeremy, The Field, in: Lightman, Bernard (Hg.), A Companion on the History of Science, Chichester, Malden, Mass. u.a. 2016, S. 282–295.

Kohlstedt, Sally Gregory, Nature by Design. Masculinity and Animal Display in Nineteenth-Century America, in: Shteir, Ann B.; Lightman, Bernard (Hg.), Figuring it out. Science, Gender and Visual Culture, Hanover, NH u.a. 2006, S. 110–139.

Kohn, David (Hg.), The Darwinian Heritage, Princeton 1985.

Kolkenbrock-Netz, Jutta, Wissenschaft als nationaler Mythos. Anmerkungen zur Haeckel-Virchow-Kontroverse auf der 50. Jahresversammlung deutscher Naturforscher und Ärzte in München (1877), in: Link, Jürgen; Wulf, Wülfing (Hg.), Nationale Mythen und Symbole in der zweiten Hälfte des 19. Jahrhunderts. Strukturen und Funktionen von Konzepten nationaler Identität, Stuttgart 1991, S. 212–236.

Kopitzsch, Franklin, 200 Jahre Bürgertugend und gemeinnütziges Streben, in: Gesellschaft zur Beförderung Gemeinnütziger Tätigkeit (Hg.), 200 Jahre Gesellschaft zur Beförderung gemeinnütziger Tätigkeit in Lübeck, 1789–1989. Beständigkeit und Wandel bürgerlichen Gemeinsinns, Lübeck 1988, S. 8–20.

Kopytoff, Igor, The Cultural Biography of Things. Commoditization as Process, in: Appadurai, Arjun (Hg.), The Social Life of Things. Commodities in Cultural Perspective, Cambridge u.a. 2003, S. 64–91.

Korff, Gottfried, Dimensionen der Dingbetrachtung. Versuch einer museumskundlichen Sichtung, in: Hartmann, Andreas; Höher, Peter; Cantauw, Christiane; Meiners, Uwe; Meyer, Silke (Hg.), Die Macht der Dinge. Symbolische Kommunikation und kulturelles Handeln, Münster u.a. 2011, S. 11–26.

Kort, Pamela; Hollein, Max (Hg.), Darwin. Kunst und die Suche nach den Ursprüngen, Köln 2009.

Köstering, Susanne, Natur zum Anschauen. Das Naturkundemuseum des Deutschen Kaiserreichs 1871–1914, Köln 2003.

Kressig, Hannah, Endstation Hotel Banana City. Die Menschenaffenpräparate des Naturmuseums Winterthur [Masterarbeit, unveröffentlicht], Zürich 2024.

Kressley-Mba, Regina, The History of Animal Psychology in Germany as an Antecedent to German Comparative Psychology and Ethology prior to 1940 with Special Emphasis on Nonhuman Primates, Passau 2002.

Kretschmann, Carsten, Wissenskanonisierung und -popularisierung in Museen des 19. Jahrhunderts – das Beispiel des Senckenberg-Museums in Frankfurt a.M., in: Gall, Lothar; Schulz, Andreas (Hg.), Wissenskommunikation im 19. Jahrhundert, Stuttgart 2003, S. 171–212.

Kretschmann, Carsten, Räume öffnen sich. Naturhistorische Museen im Deutschland des 19. Jahrhunderts, Berlin 2006.

Krogman, Wilton M.; Schultz, Adolph H., Anthropoid Ape Materials in American Collections, in: American Journal of Physical Anthropolgy 24 (1938), S. 199–234.

Krüger, Gesine (Hg.), »Ich Tarzan“: Affenmenschen und Menschenaffen zwischen Science und Fiction, Bielefeld 2008.

Krüger, Gesine; Mayer, Ruth; Sommer, Marianne, Figuren des Dazwischen. Menschenaffen und Affenmenschen als Grenzwesen. Eine Einführung, in: Krüger, Gesine (Hg.), »Ich Tarzan“. Affenmenschen und Menschenaffen zwischen Science und Fiction, Bielefeld 2008, S. 7–20.

Krüger, Gesine; Steinbrecher, Aline; Wischermann, Clemens (Hg.), Tiere und Geschichte. Konturen einer Animate History, Stuttgart 2014.

Krüger, Gesine; Steinbrecher, Aline; Wischermann, Clemens, Animate History. Zugänge und Konzepte einer Geschichte zwischen Menschen und Tieren, in: Dies. (Hg.), Tiere und Geschichte. Konturen einer Animate History, Stuttgart 2014, S. 9–34.

Krupa, Matthias, Belgisches Afrikamuseum. Abschied von Tervuren, in: Die Zeit 50 (5. Dezember 2013), https://www.zeit.de/2013/50/koenigliches-museum-zentralafrika-belgien-tervuren vom 18.04.2024.

Kurth, Markus; Dornenzweig, Katharina; Wirth, Sven, Handeln nichtmenschliche Tiere? Eine Einführung in die Forschung zu tierlicher Agency, in: Wirth, Sven; Laue, Anett; Kurth, Markus; Dornenzweig, Katharina; Bossert, Leonie; Balgar, Karsten (Hg.), Das

Handeln der Tiere. Tierliche Agency im Fokus der Human-Animal Studies, Bielefeld 2016, S. 7–42.

Landes, Joan B.; Young Lee, Paula; Youngquist, Paul (Hg.), Gorgeous Beasts. Animal bodies in historical perspectives, University Park 2012.

Landesheimatbund Sachsen-Anhalt e.V.; Ostermann, Wolf-Dieter, Aschersleben Biographisches Lexikon. Kurzbiographien von 111 Persönlichkeiten aus der Geschichte der Stadt Aschersleben, Aschersleben 2008.

Lange, Britta, Die Allianz von Naturwissenschaft, Kunst und Kommerz in Inszenierungen des Gorillas nach 1900, in: Zimmermann, Anja (Hg.), Sichtbarkeit und Medium. Austausch, Sichtbarkeit und Differenz naturwissenschaftlicher und ästhetischer Bildstrategien, Hamburg 2005, S. 183–210.

Lange, Britta, Echt. Unecht. Lebensecht. Menschenbilder im Umlauf, Berlin 2006.

Lange, Britta, Sensible Sammlungen, in: Berner, Margit; Hoffmann, Anette; Lange, Britta (Hg.), Sensible Sammlungen. Aus dem anthropologischen Depot, Hamburg 2011, S. 15–40.

Lange, Britta, Prekäre Situationen. Anthropologisches Sammeln im Kolonialismus, in: Stoecker, Holger; Schnalke, Thomas; Winkelmann, Andreas (Hg.), Sammeln, Erforschen, Zurückgeben? Menschliche Gebeine aus der Kolonialzeit in akademischen und musealen Sammlungen, Berlin 2013, S. 45–68.

Lange, Britta, Die ›Bestie Gorilla‹. Zu einem Beispiel kolonialer Ikonographie, S. 2, https://animalsasobjects.org/de/material.the-gorilla-beast/vom 01.02.2023.

Lank, David M., Wolfs naturkundliche Illustrationen, in: Schulze-Hagen, Karl; Geus, Armin (Hg.), Joseph Wolf (1820–1899). Tiermaler, Marburg 2000, S. 143–171.

Latham, Kiersten F., The Poetry of the Museum. A Holistic Model of Numinous Museum Experiences, in: Museum Management and Curatorship 22 (3, 2007), S. 247–263.

Latour, Bruno, Laboratory Life. The construction of scientific facts, Princeton u.a. 1986.

Latour, Bruno, Science in Action, Cambridge u.a. 1987.

Latour, Bruno, Wir sind nie modern gewesen. Versuch einer symmetrischen Anthropologie, Berlin 1995.

Latour, Bruno, Der Berliner Schlüssel. Erkundungen eines Liebhabers der Wissenschaften, Berlin 1996.

Latour, Bruno, Eine neue Soziologie für eine neue Gesellschaft, Frankfurt a.M. 2007.

Latour, Bruno, Die Logistik der immutable mobiles, in: Döring, Jörg; Thielmann, Tristan (Hg.), Mediengeographie. Theorie – Analyse – Diskussion, Bielefeld 2009, S. 111–144.

Laukötter, Anja, Kultur in Vitrinen. Zur Bedeutung der Völkerkundemuseen im beginnenden 20. Jahrhundert, in: Berger, Ursel; Georg-Kolbe-Museum (Hg.), Wilde Welten. Aneignung des Fremden in der Moderne, Leipzig 2010, S. 109–126.

Laukötter, Anja, The ›Colonial Body‹ as Object of Knowledge in Ethnologiocal Museums, in: Jobs, Sebastian; Mackenthun, Gesa (Hg.), Embodiments of Cultural Encounters, Münster u.a. 2011, S. 181–200.

Laukötter, Anja, Gefühle im Feld. Die »Sammelwut“ der Anthropologen in Bezug auf Körperteile und das Konzept der »Rasse“ um die Jahrhundertwende, in: Stoecker, Holger; Schnalke, Thomas; Winkelmann, Andreas (Hg.), Sammeln, Erforschen, Zurückgeben? Menschliche Gebeine aus der Kolonialzeit in akademischen und musealen Sammlungen, Berlin 2013, S. 24–44.

Lechtreck, Hans-Jürgen, Fotografie und Tierpräparation komplementär. Anmerkungen zur gemeinsamen Geschichte zweier zoologischer Aufzeichnungsmedien des 19. Jahrhunderts, in: Eskildsen, Ute; Lechtreck, Hans-Jürgen (Hg.), Nützlich, süß und museal. Das fotografierte Tier, Göttingen 2005, S. 70–95.

Lehmann, Hans-Ulrich, Fotografie in Dresden 1839–1917. Herman Krone in seinem Umfeld, in: Hesse, Wolfgang; Starl, Timm (Hg.), Photographie und Apparatur. Der Photopionier Hermann Krone. Bildkultur und Phototechnik im 19. Jahrhundert, Marburg 1998, S. 21–30.

Lehmann, Hans-Ulrich, Hermann Krone. Die Photographien, München 2008.

Lekan, Thomas M., Imagining the Nation in Nature. Landscape Preservation and German Identity, 1885–1945, Cambridge u.a. 2004.

Levine, George, Defining Knowledge. An Introduction, in: Ligthman, Bernard (Hg.), Victorian Science in Context, Chicago 1997, S. 15–23.

Lexikon der Biologie. Präparate, https://www.spektrum.de/lexikon/biologie/praeparate/53508 vom 17.08.2022.

Ley, Ronald, Köhler and Espionage on the Island of Tenerife. A Rejoinder to Teuber, in: The American Journal of Psychology 110 (2, 1997), S. 277–284.

Ligthman, Bernard (Hg.), Victorian Science in Context, Chicago 1997.

Lightman, Bernard (Hg.), A Companion on the History of Science, Chichester, Malden, Mass. u.a., 2016.

Lindner, Ulrike, Transimperiale Orientierung und Wissenstransfers. Deutscher Kolonialismus im internationalen Kontext, in: Deutsches Historisches Museum (Hg.), Deutscher Kolonialismus. Fragmente seiner Geschichte und Gegenwart, Darmstadt 2016, S. 16–31.

Link, Jürgen; Wulf, Wülfing (Hg.), Nationale Mythen und Symbole in der zweiten Hälfte des 19. Jahrhunderts. Strukturen und Funktionen von Konzepten nationaler Identität, Stuttgart 1991.

Lipphardt, Veronika; Ludwig, David, Wissens- und Wissenschaftstransfer, www.diss.fu-berlin.de/docs/servlets/MCRFileNodeServlet/FUDOCS_derivate_000000002549/lipphardtv-ludwigd-2011-de.pdf vom 01.04.2022.

Lorke, Ariane; Walther, Helmut G. (Hg.), Schätze der Universität. Die wissenschaftlichen Sammlungen der Friedrich-Schiller-Universität Jena, Jena 2009.

Lück, Helmut E., Vor 100 Jahren. Wolfgang Köhler auf Teneriffa, in: Psychologische Rundschau 65 (1, 2014), S. 30.

Ludwig, Andreas, Geschichte ohne Dinge? Materielle Kultur zwischen Beiläufigkeit und Quelle, in: Historische Anthropologie 23 (2015), S. 431–445.

Luig, Judith, Der Mensch im Affen, in: Die Zeit online, https://www.zeit.de/gesellschaft/2020-01/krefelder-zoo-affenhaus-brand-feuer-silvester-brandschutz vom 06.01.2020.

MacKenzie, John M., Chivalry, Social Darwinism and Ritualised Killing. The Hunting Ethos in Central Africa up to 1914, in: Anderson, David; Grove, Richard H. (Hg.), Conservation in Africa. People, Policies and Practice, Cambridge 1995, S. 41–61.

Mandelstam, Joel, Du Chaillu´s stuffed gorillas and the savants from the British Museum, in: Notes and records of the Royal Society of London, (48, 1994), S. 227–245.

Mariss, Anne, Globalisierung der Naturgeschichte im 18. Jahrhundert. Die Mobilität der Dinge und ihr materieller Eigensinn, in: Gerstenberger, Debora; Glasman, Joël (Hg.), Techniken der Globalisierung. Globalgeschichte meets Akteur-Netzwerk-Theorie, Bielefeld 2016, S. 67–93.

Matyssek, Angela, Die Wissenschaft als Religion, das Präparat als Reliquie. Rudolf Virchow und das Pathologische Museum der Friedrich-Wilhelms-Universität zu Berlin, in: te Heesen, Anke; Spary, Emma C. (Hg.), Sammeln als Wissen, Göttingen 2002, S. 142–168.

May, Christina Katharina, Künstliche Savannen. Afrikanisch thematisierte Schauanlagen in zoologischen Gärten seit 1900, in: Speitkamp, Winfried; Zehnle, Stephanie (Hg.), Afrikanische Tierräume. Historische Verortungen, Köln 2014, S. 161–178.

McCracken, Donal P., Gardens of Empire. Botanical Institutions of the Victorian British Empire, London u.a. 1997.

Miller, Daniel (Hg.), Materiality, Durham 2005.

Mitchell, Timothy, Die Welt als Ausstellung, in: Conrad, Sebastian; Randeria, Shalini (Hg.), Jenseits des Eurozentrismus. Postkoloniale Perspektiven in den Geschichts- und Kulturwissenschaften, Frankfurt a.M. 2002, S. 148–176.

Mody, Cyrus C. M., The Professional Scientist, in: Lightman, Bernard (Hg.), A Companion on the History of Science, Chichester, Malden, Mass. u.a. 2016, S. 164–177.

Moebius, Stephan; Quadflieg, Dirk (Hg.), Kultur. Theorien der Gegenwart, Wiesbaden 2011.

Möhle, Heiko (Hg.), Branntwein, Bibeln und Bananen. Der deutsche Kolonialismus in Afrika – Eine Spurensuche in Hamburg, Hamburg 1999

Möhle, Heiko, Kolonialwissenschaften und Standortpolitik. Eine lebendige Beziehung, in: Ders. (Hg.), Branntwein, Bibeln und Bananen. Der deutsche Kolonialismus in Afrika – Eine Spurensuche in Hamburg, Hamburg 1999, S. 101–106.

Morris, Ramona; Morris, Desmond, Der Mensch schuf sich den Affen, München 1968.

Morton, Ray, King Kong. The History of a Movie Icon from Wray to Peter Jackson, New York, NY 2005.

Morus, Iwan Rhys, Invisible Technicians, Instrument-makers and Artisans, in: in: Lightman, Bernard (Hg.), A Companion on the History of Science, Chichester, Malden, Mass. u.a. 2016, S. 97–110.

Mueller, Volker; Lenz, Arnher E.; Lenz, Ortrun E. (Hg.), Der beständige Wandel. Charles Darwin und das Entwicklungsdenken, Neu-Isenburg 2009.

Müller, Winfried, Bürgertum und Bürgerlichkeit in Dresden. Eine Einführung, in: Dresdner Geschichtsverein (Hg.), Bürgertum und Bürgerlichkeit in Dresden, Dresden 2008, S. 3–6.

Müller-Kelwing, Karin, Robert Reichert, 2021, https://saebi.isgv.de/biografie/Robert %20Reichert %20(1897-1959) vom 18.04.2024.

Müller-Wille, Staffan, Carl von Linnés Herbarschrank. Zur epistemischen Funktion eines Sammlungsmöbels, in: te Heesen, Anke; Spary, Emma C. (Hg.), Sammeln als Wissen. Das Sammeln und seine wissenschaftliche Bedeutung, Göttingen 2001, S. 22–38.

Münch, Paul (Hg.), Tiere und Menschen. Geschichte und Aktualität eines prekären Verhältnisses, Paderborn u.a. 1999.

Münch, Paul, Die Differenz zwischen Mensch und Tier. Ein Grundlagenproblem frühneuzeitlicher Anthropologie und Zoologie, in: Münch, Paul (Hg.), Tiere und Menschen. Geschichte und Aktualität eines prekären Verhältnisses, Paderborn u.a. 1999, S. 323–347.

Muschalek, Marie, Von der Ohrfeige bis zum Völkermord. Koloniale Gewalt, in: Deutsches Historisches Museum (Hg.), Deutscher Kolonialismus. Fragmente seiner Geschichte und Gegenwart, Darmstadt 2016, S. 42–49.

Museum für Naturkunde Berlin, Perspektiven der Evolution. Aus dem Museum für Naturkunde in Berlin, Berlin u.a. 2008.

Namensgeber Alois Senefeder, https://www.offenbach.de/buerger_innen/stadtteile-quartiersmanagement/senefelderquartier/namensgeber-alois-senefelder.php vom 08.09.2022.

Nawara, Christine, Sammeln für die Wissenschaft? Das Academische Museum Göttingen (1773–1840), Göttingen 2010, https://ediss.uni-goettingen.de/bitstream/handle/11858/00-1735-0000-000D-F1CC-C/nawa.pdf?sequence=1&isAllowed=y am 08.04.2024.

Nebel, Susanne, Der Handel in Ostafrika, in: Baschnegger, Hanno; Schlag, Gerald (Hg.), Abenteuer Ostafrika. Der Anteil Österreich-Ungarns an der Erforschung Ostafrikas. Ausstellung in Schloss Halbtun 11. Mai bis 28. Oktober 1988, Eisenstadt 1988, S. 203–228.

Nessel, Sabine; Schlüpmann, Heide (Hg.), Zoo und Kino. Mit Beiträgen zu Bernhard und Michael Grzimeks Film- und Fernseharbeit, Frankfurt a.M. u.a. 2012.

Neuhoff, Hans-Otto, Gabun, Bonn 1967.

Nyhart, Lynn, Biology Takes Form. Animal Morphology and the German Universities, 1800–1900, Chicago 1994.

Nyhart, Lynn, Modern Nature. The Rise of the Biological Perspective in Germany, Chicago 2009.

Nyhart, Lynn, Life after Death. The Gorilla Family of the Senckenberg Museum (Frankfurt a.M.), in: Endeavour 37 (4), 2013, S. 235–238.

Nyhart, Lynn, Historiography of the History of Science, in: Lightman, Bernard (Hg.): A Companion on the History of Science, Chichester, Malden, Mass. u.a., 2016, S. 7–22.

Nzongola-Ntalaja, Georges, The Congo from Leopold to Kabila. A People's History, London u.a. 2002.

Offenbacher Verein für Naturkunde, www.ovfn.de/der-verein.html vom 15.11.2019.

Ogilvie, Brian, Correspondence Networks, in: Lightman, Bernard (Hg.), A Companion on the History of Science, Chichester, Malden, Mass. u.a. 2016, S. 358–371.

Österreicher in Ostafrika, in: Baschnegger, Hanno; Schlag, Gerald (Hg.), Abenteuer Ostafrika. Der Anteil Österreich-Ungarns an der Erforschung Ostafrikas. Ausstellung in Schloss Halbtun 11. Mai bis 28. Oktober 1988, Eisenstadt 1988, S. 247–286.

Östlicher Gorilla im Artenlexikon, https://www.wwf.de/themen-projekte/artenlexikon/oestlicher-gorilla vom 18.04.2024.

Paddon, Hannah, Biological Objects and »Mascotism". The Life and Times of Alfred the Gorilla, in: Alberti, Samuel J. M. M. (Hg.), The Afterlives of Animals. A Museum Menagerie, Charlottesville, Va. u.a. 2011, S. 134–150.

Paddon, Hannah, Redisplaying Museum Collections. Contemporary Display and Interpretation in British Museums, Farnham, Surrey, England 2014.

Pade, Werner, Zwischen Wissenschaft, Abenteurertum und Kolonialpolitik. Adolf Friedrich zu Mecklenburg, in: Guntau, Martin (Hg.), Mecklenburger im Ausland. Historische Skizzen zum Leben und Wirken von Mecklenburgern in ihrer Heimat und in der Ferne, Bremen 2001, S. 201–212.

Pandora, Katherine, Amateurs, in: Lightman, Bernard (Hg.), A Companion on the History of Science, Chichester, Malden, Mass. u.a. 2016, S. 139–152.

Pearce, Susan (Hg.), Museum Studies in Material Culture. Conference, London u.a. 1989.

Pearce, Susan, Objects of Knowledge, Athlone u.a. 1990.

Pearce, Susan, Museums, Objects and Collections. A Cultural Study, Leicester 1992.

Pearce, Susan (Hg.), Interpreting Objects and Collections, London 1994.

Pearce, Susan, Thinking about Things, in: Dies. (Hg.), Interpreting Objects and Collections, London 1994, S. 125–132.

Pearson, Susan; Weismantel, Mary, Gibt es das Tier? Sozialtheoretische Reflexionen, in: Brantz, Dorothee; Mauch, Christof (Hg.), Tierische Geschichte. Die Beziehung von Mensch und Tier in der Kultur der Moderne, Paderborn u.a. 2010, S. 379–399.

Penny, H. Glenn, Objects of Culture. Ethnology and Ethnographic Museums in Imperial Germany, Chapel Hill, London 2002.

Pesek, Michael, Die Kunst des Reisens. Die Begegnung von europäischen Forschungsreisenden und Ostafrikanern in den Kontaktzonen des 19. Jahrhunderts, in: Speitkamp, Winfried (Hg.), Kommunikationsräume – Erinnerungsräume. Beiträge zur transkulturellen Begegnung in Afrika, München 2005, S. 65–99.

Pesek, Michael, Koloniale Herrschaft in Deutsch-Ostafrika. Expeditionen. Militär und Verwaltung seit 1880, Frankfurt a.M. u.a. 2005.

PETA Tierschutzorganisation, https://www.peta.de/vom 07.01.2022.

Petrou, Marissa H., Apes, Skulls and Drums. Using Images to Make Ethnographic Knowledge in Imperial Germany, in: The British Journal for the History of Science 51 (2018), S. 69–68.

Phillips, Denise, Friends of Nature. Urban Sociability and Regional Natural History in Dresden, 1800–1850, in: Osiris 18 (2003), S. 43–59.

Phillips, Denise, Academies and Societies, in: Lightman, Bernard (Hg.), A Companion on the History of Science, Chichester, Malden, Mass. u.a. 2016, S. 224–237.

Plankensteiner, Barbara, Der Mythos des heroischen Entdeckers in Afrika und die Ethnologie, in: Seipel, Wilfried (Hg.), Die Entdeckung der Welt – Die Welt der Entdeckungen. Österreichische Forscher, Sammler, Abenteurer, Milano 2001, S. 274–283.

Pomian, Krzysztof, Der Ursprung des Museums. Vom Sammeln, Berlin 1998.

Potthast, Thomas, Darwin, Ökologie, Naturschutz. Historische, wissenschaftstheoretische und ethische Dimensionen, in: Engels, Eve-Marie (Hg.), Charles Darwin und seine Bedeutung für die Wissenschaften, Tübingen 2011, S. 121–144.

Pratt, Mary Louise, Imperial Eyes. Travel Writing and Transculturation, London u.a. 1992.

Prush, Julian, Natur- und Wildschutz in Deutsch-Ostafrika: Ein koloniales Erbe?, https://www.goettingenkolonial.uni-goettingen.de/index.php/disziplinen/forstwissenschaften/natur-und-wildschutz-in-deutsch-ostafrika vom 30.01.2023.

Pürschel, Herbert, Die Kaiserliche Schutztruppe für Kamerun. Gefüge und Aufgabe, Dessau 1936.

Rácek, Milan, Mumia Viva. Kulturgeschichte der Human- und Animalpräparation, Graz 1990.

Reichart-Burikukiye, Christiane, Erinnerungsräume und Wissenstransfer. Die Erfindung Afrikas, in: Speitkamp, Winfried (Hg.), Erinnerungsräume und Wissenstransfer. Beiträge zur afrikanischen Geschichte, Göttingen 2008, S. 11–34.Reinert, Wiebke, Applaus der Robbe. Arbeit und Vergnügen im Zoo, 1850–1970, Bielefeld 2020.

Reißer, Johann, Hagenbeck in Kafkas Manege. Vom Mensch-, Tier- und Text-Werden in Schau- und Erzählräumen der deutschen Kolonialzeit, in: Speitkamp, Winfried; Zehnle, Stephanie (Hg.), Afrikanische Tierräume. Historische Verortungen, Köln 2014, S. 179–191.

Rheinberger, Hans-Jörg; Hagner, Manfred, Experimentalsysteme (Hg.), Die Experimentalisierung des Lebens. Experimentalsysteme in den biologischen Wissenschaften 1850/1950, Berlin 1993.

Rheinberger, Hans-Jörg; Hagner, Manfred, Experimentalsysteme, in: Dies. (Hg.), Die Experimentalisierung des Lebens. Experimentalsysteme in den biologischen Wissenschaften 1850/1950, Berlin 1993, S. 7–27.

Rheinberger, Hans-Jörg; Hagner, Michael; Wahrig-Schmidt, Bettina (Hg.), Räume des Wissens. Repräsentation, Codierung, Spur, Berlin 1997.

Rheinberger, Hans-Jörg, Epistemologica. Präparate, in: Te Heesen, Anke; Lutz, Petra (Hg.), Dingwelten. Das Museum als Erkenntnisort, Köln u.a. 2005, S. 65–75.

Rheinberger, Hans-Jörg, Darwin gestern – Darwin heute, in: Zeitschrift für Didaktik der Philosophie und Ethik 31 (2009), S. 82–83.

Rheinberger, Hans-Jörg, Epistemische Dinge, in: Samida, Stefanie; Eggert, Manfred K. H.; Hahn, Hans Peter (Hg.), Handbuch Materielle Kultur. Bedeutungen, Konzepte, Disziplinen, Stuttgart u.a. 2014, S. 193–197.

Rheinberger, Hans-Jörg, Über den Eigensinn epistemischer Dinge, in: Hahn, Hans Peter (Hg.), Vom Eigensinn der Dinge. Für eine neue Perspektive auf die Welt des Materiellen, Berlin 2015, S. 147–162.

Richter, Isabel, Der phantasierte Tod. Bilder und Vorstellungen vom Lebensende im 19. Jahrhundert, Frankfurt a.M., New York 2010.

Riedl-Dorn, Christa, Rudolf Grauer, in: Seipel, Wilfried (Hg.), Die Entdeckung der Welt – Die Welt der Entdeckungen. Österreichische Forscher, Sammler, Abenteurer, Milano 2001, S. 323–325.

Rieke-Müller, Annelore, Zum Vergnügen und zur Belehrung. Wandermenagerien vom Ende des 18. bis in die Mitte des 19. Jahrhunderts, in: Biologisches Zentralblatt (2, 1994), S. 269–274.

Rieke-Müller, Annelore; Dittrich, Lothar, Der Löwe brüllt nebenan. Die Gründung Zoologischer Gärten im deutschsprachigen Raum 1833–1866, Köln u.a. 1998.

Rieke-Müller, Annelore, Fürstliche Menagerien – Wandermenagerien – Zoologische Gärten. Schauausstellungen von lebenden exotischen Tieren im 18. und 19. Jahrhundert, in: Nessel, Sabine; Schlüpmann, Heide (Hg.), Zoo und Kino. mit Beiträgen zu Bernhard und Michael Grzimeks Film- und Fernseharbeit, Frankfurt a.M. u.a. 2012, S. 13–28.

Rieppel, Lukas, Museums and Botanical Gardens, in: Lightman, Bernard (Hg.), A Companion on the History of Science, Chichester, Malden, Mass. 2016, S. 238–251.

Ries, Hans (Hg.), Illustration und Illustratoren des Kinder- und Jugendbuchs im deutschsprachigen Raum 1871 – 1914. Das Bildangebot der Wilhelminischen Zeit, Osnabrück 1992.

Rinard, Ruth G., The Problem of the Organic Individual. Ernst Haeckel and the Development of the Biogenetic Law, in: Journal of the History of Biology (14, 1981), Heft 2, S. 249–275.

Ritvo, Harriet, The Animal Estate. The English and other Creatures in the Victorian Age, Cambridge 1987.

Ritvo, Harriet, Calling the Wild, in: Landes, Joan B.; Young Lee, Paula; Youngquist, Paul (Hg.), Gorgeous Beasts. Animal Bodies in Historical Perspective, University Park, Pa. 2012, S. 105–116.

Roberts, Ivy, Simian Orientalism, https://ivyroseroberts.wordpress.com/2014/10/08/simian-orientalism/# vom 06.04.2022.

Roscher, Mieke, Human-Animal Studies, 2012, https://zeitgeschichte-digital.de/doks/frontdoor/deliver/index/docId/277/file/docupedia_roscher_human-animal_studies_v1_de_2012.pdf vom 13.04.2022.

Roscher, Mieke, Zwischen Wirkungsmacht und Handlungsmacht. Sozialgeschichtliche Perspektiven auf tierliche Agency, in: Wirth, Sven; Laue, Anett; Kurth, Markus; Dornenzweig, Katharina; Bossert, Leonie; Balgar, Karsten (Hg.), Das Handeln der Tiere. Tierliche Agency im Fokus der Human-Animal Studies, Bielefeld 2016, S. 43–66.

Ross, Alan, Simians in Spectacles and as Chamber Animals in 16th-Century Germany, Tagung: Akteure, Tiere, Dinge. Verfahresnweisen der Naturgeschichte in der Frühen Neuzeit, Kassel, 11.-13.06.2015.

Ross, Alan, Introduction. Preserving the Animal Body – Cultures of Scholarship and Display, 1660–1914, in: Journal of Social History 52 (4, 2019), S. 1027–1032.

Ross, Alan, The Animal Body as Medium. Taxidermy and European Expansion, 1775–1865, in: Past & Present 249 (1, November 2020), S. 85–119.

Rosseaux, Ulrich, Die Entstehung des modernen Bürgertums in Dresden, in: Dresdner Geschichtsverein (Hg.), Bürgertum und Bürgerlichkeit in Dresden, Dresden 2008, S. 7–15.

Rothfels, Nigel, Aztecs, Aborigines, and Ape-People. Science and Freaks in Germany, 1850–1900, in: Garland-Thomson, Rosemary (Hg.), Freakery. Cultural Spectacles of the Extraordinary Body, New York u.a. 1996, S. 158–172.

Rothfels, Nigel, Savages and Beasts. The Birth of the Modern Zoo, Baltimore u.a. 2002.

Rothfels, Nigel, Science in the Tierpark. Alexander Sokolowsky, Vortrag im Rahmen der History of Science Society Annual Conference, Milwaukee 2002.

Rothfels, Nigel (Hg.), Representing Animals. Bloomington, Ind. u.a. 2002.

Rothfels, Nigel, Immersed with Animals, in: Ders. (Hg.) Representing Animals, Bloomington, Ind. u.a. 2002, S. 199–223.

Rothfels, Nigel, Kiling Elephants. Pathos and Prestige in the Nineteenth Century, in: Denenholz Morse, Deborah; Danahay, Martin A. (Hg.), Victorian Animal Dreams. Representations of Animals in Victorian Literature and Culture, Aldershot u.a. 2007, S. 53–63.

Rothfels, Nigel, Catching Animals, in: Henninger-Voss, Mary J. (Hg.), Animals in Human Histories. The Mirror of Nature and Culture, Rochester, NY u.a. 2009, S. 182–228.

Rothfels, Nigel, Die Revolution des Herrn Hagenbeck, in: Ash, Mitchell (Hg.), Mensch, Tier und Zoo. Der Tiergarten Schönnbrunn im internationalen Vergleich vom 18. Jahrhundert bis heute, Wien u.a. 2008, S. 203–224.

Rothfels, Nigel, Zoos, the Academy, and Captivity, in: PMLA 124 (2, 2009), S. 480–486.

Rothfels, Nigel, Trophies and Taxidermy, in: Landes; Joan B.; Young Lee, Paula; Youngquist, Paul (Hg.), Gorgeous Beasts. Animal Bodies in Historical Perspective, University Park, Pa. 2012, S. 117–136.

Rothfels, Nigel, Preserving History. Collecting and Displaying in Carl Akeley's In Brightest Africa, in: Thorsen, Liv Emma; Rader, Karen A.; Dodd, Adam (Hg.), Animals on Display. The Creaturely in Museums, Zoos, and Natural History, University Park, Pa. 2013, S. 58–73.

Rupke, Nicolaas A., Richard Owen. Biology without Darwin, Chicago, Ill. u.a. 2009.

Said, Edward W., Orientalismus, Frankfurt a.M. 2014.

Samida, Stefanie (Hg.), Inszenierte Wissenschaft. Zur Popularisierung von Wissen im 19. Jahrhundert, Bielefeld 2011.

Samida, Stefanie; Eggert, Manfred K. H.; Hahn, Hans Peter (Hg.), Handbuch Materielle Kultur. Bedeutungen, Konzepte, Disziplinen, Stuttgart u.a. 2014.

Scheppe, Wolfgang, Gorilla, Frau verschleppend. Der anthropologische Tiervergleich und das Skandalöse der Skulpturen des Bildhauers Emmanuel Frémiet, in: Die Vermessung des Urmenschen. Zur Ästhetik des Rassismus, Ausstellung Kunsthalle im Lipsiusbau, 13. Mai bis 07. August 2016, S. 2–11.

Schiebinger, Londa L., Am Busen der Natur. Erkenntnis und Geschlecht in den Anfängen der Wissenschaft, Stuttgart 1995, S. 115.

Schmoll, Friedemann, Erinnerung an die Natur. Die Geschichte des Naturschutzes im deutschen Kaiserreich, Frankfurt a.M. u.a. 2004.

Schneider, Joseph, Donna Haraway. Live Theory, New York u.a. 2005.

Schneider, Jürg, Bruder oder Bestie? Die »Entdeckung“ des Gorillas im 19. Jahrhundert, in: Basel Museum der Kulturen; Schneider, Jürg; Röschenthaler, Ute; Gardi, Bernhard (Hg.), Fotofieber. Bilder aus West- und Zentralafrika. Die Reisen von Carl Passavant 1883–1885, Basel 2005, S. 207–214.

Scholz, Susanne; Holtschoppen, Felix (Hg.), MenschenFormen. Visualisierungen des Humanen in der Neuzeit, Frankfurt a.M. 2007.

Schulz, Andreas, Der »Gang der Natur“ und die »Perfektibilität“ des Menschen. Wissensgrundlagen und Vorstellungen von Kindheit seit der Aufklärung, in: Gall, Lothar; Schulz, Andreas (Hg.), Wissenskommunikation im 19. Jahrhundert, Stuttgart 2003, S. 15–39.

Schulze-Hagen, Karl; Geus, Armin (Hg.), Joseph Wolf (1820–1899). Tiermaler, Marburg 2000.

Schulze-Hagen, Karl, Art versus science, in: Ders., Karl; Geus, Armin (Hg.), Joseph Wolf (1820–1899). Tiermaler, Marburg 2000, S. 219–230.

Schulze-Hagen, Karl, Zoological Society, Zoo, zoologische Forschung, in: Schulze-Hagen, Karl; Geus, Armin (Hg.), Joseph Wolf (1820–1899). Tiermaler, Marburg 2000, S. 189–207.

Schwarz, Angela, Der Schlüssel zur modernen Welt. Wissenschaftspopularisierung in Großbritannien und Deutschland im Übergang zur Moderne (ca. 1870–1914), Stuttgart 1999.

Schwarz, Angela, Die Popularität der Popularisierung. Allgemeinverständliche Bücher über Naturwissenschaften und der Anteil der Verleger an ihrem Erfolg im 19. Jahrhundert, in: Estermann, Monika; Schneider, Ute (Hg.), Wissenschaftsverlage zwischen Professionalisierung und Popularisierung, Wiesbaden 2007, S. 61–76.

Scurla, Herbert, Zwischen Kap und Kilimandscharo. Reisen deutscher Forscher des 19. Jahrhunderts durch Südostafrika, Berlin 1973.

Secord, James A., Knowledge in Transit, in: Isis 95 (4, 2004), S. 654–672.

Seemann, Renate, Als Präparator in Ostafrika. Der Großherzoglich Mecklenburgische Hofkonservator Carl Knuth, in: Guntau, Martin (Hg.), Mecklenburger im Ausland. Historische Skizzen zum Leben und Wirken von Mecklenburgern in ihrer Heimat und in der Ferne, Bremen 2001, S. 174–181.

Seipel, Wilfried (Hg.), Die Entdeckung der Welt – Die Welt der Entdeckungen. Österreichische Forscher, Sammler, Abenteurer, Milano 2001.

Shmuely, Shira, Alfred Wallace´s Baby Orangutan. Game, Pet, Specimen, in: Journal of the History of Biology 53 (2020), S. 321–343.

Shteir, Ann B.; Lightman, Bernard (Hg.), Figuring it out. Science, Gender and Visual Culture, Hanover, NH u.a. 2006.

Smith, Jonathan, Picturing Sexual Selection. Gender and the Evolution of Ornithological Illustration in Charles Darwin's Descent of Man, in: Shteir, Ann B.; Lightman, Bernard (Hg.), Figuring it out. Science, Gender and Visual Culture, Hanover, NH u.a. 2006, S. 85–109.

Sommer, Manfred, Sammeln, in: Samida, Stefanie; Eggert, Manfred K. H.; Hahn, Hans Peter (Hg.), Handbuch Materielle Kultur. Bedeutungen, Konzepte, Disziplinen, Stuttgart u.a. 2014, S. 109–117.

Speitkamp, Wienfried, Deutsche Kolonialgeschichte, Stuttgart 2005.

Speitkamp, Winfried (Hg.), Kommunikationsräume – Erinnerungsräume. Beiträge zur transkulturellen Begegnung in Afrika, München 2005.

Speitkamp, Winfried, Kommunikations- und Erinnerungsräume in Afrika. Ein Problemaufriss, in: Speitkamp, Winfried (Hg.), Kommunikationsräume – Erinnerungsräume. Beiträge zur transkulturellen Begegnung in Afrika, München 2005, S. 7–33.

Speitkamp, Winfried (Hg.), Erinnerungsräume und Wissenstransfer. Beiträge zur afrikanischen Geschichte, Göttingen 2008.

Speitkamp, Winfried; Zehnle, Stephanie (Hg.), Afrikanische Tierräume. Historische Verortungen, Köln 2014.

Spivak, Gayatri Chakravorty, Can the Subaltern speak? Postkolonialität und subalterne Artikulation, Wien 2011.

Spivak, Gayatri Chakravorty, Can the Subaltern Speak?, in: Dies., Can the Subaltern Speak? Postkolonialität und subalterne Artikulation, Wien 2011, S. 17–118.

Stach, Reinhard, Heinrich Leutemann. Leben und Werk, in: Volkacher Bote 80 (2004), S. 15–18.

Star, Susan Leigh; Griesemer, James R., Institutional Ecology, ›Translations‹ and Boundary Objects. Amateurs and Professionals in Berkeley's Museum of Vertebrate Zoology, 1907–39, in: Social Studies of Science (1, 1989), S. 387–420.
Stockinger, Claudia, An den Ursprüngen populärer Serialität. Das Familienblatt Die Gartenlaube, Göttingen 2018.
Stockwell, Sarah (Hg.), The British Empire. Themes and Perspectives, Malden, Mass. u.a. 2008.
Stoecker, Holger; Schnalke, Thomas; Winkelmann, Andreas (Hg.), Sammeln, Erforschen, Zurückgeben? Menschliche Gebeine aus der Kolonialzeit in akademischen und musealen Sammlungen, Berlin 2013.
Stoler, Ann Laura, Foucaults »Geschichte der Sexualität« und die koloniale Ordnung der Dinge, in: Conrad, Sebastian; Randeria, Shalini (Hg.), Jenseits des Eurozentrismus. Postkoloniale Perspektiven in den Geschichts- und Kulturwissenschaften, Frankfurt a.M. 2002, S. 313–334.
Stoler, Ann Laura; McGranahan, Carole; Perdue, Peter C. (Hg.), Imperial Formations, Santa Fe u.a. 2007.
Stoler, Ann Laura; McGranahan, Carole, Introduction. Refiguring Imperial Terrains, in: Dies.; McGranahan, Carole; Perdue, Peter C. (Hg.), Imperial Formations, Santa Fe u.a. 2007, S. 3–42.
Stoler, Ann Laura; Cooper, Frederick (Hg.), Tensions of Empire. Colonial Cultures in a Bourgeois World, Berkeley u.a. 2009.
Stoler, Ann Laura; Cooper, Frederick, Between Metropole and Colony. Rethinking a Research Agenda, in: Dies. (Hg.), Tensions of Empire. Colonial Cultures in a Bourgeois World, Berkeley u.a. 2009, S. 1–56.
Strehlow, Harro, Beiträge zur Menschenaffenhaltung im Berliner Aquarium unter den Linden. Der Gorilla (Gorilla g. gorilla) M'Pungu, in: Bongo 9 (1985), S. 67–78.
Strehlow, Harro, Beiträge zur Menschenaffenhaltung im Berliner Aquarium unter den Linden. II. Weitere Gorillas (Gorilla g. gorilla), in: Bongo 12 (1987), S. 105–110.
Strehlow, Harro, Beiträge zur Menschenaffenhaltung im Berliner Aquarium unter den Linden. III. Orang Utans (Pongo pygmaeus) und Schimpansen (pan troglodytes), in: Bongo 14 (1988), S. 99–104.
Strehlow, Harro, Exotik am Prachtboulevard. Das Berliner Aquarium Unter den Linden Ecke Schadowstraße, Berlin 1998, S. 4–12, https://berlingeschichte.de/bms/bmstext/9805prob.htm vom 17.04.2024 .
Sunderland, Mary E., Specimens and Collections, in: Lightman, Bernard (Hg.), A Companion on the History of Science, Chichester, Malden, Mass. u.a. 2016, S. 488–499.
Sutherland, John, Jumbo. The Unauthorised Biography of a Victorian Sensation, London 2014.
Taylor, Nik, Humans, Animals, and Society. An Introduction to Human-Animal Studies, New York 2013.
Te Heesen, Anke; Spary, Emma C. (Hg.), Sammeln als Wissen. Das Sammeln und seine wissenschaftsgeschichtliche Bedeutung, Göttingen 2001.
Te Heesen, Anke; Spary, Emma C., Sammeln als Wissen, in: te Heesen, Anke; Spary, Emma C. (Hg.), Sammeln als Wissen. Das Sammeln und seine wissenschaftsgeschichtliche Bedeutung, Göttingen 2001, S. 7–21.

Te Heesen, Anke, Vom naturgeschichtlichen Investor zum Staatsdiener. Sammler und Sammlungen der Gesellschaft Naturforschender Freunde zu Berlin um 1800, in: te Heesen, Anke; Spary, Emma C. (Hg.), Sammeln als Wissen. Das Sammeln und seine wissenschaftsgeschichtliche Bedeutung, Göttingen 2001, S. 62–84.

Te Heesen, Anke; Lutz, Petra (Hg.), Dingwelten. Das Museum als Erkenntnisort, Köln u.a. 2005.

Te Heesen, Anke; Lutz, Petra, Einleitung, in: Dies. (Hg.), Dingwelten. Das Museum als Erkenntnisort, Köln 2005, S. 11–23.

Te Heesen, Anke, Verkehrsformen der Objekte, in: Dies.; Lutz, Petra (Hg.), Dingwelten. Das Museum als Erkenntnisort, Köln u.a. 2005, S. 53–64.

Te Heesen, Anke; Vöhringer, Margarete (Hg.), Wissenschaft im Museum – Ausstellung im Labor, Berlin 2014.

Te Heesen, Anke, Ein Raum voller Gläser. Die Nasspräparatesammlung im Berliner Naturkundemuseum, in: te Heesen, Anke; Vöhringer, Margarete (Hg.), Wissenschaft im Museum – Ausstellung im Labor, Berlin 2014, S. 216–230.

Te Heesen, Anke, Theorien des Museums zur Einführung, Hamburg 2015.

Teuber, Marianne L., The Founding of the Primate Station, Tenerife, Canary Islands, in: The American Journal of Psychology 107 (4, 1994), S. 551–581.

Thode-Arora, Hilke, Hagenbeck. Tierpark und Völkerschau, in: Zimmerer, Jürgen (Hg.), Kein Platz an der Sonne. Erinnerungsorte der deutschen Kolonialgeschichte, Frankfurt a.M. u.a. 2013, S. 244–256.

Thüringer Universitäts- und Landesbibliothek – Zweigbibliothek Zoologie. Bestandsgeschichte, https://fabian.sub.uni-goettingen.de/fabian?Zoologie(ThULB) vom 18.04.2024.

Toepfer, Georg, »Und der Mensch gab Namen allem Vieh", in: Hermannstädter, Anita; Heumann, Ina; Pannhorst, Kerstin (Hg.), Wissensdinge. Geschichten aus dem Naturkundemuseum, Berlin 2015, S. 54–55.

Tort, P., Darwin and the Science of Evolution, New York 2001.

Trepp, Anne-Charlott, Zwischen Inspiration und Isolation. Naturerkundung als Frömmigkeitspraxis in der ersten Hälfte des 18. Jahrhunderts, in: zeitenblicke 5 (2006), Nr. 1, https://www.zeitenblicke.de/2006/1/Trepp/index_html, URN: urn:nbn:de:0009-9-2811 vom 18.04.2024.

Trotha, Trutz von, Koloniale Herrschaft. Zur soziologischen Theorie der Staatsentstehung am Beispiel des »Schutzgebietes Togo", Tübingen 1994.

Ullrich, Jessica; Weltzien, Friedrich; Fuhlbrügge, Heike (Hg.), Ich, das Tier. Tiere als Persönlichkeiten in der Kulturgeschichte, Berlin 2008.

Unbekannter Künstler: Bildnis Dr. Bernhard Mayer, https://www.offenbach.de/microsite/haus_der_stadtgeschichte/sammlungen/unbekannter-kuenstler-b-ldnis-dr.bernhard-mayer.php vom 03.09.2023.

Underhill, E. A., Captain Storm was colorful Settler on Toutle, https://de.findagrave.com/memorial/30036023/theodor-hugo-storm vom 18.04.2024.

Unterschied zwischen Mensch und Schimpanse größer als gedacht, https://www.mpg.de/487200/pressemitteilung20040527 vom 05.07.2021.

Van den Bersselaar, Dimitri, Palmöl, Elfenbein und europäische Waren. Faktoreien und Handelshäuser in West- und Zentralafrika, in: Museum der Kulturen, Basel; Schnei-

der, Jürg; Röschenthaler, Ute; Gardi, Bernhard (Hg.), Fotofieber. Bilder aus West- und Zentralafrika. Die Reisen von Carl Passavant, 1883–1885, Basel 2005, S. 151–162.
Van der Heyden, Ulrich; Feldtkeller, Andreas, Missionsgeschichte als Geschichte der Globalisierung von Wissen. Transkulturelle Wissensaneignung und –vermittlung durch christliche Missionare in Afrika und Asien im 17., 18. und 19. Jahrhundert, Berlin 2010.
Van der Heyden, Ulrich; Zeller, Joachim (Hg.), Kolonialismus hierzulande. Eine Spurensuche in Deutschland, Erfurt 2007.
Van Dingenen, Filip, Bobby's heaven. Auditions for Great Apes – gorilla choreography and archeology. Performance im Museum für Naturkunde Berlin 2005, in: Ullrich, Jessica; Weltzien, Friedrich; Fuhlbrügge, Heike (Hg.), Ich, das Tier. Tiere als Persönlichkeiten in der Kulturgeschichte, Berlin 2008, S. 88–104.
Van Reybrouck, David, Kongo. Eine Geschichte, Berlin 2012.
Vennen, Mareike, Dinosaurier in Berlin. Transformationen im Berliner Museum für Naturkunde, 1909–1937, in: Heumann, Ina; Stoecker, Holger; Tamborini, Marco; Vennen, Mareike (Hg.), Dinosaurier Fragmente. Zur Geschichte der Tendaguru-Expedition und ihrer Objekte: 1906–2018, Göttingen 2018, S. 167–191.
Vogel, Christian; Nökel, Sonja E. (Hg.), Gesichter der Wissenschaft. Repräsentanz und Performanz von Gelehrten in Porträts, Göttingen 2019.
Vorstand der Naturwissenschaftlichen Gesellschaft ISIS Dresden e.V. (Hg.), Festschrift 175 Jahre Naturwissenschaftliche Gesellschaft ISIS Dresden. Sitzungsberichte und Abhandlungen. Sonderheft zur Festveranstaltung am 28. März 2009, Dresden 2009.
Voss, Hermann, Bibliographie der Menschenaffen (Schimpanse, Orang, Gorilla), Jena 1955.
Voss, Julia, Darwins Diagramme. Bilder von der Entdeckung der Unordnung, Berlin 2003.
Voss, Julia, Zoologische Gärten, Tiermaler und die Wissenschaft vom Tier im 19. Jahrhundert, in: Groeben, Christiane (Hg.), Stätten biologischer Forschung, Berlin 2005, S. 227–243.
Voss, Julia, Darwins Bilder. Ansichten der Evolutionstheorie, Frankfurt a.M. 2007.
Voss, Julia, Charles Darwin. Zur Einführung, Hamburg 2008.
Vöhringer, Margarete, Sammlung, Ausstellung und Forschung am Darwin-Museum in Moskau, in: te Heesen, Anke; Vöhringer, Margarete (Hg.), Wissenschaft im Museum – Ausstellung im Labor, Berlin 2014, S. 89–107.
Völkel, Hans, Herman H. Ter Meer. Ein Leben als Dermoplastiker und Künstler, Leipzig 2004.
Wächter, H. Jürgen, Naturschutz in den deutschen Kolonien in Afrika (1884–1918), Münster u.a. 2008.
Wagner, Monika (Hg.), Moderne Kunst. Das Funkkolleg zum Verständnis der Gegenwartskunst, Band 1, Reinbek bei Hamburg 1991.
Waldenfels, Bernhard, Die Mitwirkung der Dinge in der Erfahrung, in: Hahn, Hans Peter (Hg.), Vom Eigensinn der Dinge. Für eine neue Perspektive auf die Welt des Materiellen, Berlin 2015, S. 57–79.
Weber, Cornelia, Universitätssammlungen, 2012, http://ieg-ego.eu/de/threads/crossroads/wissensraeume/cornelia-weber-universitaetssammlungen am 08.04.2024.

Wegner, Hartmut, Robert Hartmann. Zur Erinnerung an einen Afrikareisenden, in: Informationen und Berichte. Braunschweigischen Landesmuseums, (1, 1997), S. 17–30.

Wein, Margarete, Geschichte der Zoologie und der Zoologischen Sammlung an der Martin-Luther-Universität Halle-Wittenberg von 1769 bis 1990, https://idw-online.de/de/news141568 vom 18.04.2024.

Wessely, Christina, Künstliche Tiere. Zoologische Tiere und urbane Moderne, Berlin 2008.

Wessely, Christina, Lesarten des Natürlichen. Tiergarten und urbaner Raum. Der Schönbrunner Tiergarten und der Berliner Zoo im Vergleich, in: Ash, Mitchell (Hg.), Mensch, Tier und Zoo. Der Tiergarten Schönbrunn im internationalen Vergleich vom 18. Jahrhundert bis heute, Wien u.a. 2008, S. 133–150.

Wessely, Christina, Künstliche Tiere etc. Zoologische Schaulust um 1900, in: NTM 16 (2, 2018), S. 153–185.

White, Paul, The Man of Science, in: Lightman, Bernard (Hg.), A Companion on the History of Science, S. 153–163.

Wiedenmann, Rainer E., Die Fremdheit der Tiere. Zum Wandel der Ambivalenz von Mensch-Tier-Beziehungen, in: Münch, Paul (Hg.), Tiere und Menschen. Zur Geschichte und Aktualität eines prekären Verhältnisses, Paderborn 1998, S. 351–381.

Wieser, Matthias, Inmitten der Dinge. Zum Verhältnis von sozialen Praktiken und Artefakten, in: Hörning, Karl H.; Reuter, Julia (Hg.), Doing Culture. Neue Positionen zum Verhältnis von Kultur und sozialer Praxis, Bielefeld 2004, S. 92–107.

Willmann, Rainer, Gegenwart, Geschichte und Zukunft des Zoologischen Museums der Universität Göttingen, https://wwwuser.gwdg.de/~sekzoomo/WWW_store/Geschichte.htm vom 10.09.2023.

Wirth, Sven; Laue, Anett; Kurth, Markus; Dornenzweig, Katharina; Bossert, Leonie; Balgar, Karsten (Hg.), Das Handeln der Tiere. Tierliche Agency im Fokus der Human-Animal Studies, Bielefeld 2016.

Wirth, Sven, »Laborratte« oder »worker« im Vivisektionslabor? Zur Kontroverse um Donna Haraways Konzeptionen von Agency und ihrer Kritk an Tierrechten, in: Wirth, Sven; Laue, Anett; Kurth, Markus; Dornenzweig, Katharina; Bossert, Leonie; Balgar, Karsten (Hg.), Das Handeln der Tiere. Tierliche Agency im Fokus der Human-Animal Studies, Bielefeld 2016, S. 115–135.

Wittenberger, Georg, Der Offenbacher Verein für Naturkunde, Offenbach 1984.

Wokler, Robert, Enlightening Apes. Eighteenth-Century Speculation and Current Experiments on Linguistic Competence, in: Corbey, Raymond; Theunissen, Bert (Hg.), Ape, Man, Apeman. Changing Views since 1600, Leiden 1995, S. 87–100.

Wonders, Karen, Habitat Dioramas. Illusions of Wilderness in Museums of Natural History, Uppsala 1993.

Wonders, Karen, The Habitat Diorama Phenomenon, in: Gall, Alexander; Trischler, Helmuth (Hg.), Szenerien und Illusion. Geschichte, Varianten und Potenziale von Museumsdioramen, Göttingen 2016, S. 286–318.

Workman, Lance, Charles Darwin. The Shaping of Evolutionary Thinking, Basingstoke 2014.

Wöbse, Anna-Katharina, Zur visuellen Geschichte der Naturschutz- und Umweltbewegung. Eine Skizze, in: Brüggemeier, Franz-Josef; Engels, Jens Ivo (Hg.), Natur- und

Umweltschutz nach 1945. Konzepte, Konflikte, Kompetenzen, Frankfurt a.M. u.a. 2005, S. 222–246.

Wulf, Andrea, Alexander von Humboldt und die Erfindung der Natur, München 2018.

Zimmerer, Jürgen (Hg.), Kein Platz an der Sonne. Erinnerungsorte der deutschen Kolonialgeschichte, Frankfurt a.M. u.a. 2013.

Zimmerer, Jürgen, Der europäische Kolonialismus. Politisch, Ökonomische und kulturelle Aspekte der frühen Globalisierung, in: Deutscher Museumsbund (Hg.), Leitfaden. Umgang mit Sammlungsgut aus kolonialen Kontexten, 2. Fassung, 2019, S. 40–51.

Zimmerman, Andrew, Anthropology and Antihumanism in Imperial Germany, Chicago 2001.

Zimmermann, Anja (Hg.), Sichtbarkeit und Medium. Austausch, Sichtbarkeit und Differenz naturwissenschaftlicher und ästhetischer Bildstrategien, Hamburg 2005